AGFA AKTIENGESELLSCHAFT

MITTEILUNGEN AUS DEN FORSCHUNGSLABORATORIEN DER AGFA LEVERKUSEN*MÜNCHEN

BAND II

MIT 263 ABBILDUNGEN UND 2 TAFELN

SPRINGER-VERLAG BERLIN HEIDELBERG GMBH
1958

Additional material to this book can be downloaded from http://extras.springer.com

ISBN 978-3-662-22171-6   ISBN 978-3-662-22170-9 (eBook)
DOI 10.1007/978-3-662-22170-9

Alle Rechte,
insbesondere das der Übersetzung in fremde Sprachen, vorbehalten
Ohne ausdrückliche Genehmigung des Verlages ist es auch nicht gestattet,
dieses Buch oder Teile daraus auf photomechanischem Wege
(Photokopie, Mikrokopie) zu vervielfältigen

© by Springer-Verlag Berlin Heidelberg 1958
Ursprünglich erschienen bei Springer-Verlag 1958
Softcover reprint of the hardcover 1st edition 1958

Die Wiedergabe von Gebrauchsnamen, Handelsnamen, Warenbezeichnungen usw. in diesem Buche berechtigt auch ohne besondere Kennzeichnung nicht zu der Annahme, daß solche Namen im Sinne der Warenzeichen- und Markenschutz-Gesetzgebung als frei zu betrachten wären und daher von jedermann benutzt werden dürften.

HERRN DIREKTOR

DR. ALFRED MILLER

DEM LANGJÄHRIGEN ERFOLGREICHEN

LEITER DER AGFA

GEWIDMET

Vorwort

In dem vorliegenden Band werden wieder die Ergebnisse einiger in den Agfa-Laboratorien durchgeführten Arbeiten mitgeteilt. Die Themen zu diesen Arbeiten sind den verschiedensten Bereichen der photographischen Forschung entnommen, doch sind zwei Gebiete besonders stark berücksichtigt worden, welche heute eine hervorragende Rolle spielen. Einmal ist es die Anwendung der Ergebnisse der Halbleiterphysik zur Erklärung des photographischen Elementarprozesses und der Entwicklungsvorgänge. An sich ist die photographische Anwendung dieses Zweiges der Physik nicht neu, doch ist er durch neue Forschungsergebnisse und Betrachtungsweisen für die Theorie des photographischen Prozesses in letzter Zeit besonders fruchtbar geworden. Das zweite Thema ist die Anwendung der Übertragungstheorie und der Informationstheorie auf photographische Probleme. Ursprünglich in der elektrischen Nachrichtentechnik entwickelt, wurden diese Disziplinen in steigendem Maße auf optische und photographische Probleme angewendet. Da die Grundlagen dieser Methoden vielen Lesern unbekannt sein dürften, wurden sie in einem längeren Aufsatz behandelt.

Dieser Band ist Herrn Direktor Dr. ALFRED MILLER, dem langjährigen Leiter der Agfa Filmfabrik in Wolfen gewidmet, durch dessen Tatkraft und Erfahrung nach dem Kriege die Filmfabrik in Leverkusen aufgebaut und auf den heutigen Stand gebracht werden konnte. Ihm ist vor allem auch zu danken, daß durch Gründung des Wissenschaftlich-Photographischen Laboratoriums die wissenschaftliche Forschung auf photographischem Gebiet wieder aufgenommen wurde.

An den Arbeiten zur Herausgabe des vorliegenden Bandes war Herr Dr. habil. E. KLEIN in starkem Maße beteiligt. Für seine wertvolle Unterstützung bin ich ihm zu Dank verpflichtet.

Leverkusen, im September 1958

Hellmut Frieser

Inhaltsverzeichnis

Ionische und elektronische Fehlstellen in Halogensilberkristallen und deren Beteiligung am photographischen Elementarprozeß. Von R. Matejec ... 1

Die Wanderung von Eigenfehlstellen durch Halogensilberkristalle. Von E. Klein und R. Matejec. 14

Potentiometrie an Halogensilber-Einkristallen. Von R. Matejec 36

Elektronenmikroskopische Untersuchungen an photographischen Schichten. Von E. Klein 43

Bestimmung der Anzahl der Belichtungskeime im latenten photographischen Bild. Von E. Klein 80

Die Beziehungen zwischen der Schwärzung und der Größe der entwickelten Silberaggregate. Von E. Klein 85

Die Quantenabsorption in einer photographischen Schicht. Von H. Frieser und E. Klein 99

Beitrag zur Silbersalzbildung von photographischen Stabilisatoren. Von E. Klein 105

Beitrag zum Farbumschlag von entwickelten photographischen Schichten bei Heißtrocknung. Von E. Klein und E. Weyde 117

Die Eigenschaften photographischer Schichten bei Elektronenbestrahlung. Von H. Frieser und E. Klein 121

Über kettensubstituierte Cyaninfarbstoffe. Von H. v. Rintelen 141

Über den Einfluß der Gußdicke auf die photographischen Kenngrößen einer Emulsion. Von E. Zeitler 148

4-Amino-5-pyrazolone als Schwarzweißentwickler. Von L. Burgardt und W. Pelz 165

Die Regenerierung photographischer Entwickler. Modellversuche zur Regenerierung einfacher Entwicklungssysteme. Vorteile substituierter 4-Aminopyrazolon-3-carbonsäuren gegenüber Metol. Von H. Sassmann 176

Über den Reaktionsmechanismus und die Kinetik der Farbkupplung. Von J. Eggers 181

Wandlung der Papiergradation durch Zusatzbelichtung. Von H. Berghaus . . 198

Veränderung der Gradation von handelsüblichem Photomaterial durch Kombination von Kurzzeit- und Langzeitbelichtung. Von J. Eggers 205

Die Spektralempfindlichkeit einiger Agfafilme. Von R. Müller 211

Die Übertragungstheorie in der Photographie. — Eine Einführung. Von E. Zeitler 217

Messung des Schwankungsspektrums und der mittleren Schwärzung entwickelter photographischer Schichten. Von H. Frieser 249

Untersuchungen über die Wiedergabe kleiner Details beim Kopierprozeß.
Von H. FRIESER 270

Graphische Bestimmung von Optimalfarben.
(mit den Tafeln A u. B am Schluß des Buches in der Tasche)
Von E. HELLMIG 291

Versuche über das Farberinnerungsvermögen. Von E. HELLMIG 303

Lichtführung im Meßteil photographischer Kopiergeräte mit Belichtungsregeleinrichtung. Von F. BIEDERMANN und R. WICK 327

Zusammenstellung der in diesem Bande verwendeten Warenzeichen 339

Quellenverzeichnis der Arbeiten dieses Bandes, die bereits anderweitig veröffentlicht worden sind 339

Ionische und elektronische Fehlstellen in Halogensilberkristallen und deren Beteiligung am photographischen Elementarprozeß

Von R. Matejec

Einleitung

Nach Gurney und Mott [1] verläuft der photographische Elementarprozeß in zwei Einzelschritten: Einem Elektronen- und einem Ionenprozeß. Ionische und elektronische Fehlstellen spielen deshalb bei diesem Prozeß eine sehr große Rolle. J. W. Mitchell zeigte ferner durch zahlreiche Sensibilisierungsversuche an großen Halogensilberkristallen [2], daß auch strukturelle Fehlstellen (Versetzungen, Substrukturgrenzen) für die Entstehung des latenten Bildes von großer Bedeutung sind.

In der vorliegenden Arbeit sollen nun zusammenfassend einige Versuche beschrieben werden, welche einen besonders übersichtlichen Einblick in die ionischen und elektronischen Fehlordnungszustände der Halogensilberkristalle zulassen und welche auch die Beteiligung einzelner Fehlstellen am photographischen Elementarprozeß deutlich anzeigen.

I. Ionenfehlstellen (Eigenfehlordnung)

In reinen Halogensilberkristallen ist die sogenannte Eigenfehlordnung praktisch ausschließlich eine solche vom Frenkel-Typ im Silberionenteilgitter, eine nennenswerte Gleichgewichtskonzentration an Schottkyschen Fehlstellen ist nur bei hohen Temperaturen in Schmelzpunktsnähe vorhanden (siehe z. B. [3]).

Reine Halogensilberkristalle enthalten auch keine nennenswerten experimentell erfaßbaren elektronischen Fehlstellen; deshalb wird in diesen Kristallen die elektrische Leitfähigkeit[1] praktisch im gesamten Temperaturbereich bis zum Schmelzpunkt durch Zwischengittersilberionen (Ag_O^+) und durch Silberionenlücken ($Ag_\Box^-$) getragen, elektronische Leitfähigkeitsanteile treten nur in fremdstoffhaltigen Kristallen auf.

Die Modellvorstellungen, welche die gemessenen Temperaturfunktionen der elektrischen Leitfähigkeit hochgereinigter Halogensilberkristalle qualitativ erklären, wurden in einer anderen Arbeit dieses Bandes diskutiert [4]. Die Absolutlage der in diesen Temperaturfunktionen auftretenden Störleitungs-Teilkurve C ist ein Maß für die Ag_O^+-Konzentration, und die der Störleitungs-Teilkurve B ist ein solches für die $Ag_\Box^-$-Konzentration im Kristall in dem während der Messung vorhandenen Fehlordnungszustand.

Durch diese Zuordnung der beiden Störleitungs-Teilkurven B und C können durch eine bestimmte Behandlung der Kristalle hervorgerufene Veränderungen der Ag_O^+- und der $Ag_\Box^-$-Konzentration durch Messung der elektrischen Störleitung bequem untersucht werden[1].

---

[1] Die Meßmethode und die Meßapparatur wurden bereits früher beschrieben [5].

1. Die Einstellung der Fehlordnungsgleichgewichte

a) Frenkelfehlordnung. Im Temperaturbereich der elektrischen Eigenleitung (Teilkurve A) stellt sich in den Halogensilberkristallen das Frenkelfehlordnungsgleichgewicht im Verhältnis zur Meßzeit sehr rasch ein (vgl. auch [6]). Wird der Kristall jedoch auf tiefe Temperaturen abgekühlt, so wird das Frenkelgleichgewicht eingefroren. Eine exakte theoretische Behandlung der Bildungs- und der Rekombinationskinetik der Frenkelfehlstellen erfolgt in einer anderen Arbeit [7]. Die Bedeutung der Einstellungsgeschwindigkeit des FRENKELschen Fehlordnungsgleichgewichts für die chemische photographische Entwicklung wurde bereits in einer anderen Arbeit dieses Buches diskutiert [4]. Hier sollen nur zwei Versuche beschrieben werden, welche das Einfrieren des Frenkelgleichgewichts bei tieferen Temperaturen anzeigen.

Versuch 1. Kühlt man einen durch Schmelzfluß-Einkristallisation nach KYROPOULOS in Stickstoffatmosphäre hochgereinigten AgBr-Einkristall[1] im Vakuum möglichst rasch (d. h. etwa innerhalb 3 Minuten, $\frac{dT}{dt} \approx -1$ Grad·sek^{-1}) von $+20°$ C auf $-183°$ C ab, lagert den Kristall dann beliebig lange bei $-183°$ C, erwärmt ihn dann auf $-20°$ C und hält man dann die Temperatur auf $-20°$ C konstant, so steigt während des Erwärmens die elektrische Leitfähigkeit an, durchläuft ein Maximum und fällt danach im Laufe längerer Lagerung bei $-20°$ C bis auf einen Grenzwert ab (Abb. 1a).

Erwärmt man den Kristall nach dem Abschrecken nicht auf $-20°$ C, sondern auf $-40°$ C, so erhält man qualitativ das gleiche Ergebnis: Das Abklingen der elektrischen Leitfähigkeit nach dem Durchlaufen des Maximums erfolgt bei $-40°$ C jedoch bedeutend langsamer. Andererseits sind wegen der geringeren Störstellenbeweglichkeit bei $-40°$ C auch die Absolutwerte der Leitfähigkeit kleiner als bei $-20°$ C.

Dieser Versuch wird folgendermaßen gedeutet: Während der raschen Abkühlung von $+20°$ C auf $-183°$ C wurde der Temperaturbereich von $+20°$ C bis $-20°$ C ($-40°$ C) so rasch durchlaufen, daß sich die Frenkelfehlordnung nicht auf die Gleichgewichtskonzentration dieses Temperaturbereiches einstellen konnte: Die Frenkelkonzentration ist nach dem Abkühlen auf $-183°$ C noch größer als dem Gleichgewichtszustand bei $-20°$ C ($-40°$ C) entspricht.

Während der Tieftemperaturlagerung bei $-183°$ C kann gleichfalls kein nennenswerter Teil der vorhandenen Frenkelfehlstellen rekombinieren.

Wird der Kristall auf $-20°$ C ($-40°$ C) erwärmt, so steigt die Störstellenbeweglichkeit und damit auch die elektrische Leitfähigkeit an. In diesem Temperaturbereich erfolgt jedoch die Gleichgewichtseinstellung (d. h. das Verschwinden von überschüssigen Frenkelfehlstellen) in meßbaren Zeiten, so daß die elektrische Leitfähigkeit nach dem Durchlaufen des Maximums wieder bis auf einen Grenzwert abfällt.

Im allgemeinen ist es ziemlich schwierig, solche Effekte, die das Einfrieren des Frenkelgleichgewichts anzeigen, experimentell zu erfassen. Es wurde in einer anderen Arbeit dieses Bandes [4] gezeigt, daß selbst in gereinigten Halogensilberkristallen noch $n^- > n^+$ ist. Es verschwinden aber bei der Rekombination im

---

[1] Spektralanalytisch konnten keine zweiwertigen Verunreinigungen (Ca^{+2}, Cu^{+2}, Mg^{+2}) festgestellt werden (Erfassungsgrenze $1:10^{-6}$.)

mittleren Temperaturbereich in nennenswertem Maße nur die Minoritätsladungsträger (d. h. im Fall: $n^- > n^+$ die Zwischengittersilberionen Ag_O^+), wogegen die elektrische Leitfähigkeit bei diesen Temperaturen im allgemeinen weit überwiegend auf die in praktisch konstanter Konzentration vorhandenen Majoritätsladungsträger zurückgeht.

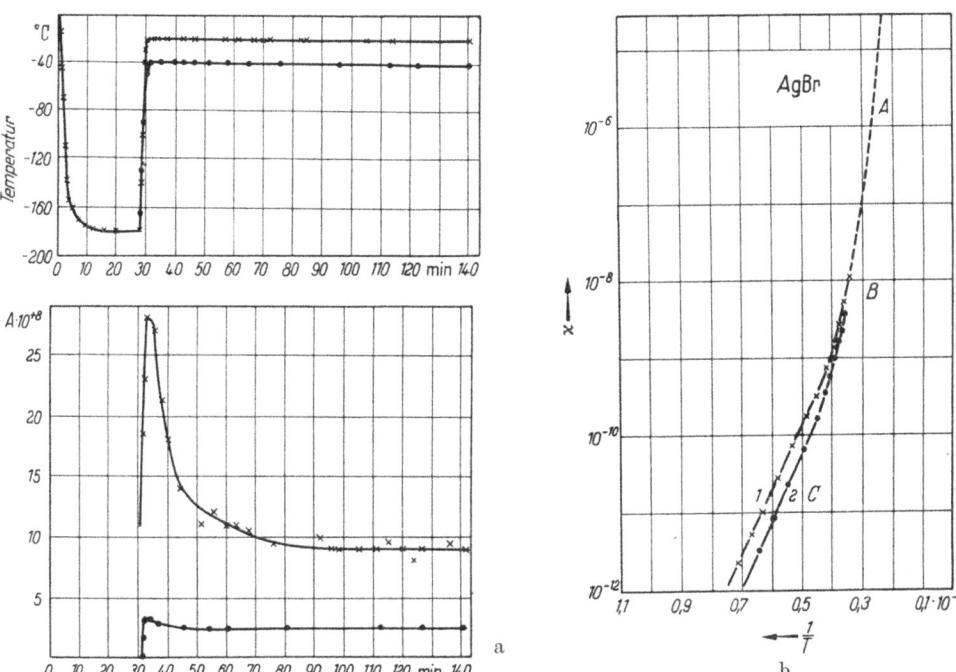

Abb. 1. Versuche zum Einfrieren des Fehlordnungsgleichgewichtes.

a) Nachweis des Einfrierens an einem hochgereinigten AgBr-Kristall (Verunreinigungen an Ca^{+2}, Cu^{+2}, Mg^{+2} usw. $< 1 : 10^{-6}$), oberes Teilbild: Zeitlicher Verlauf der Temperatur des Kristalls, unteres Teilbild: Zeitlicher Verlauf der elektrischen Leitfähigkeit. — x—x—x Abkühlung, Erwärmung, dann Lagerung bei $-20°$C, .—.—. Abkühlung, Erwärmung, dann Lagerung bei $-40°$C.

b) Elektrische Störleitung bei raschem und langsamem Abkühlen eines hochgereinigten AgBr-Kristalls; die Minoritätsladungsträger (Ag_O^+) verschwinden stärker als die Überschußladungsträger ($Ag_\Box^-$). — Kurve 1: Abkühlungsgeschwindigkeit vor der Messung:
$$\frac{dT}{dt} = -1 \text{ [Grad·sek}^{-1}\text{]},$$
gemessen während der Erwärmung (mit $\frac{dT}{dt} = +10^{-1}$ [Grad·sek^{-1}]). Kurve 2: Versuch wie Kurve 1, jedoch nach 5 Std. Dunkellagerung bei $-20°$C.

Zur Messung des Einfriereffekts ist es notwendig, entweder hochgereinigte und sorgfältig hergestellte Kristalle zu verwenden, damit $n^+ \to n^-$ wird, oder aber es muß der $Ag_\Box^-$-Überschuß z. B. durch entsprechend geringe Mengen Ag_O^+-erzeugendes Ag_2O so gut wie möglich kompensiert werden (s. auch Abschnitt I, 2b).

Versuch 2. Wenn man einen hochgereinigten AgBr-Kristall mit einer Geschwindigkeit von $\frac{dT}{dt} \approx -1$ (Grad·sek^{-1}) auf $-183°$C abkühlt und dann während der

Erwärmung $\left(\frac{dT}{dt} \approx +10^{-1}\right)$ die elektrische Leitfähigkeit mißt, so erhält man die Kurve 1 der Abbildung 1b.

Wiederholt man den Versuch derart, daß man den Kristall erst etwa 5 Stunden bei $-20°$ C lagert, dann auf $-183°$ C abkühlt und danach während der Erwärmung wie vorher die elektrische Leitfähigkeit mißt, so erhält man die Kurve 2.

Der Versuch zeigt, daß als Folge der Lagerung bei $-20°$ C die Störleitungs-Teilkurve B wenig, die Teilkurve C dagegen stärker abnimmt, d. h. daß die bei $-20°$ C gegen den entsprechenden Gleichgewichtswert verlaufende Rekombination der Frenkelpaare empfindlicher durch die Abnahme der Teilkurve C (Verschwinden von Minoritätsladungsträgern Ag_O^+) als durch eine Abnahme der Teilkurve B (Konzentrationserniedrigung der Majoritätsladungsträger $Ag_\Box^-$) angezeigt wird (s. auch [7]).

b) Schottkyfehlordnung. Schreckt man einen hochgereinigten Halogensilberkristall rasch von hohen Temperaturen ($400°$ C) auf Zimmertemperatur ab, so stellt sich die Frenkelfehlordnung bald auf den entsprechenden Gleichgewichtswert ein. Bei sehr langer Dunkellagerung der Kristalle (>20 Std.) tritt aber noch eine zwar geringe, jedoch deutlich meßbare Vergrößerung der Ag_O^+-Konzentration und Verkleinerung der $Ag_\Box^-$-Konzentration ein. Die Störleitungs-Teilkurve C steigt, die Teilkurve B sinkt merklich ab (s. auch [5]).

Es ist denkbar, daß dieser Effekt auf ein Verschwinden der bei hoher Temperatur vor dem Abschrecken im Kristall entstandenen Schottky-Defekte (Halogenionenlücken $X_\Box^+$ und Silberionenlücken $Ag_\Box$) zurückzuführen ist. Weil die Konzentration n^- der Silberionenlücken in die Frenkel-Gleichgewichtsbedingung

$$n^- \cdot n^+ = F(T) \tag{1}$$

eingeht, muß bei einem Verschwinden von Schottky-Fehlstellen (Abnehmen von n^-) die Zwischengittersilberionen-Konzentration n^+ zunehmen, wenn die Frenkel-Fehlordnung dauernd im Gleichgewicht bleibt. Die Halogenionenlücken $X_\Box^+$ einer bei hoher Temperatur im Gleichgewicht vorhandenen Schottky-Fehlordnung sind offenbar ziemlich fest im Kristallgitter lokalisiert; es konnte bisher keine Störleitungs-Teilkurve aufgefunden werden, welche der Wanderung von Halogenionenlücken im elektrischen Feld entsprechen könnte.

Es ist aber auch möglich, die hier beschriebene Abnahme der Silberionenlückenkonzentration zu deuten durch eine ,,Kondensation'' von Silberionenlücken an Versetzungen usw. welche beim Abschrecken im Kristall entstanden sind.

2. Die Veränderung der Eigenfehlordnung durch Fremdstoffzusätze

a) Vergrößerung der $Ag_\Box^-$-Konzentration. Durch Fremdstoffzusätze kann nicht nur die strukturelle Fehlordnung, sondern auch der Eigenfehlordnungszustand der Halogensilberkristalle stark verändert werden.

Am übersichtlichsten liegen die Verhältnisse bei Zusatz von zweiwertigen Kationen (Cd^{+2}, Ca^{+2}, Cu^{+2}, Pb^{+2} usw.). Jedes zugesetzte zweiwertige Kation ersetzt zwei Silberionen im Gitter, es kann aber nur einen Gitterplatz besetzen. Für jedes zugesetzte zweiwertige Kation entsteht deshalb eine Silberionenlücke [8]. Im Frenkel-Fehlordnungsgleichgewicht sinkt aber gemäß Gl. (1) mit zunehmender $Ag_\Box^-$-Konzentration die Ag_O^+-Konzentration ab.

Die Leitfähigkeitsmessungen zeigen dementsprechend, daß z. B. durch Cd^{+2}-Zusatz die Störleitungs-Teilkurve B im Diagramm parallel nach oben, die Störleitungs-Teilkurve C parallel nach unten verschoben wird (s. Abb. 2a).

Da im Fehlordnungs-Gleichgewichtszustand die Gl. (1) erfüllt sein muß, sinkt bei diesem Versuch die Ag_O^+-Konzentration um den gleichen Faktor ab, wie die $Ag_\square^-$-Konzentration durch Cd^{+2}-Zusatz vergrößert wird; d. h. die Teilkurve C sinkt im logarithmischen Diagramm um die gleiche Strecke, wie die Teilkurve B ansteigt. In geringem Maße assoziieren die Silberionenlücken $Ag_\square^-$ mit den im Gitter eingebauten zweiwertigen Kationen Cd_G^+ ((TELTOW [8]). Wahrscheinlich ist dies die

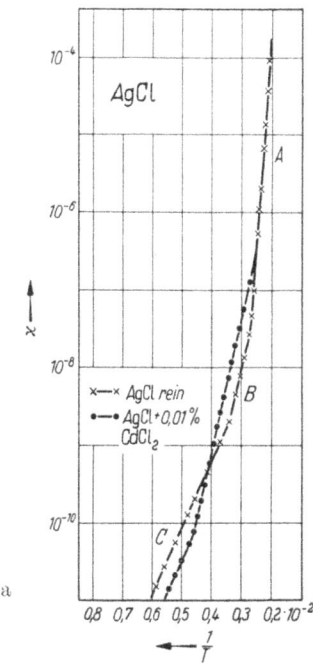
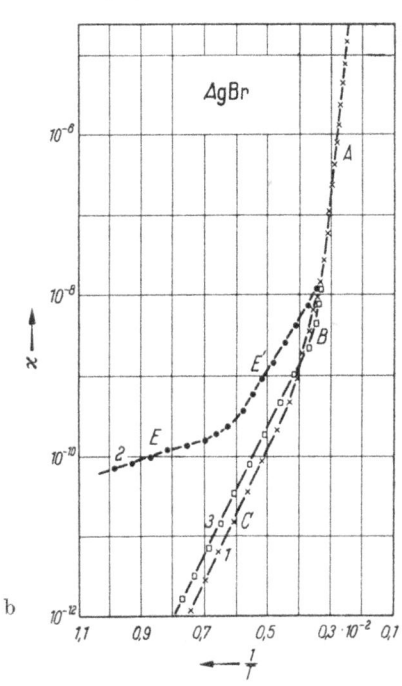

Abb. 2. Wirkung von Verunreinigungen auf die Fehlordnungszustände.

a) Zweiwertige Kationen (Cd^{+2}):
Kurve 1: Zusatzfreier AgCl-Kristall,
Kurve 2: Kristall mit 0,01 Mol % $CdBr_2$-Zusatz;

b) Zweiwertige Anionen (O^{-2}): *Kurve 1:* Zusatzfreier AgBr-Kristall, *Kurve 2:* Kristall mit 0,01 Mol% Ag_2O-Zusatz, gemessen unmittelbar nach seiner Herstellung, *Kurve 3:* Ein gleicher Kristall wie bei Kurve 2, nach seiner Herstellung in gesättigtem Bromwasser gebadet. Defektelektronen wandern bei dieser Behandlung in den Kristall hinein und entleeren die Donatoren E und E'.

Ursache dafür, daß sich bei größeren Cd^{+2}-Zusätzen in geringem Maße auch der Anstieg der Störleitungs-Teilkurve B (d. h. scheinbar die Aktivierungsenergie U^- der $Ag_\square^-$-Wanderung)ändert.

b) Vergrößerung der Ag_O^+-Konzentration. In Analogie zum Abschnitt 2a ist zu erwarten, daß Zusätze von zweiwertigen Anionen (O^{-2}, S^{-2}, Se^{-2} usw.) die Fehlordnungsgleichgewichte derart verschieben, daß die Ag_O^+-Konzentration n^+ vergrößert wird ([5] s. a. [9]).

Primär muß ein solcher Effekt auch auftreten: Für jedes eingebaute zweiwertige Anion bildet sich eine Halogenionenlücke $X_\square^+$. Wird aber die Halogenionenlückenkonzentration $n_{X_\square^+}$ vergrößert, so wird über das Gleichgewicht der bei hoher Temperatur vorhandenen SCHOTTKY-Fehlordnung gemäß der Gleichgewichtsbedingung

$$n_{X_\square^+} \cdot n^- = S(T) \qquad (2)$$

die Konzentration n^- der Silberionenlücken verkleinert und deshalb im FRENKEL-Gleichgewicht die Ag_O^+-Konzentration n^+ vergrößert.

Es treten dabei aber eine Reihe von Sekundärerscheinungen auf, welche die experimentelle Untersuchung dieses Effekts recht schwierig machen. Die zweiwertigen Anionen bringen Elektronendonatoren (E und E') in den Kristall (vgl. Teil II), deren Störleitungs-Teilkurven die Teilkurve C, welche die Ag_O^+-Konzentration anzeigt, überdecken [5]. Andererseits werden diese Zusätze (Ag_2O, Ag_2S, Ag_2Se) bei der Kristallherstellung zum Teil inhomogen eingebaut, teilweise unter Ag-Bildung thermisch zersetzt; an diesen Keimen (Ag, Ag_2S usw.) kombinieren Ag_O^+-Ionen mit den Elektronen, welche von den Elektronendonatoren E und E' ins Leitfähigkeitsband geschickt werden. Aus diesem Grunde nimmt im Kristall die Ag_O^+-Konzentration gleichzeitig mit der Konzentration der besetzten Donatorenterme E und E' ab (Vergl. Teil II)

Auf jeden Fall wird aber wegen solcher Sekundäreffekte die durch Ag_2O-, Ag_2S- und Ag_2Se-Zusatz zum Halogensilber bewirkte Veränderung der Eigenfehlordnungszustände wenig übersichtlich.

In Abb. 2b ist die Temperaturfunktion der Leitfähigkeit eines Ag_2O-haltigen Kristalls (Kurve 2) der eines hochgereinigten Kristalls (Kurve 1) gegenübergestellt. Während einer Dunkellagerung werden die elektronischen Teilkurven E und E' mehr oder weniger abgebaut, ähnlich wie weiter unten in Abb. 5a und b an Ag_2S-haltigen Kristallen beschrieben ist. Es bleibt dann oft nur die Teilkurve B übrig. Wenn man jedoch im Ag_2O-haltigen Kristall die Donatorenterme E und E' durch Einlagen des Kristalls in gesättigtes Halogenwasser gleich nach der Kristallherstellung entleert und dadurch eine Kombination der Donatoren-Elektronen mit den Zwischengittersilberionen unterbindet, so kann man über die Störleitungs-Teilkurve C eine vergrößerte Ag_O^+-Konzentration im Ag_2O-haltigen Kristall erfassen (Kurve 3).

c) Veränderung der Eigenfehlordnung durch strukturelle Fehlstellen und durch Mischkristallbildung. Die Veränderung der Eigenfehlstellen-Konzentration durch Mischkristallbildung zwischen den einzelnen Silberhalogeniden (AgCl + AgBr; AgBr + AgJ; AgCl + AgJ) ist sehr wichtig (s. a. [10]).

Zusatz von kleinen Mengen größerer Halogenionen (z. B. J^-) zum Grundgitter (z. B. AgBr) läßt Silberionenlücken mit den Fremd-Halogenionen assoziieren

$$Ag_\square^- + J_G \rightleftarrows (Ag_\square^- J_G).$$

Silberionenlücken werden auf diese Weise dem Fehlordnungsgleichgewicht entnommen. Dadurch wird nach Gl. (1) die Ag_O^+-Konzentration vergrößert.

Zusatz kleiner Mengen kleinerer Halogenionen (z. B. Cl^-) zum Grundgitter (z. B. AgBr) bewirkt das Gegenteil: Zwischengittersilberionen assoziieren sich mit den kleineren Fremd-Halogenionen:

$$Ag_O^+ + Cl_G \rightleftarrows (Ag_O^+ Cl_G),$$

deshalb steigt durch solche Zusätze die $Ag_\square^-$-Konzentration an. Darüber hinaus wird aber durch die Mischkristallbildung im allgemeinen die Gesamtkonzentration der Eigenfehlstellen stark vergrößert, weil im deformierten Gitter deren Bildungsenergie kleiner als im idealen Gitter ist und weil andererseits Mischkristalle eine besonders große Versetzungsdichte aufweisen. In Versetzungsgebieten ist aber die Gleichgewichtskonzentration der Eigenfehlstellen besonders groß.

3. Veränderung der Eigenfehlordnung durch mechanische Verformung

Durch mechanische Verformung reiner Halogensilberkristalle werden die Störleitungs-Teilkurven B und C zumindest vorübergehend erhöht [5], [12]. In Abb. 3 zeigt die Kurve 1 die Temperaturfunktion der Leitfähigkeit eines AgBr-Kristalls vor der Verformung. Wurde der (ziemlich plastische) Kristall durch öfteres Hin- und Herbiegen mechanisch verformt, so wurden die Teilkurven B und C merklich erhöht (Kurve 2); während einer längeren Dunkellagerung bei Zimmertemperatur sanken sie wieder bis fast auf die Kurve 1 zurück.

Die Veränderlichkeit der elektrischen Störleitung durch mechanische Verformung hatte zur Folge, daß die Störleitungs-Teilkurven früher Leitfähigkeitsanteilen zugesprochen wurden, bei denen „Lockerionen" den Stromtransport über strukturelle Gitterfehler, wie innere Risse, Versetzungen usw., besorgen sollten (s. [3]).

Hier wird für diese Effekte eine andere Deutung gegeben: Durch die mechanische Verformung werden Versetzungsgebiete und andere strukturelle Gitterstörungen gebildet, in denen die Bildungsenergie der Eigenfehlstellen sehr klein und ihre Gleichgewichtskonzentration groß ist im Verhältnis zum idealen Gitter. Bei nicht zu tiefer Temperatur können die Eigenfehlstellen leicht aus den Versetzungsgebieten in das ideale Kristallgitter „hineindampfen". Für die durch Verformung hervorrufbare Leitfähigkeitsvergrößerung sind die Versetzungen also nach diesen Vorstellungen nur indirekt verantwortlich, direkt geht diese Leitfähigkeitserhöhung auf eine Vergrößerung der Eigenfehlstellenkonzentration zurück. Ähnliche Vorstellungen wurden schon von SEITZ an Alkalihalogenidkristallen entwickelt ([11], s. a. [12]).

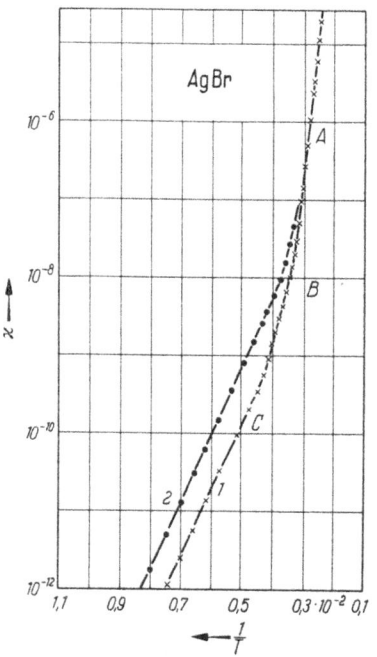

Abb. 3. Veränderung der elektrischen Störleitung durch mechanische Verformung. — *Kurve 1:* AgBr-Kristall vor der Verformung; *Kurve 2:* Kristall unmittelbar nach Verformung (öfteres Verbiegen) des Kristalls gemessen. — Während einer Dunkellagerung bei Zimmertemperatur geht die erhöhte Leitfähigkeitskurve 2 allmählich wieder auf die Kurve 1 zurück.

Es ist theoretisch möglich, daß auch die speziellen Verformungsbedingungen die Veränderung des Fehlordnungszustandes beeinflussen: Dehnung kann die

Lückenbildung ($Ag_\square^-$ und $X_\square^+$) und Stauchung die Bildung von Zwischengitterionen ($Ag_\bigcirc^+$ und $X_\bigcirc^-$) begünstigen.

4. Die Adsorption von Zwischengittersilberionen an Ag-, Au- und an Ag_2S-Keimen

Sehr wichtig für unser Verständnis des photographischen Elementarprozesses ist folgender Versuch [5]: Wird ein Halogensilberkristall im Hochvakuum mit Silberspuren bedampft[1], so sinkt die Störleitungs-Teilkurve C merklich ab (Übergang von Kurve 1 nach Kurve 2 in Abb. 4). Zur exakten Durchführung dieses Versuchs ist es notwendig, vor jeder Leitfähigkeitsmessung die Abkühlgeschwindigkeit vor und nach der Silberbedampfung gleich groß zu wählen, damit der hier beschriebene Effekt nicht durch den in Abb. 1a gezeigten „Einfriereffekt" verfälscht wird.

Das Aufbringen von Goldkeimen auf die Kristalloberfläche wirkt ähnlich, und beim Abscheiden von kompakten Ag_2S-Keimen auf der Kristalloberfläche durch Eintauchen des Kristalls in verdünnte wäßrige NaSH-Lösung ($\sim 10^{-4} n$) sinkt die Teilkurve C gleichfalls merklich ab.

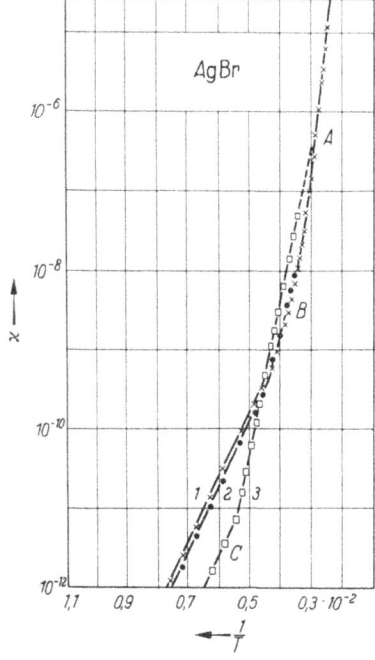

Abb. 4. Versuche zur Adsorption von $Ag_\bigcirc^+$-Ionen an Silberkeimen; Silberkeime als Elektronenfallen. — *Kurve 1*: AgBr-Kristall rein; *Kurve 2*: AgBr-Kristall mit Silberspuren im Hochvakuum bedampft und dann gemessen; *Kurve 3*: AgBr-Kristall nach der Hochvakuumbedampfung 20 min.belichtet mit $\sim 10^{15}$ Quanten/sek · cm² von 436 mμ und dann gemessen.

Dieser Versuch läßt sich nur so deuten, daß die aufgebrachten Silber- und Goldkeime und die kompakten Ag_2S-Keime Zwischengittersilberionen aus dem Kristall bis zu einem Gleichgewichtswert adsorbieren, z. B.:

$$Ag_n + m\, Ag_\bigcirc^+ \rightleftarrows (Ag_{n+m})^{+m} \qquad (A)$$

Die Ag-, Au- und Ag_2S-Keime werden durch Silberionenadsorption zu wirksamen Elektronenfallen.

Wie ein Silberdraht, der in eine silberionenhaltige wäßrige Lösung taucht, Silberionen bis zu einem Gleichgewichtswert adsorbiert, werden auch Zwischengittersilberionen an Silberkeimen adsorbiert, wenn diese mit einem Halogensilberkristall in Kontakt stehen (s. a. [13]). Die Silberkeime nehmen durch diese Silberionenadsorption ein positives Potential an; dadurch werden wahrscheinlich Defektelektronen abgestoßen, die Rekombination ist deswegen erschwert. Durch statistische Schwankungen der $Ag_\bigcirc^+$-Adsorption können aber einzelne Silberkeime vermutlich auch ungeladen oder weniger stark positiv geladen sein; außerdem hängt das elektrochemische Gleichgewichtspotential der Silberkeime an den Halogensilberkörnern der photographischen Emulsionen noch von der Silberionenkonzentration

---

[1] Die aufgedampften Silberspuren waren so gering, daß der Kristall zwar im Sinne von HEDGES und MITCHELL [2] sensibilisiert, jedoch kaum nennenswert verschleiert war.

der wäßrigen Lösungsphase ab, und zwar offenbar auch dann, wenn die Keime nur über die Halogensilberkristalle und nicht direkt mit der Lösungsphase in Kontakt stehen (s. z. B. [*14*]). Jedenfalls können trotz der genannten Ag_O^+-Adsorption, wenn keine wirksamen Halogenakzeptoren vorhanden sind, unter bestimmten Umständen die Ag-, Au- und die Ag_2S-Keime auch mit den Defektelektronen reagieren, wie dies von J. W. MITCHELL und dessen Mitarbeitern ausführlich beschrieben wurde (s. a. [*14*]).

Wird ein Halogensilberkristall, auf welchen Silberkeime im Hochvakuum aufgedampft worden sind, bei $+ 20°$ C mit Licht seiner Eigenabsorption ($436 \, m\mu$) belichtet, so sinkt die Störleitungs-Teilkurve C stark ab, die Teilkurve B steigt an [*5*] (s. Kurve 3 in Abb. 4). Das Absinken der Teilkurve C wurde schon früher als negativer Photoeffekt und das Ansteigen der Teilkurve B als sekundärer Photoeffekt IV beschrieben [*5*]. An silber-, gold- oder Ag_2S-freien Halogensilberkristallen tritt dieser Effekt nicht auf [*15*].

Zu deuten ist dieser Effekt folgendermaßen: Die beim Belichten im Kristall entstehenden Photoelektronen werden durch die Silberkeime eingefangen:

$$(Ag_{n+m})^{+m} + \ominus \rightleftarrows (Ag_{n+m})^{+m-1} . \tag{B}$$

Dadurch wird das obengenannte Adsorptionsgleichgewicht (A) gestört, neue Zwischengittersilberionen werden an den Keimen adsorbiert; durch kombinierten Ablauf der Reaktionen (A) und (B) verarmt der Kristall während der Belichtung an beweglichen Zwischengittersilberionen. Wenn der Kristall nach dieser Blaubelichtung längere Zeit bei Zimmertemperatur intensiv mit Rotlicht bestrahlt wurde, so vergrößerte sich die Ag_O^+-Konzentration im Kristall nur um einen geringen, gerade noch meßbaren Betrag (HERSCHEL-Effekt).

Über die in diesem Abschnitt genannten Versuche wurde früher schon einmal berichtet [*5*]; wegen der Wichtigkeit ihrer Aussage wurden sie inzwischen aber noch eingehend reproduziert.

Es darf für diese Versuche selbstverständlich nicht im Kristall $n^- \gg n^+$ sein (vgl. z. B. [*4*]). Besonders gut sind die Versuche dann durchführbar, wenn die Ag_O^+-Konzentration im Kristall durch geringe Ag_2O-Spuren vergrößert ist (vgl. Abschnitt I, 2b).

II. Elektronische Störstellen

In reinen Halogensilberkristallen konnten bis jetzt experimentell keine elektronischen Fehlstellen aufgefunden werden, solche Fehlstellen treten offensichtlich nur in verunreinigten Kristallen auf.

Bereits in einer früheren Arbeit wurde mitgeteilt, daß an Halogensilberkristallen, welche aus Ag_2S-haltigen Schmelzen hergestellt worden sind, bei tiefen Temperaturen besonders bequem eine elektronische Zusatzleitung gemessen werden kann [*5*]: Bei tiefen Temperaturen überwiegt nämlich in bestimmten Fällen (s. weit. unt.) diese elektronische Zusatzleitung über die Ionenleitfähigkeit.

Es konnte nun durch eingehendere Untersuchung festgestellt werden, daß die durch Ag_2S hervorgerufene Zusatzleitung in der Hauptsache auf zwei verschiedene Donatorensorten (E und E') zurückgeht, d. h. die Zusatzleitung zerfällt hauptsächlich in zwei Störleitungsteilkurven (s. Abb. 5a u. 5b); die Anwesenheit von geringeren Mengen anderer Donatorensorten in diesen Kristallen läßt sich bisher allerdings noch nicht sicher ausschließen. Die gleichen Donatorensorten E und E'

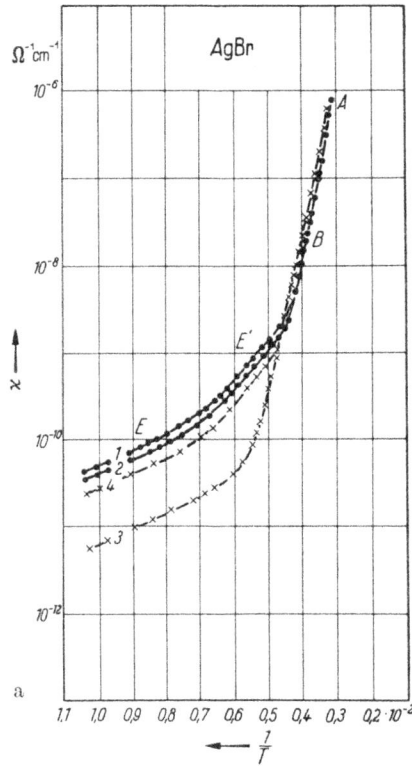
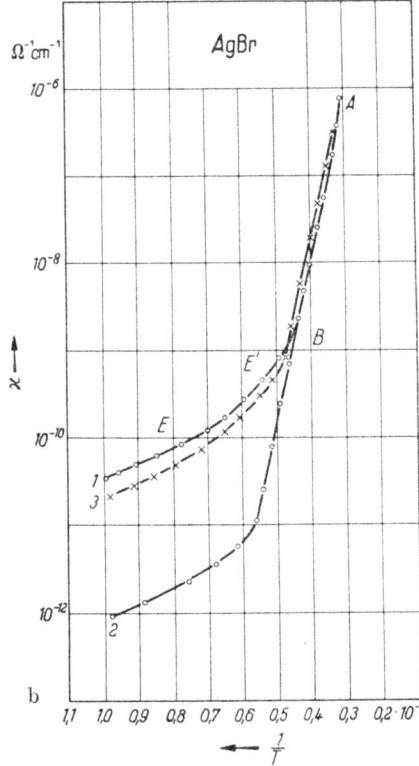

Abb. 5. Temperaturfunktionen der Leitfähigkeit von zwei verschiedenen AgBr-Kristallen mit 0,01 Mol% Ag_2S-Zusatz (elektronische Störleitungs-Teilkurven E und E').

a) FERMI-Niveau liegt hoch: *Kurve 1:* Unmittelbar nach der Kristallherstellung gemessen; *Kurve 2:* Nach 3 Std. Dunkellagerung gemessen (elektronischer Gleichgewichtszustand); *Kurve 1:* Darauf während Blaubelichtung (436 mμ) gemessen; *Kurve 3:* Nach der Blaubelichtung gemessen; *Kurve 2:* Kristall nochmals dunkelgelagert und dann gemessen; *Kurve 4:* Während Rot- und Infrarotbelichtung gemessen.

b) FERMI-Niveau liegt tief: *Kurve 1:* Unmittelbar nach der Kristallherstellung gemessen; *Kurve 2:* Nach 3 Std. Dunkellagerung gemessen (elektronischer Gleichgewichtszustand); *Kurve 3:* Danach während Blaubelichtung (436 mμ) gemessen; *Kurve 2:* Nach der Blaubelichtung gemessen; *Kurve 2:* Kristall nochmals dunkel gelagert und dann gemessen; *Kurve 2:* Während einer Rot- und Infrarotbelichtung gemessen. (Wenn nach einer Behandlung eine bereits vorher gemessene Kurve nochmals erhalten wurde, so sind die Meßpunkte der Übersichtlichkeit halber in die Abb. 5a und b nicht weiter eingezeichnet).

sind auch in Ag_2Se-haltigen Kristallen vorhanden, sie weisen dort nur eine andere Aktivierungsenergie auf. Alle diese Donatoren lassen sich durch Halogenierung entleeren, d. h. die Teilkurven E und E' verschwinden durch Halogenierung der Kristalle vollständig.

Früher wurde berichtet, daß auch in manchen „reinen" Kristallen elektronische Störleitungs-Teilkurven E und D auftraten [5]; es konnte jetzt aber gefunden werden, daß diese Störleitungsteilkurven dort offenbar auf Ag_2O-Spuren zurückzuführen waren: Durch Ag₂O-Zusatz zu reinem Halogensilber, welches ursprünglich keine Störstellen E und D enthielt, konnten diese beiden Störleitungs-Teilkurven jetzt planmäßig hervorgerufen werden.

Die an Ag₂O-haltigen Kristallen auftretenden Störstellen D entsprechen vollkommen den Störstellen E' in Ag₂S- und in Ag₂Se-haltigen Kristallen, sie sollen deshalb im folgenden stets auch als Störstellen E' bezeichnet werden.

Die Aktivierungsenergien, welche nötig sind, um thermisch Elektronen aus den Donatorentermen E und E' ins Leitfähigkeitsband zu bringen, sind für die verschiedenen Zusätze in Tab. 1 zusammengestellt.

Tabelle 1

Zusatz	AgCl		AgBr	
	W_E (eV) Störst. E	$W_{E'}$ (eV) Störst. E'	W_E (eV) Störst. E	$W_{E'}$ (eV) Störst. E'
Ag₂O	0,033 ± 0,005	0,127 ± 0,005	0,032 ± 0,005	0,115 ± 0,005
Ag₂S	0,033 ± 0,005	0,090 ± 0,005	0,032 ± 0,005	0,085 ± 0,005
Ag₂Se	0,033 ± 0,005	0,080 ± 0,005	0,032 ± 0,005	0,075 ± 0,005

Bemerkenswert ist, daß die Aktivierungsenergie der Störstellen E' vom O^{-2}-Zusatz zum S^{-2}-Zusatz zum Se^{-2}-Zusatz (d. h. mit abnehmender Elektronenaffinität der Zusatzatome) abnimmt, wogegen die Aktivierungsenergie der Störstellen E innerhalb der Meßgenauigkeit unabhängig von der Zusatzsorte ist.

Dieser Befund legt die Vermutung nahe, daß es sich bei den Donatoren E' um O_G^--, S_G^-- und Se_G^--Ionen handelt (d. h. z. B. um O^{-2}, homogen an Gitterplätzen eingebaut) und daß die Donatoren E mit F-Zentren ($X_\square$) identisch sind. Diese Vermutung muß aber noch weiter experimentell geprüft werden.

Die beiden Donatorensorten E und E' scheinen die gleichen zu sein wie die, welche von DORFNER durch Tieftemperatur-Lumineszenzmessungen an Ag₂S-haltigen Kristallen aufgefunden worden sind [16]. Allerdings sind die hier direkt bestimmten thermischen Aktivierungsenergien sicher genauer als die von DORFNER für die optischen Aktivierungsenergien bloß abgeschätzten Werte.

Wichtig für das elektronische Gleichgewicht in den Kristallen ist die Tatsache,

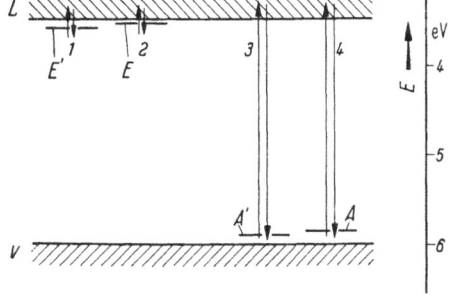

Abb. 6. Elektronische Störterme im Ag₂O-, Ag₂S- oder Ag₂Se-haltigen AgBr-Kristall (schematisch, vgl. [16]). — Die Donatorenterme E und E' entsprechen wahrscheinlich den Störstellen (O_G^-; S_G^-; Se_G^- und $X_\square$), die Akzeptorterme A und A' den STASIWschen Störstellenkomplexen (z. B. $S_G^- Ag_O^+$ und $X_\square Ag_O^+$). Auch inhomogen eingebaute Ag₂S- oder Ag-Keime liefern Akzeptorterme. Übergänge 1 und 2 ergeben die elektrischen Störleitungs-Teilkurven E und E' (elektronische Zusatzleitung, vgl. a. [5]). Übergänge 3 und 4 aus mit Elektronen besetzten Akzeptortermen A und A' ergeben die STASIWsche Zusatzabsorption.

daß durch die Ag₂O-, Ag₂S- und Ag₂Se-Zusätze außerdem noch Elektronenakzeptoren in den Halogensilberkristall gebracht werden; als Akzeptoren wirken wahrscheinlich die von STASIW und Mitarbeitern durch Messung des langwelligen Ausläufers der Lichtabsorption gefundenen Komplexe

$$\left(\text{z. B.} \quad S_G Ag_O^+ + \ominus \rightleftarrows S_G^- Ag_O^+\right)$$

sowie auch inhomogen eingebaute Ag_2S-, Ag_2Se-Teilchen und durch thermische Zersetzung entstandene Silberteilchen, welche Zwischengittersilberionen adsorbieren (vgl. Abschn. 1, 4).

Wie die Donatorenterme, so werden auch die besetzten Akzeptorenterme durch Halogenierung entleert, z. B.

$$S_G^- Ag_O^+ + \oplus \rightarrow S_G Ag_O^+.$$

Dies erkennt man schon daran, daß beim Halogenieren die Zusatzabsorption verschwindet (s. z. B. [10]).

Es erhebt sich die Frage, warum in den halogenierten, zusatzhaltigen Kristallen keine Defektelektronen aus den entleerten Akzeptortermen thermisch ins Valenzband angeregt werden, d. h. warum hier keine stationäre Defektleitung auftritt; wahrscheinlich dissoziieren die Komplexe, sobald sie ein Defektelektron eingefangen haben:

$$S_G^- Ag_O^+ + \oplus \longrightarrow S_G Ag_O^+$$
$$-Ag_O^+ \updownarrow \quad +Ag_O^+ \quad \Big| \quad -Ag_O^+$$
$$S_G^- \quad + \oplus \longleftarrow S_G$$

und:

$$X_\square Ag_O^+ + \oplus \longrightarrow X_\square^+ Ag_O^+$$
$$-Ag_O^+ \updownarrow \quad +Ag_O^+ \quad \Big| \quad -Ag_O^+$$
$$X_\square \quad + \oplus \longleftarrow X_\square^+$$

Je nach Zusatzmenge, Schmelzdauer, Abkühlungsbedingungen, Durchmischung und Erhitzung der Schmelze usw., überwiegen die Donatoren oder die Akzeptoren; aus diesem Grunde kann man mehr oder weniger zufällig zusatzhaltige Kristalle erhalten, in denen das Ferminiveau hoch (Abb. 5a), andere, in denen es tief (Abb. 5b) in der verbotenen Zone liegt (s. die elektronischen Gleichgewichtskurven 2 in Abb. 5a u. 5b). Störleitungs-Teilkurven E und E', welche unmittelbar nach der Kristallherstellung gemessen wurden, zeigen die Kurven 1 in Abb. 5a und 5b. In diesem Zustand sind im allgemeinen mehr Terme E und E' mit Elektronen besetzt, als dem elektronischen Gleichgewicht zwischen Donatoren und Akzeptoren entspricht, die Teilkurven E und E' werden demgemäß bei Dunkellagerung zumindest wenig (Abb. 5a) oft, sogar sehr stark (Abb. 5b) bis auf den Gleichgewichtswert (Kurven 2 in Abb. 5a u. 5b) abgebaut.

Wird der Kristall dann mit Licht von 436 mμ bestrahlt und während der Bestrahlung die Temperaturfunktion der Leitfähigkeit gemessen, so verlaufen die Teilkurven E und E' praktisch in der gleichen Höhe wie vor der Dunkellagerung, d. h. die Terme E und E' werden während der Blaubelichtung wieder vorübergehend mit Elektronen besetzt. Wird die Messung nach der Blaubelichtung im Dunkeln wiederholt, so sind dann die Störleitungs-Teilkurven E und E' abgebaut (in Abb. 5a mehr als dem Gleichgewichtswert entspricht, in Abb. 5b jedoch bis auf den Gleichgewichtswert). Offenbar entleeren die bei der Blaubelichtung entstehenden Defektelektronen nach der Belichtung die Terme E und E' unter Umständen bis unter dem Gleichgewichtswert. Während einer längeren Dunkellagerung stellt sich aber in jedem Fall der elektronische Gleichgewichtszustand (Kurven 2 in Abb. 5a und 5b) wieder ein.

Die von den Elektronendonatoren E und E' ins Leitfähigkeitsband angeregten Elektronen gehen in das Gleichgewicht (B) ein und verändern auf diese Weise über das Gleichgewicht (A) die Ag_O^+-Konzentration. Wegen der Überlagerung der verschiedenen Gleichgewichte sind die Verhältnisse zur quantitativen Behandlung noch nicht übersichtlich genug.

Sind die Terme E und E' im elektronischen Gleichgewicht überwiegend mit Elektronen besetzt (vgl. Abb. 5a), so kann man durch Rot- und Infrarotbelichtung diese Terme in geringem Maße reversibel „ausleuchten". Meßbare Absorptionsbanden im roten oder ultraroten Spektralbereich (0,6 bis 15 μ) konnten jedoch nicht gefunden werden; solche Banden sind aber auch nur bei Störstellen zu erwarten, welche einen Dipol aufweisen.

Herrn Prof. Dr. H. FRIESER, Herrn Dr. E. KLEIN und Herrn Dr. J. EGGERS danke ich für wertvolle Diskussionen, Herrn Dr. E. KLEIN außerdem für die Hochvakuumbedampfung der Kristalle.

Literatur

[1] GURNEY, R. W., u. N. F. MOTT: Proc. Roy. Soc. (A) **164**, 151 (1938).
[2] HEDGES, J. M., u. J. W. MITCHELL: Phil. Mag. **44**, 223 a. 357 (1953).
  EVANS, T., J. M. HEDGES u. J. W. MITCHELL: J. Phot. Sci. 3/3, 73 (1955).
  JONES, D. A., u. J. W. MITCHELL: Phil. Mag. **2**, 1047 (1957).
  MITCHELL, J. W.: Z. f. Physik, **138**, 381 (1954).
[3] s. Literaturverzeichnis in: R. MATEJEC, Phot. Korr. **93**, 17 (1957).
[4] KLEIN, E., u. R. MATEJEC: in diesem Band S. 14.
[5] MATEJEC, R.: Naturwiss. **43**, 533 (1956) u. Z. f. Physik **148**, 454 (1957).
[6] FRIAUF, R. J.: J. Chem. Phys. **22**, 1329 (1954).
  SEITZ, F.: Rev. mod. Physics, **23**, 335 (1951)
  SCHOTTKY, W., H. ULICH, u. C. WAGNER: Thermodynamik, S. 380, Berlin (1929).
  JOST, W.: Physik. Z. **36**, 757 (1935).
[7] MATEJEC, R.: Z. f. Physik, 151, 595 (1958).
[8] KOCH, E., u. C. WAGNER: Z. phys. Chem. (B) **38**, 295 (1937).
  STASIW, O., u. J. TELTOW: Ann. Physik (6) **1**, 261 (1947).
  TELTOW, J.: Ann. Physik (6) **5**, 63 u. 71 (1950).
  EBERT, I., u. J. TELTOW: Ann. Physik 16, 268 (1955).
[9] MITCHELL, J. W.: Phil. Mag. **2**, 1276 (1957).
[10] TELTOW, J.: Z. phys. Chem. **195**, 197 u. 213 (1950).
[11] SEITZ, F.: Phys. Rev. **80**, 239 (1950).
[12] JOHNSTON, W. G.: Phys. Rev. **98**, 1777 (1955).
  BURMEISTER, J.: Z. f. Phys. **148**, 402 (1957).
[13] MITCHELL, J. W.: Z. f. Elektrochem., **60**, 557 (1956)
  MITCHELL, J. W.: Sonderheft d. Photogr. Korr. (1957).
  MITCHELL, J. W., u. N. F. MOTT: Phil. Mag. **2**, 1149 (1957).
  MITCHELL, J. W.: Report on Progress in Physics **20**, 433 (1957).
[14] MATEJEC, R.: in diesem Band, S. 36.
[15] YAMADA, K., u. OKA, S.: Naturwiss. **43**, 175 (1956).
[16] DORFNER, K. R.: Ann. Physik (16) **6**, 331 (1955).

Die Wanderung von Eigenfehlstellen durch Halogensilberkristalle[1]
(Ein Beitrag zum Mechanismus der photographischen Entwicklung)

Von E. KLEIN und R. MATEJEC

I. Die Eigenfehlstellen in den Halogensilberkristallen und ihre Beweglichkeit [3]

1. Die Eigenfehlordnung

Neben einer strukturellen Fehlordnung (Versetzungen, Fremdstoffeinschlüsse usw. [4]) ist in allen Halogensilberkristallen noch eine temperaturabhängige „Eigenfehlordnung" vorhanden, und zwar nimmt man heute im allgemeinen, gestützt auf mehrere experimentelle Arbeiten [5—8], praktisch ausschließlich eine solche vom FRENKEL-Typ für das Kationen-Teilgitter an: $Ag_G \rightleftarrows Ag_O^+ + Ag_\square^-$. In diesem Gleichgewicht bedeutet Ag_G ein Silberion auf Gitterplatz, Ag_O^+ ein Silberion auf Zwischengitterplatz und $Ag_\square^-$ eine Silberionenlücke.

W. JOST [7] leitete für die FRENKEL-Fehlordnung folgende Gleichgewichtsbedingung ab:

$$n^+ n^- = N_1 N_2 \exp\left[-\frac{W_F}{kT}\right] \quad (1)$$

(n^+, n^- bedeuten die Ag_O^+- und die $Ag_\square^-$-Konzentrationen; N_1 ist die Konzentration der durch Silberionen Ag_G besetzten Gitterplätze, N_2 die Konzentration der durch Silberionen besetzbaren Zwischengitterplätze und W_F (1,69 eV für AgCl; 1,27 eV für AgBr [8]) die Bildungsenergie eines FRENKEL-Störstellenpaares).

Ein nennenswerter Gleichgewichtsbetrag an SCHOTTKYscher Fehlordnung (Halogenionenlücken $X_\square^+$ und Silberionenlücken $Ag_\square$ im Gleichgewicht mit dem geordneten Kristall) wird heute auf Grund mehrerer experimenteller Ergebnisse für die Halogensilberkristalle allgemein nur bei hohen Temperaturen (T > 350° C) angenommen [6, 9]. Ein thermisches FRENKEL-Gleichgewicht für die Halogenionen ist in den Halogensilberkristallen nicht vorhanden: Halogenionen sind zu groß, um im Kristall Zwischengitterplätze besetzen zu können.

2. Die elektrische Leitfähigkeit und ihre Temperaturfunktion

Die Eigenfehlstellen Ag_O^+ und $Ag_\square$ sind in den Halogensilberkristallen beweglich [3, 5].

Die elektrische Dunkelleitfähigkeit *reiner* Halogensilberkristalle wird praktisch ausschließlich durch diese beiden Eigenfehlstellensorten (Ag_O^+ und $Ag_\square$) bestritten (keine Elektronenleitung) [1]. Außerdem wird die Beweglichkeit dieser Eigenfehlstellen (d. h. der Störstellen im Kationen-Teilgitter) auch durch Diffusionsprozesse angezeigt (siehe z. B. [10]).

Für die temperaturabhängigen Störstellenbeweglichkeiten u gilt die Beziehung:

$$u^\pm = w^\pm \exp\left[-\frac{U^\pm}{kT}\right] \quad (2)$$

---

[1] Vorgetragen auf der Tagung der Deutschen Bunsengesellschaft am 20. 5. 1957 in Kiel.

In der Gl. (2) ist w eine temperaturunabhängige Konstante und U die zur Wanderung der Störstellen erforderliche Aktivierungsenergie.

Tabelle 1. [*1, 8 u. 9*]

	AgCl	AgBr	$\beta =$ AgJ (hex.)
U^+ [eV]	0,16	0,15	0,135
U^- [eV]	0,37	0,35	0,32
w^+ [cm² V⁻¹ sek⁻¹]	$5 \cdot 10^{-1}$	$3 \cdot 10^{-2}$	
w^- [cm² V⁻¹ sek⁻¹]	$9 \cdot 10^{-1}$	$5 \cdot 10^{-1}$	

Die Halogenionenlücken $X_\square^+$ einer gegebenenfalls bei Zimmertemperatur im Halogensilberkristall erzwungenen SCHOTTKYschen Fehlordnung scheinen im Gitter ziemlich fest lokalisiert zu sein; es sind noch keine Zahlenwerte über deren Beweglichkeit bekannt geworden.

Allgemein wird die elektrische Dunkelleitfähigkeit $\varkappa$ eines reinen Halogensilberkristalls durch folgende Beziehung beschrieben:

$$\varkappa = e\,(n^+ u^+ + n^- u^-) \qquad (3)$$

Im $\left(\log \varkappa / \frac{1}{T}\right)$-Diagramm erhält man eine Kurve, welche man in drei fast geradlinige Teilkurven zerlegen kann ([*1*], s. auch Abb. 1). (Sehr sorgfältig gereinigte Kristalle.) Im Gegensatz zur sogenannten „Eigenleitung" (Teilkurve A) sind die Teilkurven B und C als „Störleitungs-Teilkurven" stark von der individuellen Beschaffenheit der Kristalle abhängig [*1, 11* u. a.].

Für die Temperaturfunktion der elektrischen Leitfähigkeit wird hier die folgende Erklärung hergeleitet:

TELTOW [*8*] findet bei Temperaturen oberhalb 150° C, daß die Leitfähigkeit bei Erhöhung der $Ag_\square^-$-Konzentration (durch Cd^{++}-Ionenzusatz) ein Minimum durchläuft. Nach Gl. (1) sinkt aber n^+ bei Erhöhung von n^- ab, d. h. bei diesen Temperaturen muß im *reinen* Kristall

$$(u^+ n^+) > (u^- n^-) \qquad (4)$$

sein. Die Gl. (3) geht dann über in die Form:

$$\varkappa_A \approx e\,u^+ n^+ \qquad (5)$$

Die Temperaturabhängigkeit der elektrischen Leitfähigkeit wird also im Bereich der Eigenleitung (Teilkurve A, Abb. 1) durch die Temperaturabhängigkeit von u^+ nach Gl. (2) und von n^+ nach Gl. (1) geregelt.

Die gesamte Temperaturfunktion der Leitfähigkeit (Abb. 1) muß man nur durch Änderung der n- und u-Werte erklären können, ohne daß zusätzliche Leitfähigkeitsanteile (Elektronenleitung) gefordert werden müssen. Außerdem muß die Leitfähigkeit bei hohen Temperaturen in den durch die Beziehungen (4) und (5) beschriebenen Grenzfall übergehen. Die Zuordnung der Störleitungsteilkurven C und B ergibt sich aus folgendem Versuch:

Durch Zusatz von Cd^{++}-Ionen erfolgt eine Parallelverschiebung der Teilkurven B und C derart (vgl. Abb. 1 und [*1*]), daß die neue C-Kurve tiefer, die neue B-Kurve höher liegt als die des reinen Kristalls. Der Ladungstransport erfolgt also im Bereich C überwiegend durch Zwischengittersilberionen, im Bereich B jedoch überwiegend durch Silberionenlücken. Aus Gl. (3) wird also:

$$x_C \approx e\, n^+ u^+ \tag{6}$$
$$x_B \approx e\, n^- u^- \tag{7}$$

Bestimmt man den Anstieg der Funktionen $\log x_{C,B} = f\left(\frac{1}{T}\right)$, so erhält man genau die von TELTOW berechneten Werte U^+ bzw. U^- (vgl. Gl. (3)):

$$\frac{d \ln x_{C,B}}{d\frac{1}{T}} = -\frac{U^{+,-}}{k} \tag{8}$$

Gl. (8) kann nur dann erfüllt sein, wenn innerhalb der Teilkurven C und B die Konzentrationen der Fehlstellen konstant, also keine Funktion der Temperatur sind.

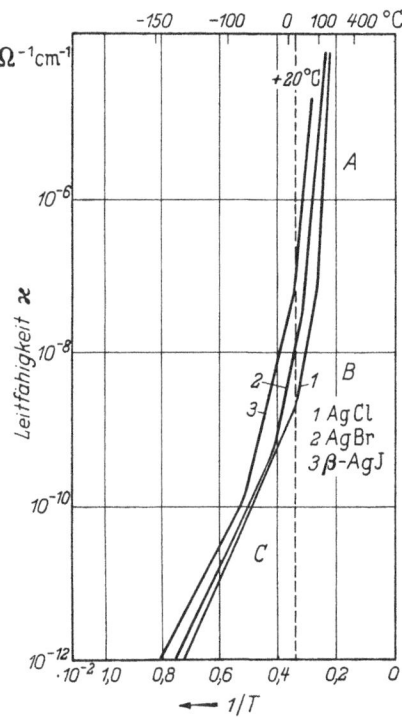

Abb. 1. Gemessene Temperaturfunktionen der elektrischen Leitfähigkeit eines hochgereinigten AgCl-, eines AgBr- und eines β-AgJ-Kristalls.

Würden sich nämlich auch bei diesen tiefen Temperaturen n^+ und n^- mit der Temperatur ändern, so kann als Temperaturfunktion der Leitfähigkeit nicht mehr die reine Temperaturabhängigkeit der Beweglichkeit resultieren (Gl. 8). Die temperaturunabhängigen Konzentrationen der Fehlstellen innerhalb der Teilleitungskurven C und B werden daher mit n_O^+ und n_O^- bezeichnet.

Es gilt also für die Teilkurve C:

$$n_O^+ u_{(T)}^+ \gg n_O^- u_{(T)}^- \tag{9}$$

und für die Teilkurve B:

$$n_O^- u_{(T)}^- \gg n_O^+ u_{(T)}^+ \tag{10}$$

Die Umkehrung der Ungleichungen beim Übergang von Teilkurve C in Teilkurve B geht auf die Beziehung $U^- > U^+$ zurück.

Über die Größenverhältnisse, die untereinander zwischen n_O^+ und n_O^- bzw. u^+ und u^- bestehen, kann man Aussagen machen, wenn man berücksichtigt, daß für die „Eigenleitung" (Teilkurve A) die Gl. (5) im Grenzfall erfüllt sein muß.

Der Anstieg der Teilkurve A (größer als der von B und C) im Gebiet der sogenannten Eigenleitung wird in erster Linie durch eine Neubildung von FRENKEL-Defekten (Zunahme der Konzentration der Fehlstellen mit der Temperatur) erklärt. Es bilden sich nach Gl. (1) mit zunehmender Temperatur im Temperaturbereich der elektrischen Eigenleitung stets gleiche Mengen $\triangle n$ beider Fehlstellen (Ag_O^+ u. $Ag_\square$), so daß für die Fehlstellenkonzentrationen $n_{(T)}^+$ und $n_{(T)}^-$ im Teilgebiet A gelten muß

$$n_{(T)}^+ = n_O^+ + \triangle n(T), \tag{11}$$
$$n_{(T)}^- = n_O^- + \triangle n(T) \tag{12}$$

Die $n^+_{(T)}$ und $n^-_{(T)}$ Werte müssen (Gl. 1) als Nebenbedingung erfüllen.

Im gesamten Teilgebiet A setzt sich die Temperaturabhängigkeit der Leitfähigkeit zusammen aus derjenigen der Beweglichkeit (Gl. 2) und derjenigen der Neubildung von FRENKEL-Defekten (Gl. 1). Ferner nimmt nach (Gl. 1) die Konzentration der Fehlstellen mit der Temperatur so stark zu, daß in der (Gl. 11) und (12) die n_O-Werte zu vernachlässigen sind und dann sehr bald gilt:

$$n^+_{(T)} \approx n^-_{(T)} \qquad (13)$$

Mit den Gl. (2) und (3) muß der Übergang der Teilkurve C in B und mit Gl. (1), (2) und (3) sowie der Bedingung (4) der Übergang von Teilkurve B in A erklärbar sein. Mit dieser Forderung ist aber nur die Bedingung

$$n^-_O > n^+_O \qquad (14)$$

verträglich, woraus für den gesamten Temperaturbereich notwendigerweise folgt

$$u^+ > u^- \qquad (15)$$

Anderenfalls ist für C nicht die Bedingung $n^+ u^+ \gg n^- u^-$ erreichbar. Alle anderen Fälle führen zu Widersprüchen: Der Fall

$$n^+_O > n^-_O, \; (u^+)_C > (u^-)_C$$

könnte die Kurve C erklären, führt aber dann für B schon zu der Bedingung

$$(u^-)_B > (u^+)_B,$$

was dann mit der Bedingung $U^- > U^+$ nicht mehr im Einklang ist, und außerdem kann dann die Bedingung (4), die man mit (11) und (12) in der Form schreiben kann:

$$\left[n^+_O + \triangle n(T)\right] u^+ > \left[n^-_O + \triangle n(T)\right] u^-,$$

für die Eigenleitung (A) bei höheren Temperaturen nicht mehr erfüllt werden. Der Ansatz

$$n^+_O > n^-_O ; \; u^+_C > u^-_C$$

steht andererseits zwar im Einklang mit den Teilkurven C und B, führt aber für A (Gl. (4) u. (5)) zur gleichen Diskrepanz. Die Bedingung

$$n^+_O < n^-_O ; \; u^+_C < u^-_C$$

reicht schließlich nur zur Erklärung der Teilkurve B.

Es führen also nur die Bedingungen (14) und (15) zu keinem Widerspruch mit dem Ergebnis von TELTOW [8].

Es tritt die Frage auf, warum im Temperaturbereich der Teilkurven C und B die Konzentrationen n^+ und n^- der FRENKEL-Störstellen praktisch temperaturunabhängig bleiben:

$$n^-_O, n^+_O \neq f(T). \qquad (16)$$

Die Erklärung dafür lautet, daß beim raschen Abkühlen der Kristalle auf $-180°$ C das FRENKEL-Fehlordnungsgleichgewicht eingefroren wird, weil die Beweglichkeiten $u(T)$ der FRENKEL-Defekte (Ag^+_O und $Ag^-_\square$) beim Abkühlen um viele Zehnerpotenzen verkleinert werden ([1], s. a. [12])[1].

---

[1] Man kann den Temperaturbereich, in welchem die Einstellung des FRENKEL-Fehlstellen-Gleichgewichts bei der Leitfähigkeitsmessung in den reinen Kristallen einfriert, verschieben, wenn man die Abkühlungs- oder die Erwärmungsgeschwindigkeit um Zehnerpotenzen verändert. Darüber soll später noch ausführlich berichtet werden. Bei der Messung der Kurven von Abb. 1 betrug die Abkühlungsgeschwindigkeit etwa 1° pro Sekunde, die Erwärmungsgeschwindigkeit 1° pro Minute.

Das Einfrieren des FRENKEL-Fehlordnungsgleichgewichtes bei tieferen Temperaturen kann man experimentell folgendermaßen zeigen:[1]

a) Beim langsamen Abkühlen von hochgereinigten AgBr-Kristallen (d. h. von solchen Kristallen, bei denen die FRENKEL-Störstellenkonzentrationen bei Zimmertemperatur durch das thermische Fehlordnungsgleichgewicht und nicht überwiegend durch Verunreinigungen bestimmt werden) kann man die Eigenleitung nach tiefen Temperaturen hin noch etwas weiter verfolgen, als wenn man diese Kristalle rasch auf tiefe Temperaturen ($-183°$ C) abkühlt und dann die Temperaturfunktion der Leitfähigkeit während der Erwärmung mißt [1].

b) Ein Maß für die Einstelldauer des FRENKEL-Fehlordnungsgleichgewichtes ist die zeitliche Trägheit der Reversibilität des negativen Photoeffektes [1]. Aus dieser Trägheit kann man schließen, daß sich das FRENKEL-Fehlordnungsgleichgewicht in AgBr-Kristallen bei Zimmertemperatur innerhalb 5 bis 10 Minuten einstellt, daß die Einstellung dieses Gleichgewichtes dagegen in AgCl-Kristallen bei Zimmertemperatur viel länger dauert.

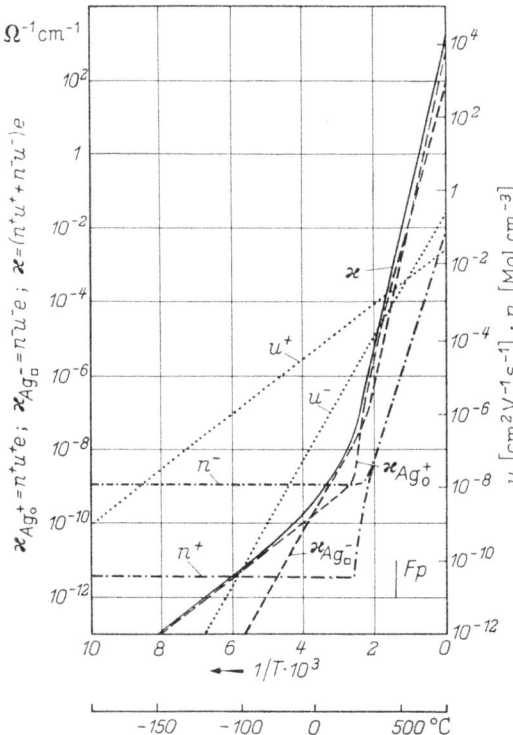

Abb. 2. Berechnete Temperaturfunktionen der elektrischen Leitfähigkeit $\varkappa$ und der Teilleitfähigkeiten $\varkappa_{Ag_\square^-}$ und $\varkappa_{Ag_O^+}$ eines reinen AgBr-Kristalls und die nach tiefen Temperaturen hin extrapolierten Temperaturfunktionen der Störstellenbeweglichkeiten u^+ und u^-. Vorgegeben ist der aus den experimentell gefundenen Kurven abgeschätzte Verlauf der Temperaturfunktionen von n^+ und n^- für den vereinfachten Fall, daß das Einfrieren der Fehlordnungsgleichgewichte an einem scharfen Temperaturpunkt erfolgt.

Mißt man nach dem Abschrecken während der Erwärmung die Temperaturfunktion der Leitfähigkeit, so bleiben dann die Fehlstellenkonzentrationen n_O^+ und n_O^- praktisch konstant, die Leitfähigkeit gehorcht also im Gebiet der Störleitungsteilkurve C den Gleichungen:

$$\varkappa_C \approx e \cdot n_O^+ \cdot u_{(T)}^+ = e \cdot n_O^+ \cdot w^+ \cdot \exp\left|-\frac{U^+}{kT}\right| \tag{17}$$

---

[1] Eine exakte Behandlung der Bildungs- und der Rekombinationskinetik der FRENKEL-Fehlstellen in Halogensilberkristallen erfolgt in einer anderen Arbeit (R. MATEJEC, Z. Phys., **151**, 595 (1958).

$$\left[\frac{d\ln\varkappa}{d\frac{1}{T}}\right]_C \approx \left[\frac{d\ln u^+}{d\frac{1}{T}}\right] = \frac{U^+}{k}$$

mit den Nebenbedingungen:
$$n_O^- > n_O^+, \quad u_{C(T)}^+ \gg u_{C(T)}^-$$

Im Gebiet der Störleitungsteilkurve B gelten die Gleichungen

$$\varkappa_B \approx e\, n_O^-\, u_{(T)}^- = e\, n_O^-\, w^- \exp.\left[-\frac{U^-}{kT}\right] \tag{18}$$

$$\left[\frac{d\ln\varkappa}{d\frac{1}{T}}\right]_B \approx \left[\frac{d\ln u^-}{d\frac{1}{T}}\right] = \frac{U^-}{k}$$

mit den Nebenbedingungen:
$$n_O^- > n_O^+, \quad u_{B(T)}^+ \gg u_{B(T)}^-,$$

wogegen die Leitfähigkeit im Gebiet der elektrischen Eigenleitung die Gl. (19):

$$\varkappa_A = e\left[\left(n_O^+ + \triangle n_{(T)}\right) u_{(T)}^+ + \left(n_O^- + \triangle n_{(T)}\right) u_{(T)}^-\right] \tag{19}$$

mit den Nebenbedingungen:
$$u_{(T)}^+ > u_{(T)}^- \tag{20}$$

$$\left(n_O^+ + \triangle n_{(T)}\right) \approx \left(n_O^- + \triangle n_{(T)}\right) \approx \triangle n_{(T)} \tag{21}$$

und damit
$$\left(n_O^+ + \triangle n_{(T)}\right) u_{(T)}^+ > \left(n_O^- + \triangle n_{(T)}\right) u_{(T)}^- \tag{22}$$

erfüllt.

Auf diese Weise erhält man schließlich unter Berücksichtigung der Gl. (1), (2), (5), (21) und (22) für die Gl. (19) noch folgende Näherung:

$$\varkappa_A \approx e\sqrt{N_1 N_2}\, w^+ \exp.\left[-\frac{\frac{W_F}{2}+U^+}{kT}\right] \tag{23}$$

II. Elektronenmikroskopische Untersuchungen zur photographischen Entwicklung von Halogensilbermikrokristallen

Bei der photographischen Entwicklung werden die Halogensilberkörner zu Silber reduziert, und zwar wird diese Reduktion durch kleine, bei der Belichtung entstandene Silberkeime katalysiert: Die Reduktion von belichteten Halogensilberkörnern erfolgt um Größenordnungen schneller [13].

Die Entwicklermoleküle geben Elektronen an den Silberkeim ab; sie sind bestrebt, dem Silberkeim ein elektrochemisches Potential aufzuzwingen, welches dem Redoxpotential der Entwicklerlösung entspricht. Durch die Elektronenübertragung werden aber die Adsorptionsgleichgewichte zwischen den beweglichen Silberionen in der Umgebung (Ag_O^+ im Kristall, Ag^+ in der Lösung) und den am Keim adsorbierten Silberionen gestört, neue Silberionen werden am Keim adsorbiert, andere werden durch Diffusionsprozesse herantransportiert, und auf diese Weise wird am Keim so lange Silber abgeschieden, bis entweder die Entwicklersubstanz oder aber das Silberionen liefernde Halogensilberkorn verbraucht ist.

Für den Nachtransport der Silberionen gibt es zwei mögliche Grenzfälle:

1. Der Nachtransport der Silberionen erfolgt überwiegend über die Lösungsphase (physikalische Entwicklung, nur möglich, wenn größere Mengen Komplexbildner: S_2O_3'', SO_3'', SCN' usw. anwesend sind; s. E. KLEIN, in diesem Band, S. 43.)

2. Der Nachtransport der Silberionen erfolgt überwiegend durch den Halogensilberkristall, ein Transport von Silberionen über die Lösungsphase ist ausgeschlossen [2]. (Kein Komplexbildner ist anwesend.)

Hier soll nur der zweite Grenzfall behandelt werden, und zwar wird weiter unten in Teil III gezeigt, daß in diesem Fall die Silberionen nicht etwa überwiegend über die Kristalloberfläche, sondern durch das Kristallinnere hindurchwandern.

Die ursprüngliche Kornform geht durch den Silberionentransport bei der Entwicklung mehr oder weniger verloren [2]; das geht schon daraus hervor, daß bei der Umwandlung von AgBr in Ag das Volumen auf rund den dritten Teil vermindert wird.

Es gelingt, durch Anentwicklungen (etwa mittels sehr verdünnter Entwickler oder durch Abbruch der Entwicklung nach kurzer Zeit) Zwischenstadien der Entwicklung festzuhalten [2][1]. Aus solchen Experimenten läßt sich schließen, daß bevorzugt aus Zonen schlechten Kristallbaues (strukturell fehlgeordnete Kristallgebiete) Silberionen zum Keim wandern, an der Kontaktstelle Keim/Halogensilberkristall entladen werden und auf diese Weise den Silberfaden bilden, der sich aus dem Kristall herausschiebt; dabei entstehen an den Zonen schlechten Kristallbaues Ätzgruben.

Im allgemeinen werden die Silberionen aus der Nachbarschaft des Keimes zur Bildung des Silberfadens verwendet, so daß sich in der unmittelbaren Umgebung des Entwicklungsortes Ätzgruben am Halogensilberkorn bilden (s. Abb. 3, Stereoaufnahme).

An einigen Halogensilberkörnern erfolgt aber die Bildung der Ätzgruben und die Fadenbildung bei der Entwicklung örtlich getrennt (s. Abb. 4, Stereoaufnahme).

An einem Beispiel wurde bereits früher gezeigt (s. Abb. 5 u. [2]), daß das Volumen des Silberfadens dem Volumen der Ätzgruben äquivalent ist. Der Abbau erfolgt bei der Bildung der Ätzgruben entlang kristallographisch bevorzugter Richtungen, wie aus den Abb. 6 und 7 besonders deutlich hervorgeht. Die hier gezeigten anentwickelten Bromsilberkristalle sind alle durch (111)-Flächen begrenzt, das gleiche gilt für die entstandenen Ätzflächen.

Einen weiteren Hinweis für die örtliche Trennung von Entwicklung und Halogensilberabbau erhält man durch die Anentwicklungsversuche an Jodsilber. Das β-AgJ kristallisiert im hexagonalen Gitter und bildet meist sechsseitige Pyramiden. Die Seitenflächen sind (1110)-Flächen, die Grundfläche ist mit (1000) zu indizieren. Bei der Anentwicklung wachsen die Fäden aus der Grundfläche, während die Seitenflächen abgebaut werden (vgl. Abb. 8).

---
[1] Die elektronenmikroskopischen Aufnahmen wurden durch ein Kohleabdruckverfahren erhalten, welches bei [2] ausführlich beschrieben ist. Es liegt in den Abbildungen stets Silber neben Halogensilber vor, da vor der Kohlebedampfung keiner der beiden Partner durch einen Löseprozeß beseitigt wurde.

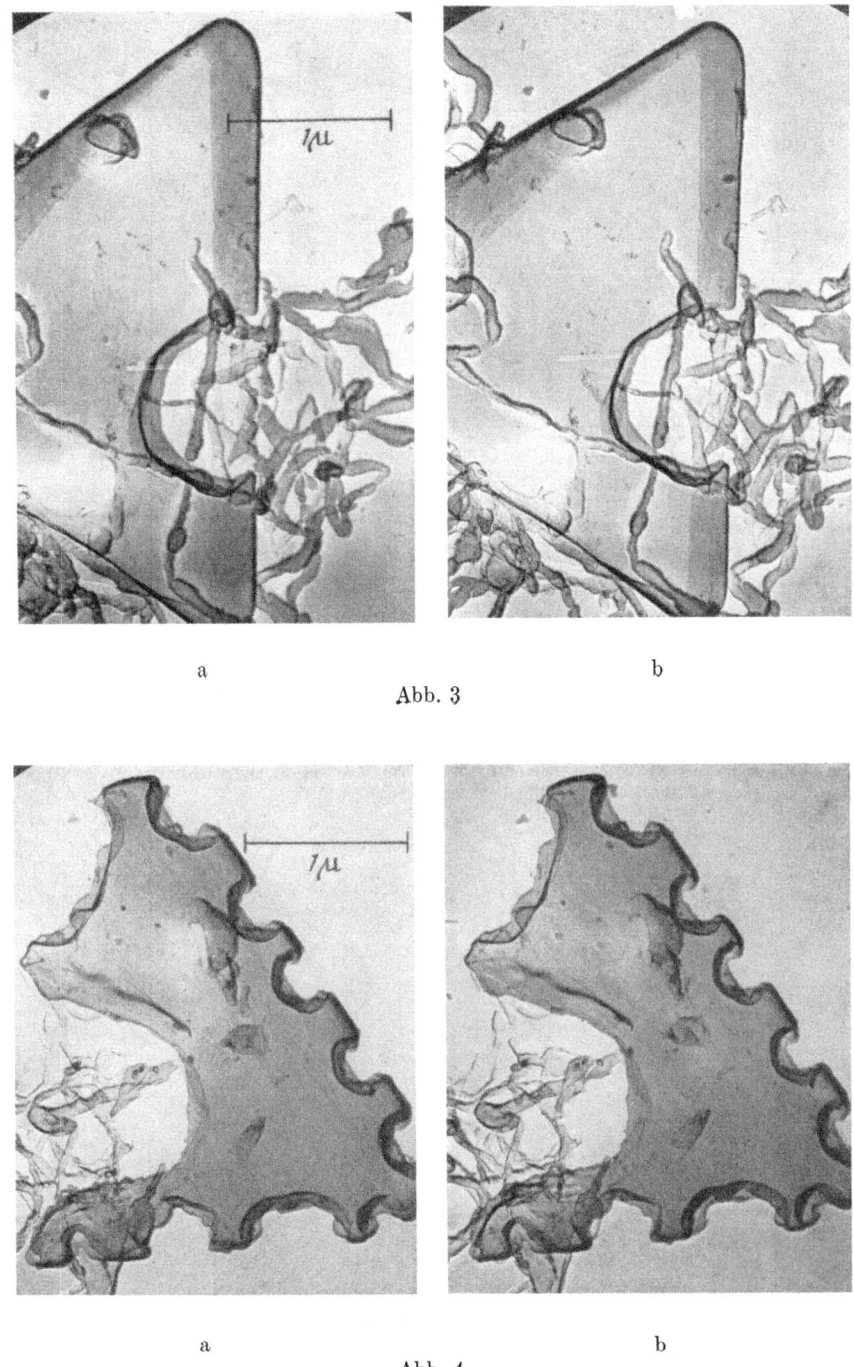

Abb. 3 u. 4. Elektronenmikroskopische Aufnahmen (Kohleabdrücke) von Anentwicklungen an Bromsilberkörnern photographischer Emulsionen.

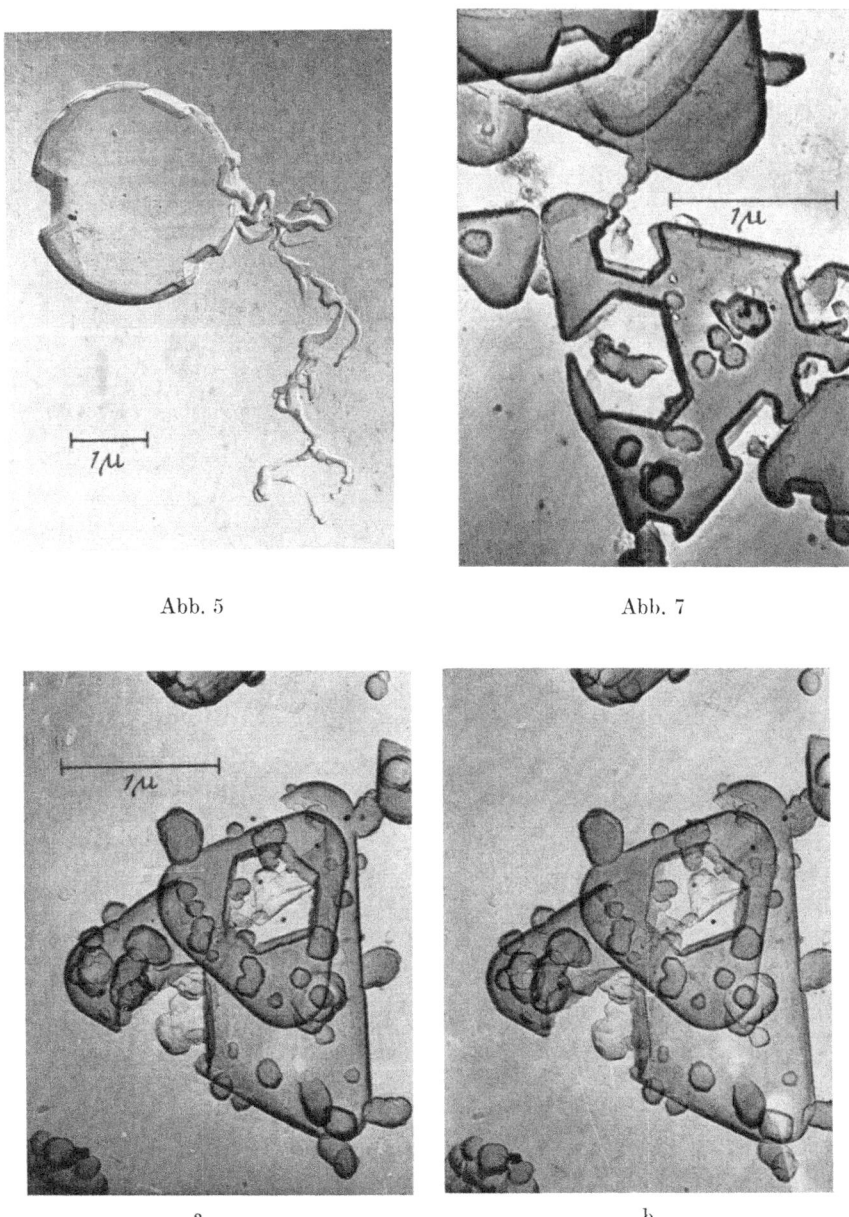

Abb. 5—7. Elektronenmikroskopische Aufnahmen (Kohleabdrücke) von Anentwicklungen an Bromsilberkörner photographischer Emulsionen.

Reine Ätzversuche mit Silberkomplexbildnern (ohne Entwicklersubstanz) ergeben, daß ebenfalls nur die Seitenflächen in der gleichen Weise wie in Abb. 8 angeätzt werden, nicht jedoch die Grundfläche.

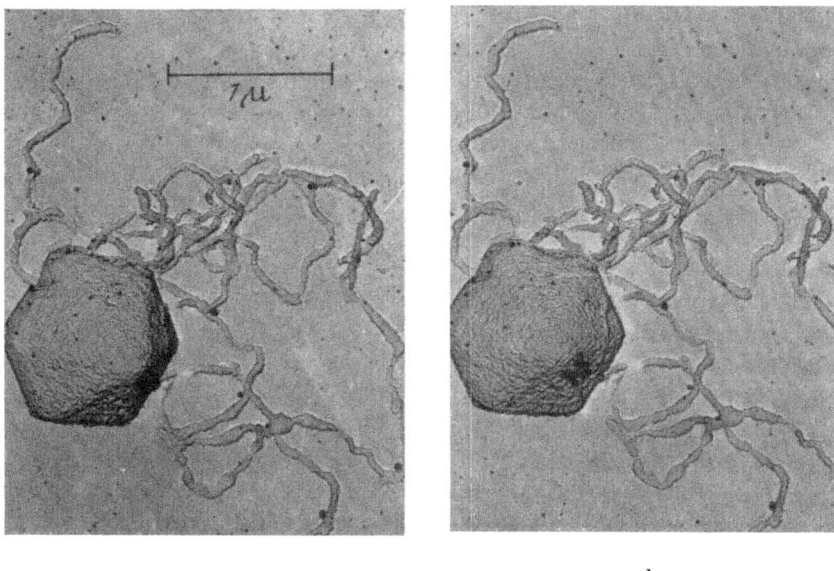

Abb. 8. Elektronenmikroskopische Aufnahme (Kohleabdruck) von der Anentwicklung eines Jodsilberkorns einer photographischen Emulsion.

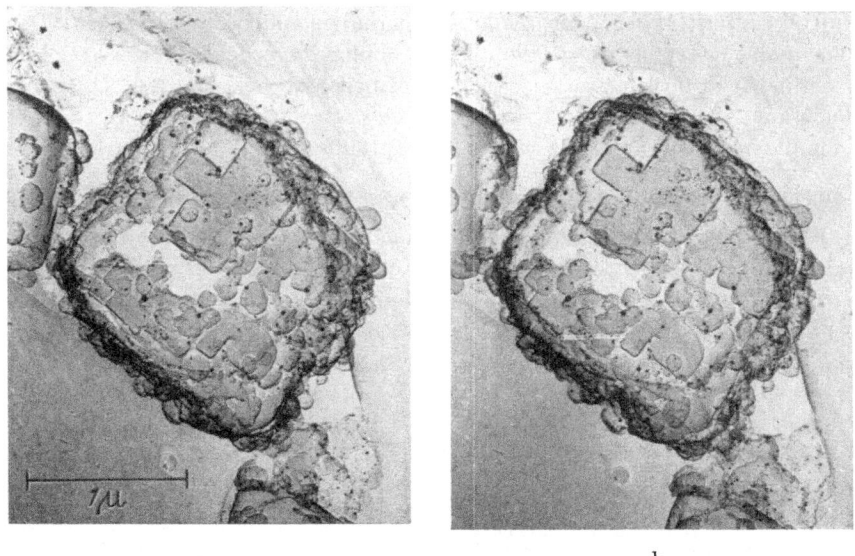

Abb. 9. Elektronenmikroskopische Aufnahme (Kohleabdruck) von der Anentwicklung eines Chlorsilberkorns einer photographischen Emulsion.

Auf der (1110)-Fläche liegen die Ionen im Gegensatz zur (1000)-Fläche nicht in einer Ebene und sind wahrscheinlich deshalb dort leichter abzubauen. Beim AgJ-Entwicklungsversuch (Abb. 8) entstehen die Ätzungen der Seitenflächen dadurch, daß die Silberionen durch den Kristall hindurch zu Silberkeimen an der Grundfläche wandern und dort Silberfäden ausbilden.

Die Abb. 9 zeigt schließlich Anentwicklungen von Chlorsilberkristallen. Die Chlorsilberkörner sind fast immer würfelförmig. Ihr Abbau erfolgt bei der Entwicklung parallel zu den ursprünglichen Begrenzungsflächen; es entstehen dabei wieder neue Würfelflächen (100-Flächen). Wesentlich erscheint der Befund, daß beim Chlorsilber in keinem Fall der exakte Nachweis zu finden ist, daß die Silberbildung auch an anderen Stellen erfolgen kann als der Abbau des Chlorsilberkorns.

Über die Bildung der Ätzgruben kann man sich folgende Vorstellungen machen:

Wie bereits erwähnt, werden am Silberkeim adsorbierte Silberionen (Ag_O^+) durch Entwickler neutralisiert. Es diffundieren neue Silberionen zum Keim; das Halogensilberkorn verarmt dabei an beweglichen Silberionen. Eine Nachlieferung solcher Fehlstellen erfolgt am einfachsten dort, wo die Bildungsenergie W_F eines FRENKELschen Störstellenpaares besonders klein ist; (strukturelle Gitterstörungen, Versetzungsgebiete). Werden von diesen Stellen die Silberionen bevorzugt zum Keim transportiert, so entstehen dort Ätzgruben. Ob der Silberionentransport bevorzugt über Silberionenlücken ($Ag_\square$) oder über Zwischengittersilberionen (Ag_O^+) erfolgt, soll hier nicht entschieden werden. Die Diffusion kann durch elektrostatische Kräfte noch gefördert werden.

III. Experimente zum Transport von Eigenfehlstellen durch das Kristallinnere

Die Versuche wurden mit sehr sorgfältig hergestellten, plättchenförmigen, rissen- und luftblasenfreien Halogensilbereinkristallen durchgeführt, welche zwischen Quarzplatten in einem Temperaturgefälle aus der Schmelze gezüchtet und vor Gebrauch einige Stunden in hochgereinigter Stickstoffatmosphäre bei etwa 380° C getempert worden waren. Die Größe der Kristalle betrug etwa 3 cm × 3 cm, ihre Dicke 5 bis 10 μ für die Versuche unter Abschnitt III, 1, 100 μ für die unter Abschnitt III, 2.

1. Der Transport von Silberionen durch den großen Einkristall bei Entwicklung

AgBr-Kristalle (5 bis 10 μ dick) wurden zunächst in der Mitte der oberen Kristallfläche mit $10^{-4} n$ $SnCl_2$-Lösung sensibilisiert und dann bei Tageslicht dort mit einem Tropfen Entwicklerlösung (2,5 g Phenidon [1-Phenyl-3-pyrazolidon] und 12,5 g Ascorbinsäure in 1 Liter H_2O, pH = 9) 5 bis 6 Stunden entwickelt (vgl. Abb. 10). (Bei längeren Entwicklungszeiten bekam der Kristall oft Löcher, so daß der Versuch nicht mehr ausgewertet werden konnte.)

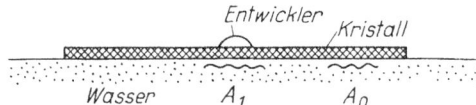

Abb. 10. Modellversuch: Entwicklung einer kleinen Zone auf der Mitte der oberen Fläche von sehr dünnen AgBr-Kristallen (Dicke 5 bis 10μ, Flächenausdehnung 3 × 3 cm), während der Kristall mit seiner unteren Kristallfläche auf Wasser schwimmt.

A_0 und A_1 bezeichnen die Stellen, von denen je ein Oberflächenabdruck im Elektronenmikroskop untersucht wurde.

Der Kristall schwamm während der Entwicklung auf Wasser; man muß offenbar den Halogenionen zur Wegdiffusion aus dem Kristallgitter in das Wasser hinein Gelegenheit geben. *Nur dann* waren nämlich *auch auf der unteren*, nicht dem Entwickler, sondern nur dem Wasser ausgesetzten Kristallfläche Ätzgruben durch ein Kohleabdruckverfahren [2] im Elektronenmikroskop festzustellen, jedoch nur an der Stelle A_1 (Abb. 10), d. h. in dem Bereich, welcher genau der Stelle gegenüberlag, die auf der oberen Kristallfläche entwickelt worden war. Während die Silberionen von der unteren zur oberen Kristallfläche zum Entwicklungsort wandern und Halogenionen die untere Kristallfläche in das Wasser hinein verlassen, muß ein Nebenprozeß

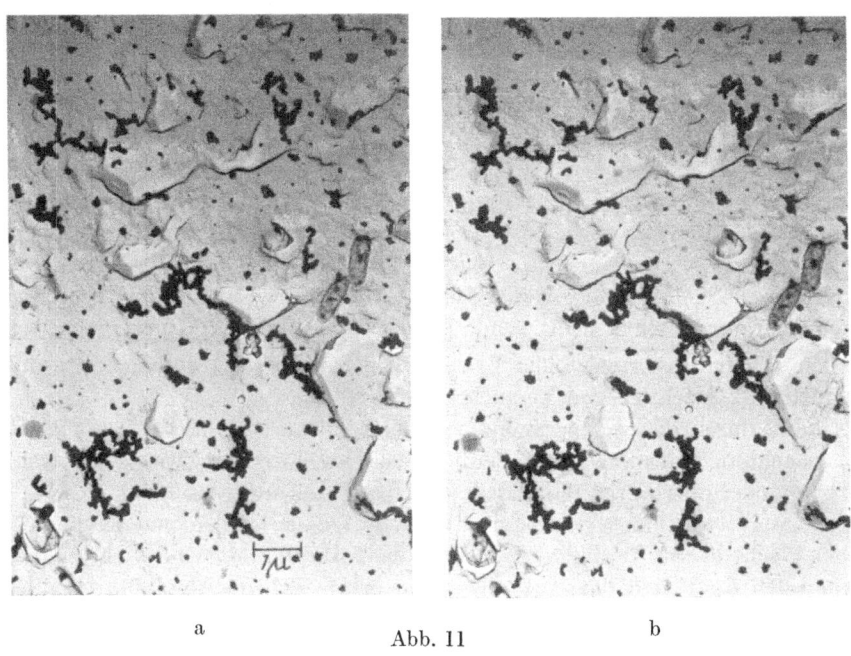

a　　　　Abb. 11　　　　b

Abb. 11. Stereoaufnahmen von den Ätzgruben auf der unteren Fläche eines dünnen AgBr-Kristalls, entstanden durch Anentwicklung auf der oberen Kristallfläche im Modellversuch nach Abb. 10 (Abdruck bei A_1).

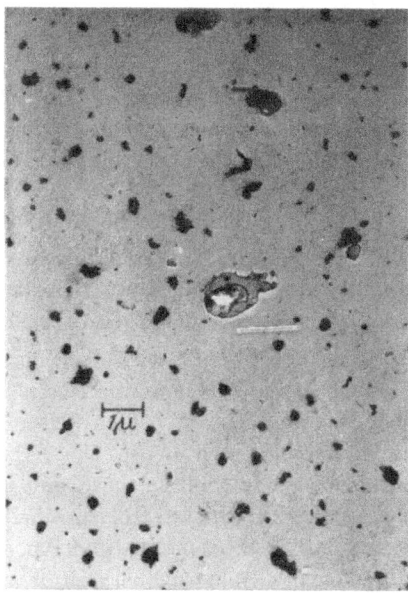

Abb. 12. Blindprobe (Abdruck bei A_0 im Modellversuch nach Abb. 10). →

den Ladungsausgleich zwischen dem Entwicklertropfen auf der Kristalloberfläche und dem Wasser besorgen. Weiter gegen die Kristallränder zu (z. B. an der Stelle A_0, Blindprobe) waren keine Ätzgruben festzustellen. Die Abb. 11 gibt eine elektronenmikroskopische Stereoaufnahme von Ätzgruben wieder, welche bei diesem Modellversuch an der Unterseite eines AgBr-Einkristalles entstanden sind.

Die Abb. 11 zeigt, daß der Abbau der unteren Kristallfläche bei diesem Modellversuch derart erfolgt, daß die entstehenden Ätzgruben durch kristallographische Flächen begrenzt werden.

Die Abb. 12 zeigt als Blindprobe einen Oberflächenabdruck von einer Stelle A_0. Keine Blindprobe zeigte eine Spur von den an der Stelle A_1 regelmäßig gefundenen Vertiefungen.

Der hier beschriebene mehrmals reproduzierte Entwicklungsversuch deutet darauf hin, daß bei der chemischen Entwicklung der Transport von Silberionen *durch den Kristall hindurch* und *nicht bevorzugt über die Kristalloberfläche* erfolgt. Bei einer Wanderung der Silberionen über die Kristallfläche sollten nämlich in diesem Modellversuch nicht nur an der Stelle A_1, sondern auch an der Stelle A_0 Ätzgruben entstehen.

Einen sicheren experimentellen Beweis für die obige Behauptung liefern die im Abschnitt III,2 beschriebenen Versuche.

Es kann durch diese Experimente allerdings nicht entschieden werden, ob der hier beobachtete Transport von Silberionen vorwiegend durch Zwischengittersilberionen Ag_O^+ oder aber durch Silberionenlücken $Ag_\square^-$ getragen wird.

Analoge Entwicklungsversuche an dünnen AgCl-Kristallen erzeugten auf der unteren Fläche dieser Kristalle keine Ätzgruben. Dieses unterschiedliche Verhalten zwischen den AgCl- und den AgBr-Kristallen wird noch im Abschnitt III, 2 b diskutiert.

Es konnten aus der Schmelze wegen der Gitterumwandlung des AgJ ($\alpha \rightleftarrows \beta$) bei $+ 144,6°$ C keine größeren, rissefreien AgJ-Kristalle erhalten werden, die so sehr dünn und absolut rissefrei waren, wie zur einwandfreien Durchführung der hier beschriebenen Entwicklungsversuche nötig gewesen wäre. Die in Abschnitt II beschriebenen Ergebnisse an AgJ-Emulsionskörnern und die im Abschnitt III,2 genannten Versuche zeigen jedoch, daß der Transport von fehlgeordneten Silberionen durch den AgJ-Kristall hindurch noch viel leichter erfolgt als durch AgBr-Kristalle.

2. Transport von Silberionen durch den großen Einkristall im elektrischen Feld

Die in Abschnitt III,1 beschriebenen Modellversuche zum Transport von Silberionen durch den Halogensilberkristall bei der photographischen Entwicklung wurden nun noch in folgender Weise abgeändert:

In einer Versuchszelle wird der plättchenförmige Halogensilberkristall zwischen zwei ausgesparten Weichgummiplatten als Dichtung so gehaltert, daß ein Teil des Halogensilberkristalls auf beiden Seiten mit je einem mit reinem Wasser gefüllten Raum in Kontakt steht (Abb. 13a). Die Zelle wird auf beiden Seiten durch zwei Elektroden begrenzt, an welche (wenn nicht anders angegeben 4 Volt) Gleichspannung gelegt wird. Über zwei Isolatorscheiben wird die ganze Anordnung so zusammengedrückt, daß Kathodenraum und Anodenraum nach außen abgedichtet sind. Der plättchenförmige Halogensilberkristall wirkt in dieser Anordnung gewissermaßen als

Diaphragma, durch welches der gesamte elektrische Strom hindurchfließen muß. Das Versuchsergebnis war abhängig vom Anodenmaterial, nicht dagegen vom Kathodenmaterial. Dennoch wurden alle Versuche so ausgeführt, daß jeweils die Kathode aus dem gleichen Material wie die Anode bestand.

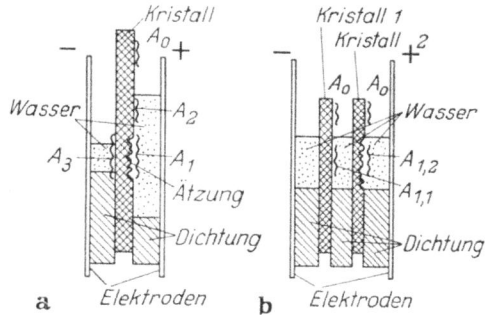

Abb. 13. Versuchszelle (schematisch) a) Ein Halogensilberkristall eingebaut b) Zwei Halogensilberkristalle eingebaut.

a) Silberbromid und β-Silberjodid.
α) *Silberelektroden.* Baut man AgBr- oder AgJ-Einkristalle in die Versuchszelle (s. Abb. 13a) ein und verwendet man Silberblech als Elektrodenmaterial, so gehen während des Stromflusses lediglich Silberionen von der Silberanode durch die Zelle zur Silberkathode hindurch, ohne daß dabei der Halogensilberkristall irgendwie verändert wird. Dagegen kann Silberverlust am Silberblech der Anode und Silberabscheidung an der Silberkathode festgestellt werden.

β) *Platinelektroden.* Verwendet man in derselben Versuchsanordnung Platinblech als Elektrodenmaterial, so scheidet sich gleichfalls Silber an der Kathode ab. Das Silber wird aber in diesem Fall dem Halogensilberkristall entnommen: Der Kristall wird „angeätzt", und zwar nur an der Stelle A_1 an seiner Anodenseite (s. Abb. 13a).

Dieser Befund wird folgendermaßen erklärt: Von der Anodenseite des Kristalls wird der Stromfluß durch das Wasser des Anodenraums zur Anode hin durch Halogenionen getragen, welche von der Anodenseite des Kristalls in den Anodenraum hinein in Lösung gehen. Die äquivalente Menge an Silberionen wandert von der Anodenseite durch den Halogensilberkristall und durch den Kathodenraum zur Kathode, der Kristall wird an der Anodenseite abgebaut („angeätzt").

An der Kathodenseite des Kristalls ist dagegen im stationären Gleichgewicht die Zahl der Silberionen, welche pro Zeiteinheit den Kristall in den Kathodenraum hinein verlassen, gleich der Zahl der Silberionen, welche in der gleichen Zeit aus dem Kristallinneren nachgeliefert werden (Stromstärke ist in jedem Zellenquerschnitt die gleiche). Die Halogenionen sind im Kristallgitter offenbar so fest lokalisiert, daß sie nicht durch den Kristall hindurchwandern können. Auf diese Weise bleibt die Kathodenseite des Kristalls im Gegensatz zur Anodenseite vollkommen in ihrem Anfangszustand erhalten.

Durch diesen Versuch wird zunächst nur für die Silberionen in den AgBr- und in den β-AgJ-Einkristallen die Überführungszahl $= 1$ bestätigt: Halogenionen oder Halogenionenlücken können nicht durch diese Kristalle hindurchwandern. An Halogensilberpulver-Preßkörpern wurde diese Überführungszahl $= 1$ für die Silberionen schon von TUBANDT gefunden [14].

Der Kathodenraum der Versuchszelle wurde viel kleiner als der Anodenraum gehalten (vgl. Abb. 13a). Außerdem lag der Wasserspiegel des Anodenraums etwa 10 mm über dem Wasserspiegel des Kathodenraums. Wenn nun die Wanderung der Silberionen bevorzugt an der Kristalloberfläche oder auch an der Phasengrenzfläche

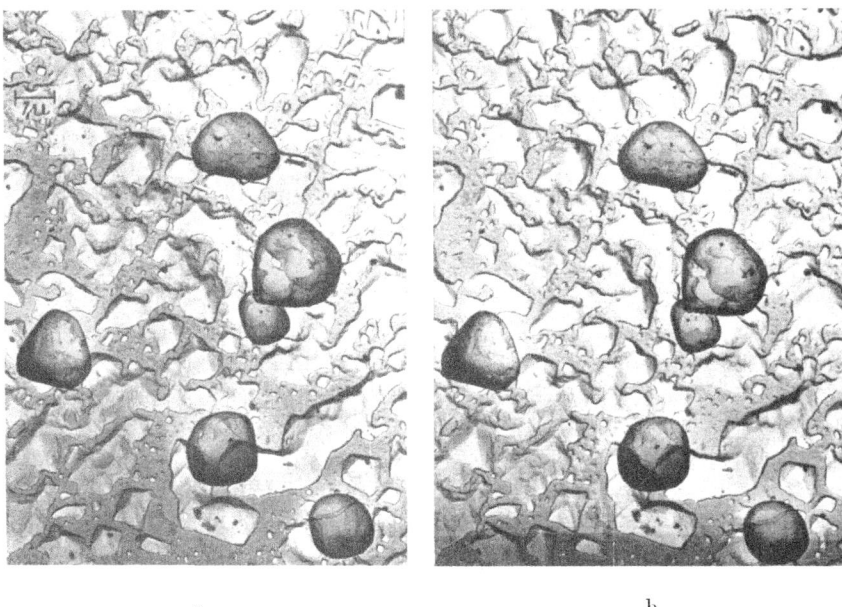

a   b
Abb. 14. Ätzgruben an der Stelle A_1 einer AgBr-Kristalloberfläche nach Modellversuch Abb. 13a (200-Fläche, Stromdurchgang 3 Std.).

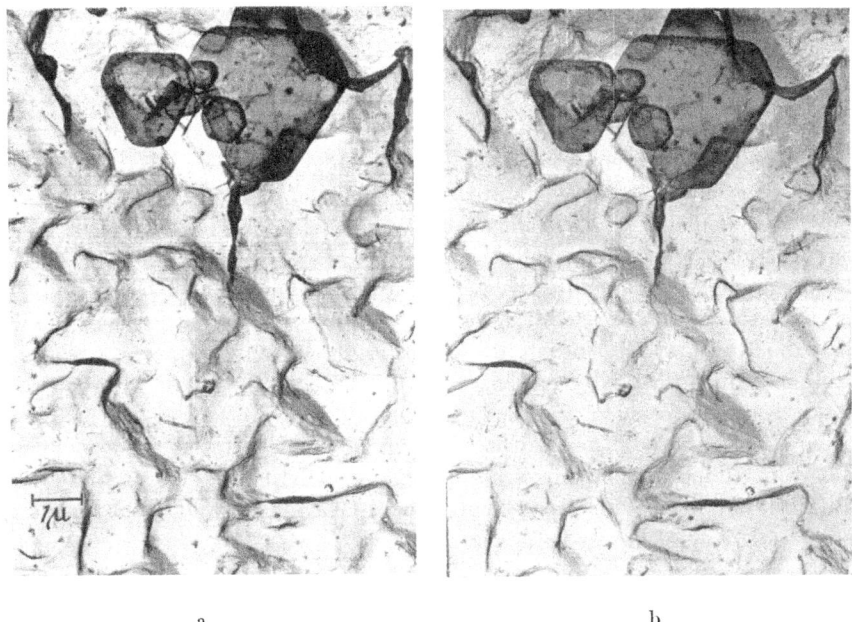

a   b
Abb. 15. Ätzgruben an der Stelle A_1 einer AgBr-Kristalloberfläche (200-Fläche, Stromdurchgang 4 Std.) nach Modellversuch Abb. 13a.

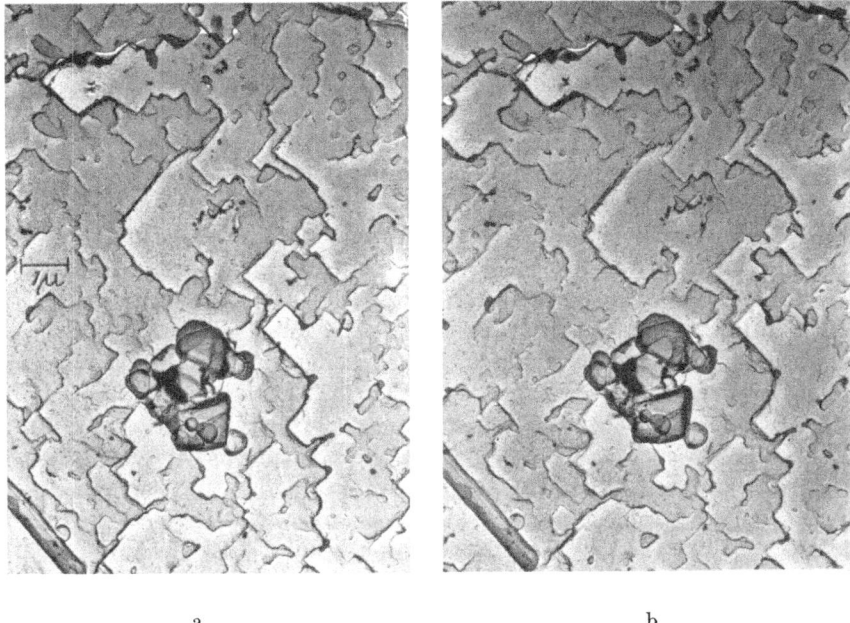

a b

Abb. 16. Ätzgruben an der Stelle A_1 einer AgBr-Kristalloberfläche (220-Fläche, Stromdurchgang 2 Std.) nach Modellversuch Abb. 13a.

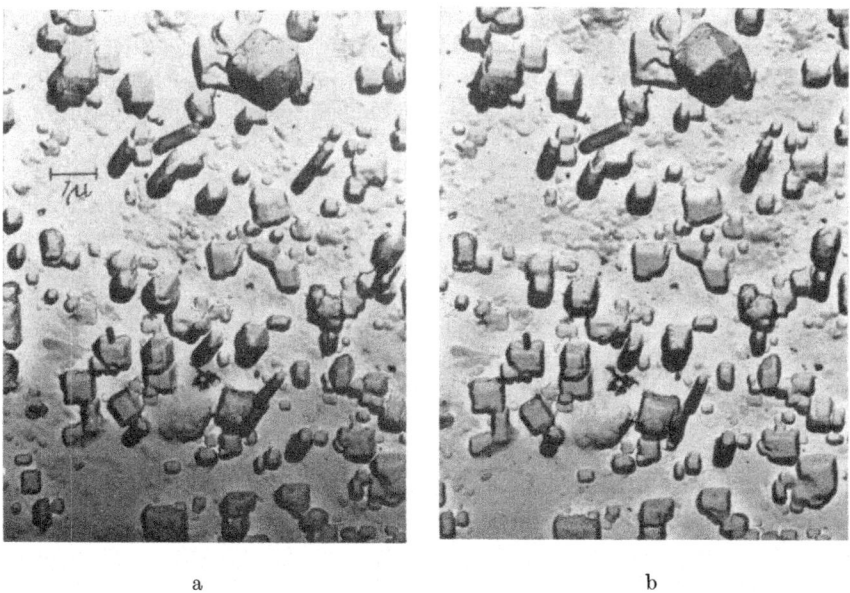

a b

Abb. 17. Ätzgruben an der Stelle A_1 einer AgBr-Kristalloberfläche (111-Fläche, Stromdurchgang 1 Std.) nach Modellversuch Abb. 13a.

Kristall/Lösung erfolgt, so sollten beim Stromfluß durch die Zelle nicht nur an der Stelle A_1, sondern mehr oder weniger an der gesamten Anodenseite, soweit sie mit dem Wasser des Anodenraums in Kontakt steht, Ätzgruben gebildet werden.

Tatsächlich erfolgte aber die Ätzung des Kristalls nur an der Stelle A_1, der übrige Teil der Anodenseite (z. B. die Stelle A_2) blieb vollkommen unverändert. Auch die Oberflächenabdrücke von der Kathodenseite (Stelle A_3) zeigten genau wie die Blindproben (Stellen A_0) keinerlei Ätzerscheinungen.

Dieses Ergebnis ist neben den Versuchen von Teil III,1 ein weiterer Beweis, daß bei AgBr und bei AgJ die fehlgeordneten Silberionen tatsächlich durch den Kristall und nicht etwa bevorzugt über die Kristalloberfläche wandern.

Als dritten Beweis zu diesem Sachverhalt kann angeführt werden, daß die Stromstärke durch die Versuchszelle hindurch bei konstanter anliegender Spannung und konstanten Zellendaten mit zunehmender Kristalldicke abnahm, obwohl dadurch der Leitungsweg über die Kristalloberfläche nur unwesentlich vergrößert wurde.

Die Abbildungen 14 und 15 zeigen Stereo-Aufnahmen von Ätzgruben, welche jeweils an der Stelle A_1 der Anodenseite von zwei AgBr-Einkristallen entstanden sind. Beide AgBr-Kristalle waren an ihrer Anodenseite durch eine Würfelfläche (200, bestimmt durch Röntgen-Rückstrahlinterferenzen) begrenzt.

Die Elektrolysedauer (Dauer des Stromflusses durch die Zelle bei übereinstimmenden Kristalldicken) betrug bei Abb. 14 drei Stunden, bei Abb. 15 vier Stunden. Zu Beginn der Elektrolyse erfolgt der Abbau der ursprünglichen Kristallfläche derart, daß die entstehenden Ätzgruben durch 111-Flächen begrenzt werden (s. Abb. 14). Wird der Stromfluß durch die Zelle längere Zeit fortgesetzt, so runden sich die Flächen der Ätzgruben allmählich ab, sind aber zunächst noch deutlich erkennbar (s. Abb. 15). Bei noch längerer Ätzzeit verschwinden schließlich die kristallographischen Flächen, es bleiben dann runde, unregelmäßig geformte Ätzgruben zurück. Neben den Ätzgruben sind auf den Abb. 14 bis 16 noch Halogensilberkörner als Stereo-Indikatoren sichtbar: Die vor der Kohlebedampfung aufgelegten Halogensilberkörner ermöglichen es, zwischen Vertiefungen und Erhebungen zu unterscheiden.

Ist die Begrenzungsfläche des AgBr-Kristalls an der Anodenseite eine 220-Fläche, so liefert ein Stromfluß von zwei Stunden durch die Versuchszelle an der Stelle A_1 Ätzgruben, wie sie durch das Stereo-Bildpaar der Abb. 16 wiedergegeben werden$_1$

Abb. 17 zeigt schließlich die Form von Ätzgruben, welche durch diesen Modellversuch an der Stelle A_1 eines Halogensilberkristalls erhalten wurden, wenn dieser Kristall an seiner Anodenseite vermutlich durch eine 111-Fläche begrenzt wurde. Man erkennt in diesem Fall deutlich die Würfelform der Ätzgruben.

Auffallend ist, daß die Ätzgruben im Primärstadium stets durch 111-Flächen begrenzt werden. Man kann diesen Befund folgendermaßen erklären: Während des Stromdurchganges durch die Versuchszelle wandern Silberionen von der Anodenseite des Kristalls durch den Kristall hindurch ab. Die wäßrige Lösung an der Anodenseite verarmt auf diese Weise an Silberionen, die Br^--Konzentration steigt deshalb in der Lösung dort stark an (Löslichkeitsprodukt!). Im dynamischen Gleichgewicht zwischen den Br^--Ionen an der Anodenseite des Kristallgitters und den dort gelösten Br^--Ionen bilden sich dann bevorzugt nur durch Br^--Ionen besetzte 111-Flächen aus.

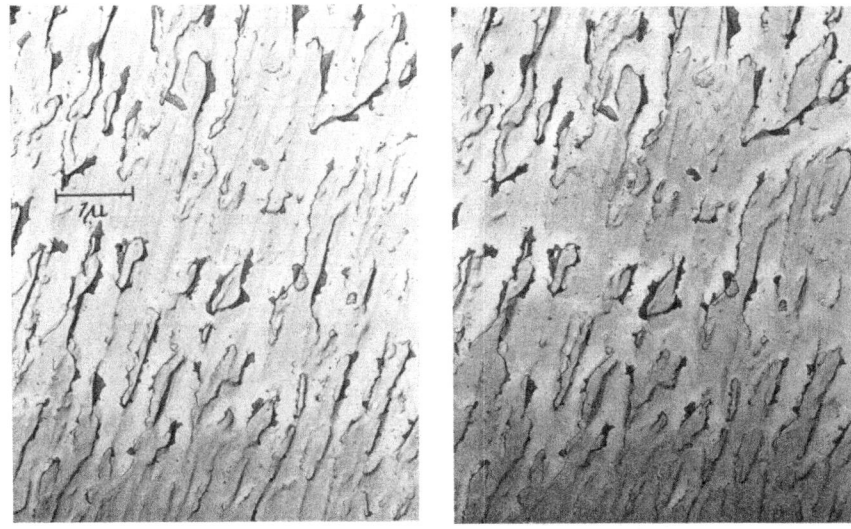

a   b

Abb. 18. Ätzgruben an der Stelle A_1 einer β-AgJ-Kristalloberfläche (Stromdurchgang 1 Std.).

Die Abb. 18 gibt Ätzgruben wieder, welche an der Stelle A_1 der Anodenseite eines β-AgJ-Kristalls erhalten wurden. Ätzgruben treten an β-AgJ-Kristallen bereits bei kürzeren Elektrolysezeiten in Erscheinung.

γ) *Einbau von mehreren Halogensilberkristallen in die Versuchszelle (Platinelektroden)*. Werden zwei AgBr-Kristalle in die Versuchszelle eingebaut (Abb. 13b), verwendet man Platinblech als Elektrodenmaterial und untersucht nach einem längeren Stromdurchgang durch die Zelle die Anodenseiten der beiden Kristalle an den Stellen $A_{1,1}$ und $A_{1,2}$, so findet man, daß nur die Anodenseite des Kristalls (2), d. h. die Stelle $A_{1,2}$ Ätzgruben aufweist. An der Stelle $A_{1,1}$ (Anodenseite des Kristalls (1)) bilden sich keine Ätzgruben.

Die Erklärung dafür lautet folgendermaßen: Von der Anodenseite des Kristalls (2) wandern Silberionen in das Kristallinnere ab, Halogenionen gehen in den Anodenraum in Lösung, der Kristall (2) wird an seiner Anodenseite abgebaut. Die Silberionen wandern durch den Kristall (2) und durch den Mittelraum der Zelle an die Anodenseite des AgBr-Kristalls (1). An der Anodenseite des Kristalls (1) wandert in der Zeiteinheit die gleiche Menge an Silberionen zu, wie durch den Kristall (1) zum Kathodenraum und weiter zur Kathode abwandert.

Weil an der Anodenseite des Kristalls (1) Silberionen aus dem Mittelraum nachgeliefert werden, treten dort im Gegensatz zur Anodenseite des Kristalls (2) keine Ätzgruben auf.

δ) *Der Spannungsabfall im Kathodenraum und im Anodenraum bei verschiedenem Elektrodenmaterial in Abhängigkeit von der Klemmspannung*. Wenn man einen plättchenförmigen AgBr-Einkristall derart in die Versuchszelle einbaut (Abb. 19), daß der Anodenraum in allen seinen Maßen gleich groß dem Kathodenraum ist,

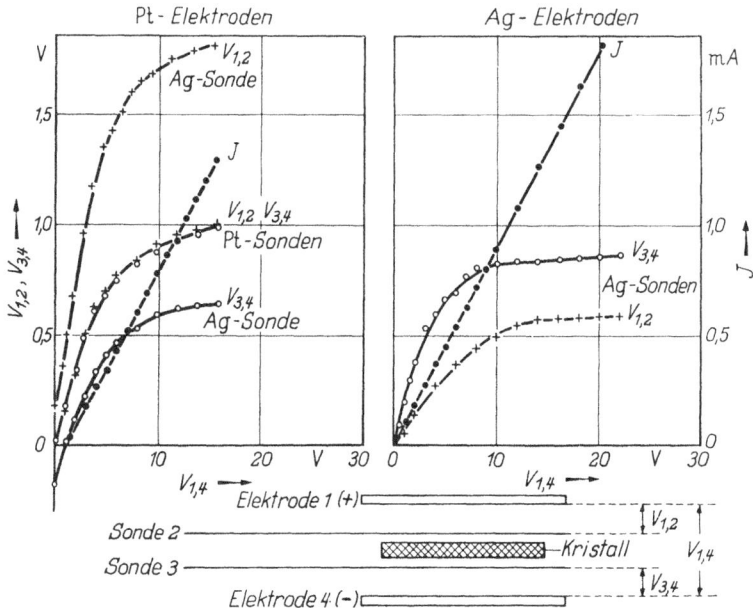

Abb. 19. Spannungsabfall $V_{1,2}$ im Anodenraum und $V_{3,4}$ im Kathodenraum bei verschiedenem Elektroden- und Sondenmaterial als Funktion der Zellspannung $V_{1,4}$. Stromstärke J bei verschiedener Zellspannung $V_{1,4}$.

unmittelbar vor die Anodenseite des Kristalls einen sehr feinen Sondendraht (2) (0,02 mm ⌀) und vor die Kathodenseite einen feinen Sondendraht (3) einführt, so kann man potentiometrisch den Spannungsabfall $V_{1,2}$ im Anodenraum zwischen Anode (Elektrode 1) und Sonde (2) und den Spannungsabfall $V_{3,4}$ im Kathodenraum zwischen Sonde (3) und Kathode (Elektrode 4) als Funktion der an der Zelle anliegenden Spannung $V_{1,4}$ messen.

Platinelektroden, Platinsonden

Aus der Abb. 19 geht hervor, daß bei Verwendung von Platinelektroden und von Platinsonden der Spannungsabfall $V_{1,2}$ im Anodenraum etwa gleich dem im Kathodenraum ist. Die Teilspannungen $V_{1,2}$ und $V_{3,4}$ wachsen allerdings nicht proportional der Zellspannung an, sondern streben einem Sättigungswert zu.

Platinelektroden, Silbersonden

Verwendet man Platinelektroden und Silbersonden, so überlagert sich dem Spannungsabfall in der Zelle noch das elektrochemische Silberpotential, die Silbersonden sprechen auch auf die Konzentration der gelösten Silberionen an der Anodenseite und an der Kathodenseite an. Der Spannungsabfall $V_{1,2}$ ist im Anodenraum wesentlich größer als der Spannungsabfall $V_{3,4}$ im Kathodenraum (Abb. 19). Die Silbersonde (2) ist also elektrochemisch negativer als die Silbersonde (3), die Lösung vor der Anodenseite des Kristalls verarmt bei dieser Anordnung an Silberionen.

Silberelektroden, Silbersonden

Der umgekehrte Fall tritt ein, wenn man in die Zelle Silberelektroden und Silbersonden einbaut. Es wird dann der Spannungsabfall $V_{1,2}$ im Anodenraum kleiner als der Spannungsabfall $V_{3,4}$ im Kathodenraum, die Silbersonde (2) ist elektrochemisch positiver als die Silbersonde (3). Dies wird durch eine Anreicherung von Silberionen vor der Anodenseite des Kristalls gedeutet: Silberionen gehen an der Silberanode in Lösung, wandern durch den Anodenraum zur Anodenseite des Kristalls und von dort weiter durch den Kristall zur Kathode ab. Da die Beweglichkeit der Silberionen im Wasser jedoch größer ist als die der Störstellen im Silberionen-Teilgitter des Kristalls, reichern sich vor der Anodenseite des Kristalls Silberionen bis zu einem stationären Gleichgewicht an.

Dieses Versuchsergebnis erklärt auch, warum bei Verwendung von Silber als Elektrodenmaterial die Anodenseite des Halogensilberkristalls nicht angeätzt wird: An der Anodenseite des Kristalls besteht in diesem Fall ein Überangebot an Silberionen. Wandert ein Silberion durch den Halogensilberkristall hindurch ab, so besetzt sofort ein Silberion aus dieser Anreicherungszone dessen Platz, noch bevor ein Halogenion in Lösung gehen kann. Bei allen diesen an AgBr-Kristallen durchgeführten Versuchen war das OHMsche Gesetz gut erfüllt (vgl. Abb. 19).

b) Silberchlorid. Verwendet man in der Versuchszelle (Abb. 13a) Silber als Elektrodenmaterial und baut einen AgCl-Kristall als „Diaphragma" ein, so ist das Versuchsergebnis das gleiche wie bei AgBr-Kristallen: Silberionen gehen an der Silberanode in Lösung, wandern durch den Anodenraum, durch den AgCl-Kristall und durch den Kathodenraum zur Kathode und werden dann dort abgeschieden. Wegen der geringeren elektrischen Leitfähigkeit des Silberchlorids ist allerdings in dieser Anordnung eine längere Elektrolysedauer erforderlich, wenn man die gleiche Menge Silber an der Kathode abscheiden will wie bei den AgBr-Kristallen. Durch diesen Versuch wird gezeigt, daß die Silberionen auch durch die AgCl-Kristalle hindurchwandern können.

Bei Verwendung von Platin als Elektrodenmaterial verhielten sich dagegen die AgCl-Kristalle anders als die AgBr- und die AgJ-Kristalle: Es bildeten sich bei Zimmertemperatur an den Stellen A_1 keine Ätzgruben, auch dann nicht, wenn hundertmal so lange wie bei gleich dicken AgBr-Kristallen Spannung an die Zelle gelegt und wenn die Spannung auf 40 Volt gesteigert worden war. (Dies kann nicht etwa darauf zurückgeführt werden, daß an AgCl-Kristallen prinzipiell keine Ätzgruben entstehen: Durch Behandeln mit $Na_2S_2O_3$-Lösungen konnten an diesen AgCl-Kristallen Ätzgruben erzeugt werden.)

Zwischen dem negativen Ergebnis dieses Modellversuches, dem Verhalten der AgCl-Emulsionskörner bei der chemischen Entwicklung (s. Teil II) und dem Ergebnis der Entwicklungsversuche an dünnen AgCl-Kristallplättchen (s. Teil III,1) besteht offenbar ein enger Zusammenhang.

Für das abweichende Verhalten der AgCl-Kristalle soll hier folgende Erklärungsmöglichkeit diskutiert werden:

Im ersten Augenblick wandern zwar auch die an der Anodenseite des AgCl-Kristalls vorhandenen, beweglichen Zwischengittersilberionen von dort durch den Kristall hindurch zur Kathode ab. Bald verarmt jedoch die Anodenseite des Kristalls an beweglichen Silberionen, und weil sich im AgCl bei $+20°$ C das FRENKEL-Fehlordnungsgleichgewicht viel langsamer einstellt als in AgBr- und in AgJ-Kristallen, geschieht die Nachlieferung von solchen beweglichen Silberionen (Ag_O^+) zu langsam, als daß sich sichtbare Ätzgruben bilden könnten. (Zum gleichen Ergebnis kommt man natürlich, wenn man einen Transport von Silberionen von der Anodenseite zur Kathodenseite über den Mechanismus der Wanderung von Silberionenlücken von der Kathodenseite zur Anodenseite annimmt.)

Durch Messung von Stromspannungskurven oder vom zeitlichen Verlauf der Stromstärke konnte diese Modellvorstellung nicht bewiesen werden: Die hier gemessene Stromstärke war um fast zwei Zehnerpotenzen kleiner als die Stromstärke bei Verwendung von AgBr-Kristallen, sie wurde trotz großer Sorgfalt überwiegend durch Blindströme verursacht.

Gestützt wird diese Vorstellung dagegen durch folgenden Versuch: Um auch bei AgCl-Kristallen durch diesen Modellversuch an der Anodenseite (Stellen A_1) Ätzgruben genau wie bei den AgBr- und AgJ-Kristallen zu erhalten, ist es notwendig, die Temperatur so weit zu erhöhen, bis eine Nachstellung des FRENKEL-Fehlordnungsgleichgewichtes in genügend kurzer Zeit erfolgt (150° C). Dies geschah in einer Versuchszelle, welche in der Abb. 20 schematisch gezeigt wird. Um Dichtungsschwierigkeiten zu umgehen, wurde der AgCl-Kristall hier direkt zwischen zwei gebogenen Glasrohren eingeschmolzen. Als Elektrolytflüssigkeit diente reine Buttersäure (Glycerin reduziert den AgCl-Kristall bei der hohen Temperatur). Die Zelle wurde in gesättigter Buttersäureatmosphäre auf konstanter Temperatur (+ 150° C) gehalten; eine Blindprobe mußte vom Kristall abgeschnitten und elektronenmikroskopisch untersucht werden, bevor der restliche Teil des Kristalls in die Zelle eingeschmolzen wurde. Die Blindprobe wurde vor der Untersuchung genau so lange + 150° C heißer Buttersäure ausgesetzt wie der übrige AgCl-Kristall in der Zelle und zeigte (im Gegensatz zur Stelle A_1 in der Zelle nach 6stündiger Elektrolyse) keinerlei Ätzgruben. Eine Veränderung der Oberflächenstruktur durch die Buttersäure ist demnach auszuschließen.

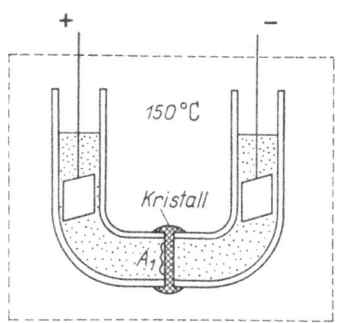

Abb. 20. Versuchszelle (schematisch) bei höheren Temperaturen. Der AgCl-Kristall ist zwischen zwei gebogenen Glasrohren eingeschmolzen. Elektrolytflüssigkeit: Buttersäure.

Zusammenfassung

Zu Beginn der vorliegenden Arbeit wird eine kurze, allgemeine Übersicht gegeben über die Eigenfehlordnung in Halogensilberkristallen und über die Beweglichkeiten der verschiedenen Fehlstellensorten.

Anhand von elektronenmikroskopischen Aufnahmen wird dann der Materietransport durch verschiedene Halogensilber-Mikrokristalle photographischer Emulsionen hindurch während der photographischen Entwicklung illustriert.

Durch neue Versuche werden ferner die von Tubandt an Halogensilber-Pulverpreßkörpern erhaltenen Ergebnisse, nach denen bei Zimmertemperatur nur die Fehlstellen im Silberionen-Teilgitter wandern können und die Halogenionen bei Zimmertemperatur fest an ihren Gitterplätzen lokalisiert sind, *auch für Halogensilber-Einkristalle* bestätigt. Außerdem wird durch diese Versuche erstmalig experimentell nachgewiesen, daß die Eigenfehlstellen *durch die Halogensilberkristalle hindurch* und nicht etwa überwiegend über die Kristalloberfläche wandern [1, 2].

Herrn Professor Dr. H. FRIESER danken wir herzlichst für viele wertvolle Diskussionen. Die elektronenmikroskopischen Aufnahmen und die Bestimmung der Kristallflächen durch Röntgen-Rückstrahlinterferenzen wurden im Anorganischanalytischen Laboratorium der Farbenfabriken BAYER durchgeführt, wofür wir Herrn Dr. H. KIRCHER sehr zu Dank verpflichtet sind.

Literatur

[1] MATEJEC, R.: Naturwiss. **43**, 533 (1956) u. Z. f. Physik **148**, 454 (1957).
[2] KLEIN, E.: Z. f. Elektrochem. **60**, 998 (1956) u. Vortrag Intern. Konferenz f. wiss. Photogr. Köln (1956).
[3] MATEJEC, R.: Phot. Korr. **93**, 17 (1957).
[4] SEEGER, A.: Handb. d. Physik (Flügge) VII/1, S. 381, Springer.
BUCKLEY, N. E.: Crystal Growth, New York: J. Wiley & Sons, 1951.
[5] FRENKEL, J.: Z. f. Physik **35**, 652 (1930).
BEYER, I., u. C. WAGNER: Z. phys. Chem. (B) **32**, 113 (1956).
STRELKOW, P. G.: Phys. Z. Sowjet. **12**, 73 (1937).
LAWSON, A. W.: Phys. Rev. **78**, 185 (1950).
LIESER, K. H.: Z. phys. Chem. **5**, 125 (1955) u. N.F. **9**, 216 u. 302 (1956).
JUNGHANS, R., u. H. STAUDE: Z. f. Elektrochem. **57**, 391 (1953).
BERRY, C. R.: Phys. Rev. **82**, 331 u. 422 (1951), **97**, 676 (1955).
ZIETEN, W.: Z. f. Physik **146**, 125 (1956) u. **146**, 451 (1956).
ESHELBY, J. D.: J. appl. Phys. **24**, 1249 (1953).
MILLER, P. H., u. B. R. RUSSELL: J. appl. Phys. **23**, 1163 (1952) u. J. appl. Phys. **24**, 1248 (1953).
KOCH, E., u. C. WAGNER: Z. phys. Chem. (B) **38**, 297 (1937).
WAGNER, C., u. W. SCHOTTKY: Z. phys. Chem. (B) **11**, 163 (1930).
WEISS, K. W.: Dissertation Göttingen (1956).
JAENICKE, W.: Z. Elektrochem. Ber. Bunsenges. phys. Chem. **55**, 186 (1951).
[6] KANZAKI, H.: Vortrag Intern. Konf. f. wiss. Photogr. Hakone/Japan 1953.
[7] JOST, W.: J. Chem. Phys. **1**, 466 (1933).
[8] STASIW, O., u. J. TELTOW: Ann. Physik (6) **1**, 261 (1947).
TELTOW, J.: Ann. Phys. (6) **5**, 63 u. 71 (1950).
EBERT, I., u. J. TELTOW: Ann. Physik **16**, 268 (1955).
[9] STASIW, O., u. J. TELTOW: Z. Naturf. **6a**, 363 (1951).
KURNICK, S. W.: J. Chem. Phys. **20**, 218 (1952).
[10] MURIN, A.: Doklady Akad. Nauk SSSR (1951) 579.
TELTOW, J.: Z. f. Elektrochem. **56** (1952) 767.
[11] LEHFELD, W.: Z. f. Physik **85**, 717 (1933) u. Nachr. Ges. Wiss. Göttingen, math.-wiss. Kl. (1933) 263 u. (1935) 171.
[12] SCHOTTKY, W., H. ULICH u. C. WAGNER: Thermodynamik S. 380, Berlin 1929.
[13] MEES, C. E. K.: The Theory of the Photographic Process, MacMillan, New York (1954).
[14] TUBANDT, C.: Z. f. anorg. Chem. **117**, 196 (1920) u. Z. f. Elektrochem. **26**, 358 (1920).
TUBANDT, C., H. REINHOLD u. W. JOST: Z. anorg. Chem. **177**, 253 (1928).

Potentiometrie an Halogensilber-Einkristallen
(Ein Beitrag zum Mechanismus der photographischen Entwicklung)

Von R. MATEJEC

I. Einleitung

Die photographische Entwicklung kann nach zwei verschiedenen Mechanismen verlaufen (s. a. [1]): Entweder werden die Silberionen an der Kontaktfläche Silberkeim/Lösungsphase oder aber an der Kontaktfläche Silberkeim/Halogensilberkristall entladen. Für den ersten Fall („physikalische" Entwicklung) ist das elektrochemische Potential von Silber im Kontakt mit der Lösungsphase (hier bezeichnet als Potential E_L), für den zweiten Fall („chemische" Entwicklung) ist das Potential von Silber im Kontakt mit dem Halogensilberkristall (hier Potential E_K genannt) von Bedeutung; es ist von vornherein zu erwarten, daß E_L und E_K voneinander verschiedene Werte annehmen. Aus theoretischen Gründen muß bei der physikalischen Entwicklung das Redoxpotential des Entwicklers negativer oder höchstens gleich E_L, bei der chemischen Entwicklung jedoch negativer oder höchstens gleich E_K sein.

In der vorliegenden Arbeit soll das Potential E_K untersucht und mit dem Potential E_L verglichen werden.

II. Meßanordnung

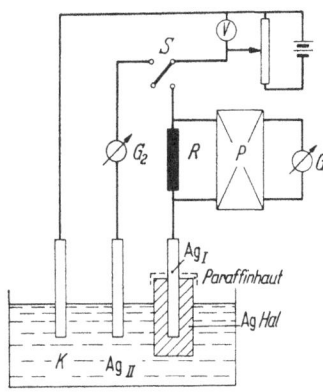

Abb. 1. Schema der Meßanordnung: V = Voltmeter, S = Schalter, G_1 und G_2 = Galvanometer, R = Hochohmwiderstand, P = Verstärker, $Ag(I)$ = Ag-Elektrode, zur Messung des Potentials E_K in einen Halogensilber-Einkristall eingeschmolzen, $Ag(II)$ = Ag-Elektrode in direktem Kontakt mit der Lösung zur Messung des Potentials E_L, K = Kalomel-Vergleichselektrode.

Die Meßanordnung ist aus Abb. 1 ersichtlich. Das Potential E_K (Kontakt Silber/Halogensilberkristall) wird mit der Silberelektrode (I) gemessen. Diese Elektrode ist in einen Halogensilber-Einkristall von etwa 20 mm Durchmesser und 30 mm Länge eingeschmolzen, welcher nach der Methode von KYROPOULOS [2] aus der Schmelze gezüchtet worden war. Der Kristall steht mit der Lösungsphase in Kontakt. Mit einer anderen Silberelektrode (II), welche direkt in die Lösung eintaucht, wird das Potential E_L bestimmt. Gemessen wurde bei Dunkelkammerlicht ($\lambda > 500$ mμ) gegen eine gesättigte Kalomelelektrode K als Vergleichselektrode. Die Potentiale wurden dann alle auf die Normalwasserstoffelektrode umgerechnet in die Abbildungen eingetragen. Wegen des relativ hohen Kristallwiderstandes empfiehlt es sich, zur Messung von E_K nicht bloß ein einfaches Galvanometer G_1 als Nullinstrument zu verwenden, sondern einen Gleichspannungsverstärker P mit einem hohen Eingangswiderstand R vor das Galvanometer G_1 zu schalten.

III. Meßergebnisse

1. Die Potentiale E_L und E_K und ihre Abhängigkeit von der Silberionenkonzentration c_{Ag^+} der Lösungsphase

In den Abb. 2 und 3 sind die Potentiale E_L und E_K von AgCl und von AgBr sowie deren zeitliche Veränderung beim Verändern der Ag$^+$-Konzentration c_{Ag^+} der Lösung eingetragen. In der Lösung wurde zunächst Äquivalenz gehalten ($c_{Ag^+} = c_{Cl^-}$ bzw. $c_{Ag^+} = c_{Br^-}$). In der gesättigten, äquivalenten Halogensilberlösung stellte sich bis auf ± 20 mV ein Potential E_L ein, welches dem Löslichkeitsprodukt des Silberhalogenids entspricht [3]. Das Potential E_K war bei Zimmertemperatur negativer als E_L, und zwar betrug da die Differenz $E_L - E_K$ bei AgCl 210 ± 40 mV, bei AgBr 140 ± 40 mV. Bei ein und demselben Kristall wurde immer die gleiche Differenz $E_L - E_K$ gemessen, bei den verschiedenen Kristallen schwankten die Potentialdifferenzen $E_L - E_K$ jedoch (wahrscheinlich je nach Reinheit, Störstellengehalt usw.) um ± 40 mV.

Wird die Ag$^+$-Konzentration c_{Ag^+} in der Lösungsphase durch Zugabe von Silbernitratlösung vergrößert, so steigt E_L augenblicklich auf einen Wert an, der sich nach der NERNSTschen Gleichung für die neue Silberionenkonzentration c_{Ag^+} der Lösung berechnet und bleibt dort konstant. E_K strebt dagegen *langsam* einem neuen, positiver gelegenen Grenzwert zu: Dieser Grenzwert liegt wieder bei AgCl um 210 mV (± 40 mV), bei AgBr um 140 mV (± 40 mV) negativer als der neue E_L-Wert.

Wird die Ag$^+$-Konzentration der Lösung durch Zugabe von Alkalihalogenidlösung verkleinert, so sinkt E_L augenblicklich, E_K je-

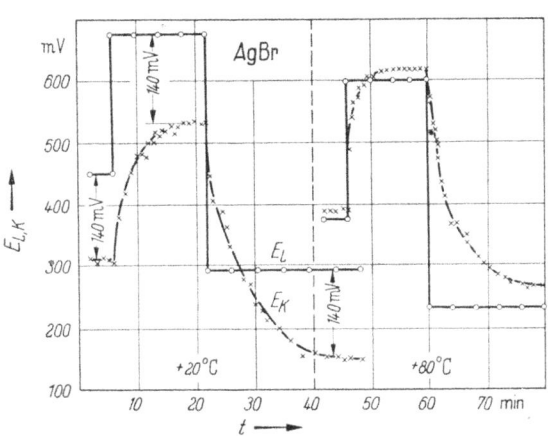

Abb. 2. Verlauf der Potentiale E_K und E_L beim Verändern der Ag$^+$-Konzentration der Lösungsphase, gemessen an einem AgBr-Kristall, bei + 20° C und bei + 80° C. (Alle Potentiale bezogen auf die Normalwasserstoffelektrode.)

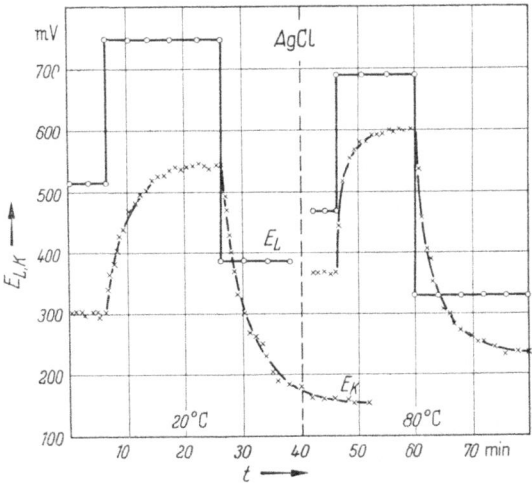

Abb. 3. Verlauf der Potentiale E_K und E_L beim Verändern der Ag$^+$-Konzentration der Lösungsphase, gemessen an einem AgCl-Kristall, bei + 20° C und bei + 80° C. (Alle Potentiale bezogen auf die Normalwasserstoffelektrode.)

doch nur sehr langsam ab. Nach genügend langer Zeit beträgt die Potentialdifferenz $E_L - E_K$ wieder etwa 210 mV bei AgCl und 140 mV bei AgBr.

Eine Abhängigkeit des jeweiligen E_K-Gleichgewichtswertes von der Einkristallgröße (Abstand der Ag-Elektrode (*I*) von der Lösungsphase) konnte nicht festgestellt werden; dagegen nimmt die Geschwindigkeit der Gleichgewichtseinstellung beim Verändern der Ag$^+$-Konzentration der Lösungsphase zu, wenn jener Abstand kleiner wird.

Alle die obengenannten Messungen wurden bei Zimmertemperatur durchgeführt, die Lösung wurde während jeder Messung gut gerührt. In den Abb. 2 und 3 sind außerdem noch die Ergebnisse je eines analogen, bei $+ 80°$ C durchgeführten Versuchs eingetragen. Nach einer Änderung von c_{Ag^+} erreicht das Potential E_K bei $+ 80°$ C schneller seinen neuen Grenzwert, außerdem haben die Differenzen $E_L - E_K$ bei $+ 80°$ C andere Zahlenwerte als bei $+ 20°$ C. Die Differenz $E_L - E_K$ ist aber bei AgCl und bei AgBr bei allen untersuchten Temperaturen praktisch unabhängig von der absoluten Ag$^+$-Konzentration c_{Ag^+} der Lösungsphase.

Es gelten für $+ 20°$ C im p_{Ag}-Bereich von 0 bis 10 folgende Gleichungen:

$$E_L = 800 + 58 \log c_{Ag^+} \quad \text{(mV)}$$
$$E_K = (590 \pm 40) + 58 \log c_{Ag^+} \quad \text{(mV)} \quad \text{für AgCl}$$
$$E_K = (660 \pm 40) + 58 \log c_{Ag^+} \quad \text{(mV)} \quad \text{für AgBr}.$$

Dieser Befund ist sehr bemerkenswert: Das Potential E_K des eingeschmolzenen Silberdrahtes ist auch dann von der Silberionenkonzentration abhängig, wenn gar kein direkter Kontakt Silber/Lösungsphase besteht.

Wahrscheinlich ist dies folgendermaßen zu erklären: Wird die Ag$^+$-Konzentration in der wäßrigen Phase vergrößert, so werden aus der Lösung mehr Silberionen an der Kristalloberfläche (bis zu einem Gleichgewichtswert) adsorbiert. Die auf diese Weise an die Kristalloberfläche gebrachte positive Überschußladung bewirkt (durch den Halogensilberkristall hindurch), daß an der Grenzfläche Silber/Halogensilber mehr Zwischengittersilberionen adsorbiert werden.

Neben diesen Vorstellungen ist aber auch noch ein direktes Gleichgewicht zwischen den an der Kristalloberfläche adsorbierten Silberionen und den FRENKEL-Fehlstellen im Kristall in Erwägung zu ziehen.

REINDERS und andere (s. z. B. [4]) haben gefunden, daß bei der photographischen Entwicklung von AgBr-Emulsion die Entwicklerlösung ein um etwa 100 bis 150 mV negativeres elektrochemisches Potential besitzen muß als dem jeweiligen E_L-Wert entspricht.

Zur Erklärung dieses Befundes wurde von diesen Autoren angenommen, daß das zur Entwicklung erforderliche Redoxpotential der Entwicklerlösung abhängig sei von der Entwicklungskeimgröße (s. a. ARENS u. EGGERT [4]). Die vorliegenden Messungen zeigen jedoch, daß bei allen p_{Ag}-Werten der Lösung das Potential E_K um 100 bis 180 mV negativer ist als das Potential E_L: Wahrscheinlich ist jene zur chemischen Entwicklung notwendige Differenz zwischen dem Redoxpotential des chemischen Entwicklers und dem Potential E_L hauptsächlich auf die Differenz zwischen E_L und E_K und weniger auf eine Abhängigkeit des erforderlichen Redoxpotentials von der Entwicklungskeimgröße zurückzuführen.

Ob in der hier verwendeten Meßanordnung der Potential*sprung* nur am Kontakt Silber/Halogensilberkristall erfolgt, oder aber ob daneben auch noch am Kontakt

Halogensilberkristall/Lösungsphase ein nennenswerter Potentialsprung vorliegt, ist für diese Modellvorstellungen belanglos. Wichtig ist an diesem Modell jedoch, daß bei der „chemischen" Entwicklung eine Nachlieferung von Silberionen aus dem Halogensilberkristall direkt zum Entwicklungskeim hin nur dann erfolgen kann, wenn das elektrochemische Potential dieses Silberkeims negativer wird als das p_{Ag}-abhängige Gleichgewichtspotential E_K.

Weil das zur „physikalischen" Entwicklung notwendige Redoxpotential E_L nicht so negativ zu sein braucht, wie das Potential E_K, welches zur chemischen Entwicklung erforderlich ist, müßte jeder chemischen Entwicklung zu Beginn eine kurze physikalische Entwicklung vorausgehen. Ist die Lösungsgeschwindigkeit des Halogensilbers jedoch kleiner als die Geschwindigkeit, mit der Silberionen durch den Kristall hindurch zum Entwicklungskeim transportiert werden, so verarmt die Lösung in der Nachbarschaft des Keims zu Beginn der Entwicklung rasch an Silberionen, und damit bleibt dann die physikalische Entwicklung hinter der chemischen Entwicklung zurück.

2. Das Potential E_K: Ein Gleichgewichtspotential

Daß es sich bei dem Potential E_K um ein Gleichgewichtspotential und nicht um ein mehr oder weniger zufälliges Potential handelt, geht aus folgendem Versuch hervor:

Bringt man die Ag-Elektrode (I) direkt mit der Lösungsphase in Kontakt, entweder, indem man den Meßkristall so weit in die Lösung taucht, daß diese Elektrode (I) die Lösung direkt berührt, oder aber indem man die Ag-Elektrode (I) mit der Ag-Elektrode (II) leitend verbindet, so nimmt die Elektrode (I) rasch ein Mischpotential an, in welchem E_L weit überwiegt: Es wird $E_K \approx E_L$ (s. Abb. 4, nach unten gerichteter Pfeil). Am Kontakt Silber/Halogensilberkristall herrscht dann offenbar ein erzwungenes Gleichgewicht zwischen den Silberionen am Silber und den beweglichen FRENKEL-Fehlstellen im Kristall (Anreicherungs- oder Verarmungsrandschicht an $Ag_\ominus^+$). Unterbricht man den direkten Kontakt zwischen der Lösungsphase und der Ag-Elektrode (I) (nach oben gerichteter Pfeil in der Abb. 4), so nimmt das Potential E_K sehr langsam ab (innerhalb 4 bis 5 Std., vgl. auch die Abb. 4) bis der Gleichgewichtswert von E_K wieder erreicht ist. Dieser Versuch läßt sich an ein und demselben Kristall beliebig oft wiederholen, immer stellt sich nach einer gewissen Zeit der gleiche Gleichgewichtswert für E_K ein. Dadurch ist gezeigt, daß es sich bei dem Potential E_K um ein Gleichgewichtspotential handelt.

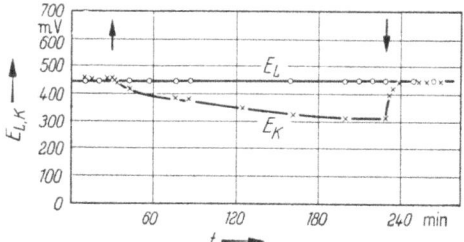

Abb. 4. Das Potential E_K: Ein Gleichgewichtspotential. Beim abwärts gerichteten Pfeil kommt die Elektrode (I) in direkten Kontakt mit der Lösung, es wird rasch: $E_K = E_L$ (erzwungenes Gleichgewicht). Beim aufwärts gerichteten Pfeil wird der direkte Kontakt: Elektrode (I)/Lösung unterbrochen, diese Elektrode (I) bleibt mit der Lösung nur über den Kristall in Kontakt. Das Potential E_K strebt dann dem Gleichgewichtswert zu, für den $E_L - E_K = 140 \pm 40$ mV (bei AgBr) ist.

Auf eine genauere Modellvorstellung für das Potential E_K soll hier absichtlich verzichtet werden. Es soll nur erwähnt werden, daß der Gedanke naheliegt, das Potential E_K der eingeschmolzenen Silberelektrode (I) hänge von der Konzentration der FRENKEL-Fehlstellen (Ag_O^+ und $Ag_\square^-$) im Kristall ab, und die Adsorption der Zwischengittersilberionen am Silber stehe in einer Beziehung zu der Konzentration c_{Ag^+} der in der wäßrigen Phase gelösten Silberionen. Weitere Versuche zur Klärung der Sachlage sind noch im Gange.

3. Veränderung des Potentials durch Halogenzusatz zur Lösungsphase

Die Größe des Potentials E_K der eingeschmolzenen Ag-Elektrode (I) hängt aber nicht nur von den oben genannten Faktoren ab, sie wird auch durch Zusatz von Halogen zur Lösung verändert (s. a. [5]). Am besten läßt sich das durch folgenden Versuch zeigen:

Zunächst taucht man einen Halogensilberkristall (z. B. AgBr) mit einer eingeschmolzenen Silberelektrode (I) in eine Alkalihalogenid-Silberhalogenidlösung L_1 (z. B.: 0,1 n KBr-Lösung an AgBr gesättigt) und mißt das Potential E_K. Eine direkt in die Lösung L_1 eintauchende Silberelektrode (II) zeigt das Potential E_{L_1} der Lösung L_1 an. Dann stellt man sich eine Halogen-Halogenidlösung L_2 her (z. B.: 0,1 n KBr-Lösung, an Br_2 gesättigt), in welcher die Ag-Elektrode (II) ein Mischpotential annimmt, das genau gleich groß dem Potential E_{L_1} der Lösung L_1 ist.

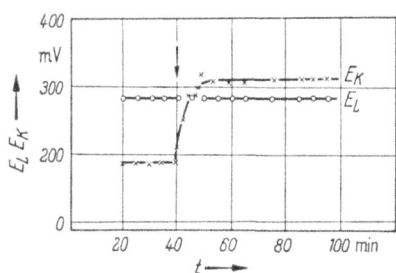

Abb. 5. Veränderung des Potentials E_K bei Halogenzusatz (Pfeil). E_L bleibt durch den Halogenzusatz praktisch unverändert ($c_{Ag^+} < c_{Br^-}$).

Gibt man nun eine bestimmte Menge von der Halogenlösung L_2 zur Lösung L_1 (Pfeil in Abb. 5), so bleibt E_L praktisch unverändert, E_K wird dagegen positiver und strebt einem Grenzwert zu. In Abb. 6 ist dieser Grenzwert E_K in Abhängigkeit von der Halogenkonzentration (c_{Br_2}) der Lösungsphase (Lösung L_1 vereinigt mit Lösung L_2) eingetragen, außerdem ist aus Abb. 6 noch der Verlauf von E_L und von dem an einer Platinelektrode gemessenen (Br_2/Br^-)-Redoxpotential $E_{L(Pt)}$ ersichtlich.

Die hier gefundenen, in Abb. 6 eingetragenen Werte von E_K als Funktion der Halogenkonzentration c_{Br_2} unterscheiden sich beträchtlich von den Werten, welche aus früheren, ähnlichen Messungen hergeleitet wurden [5]. Die hier aufgeführten Meßergebnisse waren jedoch mehrmals und auch an verschiedenen Kristallindividuen gut reproduzierbar.

Ein Einfluß des Halogens auf das Potential E_K war nur bei Halogenidüberschuß der Lösungsphase zu beobachten. Ist in der Lösung Äquivalenz ($c_{Ag^+} = c_{Br^-}$) oder Silberionenüberschuß ($c_{Ag^+} > c_{Br^-}$) vorhanden und wird wäßrige Halogenlösung hinzugegeben, so wird wegen der Hydrolyse von Br_2:

$$Br_2 + H_2O \rightleftharpoons HOBr + HBr$$

c_{Ag^+} verkleinert; die Potentiale E_L und E_K sinken in diesem Fall bei Halogenzusatz stark ab. Stellt man danach durch Zugabe von Silbernitratlösung die alte Silberionenkonzentration wieder her, so nehmen beide Potentiale, E_L und E_K, ihre alten Werte wieder an: Eine Veränderung von E_K durch jenen Halogenzusatz ist also in diesen Fällen ($c_{Ag^+} \geqq c_{Br_2}$) nicht festzustellen.

Für die Abhängigkeit des Potentials E_K von der Halogenkonzentration wird hier in Übereinstimmung mit anderen Autoren folgende Erklärung gegeben (s. a. [6]):

Halogenionen des Kristalls geben Elektronen an das Halogen der Lösung ab. Auf diese Weise wandern Defektelektronen bis zu einem Gleichgewichtswert in den Kristall hinein. Nur dann, wenn das Potential E_K der eingeschmolzenen Ag-Elektrode (I) genügend negativ ist (d. h. wenn in der Lösung c_{Ag^+} sehr klein ist, wenn Halogenionenüberschuß vorliegt), reagieren die Defektelektronen mit dem Silber; E_K wird dann durch diese Defektelektronen-Einwirkung positiver.

Der früher aus ähnlichen an KBr/Br_2-Lösungen durchgeführten Messungen gezogene Schluß [5], daß auch in den reinen, nicht halogenierten Halogensilberkristallen von vornherein ein Defektelektronen-Leitungsanteil vorhanden sei, erscheint nicht stichhaltig (vgl. auch [6]).

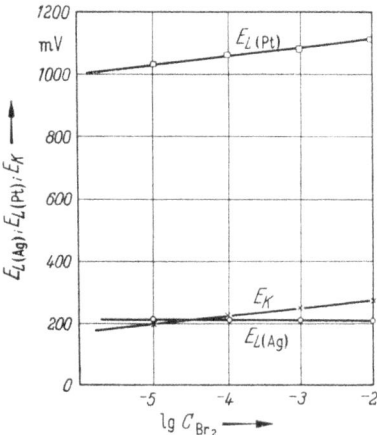

Abb. 6. Abhängigkeit des Potentials E_K und des an Pt gemessenen Redoxpotentials E_L (Pt) von der Br_2-Konzentration c_{Br_2} einer 0,1 n KBr-Lösung (AgBr-Kristall). Das Potential E_L der in die Lösung eintauchenden Ag-Elektrode (II) ist praktisch unabhängig von c_{Br_2}.

4. Veränderung des Potentials E_K beim Belichten

Belichtet man den Halogensilberkristall, in welchem die Ag-Elektrode (I) eingeschmolzen ist, so ändert sich gleichfalls das Potential E_K: Es wird zunächst zeitlich praktisch trägheitslos positiver, um dann während der Belichtung zeitlich träge wieder negativer zu werden. Beide Effekte, der trägheitslose und der träge, treten bei Halogenionenüberschuß *und* bei Silberionenüberschuß der Lösungsphase auf, beide sind reversibel. Es soll hier auf diese Effekte jedoch im einzelnen nicht eingegangen werden.

Herrn Prof. Dr. FRIESER, Herrn Dr. J. EGGERS und Herrn Dr. E. KLEIN danke ich herzlich für viele fördernde Diskussionen.

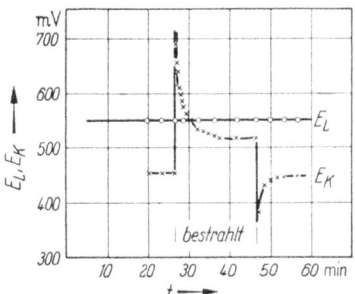

Abb. 7. Veränderung des Potentials E_K beim Belichten (AgBr-Kristall). Es sind zwei Effekte vorhanden: Ein zeitlich trägheitsloser und ein träger. Beide sind reversibel.

Zusammenfassung

Es werden die elektrochemischen Gleichgewichtspotentiale von Silber in Kontakt mit wäßriger Halogensilberlösung (E_L) und von Silber in Kontakt mit einem in die Lösung eintauchenden Halogensilber-Einkristall (E_K) gemessen sowie deren Abhängigkeit von der Silberionenkonzentration der Lösung und deren Veränderung durch Halogenzusatz und durch Belichten untersucht.

Es wird gefunden, daß das Potential E_K bei reinem AgCl um 210 ± 40 mV, bei reinem AgBr um 140 ± 40 mV negativer ist als das Potential E_L; die Forderung, der photographische Entwickler müsse zur Entwicklung von AgBr-Emulsionen ein um 100 bis 150 mV negativeres Redoxpotential besitzen als dem Potential E_L entspricht, ist vermutlich in der Hauptsache auf den Unterschied zwischen E_L und E_K und nicht so sehr auf eine Abhängigkeit des Potentials E_L (Silber/Halogensilberlösung) von der Entwicklungskeimgröße zurückzuführen.

Literatur

[1] KLEIN, E.: Dieser Band, S. 43.
 KLEIN, E., u. R. MATEJEC: Dieser Band, S. 14.
[2] KYROPOULOS, S.: Z. anorg. Chem. **154**, 308 (1926).
[3] KLEIN, E.: Z. f. Elektrochem. **60**, 1003 (1956).
[4] REINDERS, W.: J. phys. Chem. **38**, 783 (1934).
 REINDERS, W., u. M. C. F. BEUKERS: Trans. Faraday Soc. **34**, 912 (1938).
 REINDERS, W., u. H. HAMBURGER: Z. wiss. Phot. **31**, 265 (1932).
 ABRIBAT, M., J. POURADIER a. M. J. DAVID: Sci. ind. phot. **20**, 121 (1949).
 ARENS, H., u. J. EGGERT: Z. f. Elektrochem. **33** (1929).
[5] PFEIFFER, I., K. HAUFFE u. W. JAENICKE: Z. f. Elektrochem. **56**, 728 (1952).
[6] WAGNER, C.: Z. phys. Chem. (B) **32**, 447 (1936).
 LUCKEY, G. W., u. W. WEST: J. chem. Phys. **24**/4, 879 (1956).

Elektronenmikroskopische Untersuchungen an photographischen Schichten

Von E. Klein

I. Die Form des entwickelten Silbers

Die heutigen Kenntnisse von der photographischen Entwicklung wurden anläßlich der Tagung für wissenschaftliche Photographie, Köln 1956, von J. Eggert in einer großen Übersicht zusammengestellt [1]. Man entnimmt für die Anschauung über den Mechanismus der Entwicklung folgendes:

Sichergestellt ist, daß die Grundreaktionen der Entwicklung lauten müssen:

$$Ag^+ + \ominus \rightarrow Ag,$$
$$(Entw.)_{red} \rightarrow (Entw.)_{ox} + \ominus.$$

Über die Ausbildung von *metallischem* Silber einerseits und *sekundären* Oxydationsprodukten aus der oxydierten Form des Entwicklers andererseits bestehen noch verschiedene Auffassungen. Die genannte Reaktion erfordert zweifellos ein ganz bestimmtes Redoxpotential, dessen Höhe sich nach der gegebenen Konzentration der Ag^+-Ionen richten muß. Diese ist von vielen Faktoren abhängig, jedenfalls keineswegs nur von der Konzentration der in Lösung befindlichen Ag^+-Ionen, so daß man thermodynamische Angaben nur sehr schwierig machen kann. Andererseits besteht Einigkeit in der Auffassung (Volmer [2]), daß es sich bei der praktischen photographischen Entwicklung in erster Linie um ein kinetisches Problem handelt, eine heterogene Katalyse, wobei durch Belichtung von Silberbromid entstandene Silberteilchen die Reduktion des Korns durch den Entwickler katalysieren. Die Natur des latenten Bildkeimes und damit des Entwicklerkeimes zu klären, ist die Aufgabe von Arbeiten über den photochemischen Primärprozeß; diese Frage läßt sich natürlich nicht vollständig von der theoretischen Betrachtung der Entwicklung trennen.

Die Tatsache, daß man das Halogensilber einer photographischen Schicht vor der Entwicklung auflösen kann und dann mit einem Entwickler, der Silberionen enthält, dennoch ein Bild (an den in der Gelatine zurückgebliebenen Keimen) entwickeln kann, ist der Beweis dafür, daß die Silberabscheidung aus der Lösungsphase erfolgen *kann*. Es kann auch Halogensilber der Schicht zunächst aufgelöst und dann am Keim reduziert werden; man bezeichnet allgemein diese Art der Entwicklung über die Lösungsphase als physikalische Entwicklung. (Auch die Entwicklungssubstanz selbst kann ein Lösungsvermögen für Halogensilber besitzen.) Im Gegensatz hierzu spricht man von einer chemischen Entwicklung, bei der keine Lösung des Halogensilbers stattfindet; diese Entwicklung ist nur in nicht fixierten aber belichteten Schichten möglich. Hier kann also, wenn überhaupt die Abscheidung der Silberionen über die Lösungsphase erfolgt, nur noch die Löslichkeit von Silberhalogeniden in Wasser maßgeblich sein.

Bei den zwei Entwicklungsarten werden noch verschiedene Schwärzungen und verschiedene Farben des abgeschiedenen Silbers beobachtet.

Die geschwindigkeitsbestimmende Reaktion ist bei den zwei Entwicklungsarten ebenfalls verschieden. (Über die Einzelprozesse siehe JAENICKE [3]). Bei rein physikalischer Entwicklung ist eine Erhöhung der Aktivität des Entwicklers (Erhöhung der Konzentration oder des pH-Wertes [4]) ohne Einfluß auf die Kinetik (JAMES [5, 6]), so daß hier die geschwindigkeitsbestimmende Reaktion die Nachlieferung von Silberionen (Lösungsvorgang) sein wird. Für chemische Entwicklung ist nicht allgemein gesichert, welche Reaktion die langsamste und damit geschwindigkeitsbestimmend ist.

MEES [7], FRIESER [8] und später JAENICKE und Mitarbeiter [3] fassen die Entwicklung als einen Elektrodenvorgang (kurzgeschlossenes Galvanisches Element) auf, wobei der Teil des Keims, der Kontakt mit der Lösung hat, als Anode auftritt und der Reaktionsort für die Abgabe eines Elektrons vom Entwickler ist, während als Kathode der Teil des Keims anzusehen ist, der mit dem Kristall in Berührung steht und wo der Übergang des Elektrons in den AgBr-Kristall erfolgt. Über den Ort der Silberbildung werden keine Aussagen gemacht.

Von mehreren Autoren, u. a. von MITCHELL [9, 10], wird auf Grund von Modellversuchen angenommen, daß Entwicklungskeime und strukturelle Störstellen auf das engste miteinander verknüpft sind (vgl. auch [11]). Die Adsorption von Ag^+-Ionen am Silberkeim wird als Primärreaktion der Entwicklung angesehen, wobei mit sinkender Keimgröße die Adsorption geringer werden soll. Die Folge hiervon ist wiederum die schwierige Entwickelbarkeit von kleinen Keimen. In diesem Zusammenhang seien die Arbeiten von REINDERS [12, 13] und SOCHER [14] erwähnt, wonach zunächst angesetzt wird, daß nur eine Potentialdifferenz ΔE zwischen dem Silberpotential und dem Redoxpotential zur Entwicklung führen kann: Der Lösungsdruck des Silbers, der bei der Ableitung der theoretischen Gleichung für das elektrochemische Potential implizit in das Normalpotential eingeht, ist nach REINDERS dem Durchmesser des Keims umgekehrt proportional und steigt daher bei kleinen Keimen stark an. Hierdurch sinkt das Silberionenpotential, und das erforderliche Redoxpotential für die Entwicklung muß kleiner gewählt werden. Hiermit wird eine nicht von allen Autoren vollkommen gleich gefundene [15] Potentialdifferenz $\Delta E \approx 100$ mV erklärt, die unbedingt notwendig sei, um Entwicklung zu bekommen; d. h. über den thermodynamisch notwendigen Betrag muß das Redoxpotential noch ca. 100 mV kleiner sein. Durch die Ag^+-Adsorptionstheorie würde man allerdings ebenso zu einer Erklärung gelangen (vgl. auch [16]).

Die Adsorption des Entwicklermoleküls an Silber, die wohl für den Übergang des Elektrons auf den Keim notwendig ist, konnte bisher nicht exakt nachgewiesen werden [17]. STAUDE und Mitarbeiter [18, 19] konnten allerdings die Adsorption von Chinon an belichtetem AgBr messen, und sie vermuten, daß der Elektronenübergang über dieses adsorbierte Chinon erfolgt. (An kolloidalem Ag ist bisher keine Chinonadsorption nachgewiesen.)

Von wenigen Autoren ist bisher das bei der Entwicklung entstehende Silber selbst untersucht worden. Immerhin ist gut bekannt, daß Fäden [20, 21, 22] auftreten können; in einigen elektronenmikroskopischen Bildern zeigte KÜSTER [23] auch kompakte Silberaggregate, die durch Entwicklung nach der Fixage erhalten waren. Es sind auch Ansätze vorhanden [*17, 24, 10*], die Fadenbildung zu erklären. Es wird dabei im Prinzip mit der Vorstellung argumentiert, daß aus kristallographischen Erwägungen das Wachsen in einer Richtung (Faden) erfolgen müsse; die Silberionen werden aus unmittelbarer Nähe an den Fußpunkt des späteren Fadens geführt.

Es schien im Rahmen von elektronenmikroskopischen Untersuchungen die Möglichkeit gegeben, über eine genaue Kenntnis der verschiedenen Silberformen und deren Bildungsmechanismen wesentliche Aussagen zur Entwicklung selbst machen zu können. Aus diesem Vorhaben entstand die vorliegende Arbeit.

Über die Anwendung des Kohleabdruckverfahrens nach BRADLEY zur Untersuchung photographischer Schichten war in früheren Arbeiten bereits berichtet worden [*32, 25, 21*], und es zeigte sich, daß sich gerade diese Präparationstechnik für die Untersuchung der Entwicklungsvorgänge besonders eignete.

Es gelang dann auch, über die Abhängigkeit der Form des entwickelten Silbers von der Zusammensetzung des Entwicklers durch systematische Veränderung der Entwicklungsbedingungen auf experimentellem Weg eine klare Übersicht zu gewinnen.

Die im folgenden angeführten Entwicklungsversuche wurden, wenn nicht anders vermerkt, mit fertigen Schichten, also im Gelatinemedium durchgeführt, so daß die in der Praxis vorkommenden Verhältnisse vorliegen; der enzymatische Abbau der Gelatine wurde erst unmittelbar vor der Kohlebedampfung durchgeführt. Die Trennung der Enzymlösung von den zu untersuchenden Partikeln erfolgt durch Zentrifugieren.

1. Der Einfluß der Entwicklerzusammensetzung auf die Form des entwickelten Silbers

Für die im folgenden beschriebenen Entwicklungsversuche wurden Versuchsemulsionen hergestellt, die aus den reinen Silberhalogeniden in Gelatine ohne besondere Zusätze (wie sie in technischen Emulsionen üblich sind) bestehen.

Damit man leicht einen Größenvergleich zu dem entwickelten Silber hat, sind in der Abb. 1a und b einige Aufnahmen der AgBr-Kristalle der Versuchsemulsion zusammengestellt. Der Abstand der Körner entspricht keineswegs der Verteilung der Körner in der Schicht, da ja bei der elektronenmikroskopischen Präparation nach Befreiung von Gelatine die Körner sich zufällig auf dem Objektträger zusammenlagern. Das gleiche gilt selbstverständlich auch für die folgenden Abbildungen von entwickeltem Silber. Wenn bei der Entwicklung ein Halogensilberkristall in Einzelaggregate aus Silber zerfällt, so werden diese Aggregate zueinander eine Lage beibehalten, die durch die umgebende Gelatine mitbestimmt ist; beim Abbau der Gelatine geht dann im allgemeinen diese fixierte Lage verloren, wenn nicht auf andere Weise (Verknäuelung der Silberfäden) ein Zusammenhalt gegeben ist. In den Abbildungen stammen also in vielen Fällen die einzelnen Silberaggregate von verschiedenen Halogensilberkörnern.

a) Einfluß der Entwicklerkonzentration. Die Konzentration an aktiven Entwicklerionen bzw. -molekülen kann sowohl durch die vorgegebene Menge an Entwicklersubstanz wie auch durch Veränderung des pH-Wertes eingestellt werden (vgl. [*4*]). Bei der Versuchsreihe, die der Abb. 2a bis d zugrunde liegt, wurde bei

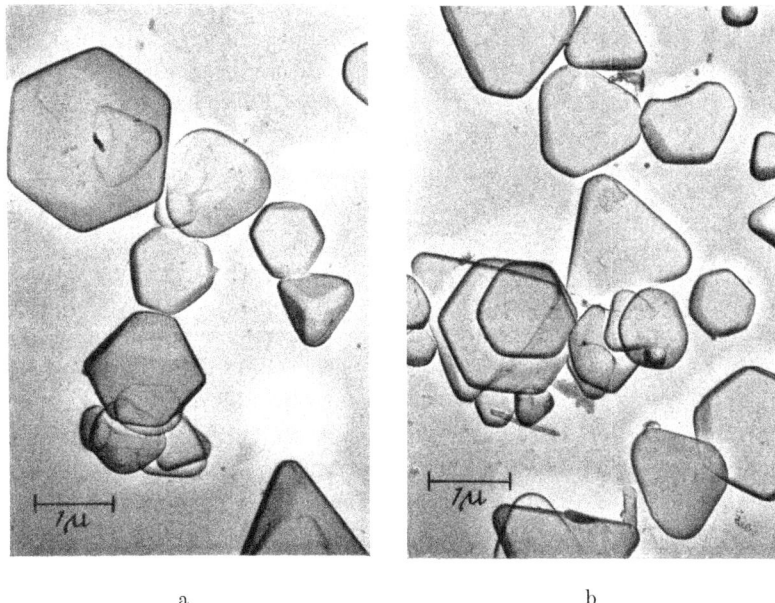

Abb. 1a u. b. Kohleabdruck. Unentwickelte Halogensilberkörner der für die Entwicklungsversuche verwendeten AgBr-Emulsion.

konstantem pH-Wert die Konzentration an Metol-Hydrochinon um etwa zwei Zehnerpotenzen variiert; eine konstante Sulfitkonzentration von 60 g/ltr wurde bei der Verdünnungsreihe aufrechterhalten. Man entnimmt nun der Abb. 2a bis d, daß mit sinkender Entwicklerkonzentration die Form des entwickelten Silbers vom kurzen dünnen Faden bis zum großen Silberaggregat sich verändert. Wie in Abschn. 2 ausführlich diskutiert wird, machen wir für diese Erscheinung den wachsenden Einfluß des Halogensilberlösungsmittels (Sulfit) verantwortlich. Damit die Beschreibung der weiteren Versuchsreihen sich vereinfacht, seien hier auch schon für die zwei Entwicklungsmechanismen, die man aus dem Erscheinungsbild des Silbers ablesen kann, die folgenden Definitionen eingeführt. Entstehen *dünne* Silberfäden (kurz oder lang) von einer ungefähren Dicke $5 \cdot 10^{-2}\,\mu$, so wird für den zugrunde liegenden Entwicklungsvorgang von „chemischer" Entwicklung gesprochen, entstehen hingegen größere Silberaggregate, die *keine* Vorzugsrichtung mehr besitzen, so handelt es sich um rein „physikalische" Entwicklung. Solche runden Silberaggregate werden weiter unten (vgl. Abb. 7d) beschrieben. Die Übergänge in die verschiedenen Silberformen sind zweifellos möglich, so daß man von zunehmender oder vorherrschender physikalischer oder chemischer Entwicklung sprechen kann. Die Bezeichnungen „physikalisch" und „chemisch" seien zunächst nur ablesbar aus der Form des Silbers. Über den Mechanismus der Entwicklung selbst vgl. 2.

In dieser Ausdrucksweise läßt sich das experimentelle Ergebnis der Abb. 2a bis d wie folgt zusammenfassen (das gleiche Ergebnis wurde bei allen anderen untersuchten Entwicklersubstanzen gefunden): Bei konstantem pH-Wert und konstantem Lösungs-

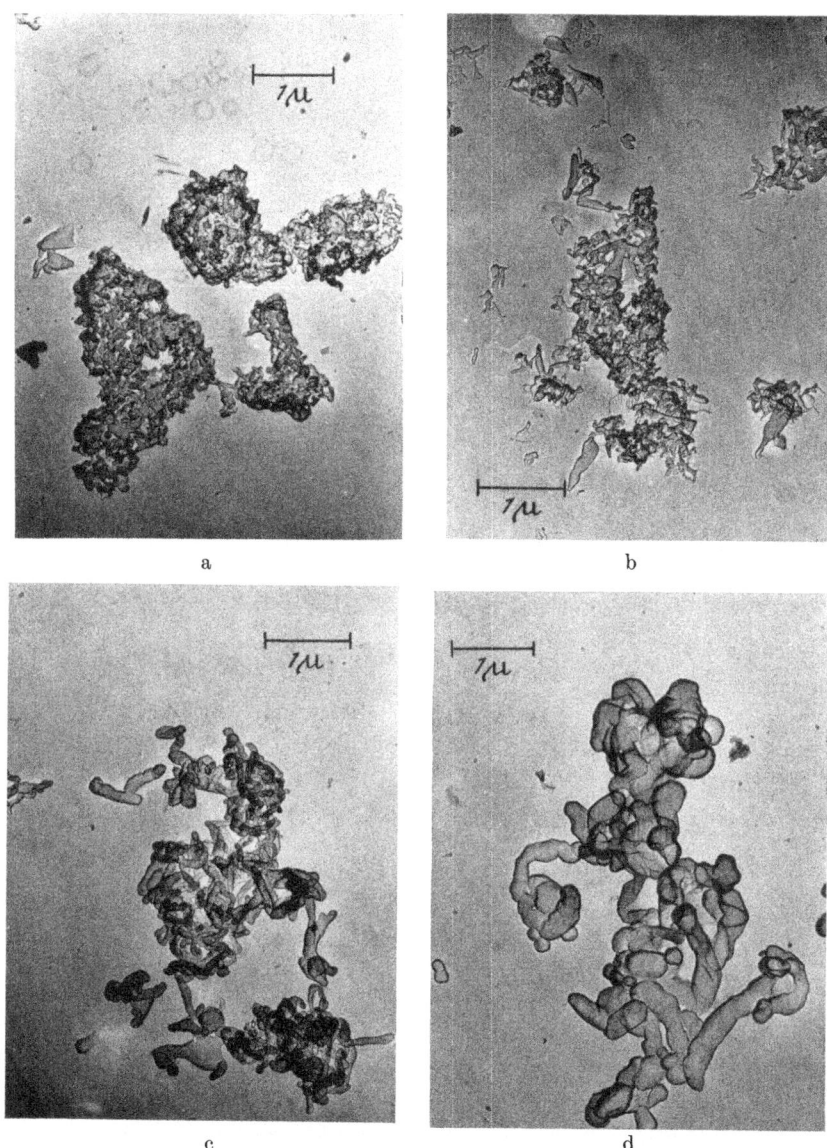

Abb. 2a—d. Kohleabdruck von entwickeltem Silber; vor der Kohleumhüllung fixiert.
Einfluß der Entwicklerkonzentration bei hohem Lösungsvermögen.

Durch abnehmende Entwicklerkonzentration (von a nach d) nimmt der Einfluß des Lösungsmittels und damit die physikalische Entwicklung zu.

Emulsion: AgBr
Belichtung: 1500 luxs., 2900° K

Entwickler	a	b	c	d
	(1)	(1:5)	(1:25)	(1:125)
Metol g/ltr	3	0,6	0,12	0,024
Hydrochinon ,,	12	2,4	0,48	0,096
Entw. Zeit Min.	2	10	48	180

Sulfit: konst. 60 g/ltr.   pH: konst. 10

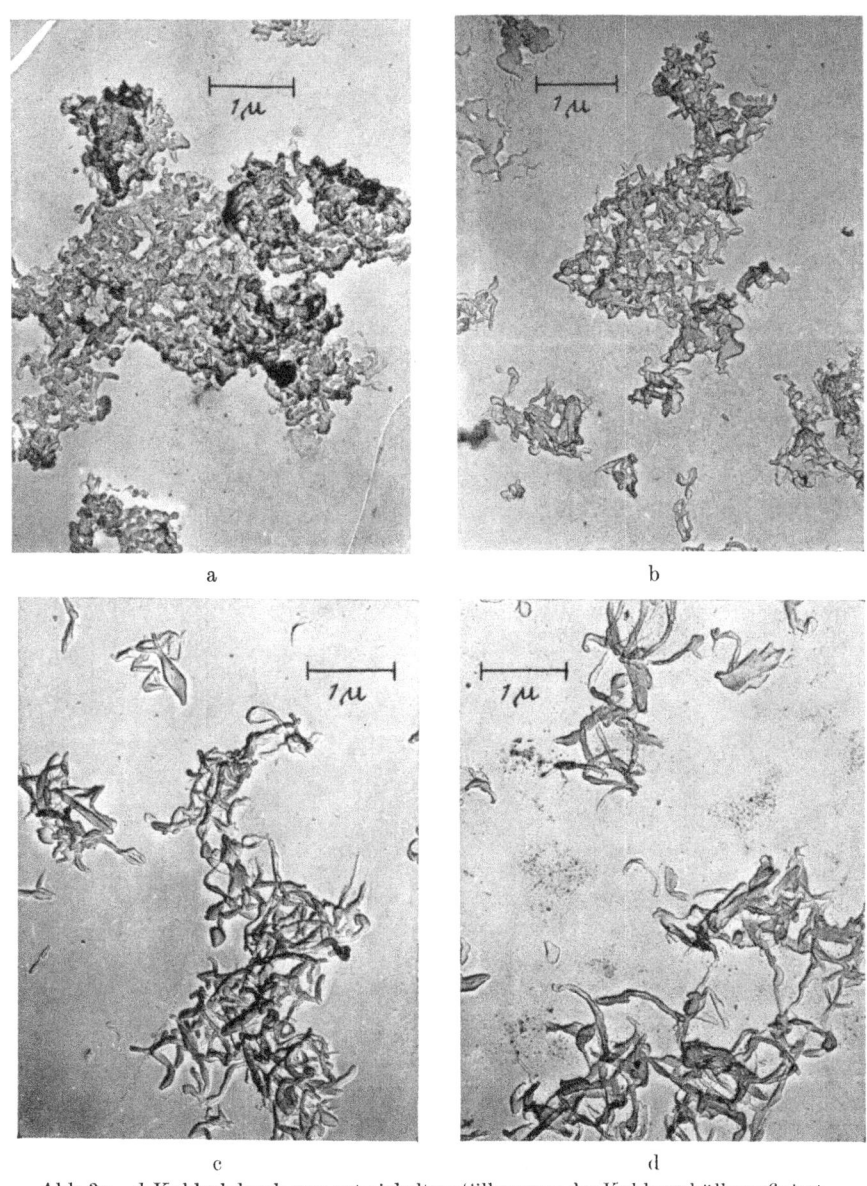

Abb. 3 a—d. Kohleabdruck von entwickeltem Silber; vor der Kohleumhüllung fixiert. Einfluß der Entwicklerkonzentration bei Entwicklern ohne Lösungsvermögen. Es tritt nur rein chemische Entwicklung auf. Mit abnehmender Entwicklerkonzentration (von Abb. a nach d) steigt die Fadenlänge, da weniger Keime entwickelt werden können.

Emulsion: AgBr Belichtung: 150 luxs. 2900° K	Entwickler	a	b	c	d
	g/ltr	(1)	(1:5)	(1:25)	(1:125)
	Ascorbinsäure ,,	12,5	2,5	0,5	0,1
	Phenidon ,,	2,5	0,5	0,1	0,02
	Entw. Zeit Min.	3	15	160	360

pH: konst. 9,5

vermögen für Halogensilber nimmt mit sinkender Entwicklerkonzentration die physikalische Entwicklung zu.

Enthält ein Entwickler kein Halogensilberlösungsmittel und besitzen auch die Entwicklungssubstanzen selbst kein Lösungsvermögen, wie das z. B. bei dem Ascorbinsäure-Phenidon-Entwickler [26] nachgewiesen ist, so kann bei Verdünnung der Entwickler (pH = konstant) keine physikalische Entwicklung auftreten. Man erkennt aber in Abb. 3a bis d, daß sich die Silberform ändert. Mit steigender Verdünnung wird die Fadenanzahl geringer, die Fadenlänge größer bei unveränderter Fadendicke.

a

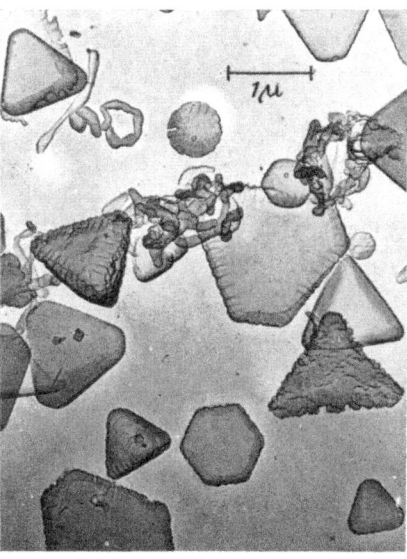

b

c

Abb. 4a–c. Kohleabdruck, entwickelte Halogensilberkörner, unfixiert. Zeitliche Veränderung der Form des ausgeschiedenen Silbers für den Fall der Abb. 2d.

Mit steigender Entwicklungszeit (von a nach c) nimmt die Dicke der Silberfäden durch physikalische Entwicklung zu. Gleichzeitig wird Halogensilber in zunehmendem Maße aufgelöst (Ätzfigur).

Emulsion: AgBr
Belichtung: 150 luxs.   2900° K
Entwickler: Metol   0,024 g/ltr
            Hydrochinon 0,096 ,,
            Sulfit   60,0 ,,
            pH   10

	a	b	c
Entw. Zeit Min.	30	60	120

b) Der zeitliche Verlauf der Silberbildung bei physikalischer Entwicklung. Eine Entwicklung, wie sie der Abb. 2d zugrunde liegt, wurde nach verschiedenen Zeiten abgebrochen; die Schicht wurde nicht fixiert (also nicht von noch vorhandenem Halogensilber befreit) und nach Abbau der Gelatine für das Elektronenmikroskop präpariert. Dann erhält man Kohleabdrücke, wie sie die Abb. 4a bis c zeigen. Neben Silberfäden sind zum Teil stark angeätzte Halogensilberkristalle sichtbar. Mit steigender Entwicklungszeit nimmt die Dicke der Silberfäden zu, während gleichzeitig die Auflösung der Halogensilberkörner fortschreitet. Das führt zu der Vorstellung, daß an chemisch entwickelten Fäden aus der Lösung Silber abgeschieden wird. Es

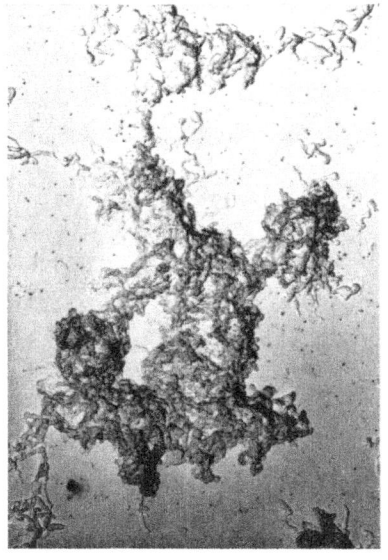
a

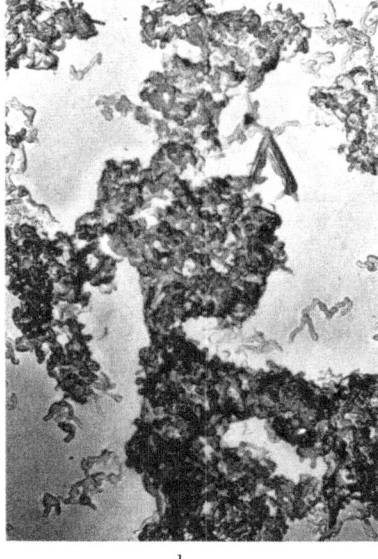
b

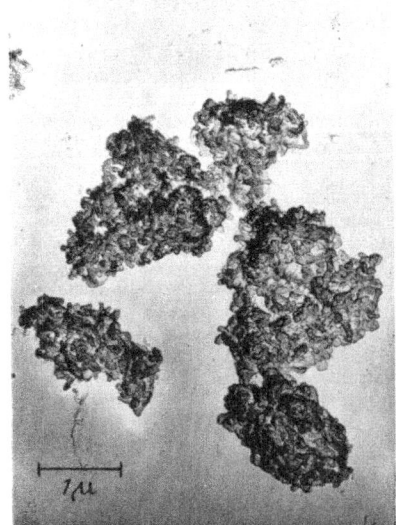
c

Abb. 5a—c. Kohleabdruck von entwickeltem Silber; vor der Kohleumhüllung fixiert. Einfluß des Lösungsvermögens bei Entwicklern hoher Entwicklungsgeschwindigkeit.

Die Geschwindigkeit der chemischen Entwicklung ist so groß, daß physikalische Entwicklung selbst bei sehr hohem Lösungsvermögen nicht auftritt. Die Fadendicke ist vom Lösungsvermögen unabhängig.

Emulsion: AgBr
Belichtung: 150 luxs. 2900° K

Entwickler	a	b	c
Sulfit g/ltr	5	25	125

Metol   konst. 7,5 g/ltr
pH   konst. 10
Entw. Zeit konst. 10 Min.

wird in späteren Versuchen gezeigt, daß die auftretenden Ätzungen an Halogensilber durch reine Sulfitlösungen (ohne Entwicklersubstanz) auch erhalten werden.

c) Der Einfluß der Konzentration der Halogensilberlösungsmittel. Abb. 5a bis c zeigen entwickeltes Silber nach einer Versuchsreihe, bei der einem Entwickler hoher Konzentration (hohe Einwaage und hoher pH-Wert) steigende Mengen Natriumsulfit zugesetzt wurden. Die Form des entwickelten Silbers ist also in diesem Fall unabhängig vom Sulfitgehalt, es hat nur chemische Entwicklung stattgefunden. Ist dagegen die Konzentration an aktivem Entwickler gering (pH niedrig), wie es bei den Versuchen von Abb. 6a bis d der Fall ist, so wirkt sich das steigende Lösungsvermögen für Halogensilber aus, die Silberfäden werden dicker, die physikalische Entwicklung nimmt zu.

p-Phenylendiamin ist eine Entwicklersubstanz, die selbst bei einem pH-Wert von 9,5 noch sehr wenig aktiv ist, d. h. die Entwicklungsgeschwindigkeit ist sehr gering. Um so mehr wirkt sich ein Zusatz von Halogensilberlösungsmittel aus. Die Abb. 7a bis c zeigen, wie mit steigendem Sulfitgehalt die physikalische Entwicklung stark zunimmt und bei dem höchsten hier angewandten Sulfitgehalt bereits rein physikalische Entwicklung vorliegt, bei der also die Silberteilchen keine Vorzugsrichtung mehr besitzen.

Man folgert also aus Abb. 5a bis c, 6a bis d, 7a bis c, daß physikalische Entwicklung nur auftritt, wenn die Geschwindigkeit der chemischen Entwicklung klein ist gegenüber der Geschwindigkeit, mit der Halogensilber gelöst wird.

d) Das Verhalten von Chlorsilber. Das in den Abschn. a bis c für Bromsilber gezeigte Verhalten läßt sich ohne Einschränkung auf Chlorsilber übertragen, wenn man berücksichtigt, daß Chlorsilber löslicher ist als Bromsilber, daß das Lösungsvermögen, etwa von Sulfit, für Chlorsilber daher auch größer ist und auch mit einer größeren Lösungsgeschwindigkeit gerechnet werden kann. Es tritt daher bei einem verhältnismäßig aktiven Entwickler allerdings auch erst bei hohem Sulfitzusatz physikalische Entwicklung auf. Es sei hier noch auf die Besonderheit in der chemischen Entwicklung von Chlorsilber hingewiesen. Es entstehen auf bisher ungeklärte Weise aus einem Korn durch eine besondere Anordnung der Silberfäden tütenförmige Gebilde (Abb. 8a). Ein direkter Vergleich zu den Verhältnissen beim Bromsilber ist aus den Abb. 8a, b und den Abb. 5a bis c möglich. Während beim Bromsilber selbst der hohe Sulfitgehalt von 125 g/ltr Entwickler keinen Einfluß hat, erkennt man hier beim Chlorsilber eine rein physikalische Entwicklung.

Bei einem wenig aktiven Entwickler findet schon bei geringem Sulfitzusatz eine rein physikalische Entwicklung statt.

2. Anätzungen von Halogensilberkristallen

Durch vorsichtige Behandlung einer photographischen Schicht mit Halogensilberlösungsmitteln kann man eine Ätzung der Silberhalogenidkristalle erreichen. Eine solche Ätzung mit Sulfitlösung führt zu den Abb. 9a und b. Pyramidenförmige Kristalle (Abb. 9a) werden stufenartig entlang bevorzugter Kristallebenen angelöst, hingegen treten bei tafelförmigen Kristallen (Abb. 9b) Ätzungen senkrecht zur Kristallkante auf. Es läßt sich aber leicht zeigen, daß beide Ätzfiguren identisch sind; man gelangt gedanklich ohne weiteres zum tafelförmigen Kristall, wenn man

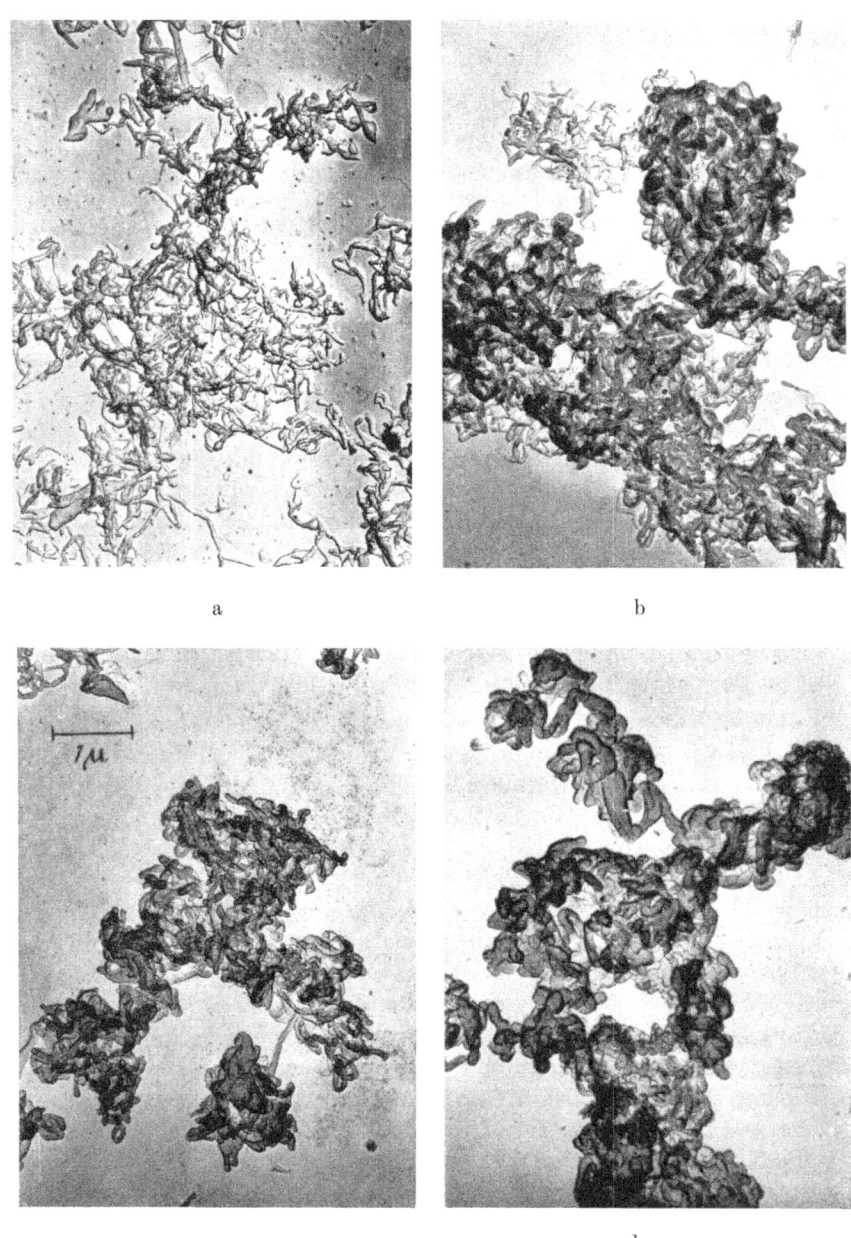

Abb. 6a—d. Kohleabdruck von entwickeltem Silber; vor der Kohleumhüllung fixiert. Einfluß des Lösungsvermögens bei Entwicklern kleiner Entwicklungsgeschwindigkeit.
Mit wachsendem Lösungsvermögen (von Abb. a nach d) steigt die Fadendicke durch zunehmende physikalische Entwicklung.

Emulsion: AgBr Belichtung: 150 luxs. 2900° K	Entwickler	a	b	c	d
	Sulfit g/ltr	1	5	25	125
	Metol: konst. 7,5 g/ltr		pH: konst. 7		Entw. Zeit: 1 Std.

parallel zu einer Pyramidenfläche schneidet; dann liegen die Ätzungen an der Kante gerade in der Weise, wie sie in Abb. 9b zu finden sind. Es ist nur eine Frage der Kinetik und damit der Konzentration an Lösungsmittel, ob auch die große Dreieckfläche angeätzt wird. Die in Abb. 4a bis c sichtbaren Ätzfiguren sind während der Entwicklung entstanden, sie sind mit den Ergebnissen, die mit reiner Sulfitlösung erhalten wurden, also vollkommen identisch. Eine Anlösung mit Thiosulfat zeigt Abb. 10.

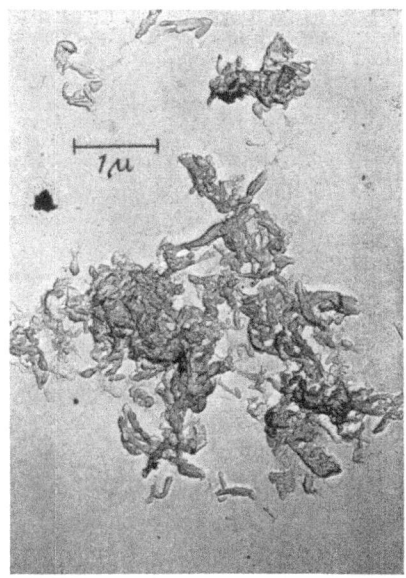

a

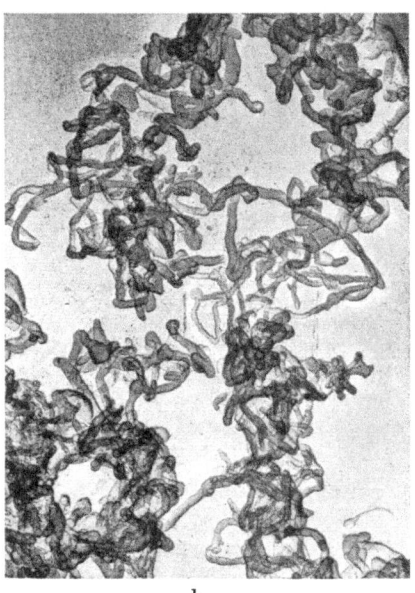

b

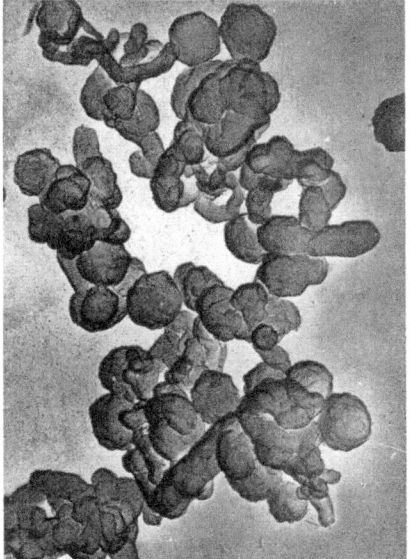

c

Abb. 7a—c. Kohleabdruck von entwickeltem Silber; vor der Kohleumhüllung fixiert. Einfluß des Lösungsvermögens bei Entwicklern kleiner Einwicklungsgeschwindigkeit.

Andere Entwicklersubstanz als die vorhergehende Abbildung.

Emulsion: AgBr
Belichtung: 150 luxs. 2900° K

Entwickler	a	b	c
Sulfit g/ltr	0,6	6	60

p-Phenylendiamin   konst. 10 g/ltr
pH   konst. 9,5
Entw. Zeit: konst. 1 Std

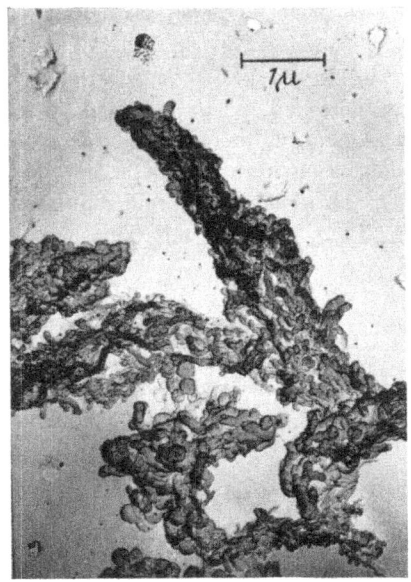
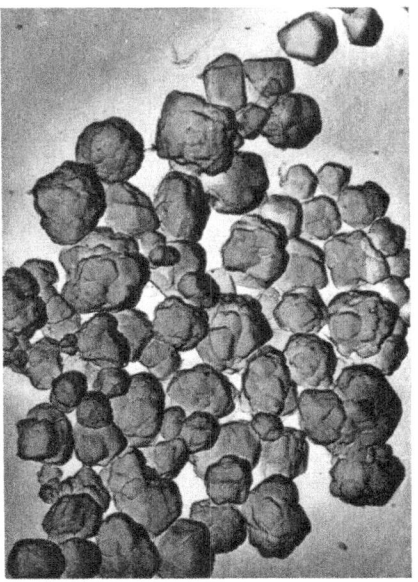

a b

Abb. 8 a u. b. Kohleabdruck von entwickeltem Silber; vor der Kohleumhüllung fixiert.
Einfluß des Lösungsvermögens bei Entwicklern hoher Entwicklungsgeschwindigkeit.
Mit steigendem Lösungsvermögen (von Abb. a nach b) setzt bei Silberchlorid
zunehmende physikalische Entwicklung ein. (Im Gegensatz zu Bromsilber, vgl.
Abb. 5).

Emulsion: AgCl		Entwickler	a	b
Belichtung: 150 luxs. 2900° K		Sulfit g/ltr	5	125
Metol konst. 7,5 g/ltr	pH konst. 10	Entw. Zeit	konst. 30 Min.	

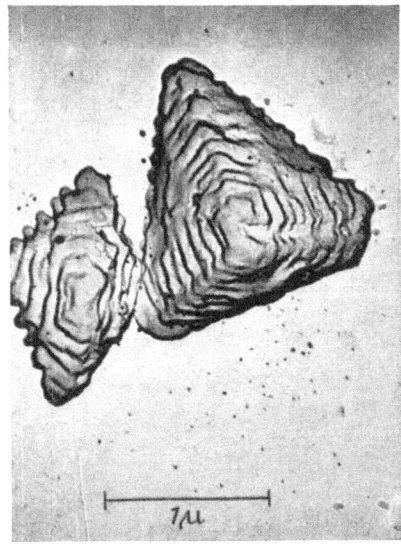
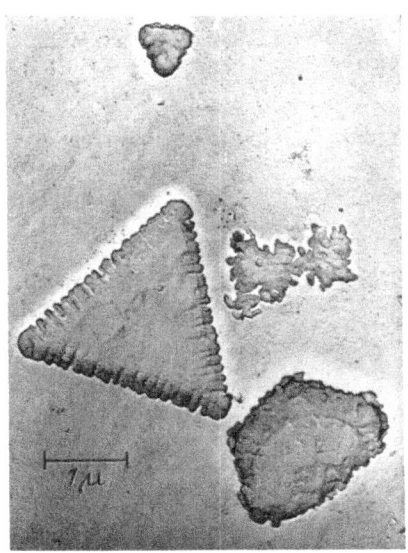

a b

Abb. 9 a u. b. Kohleabdruck, angeätzte Halogensilberkristalle, unfixiert.
Ätzung von AgBr-Kristallen durch Sulfitlösungen.
Die Ätzfiguren entsprechen denjenigen, die bei den Entwicklungsbedingungen der
Fälle Abb. 4 auftreten.

Emulsion: AgBr unbelichtet   Ätzlösung: Sulfit 120 g/ltr   Ätzdauer: 2 Std.

Die Anätzung von Silberjodid (Abb. 11) mittels Sulfit ist wesentlich schwieriger (Abb. 12) wegen des kleinen Löslichkeitsproduktes von AgJ. Die Anlösung erfolgt nur an den Seitenflächen der Pyramiden (111 im hexagonalen System, β-Jodid), während die Grundfläche unverändert bleibt. Vielleicht ist diese Tatsache damit zu erklären, daß die Atome in der Grundfläche in einer Ebene liegen, während die Seitenflächen stufenförmig aufgebaut sind, wodurch eine leichtere Ätzung der Fläche möglich wäre.

3. Die theoretischen Vorstellungen über den Mechanismus der Silberabscheidung, wie sie sich aus den Experimenten ergeben

a) Der Entwicklungskeim. Nach der allgemeinen Auffassung liegen bei der photographischen Entwicklung die Verhältnisse so, daß das Halogensilber prinzipiell durch den Entwickler reduziert werden kann, daß allerdings durch die Belichtung sehr kleine Zentren (Keime) mit der Eigenschaft entstehen, die Reduktionsgeschwindigkeit zu erhöhen. Hierdurch werden aus rein kinetischen Gründen unbelichtete Silberhalogenidkristalle innerhalb der angewandten Zeiten nicht reduziert.

Die Voraussetzung für den Ablauf einer photographischen Entwicklung ist also das Vorhandensein eines *Keimes*, der von Entwicklermolekülen (Ionen) *und* Silberionen erreichbar sein muß. Es wird ihm die Eigenschaft zugeschrieben, daß unmittelbar in seiner Nähe (an seiner Oberfläche) die Reduktion von Silberionen durch ein Reduktionsmittel (photographischer Entwickler) wesentlich schneller verläuft als an anderen Stellen des Systems. Es ist nicht notwendig, daß der Keim mit dem Halogensilberkristall in Verbindung steht, er kann sich auch in dessen Umgebung isoliert befinden. Im Sinne der bisherigen Vorstellungen über solche Keime muß er die sogenannte kritische Größe erreicht haben, die die Voraussetzung für die Einleitung der Entwicklung ist; dabei ist es gleichgültig, ob der Keim durch Belichtung oder andere chemische oder physikalische Vorgänge gebildet wurde (Belichtungs- und Schleierkeime). Es ist für die folgende Theorie zunächst ohne Bedeutung, die Natur des Keimes im einzelnen, etwa seine genaue Größe, seine chemische Zusammensetzung und seine physikalische Eigenschaft, zu kennen.

b) Die zwei möglichen Entwicklungsmechanismen (vergl. [3]). Aus den unter 1. mitgeteilten Experimenten über die Form des abgeschiedenen Silbers ergibt sich im wesentlichen der Einfluß zweier Größen als bestimmend:

1. „Die Entwickleraktivität", verändert durch die Gesamtkonzentration (bei pH = konstant) oder verändert durch den pH-Wert (bei konstanter Einwaage).

2. Das Lösungsvermögen für Halogensilber.

Es wird geschlossen, daß ganz allgemein nur zwei Entwicklungsmechanismen möglich sind:

α) Die physikalische Entwicklung. Die Reduktion von Silberionen zu Silber erfolgt an der Grenzfläche Keim—Silberionen*lösung*; hierbei werden die Silberionen ausschließlich aus der *Lösung* geliefert. Es ist gleichgültig, ob die Silberionen dem Entwickler zugegeben werden (z. B. bei Entwicklung des latenten Bildes nach der Fixage) oder ob durch Lösungsmittel (z. B. Sulfit), also Silberkomplexbildner, zunächst Silberhalogenid gelöst wird und dann durch Nachdissoziation des löslichen Komplexes die durch Reduktion verbrauchten Silberionen in die Lösung nach-

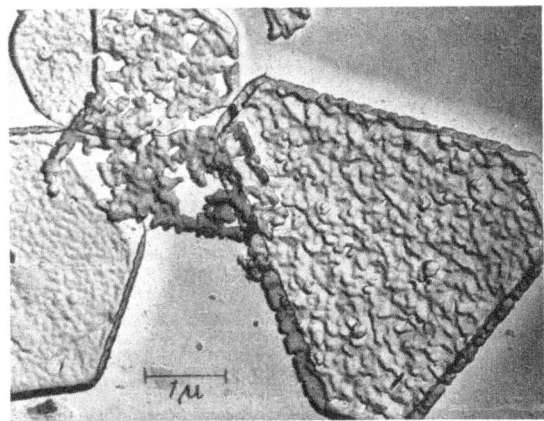

Abb. 10. Kohleabdruck, angeätzte Halogensilberkörner, unfixiert.
Ätzung von AgBr durch Thiosulfatlösung.

Emulsion: AgBr unbelichtet
Ätzlösung: Thiosulfat 50 g/ltr
Ätzdauer: 5 Min.

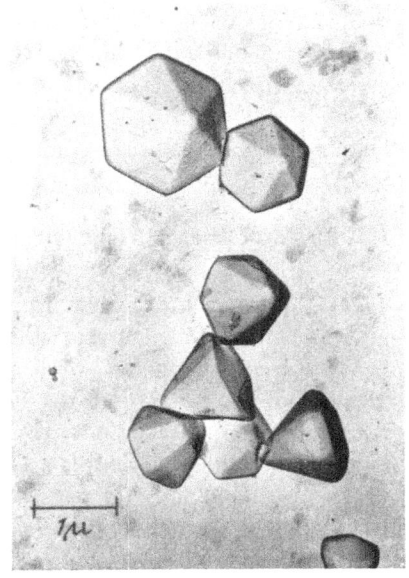

Abb. 11. Kohleabdruck, unentwickelte AgBr-Kristalle.

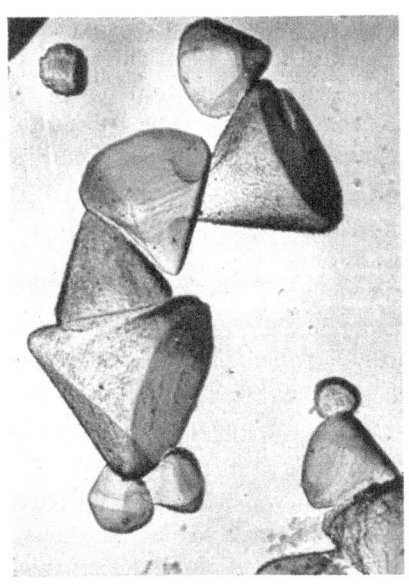 

Abb. 12 (Stereoskopische Aufnahme). Kohleabdruck, angeätzte Halogensilberkörner, unfixiert.
Ätzung von AgJ durch Sulfitlösung.

Emulsion: AgJ unbelichtet   Ätzlösung: Sulfit 120 g/ltr   Ätzdauer: 6 Std.

geliefert werden und auf diese Weise für die Entwicklung zur Verfügung stehen. Bei dieser Art der Entwicklung ist der Keim vom Silberhalogenid getrennt. Die Trennung liegt entweder bei Beginn der Entwicklung bereits vor, wenn es sich z. B. um Keime handelt, die absichtlich zur Emulsion zugesetzt sind oder um solche, die durch vorherige Fixage des Kristalls freigelegt wurden, oder die Trennung Keim — Kristall erfolgt gleich im ersten Stadium der Entwicklung durch die vorausgesetzte starke Lösungswirkung des Entwicklers auf Halogensilber. Es erfolgt dann die Anlagerung von Silber an seiner gesamten Oberfläche, und es resultiert keine bevorzugte Wachstumsrichtung in gebildetem Silber; es entstehen *kompakte Silberkristalle* ohne Vorzugsrichtung.

Eine Entwicklung, die nach diesem Mechanismus verläuft, wird im folgenden mit *physikalischer Entwicklung* bezeichnet, in Anlehnung an die gebräuchliche Bezeichnung für eine Entwicklung, bei der sicher Silberionen aus der Lösung abgeschieden werden. An der Grenzfläche Keim — Lösung werden Elektronen von der Entwicklersubstanz aufgenommen, es werden aber an der gleichen Fläche auch die Silberionen reduziert.

β) *Die chemische Entwicklung.* Die Reduktion von Silberionen zu Silber erfolgt in unmittelbarer Nähe der *Grenzfläche* Entwicklungskeim — Silberhalogenidkristall; hierbei werden die Silberionen unmittelbar aus dem Kristall geliefert. Im allgemeinen werden Silberionen des Kristalls aus der Nähe des Keimes reduziert, es können aber auch Silberionen über weitere Strecken an der Kristalloberfläche oder durch das Kristallinnere hindurch zum Keim wandern (vgl. KLEIN u. MATEJEC, ,,Die Wanderung von Eigenfehlstellen", in diesem Band; dort ist dieses Problem ausführlich untersucht).

Da der Keim nur an der Berührungsfläche mit dem Kristall Silber anlagert, muß bei dieser Art der Entwicklung eine bevorzugte Wachstumsrichtung im gebildeten Silber resultieren; es entstehen Silber*fäden*.

Im folgenden wird eine Entwicklung, die nach diesem Mechanismus verläuft, in Anlehnung an die herkömmliche Nomenklatur mit *chemischer Entwicklung* bezeichnet. Von chemischer Entwicklung sprach man bisher allgemein im Gegensatz zur physikalischen Entwicklung. Durch die hier genannten Vorstellungen ist eine präzise Definition der chemischen Entwicklung möglich.

Im Gegensatz zur physikalischen Entwicklung findet die Reduktion der Silberionen an der Grenzfläche Keim — Korn statt, während die Elektronen wie bei der physikalischen Entwicklung an der Grenzfläche Keim — Lösung aufgenommen werden (Elektrodenmechanismus). Es muß in diesem Zusammenhang noch folgendes den Experimenten entnommen werden. Ein chemisch entwickelter Kristall kann in sehr viele Silberfäden zerfallen, die dann natürlich sehr kurz sein können. Es ist nicht anzunehmen, daß der Kristall dann, wenn er gerade durch Belichtung entwickelbar geworden ist, bereits so viele Keime besitzt, wie den Fäden entspricht. Es wird also angenommen, daß dann, wenn die Entwicklung an einer Stelle einsetzt, auch andere Stellen des Kristalls die Funktion eines Keimes übernehmen können; man kann z. B. erwarten, daß an den Ätzstellen, von denen aus Silberionen zum ursprünglichen Keim wandern, einige Silberionen leichter reduziert werden und somit ein neuer Ausgangspunkt für eine weitere Entwicklung darstellen. Diese Vorstellung wird noch gestützt durch die Tatsache, daß Halogensilber, das nicht durch Gelatine geschützt ist, auch unbelichtet entwickelbar ist. An den Ätzstellen könnte durch Abwandern der Silberionen in den Kristall eine Kristallfläche entstehen, die nicht mehr mit Gelatine bedeckt ist.

c) Die Entwicklungsgeschwindigkeit. *α*) Bei *physikalischer* Entwicklung ist der langsamste Vorgang folgender insgesamt ablaufender Einzelreaktionen geschwindigkeitsbestimmend (nach JAENICKE [*3*]):

Diffusion von Ag^+-Ionen aus der Lösung zur Grenzfläche Keim — Lösung und Adsorption;

Reduktion von Ag^+-Ionen an der Grenzfläche Keim — Lösung;

Nachdissoziation von Ag^+-Ionen aus löslichen Silberkomplexen;

Auflösungsgeschwindigkeit von Halogensilber im Komplexbildner;

Wegdiffusion von Entwickleroxydationsprodukten;

Hindiffusion neuer aktiver Entwicklermoleküle bzw. -ionen zur Grenzfläche Keim — Lösung.

Im Normalfall ist hier wohl die Auflösungsgeschwindigkeit die kleinste und somit geschwindigkeitsbestimmend.

Da die Lösung von Halogensilber nur über Komplexbildung erfolgt (die Wasserlöslichkeit ist natürlich stets vorhanden), kann man die Auflösungsgeschwindigkeit verändern durch Änderung der Konzentration an komplexbildenden Ionen.

Ein wichtiges Ergebnis der experimentellen Untersuchungen ist dabei die Feststellung, daß keineswegs die Gleichgewichtskonzentration von Silberkomplexen (Gesamtlöslichkeit), die zur vorgegebenen komplexbildenden Ionenkonzentration gehört, geschwindigkeitsbestimmend ist, sondern nur die Geschwindigkeit, mit der Halogensilber aufgelöst und mit der der Komplex Silberionen abdissoziieren kann. Es ist durchaus der Fall realisierbar, daß eine Ionenlösung geringer Komplexbildungsmöglichkeit, gemessen an der Komplexgleichgewichtskonzentration, eine hohe Lösungs- und Dissoziationsgeschwindigkeit besitzt.

β) Bei *chemischer* Entwicklung ist die Geschwindigkeit der Entwicklung bestimmt durch die langsamste Geschwindigkeit folgender Einzelreaktionen (vergl. [*3*]):

Reduktion von Ag^+-Ionen an der Grenzfläche Keim — Halogensilberkristall;

Diffusion von Silberionen des Halogensilberkristalls zur Grenzfläche Keim — Kristall.

Die beiden letzten Reaktionen wie bei physikalischer Entwicklung.

Es ist nicht ohne weiteres abzuschätzen, welche der in Frage kommenden Reaktionen geschwindigkeitsbestimmend ist. Es sei noch bemerkt, daß die Geschwindigkeit der Entwicklung natürlich von weiteren Parametern, z. B. der Temperatur, abhängt, daß die Vorgänge vor allem dadurch kompliziert werden, daß es sich um Reaktionen in heterogenen Systemen handelt, in denen die während der Reaktion eintretenden Veränderungen der beteiligten festen Phasen (Halogensilberkristall) den Reaktionsverlauf beeinflussen können. Der *Beginn* einer chemischen Entwicklung erfolgt, wenn ein aktives Entwicklermolekül oder -ion auf den Keim trifft und als Folge hieraus an der Grenzfläche Keim — Kristall über einen zunächst noch wenig durchsichtigen Mechanismus ein Elektron des Entwicklermoleküls ein Silberion reduziert.

Eine physikalische Entwicklung kann beginnen, wenn Silberionen in Lösung vorhanden sind, die dann am Keim reduziert werden. In einer photographischen Schicht liegt immer ein gewisser Anionenüberschuß vor, der in gequollener Schicht etwa einer Konzentration von $10^{-3}\,n$ und damit einer Silberionenkonzentration von etwa $10^{-9}\,n$ bei AgBr entspricht. Silberionen dieser Konzentration werden von einem normalen Entwickler sofort reduziert, so daß man die Möglichkeit offen lassen muß, daß an den Belichtungskeimen zunächst aus der Lösung einige Silberionen reduziert werden, daß also einer chemischen Entwicklung eine kurze physikalische Entwicklung vorangeht.

γ) *Entwicklerkonzentration und Entwicklungsgeschwindigkeit.* Mit sinkender Konzentration an aktiven Entwicklermolekülen oder -ionen nimmt auch die Geschwindigkeit derjenigen Teilreaktionen ab, die mit dem Entwickler selbst verknüpft sind. Die Entwicklungsgeschwindigkeit selbst ist allgemein aber nur bei chemischer Entwicklung stark konzentrationsabhängig (oder pH-abhängig), für physikalische Entwicklung nur sehr wenig, da andere Prozesse geschwindigkeitsbestimmend sind. Die ,,Aktivität" kann auch durch pH-Wert-Änderung eingestellt werden. Man kann aus den Experimenten für chemische Entwicklung entnehmen, daß die Silberfäden mit abnehmender Entwickleraktivität in der Zahl abnehmen und gleichzeitig in der Länge zunehmen (Abb. 3). Die Erklärung ist jedoch noch nicht eindeutig möglich. Entweder kann ein Entwickler bestimmter ,,Aktivität" nur Keime bis herunter zu einer bestimmten Größe entwickeln oder aber der genannte Effekt, daß nach Beginn der Entwicklung am ursprünglichen Keim sehr bald mehr Stellen des Kristalls Keimfunktionen übernehmen können, ist ebenfalls stark aktivitätsabhängig.

Für die Form des entwickelten Silbers folgt also bei chemischer Entwicklung, daß bei konzentrierten Entwicklern viele kleine Fäden entstehen, und daß dadurch die Form des unentwickelten Halogensilberkristalls im wesentlichen erhalten bleibt, d. h. die gebildeten Fäden liegen in einer solchen Weise nebeneinander, daß man die Form des Halogensilberkristalls noch erkennen kann. Bei verdünnten Entwicklern hingegen geht die Form des Kristalls verloren.

δ) *Das Zusammenwirken der zwei Entwicklungsmechanismen.* Der allgemein vorliegende Fall bei praktischen Entwicklungsbedingungen ist das *Zusammenwirken* von chemischer und physikalischer Entwicklung. Es überwiegt aber meistens die chemische Entwicklung sehr stark. Es läßt sich dann als wesentlichstes Ergebnis der vorliegenden Theorie folgende Formulierung treffen:

Bei jeder Art der photographischen Entwicklung zerfällt das ursprüngliche Halogensilberkorn in kleinere Aggregate aus Silber (Fäden, Aggregate ohne Vorzugsrichtung und Übergänge zwischen diesen Extremformen). Innerhalb eines Aggregates kann dieses Silber durch chemische und physikalische Entwicklung abgeschieden sein. Da nun chemische Entwicklung automatisch mit einer Vorzugsrichtung im entwickelten Silber (Fadenform) verbunden ist, physikalische Entwicklung dagegen durch Anlagerung an vorhandenes Silber ohne räumliche Bevorzugung abläuft, so kann man folgende prinzipielle Aussage machen:

Die Form des bei der Entwicklung entstehenden Einzelaggregates aus Silber ist nur eine Funktion des Mengenverhältnisses von chemisch zu physikalisch entwickeltem Silber.

Die Geschwindigkeiten, mit denen die einzelnen Entwicklungsmechanismen ablaufen können, bestimmen die ausgeschiedene Silbermenge; es ist anzunehmen, daß sich die Reaktionsabläufe von chemischer und physikalischer Entwicklung gegenseitig beeinflussen.

Die chemische Konstitution der Entwicklersubstanz ist dabei nur insofern von Bedeutung, als die Konzentration der *aktiven* Produkte sowie die oben ausführlich diskutierten kinetischen Vorgänge substanzabhängig sind, und dadurch das die Silberform bestimmende Mengenverhältnis von chemisch zu physikalisch entwickeltem Silber verändert wird.

Folgende Einzelfälle sind möglich:

Die Geschwindigkeit der chemischen Entwicklung ist wesentlich größer als die Geschwindigkeit, mit der Silberhalogenid aufgelöst wird und damit wesentlich größer als die Geschwindigkeit der physikalischen Entwicklung. Man erhält *fadenförmige* Silberausscheidungen.

Die üblichen in der Praxis vorkommenden Entwickler arbeiten nach diesem Prinzip.

Die Geschwindigkeit der Auflösung von Silberhalogenid und damit der physikalischen Entwicklung ist wesentlich größer als die Geschwindigkeit der chemischen Entwicklung. Die Folge ist eine Trennung des Keimes vom Korn. Es bilden sich kompakte Silberkristalle ohne Vorzugsrichtung.

Bei der Entwicklung reiner AgCl-Emulsionen mit stark lösenden Entwicklern kommt dieser Fall praktisch vor.

Die Geschwindigkeit der Auflösung von Silberhalogenid und damit der physikalischen Entwicklung ist vergleichbar mit der Geschwindigkeit der chemischen Entwicklung. Es bilden sich zunächst durch chemische Entwicklung Fäden, auf denen durch physikalische Entwicklung weiteres Silber abgelagert wird. Es entstehen somit Silberfäden, die wesentlich dicker sind als bei überwiegend chemischer Entwicklung. Bei normaler p-Phenylendiaminentwicklung tritt dieser Fall auf.

ε) *Der Einfluß der Belichtung.* Durch Belichtung werden nur die Anzahl und Größe der Keime verändert, es bleiben hierdurch also die Mechanismen der Entwicklung unbeeinflußt. Bei chemischer Entwicklung konnte bisher eine Abhängigkeit der Form des entwickelten Silbers von der Belichtung *nicht* festgestellt werden. Da nach Anentwicklung die Keimzahl ohnehin rapide ansteigt, kann auch ein solcher Effekt nicht erwartet werden. Bei rein physikalischer Entwicklung muß bei zunehmender Keimzahl die Größe der entwickelten Silberaggregate abnehmen, da auf eine größere Anzahl Keime die gleiche Menge Halogensilber verteilt wird. Im übrigen sei hier auf die Arbeit in diesem Band verwiesen (KLEIN, „Die Bestimmung der Anzahl der Belichtungskeime im latenten photographischen Bild"), wo der experimentelle Nachweis für diese Voraussage erbracht wird.

ζ) *Kristallhabitus des entwickelten Silbers.* Aus den Stereoaufnahmen einiger Bilder konnten die Winkel zwischen den Flächen physikalisch entwickelten Silberbestimmt werden; hieraus muß man schließen, daß bei rein physikalischer Entwicklung Silberkristalle entstehen, die nur durch (111)-Flächen (Oktaederflächen) des kubisch flächenzentrierten Silbergitters berenzt werden. Bei rein chemischer Entwicklung konnten an den dünnen Fäden die Flächen nicht bestimmt werden. Bei einem Zusammenwirken von chemischer und physikalischer Entwicklung, bei dem kurze, zum Teil sehr dicke Silberaggregate entstehen, indem Silber aus der Lösung auf kurzen Fäden abgeschieden wird, kann man in vielen Fällen jedoch wieder die Oktaederflächen finden. Innerhalb eines solchen Aggregates treten oft Winkel auf, die von Teilstücken miteinander gebildet werden. Die theoretisch hierfür aus dem Gitterbau ableitbaren Größen von 60, 90 und 120° lassen sich oft experimentell nachweisen. Aus diesem Befunde liegt der Schluß nahe, daß auch chemisch entwickelte Fäden durch Oktaederflächen (111) begrenzt sind, da eine Veränderung der Flächen durch nachträgliche Silberabscheidung aus der Lösung nicht zu erwarten ist. Aus Elektronenbeugungsuntersuchungen und röntgenographischen Messungen [28] sind Bestätigungen dieser Vorstellung bekannt.

η) *Der Elektronenmechanismus bei der Entwicklung.* Für die Theorie über die Bildung der verschiedenen Silberformen ist der Elektronenmechanismus bei der Entwicklung im einzelnen ohne Bedeutung. Es soll aber kurz eine Spekulation mitgeteilt werden, die sich im wesentlichen an schon in der Literatur diskutierte Mechanismen anschließt, und die mit den experimentellen Ergebnissen nicht im Widerspruch steht.

An dem Keim (Silber), gleichgültig, ob er sich in Verbindung mit dem Kristall oder frei in seiner Umgebung befindet, werden vom Entwicklermolekül bzw. -ion Elektronen abgegeben, wobei es keine Rolle spielt, ob die aktive Substanz positiv oder negativ geladen ist. Diese Elektronen sind im Keim frei beweglich. Zwischenreaktionen über eine Adsorption sind möglich, aber nicht notwendig. Die Elektronen des Keimes werden dann entsprechend dem oben diskutierten Mechanismus bei chemischer Entwicklung an der Grenzfläche Keim — Kristall, bei physikalischer Entwicklung an der Grenzfläche Keim — Lösung durch herandiffundierende Ag^+-Ionen entladen.

Prinzipiell besteht aber die Möglichkeit, daß der Primärakt auch im Laufe der fortschreitenden Entwicklung stets die Adsorption von Ag^+-Ionen am Keim ist, die dann durch Elektronen des herandiffundierenden Entwicklers entladen werden.

Der experimentelle Befund aber, daß bei einer chemischen Entwicklung die Ag^+-Ionen aus dem Kristall auch über weite Strecken des Kristalls zum Fußpunkt des Fadens wandern können, legt die Annahme nahe, daß der Primärakt die Abgabe von Elektronen des Entwicklers an den Keim ist. Der zeitlich stets schneller werdende Entwicklungsvorgang erklärt sich dann unter anderem dadurch, daß bei größerer Fadenlänge immer mehr Elektronen durch das entwickelte Silber aufgenommen werden, die wiederum eine erhöhte Diffusion von Ag^+-Ionen bevorzugt aus gestörten Kristallteilen zur Folge hat. Zur Erklärung der steigenden Entwicklungsgeschwindigkeit erscheint jedoch die zunehmende Keimzahl wichtiger.

ϑ) *Die Unterstruktur der Halogensilberkristalle.* In den Vorstellungen, die MITCHELL und Mitarbeiter [29] auf Grund ausführlicher experimenteller Arbeiten an großen Halogensilbereinkristallen entwickelten, spielen Unterstrukturen im Halogensilberkristall eine wesentliche Rolle für den photographischen Elementarprozeß. Es wurde bereits früher [22] darauf hingewiesen, daß in den Mikrokristallen der photographischen Emulsion solche Unterstrukturen nicht als größere Spalte und Risse vorliegen, daß es sich vielmehr um Versetzungen, also Störungen in der Größenordnung der Gitterabstände handeln müsse; anderenfalls sollten nämlich bei den

Ätzversuchen die Unterstrukturen sichtbar werden. Inzwischen wurde von HERZ und Mitarbeitern [30] auf röntgenographischem Wege die Existenz von Unterstrukturen in normalen Emulsionskörnern nachgewiesen. Nach MITCHELL sollen diese Unterstrukturen mit ihren Raumladungen bevorzugte Elektronen- bzw. Defektelektronenfänger darstellen oder auch auf Grund ihres größeren Reaktionsvermögens zum Sitz des sogenannten chemischen Sensibilisators werden; sie müßten demnach auch der Sitz des späteren Entwicklungskeimes sein. Elektronenmikroskopisch ist nach unseren Experimenten hierzu keine Aussage zu machen. Es wäre denkbar, daß eine Ätzung an einem Gitterbaufehler beginnt und sich dann entlang kristallographisch bevorzugter Richtungen vergrößert. Eine genaue Vorstellung zur Entstehung der Ätzfiguren besteht nicht, MITCHELL wies jedoch schon auf eine bevorzugte Ätzung der Emulsionskristalle an bestimmten Stellen hin [27]. Von einem dendritischen Keim ausgehend soll das Wachstum entlang Schraubenversetzungen erfolgen und deren Durchstoß durch die Kristalloberfläche soll mit einem unvollkommenen Gitterbau verbunden sein. Vor allem die Ätzung mit drei Ätzgruben zueinander unter einem Winkel von 120° deutet auf die Richtigkeit dieser Vorstellung. (Vgl. Abb. 5 in der Arbeit „Die Wanderung von Eigenfehlstellen durch Halogensilberkristalle" von E. KLEIN und R. MATEJEC in diesem Band.)

Es sei noch darauf hingewiesen, daß die Ätzfiguren an AgBr, die sich bei *chemischer* Entwicklung am Kristall ausbilden, nicht mit denen übereinstimmen, die durch reines Lösungsmittel (oder auch bei physikalischer Entwicklung) entstehen. Wahrscheinlich greift bei einer Anlösung das Lösungsmittel an vielen Stellen gleichzeitig an, während bei dem Abbau im Laufe der Entwicklung bevorzugt nur Zonen besonders schlechten Kristallbaues betroffen sind (vgl. KLEIN u. MATEJEC, „Die Wanderung von Eigenfehlstellen durch Halogensilberkristalle", in diesem Band).

II. Die Entwicklung bei Gegenwart von Rhodanionen

Es ist von praktischen Erfahrungen her bekannt, daß geringe Zusätze von Rhodanionen zum Entwickler die Entwicklung, vor allem die Form des ausgeschiedenen Silbers, stark beeinflussen. Es wurde zunächst untersucht, welche Veränderung an Halogensilbermikrokristallen in einer photographischen Schicht bei Behandlung mit SCN^--Lösungen auftritt.

Eine Bildung von AgSCN (fest) sollte man elektronenmikroskopisch beobachten können, da bei der hierzu notwendigen Umwandlung AgHal → AgSCN eine starke Gitteraufweitung stattfinden muß, und dadurch das Kristallgefüge des Halogensilberkristalls verändert wird.

Wie die Abb. 13a bis c zeigen, wirken kleine Konzentrationen von Rhodanid ätzend (bei AgBr), also lösend, während dann bei größeren Konzentrationen die teilweisen Umsetzungen zu Silberrhodanid zu erkennen sind. An einzelnen Stellen des Mikrokristalles beginnt die Umwandlung und verläuft schließlich unter Ausbildung großer kugelförmiger Gebilde. Vergleicht man dazu die Abb. 14a und b, so kann man sofort ableiten, daß Konzentrationserhöhung oder Verlängerung der Einwirkungsdauer bei konstanter Konzentration einander äquivalent sind.

Eine Bestätigung dafür, daß tatsächlich Silberrhodanid gebildet wird, kann man Abb. 15 entnehmen. Hier sind reine Silberrhodanidmikrokristalle gezeigt, wie sie bei der Fällung von AgSCN in Gelatine durch Zulauf von Ag$^+$-Ionen zu einer SCN$^-$-Lösung entstehen. Setzt man einem Entwickler ohne Halogensilberlösungsvermögen (z. B. Ascorbinsäure-Phenidon, ohne Sulfit) Rhodanid in genügender Menge zu, so erhält man eine rein physikalische Entwicklung; es entstehen kugelförmige Silberteilchen ohne Vorzugsrichtung, an denen einzelne Kristallflächen zu erkennen sind (Abb. 16a u. b). Man hat sich also vorzustellen, daß das Rhodanion sehr schnell den Keim vom Korn zu trennen vermag.

Bei aktiven Entwicklern erreicht man mit Sulfit allein keine physikalische Entwicklung (Abb. 5a bis c); mit steigendem Rhodanidgehalt gelangt man jedoch

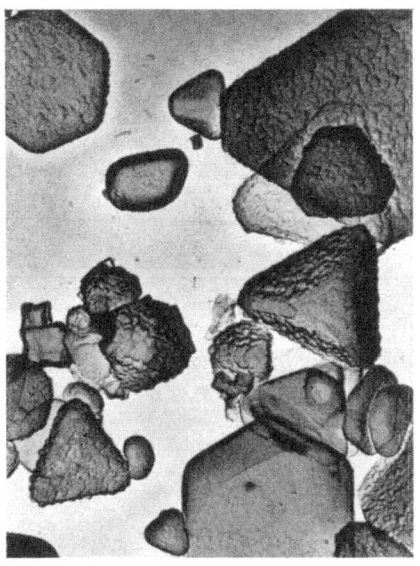

a

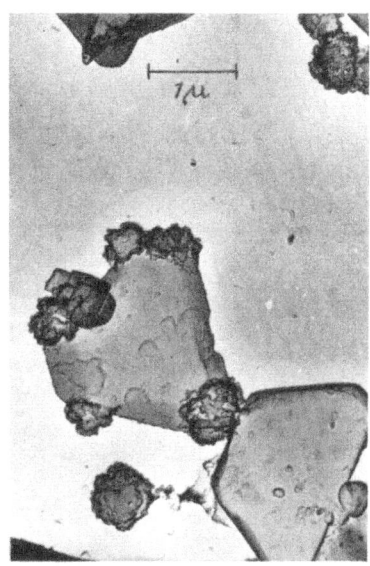

b

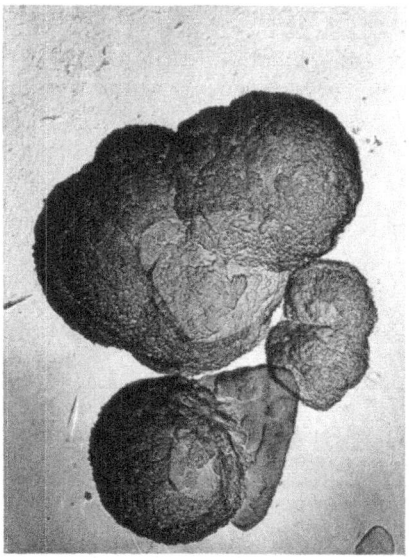

c

Abb. 13a—c. Kohleabdruck, Halogensilberkörner: Rhodanidbehandlung, unfixiert.
AgBr-Kristalle mit Rhodanid-Lösung behandelt.
Mit steigender Rhodanidkonzentration nimmt die Umwandlung von AgBr in AgSCN zu.

Emulsion: AgBr unbelichtet

Ätzlösung		a	b	c
Rhodanid	g/ltr	1	5	60
Ätzdauer	Min.	180	30	5

64 E. KLEIN

a

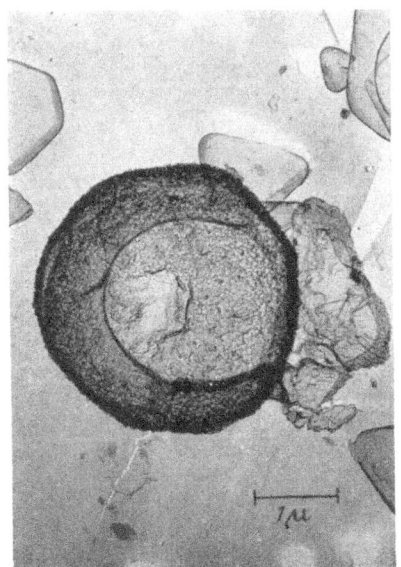
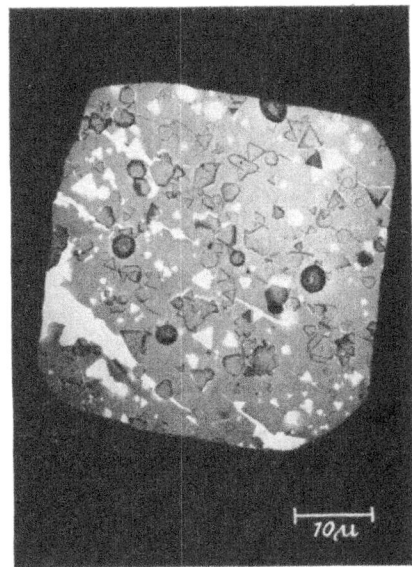

b

Abb. 14a u. b. Kohleabdruck, Halogensilberkörner: Rhodanidbehandlung, unfixiert.
AgBr-Kristalle mit Rhodanidlösung behandelt.
Mit steigender Einwirkungsdauer nimmt die Umwandlung von AgBr in AgSCN zu.

Emulsion: AgBr unbelichtet

Ätzlösung	a	b
Rhodanid	konst.	15 g/ltr
Ätzdauer Min.	5	10

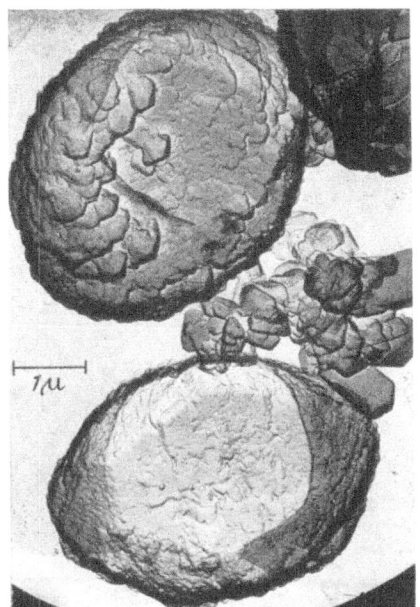 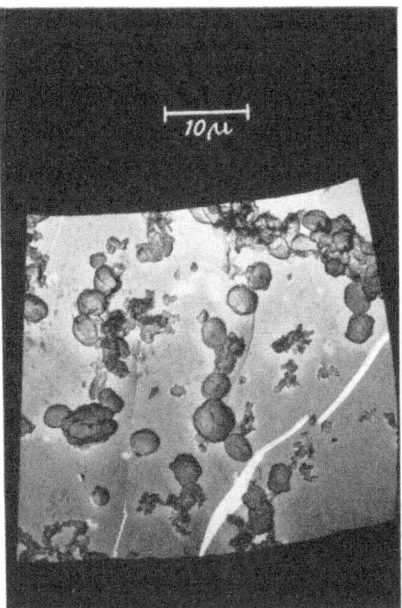

Abb. 15
Kohleabdruck von Silberrhodanidkörnern (Emulsion in Gelatinelösung gefällt).

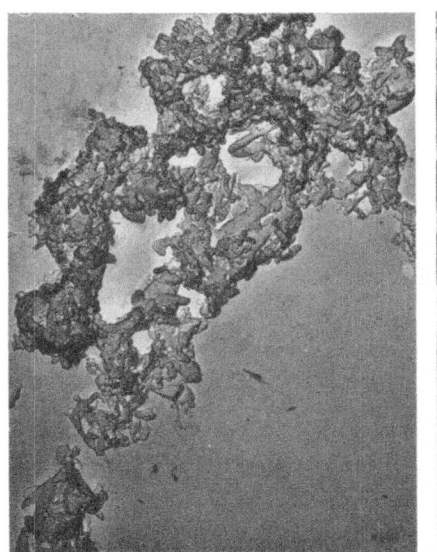 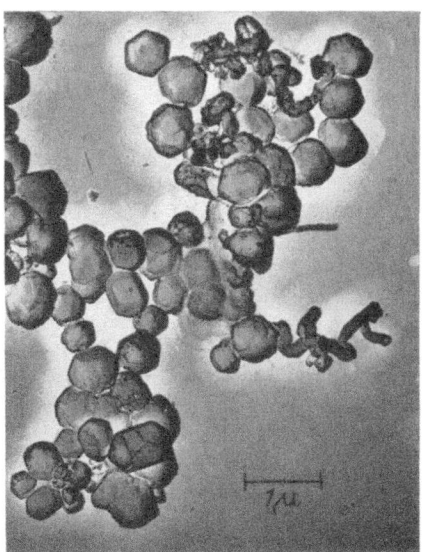

a   Abb. 16 a u. b.   b
Kohleabdruck von entwickeltem Silber; vor der Kohleumhüllung fixiert.
Einfluß von Rhodanid bei Entwickler ohne Lösungsvermögen, mit hoher Entwicklungsgeschwindigkeit.
Durch steigenden Rhodanidzusatz geht die chemische Entwicklung (a) in physikalische Entwicklung (b) über.

Emulsion: AgBr
Belichtung: 150 luxs. 2900° K

Entwickler	a	b
Rhodanid g/ltr	0	16
Ascorbinsäure	konst. 12,5 g/ltr	
Phenidon	konst. 2,5 g/ltr	
pH	konst. 9	
Entw. Zeit	konst. 2 Std.	

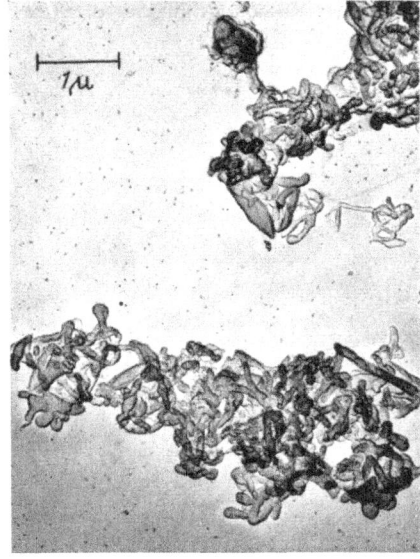
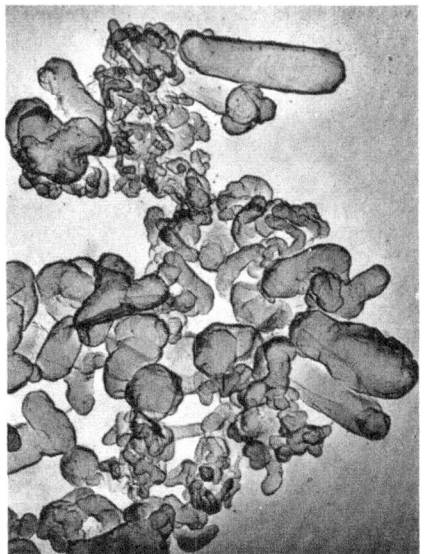

a b

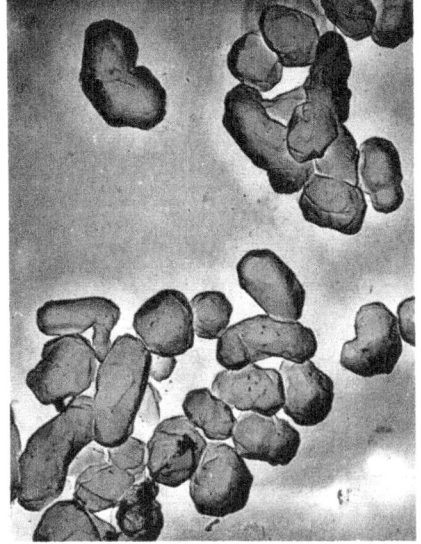

c

Abb. 17a–c

Kohleabdruck von entwickeltem Silber, vor der Kohleumhüllung fixiert. Einfluß von Rhodanid bei Entwickler mit Lösungsvermögen und kleiner Entwicklungsgeschwindigkeit.

Durch steigenden Rhodanidzusatz geht die chemische Entwicklung in physikalische Entwicklung über, infolge des hohen Lösungsvermögens und der kleinen Entwicklungsgeschwindigkeit schon bei geringerem Rhodanidzusatz als bei dem Fall der Abb. 16.

Emulsion: AgBr
Belichtung: 150 luxs. 2900° K

Entwickler	a	b	c
Rhodanid g/ltr	0	2	5

Metol konst. 7,5 g/ltr
Sulfit konst. 125 g/ltr
pH konst. 7
Entw. Zeit konst. 2 Std.

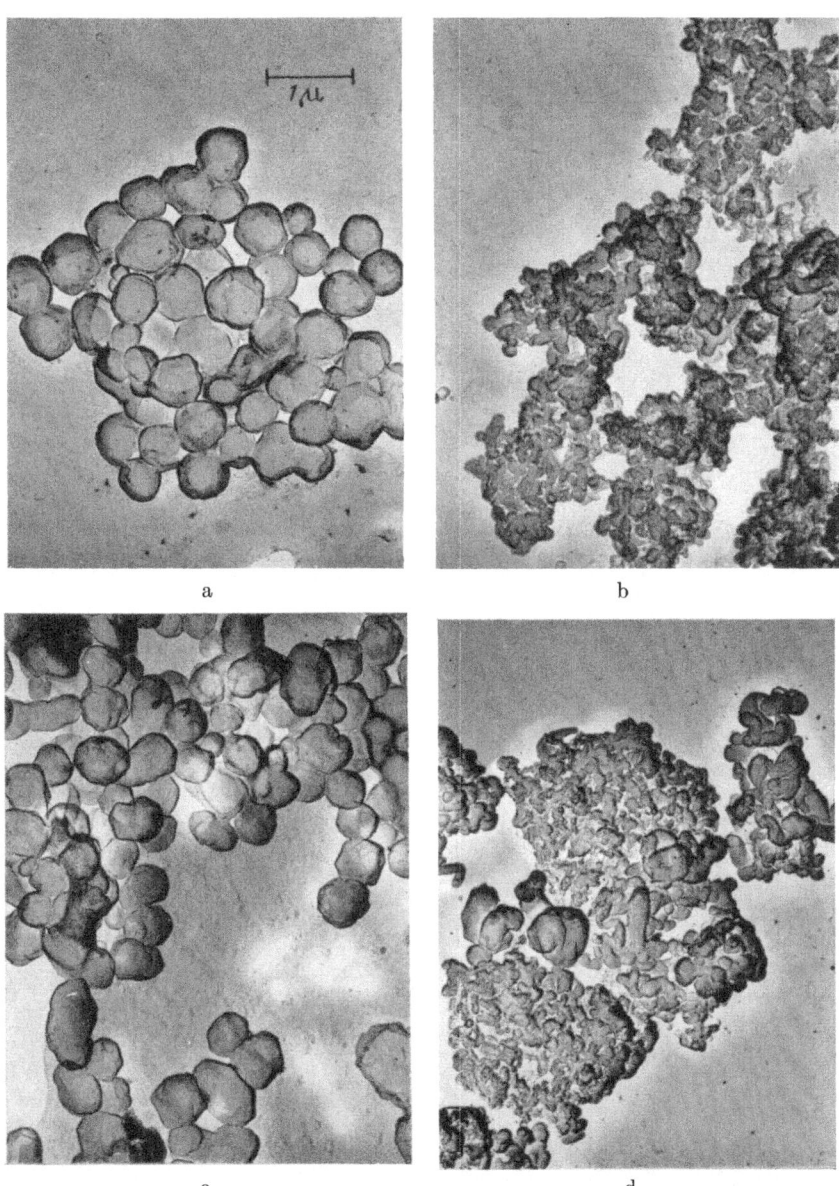

Abb. 18 a-d. Kohleabdruck von entwickeltem Silber; vor der Kohleumhüllung fixiert. Einfluß von Sulfitgehalt und pH-Wert bei Entwicklung mit Rhodanidzusatz.
Bei konstantem Rhodanidzusatz erfolgt unabhängig von der Sulfitmenge bei geringem pH-Wert physikalische Entwicklung (Abb. a und c). Der Übergang von physikalischer in chemische Entwicklung wird allein vom steigenden pH-Wert beeinflußt (von Abb. a nach b und von Abb. c nach d).

Emulsion: AgBr
Belichtung: 150 luxs. 2900° K

Entwickler	a	b	c	d
pH-Wert	7	10	7	10
Sulfit g/ltr	2	2	125	125

Metol konst. 7,5 g/ltr   Rhodanid konst. 5 g/ltr
Entw. Zeit konst. 2 Std.

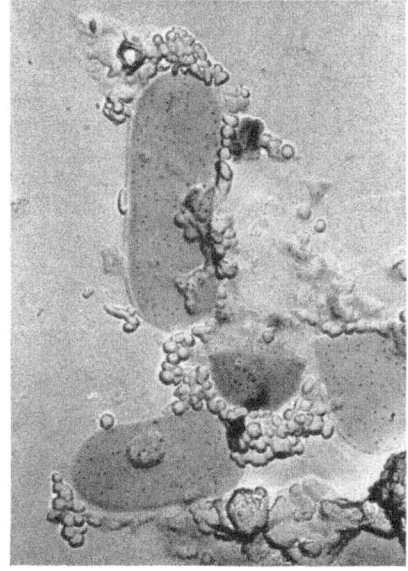
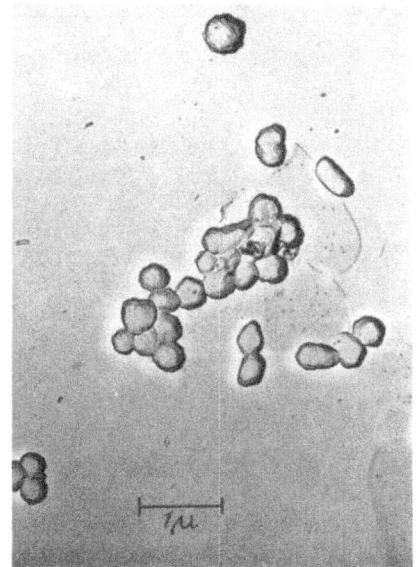

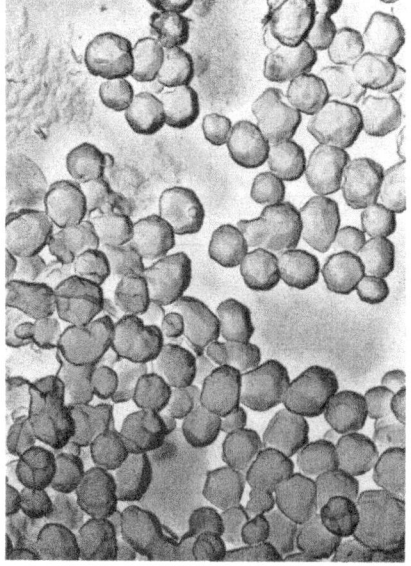

Abb. 19a–c

Kohleabdruck von entwickeltem Silber, vor der Kohleumhüllung fixiert. Einfluß der Entwicklungszeit auf die Größe physikalisch entwickelter Silberteilchen.

Mit steigender Entwicklungszeit von Abb. a nach c wächst die Größe der entwickelten Silberteilchen.

Emulsion: AgBr
Belichtung: 500 luxs. 2900° K

Entwicklung	a	b	c
Zeit Min	3	15	40

Entwickler:
Metol konst. 7,5 g/ltr
Sulfit konst. 50 g/ltr
Rhodanid konst. 5 g/ltr
pH konst. 7 g/ltr

ebenfalls zu rein physikalischer Entwicklung (Abb. 17a bis c). Je geringer in diesem Fall die Aktivität des Entwicklers, um so geringer ist der Rhodanidgehalt, der notwendig ist, eine rein physikalische Entwicklung zu erhalten. Aus einer ausführlichen Versuchsreihe sind in Abb. 18a bis d die wichtigsten Ergebnisse zusammengestellt: Bei gleichem pH-Wert des Entwicklers ist der Sulfitgehalt auf die Rhodanidwirkung ohne Einfluß; mit steigendem pH-Wert gelangt man in jedem Fall zu chemischer Entwicklung, wenn auch mit steigendem Sulfitgehalt erst bei höherem pH-Wert. In Abb. 19a bis c ist schließlich der Beweis erbracht, daß wirklich das einzelne runde Silberaggregat durch kugelförmiges Wachsen entsteht.

III. Beitrag zur Frage der Kristalltracht von Halogensilberkörnern einer photographischen Emulsion

Wie SHEPPARD und TRIVELLI bereits vor vielen Jahren zeigten [31, 7], findet man an Bromsilberkristallen photographischer Emulsionen fast ausschließlich oktaedrische Flächen. Die Autoren erklärten das durch die Annahme, daß bestimmte Oktaederflächen im Vergleich zu anderen Oktaeder- oder Kubusflächen im Wachstum stark gehemmt werden, was im einzelnen auf eine Adsorption von Gelatinemolekülen oder von verschiedenen Komplexen der Form Ag_mBr_n (bzw. $Ag(NH_3)_2^+$ in Ammoniakemulsionen) zurückgeführt wird. Da die Ausbildung der Halogensilberkristalle für photographische Emulsionen im allgemeinen bei Überschuß von Bromionen vor sich geht, ist das Auftreten von Oktaederflächen verständlich, da nur solche Flächen ausschließlich mit Bromionen besetzt sein können. Die elektronenmikroskopischen Untersuchungen mit Hilfe des Kohleabdruckverfahrens geben Aufklärung über die Tracht von Emulsionskristallen, deren genaue Untersuchung im Lichtmikroskop nicht mehr möglich ist.

Es sei im folgenden zunächst gezeigt, zu welchen Kristallformen man theoretisch gelangt, wenn man die obenerwähnte Vorstellung über die Wachstumshemmung verschiedener Oktaederflächen zugrunde legt und systematisch die verschiedenen Möglichkeiten konstruiert. Es möge sich zunächst als Keim ein regelmäßiges Oktaeder ausbilden (Abb. 20).

Es können dann 1, 2, 3 bis 8 Flächen gleichzeitig gehemmt werden. (Die Wachstumshemmung bedeutet, daß die Kapillarkonstanten zwischen Kristallfläche und Lösung für die gehemmten Flächen kleiner sind als für die übrigen Flächen. Da das Produkt aus Fläche und Kapillarkonstante die Oberflächenenergie liefert, ist diese für die gehemmten Flächen also klein; vgl. GIBBS-CURIE-WULFF-Prinzip [33].) Für eine bestimmte Anzahl an gehemmten Flächen existieren verschiedene Möglichkeiten der gegenseitigen räumlichen Anordnung. Die Tabelle gibt diese Verhältnisse wieder; es sind nur solche Kombinationen gezählt, die zu verschiedenen Kristallkörpern führen. (Ist z. B. die Gesamtzahl der gehemmten Flächen 2, dann ist es gleichgültig, ob die Flächen a und c oder a und d [vgl. Abb. 20] gehemmt sind, die resultierende Kristallform ist die gleiche.)

Anzahl gehemmter Flächen	1	2	3	4	5	6	7
Kombinationsmöglichkeiten von gehemmten Flächen, die zu verschiedenen Kristallformen führen	1	3	3	6	3	3	1

Man gewinnt insgesamt 20 verschiedene Kombinationsmöglichkeiten, also 20 verschiedene Kristallkörper. Für die zeichnerische Konstruktion der Kristallformen kann man den Weg gehen, daß man ein vorgegebenes gleichmäßiges Oktaeder parallel zu den gehemmten Flächen schneidet. (Das vorgegebene Oktaeder wäre dasjenige, das durch ungehemmtes Wachsen des oktaedrischen Keimes entstehen würde.)

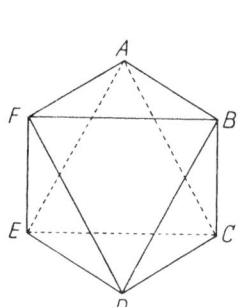

a = BDF;
b = ABF;
c = BCD;
d = DEF;
e = ACE;
f = ABC;
g = CDE;
h = EFA;

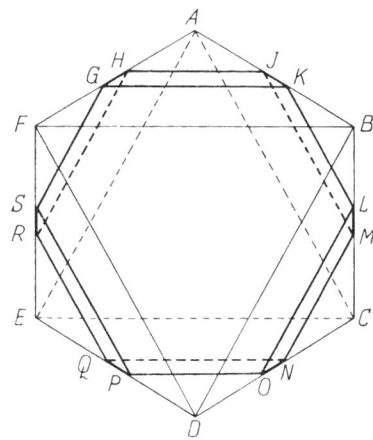

Abb. 20. Flächenbezeichnung für ein Oktaeder.

Abb. 21. Entstehung eines plattenförmigen Sechsecks aus einem Oktaeder.

Abb. 21 zeigt in Parallelprojektion ein Oktaeder $ABCDEF$, das parallel zu den hier als gehemmt angenommenen Flächen $FBD = a$ und $ACE = e$ geschnitten wird. Die Ausdehnung des oktaedrischen Keimes kann man gegenüber der Größe des resultierenden Kristalls vernachlässigen und somit punktförmig annehmen.

Durch das Hineinwandern (Schneiden) *einer* Fläche in das Oktaeder wird der ursprüngliche Abstand δ_0 vom Keim zu einer Fläche auf δ verringert $\left(\text{hier } \frac{\delta}{\delta_o} = 0{,}2\right)$. Hierbei werden die Kanten (etwa AB) im gleichen Verhältnis geschnitten. Es entstehen die zueinander parallelen Flächen $GKLOPS$ und $HJMNQR$ im Abstand $\varDelta = 0{,}4 \delta_0$; der resultierende Körper ist ein tafelförmiges Oktaeder, das in der Projektion nahezu als Sechseck erscheint.

In der beschriebenen Form lassen sich die Kristalltrachten konstruieren, die sich nach den in obiger Tabelle aufgeführten Möglichkeiten an gleichzeitig gehemmten Flächen ergeben. Man kann nun die Größe $\frac{\delta}{\delta_o}$ auch als Verhältnis der Wachstumsgeschwindigkeiten der gehemmten zu ungehemmten Flächen auffassen. Hierbei muß nur, wie bereits oben erwähnt, die Größe δ'_0, die dem oktaedrischen Keim entspricht, vernachlässigbar klein gegen δ und δ_0 sein, da anderenfalls der Ausdruck $\frac{\delta - \delta_o'}{\delta_o - \delta_o'}$ dem Verhältnis der Wachstumsgeschwindigkeiten entsprechen würde. Ferner muß man eine zeitlich konstante Wachstumsgeschwindigkeit annehmen.

Es zeigt sich nun, daß von der Größe $\frac{\delta}{\delta_o}$ abhängt, wieviele Flächen der entstehende

Kristallkörper besitzt, daß also die weiter oben zunächst abgeleitete Anzahl der zu erwartenden Form noch um eine gewisse Zahl erhöht wird.

Ist $\frac{\delta}{\delta_o} > \frac{1}{3}$, so entstehen nur Körper mit 8 Flächen, wird dagegen $\frac{\delta}{\delta_o} = \frac{1}{3}$, so können einzelne Flächen gerade verschwinden, was z. B. erstmalig vorkommt, wenn die an die Fläche a (vgl. Abb. 20) angrenzenden Flächen b, c und d gehemmt sind; man erhält ein Heptaeder. Die Anzahl der Flächen bleibt dann konstant für die Bedingung $\frac{1}{3} \geq \frac{\delta}{\delta_o} \geq 0$. Da die Vorstellung zugrunde liegt, daß das Wachstum von einem Oktaeder ausgeht, von dem dann irgendwelche Flächen gehemmt sind, hat die Bedingung $\frac{\delta}{\delta_o} < 0$ keinen physikalischen Sinn mehr. Die Tabelle gibt im einzelnen diese Verhältnisse wieder.

gehemmte Flächen	Anzahl der entstehenden Flächen		
	$\frac{\delta}{\delta_o} > \frac{1}{3}$	$\frac{1}{3} \geq \frac{\delta}{\delta_o} \geq 0$	$\frac{\delta}{\delta_o} = 0$
a	8	8	8
ae	8	8	verschw.
ab	8	8	8
ah	8	8	6
bcd	8	7	4
acd	8	8	7
ace	8	8	verschw.
acdg	8	8	8
abeg	8	8	verschw.
abcd	8	8	4
bcde	8	4	verschw.
abce	8	7	,,
abef	8	8	,,
abcde	8	5	,,
abefh	8	8	,,
abceg	8	7	,,
abcegh	8	6	,,
abcefg	8	8	,,
abcdeg	8	6	,,
abcefgh	8	7	,,

In den Abb. 22a bis d sind die wichtigsten Fälle zeichnerisch dargestellt, wobei für die Konstruktion stets von einem gleichgroßen Oktaeder ausgegangen ist. Die Fälle $\frac{1}{3} > \frac{\delta}{\delta_o} > 0$ sind bei komplizierteren Körpern in zwei Projektionen gezeichnet.

Für eine ganz allgemeine Betrachtung der Wachstumshemmung müssen auch folgende Möglichkeiten diskutiert werden.

1. Die Hemmung verschiedener Flächen beginnt zu verschiedenen Zeiten. Da man nur am fertigen Kristall die Größe $\frac{\delta}{\delta_o}$ bestimmen kann, ist eine Entscheidung nicht möglich, ob es sich um unterschiedliche Wachstumsgeschwindigkeiten mehrerer Flächen untereinander oder um zeitlich verschiedenen Beginn einer Hemmung handelt.

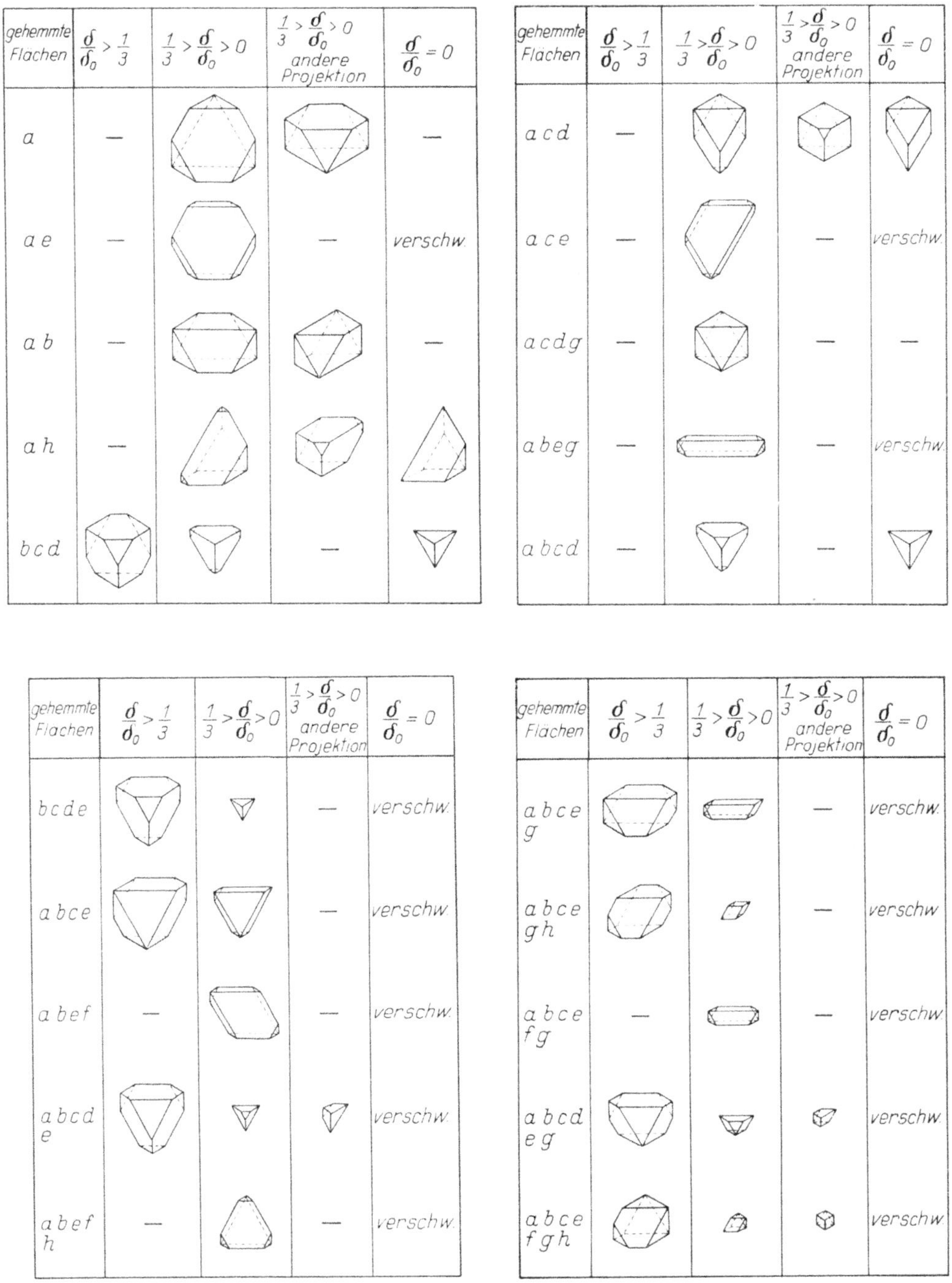

72 E. KLEIN

gehemmte Flächen	$\frac{\sigma}{\sigma_0} > \frac{1}{3}$	$\frac{1}{3} > \frac{\sigma}{\sigma_0} > 0$	$\frac{1}{3} > \frac{\sigma}{\sigma_0} > 0$ andere Projektion	$\frac{\sigma}{\sigma_0} = 0$
a	—			—
a e	—		—	verschw.
a b	—			—
a h	—			
b c d			—	

gehemmte Flächen	$\frac{\sigma}{\sigma_0} > \frac{1}{3}$	$\frac{1}{3} > \frac{\sigma}{\sigma_0} > 0$	$\frac{1}{3} > \frac{\sigma}{\sigma_0} > 0$ andere Projektion	$\frac{\sigma}{\sigma_0} = 0$
a c d	—			
a c e	—		—	verschw.
a c d g	—		—	—
a b e g	—		—	verschw.
a b c d	—		—	

gehemmte Flächen	$\frac{\sigma}{\sigma_0} > \frac{1}{3}$	$\frac{1}{3} > \frac{\sigma}{\sigma_0} > 0$	$\frac{1}{3} > \frac{\sigma}{\sigma_0} > 0$ andere Projektion	$\frac{\sigma}{\sigma_0} = 0$
b c d e			—	verschw.
a b c e			—	verschw.
a b e f	—		—	verschw.
a b c d e				verschw.
a b e f h	—		—	verschw.

gehemmte Flächen	$\frac{\sigma}{\sigma_0} > \frac{1}{3}$	$\frac{1}{3} > \frac{\sigma}{\sigma_0} > 0$	$\frac{1}{3} > \frac{\sigma}{\sigma_0} > 0$ andere Projektion	$\frac{\sigma}{\sigma_0} = 0$
a b c e g			—	verschw.
a b c e g h			—	verschw.
a b c e f g	—		—	verschw.
a b c d e g				verschw.
a b c e f g h				verschw.

Abb. 22a—d. Die aus dem Oktaeder durch Wachstumshemmung entstehenden Kornformen für verschiedene Wachstumsgeschwindigkeiten.

2. Die Wachstumsgeschwindigkeiten sind in den bisher ausführlich behandelten Fällen für alle gehemmten Flächen untereinander gleich angesetzt worden. Diese Voraussetzung muß nicht erfüllt sein, sondern es können Größen der Form $\left(\frac{\delta}{\delta_0}\right)_a ; \left(\frac{\delta}{\delta_0}\right)_b ; \ldots$ existieren. Für zwei solcher Fälle sind die resultierenden Kristallformen in Abb. 23 gezeichnet, die Werte für $\frac{\delta}{\delta_0}$ sind in der Abbildung angegeben.
Vergleich der Theorie mit experimentellen Ergebnissen.

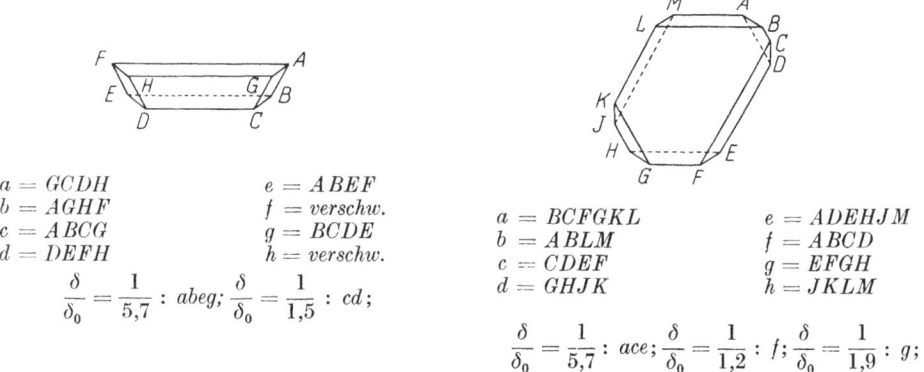

$a = GCDH$ $e = ABEF$
$b = AGHF$ $f = \text{verschw.}$
$c = ABCG$ $g = BCDE$
$d = DEFH$ $h = \text{verschw.}$

$\frac{\delta}{\delta_0} = \frac{1}{5{,}7} : abeg; \frac{\delta}{\delta_0} = \frac{1}{1{,}5} : cd;$

$a = BCFGKL$ $e = ADEHJM$
$b = ABLM$ $f = ABCD$
$c = CDEF$ $g = EFGH$
$d = GHJK$ $h = JKLM$

$\frac{\delta}{\delta_0} = \frac{1}{5{,}7} : ace; \frac{\delta}{\delta_0} = \frac{1}{1{,}2} : f; \frac{\delta}{\delta_0} = \frac{1}{1{,}9} : g;$

Abb. 23. Zwei Beispiele für Kornformen, die dann entstehen, wenn die Wachstumsgeschwindigkeiten der gehemmten Flächen untereinander nicht gleich sind.

In den Abb. 24 bis 31 sind einige Beispiele für die theoretisch erklärten Kristallformen zu finden (mit Pfeil bezeichnet), wobei selten vorkommende Kristallformen ausgewählt sind. Es handelt sich um Stereoaufnahmen von Kohleabdrücken; verwendet sind verschiedene praktische Emulsionen.

Die folgende Tabelle gibt die gehemmten Flächen und die Abbildungsnummer an, so daß man mit den Abb. 22a bis d und 23 vergleichen kann.

gehemmte Flächen	Nr. der Abb.	Bemerkungen
a	24	
ace	25	
bcde oder abcd	26	$\frac{\delta}{\delta_0} = \text{konst.}$
abef	27	Beginn der Hemmung
abcdeg	28	gleichzeitig
vgl. Abb. 23	29	verschieden stark gehemm-
vgl. Abb. 23	30	te Flächen
Sonderfall	31	Zwillingsbildung

Auffällig ist zunächst, daß man mit der vereinfachenden Annahme, die Wachstumsgeschwindigkeiten der gehemmten Flächen eines Kristalls seien untereinander konstant, und die Hemmung beginne an allen gehemmten Flächen gleichzeitig, schon die meisten der praktisch vorkommenden Kornformen erklären kann. Eine quantitative Auswertung ergab dabei für eine reine Bromsilberemulsion, daß für die verschiedenen Kornformen sogar $\frac{\delta}{\delta_0}$ konstant war.

Abb. 24.

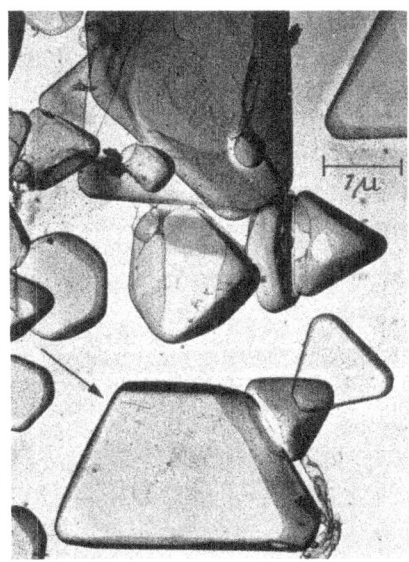

Abb. 25.

Abb. 24 u. 25. Stereoaufnahmen zu den verschiedenen Kristallformen.

Elektronenmikroskopische Untersuchungen an photographischen Schichten 75

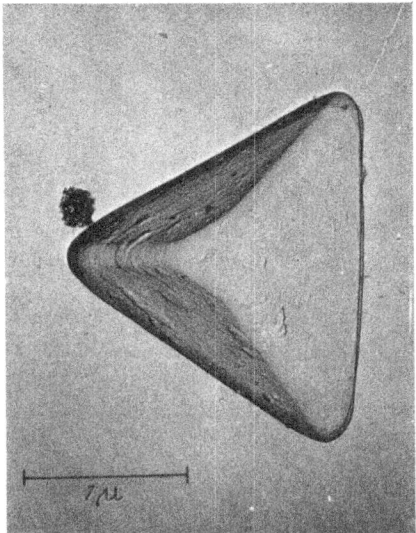

Abb. 26.

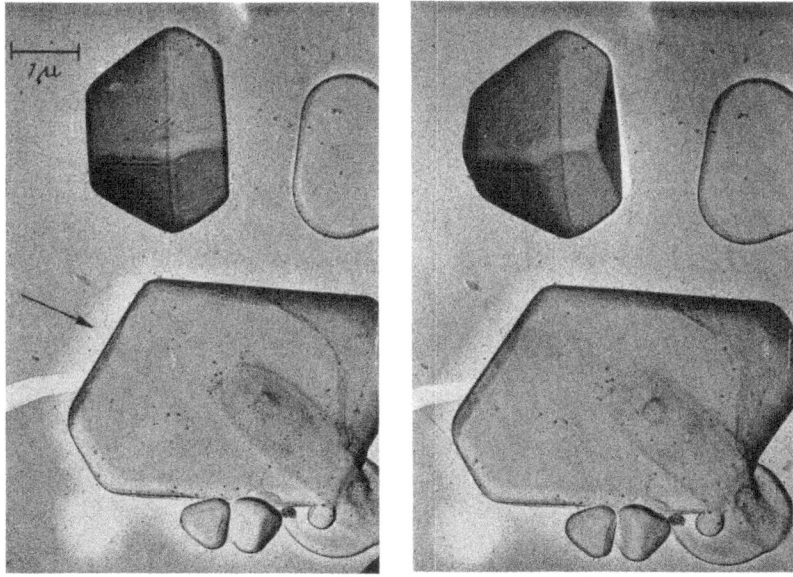

Abb. 27.

Abb. 26 u. 27. Stereoaufnahmen zu den verschiedenen Kristallformen.

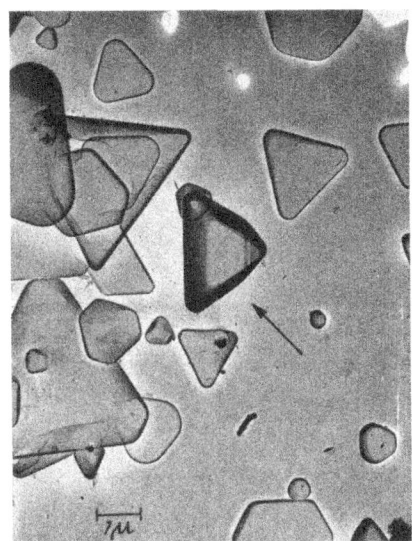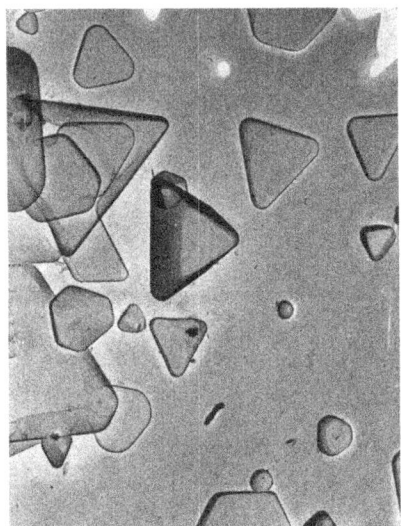

Abb. 28.

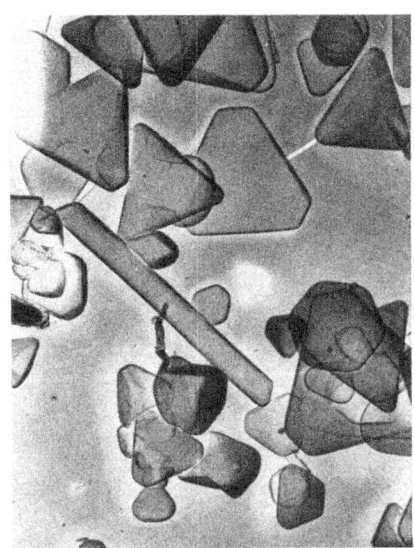

Abb. 29.

Abb. 28 u. 29. Stereoaufnahmen zu den verschiedenen Kristallformen.

Elektronenmikroskopische Untersuchungen an photographischen Schichten 77

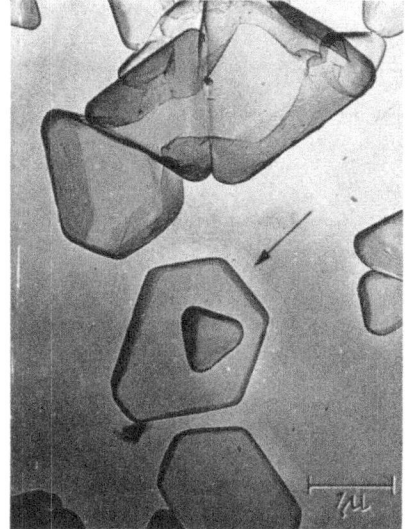 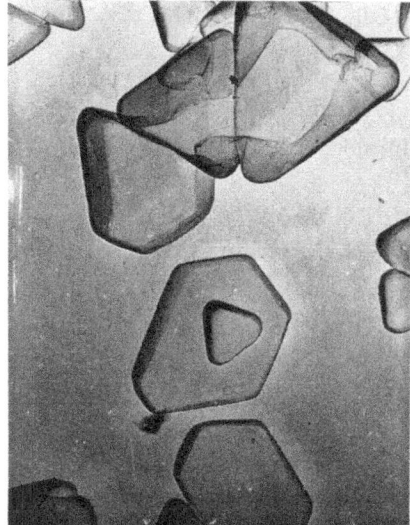

Abb. 30.

 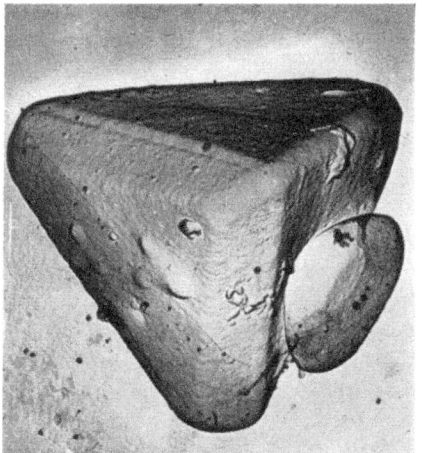

Abb. 31.

Abb. 30 u. 31. Stereoaufnahmen zu den verschiedenen Kristallformen.

Man gewinnt die Größe $\frac{\delta}{\delta_o}$ sehr einfach aus den Kantenlängen der Kristalle in den elektronenmikroskopischen Aufnahmen. Es sei als Beispiel der in Abb. 21 behandelte Fall kurz diskutiert. Ist die Kante desjenigen Oktaeders, das ohne Wachstumshemmung entstehen würde a_0, dann folgt für den Abstand δ_0 Keim (Mittelpunkt) zur Fläche

$$\delta_o = \frac{a_o}{\sqrt{6}}$$

Sind die in Wirklichkeit entstehenden Kanten a ($= KG$) und a' ($= GS$) (Abb. 21), so muß noch gelten

$$a + a' = a_0$$

Für das Verhältnis der Wachstumsgeschwindigkeiten gilt auch nach einfachen Ähnlichkeitsbetrachtungen

$$\frac{\delta}{\delta_o} = 1 - \frac{2a'}{a + a'}$$

Hiermit ist $\frac{\delta}{\delta_o}$ leicht aus der elektronenmikroskopischen Aufnahme zu entnehmen.

Beginnt die Hemmung der Fläche AEC gleichzeitig mit derjenigen der Fläche BDF, so kann man für den Abstand $\varDelta$ der Sechseckflächen folgern:

$$\varDelta = 2\delta$$

Hieraus wird mit obigen Angaben

$$\delta = \sqrt{\frac{2}{3}} (a - a')$$

Je kleiner die Differenz der Kanten ($a - a'$) ist, um so regelmäßiger wird das Sechseck und um so dünner muß der Kristall werden. An elektronenmikroskopischen Stereoaufnahmen läßt sich der Zusammenhang $\varDelta = f(a, a')$ prüfen. Da die Beziehung im Rahmen der Meßgenauigkeit erfüllt ist, können die zur Ableitung von $\varDelta$ gemachten Voraussetzungen als richtig angesehen werden.

Die Abb. 29 und 30 zeigen Kristallformen, die nur dadurch zu erklären sind, daß $\frac{\delta}{\delta_o}$ innerhalb des Kristalls nicht konstant ist. Es sei allerdings darauf hingewiesen, daß auch eine zu verschiedenem Zeitpunkt einsetzende Hemmung die Ursache dieses Wachstums sein kann; der hier genannte Unterschied ist nur äußerst schwierig dem Experiment zu entnehmen.

Abb. 31 zeigt schließlich noch einen Spezialfall; man beobachtet, wenn auch sehr selten, Körper, die aus zwei Einzelkörpern zu bestehen scheinen (Zwillingsbildung).

Zusammenfassend ergibt sich aber, daß man fast ausnahmslos die praktisch vorkommenden Kornformen in Bromsilberemulsionen mit der theoretischen Vorstellung über Wachstumshemmungen erklären kann.

Zusammenfassung

Der erste Teil (I) dieser Arbeit befaßt sich mit der Form des entwickelten Silbers. Bei jeder Art der Entwicklung zerfällt das Halogensilberkorn in einzelne Silberaggregate, deren Form vom dünnen Faden (rein chemische Entwicklung) bis zum nahezu runden Aggregat ohne Vorzugsrichtung (rein physikalische Entwicklung) alle Zwischenstufen annehmen kann.

Der Einfluß von Entwicklerkonstitution und -aktivität sowie des Lösungsvermögens des Entwicklers für Halogensilber wird untersucht.

Die beiden möglichen Entwicklungsmechanismen lassen sich genau präzisieren;

die Form der entwickelten Silberaggregate läßt sich auf den Anteil zurückführen, den die zwei Entwicklungsmechanismen an der Reduktionsreaktion hatten. Allgemeinere Vorstellungen zum Entwicklungsprozeß werden aus den Experimenten abgeleitet.

In Teil II werden Experimente mitgeteilt, die teilweise Aufklärung über die Wirkung von Rhodanionen im Entwickler Auskunft geben.

Der Teil III befaßt sich mit einer allgemeinen Erklärung des Kristallhabitus an AgBr-Mikrokristallen im Anschluß an Vorstellungen von TRIVELLI und SHEPPARD über die Wachstumshemmung bestimmter Kristallflächen. Elektronenmikroskopische Stereoaufnahmen bestätigen die theoretisch abgeleiteten Kornformen.

Literatur

[1] EGGERT, J.: Vortrag Köln 1956, Darmstadt: O. Helwich (im Druck).
[2] VOLMER, M.: Z. wiss. Phot. **20**, 189 (1921).
[3] JAENICKE, W., A. KRÜGER u. K. HAUFFE: Z. phys. Chem. **197**, 161(1951).
  JAENICKE, W. u. C. SCHOTT: Z.f. Elektrochem. **59,** 956 (1955).
[4] EGGERS, J., R. POSSE u. G. SCHEIBE: Z. f. Elektrochem. **58**, 731 (1954)
  EGGERS, J., H. HECKELMANN, K. LOHMER u. R. POSSE: Mitt. Agfa Leverk.-München Bd. I (1955).
  EGGERS, J.: Vortrag Köln 1956, Darmstadt: O. Helwich (im Druck).
[5] JAMES, T. H., u. W. VANSELOW: Photogr. Eng. **7**, 90 (1956).
[6] JAMES, T. H., u. W. VANSELOW: PSA Techn. Quaterly, Nov., S. 135 (1955).
[7] MEES, C. E. K.: The Theory of the Photographic Process (1952) N.Y.
[8] FRIESER, H.: Z. wiss. Phot. **39**, 68 (1940).
[9] KEITH, H. D., u. J. W. MITCHELL: Phil. Mag. **44**, 877 (1953).
[10] MITCHELL, J. W.: ,,Die photogr. Empfindlichkeit", Sonderheft Phot. Korr. (1957).
[11] FAELENS, P.: Z. wiss. Phot. **50**, I, 197 (1955).
[12] REINDERS, W.: J. phys. Chem. **38**, 783 (1934).
[13] REINDERS, W., u. M. C. F. BEUKERS: Trans. Faraday Soc. **5**, 912 (1938).
[14] SOCHER, H.: Z. wiss. Phot. **38**, 51 (1938).
[15] ABRIBAT, M.: Sci. Ind. phot. (2) **5**, 140 (1935).
[16] MATEJEC, R.: Z. f. Phys. **148**, 454 (1957).
[17] JAMES, T. H.: Advance Catalysis Bd. II, 105 (1950).
[18] BRAUER, E., G. LANGHAMMER u. H. STAUDE: Naturwiss. **43**, 419 (1956).
[19] BRAUER, E., u. H. STAUDE: Vortrag Köln 1956, Darmstadt: O. Helwich (im Druck).
[20] V. ARDENNE, M.: Z. angew. Phot. **2**, 14 (1940).
[21] KLEIN, E.: Z. f. Elektrochem. **60**, 998 (1956).
  —: Electr. Microsc. Proc. of the Stockholm Conf. 1956.
[22] KLEIN, E.: Vortrag Köln 1956, Darmstadt: O. Helwich (im Druck).
[23] KÜSTER, A.: Agfa Veröff. VII (1951).
[24] SHEPPARD, S. E.: Coll. Chem. V, 472.
[25] KLEIN, E.: Phot. Korr. (1955) 179.
[26] U.S. Patent 2 688 549.
[27] EVANS, T., u. J. W. MITCHELL: Report of Bristol Conference (1954) 409.
[28] BERRY, C. R.: Vortrag Köln 1956, Darmstadt: O. Helwich (im Druck).
[29] HEDGES, J. M., u. J. W. MITCHELL: Phil. Mag. (7) **44**, 223, 357 (1953).
[30] HERZ, R. H., u. G. W. GROUNSELL: Vortrag Köln 1956, Darmstadt: O. Helwich (im Druck).
[31] TRIVELLI, A. P. H., u. S. E. SHEPPARD: Monograph. Nr. 1 on the Theory of photography Eastman Kodak Co., Rochester N.Y. (1921), vgl. auch J. M. Eder, Handbuch I, 1.
[32] BRADLEY, D. E.: Brit. J. appl. phys. **5**, 2, 62 (1954).
[33] GIBBS, J. W.: Scientific papers, Termodynamics I, Longmans, Green, London (1906), S. 320.
  CURIE, P.: Brill. franc. mineral **8**, 145 (1885).
  WULFF, G.: Z. Krist. u. Mineral **34**, 449 (1901).

Bestimmung der Anzahl der Belichtungskeime im latenten photographischen Bild

Von E. KLEIN

1. Die experimentellen und theoretischen Grundlagen der Messung

Es ist früher gefunden worden (E. KLEIN, „Die Form des entwickelten Silbers", in diesem Band), daß bei der Entwicklung in Anwesenheit von vielen SCN$^-$-Ionen runde Silberaggregate entstehen. Dieser Befund konnte nur so gedeutet werden, daß der Entwicklungskeim zunächst vom Korn getrennt wird, und dann eine physikalische Entwicklung aus der Lösung stattfindet. Wird nun immer das gesamte Halogensilber eines einzelnen Kornes bei der Entwicklung zu Silber reduziert, so müssen die aus ihm entstandenen Silberaggregate um so kleiner sein, je größer die Anzahl der Belichtungskeime an diesem Korn war. Besitzt nicht jedes Korn einen Belichtungskeim, so kann aber an den vorhandenen Keimen von den umliegenden Halogensilberkörnern Silber abgeschieden werden. Natürlich wird ein Teil des Halogensilbers aus der Schicht in die Entwicklerlösung entweichen, indem komplex gelöstes Silber aus der Schicht heraus diffundiert, also auf dem Weg durch die Schicht nicht an vorhandenen Keimen reduziert wird.

Es sollen im folgenden alle Größen, die sich auf unentwickelte Schichten beziehen, mit dem Index O, die sich auf entwickelte Schichten beziehen, mit dem Index e bezeichnet werden.

Auf einem Quadratzentimeter einer unentwickelten Schicht mit dem Silberauftrag A_o (gcm^{-2}) sollen sich n_o AgBr-Körner von einem mittleren Volumen $\bar{v}_o$ befinden; das diesem Volumen entsprechende Volumen an Silber sei $\bar{v}_{oAg}$, so gilt (ϱ = Dichte Ag):

$$n_o \bar{v}_{oAg} \varrho = A_o. \tag{1}$$

Ist n_e die Anzahl der entwickelten Silberaggregate pro cm^2 (gleich der Anzahl der entwickelten Keime) und deren mittleres Volumen $\bar{v}_e$, so gilt entsprechend für den Auftrag A_e (gcm^{-2}) an entwickeltem Silber

$$n_e \bar{v}_e \varrho = A_e. \tag{2}$$

Die gesuchte Anzahl der Keime pro Halogensilberkorn N_{oK} beträgt:

$$N_{ok} = \frac{n_e}{n_o} = \frac{\bar{v}_{oAg} A_e}{\bar{v}_e A_o} \tag{3}$$

Die Größen A_e und A_o sind analytisch leicht zugänglich. Die Werte $\bar{v}_{oAg}$ und $\bar{v}_e$ können durch statistische Auswertung elektronenmikroskopischer Stereoaufnahmen gewonnen werden (E. KLEIN, „Die Beziehungen zwischen der Schwärzung und der Größe der entwickelten Silberaggregate", in diesem Band).

Hierbei ist $\bar{v}_{oAg}$ über die Dichten und Molgewichte von Silber bzw. Bromsilber zu berechnen nach

$$\bar{v}_{oAg} = \bar{v}_o \frac{\varrho_{AgBr}}{\varrho_{Ag}} \frac{M_{Ag}}{M_{AgBr}} \tag{4}$$

Die Schwierigkeit bei dieser Methode der Bestimmung der Keimzahl ist die ungleiche Verteilung der Belichtung in der Schicht auf Grund einer Absorption in den oberen Teilschichten. Hierdurch ist natürlich auch die Keimanzahl pro Korn in den oberen Schichten größer als in den unteren. Die Methode gestattet aber nur, einen Wert N_{oK} zu bestimmen, der die vorhandenen Keime auf das insgesamt entwickelte Halogensilber umlegt. Dieses kann aber wegen der Entwicklung über die Lösungsphase aus tieferen, unbelichteten Teilen der Schicht zum Keim herandiffundiert sein. Bei intensiver Röntgenbelichtung ist die Absorption in einer photographischen Schicht nur einige pro Mille, so daß hier die Belichtung gleichmäßig in der gesamten Schichttiefe erfolgt und die oben genannte Schwierigkeit fortfällt.

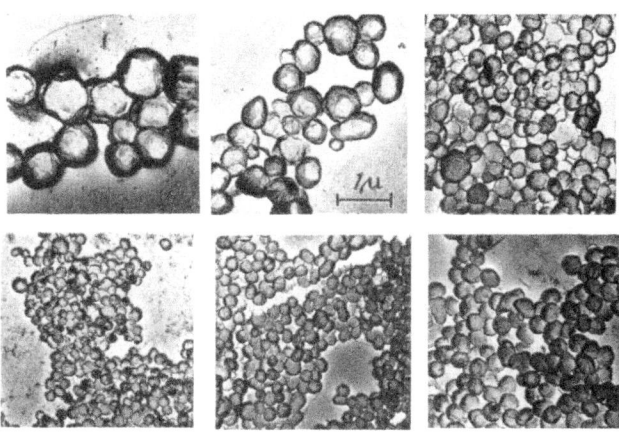

Der Entwickler, der sich für das Verfahren am besten eignet, hat folgende Zusammensetzung: 7,5 g Metol, 60 g Natriumsulfit, 10 g Kaliumrhodanid, pH-Wert ca. 7, Entwicklungszeit ca. 90 min.

Abb. 1

2. Röntgen-, Blitz- und Normalbelichtung

Durch Veränderung der Belichtungszeit, des Abstandes oder der Intensität wurde das gleiche Material verschieden stark belichtet. Dabei wurde die Belichtung weit über die normale Belichtung hinaus ausgedehnt. Auf Abweichungen von der Reziprozität wurde bei diesen Experimenten keine Rücksicht genommen, für Röntgenlicht existiert ja ohnehin kein von 1 verschiedener Schwarzschildexponent.

Von den belichteten Proben wurde jeweils ein Teil in dem angegebenen physikalischen Rhodanidentwickler entwickelt, ein Teil in einem handelsüblichen chemischen Entwickler (Agfa-Final). Nach Messung der Schwärzung wurde die physikalisch entwickelte Schicht zu einem Teil für die Bestimmung des Silberauftrages verwendet, zu einem anderen Teil für die elektronenmikroskopische Untersuchung präpariert.

Die Abb. 1 zeigt als Beispiel die elektronenmikroskopischen Aufnahmen des entwickelten Silbers bei verschieden starker Belichtung mit Quecksilberlicht. Die Größe der Aggregate nimmt zunächst mit steigender Belichtung ab und steigt dann wieder, entsprechend steigt zunächst die Keimzahl, um dann wieder abzunehmen (Solarisation).

Da die entwickelten Silberaggregate runde Form besitzen, ist die statistische Auswertung in bezug auf das mittlere Volumen verhältnismäßig einfach (Berechnung aus den gemessenen Durchmessern). Die Abb. 2 bis 4 zeigen die logarithmischen Summenhäufigkeitsverteilungen, aus denen das häufigste mittlere Volumen $\tilde{v}_e$ entnommen wurde.

Auffällig ist die Tatsache, daß mit geringen Schwankungen stets die gleiche relative Größenverteilung des entwickelten Silbers vorzuliegen scheint (gleicher Anstieg der Geraden). Man kann also für alle Verteilungen die Funktion in der Form schreiben

$$H_{0\,\text{rel.}} = \frac{h}{\sqrt{\pi}} \int_{-\infty}^{+\log\frac{v_e}{\tilde{v}_e}} e^{-h^2\left(\log\frac{v_e}{\tilde{v}_e}\right)^2} \partial \log\frac{v_e}{\tilde{v}_e} \tag{5}$$

Das in Gl. (3) eingehende mittlere Volumen $\bar{v}_e$ berechnet sich aus $\tilde{v}_e$ somit nach

$$\bar{v}_e = \tilde{v}_e \, e^{\frac{1.32}{h^2}} \tag{6}$$

Eine differentielle Darstellung der Volumenverteilung mit numerischer Abszisse ist in Abb. 5 wiedergegeben.

Da sich durch die verschieden starke Belichtung die relative Verteilung der entwickelten Silberaggregate nicht ändert, kann man vermuten, daß diese Verteilung auch diejenige der Reifkeime, also der nicht entwickelbaren Keime an unbelichtetem Bromsilber ist. Es soll allerdings betont werden, daß auch noch weitere Faktoren bei der Entwicklung die Größenverteilung beeinflussen könnten. Wenn aber die ausgesprochene Vermutung zutrifft, so wäre auf diese Weise die Reifkeim-Größenverteilung an Halogensilberkörnern bestimmt.

Die Berechnung der Belichtungskeimverteilung erfolgt nun nach Gl. (3). Über der relati-

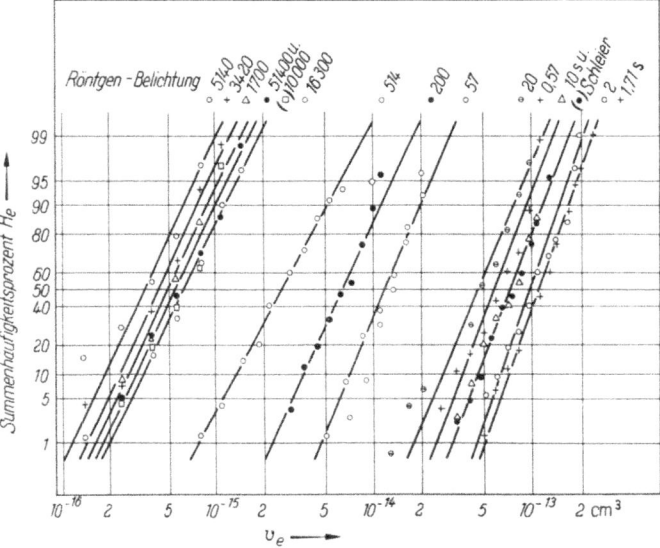

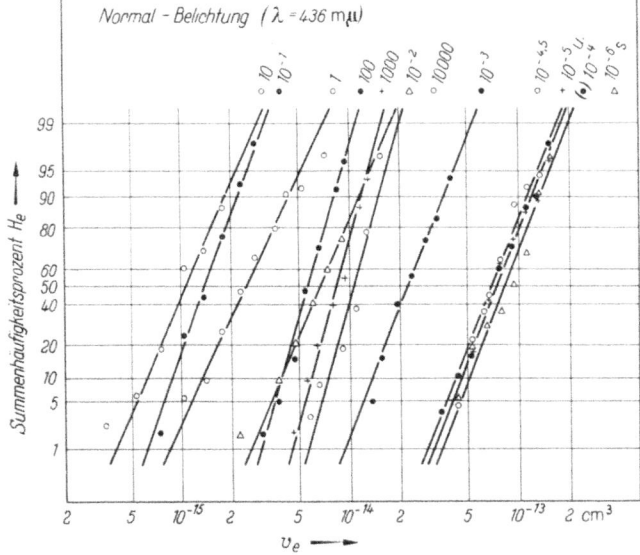

Abb. 2 u. 3. Die Summenhäufigkeit der Volumina der entwickelten Silberaggregate für Röntgen-, Blitz- und Normalbelichtung. Parameter: Belichtung bzw. Anzahl der Blitze.

ven Belichtung ist die Größe N_{oK} in den Abb. 6 bis 8 eingetragen; die bei der physikalischen Entwicklung erreichte Schwärzung ist ebenfalls mit angegeben.

Die Bestimmung der absoluten Energiemengen, die bei den verschiedenen Belichtungsarten von der Schicht absorbiert wurden, ist experimentell äußerst schwierig.

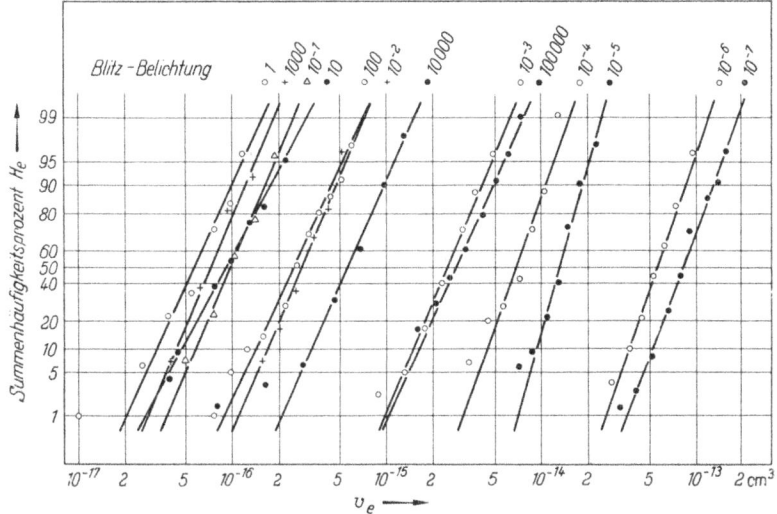

Abb. 4. Die Summenhäufigkeit der Volumina der entwickelten Silberaggregate für Röntgen-, Blitz- und Normalbelichtung. Parameter: Belichtung bzw. Anzahl der Blitze.

Um die Keimzahlkurven aber doch miteinander vergleichen zu können, wurden die verschiedenen N_{oK}-Kurven derart parallel zur Abszisse verschoben, daß die Schwärzungen 1 (chem. Entwicklung) aus den verschiedenen Belichtungen zusammenfallen. Man erkennt, daß das latente Bild bei Röntgen- und Blitzbelichtung wesentlich disperser ist als bei Normalbelichtung. Hierzu lieferte die ersten experimentellen Hinweise G. SCHAUM (Zeitschrift Wiss. Phot. 33 [1934] 13) durch Dunkelfelduntersuchungen an Mikrokristallen.

Abb. 9 zeigt die N_{oK}-Kurven nach dieser Transformation. Die gemessene Schleierkeimzahl besagt, daß etwa jedes 60. Korn ein Schleierkorn ist. Überschlagsweise darf man rechnen, daß ca. $\frac{1}{60}$ der Maximalschwärzung (chemische Entwicklung) die chemisch entwickelte Schleierschwärzung beträgt. Man erhält $\frac{2,6}{60} \approx 0,04$, was mit dem Experiment übereinstimmt.

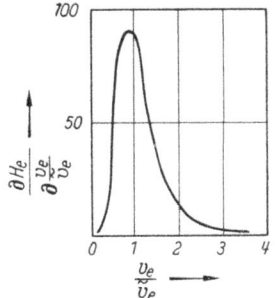

Abb. 5. Die differentielle Häufigkeit der Volumina der entwickelten Silberaggregate (Volumina auf das häufigste Volumen reduziert).

Zusammenfassung

Eine rein physikalische Entwicklung (Rhodanidzusatz) kann nur so gedeutet werden, daß der Entwicklungskeim zunächst vom Korn getrennt wird und dann die Vergrößerung durch Reduktion am Silberion aus der Komplexlösung erfolgt.

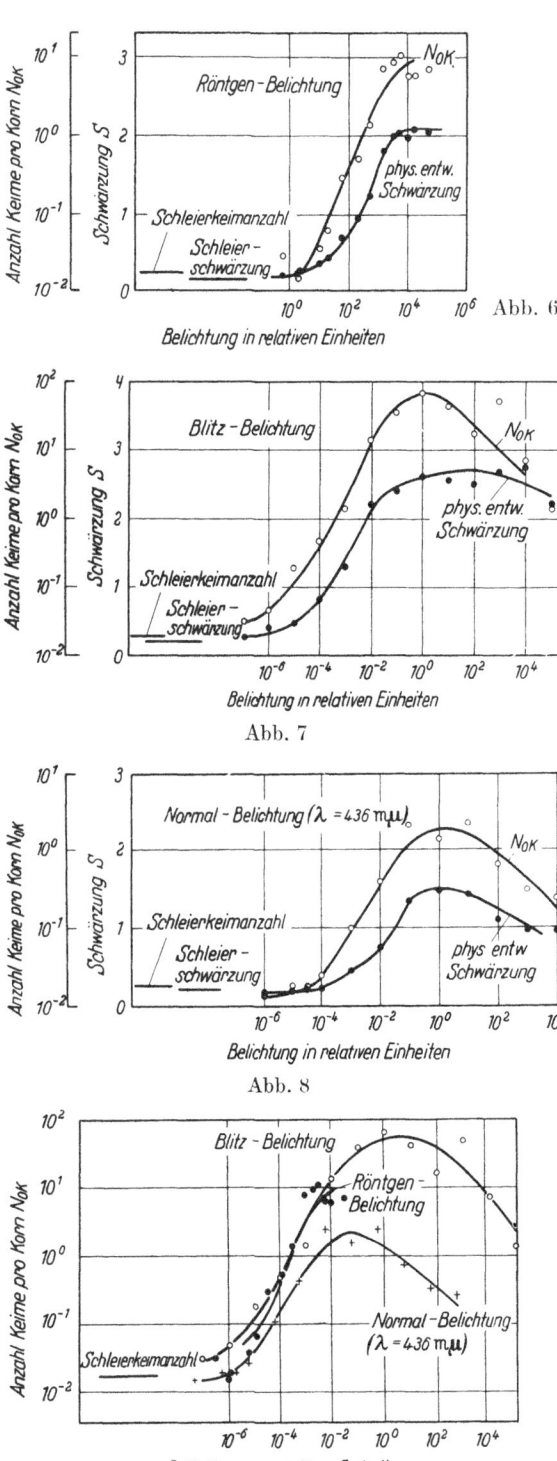

Es ergibt sich damit die Möglichkeit, die pro Korn vorhandenen Keime zu zählen.

Für Röntgen-, Blitz- und Normalbelichtung wird gezeigt, daß die Größe der entwickelten Silberaggregate mit steigender Belichtung kleiner wird, die Anzahl der Belichtungskeime nimmt also zu. Für sehr hohe Belichtungen (für Röntgenlicht nicht erreicht) nimmt die Größe der Aggregate wieder zu und somit die Keimzahl ab (Solarisation).

Die quantitative Auswertung ergab den experimentellen Beweis, daß das latente Bild für Blitz- und Röntgenbelichtung wesentlich disperser ist als bei Normalbelichtung.

Es wird eine Möglichkeit diskutiert, die Größenverteilung der Reifkeime zu berechnen.

Abb. 6—8. Die Anzahl der Belichtungskeime als Funktion der Belichtung (in relativen Einheiten) für Röntgen-, Blitz- und Normalbelichtung. Die physikalisch entwickelte Schwärzung ist mit angegeben.

Abb. 9. Die Anzahl der Belichtungskeime als Funktion der Belichtung (in relativen Einheiten) für die verschiedenen Belichtungsarten.

Die Beziehungen zwischen der Schwärzung und der Größe der entwickelten Silberaggregate

Von E. Klein

Sowohl bei chemischer wie bei physikalischer photographischer Entwicklung zerfällt der Halogensilberkristall in einzelne Silberaggregate, wobei je nach Entwicklungsart alle Formen von langen Fäden bis zu nahezu vollkommenen Kugeln vorkommen können [1].

Die Aggregate besitzen stets die makroskopische Dichte des Silbers ($\varrho = 10{,}5$) [2]. Die Schwärzung S muß sich daher als Funktion von Form und Größe dieser Aggregate wie von deren Anzahl und räumlichen Verteilung darstellen lassen.

Die ersten Ansätze hierzu lieferten Nutting [3] sowie Arens, Eggert und Heisenberg [4]. Die Autoren fanden

$$S = \frac{1}{2{,}3} N_o \cdot \bar{f}_e, \tag{1}$$

wobei N_o die Anzahl der entwickelten Silberteilchen pro Quadratzentimeter und $\bar{f}_e$ das arithmetische Mittel der Projektionsfläche der entwickelten Körner ist.

Später fanden Eggert und Küster [5], daß die sogenannte photometrische Konstante P — das Verhältnis von Silbermenge pro Fläche zur zugehörigen Schwärzung — eine lineare Funktion des mittleren Durchmessers $\bar{d}_e$ der entwickelten Silberkörner ist. Diese Beziehung ist über Gl. (1) leicht einzusehen, wenn man N_o über die Silbermenge (Auftrag A_e) und die Teilchengröße ausdrückt (vgl. w. u.). Für chemische Entwicklung ergibt sich nach Eggert und Küster in dem von ihnen untersuchten Korngrößenbereich experimentell:

$$\frac{A_e}{S} = 1{,}84 \, \bar{d}_e + 0{,}33 \cdot 10^{-4}, \tag{2}$$

wobei $\bar{d}_e$ in cm und A_e in gcm^{-2} gemessen wird.

Eine quantitative theoretische Deutung dieser Beziehung war wegen der mangelnden Kenntnis der Feinstruktur des entwickelten Silbers bisher nicht möglich.

An Hand genauer elektronenmikroskopischer Studien über die Form des entwickelten Silbers soll im folgenden die genannte Beziehung Gl. (2) mit neuen Ansätzen erweitert und verglichen werden. Alle Größen, die sich auf entwickeltes Silber beziehen, werden mit dem Index e, diejenigen, die sich auf das unentwickelte Silberhalogenid beziehen, mit dem Index 0 bezeichnet.

I. Die Schwärzungsformel von Arens — Eggert — Heisenberg

Die Überlegungen, die zur Ableitung von Gl. (1) führen, sind die folgenden: Eine entwickelte photographische Schicht mit N_0 Körnern pro cm^2 denkt man sich in η Elementarschichten mit jeweils n Körnern pro cm^2 aufgeteilt, so daß $n \cdot \eta = N_0$. Ist $\bar{f}_e$ das arithmetische Mittel der Projektionsflächen der entwickelten Körner, so folgt für die Transparenz τ der Schicht $\tau = (1 - n\bar{f}_e)^n$, wenn das Einzelteilchen lichtundurchlässig ist. Für die Schwärzung folgt somit

$$S = -\log \tau = -\frac{1}{2{,}3} n \ln (1 - n f_e) \tag{3}$$

und wegen $n\bar{f}_e \ll 1$ gilt in guter Näherung Gl. (1).

Ist das arithmetische Mittel des Volumens $\bar{v}_e$ und der Silberauftrag A_e, so erhält man mit ϱ_{Ag} der Dichte des Silbers $N_0 \varrho_{Ag} \bar{v}_e = A_e$ und hiermit wird aus Gl. (1)

$$S = \frac{1}{2{,}3 \varrho_{Ag}} A_e \frac{\bar{f}_e}{\bar{v}_e} \tag{4}$$

In dieser Formel ist vorausgesetzt, daß das entstandene Silberkorn mit dem Volumen v_e aus kompaktem Silber besteht; ist das nicht der Fall, so muß eine andere, zunächst nicht bekannte Dichte eingesetzt werden (s. w. u.).

Für *kugelförmige* Teilchen gilt näherungsweise:

$$f_e = \frac{\pi}{4} d_e^2 \quad \text{und} \quad v_e = \frac{\pi}{6} d_e^3,$$

so daß aus (4) wird:

$$S = \frac{3}{4{,}6 \varrho_{Ag}} \frac{A_e}{d_e}; \tag{5}$$

die Schwärzung ist umgekehrt proportional dem arithmetischen Mittel des Durchmessers der Projektionsfläche der Silberkörner.

II. Der Einfluß der Korngrößenverteilung auf die Schwärzung

Die Größenverteilung der Körner kann man angeben in bezug auf ihr Volumen v oder ihre Projektionsfläche f oder den Durchmesser d desjenigen Kreises, der inhaltsgleich der Projektionsfläche ist. Es wird weiter unten gezeigt, daß man bei praktisch vorkommenden Emulsionskristallen alle Beziehungen zwischen d, v und f auf diejenigen von kugelförmigen Teilchen zurückführen kann, so daß hier zunächst nur kugelförmige Teilchen betrachtet werden. Die meist vorliegenden Verteilungsfunktionen sind GAUSS-Funktionen in bezug auf den Logarithmus des Durchmessers bzw. in bezug auf den Durchmesser selbst.

Bezeichnet man mit H die auf 1 normierte relative Summenhäufigkeit, so lauten die beiden genannten Verteilungsfunktionen:

$$\frac{\partial H}{\partial \log d} = \frac{h_d}{\sqrt{\pi}} e^{-h_d^2 \left(\log \frac{d}{\tilde{d}} \right)^2} \tag{6}$$

(dekadischer Logarithmus)

$$\frac{\partial H}{\partial d} = \frac{h_d}{\sqrt{\pi}} e^{-h_d^2 (d-\tilde{d})^2} \tag{7}$$

Hierbei ist h_d ein Maß für die Breite der Verteilung (reziprok zur Breite, mittlere Streuung $\sigma = \frac{1}{2h}$); $\tilde{d}$ ist in Gl. (7) der häufigste Wert des Durchmessers in einem Meßintervall ∂d, in Gl. (6) dagegen der Numerus zu dem häufigsten *Logarithmus* des Durchmessers, der im Meßintervall vorkommt.

Zur Berechnung der Größe $\frac{\bar{f}}{\bar{v}}$ in Gl. (4) bedient man sich folgender Beziehungen.

Liegt eine *logarithmische Verteilung* in d vor (Gl. (6)), so gelten die Verteilungen für die Volumen und Flächenverteilung mit den Nebenbedingungen:

$$h_d = 3\, h_v = 2\, h_f \tag{8}$$

und
$$\tilde{f} = \frac{\pi}{4} \tilde{d}^2, \quad \tilde{v} = \frac{\pi}{6} \tilde{d}^3 \tag{9}$$

Berechnet man die Mittelwerte, so folgt:

$$\frac{\bar{f}}{\bar{v}} = \frac{\tilde{f}}{\tilde{v}} e^{-\frac{6{,}6}{h_d^2}} = \frac{3}{2\tilde{d}} e^{-\frac{6{,}6}{h_d^2}} = \frac{3}{2\bar{d}} e^{-\frac{5{,}3}{h_d^2}} \tag{10}$$

und für die Schwärzung somit (Gl. (4)):

$$S = \frac{1}{2{,}3\,\varrho_{Ag}} A_e \frac{3}{2\tilde{d}} e^{-\frac{6{,}6}{h_d^2}} = \frac{1}{2{,}3\,\varrho_{Ag}} A_e \frac{3}{2\bar{d}} e^{-\frac{5{,}3}{h_d^2}} \tag{11}$$

Liegt dagegen eine normale Verteilung in d vor (Gl. (7)), so sind die Verteilungen von f und v keine GAUSS-Verteilungen mehr, sondern lauten:

$$\frac{\partial H}{\partial f} = \frac{c_f}{2\sqrt{\pi}} f^{-\frac{1}{2}} e^{-c_f^2 \left(f^{\frac{1}{2}} - \tilde{f}^{\frac{1}{2}}\right)^2} \tag{12}$$

$$\frac{\partial H}{\partial v} = \frac{c_v}{3\sqrt{\pi}} v^{-\frac{2}{3}} e^{-c_v^2 \left(v^{\frac{1}{3}} - \tilde{v}^{\frac{1}{3}}\right)^2} \tag{13}$$

Den Größen $\tilde{f}$ und $\tilde{v}$ sowie c_f und c_v kommt keine anschauliche Bedeutung mehr zu, sie berechnen sich nach:

$$\tilde{f} = \frac{\pi}{4} \tilde{d}^2, \quad \tilde{v} = \frac{\pi}{6} \tilde{d}^3, \quad c_f = \sqrt{\frac{4}{\pi} h_d}, \quad c_v = \sqrt[3]{\frac{6}{\pi} h_d}.$$

Mit der Beziehung $\tilde{d} = \bar{d}$ folgt hier:

$$\frac{\bar{f}}{\bar{v}} = \frac{1}{\bar{d}} \frac{\frac{0{,}391}{h_d^2} + \frac{\pi}{4} \bar{d}^2}{\frac{0{,}786}{h_d^2} + \frac{\pi}{6} \bar{d}^2} \tag{14}$$

und für die Schwärzung (Gl. (4)):

$$S = \frac{1}{2{,}3\,\varrho_{Ag}} \frac{A_e}{\bar{d}} \frac{\frac{0{,}391}{h_d^2} + \frac{\pi}{4} \bar{d}^2}{\frac{0{,}786}{h_d^2} + \frac{\pi}{6} \bar{d}^2} \tag{15}$$

III. Die endgültigen Schwärzungsformeln für physikalische und chemische Entwicklung

1. Die physikalische Entwicklung

Wie an anderer Stelle dargelegt, führt eine rein physikalische Entwicklung zu nahezu kugelförmigen, kompakten Silberaggregaten [1]. Es muß daher für eine

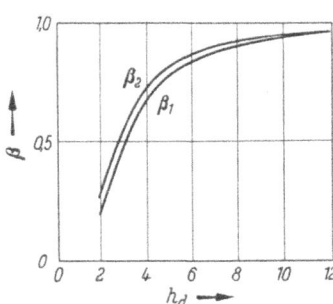
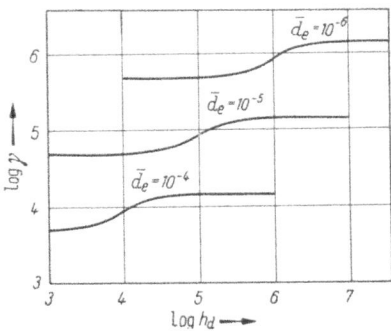

Abb. 1. Die Größen β_1 und β_2 für verschiedene Korngrößenverteilungen.

Abb. 2. Die Größe γ für verschiedene Korngrößenverteilungen (Parameter häufigster Korndurchmesser, physikalische Entwicklung).

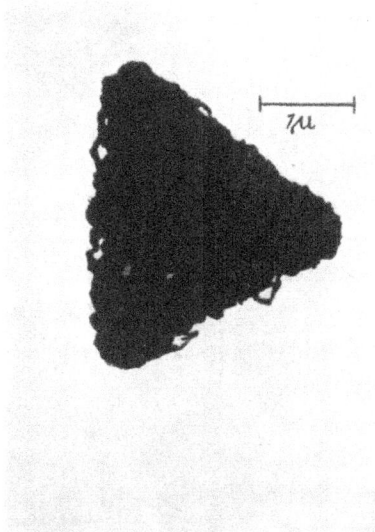
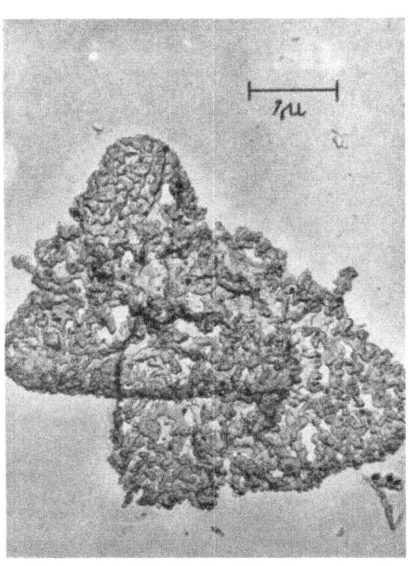

a b

Abb. 3a u. b. Entwickeltes Halogensilberkorn: a) Elektronenmikroskopische Direktaufnahme. b) Elektronenmikroskopische Aufnahme des Kohleabdruckes.

logarithmische Verteilung die Gl. (11) gelten, die mit $\varrho_{Ag} = 10{,}5\ [\mathrm{g \cdot cm^{-3}}]$ geschrieben werden kann:

$$S_{\mathrm{phys}} = 0{,}062\, e^{-\frac{6{,}6}{h_d^2}} \frac{A_e}{\tilde{d}_e} = 0{,}062\, e^{-\frac{5{,}3}{h_d^2}} \frac{A_e}{d_e} \tag{16}$$

Die Größen $\beta_1 = e^{-\frac{6{,}6}{h_d^2}}$ und $\beta_2 = e^{-\frac{5{,}3}{h_d^2}}$ sind in Abb. 1 für verschiedene Korngrößenverteilungen aufgetragen. Für $h_d > 10$ werden β_1 und β_2 nahezu 1 und können vernachlässigt werden.

Für die Normalverteilung (Gl. (15)) folgt:

$$S_{\text{phys}} = 0{,}0414\, A_e \frac{1}{d_e} \frac{\dfrac{0{,}391}{h_d^2} + 0{,}785\, \bar d_e^2}{\dfrac{0{,}786}{h_d^2} + 0{,}523\, d_e^2} \qquad (17)$$

Die Größe $\gamma = \dfrac{1}{d_e} \dfrac{\dfrac{0{,}391}{h_d^2} + 0{,}785\, \bar d_e^2}{\dfrac{0{,}786}{h_d^2} + 0{,}523\, d_e^2}$

ist in Abb. 2 als Funktion von h_d (Parameter $\bar d_e$) dargestellt.

2. Die chemische Entwicklung

a) Die Dichte des Silbers. Bei der chemischen Entwicklung entsteht aus dem Halogensilberkristall ein Knäuel von Silberfäden; ist die Entwicklung besonders aktiv, so bleibt, wie es die elektronenmikroskopische Abb. 3 zeigt, die Kornform des Halogensilberkristalls im wesentlichen erhalten. Die Kohleabdruckaufnahme zeigt die Feinstruktur, während die Direktaufnahme nur den Schattenriß des entwickelten Kornes wiedergibt. Wie für den Elektronenstrahl wird auch für Licht das Korn in gleicher Weise undurchdringlich sein (bis auf die Durchlässigkeit von Silber für Licht). Diese Betrachtung legt den Ansatz nahe, daß bei chemischer Entwicklung für die Projektionsfläche des Kornes und sein Volumen die Größen des unentwickelten Halogensilberkristalles eingeführt werden können. Aus ausführlichen elektronenmikroskopischen Untersuchungen ist bekannt, daß der in Abb. 3 gezeigte Fall nur in den wenigsten Fällen einer chemischen Entwicklung auftritt, es ist aber denkbar, daß im Mittel die genannte Gleichsetzung von f_e und v_e mit f_0 und v_0 allgemeine Gültigkeit behält. Die Bestätigung des Ansatzes kann nur durch experimentelle Prüfung der mit Hilfe des Ansatzes abgeleiteten Schwärzungsformel erfolgen. Es sei also ausdrücklich festgestellt, daß es sich nur um einen Versuch handelt, durch diesen Ansatz eine Bestimmungsmöglichkeit für die Silberdichte zu bekommen.

In der Schwärzungsformel Gl. (11) bzw. (15) ist für die Silberdichte nach der genannten Vorstellung eine Größe ϱ'_{Ag} einzusetzen, die sich ergibt, wenn man das dem Halogensilberkristall mit dem Volumen v_o entsprechende Silbergewicht $v_o \varrho_{\text{AgBr}} \dfrac{M_{\text{Ag}}}{M_{\text{AgBr}}}$ durch das Volumen v_o dividiert:

$$\varrho'_{\text{Ag}} = \varrho_{\text{Ag Hal.}} \frac{M_{\text{Ag}}}{M_{\text{AgBr}}} \qquad (18)$$

Hierbei ist $\varrho_{\text{Ag Hal.}}$ die Dichte des Halogensilbers, M_{Ag} und $M_{\text{Ag Br}}$ das Atom- bzw. Molekulargewicht von Silber bzw. Halogensilber. Für Bromsilberkristalle ergibt sich $\varrho'_{\text{Ag}} = 6{,}5\, \dfrac{108}{188} = 3{,}73\ [\text{g cm}^{-3}]$.

b) Die Form des entwickelten Silberkorns. Für das entwickelte Korn geht in die Theorie als Kornform diejenige vom unentwickelten Kristall ein. Es ist an anderer Stelle gezeigt [6, 7], daß man im wesentlichen die Kristalltracht praktisch vorkommender Emulsionskristalle durch die Wachstumshemmung bestimmter Flächen eines oktaedrischen Keimes erklären kann. Eine genaue Auswertung von elektronenmikroskopischen Stereoaufnahmen [6], ergab, daß Wachstumsgeschwindigkeiten der gehemmten Flächen untereinander gleich und während des gesamten Kristallwachstums als nahezu konstant angesehen werden müssen. Dann folgt automatisch, daß für die häufig vorkommenden tafelförmigen Kristalle eine einfache Proportionalität zwischen ihrer großen Kornfläche (gleich der Projektionsfläche) (vergl. III, 2, e) und der Dicke δ existiert (im Gegensatz zu unseren früheren Auffassungen [8]. Charakterisiert man die größte Kornfläche, wie bereits eingeführt durch den inhaltsgleichen Kreis mit dem Radius d_o, so folgt für das Volumen v_o:

$$v_o = \delta \frac{\pi}{4} d_o^2 = \alpha \frac{\pi}{4} d_o^3, \qquad (19)$$

wobei α durch die Beziehung $\delta = \alpha d_o$ definiert ist. Für Fläche und Volumen folgen also bis auf einen konstanten Faktor die Beziehungen zu d_o nur bei kugelförmigen Teilchen. Die Größe α wurde aus den stereoskopischen Kornaufnahmen bestimmt zu $\alpha = 0,3$, d. h. die Dicke des Korns ist ungefähr ein Drittel des Durchmessers seiner größten Fläche.

c) Die Lage des entwickelten Silberkorns in der photographischen Schicht. Die Lage des Einzelkorns zum Träger der photographischen Schicht wird fixiert im Moment der Erstarrung der Emulsion beim Gießvorgang. Es soll hier untersucht werden, wie sich diese Lage durch den Eintrocknungsvorgang ändert.

Die Ebene, in der die größte Fläche des Korns bei der Erstarrung liegt (tafelförmiger Kristall), möge mit der Unterlage den Winkel ε bilden. Man kann formal die Fläche f_o des Korns als Quadrat einer Länge l schreiben und für die senkrechte Parallelprojektion auf die Unterlage $f_p = l^2_p$.

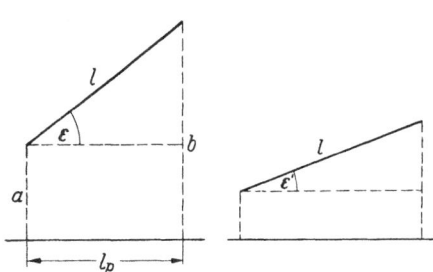

Abb. 4. Veränderung der Lage eines Halogensilberkristalls beim Eintrocknen der Emulsionsschicht.

Durch das Eintrocknen ändert sich der Winkel zwischen der Ebene des Korns und der Unterlage von ε nach ε' (vergl. Abb. 4). Für die Projektionsfläche folgt dann $f_p = l^2 \cos^2 \varepsilon'$.

Durch die Eintrocknung der Schicht gehen nun die Größen a und b (siehe Abb. 4) in sa und sb über ($s < 1$ = Eintrocknungsfaktor). Es gelten dann die Beziehungen $\sin \varepsilon = \frac{b-a}{l}$ und $\sin \varepsilon' = s \sin \varepsilon$. Somit erhält man für die gesuchte Projektionsfläche f_p:

$$f_p = f_o (1 - s^2 \sin^2 \varepsilon). \qquad (20)$$

Da s in der Größenordnung von 0,1 liegt, beträgt der Fehler beim Einsetzen von f_o für f_p stets weniger als 1% und kann unberücksichtigt bleiben.

d) Die Berücksichtigung der Größen ϱ' und α in der Schwärzungsformel für chemische Entwicklung. Für eine logarithmische Kornverteilung geht die Beziehung (vergl. Gl. 9) $\dfrac{f}{v} = \dfrac{3}{2\tilde{d}}$ über in $\dfrac{f}{v} = \dfrac{1}{\tilde{d}_o}$.

Mit den für übliche Emulsionen geltenden Größen $\varrho'_{Ag} = 3{,}73$ und $\alpha \approx 0{,}3$ folgt somit aus Gl. (11):

$$S_{chem} = 0{,}388 \dfrac{A_e}{\tilde{d}_o} e^{-\tfrac{6{,}6}{h_d^2}} = 0{,}388 \dfrac{A_e}{\bar{d}_o} e^{-\tfrac{5{,}3}{h_d^2}} \qquad (21)$$

(vergl. Abb. 1).

Für eine *normale* Korngrößenverteilung ist zu berücksichtigen, daß $v = \dfrac{\pi}{4} \lambda d_o^3$ und $c_v = \sqrt[3]{\dfrac{4}{\pi \lambda}} h_d$ gesetzt werden muß, womit Gl. (11) die Form annimmt

$$S_{chem} = 0{,}116 \, A_e \dfrac{\dfrac{0{,}391}{h_d^2} + 0{,}785 \, \bar{d}_0^2}{\dfrac{0{,}353 \, \bar{d}_o}{h_d^2} + 0{,}235 \, \bar{d}_0^3} \qquad (22)$$

Die Größe $\gamma = \dfrac{1}{\bar{d}_e} \dfrac{\dfrac{0{,}391}{h_d^2} + 0{,}785 \, \bar{d}_0^2}{\dfrac{0{,}353 \, \bar{d}_o}{h_d^2} + 0{,}235 \, \bar{d}_0^3}$ ist in Abb. 5 als Funktion von h_d (Parameter $\bar{d}_o$) dargestellt.

IV. Die experimentelle Prüfung der Theorie
1. Die physikalische Entwicklung

Die Abb. 1 der Arbeit „Bestimmung der Anzahl der Belichtungskeime im latenten Bild" (in diesem Band [9]) zeigt als Beispiel elektronenmikroskopische Aufnahmen von physikalisch entwickelten Silberaggregaten verschiedener Größe. Die statistische

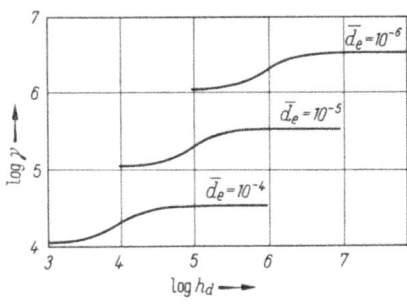

Abb. 5. Die Größe γ für verschiedene Korngrößenverteilungen (Parameter häufigster Korndurchmesser, chemische Entwicklung).

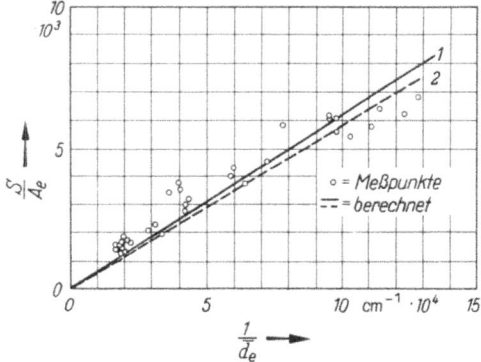

Abb. 6. Die Größe $\dfrac{S}{A_e}$ als Funktion des reziproken Korndurchmessers für physikalische Entwicklung: Kurve 1 $\beta_2 = 1$, Kurve 2 $\beta_2 = 0{,}98$.

Auswertung einer großen Anzahl von Körnern einer bestimmten Probe liefert die in der gleichen Arbeit in Abb. 4—6 angegebenen Summenhäufigkeitsverteilungen.

Da es sich um eine logarithmische Verteilung handelt (mit nahezu konstantem $h_v \approx 4{,}5$ und $h_d = 13{,}5$ für die verschiedenen Proben), muß Gl. (16) gelten.

Von über 30 physikalisch entwickelten Schichten wurde die Schwärzung, der Silberauftrag und der Korndurchmesser (statistische Auswertung der elektronenmikroskopischen Aufnahmen) bestimmt. Die Ergebnisse sind in Abb. 6 gezeigt. Die Übereinstimmung mit der Theorie ist befriedigend.

Die Verbesserung der Schwärzungsgleichung (Gl. 16) mit $\beta_2 = 0{,}98$ ist mit eingetragen.

2. Die chemische Entwicklung

Die Abb. 7 zeigt die elektronenmikroskopische Aufnahme des Kohleabdruckes einer hier untersuchten reinen Bromsilberemulsion. Es wurden zunächst sehr viele

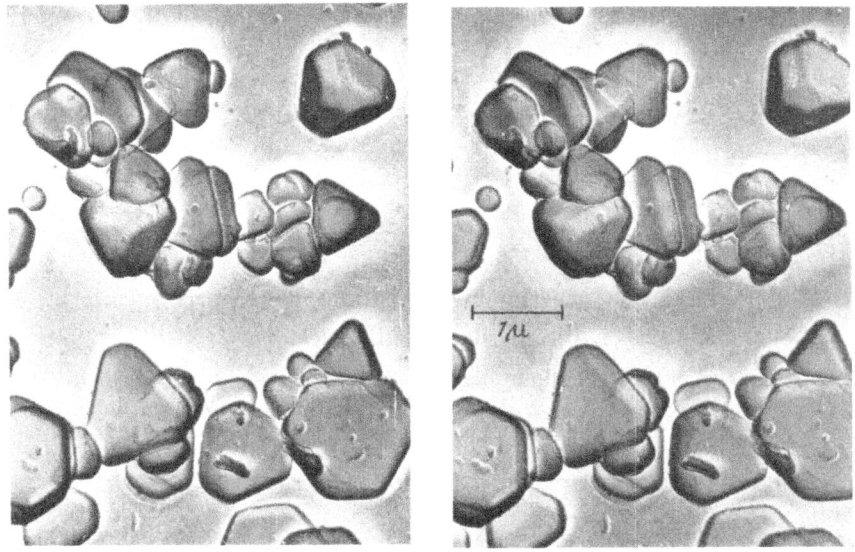

Abb. 7. Elektronenmikroskopische Aufnahme des Kohledruckes einer AgBr-Emulsion (Stereoaufnahme).

Stereoaufnahmen dieser Emulsion in bezug auf das Volumen v_o der Körner ausgewertet. Die relative Summenhäufigkeit in Prozenten H_0 ergibt sich für das Volumen v_{oi} zu

$$H_{oi} = 100 \frac{1}{N_o} \sum_0^i n_i .$$

wobei N_O die Zahl der insgesamt ausgewerteten Körner und n_i die Zahl der in einer Größenklasse Δv_{oi} vorkommenden Körner ist. Die Funktion H_{oi} (log v_{oi}) ergibt im Summenhäufigkeitsnetz eine lineare Beziehung (Abb. 8a) mit $h_v = 1{,}22$.

Es wurden nun ferner die Projektionsflächen der Körner (inhaltsgleiche Kreise) bestimmt und in analoger Weise statistisch ausgewertet. Man erhält die in Abb. 8b

Die Beziehungen zwischen Schwärzung und Größe der entwickelten Silberaggregate 93

angegebene Gerade mit $h_f = 1{,}51$. Es ergibt sich eine Möglichkeit, aus den Maximalwerten $\tilde{v}_o$ und $\tilde{f}_o$ den Faktor α zu bestimmen (vergl. Gl. (19)), da gelten muß:

$$\tilde{v}_o = \alpha \tilde{f}_o \sqrt{\frac{4\tilde{f}_o}{\pi}} \quad \text{oder} \quad \alpha = \frac{1}{2}\sqrt{\frac{\pi \tilde{v}_o^2}{\tilde{f}_o^3}} = 0{,}291 \quad (23)$$

Die Übereinstimmung mit dem früher angegebenen Wert $\alpha = 0{,}3$ ist sehr gut. (Formal ist für Kugelform $\alpha = \dfrac{2}{3}$).

Da die Gln. (6) und (8) nicht durch die Einführung der Volumenfunktion $v_{oi} = \dfrac{\pi}{4} \alpha \tilde{d}_{of}^{3}$ beeinflußt werden, berechnet sich theoretisch aus der Volumenverteilung (Abb. 8a) ein $h_f = 1{,}83$ (experimentell 1,51, in Abb. 8b mit eingetragen).

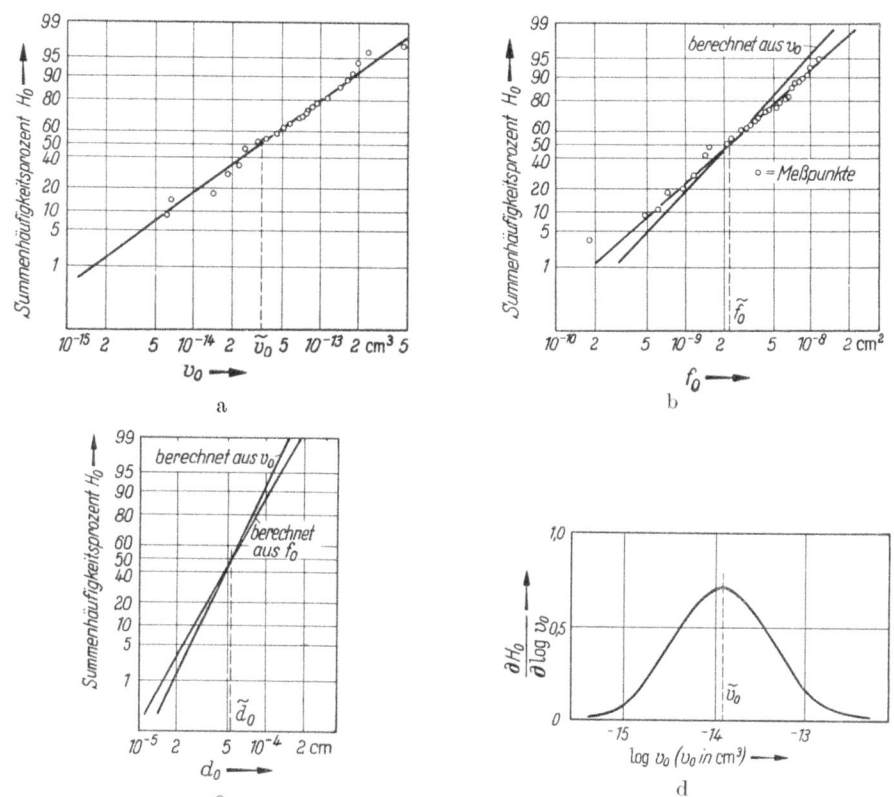

Abb. 8a—d. Die statistische Auswertung zur Bestimmung der Korngrößenverteilung einer AgBr-Emulsion.

Aus den gemessenen Volumen- und Flächenverteilungen sollte sich theoretisch die gleiche Verteilung für die Korndurchmesser ergeben; die gefundenen leichten Abweichungen sind unbedeutend (Abb. 8c).

Die Abb. 8d zeigt die differentielle Form der Volumen-Verteilungsfunktionen.

Eine photographische Schicht mit dieser Emulsion wurde in bezug auf die Beziehung zwischen Schwärzung, Silberauftrag und Korngröße geprüft.

Abb. 9—11 zeigen von dieser Schicht, die mit einem Auftrag von $2.8 \cdot 10^{-4}$ g Silber pro cm^2 begossen war, die Schwärzungskurve, die entwickelte Silbermenge als Funktion der Schwärzung und den hieraus berechneten mittleren Durchmesser der entwickelten Silberaggregate (identisch mit unentwickelten AgBr-Kristallen), ebenfalls als Funktion der Schwärzung.

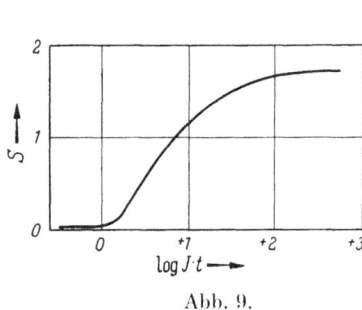
Abb. 9.

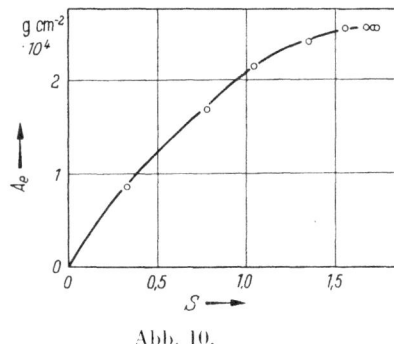
Abb. 10.

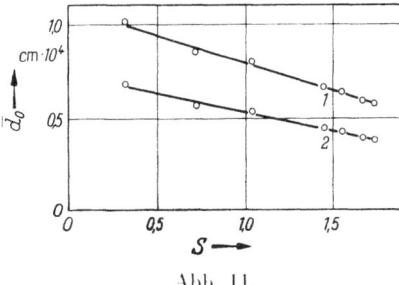
Abb. 11.

Abb. 9—11. 9: Die Schwärzungskurve der Versuchsschicht; 10: Der Silberauftrag als Funktion der Schwärzung; 11: Der mittlere Durchmesser der entwickelten Körner als Funktion der Schwärzung. Kurve 1: für $\beta_2 = 1$, Kurve 2: für $\beta_2 = 0{,}67$.

Nach Abb. 9 beträgt die erreichte Maximalschwärzung $S_{max} = 1{,}75$. Nach Abb. 10 ist A_e maximal $2{,}56 \cdot 10^{-4}$ und nach Gl. (21) berechnet sich hieraus mit $\beta_2 = 0{,}67$ ein mittlerer Korndurchmesser (für die Projektionsfläche von $\bar{d}_o = 0{,}38 \cdot 10^{-4}$ cm, während man für $\beta_2 = 1$, also ohne Berücksichtigung der Verteilung (und somit $\bar{d}_o = \tilde{d}_o$) findet: $\bar{d}_o = 0{,}57 \cdot 10^{-4}$ cm. Der aus den gemessenen Verteilungen (Abb. 8) bestimmte Wert für $\tilde{d}_o$ beträgt $0{,}52 \cdot 10^{-4}$ cm.

Mit steigender Belichtung und damit Schwärzung muß der mittlere Korndurchmesser sinken, da zuerst die großen Körner entwickelbar werden; die mit $\beta_2 = 1$ und $\beta_2 = 0{,}67$ berechneten Werte sind in Abb. 11 eingetragen. Sucht man nach einer besseren Übereinstimmung von theoretisch und experimentell bestimmten Korngrößen (experimentell bestimmt ist $\tilde{d}_o$ für S_{max}), so kann man noch folgende Überlegung anstellen, die wahrscheinlich allgemeine Anwendung finden kann. Wie aus den Abb. 8a und 8b zu erkennen ist, sind die Verteilungsfunktionen nur im Bereich von 10 bis 90% experimentell belegt; wahrscheinlich gilt auch nur in einer gewissen Breite um den häufigsten Wert die analytische Funktion für die Verteilung, und ganz kleine und ganz große Körner werden *nicht* vorkommen. Bei der Bildung der

Mittelwertintegrale (Gl. (10), (14)) bekommen aber gerade die großen Körner ein besonderes Gewicht, so daß man zur Berechnung der wesentlichen Größe $\frac{\bar{f}_o}{\bar{v}_o}$ in Gl. (4) Mittelwerte ausrechnen sollte, die die Verteilungsfunktion nur bis etwa 90% berücksichtigt. Kennt man die Größe $\frac{\tilde{f}_o}{\tilde{v}_o}$, so erhält man hieraus die für die Schwärzung wichtige Größe $\frac{\bar{f}_o}{\bar{v}_o}$ durch Multiplikation mit $\gamma = \frac{\bar{f}_o \tilde{v}_o}{\bar{v}_o \tilde{f}_o}$.

In Abb. 12 ist γ für verschiedene Gültigkeitsbereiche der Verteilungsfunktion berechnet. Man erkennt, daß die Gültigkeit bis 90% für γ sofort liefert $\gamma \approx 1$ und somit $\frac{\bar{f}_o}{\bar{v}_o} = \frac{\tilde{f}_o}{\tilde{v}_o}$.

Für die untersuchte Emulsion ist dann der berechnete Wert $\bar{d}_o = 0{,}57 \cdot 10^{-4}$ cm

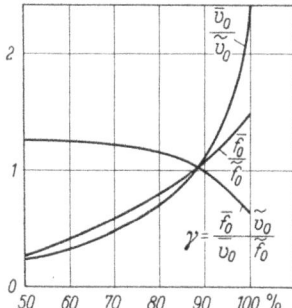

Abb. 12. Die Größe γ für verschiedene Gültigkeitsbereiche der Verteilungsfunktion.

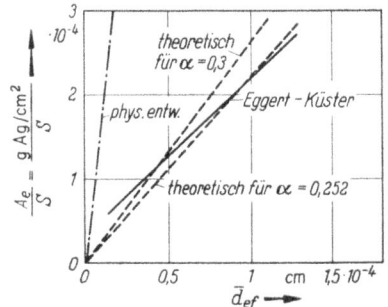

Abb. 13. Der Vergleich der von EGGERT und KÜSTER empirisch bestimmten Größen $\frac{A_e}{S}$ als Funktion vom mittleren Korndurchmesser mit den theoretisch abgeleiteten Werten.

in sehr guter Übereinstimmung mit dem elektronenmikroskopisch bestimmten von $0{,}52 \cdot 10^{-4}$ cm. Die untersuchte Emulsion hat eine so breite Verteilung, wie sie bei praktischen Emulsionen nicht vorkommt; vielmehr wird h normalerweise größer sein, womit ohnehin die Verhältnisse günstiger liegen ($\beta_2 \to 1$). Es scheint also das wesentliche Ergebnis der theoretischen Betrachtung über den Einfluß der Kornverteilung zu sein, daß man die Verteilungsfunktion unberücksichtigt lassen kann ($\beta_2 = 1$).

Hiermit wird dann die Schwärzung bei chemischer Entwicklung (Gl. (21))

$$S_{\text{chem}} = 0{,}388 \frac{A_e}{d_o} \text{ für } \alpha = 0{,}3.$$

Vergleicht man die Größe $\frac{A_e}{S}$, die von EGGERT und KÜSTER gefunden wurde (Gl. 2), mit diesem theoretischen Ergebnis, so ergibt sich Abb. 13.

Die Abweichungen dürften auf die lichtmikroskopischen Beobachtungen zurückzuführen sein, so daß also folgt, daß die experimentell bestimmte photometrische Konstante theoretisch gedeutet werden kann.

96 E. KLEIN

Es bietet sich also eine einfache Möglichkeit, den mittleren Durchmesser der unentwickelten Körner aus der Funktion entwickelter Auftrag-Schwärzung zu berechnen.

In den Abb. 14a—c sind die elektronenmikroskopischen Bilder von drei Versuchsemulsionen wiedergegeben. Abb. 15 zeigt den Auftrag über der Schwärzung für die

a

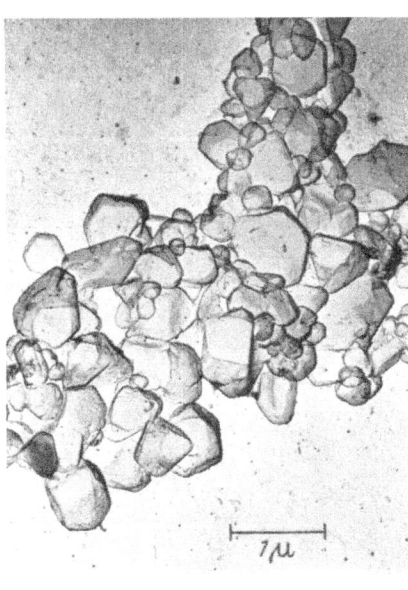

b

c

Abb. 14a—c. Elektronenmikroskopische Aufnahmen von Versuchsemulsionen verschiedener Korngröße.

Die Beziehungen zwischen Schwärzung und Größe der entwickelten Silberaggregate 97

genannten Emulsionen. In Abb. 16 ist der mittlere Korndurchmesser $\bar{d}_o$ als Funktion der Schwärzung aufgetragen, wobei $\bar{d}_o$ nach Gl. (21) mit $\beta_2 = 1$ berechnet wurde.

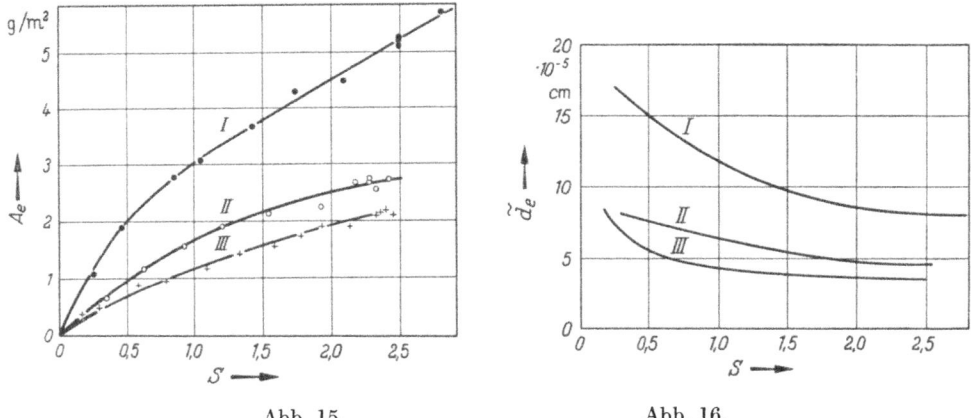

Abb. 15. Abb. 16.

Abb. 15 u. 16. Entwickelter Silberauftrag und mittlerer Korndurchmesser als Funktion der Schwärzung.

Zusammenfassung

Es werden Versuche zur Berechnung der Schwärzung aus der Größe der entwickelten Silberkörner mitgeteilt.

Es wird zunächst die Formel von EGGERT - ARENS - HEISENBERG diskutiert. Diese Formel gibt einen Zusammenhang von Schwärzung, Silberauftrag und mittlerem Korndurchmesser an, wobei noch nicht untersucht ist, welchen Einfluß die Korngrößenverteilung nimmt. Die in die Gleichung eingehende Konstante (photometrische Konstante) wurde von den Verfassern empirisch bestimmt, da die Dichte des entwickelten Silbers unbekannt ist.

Es werden hier daher folgende Punkte behandelt:
Es wird abgeleitet:

1. Die allgemeine Schwärzungsformel unter Berücksichtigung der Verteilungsfunktion;

2. die Schwärzungsformel für rein physikalische Entwicklung (kugelförmige Silberaggregate);

3. die Schwärzungsformel für eine rein chemische Entwicklung. Hierzu wird ein Ansatz zur Berechnung der Silberdichte eingeführt, der sich aus elektronenmikroskopischen Untersuchungen ergibt.

Ferner wird eine Beziehung zwischen der Projektionsfläche und der Dicke tafelförmiger Kristalle eingeführt; auch diese Beziehung wird elektronenmikroskopischen Untersuchungen entnommen. Schließlich wird auch die Lageveränderung der Körner durch die Eintrocknung der Schicht berücksichtigt.

4. Die Theorie wird experimentell geprüft.

Für physikalische und chemische Entwicklung erhält man befriedigende Übereinstimmung mit der Theorie. Es zeigt sich, daß man für die normalerweise vorliegenden Emulsionen die Korngrößenverteilung *nicht* berücksichtigen muß. Es werden zur Prüfung der Theorie erstmalig Auswertungen von elektronenmikroskopischen Stereoaufnahmen zur Bestimmung der Volumenverteilung durchgeführt.

5. Im Rahmen der Theorie für die chemisch entwickelte Schwärzung wird eine Deutung der photometrischen Konstante gegeben, die mit der von EGGERT und KÜSTER bestimmten sehr gut übereinstimmt. Hierdurch wird es möglich, aus der Funktion zwischen entwickelter Schwärzung und dem zugehörigen Auftrag den mittleren Korndurchmesser zu berechnen.

Analytische Silberbestimmungen wurden daher für drei Versuchsemulsionen verschiedener Körnigkeit durchgeführt. Hieraus wurde nach der Theorie der mittlere Korndurchmesser berechnet.

Literatur

[1] KLEIN, E.: Die Form des entwickelten Silbers, (in diesem Band).
[2] BERRY, C. R.: Vortrag Konferenz Köln 1956, erscheint demnächst bei O. Helwich, Darmstadt.
[3] NUTTING, P. G.: Phil. Mag. 26, 423 (1913).
[4] ARENS, H., J. EGGERT u. E. HEISENBERG: Z. wiss. Phot. 28, 356 (1931).
[5] EGGERT, J. u. A. KÜSTER: Agfa Veröffentlichg. Bd. V (1937) Hirzel, Leipzig.
[6] KLEIN, E.: Beitrag zur Frage der Kristalltracht von Halogensilberkörnern einer photographischen Emulsion (in diesem Band).
[7] MEES, C. E. K.: The Theory of the Photographic Process (1952) N. Y.
[8] KLEIN, E.: Mitt. Agfa Leverkusen-München Bd. I, (1956) S. 10.
[9] KLEIN, E.: Die Bestimmung der Keimzahl im latenten photographischen Bild (in diesem Band).

Die Quantenabsorption in einer photographischen Schicht

Von H. Frieser und E. Klein

Durch die Streuung des Lichtes innerhalb einer photographischen Schicht ist die Berechnung der Quantenabsorption für eine beliebige Elementarschicht äußerst schwierig. Es lassen sich aber mit Hilfe einiger einfacher theoretischer Ansätze Gleichungen ableiten, die die Quantenabsorption in einer Elementarschicht beschreiben und die vor allem mit experimentell gewonnenen Ergebnissen aus Lichtstreuungsmessungen ausgewertet werden können.

Die ein Flächenelement einer Elementarschicht durchstrahlende Strahlenenergie wird durch die Zahl der Quanten gemessen.

Auf 1 cm² einer streuenden Schicht von der Dicke h fallen insgesamt Q_o Quanten (vergl. Abb. 1). Hiervon werden Q^R remittiert, Q^+ verlassen die Schicht nach Durchstrahlung, und Q^{abs} werden in der Schicht absorbiert, so daß die Beziehung gilt:

$$Q_O = Q^+ + Q^R + Q^{abs} \qquad (1)$$

Es werden noch folgende Beziehungen festgesetzt:

$Q^+ = \tau Q_o$, wobei τ der Transparenzfaktor

$Q^R = \varrho Q_o$, und ϱ der Remissionsfaktor ist.

Für die Anzahl der insgesamt in der Schicht absorbierten Quanten folgt somit:

$$Q^{abs} = Q_O (1 - \varrho - \tau). \qquad (2)$$

Da die oberste Elementarschicht $(z = o)$ von außen die Bestrahlung Q_o und durch das aus der Schichttiefe gestreut zurückgeworfene Licht die Bestrahlung Q_R erfährt, gilt für die Gesamtbestrahlung $Q_{(z=o)}$ der obersten Elementarschicht angenähert:

$$Q_{(z=0)} = Q_O + Q^R = Q_O (1 + \varrho). \qquad (3)$$

Die Bestrahlung $Q_{(z=h)}$ der untersten Elementarschicht beträgt

$$Q_{(z=h)} = Q_O \tau. \qquad (4)$$

Zur Beschreibung der Bestrahlungsverhältnisse für eine beliebige Elementarschicht wird nun angesetzt:

$$Q_z = Q_{(z=0)} e^{-\beta z} \qquad (5)$$

Es wird also angenommen, daß der Lichtabfall innerhalb der Schicht dem Lambertschen Gesetz folgt. Einen großen Fehler kann man mit dieser Voraussetzung nicht machen.

Mit den Grenzbedingungen (3) und (4) folgt nun für β sofort:

$$\beta = \frac{1}{h} \ln \frac{1 + \varrho}{\tau} \qquad (6)$$

und mit (4)
$$Q_z = Q_o(1+\varrho)\left(\frac{1+\varrho}{\tau}\right)^{-\frac{z}{h}} \qquad (7)$$

Q_z ist die Bestrahlung der Elementarschicht in der Schichttiefe z. Der Absorptions*koeffizient* Ψ wird so definiert, daß gilt:
$$d\,Q^{\mathrm{abs}} = \Psi\,Q_z\,dz \qquad (8)$$

Hiermit ist $\Psi\,Q_z$ die Absorption der Quanten in der Elementarschicht dz in der Schichttiefe z (vergl. (8)). Die in dieser Elementarschicht pro Korn absorbierte Quantenzahl q_z ist:
$$q_z = \frac{\Psi\,Q_z\,h}{N}, \qquad (9)$$

wobei N die Anzahl der Körner pro cm² bei einer Schichtdicke h ist.

Mit Hilfe von Gl. (2), (5) und (8) berechnet man Ψ aus der Beziehung:
$$Q^{\mathrm{abs}} = Q_o(1-\varrho-\tau) = Q_o\,\Psi(1+\varrho)\int_0^h e^{-\beta z}\,dz \qquad (10)$$

Es folgt für Ψ:
$$\Psi = \beta\,\frac{1-\varrho-\tau}{1+\varrho-\tau} = \frac{1}{h}\,\frac{1-\varrho-\tau}{1+\varrho-\tau}\,ln\,\frac{1+\varrho}{\tau} \qquad (11)$$

Somit ergibt sich aus (7) und (9)
$$q_z = Q_o\,\frac{(1+\varrho)\left(\frac{1+\varrho}{\tau}\right)^{-\frac{z}{h}}(1-\varrho-\tau)\,ln\,\frac{1+\varrho}{\tau}}{N(1+\varrho-\tau)} \qquad (12)$$

Bezeichnet man mit A den Auftrag der Schicht in $g\,Ag$/cm² und mit d_o den mittleren Durchmesser des Halogensilberteilchens in cm, so resultiert
$$N = \frac{6}{\pi}\,\frac{188\cdot A}{108\,d_o^3\,s_{\mathrm{AgBr}}} = 0{,}513\,\frac{A}{d_o^3} \qquad (13)$$

($s_{\mathrm{AgBr}} = 6{,}5 =$ Dichte von Bromsilber).

Man leitet also für die beiden Spezialfälle $q_{(z=o)}$ und $q_{(z=h)}$ die Quantenabsorption pro Korn in der obersten und der untersten Elementarschicht ab:
$$q_{(z=o)} = Q_o\,\frac{4{,}47\,d_o^3(1+\varrho)(1-\varrho-\tau)}{A(1+\varrho-\tau)}\,\log\frac{1+\varrho}{\tau}\;\left|\frac{\mathrm{abs\ Quanten}}{\mathrm{Korn}}\right| \qquad (14)$$
$$q_{(z=h)} = Q_o\,\frac{4{,}47\,d_o^3\,\tau(1-\varrho-\tau)}{A(1+\varrho-\tau)}\,\log\frac{1+\varrho}{\tau} = q_{(z=o)}\,\frac{\tau}{1+\varrho} \qquad (15)$$

1. Die Auswertung von Streumessungen nach der Theorie

Es wurden in einer früheren Arbeit [1] Streumessungen an photographischen Schichten mitgeteilt. Die Transparenz $\Phi^+ = \tau\,\Phi_o$ sowie die Remission $\Phi^{\mathrm{R}} = \varrho\,\Phi_o$ wurden in Abhängigkeit von der Lichtwellenlänge, der Schichtdicke und vor allem der mittleren Korndurchmesser bestimmt. Für eine Wellenlänge ($\lambda = 436\,m\mu$) sind diese Ergebnisse in den Abb. 2 und 3 noch einmal zusammengestellt.

Bei der gleichen mittleren Korngröße durchlaufen also die Größen Transparenz und Remission stark ausgebildete Maxima bzw. Minima; mit steigendem Silberauftrag sinkt die Transparenz, die Remission steigt an, wird aber schon von verhältnismäßig kleinen Aufträgen an vom Auftrag unabhängig.

Man kann nun nach Gl. (14) und (15) für die oberste ($z = o$) und die unterste ($z = h$) Elementarschicht die pro Korn absorbierte Anzahl Quanten q, bezogen auf die pro cm² der Schicht von außen auffallende Anzahl Quanten Q_o, also die Größe $\frac{q}{Q_o}$ berechnen. Die Werte für beliebige Schichttiefe z müssen zwischen den genannten Größen liegen. In den Abb. 4 bis 7 sind die Ergebnisse zusammengestellt.

Berechnet man die Quantenabsorption $\frac{q}{Q_o}$ für konstanten Silberauftrag (5g Ag/m²), so erhält man in der Darstellung $\log \frac{q}{Q_o}$ gegen $\log d_o$ die linearen Beziehungen der Abb. 4; natürlich ist die Quantenabsorption in der untersten Elementarschicht geringer als in der obersten.

Für konstante Transparenz (0,1; 0,2; 0,4) (Abb. 5) erhält man auch nahezu lineare Beziehungen, wobei für $z = o$ keine Abhängigkeit von der Transparenz gefunden wird, weil die Schichtdicken bereits so hoch sind, daß die Belichtung der obersten Schicht $Q_{z(=o)} = Q_o (1 + \varrho)$ keine Funktion von der Schichtdicke ist (= konst. ϱ).

Schließlich sind noch die Funktionen für Schichten konstanter Absorption (45% und 60%) (Abb. 6) sowie für eine zweite Wellenlänge ($\lambda = 470 m\mu$) bei konstanter Transparenz (Abb. 7) berechnet. Auch in diesen Fällen ergeben sich die linearen Beziehungen.

Das wesentlichste Ergebnis scheint nun das folgende zu sein: In allen Fällen ergibt sich nahezu der gleiche Anstieg der Geraden von 3. Man muß aus den Abbildungen schließen, daß auch für beliebige z-Werte diese Beziehung besteht, so daß allgemein gilt:

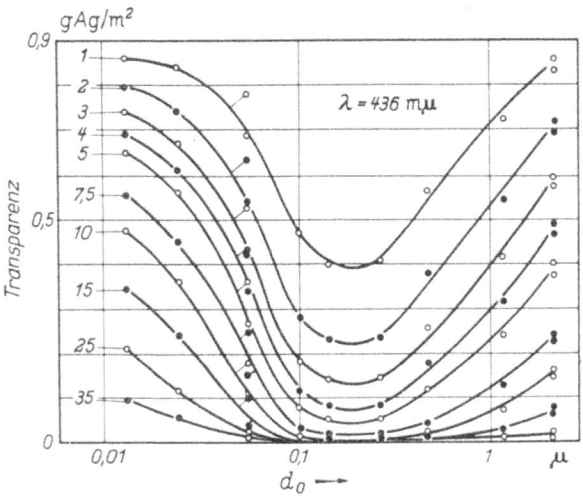

Abb. 2.

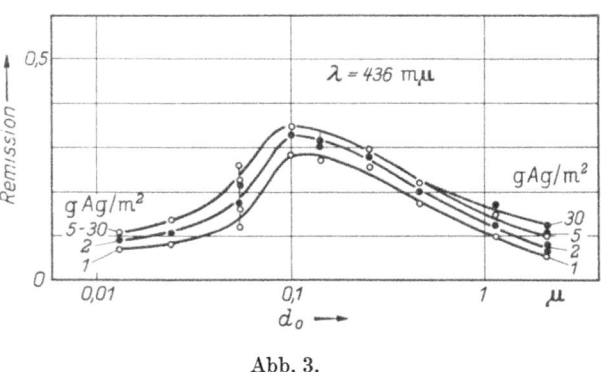

Abb. 3.

Abb. 2 u. 3. Die Transparenz und Remission als Funktion des mittleren Korndurchmessers (Parameter: Silberauftrag).

$$\frac{q}{Q_o} = h d_o^3 \qquad (16)$$

Die Quantenabsorption pro Korn steigt also mit dem Volumen des Kornes an. Es liegt nahe, dieses Ergebnis mit einem früher empirisch gefundenen Ergebnis [2] zu vergleichen, wonach die Empfindlichkeit photographischer Schichten, die sich nur im mittleren Korndurchmesser unterscheiden, mit dem Volumen des Kornes zunimmt. Man muß allerdings für die Empfindlichkeit außer der Absorption noch die Quantenempfindlichkeit des Einzelkornes berücksichtigen.

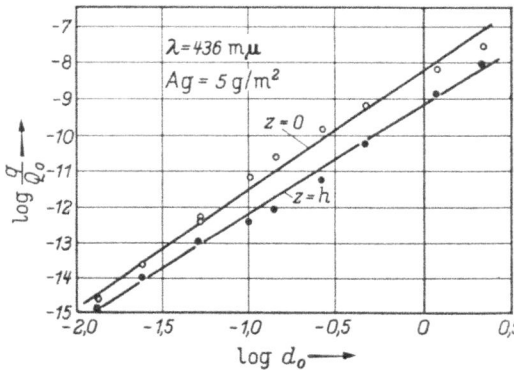

Abb. 4. Für Schichten konstanten Silberauftrages.

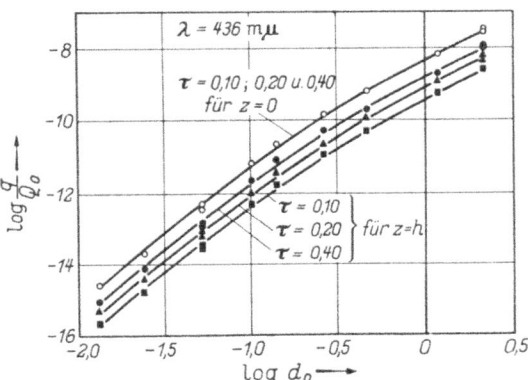

Abb. 5. Für Schichten konstanter Transparenz.

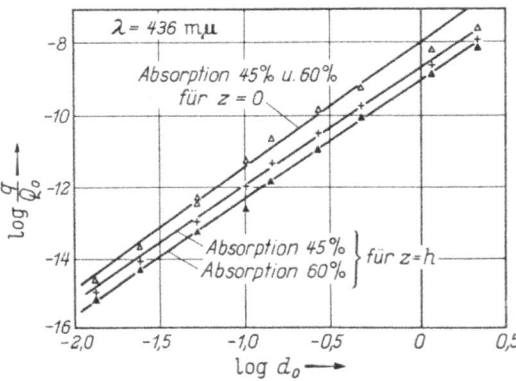

Abb. 6. Für Schichten konstanter Absorption.

2. Sensibilisierung

In Abb. 8 ist noch diejenige Anzahl Quanten angegeben, die pro Korn absorbiert werden, wenn man auf die pro Korn angebotene Anzahl Quanten bezieht.

Versetzt man Schichten mit der überlicherweise zur optischen *Sensibilisierung* verwendeten Menge von entsprechenden Farbstoffen, so findet man, wie an mehreren Beispielen experimentell geprüft wurde, ebenfalls die Zunahme der Quantenabsorption mit dem Kornvolumen. Der Grund hierfür liegt wohl in der Tatsache, daß die Lichtabsorption in erster Linie von der Lichtstreuung abhängig ist, die sich mit der Teilchenzahl ändert. Man kann leicht zeigen, daß sich die Größe $\frac{q}{Q_o} \frac{1}{d_o^3}$ (vergl. Gl. 14 und 15) über den gesamten untersuchten Korngrößenbereich nur um ca. eine Zehnerpotenz ändert, so daß für $\frac{q}{Q_o}$ die Korngrößenabhängigkeit fast ganz durch die Proportionalität zu d_o^3 geliefert wird.

Man erkennt, daß dieser Wert für $z = o$ durch ein Maximum, für $z = h$ durch ein Minimum läuft. Es sind sowohl Schichten mit konstantem Silberauftrag als auch mit konstanter Absorption angegeben.

Abb. 4—6. Die Quantenabsorption pro Korn als Funktion des mittleren Korndurchmessers, bezogen auf die pro cm² auffallende Quantenzahl.

Eine weitere Auswertung der Experimente nach der Theorie ist in Abb. 9 dargestellt. Berechnet ist für Schichten konstanter Absorption die Zahl der absorbierten Quanten pro Korn, bezogen auf die pro Kornfläche auffallende Quantenzahl; ist f_0 die mittlere Projektionsfläche der Körner, so ergibt sich also dafür die dimensionslose Größe $\frac{q}{Q_0 f_0}$.

Abschließend soll eine kurze Anmerkung zur Bestimmung des mittleren Korndurchmessers gemacht werden. Die hier angegebenen d_0-Werte sind die mittleren Durchmesser der Kreise, die inhaltsgleich mit der Projektionsfläche des Kornes sind. Man sollte wahrscheinlich besser die Größen d_{ov} verwenden, die die mittleren Durchmesser derjenigen Kugeln darstellen, die inhaltsgleich mit dem Korn sind. Wie an anderer Stelle ausführlich gezeigt wird, besteht aber für normale flächenförmige Emulsionskörner stets eine Beziehung zwischen der Höhe h des Kornes und dem mittleren Durchmesser d_0 aus der Projektionsfläche von der Form $h = \alpha \cdot d_0$. Hiermit ist das Volumen des Kornes $\frac{\pi}{6} d_{ov}{}^3$ auch in der Form $\alpha \frac{\pi}{4} d_0{}^3$ zu schreiben, woraus mit dem im allgemeinen gültigen Wert $\alpha = 0{,}3$ folgt: $d_{ov} = 0{,}8\, d_0$; d. h. die mittleren Durchmesser wären mit dem Faktor 0,8 zu verbessern. Das gilt nur für die grobkörnigen Schichten, da nur hier flächenförmige Kristalle vorliegen, während bei feinkörnigen Emulsionen die Halogensilberkristalle mehr runde Form besitzen, für die die genannte Korrektur wegfällt. Die Abweichungen von der linearen Be-

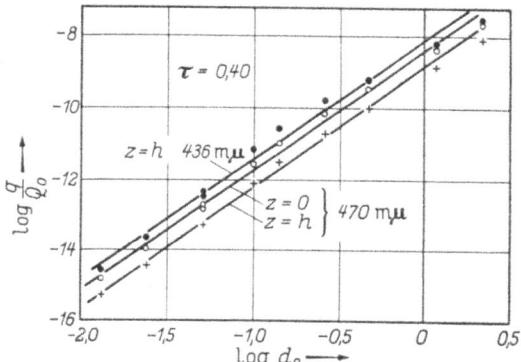

Abb. 7. Die Quantenabsorption pro Korn als Funktion des mittleren Korndurchmessers, bezogen auf die pro cm² auffallende Quantenzahl.

Für Schichten konstanter Transparenz bei verschiedenen Lichtwellenlängen.

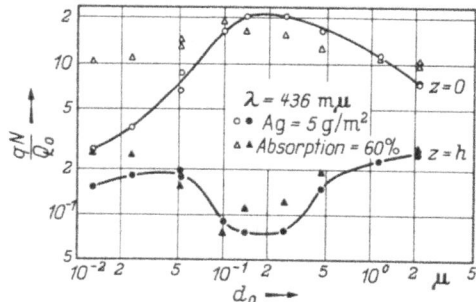

Abb. 8. Die pro Korn absorbierte Anzahl Quanten, bezogen auf die pro Korn angebotene Anzahl Quanten, für Schichten mit konstantem Silberauftrag und Schichten mit konstanter Absorption.

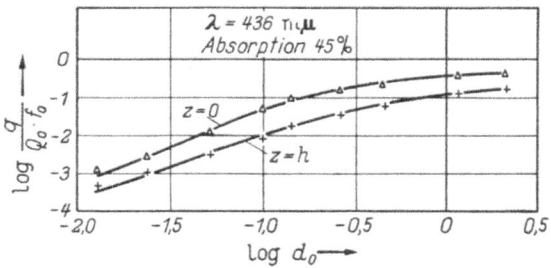

Abb. 9. Die pro Korn absorbierte Anzahl Quanten, bezogen auf die pro mittlere Kornfläche angebotene Anzahl Quanten, für Schichten mit konstanter Absorption.

ziehung in den Abb. 4—7 bei großen Korndurchmessern wird also auf diese Weise erklärt. Im übrigen ist natürlich die Korrektur ohne Einfluß auf die gefundenen Zusammenhänge zwischen Quantenabsorption und Korngröße.

Zusammenfassung

Es wird in der vorliegenden Arbeit zunächst eine Gleichung abgeleitet, die die Belichtung innerhalb einer photographischen Schicht unter Berücksichtigung der Lichtstreuung beschreibt. Hierbei wird ein Exponentialansatz für den Lichtabfall in der Schichttiefe verwendet.

Es wird mit der Theorie berechnet, wieviel Quanten q pro Korn absorbiert werden, bezogen auf die pro cm² auffallende Quantenzahl Q_o. Diese theoretische Größe $\frac{q}{Q_o}$ wird mit Hilfe früherer experimenteller Arbeiten ausgewertet, in denen die Remission und Transparenz von photographischen Schichten als Funktion des Halogensilberauftrages, der Korngröße und der Wellenlänge des Lichtes gemessen worden waren [1].

Es ergibt sich, daß $\frac{q}{Q_o}$ mit der dritten Potenz des mittleren Durchmessers der Halogensilberkörner ansteigt, unabhängig davon ob die Schicht optisch sensibilisiert ist oder nicht. Es liegt nahe, hier Beziehungen zu früher empirisch bestimmten Ergebnissen zu suchen, wonach die photographische Empfindlichkeit ebenfalls mit dem mittleren Volumen der Körner zunimmt [2].

Literatur
[1] KLEIN, E.: Phot. Korr. **93**, 51 (1957).
[2] FRIESER, H. u. E. KLEIN: Z. f. Elektrochemie **58**, 655 (1954).

Beitrag zur Silbersalzbildung von photographischen Stabilisatoren

Von E. KLEIN

Einleitung

In vielen Fällen handelt es sich bei Stabilisatoren für photographische Schichten um schwache organische Säuren, die schwerlösliche Silbersalze bilden. Im einzelnen sei auf die grundlegenden Arbeiten von BIRR [1—6] und die dort aufgeführte Literatur verwiesen.

In der vorliegenden Arbeit soll die pH-Abhängigkeit der Silbersalzbildung untersucht werden, weil diese Eigenschaft von großer Bedeutung für den Stabilisierungsmechanismus sein wird.

Die ersten experimentellen Untersuchungen wurden hierzu von BIRR mitgeteilt, der potentiometrische Titrationen von 5-Nitrobenzimidazol [2] und von 5-Methyl-7-oxy-2, 3, 4-triazaindolizin [5] mit Silbernitrat bei verschiedenen, während einer Titration konstant gehaltenen pH-Werten durchführte (vergl. auch [8]). Je geringer der pH-Wert ist, desto größer wird die Löslichkeit der entstehenden Silberverbindungen, bei kleinen pH-Werten findet schließlich keine Silbersalzbildung mehr statt.

Rein formal kann man aus dem Potential des Wendepunktes der Titrationskurve ein Löslichkeitsprodukt berechnen, das dann also mit steigendem pH-Wert kleiner wird. Wie weiter unten gezeigt wird, genügt diese formale Größe des Löslichkeitsproduktes auch zur Beschreibung einer Titrationskurve, dagegen ist vom theoretischen Standpunkt gesehen eine Abhängigkeit des Löslichkeitsproduktes vom pH-Wert nur dann verständlich, wenn die Sättigungskonzentration des undissoziierten Moleküls (also [AgA] in Gl. 1) eine pH-abhängige Größe ist. Bezeichnet man mit A$^-$ ganz allgemein das Stabilisatoranion, so gilt für das Löslichkeitsprodukt L des Silbersalzes:

$$[Ag^+][A^-] = k \cdot [AgA] = L \tag{1}$$

Da nun aber schwer einzusehen ist, daß [AgA] pH-abhängig ist, so muß man das formal berechnete pH-abhängige Löslichkeitsprodukt auf andere Weise zu deuten versuchen.

I. Theoretischer Teil

1. Allgemeine Theorie

Die n-basische, schwache Säure H_nA möge mit dem Kation K schwerlösliche Salze bilden entsprechend der Reaktion:

$$H_nA + iK \rightleftarrows K_i H_{n-i} A + iH^+ \tag{2}$$

Fügt man zu einer wäßrigen Lösung von H_nA Kationen K, so wird sich eine Gleichgewichtskonzentration $\bar{c}_K$ des Kations K einstellen, während sich gleichzeitig die Verbindung $K_i H_{n-i} A$ bildet, die nach Überschreitung ihrer Sättigungslöslichkeit als schwerlöslicher Bodenkörper ausfällt. Ferner ändert sich der pH-

Wert der Lösung. Berechnet werden soll die Funktion $\bar{c}_K = f(v_K)$ bzw. $v_K = f(\bar{c}_K)$ wobei v_K das Volumen der zugegebenen Kationenlösung bekannter Konzentration ist

Da für praktische Zwecke auch der Fall interessiert, bei dem während der Zugabe des Kations der pH-Wert konstant gehalten wird, sind insgesamt folgende 4 Fälle theoretisch zu diskutieren:

pH $\neq$ konst., ungesättigte Lösung (kein Bodenkörper $K_i H_{n-i} A$)
pH $\neq$ konst., gesättigte Lösung
pH $=$ konst., ungesättigte Lösung
pH $=$ konst., gesättigte Lösung.

Folgende Nomenklatur wird eingeführt:

Die vorliegende Gesamtkonzentration an schwacher Säure beträgt C_o bei einem Ausgangsvolumen v_o. Die Volumenänderung durch Zugabe der Kationenlösung der Konzentration c_K wird mit v_K, diejenige Volumenänderung, die zusätzlich durch Einstellung des pH-Wertes entsteht (nur für c u. d), wird mit v_H bezeichnet; das insgesamt zugesetzte Volumen v' beträgt also:

$$v_K + v_H = v' \tag{3}$$

In der gesamten Theorie wären prinzipiell die Konzentrationsangaben durch Aktivitätskoeffizienten zu verbessern, sie bleiben aber hier unberücksichtigt.

Mit den Konzentrationen $[H_n A] = c_o$, $[H_{n-1} A] = c_1$, ... $[H_{n-i} A] = c_i$, gilt für die einzelnen Dissoziationsstufen:

$$\frac{[H^+] c_1}{c_o} = K_1 ; \quad \frac{[H^+] c_2}{c_1} = K_2 ; \quad \ldots \quad \frac{[H^+] c_i}{c_{i-1}} = K_i \tag{4}$$

Entsprechend folgt mit den Salzkonzentrationen

$$[KH_{n-1}A] = c_{s1} ; \quad [K_2 H_{n-2} A] = c_{s2} ; \quad \ldots \quad [K_i H_{n-i} A] = c_{si}$$

für die Salzbildungsgleichgewichte, wenn man die Kationengleichgewichtskonzentration mit $\bar{c}_K$ bezeichnet:

$$\frac{\bar{c}_K \cdot c_1}{c_{s1}} = k_1 ; \quad \frac{\bar{c}_K^2 \cdot c_2}{c_{s2}} = k_2 , \quad \ldots \quad \frac{\bar{c}_K^i \cdot c_i}{c_{si}} = k_i \tag{5}$$

Für *gesättigte* Lösungen (fester Bodenkörper) gilt ferner:

$$\bar{c}_K \cdot c_1 = L_1 ; \quad \bar{c}_K^2 \cdot c_2 = L_2 , \ldots \bar{c}_K^i \cdot c_i = L_i \tag{6}$$

Mit einem Strich werden diejenigen Konzentrationen gekennzeichnet, die nur durch Volumenänderung entstehen, der chemische Umsatz ist also dabei noch unberücksichtigt; so folgt also:

$$C_o' = C_o \frac{v_o}{v_o + v_K + v_H} ; \quad c_K' = c_K \frac{v_K}{v_o + v_K + v_H} \tag{7}$$

Um zu allgemeinen Ausdrücken zu gelangen, wird mit $v_K + v_H$ gerechnet, womit also auch eine Volumenänderung infolge einer pH-Korrektur berücksichtigt ist (vergl. (3)).

Für den Fall, daß sich schwerlösliche Bodenkörper der Form $K_i H_{n-i} A$ bilden, werden für diese ebenfalls formal Konzentrationen $[K_i H_{n-i} A] c_i$ definiert, um die Rechnung zu vereinfachen. Es ist ohne Kenntnis der Löslichkeitsprodukte nicht möglich, abzuschätzen, welche Bodenkörper entstehen [9].

Allgemein lassen sich folgende Konzentrationsbilanzen formulieren:

$$C'_o = \sum_o^n c_i + \sum_{i=1}^n c_{si} + \sum_1^n c_{i\,fest}, \qquad (8)$$

$$c'_K = \bar{c}_K + \sum_{i=1}^n i\, c_{si} + \sum_{i=1}^n i\, c_{i\,fest} \qquad (9)$$

Bei den Gliedern $\sum_1^n c_{i\,fest}$ muß keineswegs die Reihe 1 bis n lückenlos vorhanden sein, vielmehr existieren nur solche Indizes, die zu Verbindungen gehören, die in folgendem Gleichgewicht miteinander stehen:

$$c_K = \frac{L_i}{c_i} = \frac{L_j}{c_j} = \ldots$$

Für ungesättigte Lösungen (kein Bodenkörper) sind in Gl. (8) und (9) die Glieder $\sum_{i=1}^n c_{si}$ bzw. $\sum_{i=1}^n i\, c_{si}$ Null.

Allgemein gilt noch eine Konzentrationsbilanz, die sich aus der Elektroneutralität ergibt:

$$[H^+] + \bar{c}_K = \frac{k_w}{[H^+]} + c'_K + \sum_{i=1}^n i\, c_i \qquad (10)$$

Hierzu ist k_w das Ionenprodukt des Wassers; c_K' ist hier für die Konzentration derjenigen Anionen eingesetzt, die durch die Zugabe der Kationenlösung K automatisch der Gesamtlösung zugefügt werden.

Mit Hilfe der genannten Beziehungen sind die Probleme $a-d$ im Prinzip zu lösen.

Zu Fall a): Es ist für die Größe $\sum_{i=1}^n c_{si}$ aus dem Gleichungssystem (5) sofort abzuleiten

$$\sum_{i=1}^n c_{si} = \sum_{i=1}^n \frac{\bar{c}_K{}^i\, c_i}{k_i} \qquad (11)$$

und ferner aus dem Gleichungssystem (4)

$$c_i = c_o \frac{\prod_{j=1}^i K_j}{[H^+]^i} \qquad (12)$$

Mit (11) und (12) wird aus (9):

$$\bar{c}_K - c'_K + c_o \sum_{i=1}^n \frac{i\, \bar{c}_K{}^i\, \prod_{j=1}^i K_j}{k_i\, [H^+]^i} = 0 \qquad (13)$$

Aus Gl. (8) kann nun ein Ausdruck für c_o gewonnen werden, wenn man die Summe über c_i nur von 1 bis n bildet und c_o vorzieht; c_{si} und c_i wird nach (11) und (12) ersetzt:

$$C'_o = c_o + c_o \sum_{i=1}^n \frac{\prod_{j=1}^i K_j}{[H^+]^i} + c_o \sum_{i=1}^n \frac{i\, \bar{c}_K{}^i\, \prod_{j=1}^i K_j}{k_i\, [H^+]^i}$$

oder
$$c_o = \frac{C'_o}{1 + \sum_{i=1}^{n} \frac{\prod_{j=1}^{i} K_j}{[H^+]^i} + \sum_{i=1}^{n} \frac{i\,\bar{c}_K^{\,i} \prod_{j=1}^{i} K_j}{k_i\,[H^+]^i}} \tag{14}$$

Mit (14) wird aus (13):

$$\bar{c}_K - c'_K + \frac{C'_o \sum_{i=1}^{n} \frac{i\,\bar{c}_K^{\,i} \prod_{j=1}^{i} K_j}{k_i\,[H^+]^i}}{1 + \sum_{i=1}^{n} \frac{\prod_{j=1}^{i} K_j}{[H^+]^i} + \sum_{i=1}^{n} \frac{i\,\bar{c}_K^{\,i} \prod_{j=1}^{i} K_j}{k_i\,[H^+]^i}} = 0 \tag{15}$$

In Gl. (15) sind nur die Größen c'_K und C'_o entsprechend den Beziehungen (7) Funktionen von v_K (vergl. (3)), so daß $\bar{c}_K$ noch eine Funktion der beiden Veränderlichen $[H^+]$ und v_K ist. Die explizite Form $\bar{c}_K = f(v_K, [H^+])$ ist die Lösung einer Gleichung $(n+1)$ten Grades in $\bar{c}_K$, wogegen die Funktion $v_K = f(\bar{c}_K, [H^+])$ ersten Grades in bezug auf v_K ist.

$$v_K = \frac{\bar{c}_K(v_o + v_H)}{c_K - \bar{c}_K} + \frac{C_o\,v_o}{c_K - \bar{c}_K}\,\frac{C'_o \sum_{i=1}^{n} \frac{i\,\bar{c}_K^{(i)} \prod_{j=1}^{i} K_j}{k_i\,[H^+]^i}}{1 + \sum_{i=1}^{n} \frac{\prod_{j=1}^{i} K_j}{[H^+]^i} + \sum_{i=1}^{n} \frac{i\,\bar{c}_K^{\,i} \prod_{j=1}^{i} K_j}{k_i\,[H^+]^i}} \tag{16}$$

An Hand von Gln. (15) und (16) lassen sich die genannten Fälle a) und c) sowie die praktisch vorkommenden Spezialfälle diskutieren.

Mit Hilfe der Elektroneutralitätsbedingung (Gl. 10) kann man $[H^+]$ als Funktion von $\bar{c}_K$, c'_K und C'_o also auch als Funktion von $\bar{c}_K$ und v_K ausdrücken, wenn man die Gln. (12) und (14) berücksichtigt. Die Gleichung wird allerdings für $[H^+]$ $(n+1)$ten Grades, so daß auch nach Einsetzen in (16) für v_K Gleichungen sehr hohen Grades resultieren.

Zu Fall c) Ist der pH-Wert konstant, so stellen für ungesättigte Lösungen die Gln. (15) bzw. (16) die Lösung des Problems dar.

Zu Fall b) und d). Für gesättigte Lösung ist eine allgemeine Theorie nicht abzuleiten, ohne Voraussetzungen über die Größe der Löslichkeitsprodukte zu machen, so daß hier nur Spezialfälle behandelt werden können (vgl. w. u.).

2. Spezialfälle der Theorie ($n = 1$)

Die beiden wichtigen, praktisch vorkommenden Spezialfälle beziehen sich auf einwertige Säuren ($n = 1$).

a) $n = 1$, pH = konstant, gesättigte Lösung. Für $n = 1$ wird in Gln. (8) und (9)

$$\sum_{i=1}^{n} c_{i\,fest} = \sum_{i=1}^{n} i\,c_{i\,fest} = c_{s1}$$

so daß die Differenz der Gln. (8) und (9) mit Gl. (6) liefert

$$C'_o - c'_K = c_o + \frac{L}{c_K} - \bar{c}_K \tag{17}$$

Aus Gl. (4) und (6) folgt für c_o

$$c_o = \frac{[H^+] L}{K \bar{c}_K} \tag{18}$$

Hiermit folgt sofort:

$$\bar{c}_K{}^2 + \bar{c}_K \left(C'_o - c'_K \right) - L \left(1 + \frac{[H^+]}{K} \right) = 0 \tag{19}$$

oder nach v_K entwickelt (vgl. Gl. (7)):

$$v = \frac{c_o v_o - (v_o + v_H) \left[\bar{c}_K - \dfrac{L}{\bar{c}_K} \left(1 + \dfrac{[H^+]}{K} \right) \right]}{c_K - \bar{c}_K + \dfrac{L}{\bar{c}_K} \left(1 - \dfrac{[H^+]}{K_1} \right)} \tag{20}$$

b) $n = 1$, **pH = konstant, ungesättigte Lösung.** Die Lösung läßt sich unmittelbar aus Gl. (15) ableiten

$$\bar{c}_K{}^2 + \bar{c}_K \left[C'_o - c'_K + k \left(1 + \frac{[H^+]}{K} \right) \right] - c'_K k \left(1 + \frac{[H^+]}{K} \right) = 0 \tag{21}$$

oder

$$v_K = \frac{c_o v_o + \bar{c}_K (v_o + v_H) \left[1 + \dfrac{k}{\bar{c}_K} \left(1 + \dfrac{[H^+]}{K} \right) \right]}{(c_K - \bar{c}_K) \left[1 + \dfrac{k_1}{\bar{c}_K} \left(1 + \dfrac{[H^+]}{K_1} \right) \right]} \tag{22}$$

c) $n = 1$, **pH = konstant, gesättigte Lösung.** Gl. (10) lautet für diese Bedingungen

$$[H^+] + \bar{c}_K = \frac{k_w}{[H^+]} + c'_K + \frac{L}{\bar{c}_K} \tag{23}$$

Der hieraus zu berechnende Wert für $[H^+]$ wäre in Gl. (19) einzusetzen. Man kann jedoch fast immer die Größe $\dfrac{k_w}{[H^+]}$, also die OH^--Ionenkonzentration in der Ionenbilanz vernachlässigen, so daß dann aus Gl. (19) wird:

$$\bar{c}_K{}^3 + \bar{c}_K{}^2 \left(C'_o - c'_K + \frac{L}{K} \right) - \bar{c}_K \left(L + \frac{L}{K} c'_K \right) - \frac{L^2}{K} = 0 \tag{24}$$

Mit der meist gültigen Näherung $\dfrac{L^2}{K} \approx 0$ erhält man eine Gleichung zweiten Grades. Die Funktion $v_K = f([H^+], \bar{c}_K)$ ist wieder linear:

$$v_K = \frac{v_o C_o \bar{c}_K{}^2 + (v_o + v_H) \left(\bar{c}_K{}^3 - L \bar{c}_K + \dfrac{L}{K} \bar{c}_K{}^2 - \dfrac{L^2}{K} \right)}{c_K \left(\bar{c}_K{}^2 + \dfrac{L}{K} \bar{c}_K \right) - \bar{c}_K{}^3 + L \bar{c}_K - \dfrac{L}{K} \bar{c}_K{}^2 + \dfrac{L^2}{K}} \tag{25}$$

3. Die Neutralisationskurve

Die Dissoziationskonstante K_i der schwachen Säure H_nA wird man im allgemeinen einer Neutralisationskurve entnehmen. Es sei daher im folgenden zum Zwecke der geschlossenen Darstellung die allgemeine Theorie für die Berechnung einer Neutralisationskurve für eine schwache n-basische Säure mit einer starken Base wiedergegeben. Spezialfälle hierzu sind in der einschlägigen Literatur [7, *10*] zur Genüge behandelt.

Die n-wertige schwache Säure H_nA der Konzentration C_o wird nach der Reaktion

$$H_nA + n\,KOH \rightleftarrows n\,K^+ + n\,A^- + n\,H_2O \tag{26}$$

mit einer starken Base neutralisiert.

Mit der Bezeichnung $c_i = [H_{n-i}A^{-i}]$ gilt für $C_o' = C_o \dfrac{v_o}{v_o+v_k}$ (vgl. Gl. (7))

$$C_o' = \sum_o^n c_i \tag{27}$$

Für die einzelnen Dissoziationsstufen gilt entsprechend dem Gleichungssystem (4):

$$\frac{[H^+]c_i}{c_{i-1}} = K_i \quad \text{woraus folgt}$$

$$\sum_o^n c_i = c_o + c_o \sum_1^n \frac{\prod_{j=1}^{i} K_j}{[H^+]^i} \tag{28}$$

und mit (27):

$$c_o = \frac{C_o'}{1 + \sum_1^n \dfrac{\prod_{j=1}^{i} K_j}{[H^+]^i}} \tag{29}$$

Die Elektroneutralitätsbedingung lautet hier mit $[OH^-] = \dfrac{k_w}{[H^+]}$ (vgl. (10))

$$[H^+] + c_K' = \frac{k_w}{[H^+]} + \sum_1^n i\,c_i , \tag{30}$$

wobei c_K' die Konzentration an Kationen K ist, die automatisch bei der Neutralisation zugegeben werden (z. B. NaOH).

Aus (28) folgt auch

$$\sum_1^n i\,c_i = c_o \sum_1^n i\,\frac{\prod_{j=1}^{i} K_j}{[H^+]^i} \quad \text{und somit wird aus (30)}$$

mit (29)

$$[H^+]^2 + [H^+]c_K' - k_w - [H^+]\,C_o'\,\frac{\sum_1^n i\,\dfrac{\prod_{j=1}^{i} K_j}{[H^+]^i}}{1 + \sum_1^n \dfrac{\prod_{j=1}^{i} K_j}{[H^+]^i}} = 0 \tag{31}$$

Diese Gleichung ist von $(n+2)$tem Grade in $[H^+]$, jedoch lautet sie für v_K:

$$v_K = \frac{v_o\left[(k_w - [H^+]^2)\left(1 + \sum_{i=1}^{n} \frac{\prod_{j=1}^{i} K_j}{[H^+]^i}\right) + [H^+]\, c_o \sum_{i=1}^{n} i\frac{\prod_{j=1}^{i} K_j}{[H^+]^i}\right]}{([H^+]^2 + [H^+]\, c_K - k_w)\left(1 + \sum_{i=1}^{n} \frac{\prod_{j=1}^{i} K_j}{[H^+]^i}\right)} \qquad (32)$$

Hiermit kann man bei Kenntnis der Dissoziationskonstante K_i die Neutralisationskurve auch höherwertiger Säuren ohne Schwierigkeit und ohne Näherungen berechnen. Für praktisch in einem bestimmten System nicht mögliche pH-Werte erhält man in Gl. (32) rein formal negative v_K-Werte; sinnvoll sind nur v_K-Werte größer als Null.

Für n = 1 folgt aus (32) sofort

$$v = \frac{v_o\left[(k_w - [H^+]^2)\left(1 + \frac{K}{[H^+]}\right) + C_o K\right]}{([H^+]^2 + [H^+]\, c_K - k_w)\left(1 + \frac{K}{[H^+]}\right)} \qquad (33)$$

oder $\qquad [H^+]^3 + [H^+]^2\left(c_K' + K\right) + [H^+]\left(c_K' K - k_w - C_o' K\right) - k_w K = 0$

Auch hier sind die Konzentrationsangaben durch Aktivitätskoeffizienten zu verbessern.

II. Vergleich der Theorie mit dem Experiment

In die Theorie gehen als substanzabhängige Konstanten das pH-unabhängige Löslichkeitsprodukt L und die Dissoziationskonstante K ein. Die Kationengleichgewichtskonzentration ist ferner nur eine Funktion der Konzentration der beteiligten anderen Substanzen wie der Wasserstoffionenkonzentration. Es soll an den bereits genannten Beispielen 5-Methyl-7-oxy-2, 3, 4-triazaindolizin [5] und Nitrobenzimidazol [2] geprüft werden, ob die erhaltenen Meßergebnisse mit der Theorie erklärbar sind.

Abb. 1 zeigt eine Wiederholung der BIRR'schen Messungen; es handelt sich um Titrationen des Indolizins mit Silberionen, wobei der pH-Wert konstant gehalten wurde. Der große Einfluß des pH-Wertes auf den Kurvenverlauf ist ersichtlich. Die Ergebnisse sind in guter Übereinstimmung mit den Messungen von BIRR, bis auf die Kurven bei hohen pH-Werten, die im Gegensatz zu BIRR keine pH-Abhängigkeit mehr zeigen.

Zu beschreiben wären diese Kurven mit der Lösung von Gl. (19):

$$\bar{c}_K = -\frac{C_o' - c_K'}{2} + \sqrt{\frac{(C_o' - c_K')^2}{4} + L\left(1 + \frac{[H^+]}{K}\right)} \qquad (34)$$

Um aber an verschiedenen Substanzen die Theorie schnell prüfen zu können, vor allem aber auch um die Größen K und L zu gewinnen, führten wir folgende Messung durch. Eine Lösung des Stabilisators bekannter Konzentration wird mit der Hälfte einer äquivalenten Silberionenlösung versetzt, so daß gilt $\frac{C_o'}{2} = C_K'$. Die Hälfte des Stabilisators wird zum Silbersalz umgesetzt.

Als Funktion des pH-Wertes wird die Silberionenkonzentration potentiometrisch gemessen, wobei der pH-Wert durch Zugabe von H^+ bzw. OH^--Ionen eingestellt wird. Die Messungen liefern einen senkrechten Schnitt durch die Kurven der Abb. 1. Man hat bei der Methode den großen Vorteil, daß über dem gesamten pH-Bereich mit der gleichen Silberelektrode gemessen wird. Damit die Messung nicht durch Bildung von AgOH bei hohen pH-Werten beeinflußt wird, muß stets die Bedingung eingehalten werden

$$\frac{L}{[A^-]} < \frac{L_{Ag\,OH}}{[OH^-]}.$$

Die Lösung von Gl. (19) liefert für den Fall $c_K' = \frac{C_o'}{2}$ sofort:

$$\bar{c}_K = -\frac{C_o'}{4} + \sqrt{\frac{C_o'^2}{16} + L\left(1 + \frac{[H^+]}{K}\right)} \quad (35)$$

Abb. 2 zeigt die Potentialwerte, die bestimmten $\bar{c}_K$-Werten (Silberionenkonzentrationen) entsprechen als Funktion des pH-Wertes. Es sind auch die Werte mit aufgenommen, die sich aus Abb. 1 ergeben, und ebenfalls diejenigen, die aus den Messungen von BIRR zu entnehmen sind.

Die Diskussion der theoretischen Beschreibung dieser Kurve (Gl. 35) liefert Bestimmungsgleichungen für L und K.

Ist für *hohe pH-Werte* in Gl. (35) $\frac{[H^+]}{K} \ll 1$, so gilt in guter Näherung mit $L \ll \frac{C_o'^2}{16}$ sofort für die Silberionenkonzentration

$$[Ag^+] = \frac{2L}{C_o'} \quad (36)$$

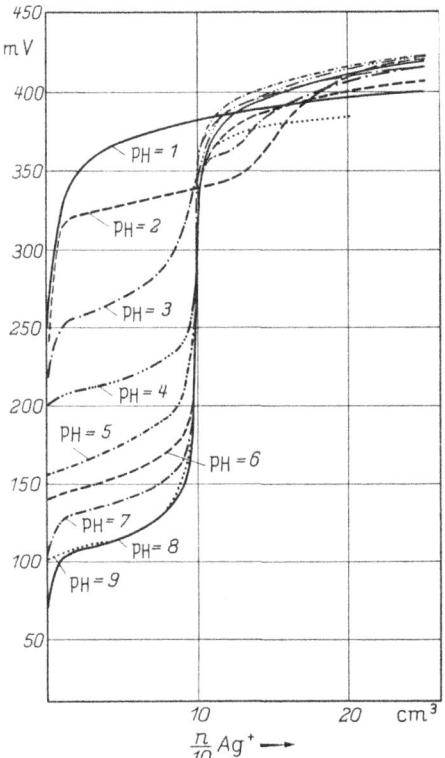

Abb. 1. Potentiometrische Titration von 100 ml n/100 5-Methyl-7-oxy-2, 3, 4-triazaindolizin mit n/10 AgNO₃ bei verschiedenen pH-Werten (20° C). — Vergleichselektrode: Gesättigte Kalomelelektrode.

d. h. die Silberionenkonzentration und damit das Potential ist pH-unabhängig, wie das Experiment (Abb. 2) es bestätigt. Zur Messung wird eine gesättigte Kalomelelektrode als Vergleichselektrode verwendet, so daß für das Potential $(mV)_1$ in dem genannten Bereich folgt:

$$(mV)_1 = 550 + 58 \log \frac{2L}{C_o'} \quad ; \quad (37)$$

hieraus ist L sofort berechenbar.

Für den *mittleren* Kurventeil leitet man folgende Näherung ab. Mit sinkendem pH-Wert wird sehr bald L vernachlässigbar klein gegen $L\frac{[H^+]}{K}$ und da ferner $L\frac{[H^+]}{K} \ll \frac{C_o'^2}{16}$, so ergibt sich:

$$\bar{c}_K = \frac{2L[H^+]}{KC_o'} \quad (38)$$

Für das Silberionenpotential $(mV)_2$ in diesem Kurvenbereich folgt analog (37):

$$(mV)_2 = 550 + 58 \log \frac{2L}{KC_o'} - 58\, pH \quad ; \tag{39}$$

d. h. das Potential sinkt pro pH-Einheit um 58 Millivolt, was wiederum durch das Experiment bestätigt wird (Abb. 2).

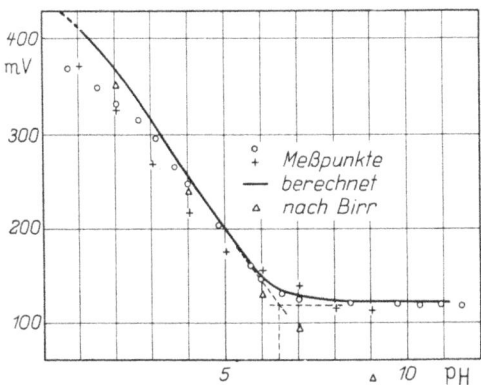

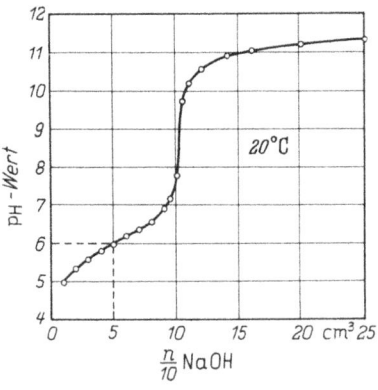

Abb. 2. Potentiometrische Bestimmung der Ag^+-Konzentration im System 100 ml n/100 5-Methyl-7-oxy-2, 3, 4-triazaindolizin + 5 ml n/10 $AgNO_3$ bei verschiedenen pH-Werten (20° C) (○). Mit aufgenommen sind:

Meßpunkte nach BIRR [5] aus Titrationen (△)
Meßpunkte aus Abb. 1 (+)

Abb. 3. Neutralisation von 100 ml n/100 5-Methyl-7-oxy-2, 3, 4-triazaindolizin mit n/10 NaOH (20° C).

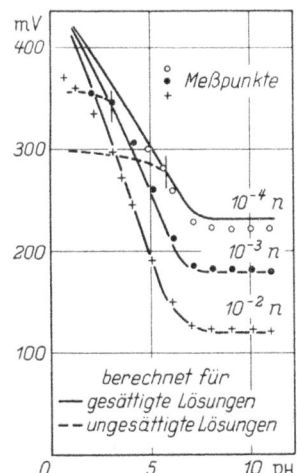

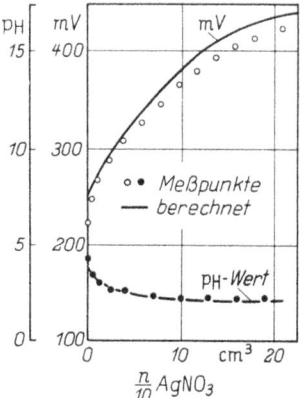

Abb. 4. Messung wie in Abb. 2 in den Systemen 100 ml 10^{-3} n 5-Methyl-7-oxy-2, 3, 4-triazaindolizin 5 ml n/100 $AgNO_3$ 100 ml 10^{-4} n 5-Methyl-7-oxy-2, 3. 4-triazaindolizin + 5 ml n/100 $AgNO_3$
Die Messung aus Abb. 2 ist zum Vergleich mit aufgenommen.

Abb. 5. Potentiometrische Bestimmung der Ag^+-Konzentration und des pH-Wertes bei Zugabe von n/10 $AgNO_3$ zu 100 ml n/100 5-Methyl-7-oxy-2, 3, 4-triazaindolizin.

Der Schnitt der beiden linearen Beziehungen (37) und (39) $((mV)_1 = (mV)_2)$, den man durch Extrapolation der linearen Bereiche der Meßkurve sofort gewinnen kann, liefert die einfache Bestimmungsgleichung für K:

$$\log K = -pH \qquad (40)$$

Der Vollständigkeit halber sei noch der oberste Kurvenast für sehr *kleine* pH-*Werte* diskutiert; es gilt hier schließlich $\dfrac{C_o'^2}{16} \ll \dfrac{L[H^+]}{K}$, und somit $\bar{c}_K = \sqrt{\dfrac{L[H^+]}{K}}$, und ferner für das Potential $(mV)_3$:

$$(mV)_3 = 550 + 29 \log \frac{L}{K} - 29\, pH \quad, \qquad (41)$$

d. h. pro pH-Einheit sinkt das Potential um 29 Millivolt.

Wertet man die Meßergebnisse in Abb. 2 nach Gl. (37) und (40) aus, so erhält man $L = 1,8 \cdot 10^{-10}$, $K = 5 \cdot 10^{-7}$.

Eine n/100-Lösung des Indolizins ergibt einen pH-Wert von 4,2, woraus folgt $K = 4 \cdot 10^{-7}$. Schließlich ergibt die Auswertung der Neutralisationskurve (Abb. 3) $K = 10^{-6}$. Mit den erstgenannten Größen K und L ist der zu erwartende Potentialverlauf nach Gl. (2) theoretisch berechnet und in Abb. 2 eingetragen. Die Messungen werden also durch die Theorie befriedigend wiedergegeben.

Gl. (19) bzw. (35) enthalten die Abhängigkeit der Gleichgewichtssilberionenkonzentration von der Anfangskonzentration C_o des Stabilisators (vgl. Gl. 7). Abb. 4 zeigt Messungen für verschiedene C_o-Werte und die theoretischen Berechnungen mit den bereits angegebenen Konstanten.

Bei kleinen Konzentrationen C_o treten geringe Abweichungen von der Theorie auf; bei niedrigen pH-Werten verschwindet hier der Bodenkörper, so daß mit Gl. (21) gerechnet werden muß. Die Größe k (Dissoziationskonstante des schwerlöslichen Silbersalzes) wurde aus einigen gemessenen Potentialen im ungesättigten Gebiet näherungsweise berechnet zu $k = 10^{-7}$; der Kurvenverlauf, der sich hiermit ergäbe (Gl. (21)), ist ebenfalls in Abb. 4 angegeben. Ein guter Beweis für die Richtigkeit der Theorie ist schließlich die Messung des Potentials bei Zugabe von Silberionen zu einer Indolizinlösung, wobei der pH-Wert *nicht* konstant gehalten wurde; der sich automatisch entsprechend Gl. (2) einstellende pH-Wert wurde ebenfalls bestimmt (Abb. 5). Die theoretische Berechnung erfolgte nach Gl. (24) bzw. (23).

Abb. 6 zeigt die Meßergebnisse mit 5-Nitro-Benzimidazol; als Konstanten wurden berechnet: $K = 10^{-8}$, $L = 2 \cdot 10^{-13}$.

Es sei abschließend zu diesem Kapitel bemerkt, daß bei der Messung in dem genannten und ähnlichen Systemen auf eine Veränderung der Silber- und Glaselektroden durch die Substanzen geachtet werden muß.

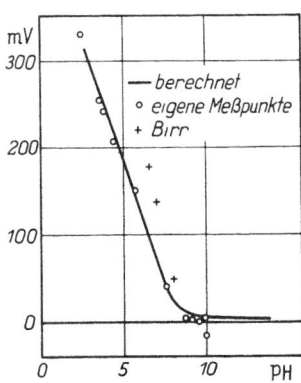

Abb. 6. Messungen wie in Abb. 2 im System:
100 ml 10^{-3} n 5-Nitrobenzimidazol + 5 ml 10^{-2} n $AgNO_3$.

III. Diskussion der Ergebnisse

Um die Möglichkeit zu erkennen, rein formal das Verhalten des 5-Methyl-7- oxy-2, 3, 4-triazaindolizins bei einer Titration mit Silberionen, bei konstantem pH-Wert während einer Titration, durch Angabe eines pH-abhängigen Löslichkeitsproduktes zu beschreiben, vergleicht man die Lösung von Gl. (19) mit der entsprechenden Gleichung für die Titration einer starken Säure, deren Anion etwa ein schwerlösliches Silbersalz bildet; hier gilt dann $K \to \infty$ entsprechend der nahezu vollständigen Dissoziation der Säure.

Die Lösung von Gl. (19) lautet (Gl. 34)

$$\bar{c}_K = -\frac{C'_o - c'_K}{2} + \sqrt{\frac{(C'_o - c'_K)^2}{4} + L\left(1 + \frac{[H^+]}{K}\right)}$$

Gl. (34) geht für $K \to \infty$ in die entsprechende Gleichung für die starke Säure über. Somit ist das von Birr angegebene pH-abhängige Löslichkeitsprodukt L' mit Hilfe des echten Löslichkeitsproduktes L (vgl. Gl. (1)), der Wasserstoffionenkonzentration $[H^+]$ und der Säuredissoziationskonstanten K zu berechnen nach:

$$L' + L\left(1 + \frac{[H^+]}{K}\right)$$

Die Unabhängigkeit des Löslichkeitsproduktes vom pH-Wert bei hohen pH-Werten [8] folgt hieraus sofort:

$$L' = L \atop [H^+] \to 0$$

Zusammenfassung

In der Literatur angegebene Messungen [2, 5, 8] über die pH-Abhängigkeit der Löslichkeitsprodukte von Silbersalzen photographischer Stabilisatoren legten den Versuch nahe, dieses Löslichkeitsprodukt $L' = L'(H^+)$ auf ein pH-unabhängiges L zurückzuführen, wobei sich L' aus L mit Hilfe der Dissoziationskonstanten K des reinen Stabilisators (im allgemeinen schwache Säure) berechnen lassen sollte.

Es wird die allgemeine Theorie für die Bildung schwerlöslicher Salze mit den Anionen mehrbasischer, schwacher Säuren abgeleitet, woraus sich die hier zu behandelnden Spezialfälle ergeben. Um eine geschlossene Darstellung zu erreichen, wird auch die allgemeine Gleichung für die Neutralisation einer schwachen Säure mit einer starken Base angegeben, die bei Kenntnis der Dissoziationskonstante die Berechnung der Neutralisationskurve für beliebigwertige Säuren ohne Näherung gestattet.

Die Theorie der Salzbildung der Stabilisatoren wird an Messungen aus der Literatur und eigenen Messungen geprüft, wobei ein einfaches Meßverfahren zur Bestimmung von L und K angegeben wird. Die Übereinstimmung mit der Theorie ist gut.

Es läßt sich schließen, daß auch für Stabilisatoren ein pH-unabhängiges Löslichkeitsprodukt existiert, dessen Größe in Verbindung mit der Dissoziationskonstante für die stabilisierende Wirkung der Substanzen von Bedeutung sein wird.

Literatur

[1] BIRR, E. J.: Z. wiss. Phot. **47**, 72 (1952).
[2] BIRR, E. J.: Z. wiss. Phot. **48**, 103 (1953).
[3] BIRR, E. J.: Z. wiss. Phot. **49**, 1 (1954).
[4] BIRR, E. J.: Z. wiss. Phot. **49**, 261 (1954).
[5] BIRR, E. J.: Z. wiss. Phot. **50**, 107 (1955).
[6] BIRR, E. J.: Z. wiss. Phot. **47**, 2 (1952).
[7] RICCI, J. E.: Hydrogen Ion Concentration, Princeton University Press 1952.
[8] KIKUCHI u. AKIBA: J. sci. Phot. Japan **18**, 20 (1955).
[9] KLEIN, E.: Mitt. Agfa Leverkusen-München Bd. I (1955), S. 30. Phot. Korr. **92**, 139 (1956).
[10] KORTÜM, G.: Lehrbuch der Elektrochemie, Wiesbaden 1948.

Beitrag zum Farbumschlag von entwickelten photographischen Schichten bei Heißtrocknung

Von E. Klein und E. Weyde

Den hier mitgeteilten Untersuchungen liegt folgende Beobachtung zugrunde: Eine entwickelte gehärtete Chlorsilberschicht (auf Film- oder Papierunterlage) zeigt nach Normaltrocknung (ca. 20° C und 60% relative Feuchtigkeit) einen tiefschwarzen Farbton, wohingegen nach einer Heißtrocknung bei ca. 120° C der Farbton den Charakter einer grauen metallischen Fläche annimmt. Dieser Farbumschlag durch Heißtrocknung konnte durch Zusatz bestimmter Verbindungen, z. B. Phenylmerkaptotetrazol zur Emulsion, zum Entwickler oder zum Fixierbad, verhindert werden.

Die Lichtstreuung einer Schicht von Gelatine mit eingebetteten Silberpartikeln muß also durch die Heißtrocknung geändert werden; hierfür kommen zwei grundsätzlich verschiedene Möglichkeiten in Frage: Die Änderung der Form der entwickelten Silberaggregate oder die Veränderung der Adsorptionsverhältnisse an der Oberfläche der Silberteilchen.

Prinzipiell können Änderungen der Streueigenschaften durch Veränderung der Teilchengröße der streuenden Partikel nach der Mieschen Theorie [1] berechnet werden, allerdings sind diese Rechnungen bisher nur für kugelförmige Teilchen und Rotationsellipsoide möglich; in einer photographischen Schicht liegen aber im allgemeinen uneinheitliche fadenförmige Teilchen vor, so daß hier Dimensionsänderungen an den Teilchen wie Änderung der Fadendicke und ihre Auswirkung auf die Streueigenschaft nicht theoretisch zu überblicken sind.

Auf den Zusammenhang zwischen Morphologie und Farbe des Silbers in photographischen Schichten wurde in neuester Zeit von einigen Autoren hingewiesen [5—7].

Über die Auswirkung von Oberflächenadsorption auf die Lichtstreuung hat man ohnehin nur qualitative Vorstellungen. Am Beispiel der Farbumschläge von Goldsolen liegen hierzu die grundlegenden Arbeiten von Pauli [8] vor, die 1949 zusammenfassend dargestellt wurden. Adsorbierte Komplexe an der Oberfläche der Goldteilchen bestimmen die Farbe der Sole, ohne daß Größenänderung damit verbunden sein müßte. Speziell an entwickeltem Silber in photographischen Schichten zeigte Cassiers [7], daß sicher Adsorptionseffekte auch hier die Farbe beeinflussen.

Es ergibt sich aus dem Gesagten, daß man aus der Beobachtung einer Form- oder Größenänderung der streuenden Teilchen noch nicht schließen kann, daß ein gleichzeitig beobachteter Farbumschlag ausschließlich auf diese Form- oder Größenordnung zurückgeführt werden kann.

Wir untersuchten mit dem Elektronenmikroskop kalt und heiß getrocknete entwickelte Chlorsilberschichten (normaler Metol-Hydrochinon-Entwickler) auf die folgende Weise.

Die Gelatine der fertig entwickelten und fixierten Schichten wurde mit Hilfe eines Enzyms abgebaut und durch mehrmaliges Zentrifugieren das Silber von der

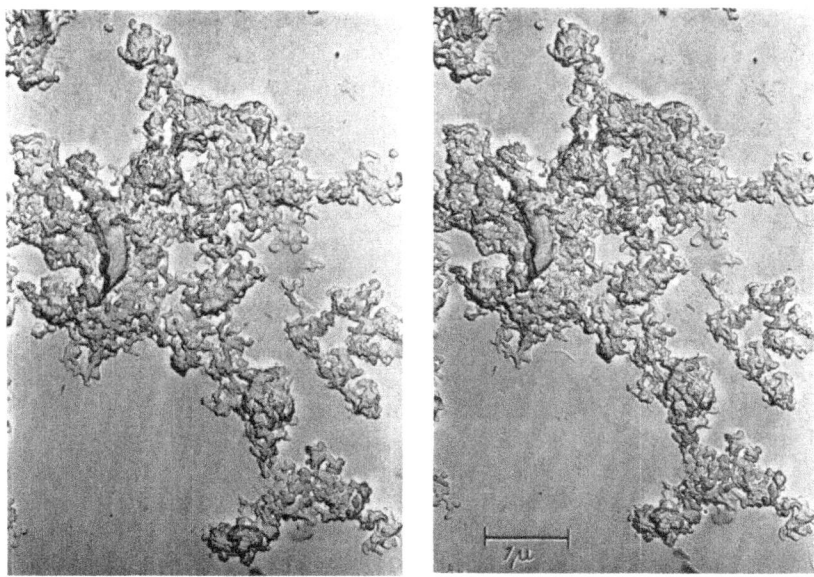

Abb. 1. Elektronenmikroskopische Stereoaufnahme, Kohleabdruck. Silberaggregate einer entwickelten AgCl-Schicht, Normaltrocknung.

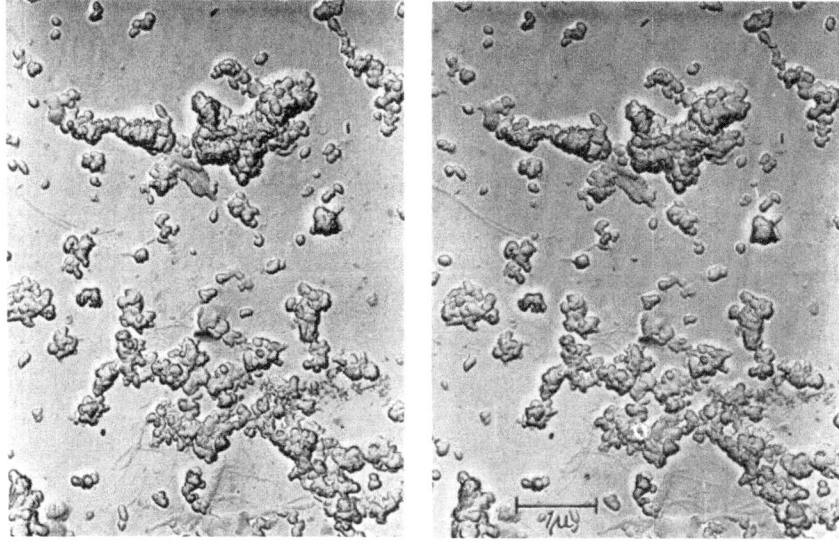

Abb. 2. Elektronenmikroskopische Stereoaufnahme, Kohleabdruck. Silberaggregate einer entwickelten AgCl-Schicht, Heißtrocknung.

Lösung getrennt. Das in Wasser aufgeschlämmte Silber wurde anschließend einer sehr intensiven Ultraschallbehandlung ausgesetzt und auf einen Glasobjektträger aufgebracht. Es erfolgte hierauf die Herstellung des Kohleabdruckes nach BRADLEY, wie das in früheren Arbeiten bereits ausführlich beschrieben ist [9]. Abb. 1 zeigt die elektronenmikroskopischen Stereoaufnahmen von Silberaggregaten, wie sie in einer normal getrockneten Schicht zu finden sind; die Zusammenballung hat nichts mit der Verteilung des Silbers in der Schicht zu tun, sie ist durch die Präparation entstanden. Wesentlich ist, daß fast alle Silberaggregate auf dieser Aufnahme eine längliche fadenförmige Gestalt von der Dicke ca. 0,05 bis 0,1 μ haben. Die gleiche Schicht zeigt nach der Heißtrocknung nur nahezu runde Silberteilchen, wie sie auf Abb. 2 zu erkennen sind. Man muß also annehmen, daß bei der Heißtrocknung (120° C) diese Umlagerungen im einzelnen Silberaggregat möglich sind.

Äußerst bemerkenswert erscheint uns der experimentelle Befund (Abb. 3), daß die genannte Umlagerung bei der Heißtrocknung unterbunden wird, wenn der Schicht kleine Mengen Phenylmerkaptotetrazol zugefügt wurden; hierbei ist es gleichgültig, ob die Emulsion, der Entwickler oder das Fixierbad diesen Zusatz enthält, oder ob man nach den photographischen Bädern noch eine kurze Behandlung in einer Lösung mit Zusatz anschließt (ca. 0,5 g/ltr). Eine Schicht mit Zusatz zeigt bei Normaltrocknung die gleichen Silberaggregate wie Abb. 1; der Farbton dieser Schicht ist auch in ganz geringem Maße gegenüber einer Schicht ohne Zusatz verschoben. Der starke Unterschied im Farbton zwischen Schichten mit und ohne Phenylmerkaptotetrazol erscheint jedoch nach der Heißtrocknung solcher Schichten. Die

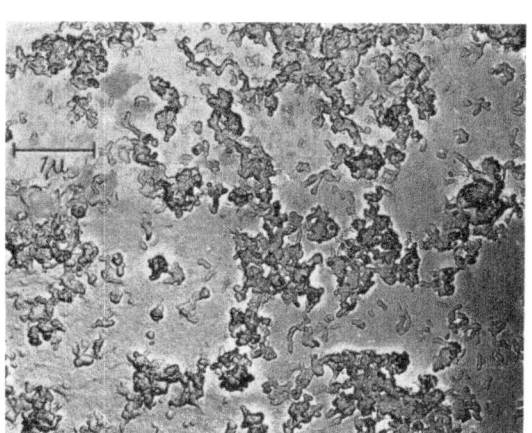

Abb. 3. Elektronenmikroskopische Aufnahme, Kohleabdruck. Silberaggregate einer entwickelten AgCl-Schicht, Heißtrocknung. Zusatz von Phenylmerkaptotetrazol zum Fixierbad.

genannte Substanz, die nicht allein diesen Effekt zeigt, bildet ein sehr schwerlösliches Silbersalz mit einem Löslichkeitsprodukt von nahezu 10^{-17}; es ist daher zu erwarten, daß die Substanz auch an metallischem Silber absorbiert wird, und man kann vermuten, daß diese Adsorption die Umlagerung bei der Heißtrocknung verhindert. Eine Zersetzung an Phenylmerkaptotetrazol bei der Heißtrocknung und eine etwaige Bildung von Ag_2S konnte nicht beobachtet werden.

Es sei noch erwähnt, daß der Farbumschlag durch Heißtrocknung bei Schichten mit kleinem Halogensilberkorn besonders stark auftritt. Es läßt sich also zusammenfassend feststellen, daß der Farbtonumschlag bei Heißtrocknung mit einer Formveränderung der Silberaggregate verbunden ist. Die Formveränderung kann bei Temperaturen von ca. 120° C ablaufen; sie wird verhindert durch bestimmte Substanzen, die wahrscheinlich am Silber stark adsorbiert werden. Über den möglichen gleichzeitigen Einfluß auf die Lichtstreuung und damit den Farbton durch Adsorption an der Silberoberfläche unabhängig von der Formänderung können keine Aussagen gemacht werden.

Literatur

[1] MIE, G.: Ann. Physik **25**, 377 (1908).
[2] KIRCHNER, F. u. R. ZSIGMONDY: Ann. Physik **15**, 573 (1904).
[3] MAXWELL-GARNETT: Phil. Transaktion **203**, 385 (1904); ebd. **205**, 237 (1906).
[4] MÜLLER, E.: Ann. Physik **35**, 500 (1911).
[5] KLEIN, E. u. I. JOHANN: Phot. Korr. **91**, 179 (1955).
[6] KÖRBER, W.: Vortrag auf der Intern. Konf. f. wiss. Photogr. Köln 1956. Darmstadt: O. Helwich (im Druck).
[7] CASSIERS, P. M.: Vortrag auf der Intern. Konf. f. wiss. Photogr. Köln 1956. Darmstadt: O. Helwich (im Druck).
[8] PAULI, W.: Helv. Chem. Acta **32**, 785 (1949).
[9] KLEIN, E.: Elektronenmikroskopische Untersuchung in diesem Band.

Die Eigenschaften photographischer Schichten bei Elektronenbestrahlung

Von H. Frieser und E. Klein

Der vorliegende Bericht befaßt sich mit der Wirkung von Elektronen auf photographische Schichten unter besonderer Berücksichtigung der Verwendungsmöglichkeit solcher Schichten für die Elektronenmikroskopie; es werden in erster Linie Experimente ausgewertet, bei denen die Belichtungen mit der in der Elektronenmikroskopie üblichen Beschleunigungsspannung von ca. 40 bis 100 KV durchgeführt sind.

Die Arbeit stellt eine Fortsetzung der Untersuchungen von v. Borries dar [1—3]. Außer den Messungen fremder Autoren [4—6] wurden auch eigene experimentelle Ergebnisse ausgewertet. Folgende Punkte werden behandelt:

Die Schwärzungskurve bei Elektronenbestrahlung.

Die Empfindlichkeit von Photoschichten gegenüber Elektronen.

Die Wiedergabemöglichkeit für kleine Details (Körnigkeit, Diffusionshof) bei Elektronenbestrahlung.

I. Theoretischer Teil

1. Die unterschiedliche Wirkung von Elektronen und Lichtquanten auf photographische Schichten

Es ist für die folgenden Betrachtungen von Vorteil, zunächst die wesentlichen Punkte aufzuzählen, in denen sich die photographische Wirkung von Elektronen von derjenigen der Lichtquanten unterscheidet.

a) Wird ein Halogensilberkorn der photographischen Schicht von einem Elektron getroffen und somit vom Elektron durchlaufen, so reicht der Energieverlust des Elektrons auf diesem Wege aus, um das Korn entwickelbar zu machen. Ähnliche Verhältnisse gelten für eine Röntgenbestrahlung, hingegen muß bei Lichtbelichtung das Korn mehrere Quanten absorbieren.

Bei Elektronenbelichtung kann man daher im Gegensatz zur Lichtbelichtung keinen Schwellenwert beobachten.

b) Mit zunehmender Schichtdicke nimmt die Wirkung der Bestrahlung nicht exponentiell ab, wie das näherungsweise bei Licht der Fall ist, sondern sie sinkt in der sogenannten „praktischen Reichweite" nahezu auf Null ab. Durch den Emulsionsauftrag [$g \cdot cm^{-2}$], den man benötigt, um die Energie der Elektronen auf Null absinken zu lassen (oder durch die Schichtdicke bei gegebenem Verhältnis Silberhalogenid zu Gelatine), kann man die praktische Reichweite angeben; die praktische Reichweite steigt mit wachsender Beschleunigungsspannung der Elektronen.

c) Durch ein Elektron werden *mehrere* Silberhalogenid-Körner entwickelbar gemacht (bis zu ca. 80 Körner/Elektron). In der entwickelten Schicht muß man daher in der Umgebung jedes Elektrons eine Kornanhäufung erwarten; die Schicht wirkt daher körniger als eine mit Licht bestrahlte Schicht.

d) Durch Streuung der Elektronen und durch Bildung von Sekundärelektronen (δ-Elektronen) bildet sich um kleine aufbestrahlte Stellen ein Diffusionshof aus, ähnlich dem Diffusionslichthof bei Belichtung mit Licht. Ein wichtiger Unterschied besteht aber: Während der Diffusionslichthof bei Licht stark von der Korngröße beeinflußt wird, ist dies bei Elektronenbestrahlung nicht der Fall.

2. Die Schwärzungskurve

Bezeichnet man die Maximalschwärzung mit $S_{\max}$, so ist die Abhängigkeit der relativen Schwärzung $S/S_{\max}$ von der Belichtung identisch mit der relativen Zunahme der *neu* durch Elektronen getroffenen Körner als Funktion von der Belichtung. Entsprechend der Poisson-Verteilung folgt also:

$$\frac{S}{S_{\max}} = 1 - e^{-KE}, \tag{1}$$

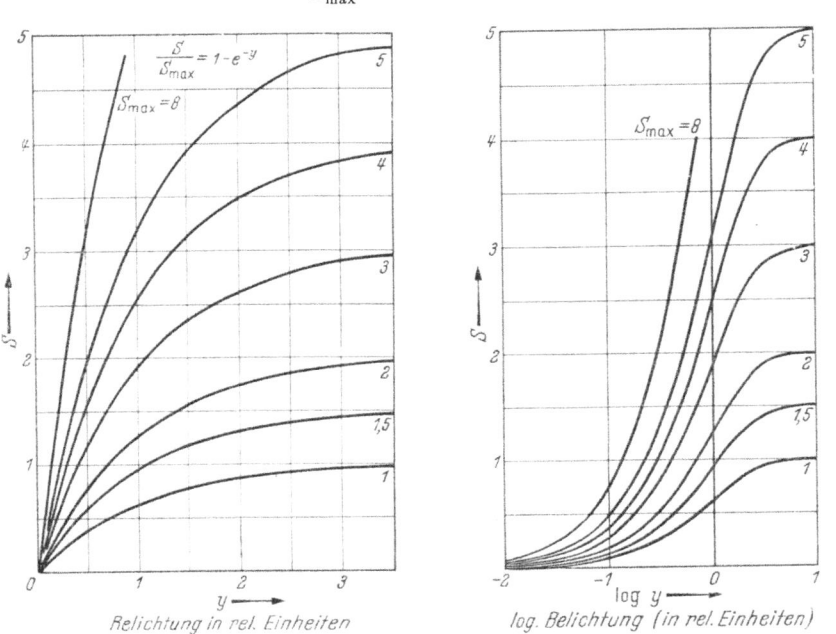

Abb. 1. Die theoretischen Schwärzungskurven für Elektronenbestrahlung (Belichtung linear und logarithmisch aufgetragen).

und für kleine Belichtungen, also kleine Beträge $S/S_{\max}$ (bis etwa $S/S_{\max} = 0{,}2$) gilt somit

$$\frac{S}{S_{\max}} \approx KE \tag{2}$$

Hierbei ist E die Anzahl der pro cm² auffallenden Elektronen. Im Gebiet kleiner Belichtungen sollte daher die Schwärzung linear mit der Belichtung ansteigen:

$$\frac{dS}{dE} = KS_{\max} \tag{3}$$

und

$$\frac{dS}{d \lg E} = 2{,}3\, S \tag{4}$$

Abb. 1 zeigt die theoretischen Schwärzungskurven für Elektronenbestrahlung bei verschiedenen Maximalschwärzungen; die Belichtung ist linear und logarithmisch aufgetragen ($y = KE$).

Es wurde bisher vorausgesetzt, daß ein Elektron, wenn es ein Korn trifft, dieses auch entwickelbar macht, daß also ein einstufiger Prozeß vorliegt. Es soll in Abb. 2

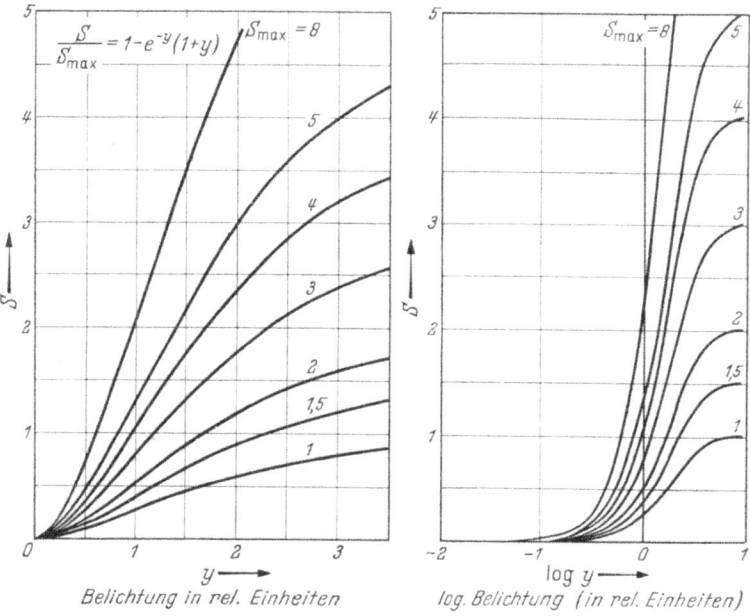

Abb. 2. Theoretische Schwärzungskurven für einen zweistufigen Prozeß (Belichtung linear und logarithmisch aufgetragen).

noch gezeigt werden, wie sich die Schwärzungskurve in ihrer Form ändert, wenn ein zweistufiger Prozeß vorliegt.

Allgemein lautet die Schwärzungskurve für r-stufige Prozesse ($y = KE$)

$$\frac{S}{S_{max}} = 1 - e^{-y}\left(1 + y + \frac{y^2}{2!} + \cdots \frac{y^{r-1}}{(r-1)!}\right), \tag{5}$$

so daß für $r = 2$ folgt
$$\frac{S}{S_{max}} = 1 - e^{-y}(1 + y) \tag{6}$$

Diese Funktion ist in Abb. 2 für verschiedene Maximalschwärzungen gezeichnet. Für kleine y folgt sofort $S/S_{max} = y^2$, d. h. die Schwärzung steigt für kleine Belichtungen parabelförmig mit der Belichtung an.

3. Die praktische Reichweite

Für den Zusammenhang zwischen praktischer Reichweite (hier also Schichtdicke in cm angegeben), der Dichte der Emulsion ϱ_{Em} und der Beschleunigungsspannung U in KV wird eine von GLOCKER [7] angegebene empirische Formel benutzt:

$$h^* = \left(-0{,}065 + \sqrt{0{,}065^2 + \frac{U^2 \cdot 10^{-6}}{4{,}4}}\right)\frac{1}{\varrho_{Em}} \tag{7}$$

In Abb. 3 ist für verschiedene Emulsionsdichten die praktische Reichweite nach Gl. (7) als Funktion von der Beschleunigungsspannung angegeben.

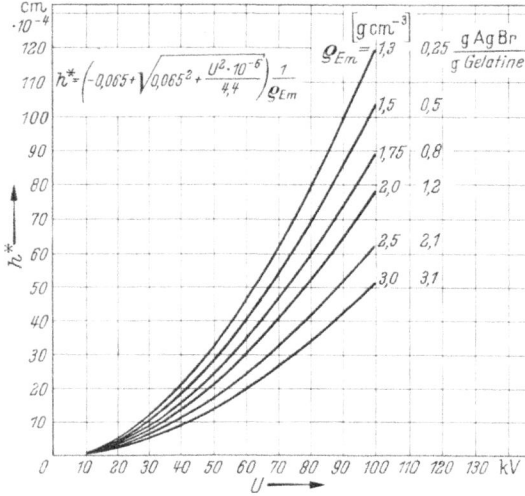

Abb. 3. Die Abhängigkeit der praktischen Reichweite von der Beschleunigungsspannung für verschiedene Dichten der Emulsionsschichten.

4. Die Empfindlichkeit

Als ein zweckmäßiger Ausdruck für die Empfindlichkeit ε einer photographischen Schicht gegen Elektronenbestrahlung wird (bei gegebenen Entwicklungsbedingungen) der Anstieg der numerischen Schwärzungskurve bei kleinen Belichtungen, also im linearen Teil gewählt:

$$\varepsilon = \left(\frac{dS}{dE}\right)_{E \to 0} \quad (8)$$

wobei nach Gl. (3) gilt:

$$\varepsilon = K\, S_{\max} \quad (9)$$

und mit Gl. (1) $S = \varepsilon E$ (9a)

Die Dimension von ε ist $[\text{cm}^2 \cdot \text{Coul}^{-1}]$.

Bezeichnet man mit $\bar{f}_e$ das arithmetische Mittel der Projektionsflächen der entwickelten Körner und mit N die Anzahl der Körner pro Flächeneinheit, so kann man für die Schwärzung näherungsweise schreiben [8, 9, 10]

$$S = \frac{1}{2{,}3} N \bar{f}_e \quad (10)$$

Werden durch *ein* Elektron φ Körner entwickelbar gemacht, so gilt bei kleinen Belichtungen, bei denen noch keine Körner zweimal getroffen werden:

$$N = E\varphi \quad (11)$$

und auch

$$S = \frac{1}{2{,}3} E \varphi \bar{f}_e \quad . \quad (12)$$

Hierbei ist vorausgesetzt, daß eine bestimmte Anzahl von entwickelten Körnern dieselbe Schwärzung erzeugen, unabhängig davon, mit welcher Bestrahlung die Belichtung erfolgte. An sich ist die Schwärzung von der Anordnung der Körner abhängig, daß jedoch dieser Einfluß ohne Bedeutung ist, ergibt sich aus dem experimentellen Befund (Abb. 24).

Aus Gl. (12) folgt mit Gl. (8) für die Empfindlichkeit

$$\varepsilon = \frac{1}{2{,}3} \varphi \bar{f}, \quad (13)$$

Die Größe φ ist abhängig vom Silberauftrag A (g Silber pro Flächeneinheit), dem Gewichtsanteil Silberhalogenid in der Emulsion C_{AgBr}, der mittleren Projektionsfläche der unentwickelten Körner $\bar{f}_o$, der Beschleunigungsspannung U und dem Reifzustand der Emulsion.

5. Die Körnigkeit

EGGERT und SCHOPPER [11] sowie HERZ [12] haben gezeigt, daß die körnige Struktur einer mit Röntgenlicht bzw. Elektronen bestrahlten, entwickelten Schicht mit steigender Beschleunigungsspannung U zunimmt. Da durch ein Elektron mehrere Körner (φ bis zu 80) entwickelbar gemacht werden, entstehen um das einfallende Elektron Kornhaufen aus φ Körnern. Man gelangt also durch geringe Belichtungen schon zu den üblichen Schwärzungen (0,5 bis 3), so daß sich die Statistik der Elektronen der Kornstatistik überlagern muß (z. B. 0,05 Elektronen pro μ^2). Bei Lichtbelichtung tritt wegen der hohen erforderlichen Quantenzahl die Statistik des Quantenregens nicht stark in Erscheinung. Es ist also aus den genannten Gründen zu erwarten, daß die Körnigkeit bei Elektronenbestrahlung stark von derjenigen bei Lichtbestrahlung abweicht.

Eine Aussage über die Körnigkeit erhält man durch Angabe der mittleren Schwärzungsschwankung $\sqrt{\overline{\Delta S^2}}$. Mißt man die Schwärzung an m verschiedenen Stellen der Schicht mit einer Meßfläche von der Größe F, so wird man Werte erhalten, die um einen Mittelwert $\overline{S}$ mit der Streuung $\sqrt{\overline{\Delta S^2}}$ schwanken

$$\overline{\Delta S^2} = \frac{\sum (S_n - \overline{S})^2}{m} \tag{14}$$

Nach SIEDENTOPF [13] läßt sich die Schwärzungsschwankung bei Licht $(\overline{\Delta S^2})_L$ wie folgt berechnen:

Aus der Schwärzungsgleichung Gl. (10) $S = \frac{1}{2,3} N \bar{f}_e$ folgt für die mittlere quadratische Schwärzungsschwankung unmittelbar:

$$(\overline{\Delta S^2})_L = \frac{1}{2,3^2} \overline{\Delta N^2} \bar{f}_e^2 \tag{15}$$

Die Anzahl n der Körner in der Meßfläche F beträgt

$$n = NF \tag{16}$$

so daß folgt:
$$\overline{\Delta N^2} = \frac{\overline{\Delta n^2}}{F^2} \tag{17}$$

Ferner gilt für die mittlere quadratische Schwankung (Wurzelgesetz):

$$\overline{\Delta n^2} = NF \tag{18}$$

Mit Gl. (17) und (18) ergibt sich aus Gl. (15):

$$(\overline{\Delta S^2})_L = \frac{1}{2,3^2} \frac{NF}{F^2} \bar{f}_e^2$$

oder mit Gl. (10): $$(\overline{\Delta S^2})_L = \frac{1}{2,3} \frac{\bar{f}_e}{F} S \tag{19}$$

Völlig analog leitet sich die Schwärzungsschwankung für Elektronenbelichtung ab. Fallen a Elektronen auf die Fläche F, so folgt entsprechend Gl. (18):

$$\overline{\Delta a^2} = EF$$

wenn E die Anzahl der auffallenden Elektronen pro cm² bedeutet. Man erhält mit Gl. (12) und (13)

$$(\overline{\Delta S^2})_E = \frac{1}{2{,}3} \; \varphi \; \frac{\bar{j}_e}{F} S = \varphi \frac{\varepsilon S}{F} = \varphi (\overline{\Delta S^2})_L \qquad (20)$$

Bei Körnigkeitsbetrachtungen ist es üblich, den Wert G einzuführen, welcher unter gewissen Bedingungen von der Größe der Meßfläche unabhängig ist. G ist folgendermaßen definiert (SELWYN [16, 17]):

$$G = \sqrt{(\overline{\Delta S^2}) F} \qquad (21)$$

Die vorstehenden Ableitungen gelten nur für den Fall, daß die Meßfläche groß gegen ein Einzelelement ist. Nur dann ist auch G unabhängig von der Größe der Meßfläche. Dies ist bei Lichtbelichtung, wo das Einzelelement das Silberkorn ist, schon bei Meßflächen mit etwa 20 μ Durchmesser der Fall.

Bei Elektronenbelichtung ist das Einzelelement der Kornhaufen, welcher sich durch die Wirkung eines Einzelelektrons bildet. Dieser ist bedeutend größer als ein Einzelkorn, und es ist demnach zu erwarten, daß G erst oberhalb viel höherer Werte von F konstant wird. Die Verhältnisse lassen sich besonders gut durch das Schwankungsspektrum überblicken (s. auch [18]). Man kann die Abweichung der Schwärzungsverteilung auf einer gleichmäßig belichteten Schicht nach FOURIER zerlegen. Das Schwankungsspektrum ($n(\nu)$) gibt dann den Betrag wieder, den eine bestimmte Längenfrequenz $\nu\,[\mu^{-1}]$ zu dem Wert von $\overline{\Delta S^2}$ liefert. Während bei mit Licht belichteten Proben der Wert von $n(\nu)$ unterhalb von $\nu \approx 0{,}1\,\mu^{-1}$ konstant ist („Weißes Rauschen"), steigt er bei Elektronenbestrahlung auch bei $\nu = 0{,}01\,\mu^{-1}$ mit abnehmendem ν noch stark an. Das Schwankungsspektrum bei Elektronenstrahlen soll in einer besonderen Veröffentlichung behandelt werden. Eine Meßfläche wirkt als „Tiefpaß". So unterdrückt eine Kreisfläche vom Durchmesser D die Schwankungen von Frequenzen $\nu > \frac{1}{D}$ praktisch vollkommen. Die Formeln (20) und (21) werden demnach erst gültig, und G von F unabhängig sein, wenn D so groß ist, daß $n(\nu)$ bis etwa $\nu = \frac{1}{D}$ horizontal verläuft.

Im allgemeinen wird also der G-Wert bei Elektronen größer sein als bei Lichtbestrahlung, er wird aber nicht die Werte erreichen, die nach Gl. (21) zu erwarten wären. Berücksichtigt man diese Einflüsse durch einen Faktor $\beta(F)$, ($\beta \leq 1$), so wird aus Gl. (20):

$$(\overline{\Delta S^2})_E = \beta^2(F) \frac{\varepsilon S}{F} \qquad (22)$$

und für G ergibt sich: $\quad G_E = \beta(F) \sqrt{\frac{\varphi \bar{j}_e S}{2{,}3}} = \beta(F) \sqrt{\varepsilon S} \qquad (23)$

Daraus folgt unmittelbar die Abhängigkeit der Körnigkeit von der Empfindlichkeit: Der Körnigkeitswert G steigt proportional mit der Wurzel aus der Empfindlichkeit. Es kann allerdings auch $\beta(F)$ eine gewisse Abhängigkeit von φ besitzen.

6. Der Elektronendiffusionshof

Durch die Streuung der Elektronen in der photographischen Schicht greift eine von außen aufgedrückte Bestrahlung auf die Nachbarschaft über, wie man es von dem Diffusionslichthof bei Einwirkung von Licht kennt.

Langsame Elektronen werden gleich nach Eindringen in die Schicht in große Winkel gestreut, allerdings sind wegen der geringen Reichweite die zurückgelegten Wege kurz. Schnelle Elektronen werden erst nach Durchlaufen einer gewissen Schichtdicke so stark abgebremst, daß auch sie dann starke Streuung erfahren. Bei Schichtdicken in der Größe der praktischen Reichweite ist daher die Strahlverbreiterung in der Schicht bei Elektronen hoher Geschwindigkeit größer als bei Elektronen kleiner Geschwindigkeit (vgl. Abb. 4).

Zur quantitativen Beschreibung des Elektronendiffusionshofes kann eine Anlehnung an die Untersuchungen bei Licht [14] erfolgen. Hier konnte die Intensitätsverteilung des Diffusionslichthofes um einen schmalen Spalt der Breite dx durch die Gleichung beschrieben werden:

$$dJ = \frac{2{,}3}{k} J_o \, 10^{-\frac{2x}{k}} dx \qquad (24)$$

dJ ist die wirksame Intensität im Abstand x von dem mit der Intensität J_0 aufbelichteten Spalt; k ist eine den Diffusionslichthof charakterisierende Konstante, die der 1/10-Wertsbreite der Intensitätsverteilung entspricht.

Die Versuche haben gezeigt, daß sich der Elektronendiffusionshof gut durch die Verwaschungsfunktion $\Phi(x)$ beschreiben läßt, wenn man

$$\Phi(x) = \frac{2{,}3}{k} 10^{-\frac{2x}{k}} \qquad (25)$$

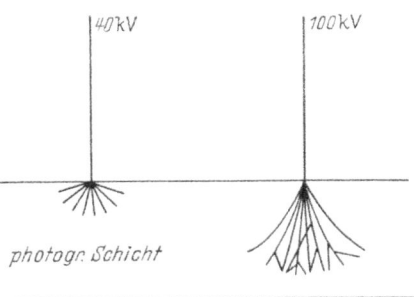

Abb. 4. Streuung der Elektronen in der photographischen Schicht (schematisch).

setzt.

Für viele Zwecke ist es jedoch besser, anstatt der Verwaschungsfunktion $\Phi(x)$ oder der 1/10-Wertsbreite k die Kontrastübertragungsfunktion $F(\nu)$ zu verwenden. Diese gibt die Verkleinerung der Amplitude eines aufbestrahlten Sinusrasters wieder in Abhängigkeit von der Längenfrequenz ν des Rasters. ν ist gleich dem reziproken Linienabstand des Rasters. $F(\nu)$ ist, wie man leicht zeigen kann, die FOURIERtransformierte von $\Phi(x)$ (vgl. 20), und für die Exponentialfunktion als Verwaschungsfunktion ergibt sich [16]

$$F(\nu) = \int_{-\infty}^{+\infty} \Phi(x) \cos 2\pi x \nu \, dx = \frac{1}{1 + (0{,}43 \pi k \nu)^2} = \frac{0{,}54}{0{,}54 + (k\nu)^2} \qquad (26)$$

Ist die durch das Sinusraster von außen der Schicht aufgedrückte Intensität (Elektronen pro cm²)

$$E = \hat{E}_o (1 + \hat{p} \cos(2\pi x \nu)) \quad , \qquad (27)$$

so gilt für die durch die Elektronenstreuung in der Schicht wirksame Intensität

$$E = \hat{E}_o (1 + F(\nu) \hat{p} \cos(2\pi x y)) \quad , \text{ wobei} \qquad (28)$$

$\hat{E}_o$ = Mittelwert

$\hat{p}$ = Aussteuerung = $\dfrac{\text{Amplitude}}{\text{Mittelwert}} = \dfrac{E_{\max} - E_{\min}}{E_{\max} + E_{\min}}$;

das Zeichen ^ bezieht sich auf die von außen aufgedrückte Intensität bzw. Aussteuerung. Die Schwärzungen, welche bei der Aufnahme des Sinusrasters entstehen, erhält man aus Gl. (28) und der Schwärzungskurve. Bei Elektronenbelichtung gilt bei geringen Bestrahlungen die Formel (9a), und man erhält mit Gl. (28):

$$S_{max} = \hat{E}_o (1 + F(\nu) \hat{p}) \varepsilon$$

und
$$S_{min} = \hat{E}_o (1 - F(\nu) \hat{p}) \varepsilon \qquad (28a)$$

Für die Anwendung ist im allgemeinen die Differenz von Maximal- und Minimalschwärzung, die bei dem photographischen Prozeß mit Diffusionshof erhalten wird, von Interesse:

$$\Delta S = S_{max} - S_{min} = 2 F(\nu) \hat{p} \hat{E}_o \varepsilon \qquad (29)$$

$\hat{E}_o \varepsilon$ ist aber gleich der $\hat{E}_o$ entsprechenden mittleren Schwärzung S_o, so daß

$$\Delta S = 2 F(\nu) \hat{p} S_o \qquad (30)$$

Für das Verhältnis der Schwärzungsdifferenz mit (ΔS) und ohne Diffusionshof ($\widehat{\Delta S}$) ergibt sich:

$$\frac{\Delta S}{\widehat{\Delta S}} = \frac{2 F(p) \hat{p} S_o}{2 \hat{p} S_o} = F(\nu) \qquad (31)$$

II. Experimentelle Prüfung der Theorie

1. Schwärzungskurven von verschiedenen photographischen Schichten

Die Untersuchungen wurden an 29 verschiedenen photographischen Schichten vorgenommen. In der Tabelle sind die Daten der Schichten zusammengestellt. Folgende Nomenklatur wird benutzt:

h [cm] = Schichtdicke (cm)

d_o [cm] = arithmetisches Mittel des Korndurchmessers der Halogensilberkörner, berechnet aus der Projektionsfläche.

A_{Em} [$g \cdot cm^{-2}$] = Emulsionsauftrag pro Flächeneinheit der Schicht

A_{AgBr} [$g \cdot cm^{-2}$] = Halogensilberauftrag pro Flächeneinheit der Schicht

A_{Ag} [$g \cdot cm^{-2}$] = Silberauftrag pro Flächeneinheit der Schicht

ϱ_{Em} [$g \cdot cm^{-3}$] = Dichte der Emulsionsschicht (trocken)

P [$g \cdot cm^{-3}$] = Gewicht Silber pro Volumeneinheit Emulsion

v_1 = Verhältnis Gewicht Silbernitrat zu Gewicht Gelatine.

Die analytische Bestimmung des Silberauftrages und das Silbernitrat-Gelatine-Verhältnis wurde im allgemeinen der Berechnung des Emulsionsauftrages zugrunde gelegt; für fremde Materialien mußte die Schichtdickenmessung oder die direkte gravimetrische Bestimmung des Emulsionsauftrages mit herangezogen werden, sonst diente die Schichtdickenmessung nur zur Kontrolle der Rechnung.

Die Entwicklungsbedingungen waren die folgenden, wenn keine besonderen Angaben gemacht sind:

Schicht 1—8 Agfa Varitol hart, 5 min., 18° C
Schicht 9—29 Agfa Metol-Hydrochinon 1 : 5, 20 min., 18° C

Die Eigenschaften photographischer Schichten bei Elektronenbestrahlung

Schicht Nr.	h [cm] gem. ·10⁻⁴	h [cm] ber. ·10⁻⁴	$\bar{d}_o$ [cm] ·10⁻⁴	A_{Em} [g·cm⁻²] gem. ·10⁻³	A_{Em} [g·cm⁻²] ber. ·10⁻³	A_{AgBr} [g·cm⁻²] ber. ·10⁻³	A_{Ag} [g·cm⁻²] gem. ·10⁻³	ϱ_{Em} ber.	P [g·cm⁻³] ber.	v_1 gem.	v_1 ber.
1	32	31,8	1,1..1,3		5,13	1,97	1,13	1,54	0,355	0,565	
2	17,9	16,4	0,8		2,94	1,37	0,787	1,72	0,48	0,795	
3	27,5	21,1	0,3..0,4		4,12	2,17	1,245	1,96	0,59	1	
4	6	6,7	0,3..0,4		1,31	0,688	0,395	1,96	0,596	1	
5	9,9	9,9	0,51		1,54	0,54	0,314	1,48	0,316	0,5	
6	7,4	6,8	0,4		1,105	0,435	0,25	1,61	0,368	0,59	
7	8,5	9,5	0,52		1,445	0,487	0,28	1,5	0,296	0,461	
8	26,5	28	0,025		4,5	1,85	1,05	1,58	0,375	0,595	
9	30	29,2	0,16	4,1		1,07	0,614	1,38	0,21		0,32
10	29	26,6	0,15	3,5		0,792	0,398	1,3	0,15		0,224
11	23	29	0,6	4		1,08	0,621	1,39	0,215		0,337
12	3,3	1,9	0,35	0,85		0,76	0,437	4,26	2,28		7,66
13	1,6	2,0	0,6	3,3		1,32	0,759	1,62	0,375		0,603
14	10	8,4	0,045	1,7		0,57	0,328	1,5	0,39		0,458
15	25	35,4	0,6	4,8		1,29	0,743	1,39	0,2		0,335
16	13	14,4	0,3	2,3		0,785	0,451	1,56	0,314	0,528	
17	9	11,3	0,015			0,401	0,231	1,34	0,205	0,308	
18	2,8	2,5	0,3		0,5	0,263	0,151	1,96	0,59	1	
19	4,5	4,0	0,3		0,79	0,414	0,238	1,96	0,59	1	
20	6,3	6,5	0,3		1,28	0,67	0,385	1,96	0,59	1	
21	9,8	9,8	0,3		1,93	1,01	0,581	1,96	0,59	1	
22	13,4	14	0,3		2,74	1,437	0,825	1,96	0,59	1	
23	22,4	20,7	0,3		4,05	2,12	1,22	1,96	0,59	1	
24	31,3	36,7	0,3		7,2	3,78	2,1	1,96	0,59	1	
25	53,9	52	0,3		10,2	5,35	3,07	1,96	0,59	1	
26	60	65,2	0,3		12,8	6,7	3,85	1,96	0,59	1	
27	5,5	5,4	0,3		0,775	0,216	0,124	1,43	0,23	0,35	
28	13	12,2	0,3		1,76	0,49	0,281	1,43	0,23	0,35	
29	16,5	19,1	0,3		2,76	0,765	0,44	1,43	0,23	0,35	

In Abb. 5 ist an einem Beispiel gezeigt, wie sich die Schwärzungskurve mit steigender Entwicklungszeit verschiebt.

Die gemessenen Schwärzungskurven sind in den Abb. 6 bis 11 zusammengestellt.

Zur Prüfung von Gl. (9a), wonach für kleine Belichtungen die Schwärzung linear mit der Belichtung ansteigen soll, wurde für einige Schichten (1 bis 8 und 18 bis 26) in Abb. 12 und 13 die numerische Schwärzungskurve dargestellt; hierbei unterscheiden sich die Schichten 18 bis 26 nur im Silberauftrag.

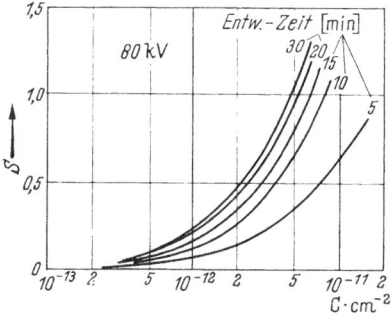

Abb. 5. Die Verschiebung der Schwärzungskurve mit steigender Entwicklungszeit.

Man erkennt, daß Gl. (9a) befriedigend erfüllt ist.

Nach Gl. (1) ($y = KE$) muß man alle Schwärzungskurven normieren können, wobei K allerdings von Schicht zu Schicht verschieden ist.

In Abb. 14 ist die Normierung entsprechend Gl. (1) durchgeführt. Dabei wurden für Schichten mit hohen Aufträgen die Maximalschwärzungen über Gl. (10) berechnet; die mittleren Projektionsflächen wurden elektronenmikroskopischen Aufnahmen entnommen.

Vielleicht sind die Abweichungen bei hohen Belichtungen ein Hinweis dafür, daß hier zweistufige Prozesse erst zur Entwickelbarkeit der Körner führen. Bei kleinen Belichtungen ist die Übereinstimmung mit der Theorie gut.

2. Die Empfindlichkeit

Von den Schichten 9 bis 16 ist in Abb. 15 die Abhängigkeit der Empfindlichkeit von der Entwicklungszeit gezeigt; hierbei ist als Empfindlichkeitsmaß die Definition von ε nach Gl. (8) benutzt.

Trägt man die Empfindlichkeit über dem Emulsionsauftrag A_{Em} bei konstanter Beschleunigungsspannung auf (die Packungsdichte P bleibt dabei konstant), so resultieren Kurven entsprechend Abb. 16.

Die Sättigung wird dort erreicht, wo die Schichtdicke die praktische Reichweite überschreitet ($h = h^*$). Es ergibt sich hier die Möglichkeit, auch die Formel von GLOCKER (Gl. 5) experimentell zu prüfen. Die nach Gl. (5) berechneten h^*-Werte wurden in die entsprechenden A_{Em}-Werte umgerechnet und in die Kurven eingetragen (Striche).

Für eine andere Packungsdichte (damit auch anderes Verhältnis c_{AgBr} = Silberbromidgewicht zu Emulsionsgewicht) sind einige Punkte in Abb. 16 eingetragen (82 KV). Die Kurven sind aber über das Verhältnis der Größen c_{AgBr} der beiden Schichten ineinander umrechenbar.

Man kann ferner die Kurven der Abb. 16 ineinander überführen, wenn man Empfindlichkeit und Emulsionsauftrag (bzw. Schichtdicke) auf die maximal erreichbare Empfindlichkeit bzw. die praktische Reichweite bezieht, wie das in Abb. 17 geschehen ist.

Die Eigenschaften photographischer Schichten bei Elektronenbestrahlung 131

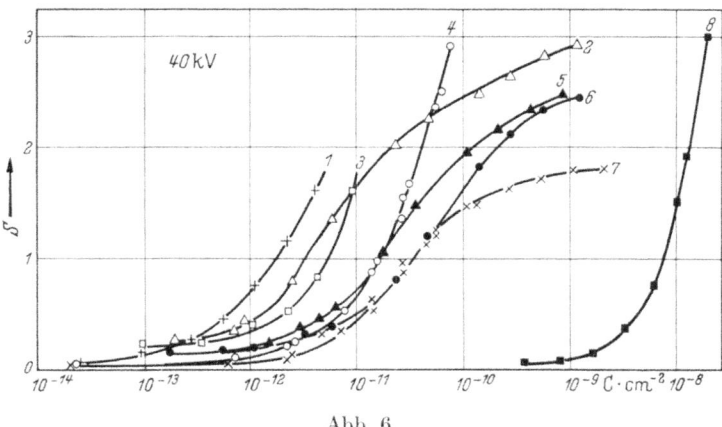

Abb. 6.

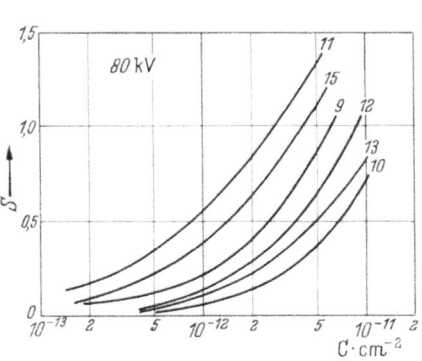

Abb. 7.

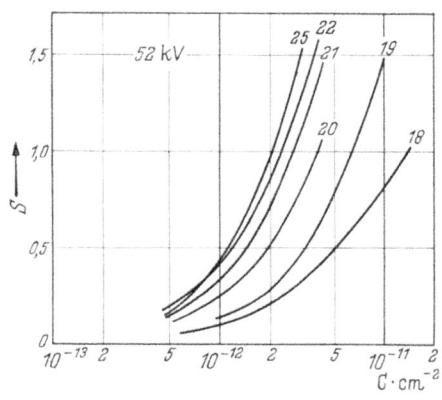

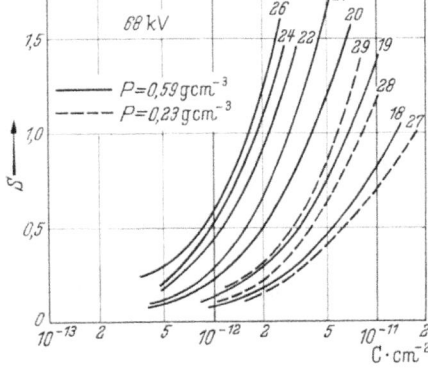

Abb. 6—9. Die Schwärzungskurven der verschiedenen Schichten bei Elektronenbestrahlung.

Abb. 9.

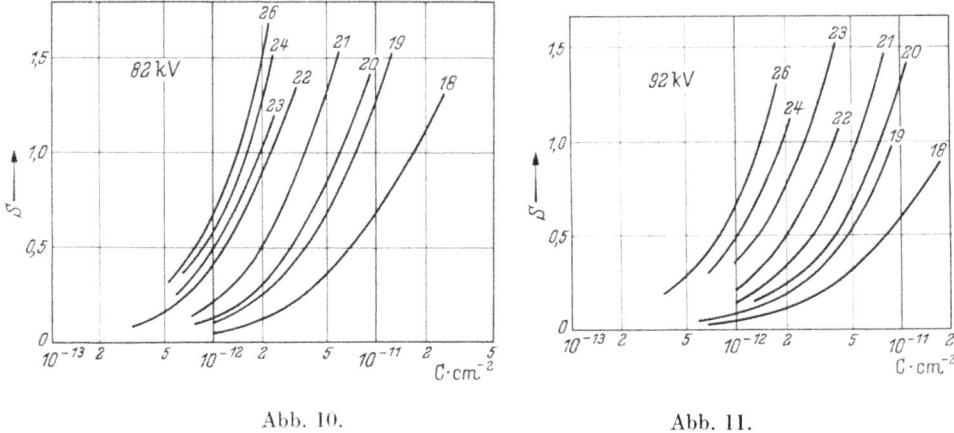

Abb. 10.   Abb. 11.

Abb. 10 u. 11. Die Schwärzungskurven der verschiedenen Schichten bei Elektronenbestrahlung.

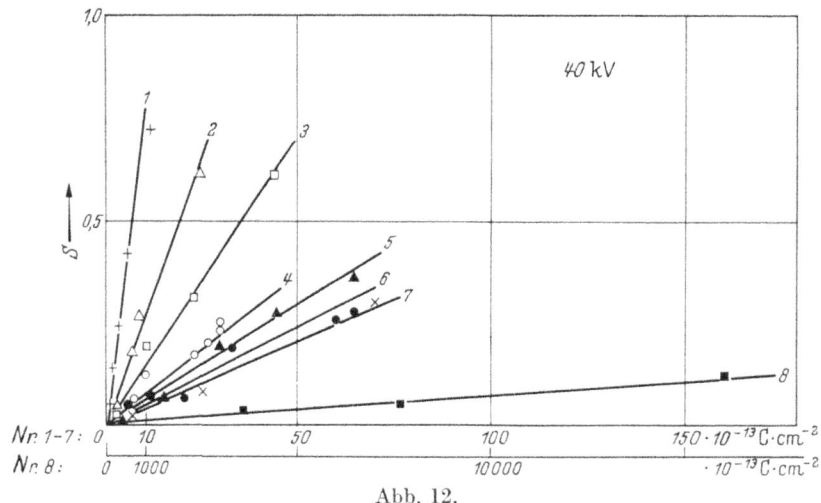

Abb. 12.

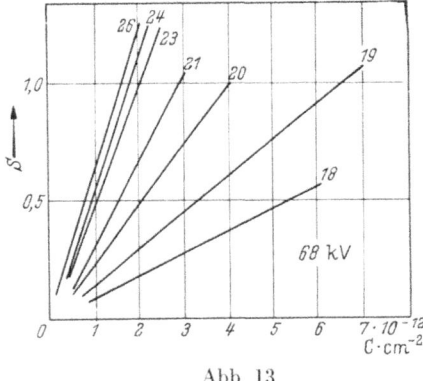

Abb. 13.

Abb. 12 u. 13. Die numerische Schwärzungskurve für kleine Belichtungen (Elektronenbelichtung).

Die Eigenschaften photographischer Schichten bei Elektronenbestrahlung 133

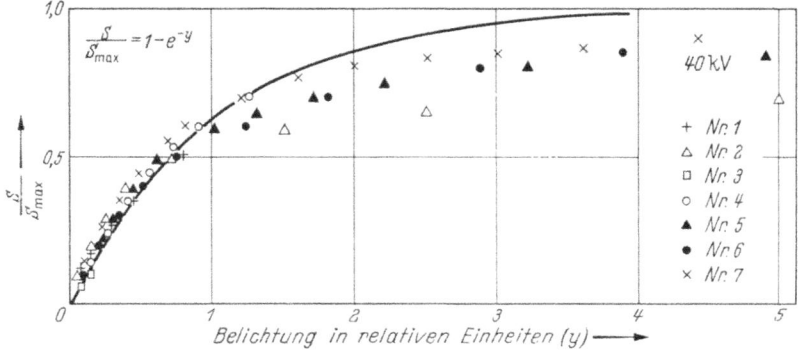

Abb. 14. Die normierten Schwärzungskurven einiger Schichten (Elektronenbestrahlung). Die ausgezogene Kurve ist nach Gl. (1) berechnet.

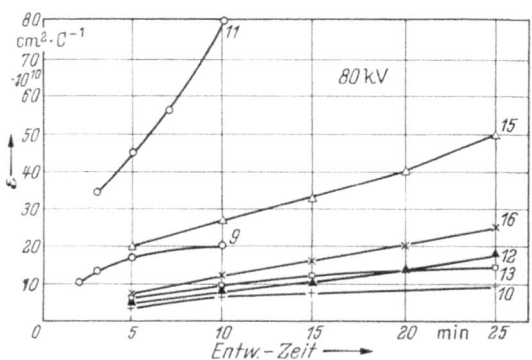

Abb. 15. Die Abhängigkeit der Empfindlichkeit von der Entwicklungszeit (Elektronenbestrahlung).

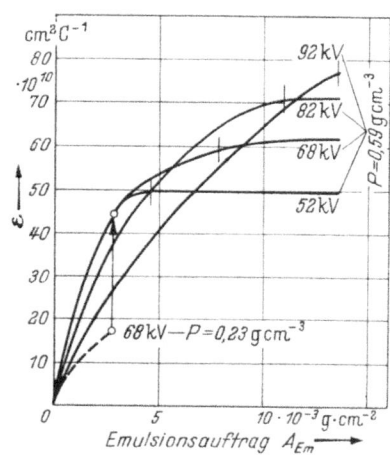

Abb. 16. Die Abhängigkeit der Empfindlichkeit von dem Emulsionsauftrag für verschiedene Beschleunigungsspannungen (P = konstant).

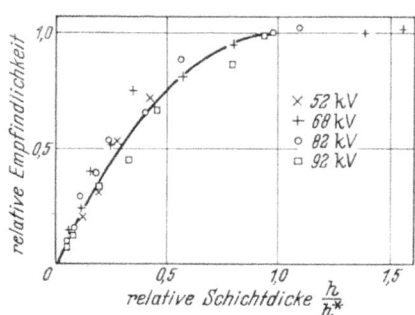

Abb. 17. Die Abhängigkeit der relativen Empfindlichkeit von der relativen Schichtdicke für verschiedene Beschleunigungsspannungen.

Abb. 18. Die Anzahl φ der pro Elektron entwickelbar gemachten Körner in Abhängigkeit vom Emulsionsauftrag für verschiedene Beschleunigungsspannungen.

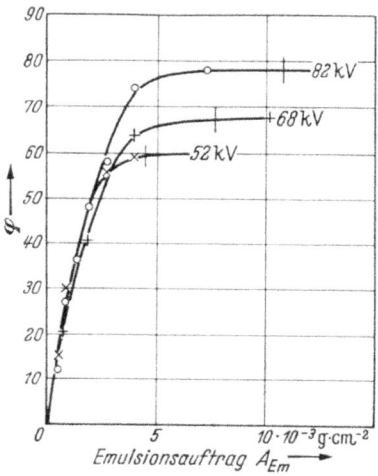

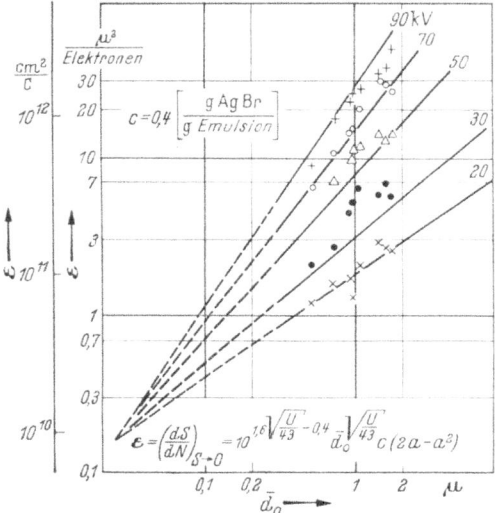

Abb. 19. Die Empfindlichkeiten aus der Arbeit von BOGOMOLOV [6] in Abhängigkeit vom mittleren Korndurchmesser.

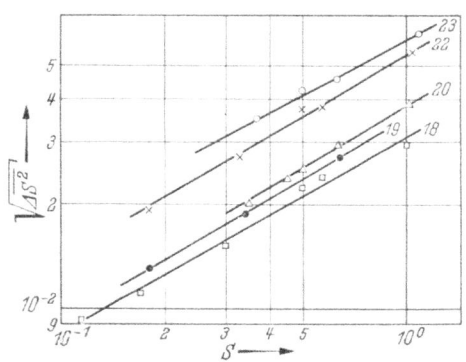

Abb. 20. Abhängigkeit der mittleren Schwärzungsschwankung von der Schwärzung.

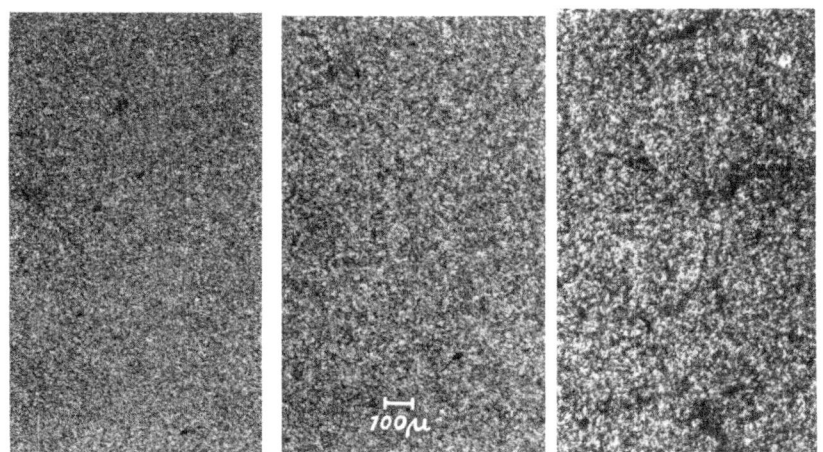

Abb. 21a. Die Körnigkeit als Funktion des Emulsionsauftrages (Elektronenbelichtung), gleiche Schwärzung und KV-Zahl.

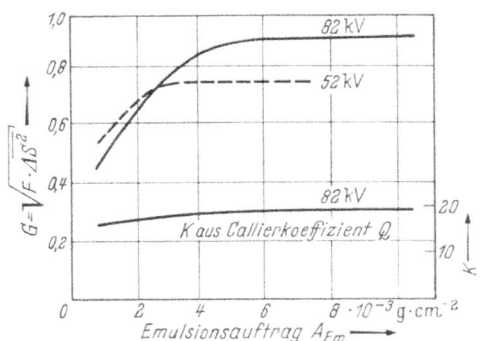

Abb. 21b. Die Zunahme der Körnigkeit mit steigendem Auftrag bei gleicher Schwärzung.

Es folgt empirisch

$$\varepsilon_{rel} = 2\frac{h}{h^*} - \left(\frac{h}{h^*}\right)^2 \qquad (32)$$

Aus den Schwärzungskurven (Abb. 6 bis 11) kann man nach Gl. (10) und (11) die Zahl φ der pro Elektron entwickelbar gemachten Körner berechnen. Auch diese Größe muß mit steigendem Emulsionsauftrag einer Sättigung zustreben (Abb. 18) (praktische Reichweite durch Striche eingetragen).

Schließlich sei noch eine empirische Beziehung mitgeteilt, die aus den Meßergebnissen von BOGOMOLOV [6] hergeleitet wird. Näherungsweise kann man nämlich die dort angegebenen Empfindlichkeiten durch die Formel wiedergeben

$$\varepsilon = \left(\frac{dS}{dE}\right)_{S \to 0} = 10^{1,6 \sqrt{\frac{U}{43}}} d_0^{\sqrt{\frac{U}{43}}} c \left[2\frac{h}{h^*} - \left(\frac{h}{h^*}\right)^2 \right] \qquad (33)$$

Hierbei ist U in KV und d in μ einzusetzen (Abb. 19).

In Abb. 19 sind die Empfindlichkeiten (logarithmisch) über dem Logarithmus des mittleren Korndurchmessers eingetragen $\left(a = \frac{h}{h^*} = 1\right)$.

Aus den übrigen Meßwerten (HOFER, KOWALSKI, FRIESER-KLEIN) ergeben sich allerdings Empfindlichkeiten (auf $c = 0,4$ und $a = 1$ umgerechnet), die sich nicht mit Gl. (33) beschreiben lassen. Das muß man dadurch erklären, daß bei BOGOMOLOV Schichten gleicher Herstellungsbedingungen vorliegen, die einen Vergleich untereinander zulassen. Man erkennt vor allem aus Abb. 19, wie sich die Abhängigkeit der Empfindlichkeit von der Korngröße mit der Beschleunigungsspannung ändert. Im übrigen ist die Empfindlichkeit einer Schicht gegenüber Elektronenbestrahlung auch vom Reifezustand (chemische Reifung) abhängig [6]. Das ist so zu verstehen, daß ein Korn ohne Reifzentrum durchaus von einem Elektron getroffen werden kann, ohne dabei entwickelbar zu werden (z. B. Rekombination von Elektron und Defektelektron oder Entstehung hochdisperser kleiner unentwickelbarer Keime). Die wenigen Körner, die aber nach kleinen Belichtungen schon entwickelbar sind, werden aber durch *ein* Elektron in diesen Zustand versetzt, so daß der lineare Zusammenhang zwischen Schwärzung und Belichtung gewahrt bleibt.

3. Die Körnigkeit

Es wurde zunächst (Abb. 20) gezeigt, daß die in Gl. (20) angegebene Proportionalität zwischen ΔS^2 und der Schwärzung experimentell bestätigt wird.

Die Zunahme der Körnigkeit (Gl. 22) (kreisförmige Meßfläche $F = 416\ \mu^2$) in Abhängigkeit vom Emulsionsauftrag ($P =$ konstant) ist in Abb. 21a für ein Beispiel gezeigt ($S^+ = 0,5$). Der Verlauf von G (Abb. 21b) entspricht der Empfindlichkeitszunahme (Abb. 16). Gleichzeitig ist die Messung der Körnigkeit aus dem Callierkoeffizienten mit eingetragen. Man erkennt, daß aus dem Callierkoeffizienten keine Aussage über die Körnigkeit bei Elektronenbelichtung gewonnen werden kann. Für die Bestimmung des Callierkoeffizienten Q wird die Schwärzung im gerichteten (S'')

und im gestreuten Licht (S^+) gemessen, und es ist definitionsgemäß [*19*] $Q = \frac{S''}{S^+}$. Hieraus berechnet sich die Callierkörnigkeit nach $K = 100 \lg Q$.

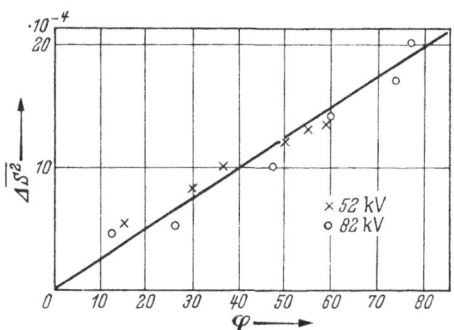

Abb. 22. Die Abhängigkeit der mittleren Schwärzungsschwankung von der Anzahl φ der pro Elektron entwickelbar gemachten Körner.

Die Beziehung Gl. (20), wonach $\overline{\Delta S^2}$ proportional mit φ steigt, wurde ebenfalls geprüft.

Man erkennt in Abb. 22 die Zunahme von $\overline{\Delta S^2}$ mit φ für die gleichen Schichten wie in Abb. 21. Die lineare Abhängigkeit ist erfüllt, wie das bereits im theoretischen Teil diskutiert wurde. Berechnet man aus Abb. 22 nach Gl. (22) die Größe β, wobei $\bar{f}_e \approx 0{,}283\ \mu^2$, so ergibt sich $\beta \approx 0{,}4$.

Während bei Lichtbelichtung im Gebiet kleiner Frequenzen das Schwankungsspektrum konstant wird, nimmt es bei Elektronenbelichtung noch stark zu; das muß auf den Einfluß der großen Kornhaufen (große Wellenlänge) zurückzuführen sein (Abb. 23).

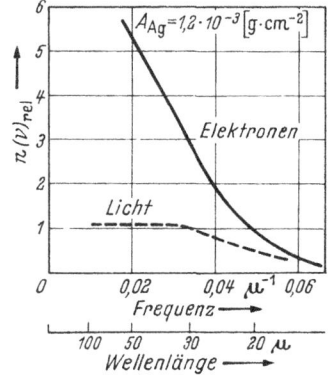

Abb. 23. Das Schwankungsspektrum einer Schicht für Licht- und Elektronenbelichtung.

Es sei schließlich noch erwähnt, daß man aus der Messung des zu verschiedenen Schwärzungen benötigten Silbers auf die Größe des entwickelten Silberkorns schließen kann (in Gl. (10) wird N durch den Silberauftrag ersetzt; näheres siehe [*9*]). Solche Messungen müßten dann für verschiedene Belichtungsarten zum gleichen Ergebnis führen. Abb. 24 zeigt solche Messungen für Elektronen-, Röntgen- und Lichtbelichtung.

4. Der Elektronendiffusionshof

Zur Untersuchung des Elektronendiffusionshofes wurden auf die Schichten 1, 4 und 8 schmale Spalte durch Elektronenstrahlung aufbestrahlt. Die Spalte waren aus zwei sorgfältig geglätteten Rasierklingen hergestellt. Eine Streuung der Elektronen am Spaltrand

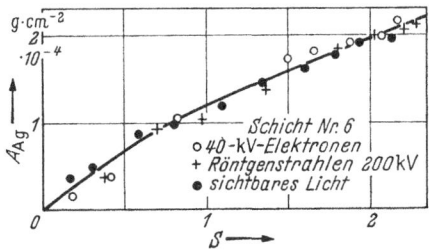

Abb. 24. Die Menge des entwickelten Silbers als Funktion der Schwärzung.

kann ausgeschlossen werden, da, wie Versuche zeigten, der Elektronendiffusionshof unabhängig vom Abstand Spalt—Schicht war. Die entwickelten Proben wurden dann im Mikrophotometer ausgemessen. Abb. 25 zeigt die Ergebnisse. S ist in Abb. 25a als die Schwärzung in Abhängigkeit vom Abstand x von der Spaltmitte aufgetragen. Der Originalspalt ist in der Figur angegeben. Es wurde nun über die Schwärzungskurve die wirksame Intensität E berechnet. In Abb. 25b ist $\log E$ über x aufgetragen. Man sieht, daß außerhalb des Spaltes $\log E$ etwa geradlinig abfällt. Dies deutet auf den in Abschnitt I, 6 erwähnten exponentiellen Abfall des Streulichtes hin, wie er durch Gl. (25) beschrieben ist. Die Konstante k des Diffusionshofes ergibt sich aus der außerhalb des Spaltes gültigen Beziehung ([16] Gl. (43))

$$\frac{dJ}{dx} = \frac{2}{k}$$

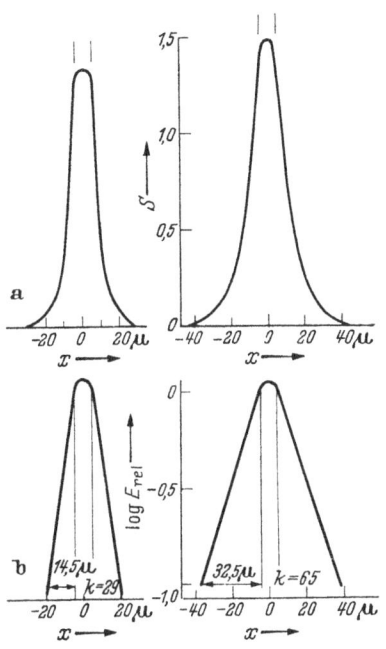

Für die genannten Schichten ergaben sich die gleichen k-Werte in der Größe von 30 bis 35 für 40 KV, obwohl die Korngröße um etwa zwei Zehnerpotenzen schwankt; die Unabhängigkeit des Diffusionshofes von der Korngröße war theoretisch gefordert worden. Es sei noch erwähnt, daß man die sehr unempfindlichen Schichten (Nr. 8) auf Filmunterlage (nicht auf Glas) vergießen muß, da anderenfalls die elektrostatischen Aufladungen einen wesentlich höheren Diffusionshof vortäuschen [15].

Mit steigender KV-Zahl ändert sich verständlicherweise die k-Zahl, der Schichtdickeneinfluß ist jedoch bei niedrigen Beschleunigungsspannungen gering, bei hohen Beschleunigungsspannungen sehr groß, weil die in der Schicht entstehende Streupflaume mit steigender Beschleunigungsspannung eine gestreckte Form annimmt. Die Tabelle gibt einige vorläufige Ergebnisse an.

Abb. 25. Die Bestimmung der k-Zahl zur Beschreibung des Diffusionshofes.

Nr. der Schicht	U [KV]	h* [μ]	h [μ]	k-Zahl
22	52	16	13,4	28
23			22,4	28
22	68	26	13,4	27
24			31,3	35
22	82	38	13,4	26
25			53,9	60

5. Anwendung der Ergebnisse auf die elektronenmikroskopische Wiedergabe kleiner Details

Die in den bisherigen Abschnitten dargestellten Ergebnisse sollen nun auf einige praktische, die Elektronenmikroskopiker interessierende Fragen angewendet werden.

Dabei soll vor allem das Problem der Abhängigkeit der Güte der Wiedergabe kleiner Details von der Empfindlichkeit untersucht werden. Die folgenden Berechnungen werden sich auf das Gebiet beschränken, in dem die Schwärzung linear mit der Bestrahlung ansteigt, in dem also die Gl. (10) gültig ist.

Die Erkennbarkeit eines Rasters wird einmal durch den Diffusionshof, also den Übergang von $\widehat{\Delta S}$ in ΔS (siehe vorhergehender Abschnitt), begrenzt, zum anderen durch die Körnigkeit. Die Wirkung der Kornstruktur kann man, abgesehen von einer psychologischen Wirkung, welche in einer Ablenkung der Aufmerksamkeit des Betrachters von der Objektstruktur besteht, daran sehen, daß durch die Schwärzungsschwankung, die sich der Objektstruktur überlagert, eine Verringerung, unter Umständen eine Umkehrung der Schwärzungsdetails erfolgen kann.

Im folgenden wird die mittlere Schwärzungsschwankung für eine Meßfläche von der Größe $\frac{r}{2} \cdot \frac{r}{2}$ betrachtet ($r = \frac{1}{\nu}$ = Rasterlinienabstand). Mißt man mit dieser Fläche ein Rasterbild im Maximum und im Minimum des Rasters, so werden mit einer gewissen Wahrscheinlichkeit Fälle auftreten, bei denen sich diese Meßwerte nicht unterscheiden, wenn nämlich die zufälligen Schwärzungsschwankungen gerade den Schwärzungsunterschied zwischen Maximum und Minimum ausgleichen. Solche Fälle werden mit einer großen Häufigkeit auftreten, je feiner das Raster ist, da $\sqrt{\overline{\Delta S^2}}$ größer und ΔS wegen des Diffusionshofes kleiner wird.

Damit ein Raster noch gut zu erkennen ist, soll verlangt werden, daß der erhaltene Schwärzungskontrast ΔS um den Faktor q ($q \approx 5$) größer ist als die mittlere Schwärzungsschwankung $\sqrt{\overline{(\Delta S^2)}_E}$ durch die Körnigkeit. Es folgt also mit Gl. (22)

$$\Delta S \geqq q \sqrt{\overline{(\Delta S^2)}_E} \quad \text{oder} \quad \Delta S \geqq q \beta \sqrt{\frac{\varepsilon S}{F}} \tag{34}$$

Aus dieser Bedingung lassen sich einige Angaben über den Zusammenhang zwischen Detailwiedergabe und Empfindlichkeit machen.

Es soll die maximal zulässige Empfindlichkeit ε^* einer photographischen Schicht ermittelt werden, mit der ein Rasterabstand r_o im Objekt bei einer Vergrößerung v gerade noch wiedergegeben werden kann; hierbei soll also die Schicht für ein Raster mit dem Abstand $r_o v$ den durch Gl. (34) festgesetzten Kontrast liefern. Man kann Gl. (34) mit den Beziehungen Gl. (30) und $F = \frac{r^2}{4} = \frac{r_o^2 v^2}{4}$ in der Form schreiben

$$4 F^2 \left(\frac{1}{r_o v}\right) \hat{p}^2 S_o^2 \geqq \frac{4 q^2 \beta^2 (r_o v) \varepsilon^* S_o}{r_o^2 v^2} \tag{35}$$

so daß für die gesuchte, eben noch zulässige Empfindlichkeit resultiert:

$$\varepsilon^* = \frac{F^2 \left(\frac{1}{r_o v}\right) \hat{p}^2 r_o^2 v^2 S_o}{q^2 \beta^2 (r_o v)} \tag{36}$$

Es sei noch erwähnt, daß aus physiologischen Gründen der Kontrast ΔS einen gewissen Minimalwert s nicht unterschreiten darf ($s \approx 0{,}02$). Es ergibt sich also noch als Begrenzung für die Gültigkeit von Gl. (35):

$$\Delta S \geqq s \qquad\qquad \text{oder} \tag{37}$$

$$2 F\left(\frac{1}{r_o v}\right) \hat{p} S_o \geqq s \qquad \text{oder}$$

$$F\left(\frac{1}{r_o v}\right) \hat{p} \geqq \frac{s}{2 S_o}$$

Allerdings ist dieser Wert im allgemeinen klein (für $S_o = 1$ folgt $F\left(\frac{1}{r_o v}\right) \hat{p} = 0{,}01$), so daß er ohnehin nur selten praktisch erreicht werden wird.

Die zu ε^* gehörende Objektbelastung B errechnet sich auf einfache Weise: Treffen auf einen cm² der Schicht E Elektronen, dann fallen bei einer linearen Vergrößerung v auf das Objekt $E v^2$ Elektronen, und mit Gl. (9a) ergibt sich

$$B = \frac{v^2}{\varepsilon^*} S_o \tag{38}$$

Über die experimentelle Auswertung von Gl. (36) soll in einer späteren Arbeit berichtet werden.

Zusammenfassung

In einem theoretischen Teil wird zunächst das unterschiedliche Verhalten photographischer Schichten gegen Licht- und Elektronenbestrahlung zusammengestellt. Folgende Eigenschaften bei Elektronenbestrahlung werden dann theoretisch diskutiert:

    Die Schwärzungskurve,   Die Körnigkeit,
    Die praktische Reichweite,   Der Diffusionslichthof.
    Die Empfindlichkeit,

Die Ergebnisse werden mit Messungen aus der Literatur und eigenen Messungen verglichen; im allgemeinen ist die Übereinstimmung mit der Theorie gut.

An Hand der Ergebnisse dieser Arbeit ist es möglich, optimale Bedingungen für photographische Materialien für Elektronenbelichtung abzuleiten.

Literatur

[1] v. Borries, B.: Phys. Z. 190 (1942).
[2] v. Borries, B.: Z. f. Physik **119**, 498 (1942).
[3] v. Borries, B.: ebda. **122**, 539 (1944).
[4] Hofer, J.: Diplomarbeit 1956, Aachen.
[5] Kowalski, H.: Diplomarbeit 1957, Aachen.
[6] Bogomolov, K. S., E. P. Dobroserdowa u. W. N. Jarkow: Z. f. wiss. u. angew. Photogr. u. Kinematographie (russisch). Bd. I, Nr. 1, 19 (1956); Bd. I, Nr. 2, 84 (1956); Bd. I, Nr. 4, 241 (1956); Bd. I, Nr. 6, 401 (1956).
[7] Glocker, R.: Z. Naturforsch. 3a, 147 (1948).
[8] Arens, H., J. Eggert u. E. Heisenberg: Z. wiss. Phot. 28, 356 (1931).
[9] Klein, E.: Z. f. Elektrochem. im Druck.
[10] Eggert, J. u. A. Küster: Agfa-Veröff. Bd. V, 123 (1937), Leipzig: Hirzel.
[11] Eggert, J. u. E. Schopper: Agfa-Veröff. Bd. VI, 159 (1939).
[12] Herz, R. H.: Phot. J. 89B, 147 (1949).
[13] Siedentopf, H.: Phys. Z. 38, 454 (1937).
[14] Frieser, H.: Phot. Korr. **91**, 69 (1955); ebda. **92**, 51 (1956); ebda. **92**, 183 (1956).

[15] KINDER, E.: Vortrag Darmstadt 1957.
[16] FRIESER, H.: Körnigkeit und Auflösungsvermögen in: Fortschritte der Photographie II (1940) und III (1944), Leipzig: Akademische Verlagsgesellschaft.
[17] SELWYN, E. W. H.: Phot. J. **79**, 513 (1939).
[18] CLARK-JONES, R.: JOSA **45**, 799 (1955).
[19] EGGERT, J. u. A. KÜSTER: Kinotechn. **16**, 127 (1934).
[20] vergl. [16], S. 329 ff.
[21] Weitere Untersuchungen photographischer Schichten bei Elektronenbestrahlung siehe auch:
NEIDER, R.: Diplomarbeit, Berlin 1954/55, Fritz-Haber-Institut.
NEIDER, R.: Vortrag Darmstadt 1957, Tagung der deutschen Gesellschaft f. Elektronenmikroskopie.

Über kettensubstituierte Cyaninfarbstoffe

Von H. von Rintelen

Substituenten an der Methinkette von Cyaninfarbstoffen haben einen Einfluß auf die Absorption, der je nach Substituent und Stellung verschieden groß sein kann. Auf die Sensibilisierung der photographischen Halogensilberemulsion können Substituenten an der Methinkette einen ganz besonders großen Einfluß ausüben. Meso-Phenyl-Carbocyanine [1] sind bekannt und als brauchbare Sensibilisatoren beschrieben. Es sollte untersucht werden, welchen Einfluß ein Pyridyl- oder Pyridylium-Substituent in der Methinkette von Carbo- oder Merocyaninfarbstoffen auf die Absorption und die Sensibilisierung der photographischen Schicht ausübt.

Die Darstellung der Thiocarbocyanine erfolgt nach der bekannten Methode durch Reaktion von 2-Methyl-3-äthylbenzthiazolium-toluolsulfonat mit Carbonsäurechloriden [2], in diesem Falle (Iso-) Nikotinsäurechlorid zu dem Keton A, das mit Phosphorpentasulfid in das Thioketon B übergeführt werden kann [3].

B reagiert mit einem Mol Alkylierungsmittel wie Dimethylsulfat am Pyridinstickstoffatom zur Verbindung C, die sich mit reaktionsfähigen Methyl- oder Methylengruppen noch nicht zum Farbstoff kondensieren läßt. Mit einem weiteren Mol Alkylierungsmittel entsteht die Verbindung D, die mit 2-Methyl-3-äthylbenzthiazolium-tosylat den Farbstoff II (Tab. 1) oder mit 3-Äthylrhodanin den Farbstoff XI (Tab. 2) liefert.

Ganz analog verläuft die Reaktion von 2-Methylbenzthiazol-Quartärsalz mit

Isonikotinsäurechlorid. Die entsprechenden Farbstoffe sind in den beiden Tabellen angeführt. Durch Behandeln der Farbstoffe mit Isochinolin in der Hitze wird die quartäre Gruppe am Pyridinstickstoff abgespalten und so z. B. aus II der Farbstoff III erhalten.

Zum Vergleich mit den pyridinsubstituierten Carbocyaninfarbstoffen wurden aus 3- und 4-Pyridin-Aldehyd durch Kondensation mit 2-Methyl-3-äthylbenzthiazolium tosylat die Styrylfarbstoffe VI und VIII hergestellt, die mit 1 Mol Alkylierungsmittel in die Farbstoffe VII und IX übergeführt wurden.

In den beiden folgenden Tabellen sind neben den Konstitutionsformeln die Absorptionsmaxima der Farbstoffe in Methanol und der molare dekadische Extinktionskoeffizient ε angegeben. Die photographische Prüfung der Farbstoffe erfolgte auf einer harten Chlor-bromsilberemulsion ($\gamma = 4$). Die relative sensibilisierte Empfindlichkeit wurde durch Aufbelichten eines Faktor-2-Stufenkeils hinter einem Gelbfilter zur Ausschaltung der Eigenempfindlichkeit des Halogensilbers bestimmt. Die relative Empfindlichkeit wurde jeweils für die phenylsubstituierten Farbstoffe I bzw. X zum Vergleich als 1 angesetzt. Die letzte Spalte der Tabelle enthält die Schmelz- bzw. Zersetzungspunkte (Koflerblock) der Farbstoffe.

Die Absorptionsmaxima lassen erkennen, daß der Ersatz einer CH-Gruppe im Phenylkern sowohl in 3- als auch in 4-Stellung durch ein Stickstoffatom nur eine geringfügige Verschiebung nach langen Wellen um 1 bis 3 mμ hervorruft, wobei der Einfluß der 4-Stellung nur etwas größer ist, als der der 3-Stellung. Auch beim Übergang von Benzol zu Pyridin ist kein nennenswerter Einfluß auf die λ-Werte durch das Stickstoffatom festzustellen. Die Anregungsenergien sind also ungefähr gleich groß. Wird jedoch das freie Elektronenpaar des Stickstoffs durch Quarternierung festgelegt, so ist eine Verschiebung nach langen Wellen um 5 bis 10 mμ mit einem gleichzeitigen Absinken der Extinktion zu beobachten. Bei den Merocyaninen XI und XIII der Tab. 2 hingegen sind die Absorptionsmaxima um 16 bzw. 11 mμ nach kurzen Wellen verschoben, eine Tatsache, die man sicher nur zum Teil aus räumlichen Gründen erklären könnte. Bei allen diesen Farbstoffen werden die drei Ringsysteme kaum in der Farbstoffebene Platz haben, so daß eine mehr oder minder aplanare Lage der Moleküle angenommen werden muß. Auf die sich hier ergebenden theoretischen Möglichkeiten soll jedoch nicht weiter eingegangen werden.

Die sensibilisierende Wirkung auf eine photographische Halogensilberemulsion ist bei allen pyridyl- oder pyridyliumsubstituierten Farbstoffen wesentlich geringer, als bei den entsprechenden phenylsubstituierten Farbstoffen. Bei den Thiocarbocyaninen zeigt der Farbstoff III mit dem Stickstoff in 3-Stellung eine deutlich bessere Sensibilisierung als der Farbstoff V mit dem Stickstoff in 4-Stellung. Nun besagt die von KENDALL [4] aufgestellte Regel, daß ein Farbstoff mit einer ungeraden Anzahl von Methingruppen zwischen zwei Stickstoffatomen ein Sensibilisator ist, während eine gerade Anzahl von Methingruppen einen Desensibilisator ergibt. Diese Regel ist von RIESTER [5] elektronentheoretisch begründet und ausgebaut worden. Nimmt man an, daß die π-Elektronen der Pyridylsubstituenten bis zu einem gewissen Grade an der Mesomerie des Farbstoffs teilnehmen, so sollte III ein Sensibilisator sein, was auch der Fall ist. Bei V hingegen ist das Sensibilisierungsvermögen deutlich verschlechtert. Hier befinden sich zwischen den Stickstoffatomen des Pyridins und

Tabelle 1

Nr.	Formel	Abs. Max. mμ / log ε	Sensi. Max. mμ	Rel. Empfindlichkeit	Schmp. °C (Zersp.)
I	[Benzothiazol-C₂H₅]-C=CH-C(C₆H₅)=CH-C-[Benzothiazol-C₂H₅] ⁺ J⁻	557,5 / 5,26	594	1	295
II	[Benzothiazol-C₂H₅]-C=CH-C(3-N-CH₃-pyridyl)=CH-C-[Benzothiazol-C₂H₅] ²⁺ 2J⁻	568,5 / 4,96	ca. 592	$\frac{1}{60}$	272
III	[Benzothiazol-C₂H₅]-C=CH-C(3-pyridyl)=CH-C-[Benzothiazol-C₂H₅] ⁺ J⁻	558 / 5,22	590	$\frac{1}{6}$	259
IV	[Benzothiazol-C₂H₅]-C=CH-C(4-N-CH₃-pyridyl)=CH-C-[Benzothiazol-C₂H₅] ²⁺ 2J⁻	565,5 / 4,38	—	$< \frac{1}{1000}$	277–79
V	[Benzothiazol-C₂H₅]-C=CH-C(4-pyridyl)=CH-C-[Benzothiazol-C₂H₅] ⁺ J⁻	561 / 5,18	590	$\frac{1}{24}$	264
VI	[Benzothiazol-C₂H₅]-C-CH=CH-[pyridyl-N] ⁺ J⁻	561 / 5,16	592	$\frac{1}{16}$	263

Tabelle 1 (Fortsetzung)

Nr.	Formel	Abs. Max. mµ / log ε	Sensi. Max. mµ	Rel. Empfindlichkeit	Schmp. °C (Zersp.)
VII	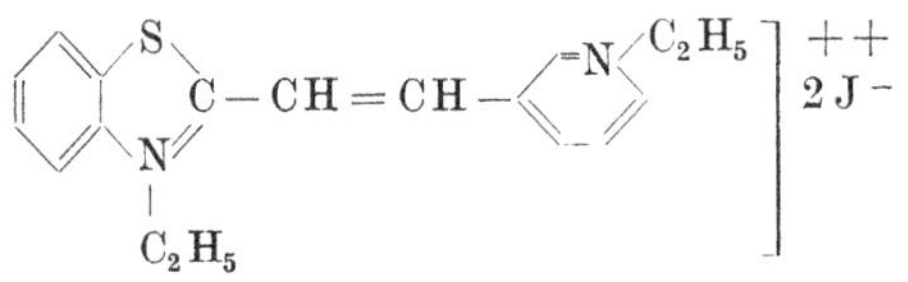 [Benzothiazol-C₂H₅ / C=CH=CH–N(C₂H₅)-pyridinium] ++ 2 J⁻	566 / 4,62	ca. 595	$\frac{1}{125}$	264–65
VIII	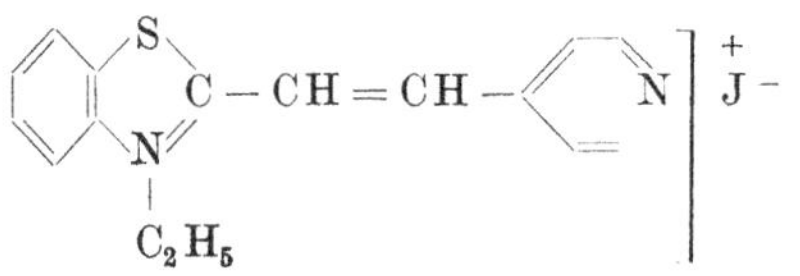 [Benzothiazol-C₂H₅ / C=CH=CH–pyridin] + J⁻	562,5 / 5,14	588	$\frac{1}{32}$	269–71
IX	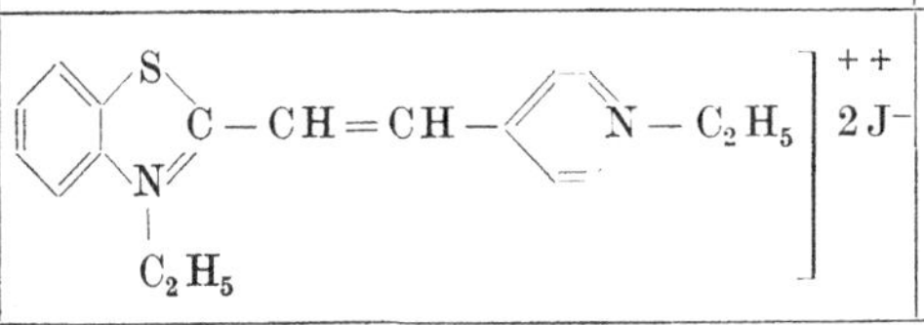 [Benzothiazol-C₂H₅ / C=CH=CH–N(C₂H₅)-pyridinium] ++ 2 J⁻	567 / 4,74	—	$\frac{1}{1000}$	274–75

Tabelle 2

Nr.	Formel	Abs. Max. mµ / log ε	Sensi. Max. mµ	Rel. Empfindlichkeit	Schmp. °C (Zersp.)
X	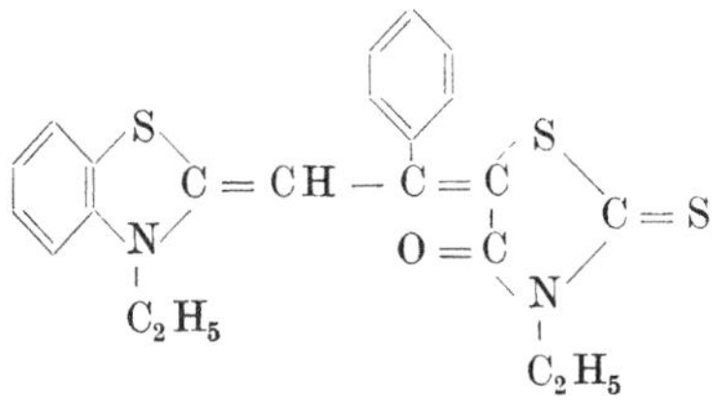 Benzothiazol-C₂H₅ / C=CH–C(C₆H₅)=C / O=C–N(C₂H₅) / C=S	539,5 / 5,05	594	1	249
XI	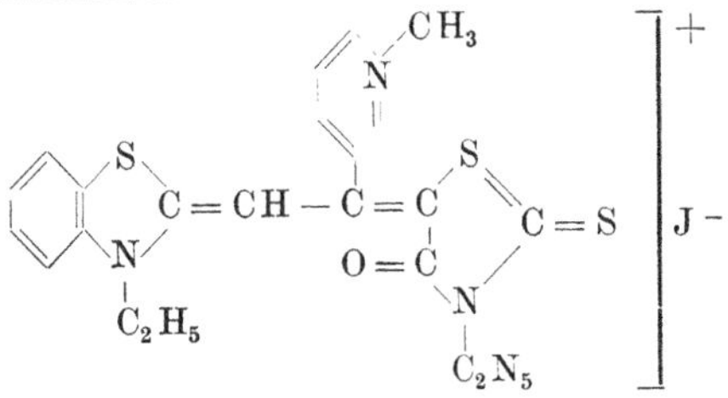 Benzothiazol-C₂H₅ / C=CH–C(N-CH₃-pyridyl)=C / O=C–N(C₂N₅) / C=S]+ J⁻	525 / 4,68	—	$\frac{1}{1000}$	258–60
XII	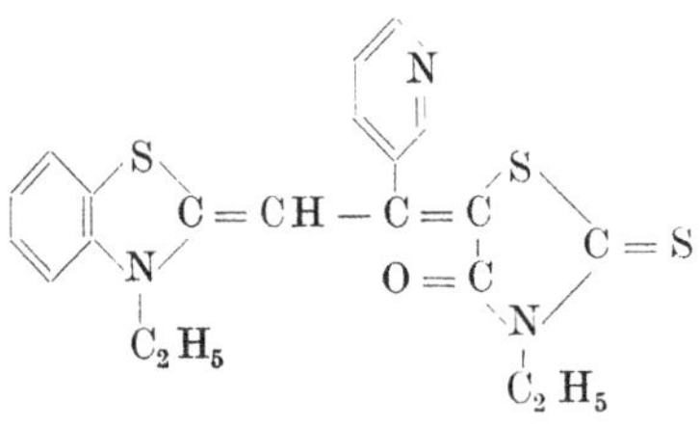 Benzothiazol-C₂H₅ / C=CH–C(pyridyl)=C / O=C–N(C₂H₅) / C=S	541 / 4,98	586	$\frac{1}{6}$	263–64

Tabelle 2 (Fortsetzung)

Nr.	Formel	Abs. Max. mµ log ε	Sensi. Max. mµ	Rel. Empfindlichkeit	Schmp. °C (Zersp.)
XIII	[Struktur] J⁻	531 / 4,72	—	< 1/500	276
XIV	[Struktur]	542 / 5,01	588	1/4	264–65

jeweils einem der beiden Stickstoffatome der Thiazolringe eine gerade Anzahl von Methingruppen oder, anders ausgedrückt:

Bei den sich in Konjugation befindlichen Stickstoffatomen des 4-Pyridylsubstituenten auf der einen und den der Thiazolringe auf der anderen Seite erfolgt die polarisierende Induktion gegensinnig, während sie bei dem „Sensibilisator III" gleichsinnig ist. Es ist hierbei gleichgültig, ob man ein Onium-Stickstoffatom oder ein Carbenium-Atom an einem der Thiazolringe als mesomere Grenzform zugrunde legt. Bei V fehlt also die Gemeinsamkeit der Ladungen, während sie bei III vorhanden ist.

Die Carbocyanine III und V sowie die Styrylfarbstoffe VI und VIII bestätigen die oben angeführte Regel. Verständlicherweise ist jedoch der Effekt der Pyridylsubstituenten an den Carbocyaninen, bei denen das N-Atom sozusagen im „Nebenschluß" steht, wesentlich geringer als z. B. bei den Azacyaninen, bei denen eine Methingruppe der Kette durch Stickstoff ersetzt ist.

Bei den quarternierten Farbstoffen II, IV, VII und IX muß das Stickstoffatom des Pyridinrings sein freies Elektronenpaar mit der Alkylgruppe teilen und wird dadurch positiviert. So zeigt II noch $^1/_{10}$ des Sensibilisierungsvermögens von III, während IV gegenüber V nur noch desensibilisiert. Die Styrylfarbstoffe zeigen etwa das gleiche Verhalten.

Nicht ganz so eindeutig liegen die Verhältnisse bei den Merocyaninen der Tab. 2. Farbstoff XII sollte besser sensibilisieren als XIV. Das umgekehrte ist der Fall, wenn auch die Unterschiede relativ gering sind. Analoges gilt für die Farbstoffe XI und XIII, die nur noch so geringe Spuren von Sensibilisierung zeigten, daß ein Maximum nicht mehr abzulesen ist. Möglicherweise nehmen die π-Elektronen der Pyridylsubstituenten bei den Merocyaninen, die ja auch als Neutrocyanine bezeichnet werden, in einem geringeren Maße an der Mesomerie des Farbstoffs teil, als dieses bei den basischen Cyaninen der Fall ist. Auch sei in diesem Zusammenhang die schon oben erwähnte sicher aplanare Lage der Farbstoffmoleküle nochmals angeführt.

Experimenteller Teil

1. **2-[Methin-(3-pyridyl)-keton]-3-äthylbenzthiazolin:** 35 g 2-Methyl-3-äthyl-benzthiazoliumtosylat werden in 150 ml Pyridin suspendiert und bei 5° portionsweise 24 g salzsaures Nikotinsäurechlorid eingetragen. Nach 30 min. wird das Pyridin im Vakuum abdestilliert, der Rückstand mit Eiswasser und Sodalösung behandelt, abgesaugt und aus Methanol umkristallisiert. Ausbeute: 19,5 g, Fp. 180—182°.
$C_{16}H_{14}N_2OS$(282,3) ber.: N 9,9; gef.: N 9,7.

2. **Thioketon;** 14 g des Ketons werden mit 12 g Phosphorpentasulfid 2^h in 100 ml Chloroform gekocht. Das Reaktionsgut wird mit Eis zersetzt und mit Natronlauge alkalisch gestellt. Die Chloroformschicht wird abgetrennt, das Lösungsmittel abdestilliert und der Rückstand aus Methanol umkristallisiert. Ausbeute: 10,5 g, Fp. 185—190°.

3. **Farbstoff II:** 3 g Thioketon werden mit 4 ml Dimethylsulfat versetzt, die Temperatur steigt auf 80°. Ist die Reaktion abgeklungen, wird kurz auf 140° erwärmt, wobei eine klare Schmelze entsteht, die nach dem Abkühlen mit Äther verrieben wird. Die Kristalle werden mit 3,5 g 2-Methyl-3-äthyl-benzthiazoliumtosylat in 50 ml Alkohol gelöst und mit 2 ml Triäthylamin versetzt. Nach 12^h gibt man 10 ml 20%ige Kaliumjodidlösung hinzu und läßt in der Kälte kristallisieren. Nach dem Umkristallisieren aus Methanol-Äthanol werden 1,1 g erhalten.
$C_{27}H_{27}N_3S_2J_2$ (711,4) ber.: N 5,9; J 35,7; gef.: N 5,7; J 35,4.

4. **Farbstoff III:** 0,5 g des Farbstoffs II werden mit 40 ml Isochinolin 10 min. unter Rühren auf 180° erhitzt, wobei eine Farbänderung der Lösung zu beobachten ist. Das Isochinolin wird mit Wasserdampf abdestilliert und die zurückbleibende wäßrige Lösung mit 1 g Kaliumjodid versetzt. Der auskristallisierte Farbstoff wird aus Alkohol umkristallisiert. Ausbeute: 0,22 g.
$C_{26}H_{24}N_3S_2J$(569,5) ber.: N 7,4; J 22,2; gef.: N 6,8; J 21,9.

5. **2-[Methin-(4-pyridyl)-keton]-3-äthylbenzthiazolin:** Die Darstellung erfolgt analog 1. mit salzsaurem Isonikotinsäurechlorid anstelle von Nikotinsäurechlorid. Ausbeute: 21 g, Fp. 224—228°.
$C_{16}H_{14}N_2OS$(282,3) ber.: C 68,1; H 4,95; N 9,9; S 11,35;
gef.: C 67,6; H 4,95; N 9,5; S 11,6.

6. **Thioketon:** Die Darstellung erfolgt analog Verbindung 2. Ausbeute: 11 g.

7. **Farbstoff IV:** Die Darstellung erfolgt analog Verbindung 3. Ausbeute: 1,5 g.
$C_{27}H_{27}N_3S_2J_2$(711,4) ber.: C 45,6; H 3,8; N 5,9; J 35,7;
gef.: C 44,6; H 4,4; N 5,6; J 35,0.

8. **Farbstoff V:** Die Entmethylierung mit Isochinolin und Aufarbeitung erfolgt analog 4. Ausbeute: 0,21 g.
$C_{26}H_{24}N_3S_2J$(569,5) ber.: N 7,4; J 22,2; gef.: N 6,7; J 23,1.

9. **Farbstoff VI:** 3,5 g 2-Methyl-3-äthylbenzthiazoliumtosylat werden mit 1,1 g Pyridin-3-aldehyd und 1,5 ml Triäthylamin in 10 ml Alkohol 1^h am Rückfluß gekocht. Der Farbstoff wird mit Kaliumjodidlösung gefällt und abgesaugt. Die Substanz wird mit Chloroform behandelt, wobei der Farbstoff in Lösung geht und eine farblose, nicht näher untersuchte Substanz zurückbleibt. Nach dem Verdampfen des Lösungsmittels wird der Farbstoff aus Wasser umkristallisiert. Ausbeute: 0,22 g.

10. **Farbstoff VII**; 0,25 g 9. werden mit 0,22 g Äthyltosylat für 1 min. auf 170° erwärmt, die abgekühlte Schmelze wurde in wenig Methanol gelöst und mit einigen Tropfen Kaliumjodidlösung versetzt. Der auskristallisierte Farbstoff wurde aus Methanol-Äthanol umkristallisiert. Ausbeute: 0,12 g.

11. **Farbstoff VIII**: Die Darstellung erfolgt analog Verbindung 9. mit Pyridin-4-aldehyd anstelle von 3-Aldehyd, gleichfalls die Aufarbeitung. Ausbeute: 0,35 g.
$C_{16}H_{15}N_2SJ(394,3)$ ber.: N 7,1; gef.: N 7,4.

12. **Farbstoff IX**: 0,25 g 11. und 0,22 g Äthyltosylat wurden wie 10. behandelt, gleichfalls die Aufarbeitung. Ausbeute: 0,2 g.

13. **Farbstoff XI**: 3 g der Verbindung 2. wurden mit 4 ml Dimethylsulfat wie bei 3. behandelt, anschließend mit 1,6 g 3-Äthylrhodanin in 50 ml Alkohol gelöst und mit 2 ml Triäthylamin versetzt. Nach 12^h wird der Farbstoff mit Kaliumjodidlösung gefällt und aus Methanol umkristallisiert. Ausbeute: 0,7 g.
$C_{22}H_{22}N_3OS_3J(567,5)$ ber.: N 7,4; J 22,4; gef.: N 7,4; J 22,2.

14. **Farbstoff XII**; 0,3 g der Verbindung 13. werden mit 10 ml Isochinolin 10 min. auf 175° erwärmt. Das Isochinolin wird mit Wasserdampf abdestilliert, der Farbstoff aus der wäßrigen Lösung mit Chloroform entzogen, das Chloroform verdampft und der Rückstand aus Alkohol umkristallisiert. Ausbeute: 0,17 g.
$C_{21}H_{19}N_3OS_3(425,6)$ ber.: N 9,8; gef.: N 9,3.

15. **Farbstoff XIII**: Die Darstellung erfolgt analog Verbindung 13. aus der Verbindung 6. und 3-Äthylrhodanin. Ausbeute: 0,9 g.
$C_{22}H_{22}N_3OS_3J(567,5)$ ber.: N 7,4; J 22,4; gef.: N 7,4; J 23,2.

16. **Farbstoff XIV**: Die Entmethylierung der Verbindung 15. erfolgte wie bei der Verbindung 14. Ausbeute: 0,12 g.
$C_{21}H_{19}N_3OS_3(425,6)$ ber.: N 9,8; gef.: N 9,5.

Literatur

[1] Kodak DRP 652275.
[2] Kodak DRP 670505.
[3] I. G. Farbenindustrie F. P. 877225.
[4] KENDALL, J. D.: Rev. Optique, Paris 227–254 (1936).
[5] RIESTER, O.: Mitt. AGFA Leverkusen–München, Bd. I (1955), S. 44–55.

Über den Einfluß der Gußdicke auf die photographischen Kenngrößen einer Emulsion

Von E. Zeitler

Einleitung

In der Schwärzungskurve einer photographischen Schicht wird die photographische Ursache, nämlich die Belichtung, der photographischen Wirkung, der Schwärzung, gegenübergestellt.

Legt man einzeln belichtete Filme nach der Entwicklung übereinander, so ergibt sich gemäß ihrer Definition die Gesamtschwärzung als Summe der Einzelschwärzungen. Keineswegs jedoch erhält man bei einer gemeinsamen Belichtung der übereinandergelegten Filme mit der Summe der Einzelbelichtungen die Summe der Einzelschwärzungen. Durch die Erhöhung der Schichtdicke wird die Absorption des Lichtes und somit die Lichtverteilung in der Schicht verändert. Die daraus resultierende Schwärzungsverteilung ergibt nicht mehr die Summe der Einzelschwärzungen. Kurz ausgedrückt bedeutet dies, daß die übereinandergelegten Filme, selbst wenn sie von gleicher Emulsion sind, eine andere Schwärzungskurve als die Einzelfilme haben.

In der Abb. 1 sind Dünnschnitte der gleichen Emulsion wiedergegeben, die wohl alle die gleiche Schwärzung, aber deutlich unterschiedliche Schwärzungsverteilungen quer zur Schicht zeigen. Die Veränderung der Lichtverteilung und somit der Schwärzungsverteilung durch die Absorption des Lichtes sind in dem einen Falle durch verschieden starkes Anfärben der Schicht (1a), im anderen Falle durch Vergrößerung

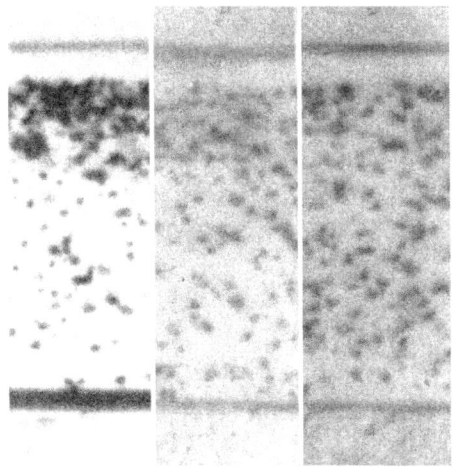

Abb. 1a. Agfa-Isopan-F-Emulsion, Schichtdicke 16 μ, angefärbt mit Tatrazin, Konzentration von links nach rechts 2%; 1%; ½%; $S = 0{,}8$.

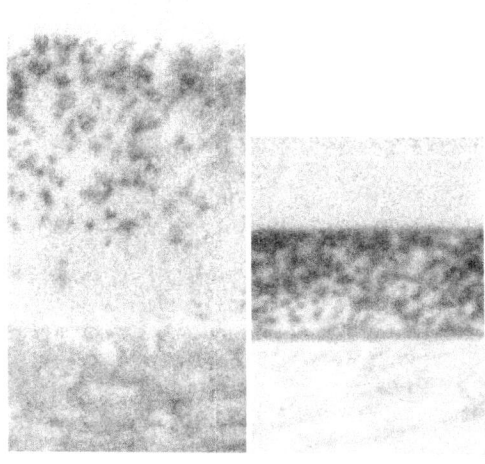

Abb. 1b. Agfa-Isopan-F-Emulsion, Schichtdicke 16 bzw. 6 μ.

der Schichtdicke (1 b) erreicht. (Für beide Reihen jedoch ist jeweils die gleiche Emulsion verwendet). Diese interessante Abhängigkeit der Schwärzungskurve von der Gußdicke soll in der vorliegenden Arbeit behandelt werden. (Änderungen im Auflösungsvermögen werden nicht betrachtet).

I.

1. Elementarschicht

Zum Studium des Einflusses der Schichtdicke auf die Gradation und Empfindlichkeit einer Emulsion zerlegen wir die Schicht in einzelne Schichtelemente, denen wir eine Elementarschwärzungskurve s ($\log I \cdot t$) zuschreiben.

Als Elementarschicht wird eine Schichtdicke verstanden, in der die Absorption des Lichtes vernachlässigbar erscheint. Je nach der Absorbierbarkeit des verwendeten Lichtes ändert sich also die Dicke der Elementarschicht.

Wir wollen gleich eingangs festlegen, daß kleine lateinische Buchstaben der Elementarschicht, große lateinische der Gesamtschicht zugeordnet werden. Griechische Buchstaben, im gleichen Sinne groß oder klein, sind für die in Bezug auf die maximal auftretenden Schwärzungen relativierten Größen vorbehalten.

Dem Buch von MEES [1] entnehmen wir die Möglichkeit, auf Grund statistischer Überlegungen die Gradation g der Elementarschicht zu schreiben als:

$$g (\log I \cdot t) = C \cdot \exp - [h^2 (\log I \cdot t - \log I_o t_o)^2] \tag{1.1}$$

Die Größen C, h und $\log I_o t_o$ sind Kenngrößen der zu beschreibenden Emulsion. Der Zusammenhang mit den üblichen Charakteristiken Gradation, Empfindlichkeit und Maximalschwärzung wird im Folgenden behandelt.

Die Größe C erweist sich in (1.1) schon einfach als die maximal auftretende Gradation $g_{\max}$.

Die Schwärzung zur Belichtung $I \cdot t$ der Elementarschicht ist entsprechend der Definition von g das Integral über g vom Logarithmus der Belichtung Null bis zu dem der entsprechenden Belichtung ($I \cdot t$).

$$s (\log I \cdot t) = \int_{-\infty}^{\log I \cdot t} g(y) \, dy = C \int_{-\infty}^{\log I \cdot t} \exp - [h^2 (y - \log I_o t_o)^2] \, dy \tag{1.2}$$

Die maximale Schwärzung $s_{\max}$ wird erreicht, wenn $I \cdot t$ unendlich wird, dann aber läßt sich das Integral (1.2) lösen und ergibt

$$s_{\max} = C \cdot \frac{\sqrt{\pi}}{h} . \tag{1.3}$$

Auch für die spezielle Belichtung $\log I \cdot t = \log I_o t_o$ ergibt sich ein einfacher Wert

$$s (\log I_o t_o) = \frac{C}{2} \frac{\sqrt{\pi}}{h} = \frac{s_{\max}}{2} ; \tag{1.4}$$

$$g (\log I_o t_o) = C = g_{\max} . \tag{1.5}$$

Die Emulsionskonstante $I_o t_o$ stellt also die Belichtungsgröße dar, die die Elementarschicht bis zur halben Maximalschwärzung schwärzt bzw. die maximale Gradation $g_{\max}$ erreichen läßt. Sie bietet sich als einfaches Empfindlichkeitskriterium an, wenn wir die Empfindlichkeit bei $s_{\max}/2$ messen.

Anders ausgedrückt können wir verschieden empfindliche Emulsionen gleicher Gradation durch eine Kurve beschreiben, wenn wir die Belichtung $I \cdot t$ in Einheiten $I_0 t_0$ messen. Die Bedeutung von $I_0 t_0$ ist hiermit geklärt.

Führen wir deshalb $b = \log\left(\dfrac{I \cdot t}{I_0 t_0}\right)$ ein, so werden unsere Formeln:

$$g(b) = C e^{-h^2 b^2} \tag{1.1a}$$

$$s(b) = C \int_{-\infty}^{b} e^{-h^2 x^2}\, dx \,. \tag{1.2b}$$

Das Integral in (1.2b) hängt mit dem Gaußschen Fehlerintegral $\Phi(x)$ einfach zusammen, dessen Eigenschaften kurz zusammengestellt seien:

$$\Phi(x) = \frac{2}{\sqrt{\pi}} \int_{0}^{x} e^{-y^2}\, dy$$

mit

$$\Phi(-x) = -\Phi(x)\,;\; \Phi(\infty) = 1\,;\; \Phi(0) = 0\,. \qquad \text{(s. Abb. 2)}$$

Aus (1.2b) wird so

$$s(b) = \frac{C}{h} \int_{-\infty}^{hb} e^{-t^2}\, dt = C\, \frac{\sqrt{\pi}}{2h}\, [\Phi(\infty) + \Phi(hb)] \tag{1.2c}$$

$$= \frac{s_{\max}}{2}[1 + \Phi(hb)]$$

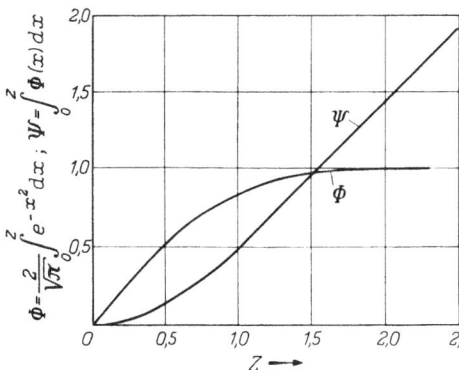

Abb. 2. Gaußsches Fehlerintegral.

Dieses Ergebnis läßt sich auch für verschieden steile Emulsionen einheitlich schreiben, indem wir den beschriebenen Zusammenhang der Größen C, h mit den Emulsionsdaten anwenden. Es ist nämlich nach (1.4) bzw. (1.5):

$$g_{\max} = s_{\max}\frac{h}{\sqrt{\pi}}\,;\quad \frac{h}{\sqrt{\pi}} = \frac{g_{\max}}{s_{\max}} = \gamma_{\max} \tag{1.6}$$

worin sich der emulsionstechnische Sachverhalt widerspiegelt, daß die Gradation um so leichter steil gemacht werden kann, je höher die maximale Schwärzung ist. Die Emulsionseigenart wird also besonders durch das Verhältnis $\dfrac{g_{\max}}{s_{\max}} = \gamma_{\max} = \dfrac{h}{\sqrt{\pi}}$ gekennzeichnet. Wegen der charakteristischen Bedeutung von h ist es angezeigt, die Belichtung b in Einheiten $1/h$ zu messen und $h \cdot b = B$ zu setzen; man erhält dann bei verschieden steilen Filmen mit der gleichen Belichtung B die gleiche relative Schwärzung, wie die umgeschriebene Formel (1.2c) zeigt:

$$\sigma(B) = \frac{s(B)}{s_{\max}} = \frac{1}{2}(1 + \Phi(B)) \tag{1.2d}$$

Für die Gradation erhalten wir lediglich in anderer Schreibweise das Ergebnis, von dem wir ausgegangen waren

$$\frac{d\sigma(B)}{dB} = \gamma(B) = \frac{g(B)}{s_{\max}} = \frac{1}{\sqrt{\pi}} e^{-B^2}$$

Die beiden letzten Formeln sind in Abb. 3 graphisch dargestellt.

2. Die dicke Schicht

Die Schwärzung der Gesamtschicht gewinnen wir durch Summierung der Schwärzungen der Elementarschichten. (Die Packungsdichte aller Schichtelemente ist dieselbe, so daß der Auftrag linear mit der Schichtdicke wächst).

Wegen des Beerschen Gesetzes trifft auf die Elementarschicht in der Tiefe x nur die Belichtung $It \cdot 10^{-\alpha x}$, wenn auf die oberste Schicht, d. h. bei $x = 0$, die Belichtung $I \cdot t$ aufgebracht wurde. Statt $\log I \cdot t$ wird nur $\log I \cdot t - \alpha x$ wirksam und

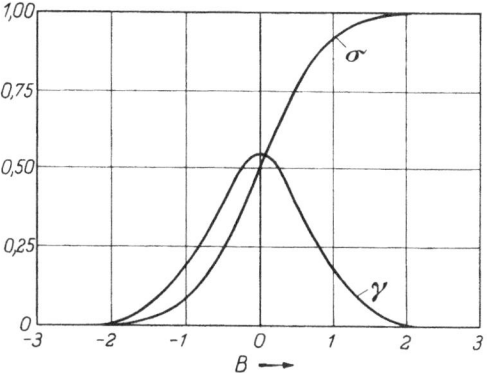

Abb. 3. Relative Gradation und Schwärzung einer Elementarschicht (Theorie s. MEES).

$$s(b,x) = s(b - \alpha x) = C \int_{-\infty}^{b-\alpha x} e^{-h^2 y^2} dy = \frac{s_{\max}}{2} [\Phi(\infty) + \Phi(h(b - \alpha x))] \quad (2.1)$$

Die Gesamtschwärzung einer Schicht von der Dicke t ist die Summe

$$S(b,t) = \int_0^t s(b - \alpha x) dx = t \frac{s_{\max}}{2} + \frac{s_{\max}}{2 h \cdot \alpha} \int_{h(b-\alpha t)}^{h \cdot b} \Phi(z) dz \quad (2.2)$$

Gilt das Beersche Gesetz nicht, so kann die Gültigkeit der gewonnenen Formeln dennoch aufrechterhalten werden, wenn man statt der speziellen Größe αt die Dichte D des unbelichteten Filmes in die Endformeln einführt. Bei Gültigkeit des Beerschen Gesetzes sind beide Größen identisch.

Zur Vereinfachung führen wir das Integral über das Fehler-Integral mit den folgenden Eigenschaften ein:

$$\int_0^x \Phi(y) dy = \Psi(x); \quad \Psi(-x) = \Psi(x); \quad \Psi(x) \sim x \text{ wenn } x \gg 1 \text{ (s. Abb. 2)}$$

dann wird (2.2)

$$S(b,t) = t \frac{s_{\max}}{2} + \frac{s_{\max}}{2 h \cdot \alpha} [\Psi(hb) - \Psi(h(b - \alpha t))]. \quad (2.2\text{a})$$

Auch hier gewinnt man $S_{\max}$, wenn man die Belichtung $b = \infty$ setzt. (Der Grenzübergang wird zweckmäßig vollzogen, indem man mit $\frac{t}{t}$ ergänzt und das Verhalten von Ψ für großes Argument beachtet).

$$S_{\max}(t) = s_{\max} \cdot t; \quad (2.2\text{b})$$

dieses Ergebnis bestätigt die Anschauung, wonach die maximale Schwärzung um so höher sein muß, je höher die Schichtdicke t und die maximale Schwärzung der Einzelschicht sind.

(2.2a) wird also

$$S(b,t) = \frac{S_{max}}{2}\left[1 + \frac{\Psi(hb) - \Psi(h(b-\alpha t))}{h\alpha t}\right]. \quad (2.2c)$$

Führen wir auch hier mit der schon gegebenen Begründung die dimensionslosen Größen $B = h \cdot b$ und $T = h \cdot \alpha t$ ein, so wird

$$\Sigma(B,T) = \frac{S(B,T)}{S_{max}} = \frac{1}{2}\left[1 + \frac{\Psi(B) - \Psi(B-T)}{T}\right]. \quad (2.2d)$$

Es ist noch interessant, den Zusammenhang der hier gewonnenen Formel mit

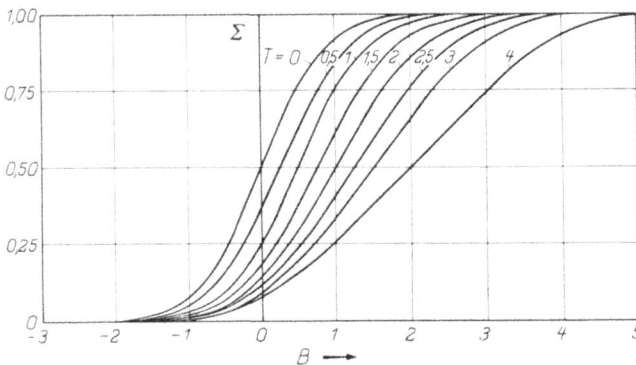

Abb. 4. Relative Schwärzungskurven verschiedener Schichtdicken (Schichtdicken in reduzierten Einheiten).

der Elementarschicht zu betrachten. Die Elementarschicht muß erhalten werden, wenn die Schichtdicke T gegen Null abnimmt. In der Tat geht dann

$$\Sigma(B,T) \underset{T \to 0}{\longrightarrow} \sigma(B), \quad \text{da} \quad \lim_{T \to 0} \frac{\Psi(B) - \Psi(B-T)}{T}$$

nach Definition von $\Psi(B)$ in $\Phi(B)$ übergeht.

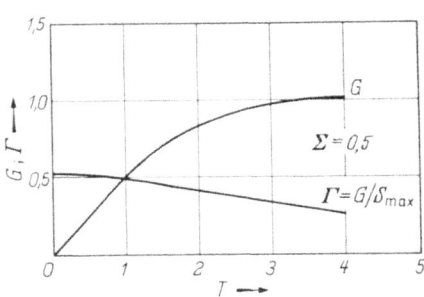

Abb. 5. Gradation und relative Gradation als Funktion der Schichtdicke

Während also bei der dicken Schicht der Tangens des Sekantenwinkels durch zwei Punkte, der Kurve $\Psi(B)$, die den Abstand T haben, maßgeblich ist, ist es bei der Elementarschicht der Tangens der Tangente im Punkt B.

Für die Gradation der Gesamtschicht ergeben sich im Vergleich zur Einzelschicht dieselben Verhältnisse.

$$\frac{d}{dB}\Sigma = \Gamma \cdot \frac{G}{S_{max}} =$$
$$= \frac{1}{2}\frac{\Phi(B) - \Phi(B-T)}{T}; \quad \text{(Abb. 5)} \quad (2.3)$$

In Abb. 4 ist die relative Schwärzung Σ als Funktion der Belichtung B dargestellt, die Schichtdicke T ist Parameter.

In manchen Fällen interessiert, welche Wertepaare B und T dieselbe Schwärzung bewirken. Wählen wir wieder die Belichtung B_o, die zu $S = \frac{S_{max}}{2}$ d. h. $\Sigma = \frac{1}{2}$ führt, als Empfindlichkeitskriterium, so möchte man gern wissen, wie dieses sich mit zunehmendem T ändert.

Nach Gl. (2.2d) heißt das, die Werte $B = B(T)$ bestimmen,
die $\Psi(B) - \Psi(B - T) = 0$ lösen. Da $\Psi(B)$ eine gerade Funktion ist, ist
$B_0 = 1/2\, T$ die Lösung.

Man kann auch allgemein die Linien konstanter Schwärzung als „Höhenschichtlinien" über der B, T Ebene darstellen. Es gilt nämlich:

$$-\frac{dB}{dT} = \frac{\Sigma_T}{\Sigma_B} = \frac{\Phi(B-T) - 2(\text{const.} - 1)}{\Phi(B) - \Phi(B-T)}\,; \quad \Sigma = \text{const.} \tag{2.4}$$

Wird die Empfindlichkeit für irgendeine Schwärzung $S = $ const. (nicht $\Sigma = $ const.) bestimmt, so ergeben sich für diese „Höhenlinien"

$$-\frac{dB}{dT} = \frac{S_T}{S_B} = \frac{1 + \Phi(B-T)}{\Phi(B) - \Phi(B-T)}. \tag{2.5}$$

3. Diskussion der theoretischen Ergebnisse

Die in den vorangegangenen Abschnitten auf formalem Weg gefundenen Formeln sollen nun an Hand von graphischen Darstellungen diskutiert und in den nächsten Abschnitten mit den experimentellen Ergebnissen verglichen werden.

In Abb. 3 ist die Schwärzungskurve einer Elementarschicht eingetragen. Diese Darstellung ist unabhängig von der Empfindlichkeit und dem Gamma der Emulsion, da die Belichtung in Einheiten der Belichtung gemessen wird, die gerade die halbe maximale Schwärzung erzeugt, die Schwärzung dagegen in Einheiten der maximalen Schwärzung. Die Gradation wird dadurch berücksichtigt, daß bei einem steilen Film die Abstufung der Belichtungsreihe feiner gewählt wird als bei einem flachen Film. Es ist verständlich, daß diese Darstellungsweise wegen ihrer Allgemeinheit für theoretische Betrachtung besonders handlich ist; für praktische Auswertungen müssen eben die Größen Empfindlichkeit, Gradation und maximale Schwärzung bekannt sein. Geht man von der Elementarschicht zur endlich dicken Schicht über, so kann man die oben beschriebene Darstellungsweise beibehalten. Als Schichtdickenmaß erweist sich das Produkt $T = h \cdot \alpha \cdot d$ aus Schichtdicke d und Absorptionskoeffizient α des zur Belichtung verwendeten Lichtes in der Schicht für die Betrachtung günstig. Die Steilheit wird, wie oben angedeutet, durch den Faktor h berücksichtigt.

In Abb. 4 sind die Schwärzungskurven verschiedener Schichtdicken T eingetragen ($T = 0$ bedeutet die Elementarschicht).

Auffällig ist, daß die Kurven mit zunehmender Schichtdicke unempfindlicher und flacher werden. Dies ist aus der Darstellungsweise verständlich, während die obersten Elementarschichten vollständig ihren Beitrag zur Gesamtschwärzung liefern, können die darunter liegenden Elementarschichten wegen der Absorption der Belichtung durch die darüber liegenden zunächst nicht voll ausgenutzt werden; sie tragen relativ weniger zur Gesamtschwärzung bei. Selbstverständlich wird durch die Erhöhung der Schichtdicke bei gegebener Belichtung die Schwärzung der Schicht höher, der Wirkungsgrad neu hinzukommender Elementarschichten jedoch nimmt immer mehr ab. Sinngemäß übertragen gilt das Gesagte auch für die Steilheit der Emulsionsschichten. In Abb. 5 ist sowohl die relative Gradation Γ als auch die übliche Gradation G eingetragen; letztere läuft, wie erwartet, asymptotisch einem Grenzwert zu, d. h. weitere Schichtelemente liefern nur geringere Beiträge zur Gradationserhöhung.

Die Abhängigkeit der relativen Schwärzung Σ von der Belichtung B einerseits und der Schichtdicke T andererseits läßt sich auch durch „Höhenschichtlinien", soll heißen Linien konstanter (relativer) Schwärzung darstellen, wie dies in Abb. 6 zunächst durch Umzeichnung der Abb. 4 geschehen ist. Man kann die schon beschriebenen Befunde auch hier entnehmen: Die mit zunehmender Schichtdicke T zunehmende (relative) Verflachung, angezeigt durch die Divergenz der Linien $\Sigma = 0{,}1$ und $\Sigma = 0{,}9$ und die abnehmende relative Empfindlichkeit, oder anders ausgedrückt, die zunehmende Belichtung, die für eine relative Schwärzung $\Sigma = 0{,}5$ benötigt wird.

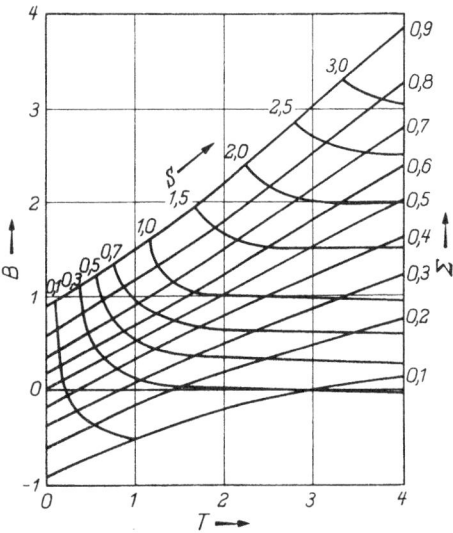

Abb. 6. Isodensen als Funktion der Belichtung und der Schichtdicke.

Die Umzeichnung von Abb. 4 in Abb. 6 hat den Zweck, statt der relativen auch die absoluten Schwärzungen als Funktion von B und T zeichnen zu können. Eine solche Darstellung läßt den Einfluß auf die Empfindlichkeit der Emulsion erkennen und ist von praktischer Bedeutung. Die Zeichnung der absoluten Schwärzungen verlangt eine gegebene Emulsion; wir wählen eine, die bei der Schichtdicke $T = 1$ die maximale Schwärzung $S_{max} = 1$ hat. (Ihre Schwärzungskurve entspricht also der in Abb. 4 mit $T = 1$ bezeichneten).

In die Linienschar $\Sigma = $ const. läßt sich sie Schar $S = $ const. leicht konstruieren. Die Kurve $S = 0{,}5$ z. B. muß bei der gegebenen Emulsion im Punkte $T = 1$ die relative Kurve $\Sigma = 0{,}5$ schneiden, im Punkte $T = 2$ die Kurve $\Sigma = 0{,}25$, entsprechend der Tatsache, daß im Punkte $T = 1$ die maximale Schwärzung $S_{max} = 1$ die relative $\Sigma = 0{,}5$, im Punkte $T = 2$ die maximale der gegebenen Emulsion $S_{max} = 2$, die relative also nur $\Sigma = 0{,}25$ beträgt.

Die so gewonnenen Schwärzungskurven haben einen hyperbelartigen Verlauf mit den Achsen B bzw. T als Asymptoten.

Für die Praxis hat dieser Verlauf folgende Besonderheit:

Mißt man z. B. die Empfindlichkeit der vorgegebenen Emulsion bei einer Schwärzung $S = 0{,}1$ über Schleier, so werden kleine Gußdickenänderungen ΔT im Bereich $T = 0{,}3$ starke Empfindlichkeitsunterschiede (ΔB) bringen, während für $T \approx 1$ die Empfindlichkeit fast unabhängig von Schichtdickenänderungen wird. Alle Kurven $S = $ const. zeigen dieses instabile Verhalten der Empfindlichkeit gegenüber Dickenänderung unterhalb einer kritischen Schichtdicke, die natürlich in höheren Schwärzungen zu größeren Schichtdickenwerten steigt.

4. Vergleich mit Experimenten

Alle Merkmale der dicken Schicht folgen aus denen der Elementarschicht. Die Ergebnisse des vorangegangenen Abschnittes sind allerdings an ein speziell gewähltes, mathematisch handliches Gesetz (von der statistischen Begründung abgesehen) gebunden; trotz dieser Spezialisierung wird die Theorie die Tendenz des Gußdickeneinflusses allgemein gültig wiedergeben. Dies liegt in der prinzipiellen Form aller Schwärzungskurven begründet; anders ausgedrückt, eine Funktion muß nur Schleier, Schwelle, „geradlinigen Teil" und Maximalschwärzung (Sättigung) wiedergeben, um zur Beschreibung der Schwärzungskurve geeignet zu sein.

Nehmen wir deshalb zunächst einen qualitativen Vergleich der experimentellen mit theoretischen Ergebnissen vor.

Aus den Experimenten sind die Beispiele so ausgewählt, daß ihre Darstellungen sich direkt mit den theoretischen vergleichen lassen und ihre Beschreibung nach Möglichkeit neue theoretische oder experimentelle Gesichtspunkte enthält. Um die Gegenüberstellung zusammengehöriger Darstellungen besonders deutlich werden zu lassen, sind jeweils die theoretischen und experimentellen unter der gleichen Abbildungsnummer nebeneinander angeordnet, die letzteren zusätzlich mit a, b, usw. bezeichnet.

a) Experimente mit angefärbten Schichten. In der Theorie ist das Arbeiten mit relativen Schwärzungskurven besonders einfach und elegant, im Experiment jedoch ergeben sich einige Schwierigkeiten. Will man nämlich einen breiteren Gußdickenbereich untersuchen, so haben die zur Relativierung erforderlichen Maximalschwärzungen bald Werte erreicht, die außerhalb der Meßmöglichkeit liegen. Durch Anfärben der Schichten jedoch gibt es einen Weg aus dieser experimentellen Schwierigkeit. Da das Anfärben weder die Elementarkurve noch die Maximalschwärzung der Gesamtschicht, sondern über den Absorptionskoeffizienten nur die „Schichtdicke T" verändert, erhält man durch dieses Verfahren eine Schar relativer Schwärzungskurven.

Ein weiterer Vorteil dieser Methode ist die gegenüber geometrischen Gußdickenänderungen genauere und beliebig einstellbare Abstufung der „Schichtdicke" durch entsprechende Wahl der Farbstoffkonzentration.

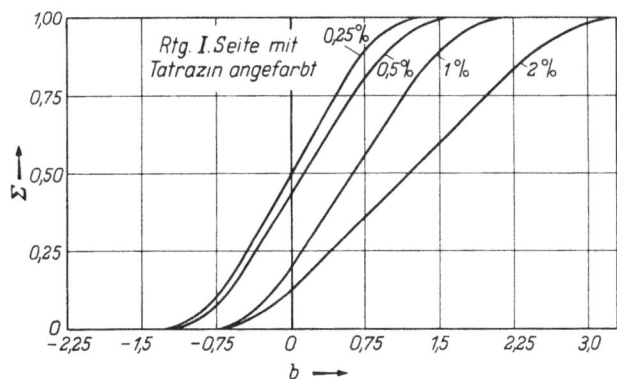

Abb. 4a. Schwärzungskurven verschieden stark angefärbter Filme gleicher Emulsion (siehe Text).

In Abb. 4a sind die relativen Schwärzungskurven eines einseitig begossenen Röntgen-Films eingetragen, der mit verschieden konzentrierter Tatrazinlösung (siehe die Angaben an den einzelnen Kurven) eingefärbt wurde. Die Belichtungswerte sind ebenfalls relativiert. Als Einheit wurde die Belichtung gewählt, die den in einer 0,25%igen Tatrazinlösung gebadeten Film bis zur halben Maximalschwärzung schwärzt.

Die prinzipielle Übereinstimmung mit der Theorie (Abb. 4) muß als sehr gut bezeichnet werden.

Die Darstellungen von Gradation (Abb. 5a) und Empfindlichkeit (Abb. 6a) zeigen ebenfalls den Verlauf der theoretischen Kurven (Abb. 5 bzw. Abb. 6).

(Bei den Experimenten ist unter Gradation jeweils die mittlere Steigung zwischen zwei Kurvenpunkten gemeint. Bei steilen Filmen liegen diese bei $S = 0,7$ und $2,0$, bei flachen bei $S = 0,5$ und $1,5$).

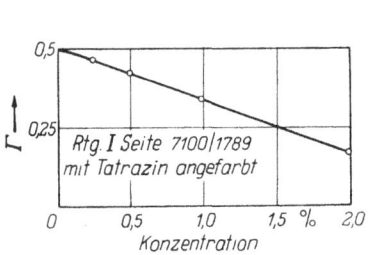
Abb. 5a. Gradation verschieden stark gefärbter Filme gleicher Emulsion.

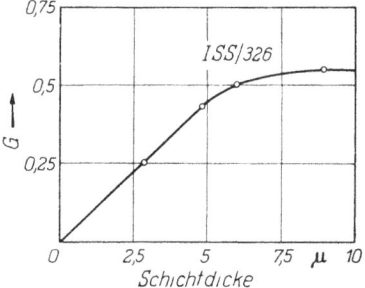
Abb. 5b. Gradation verschieden dicker Filme gleicher Emulsion.

Abschließend sei noch folgender Sachverhalt hervorgehoben. Die Möglichkeit des Anfärbens als „Schichtdickenvariation" war zunächst ein rein theoretischer Aspekt, der aus der „Reziprozität" von Schichtdicke und Absorptionskoeffizient folgt (beide gehen nur als gemeinsames Produkt in die Formeln ein). Die gute Über-

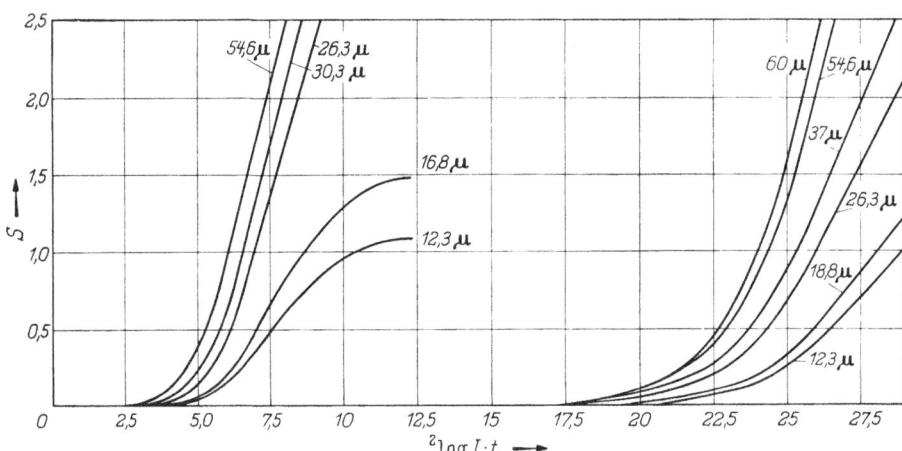
Abb. 7. Gradationskurven verschieden dicker Filme gleicher Emulsion, a) mit Licht, b) mit Röntgenstrahlen belichtet.

einstimmung von Theorie und Experiment bei der experimentellen Veränderung nur des einen Faktors ist ein weiterer Beleg für die Theorie.

b) Experimente mit verschieden dicken Filmen. Die von der Theorie angegebene Abhängigkeit von der Gußdicke ist qualitativ jedem Praktiker bekannt. Besonderheiten sind experimentell nicht zu erwarten.

Um jedoch die Auswirkung der speziell angenommenen Form der Elementarkurve auch experimentell diskutieren zu können, wurden Röntgenfilme verschiedener Gußdicke einmal mit Blaulicht (in den Kurven mit Folie bezeichnet) und einmal mit Röntgenlicht (ohne Folie) belichtet. Für beide Belichtungsarten sind grundsätzlich verschiedene Elementarkurven gültig, die dennoch keine qualitativen, sondern nur quantitative Unterschiede in den entsprechenden Kurvenzügen bewirken.

In Abb. 7 sind die Gradationskurven für die Röntgenbelichtung eingetragen; die Zunahme von Empfindlichkeit und Gradation mit wachsender Schichtdicke trifft, wie erwartet, zu. Die von üblichen Schwärzungskurven durch den weiten Durchhang abweichenden Röntgenkurven deuten auf die besonderen Elementarkurven hin.

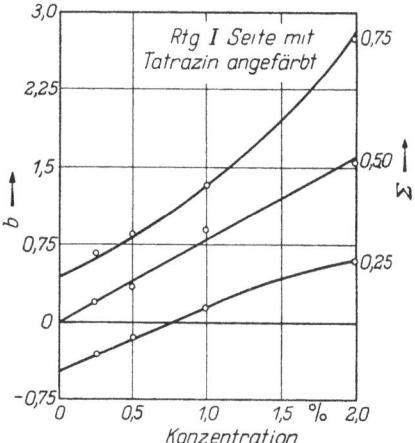

Abb. 6a. Isodensen verschieden angefärbter Filme gleicher Emulsion.

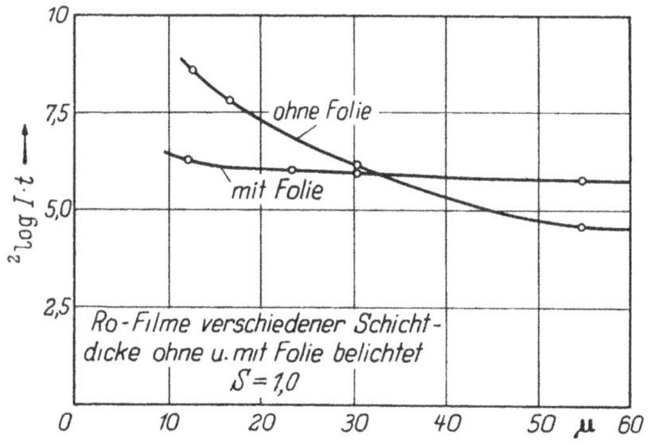

Abb. 6b. Isodensen verschieden dicker Filme gleicher Emulsion.

Abb. 6b zeigt, wie wegen des höheren Absorptionskoeffizienten die Lichtkurve schneller den Sättigungswert erreicht als die entsprechende Röntgenkurve. Der prinzipielle Verlauf ist wieder in Übereinstimmung mit der Theorie für beide Fälle gleich. Eine dem Absorptionskoeffizienten entsprechende Transformation der Schichtdickenwerte (Einführung von T) ist wegen der großen Unterschiede zu ungenau und wurde deshalb unterlassen.

Experimentell ist die Erstellung einer Linienschar wie in Abb. 6 nicht möglich, da nur wenige gleich große Schwärzungswerte aus allen verschieden dicken Filmen, die der Genauigkeit halber zusammen belichtet werden müssen, gleichzeitig vorkommen.

Zusammenfassend kann eine gute qualitative Übereinstimmung zwischen Theorie und Experiment festgestellt werden, um jedoch auch quantitative Aussagen zu bestätigen, bedarf es der Fortführung der Theorie in dem folgenden Abschnitt.

II.

5. Berechnung der Elementarschicht

Eine quantitative Prüfung der Theorie setzt zweckmäßigerweise bei der Überprüfung des in Formel (1.2d) aufgestellten Ähnlichkeitsprinzips ein, wonach die Elementarschwärzungskurven verschiedener Emulsionen durch entsprechende Transformation (Einführung von σ und B) ineinander übergeführt werden können. Die Frage, ob die mathematische Funktion gerade die Fehlerfunktion sein muß, ist relativ unbedeutend gegenüber dem experimentellen Nachweis dieses physikalischen Ähnlichkeitsprinzips (rein mathematische Ähnlichkeitstransformationen der Schwärzungskurve kennt man).

Der zu liefernde Nachweis läßt sich aber nur an Hand der Elementarkurven durchführen, so daß zunächst in diesem Abschnitt ihre Berechnung aus der vorgegebenen Schwärzungskurve einer dicken Schicht behandelt werden muß. Auch ohne das oben gesteckte Ziel dürfte die Berechnung der elementaren Kurve wegen ihrer elementaren Bedeutung von allgemeinem Interesse sein.

Ganz allgemein gilt nach (2.2)

$$S(b,t) = \int_0^t s(b - \alpha x)\, dx , \qquad (5.1)$$

so daß die gewünschte Angabe von $s(b)$ auf die Lösung der Integralgleichung (5.1) hinausläuft, die mit Hilfe der Laplacetransformation einfach gelingt (siehe hierzu G. DOETSCH, Handbuch der Laplace-Transformation. Basel: Birkhäuser 1956).

Ordnen wir der Funktion $S(b,t)$ die Transformierte $\tilde{S}(p,t)^*$ durch das Laplace-Integral

$$S(b,t) = \int_0^\infty e^{-pb}\, \tilde{S}(p,t)\, dp \qquad (5.2)$$

zu, so wird aus (5.1)

$$\tilde{S}(p,t) = \int_0^t e^{\alpha p x}\, \tilde{s}(p)\, dx = \frac{e^{-\alpha p t} - 1}{\alpha p} \cdot \tilde{s}(p) = K(p,t)\, \tilde{s}(p) . \qquad (5.1\mathrm{a})$$

Da die Funktion K in der ganzen p-Ebene keine Nullstelle hat, können wir (5.1a) nach $\tilde{s}(p)$ auflösen und die Rücktransformation gemäß (5.2) ausführen.

Wir erhalten zunächst

$$\tilde{s}(p) = \frac{\tilde{S}(p,t)}{K(p,t)} = \alpha p \cdot \frac{e^{-\alpha p t}}{1 - e^{-\alpha p t}} \cdot \tilde{S}(p,t) \qquad (5.1\mathrm{b})$$

$$= \alpha p \sum_{1}^{\infty} e^{-k p \alpha t}\, \tilde{S}(p,t) .$$

---

* Man nennt den p-Bereich auch Oberbereich, den b-Bereich entsprechend Unterbereich. Verschiebung $-x$ im Unterbereich bedeutet einfach Multiplikation mit e^{px} im Oberbereich. Multiplikation mit p^n im Oberbereich entspricht Differentiation

$$(-1)^n \left(\frac{\delta^n}{\delta b^n}\right)$$

im Unterbereich usw. Daher ist die Laplace-Transformation unserem Problem besonders angemessen.

Die gesuchte Elementarschwärzung wird dann

$$s(b) = \int_0^\infty e^{-bp} \frac{\tilde{S}(p,t)}{K(p,t)} \cdot dp.$$

Die Auswertung dieses Integrals führt zu dem Ergebnis:

$$s(b) = -\alpha \frac{\delta}{\delta b} \sum_1^\infty S(b + k\alpha t, t) \,; \quad (5.3)$$

$$= -\alpha \sum_1^\infty G(b + k\alpha t, t).$$

Wie schon erwähnt, wird der Gültigkeitsbereich der Formeln durch Anwendung der Dichte D des unbelichteten Films erweitert, die im Falle der Gültigkeit des Beerschen Gesetzes mit $\alpha \cdot t$ identisch wird.

Die Formel (5.3) besagt also, daß die Elementarschwärzung die Summe der Gradationswerte der dicken Schicht an äquidistanten Belichtungen ist, deren Abstand gerade dem der Dichte D des dicken unbelichteten Films gleichkommt.

Führen wir zur Überprüfung der gewonnenen Formel (5.3) nach (2.2a) die Gradation der dicken Schicht

$$G(b + k\alpha t, t) = \frac{s_{\max}}{2\alpha} \{\Phi[h(b + k\alpha t)] - \Phi[h(b + (k-1)\alpha t)]\}$$

ein, so wird

$$s(b) = \frac{s_{\max}}{2} \Phi(hb).$$

Wir gewinnen in der Tat bis auf das belanglose additive Glied

$$\frac{s_{\max}}{2} \Phi(\infty) = \frac{s_{\max}}{2}$$

unser Ausgangsergebnis zurück.

a) Praktische Auswertung. Bei einer graphisch oder numerisch vorgegebenen Schwärzungskurve $S(b,t)$ sind die nach (5.3) erforderlichen Differentialquotienten an äquidistanten Belichtungen schwierig und ungenau anzugeben. Viel einfacher gelingt es, Schwärzungsdifferenzen zwischen solchen Punkten anzugeben, die sich, wie im folgenden gezeigt wird, in (5.3) einführen lassen.

Nach (5.1b) läßt sich $\tilde{s}(p)$ schreiben als

$$\tilde{s}(p) = \alpha p \frac{e^{-\alpha pt}}{1 - e^{-\alpha pt}} \cdot \tilde{S}(p,t). \quad (5.1c)$$

Wir wissen aber schon, daß die Multiplikation mit $e^{-\alpha pt}$ im Funktionsraum p eine Verschiebung von b nach $b + \alpha t$ im Belichtungsraum b bedeutet, so daß der Faktor $e^{-\alpha pt} - 1$ der Differenzbildung

$$\triangle S(b) = S(b + \alpha t) - S(b)$$

entspricht.

Wir brauchen also nur die Funktion $\frac{1}{K(p)}$ statt nach Potenzen p^k nach Potenzen $(e^{-p\alpha t} - 1)^k$ zu entwickeln, um bei der Rücktransformation die gewünschten Differenzen zu erhalten; denn auch Potenzen von $(e^{-\lambda p t} - 1)$ entsprechen höheren Differenzen. Dies ist leicht einzusehen, z. B.

$$(e^{-p\lambda t} - 1)^2 \tilde{S}(p) = (e^{-2\lambda p t} - 2e^{-\lambda p t} + 1) \cdot \tilde{S}(p)$$

und entspricht

$$\triangle^2 S = \{S(b + 2\alpha t) - S(b + \alpha t)\} - \{S(b + \alpha t) - S(b)\},$$

allgemein entspricht

$$(e^{-p\lambda t} - 1)^k \tilde{S}(p)$$
$$\triangle^k S(b) = \triangle^{k-1} S(b + \alpha t) - \triangle^{k-1} S(b).$$

Schreibt man für $(e^{-p\lambda t} - 1) = \triangledown$, so wird

$$-p \cdot \alpha = \frac{1}{t} \ln(1 + \triangledown) \quad \text{und} \quad (5.1c)$$

$$\tilde{s}(p) = \frac{1}{t} \cdot \frac{1 + \triangledown}{\triangledown} \cdot \ln(1 + \triangledown) \cdot \tilde{S}(p) \tag{5.1d}$$

$$= -\frac{1}{t} \frac{1 + \triangledown}{\triangledown} \sum_{1}^{\infty} (-1)^k \frac{\triangledown^k}{k} \cdot \tilde{S}(p)$$

$$= \frac{1}{t} \left\{ 1 - \sum_{1}^{\infty} \frac{(-1)^k \triangledown^k}{k(k+1)} \right\} \cdot \tilde{S}(p)$$

Da $\triangledown^k \cdot S(p)$ nun einfach $\triangle^k \cdot S(b)$ entspricht, ergibt die Rücktransformation

$$t \cdot s(b) = S(b, t) - \sum_{1}^{\infty} \frac{(-1)^k}{k(k+1)} \cdot \triangle^k S(b, t). \tag{5.3a}$$

Die Elementarschwärzung stellt sich als Summe von Schwärzungsdifferenzen an äquidistanten Punkten der dicken Schicht dar, deren Abstand gerade der Dichte $\alpha t = D$ des unbelichteten Films entspricht.

Dividiert man beide Seiten durch $S_{\max}$, so erhält man

$$\sigma = \Sigma - \sum_{1}^{\infty} \frac{(-1)^k}{k(k+1)} \triangle^k \Sigma. \tag{5.4}$$

Mit Hilfe der letzten Formel läßt sich sie Konvergenz des Verfahrens beweisen, da nämlich alle Differenzen $\triangle^k \Sigma$ kleiner 1 sind, ergibt sich die konvergierende Majorante

$$\sum_{1}^{\infty} \frac{(-1)^k}{(k+1) \cdot k}.$$

Der Fehler, den man begeht, wenn man die Summation mit dem k-ten Glied abbricht, ist dem Betrage nach kleiner als $\frac{1}{(k+1)(k+2)}$ d. h. für $k = 2$ kleiner 8 %.

Die numerische Auswertung der gewonnenen Formel ist nun einfach. Man teilt die Abszisse der experimentell gegebenen Schwärzungskurve der dicken Schicht in äquidistante Abschnitte, deren Größen so gewählt werden, daß jeweils ein ganzes Vielfaches solcher Teilstrecken der unbelichteten Dichte des Prüflings entspricht. Die Feinheit der Einteilung hängt von der speziellen Form der Schwärzungskurve ab. Ein flacher Film hat im allgemeinen eine niedrige Dichte D, dennoch wird man die Einteilung weiter wählen als bei einer steilen.

Einfluß der Gußdicke auf die photographischen Kenngrößen einer Emulsion 161

Die Schwärzungswerte trägt man in ein vorbereitetes Schema ein und bildet die geforderten Differenzen.

b) Die Berechnung des Einflusses von Schichtdickenänderung. Kann man die Elementarkurve von einer gegebenen Schwärzungskurve berechnen, so kann man auch die Schwärzungskurve der gleichen Emulsion, für beliebige Schichtdicke angeben, d.h. folgende die Praxis interessierende Aufgabenstellung lösen. Es liege die Schwärzungskurve einer Schicht der Dicke t

$$S(b, t) = \int_0^t s(b - \alpha x)\, dx \tag{5.1}$$

vor, aus der die der Dicke $t + \triangle t$ berechnet werden soll.

Da alle Vorarbeit bereits in dem vorangegangenen Abschnitt geleistet ist, sei dieses Problem mitbehandelt.

Es ist:

$$S(b, t + \triangle t) = S(b, t) + \int_t^{t+\triangle t} s(b - \alpha x)\, dx \tag{5.5}$$

oder

$$\triangle_t S(b) = \int_t^{t+\triangle t} s(b - a x)\, dx$$

$$\triangle_t S = S(b, t + \triangle t) - S(b, t).$$

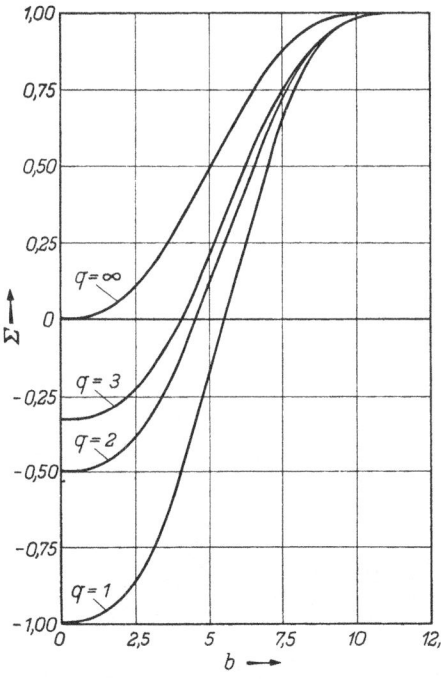

Abb. 8. Beispiel des theoretisch berechneten Schichtdickeneinflusses auf die Gradationskurve (neg. Vorzeichen tritt formal auf).

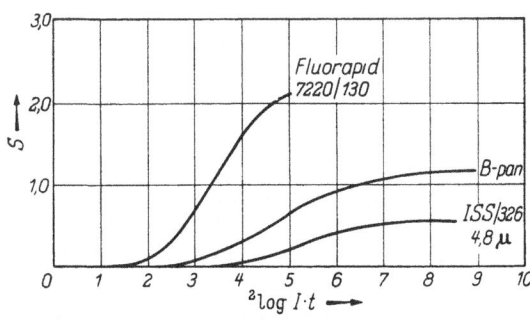

Abb. 9. Schwärzungskurven verschiedener Filme.

Die Laplacetransformation ergibt hier

$$\Delta_t \tilde{S}(b) = \int_t^{t+\Delta t} \tilde{s}(p) e^{p \alpha x} \, dx = \tilde{s}(p) \frac{e^{p\alpha(t+\Delta t)} - e^{p\alpha t}}{\alpha p} \quad .$$

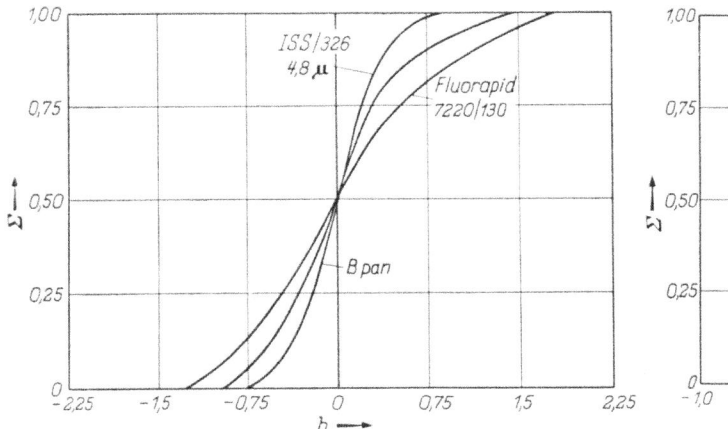

Abb. 9a. Schwärzung und Belichtung relativiert.

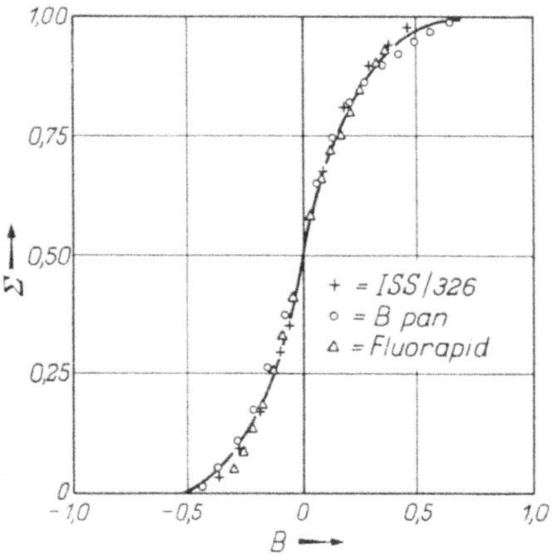

Abb. 9b. Belichtung reduziert.

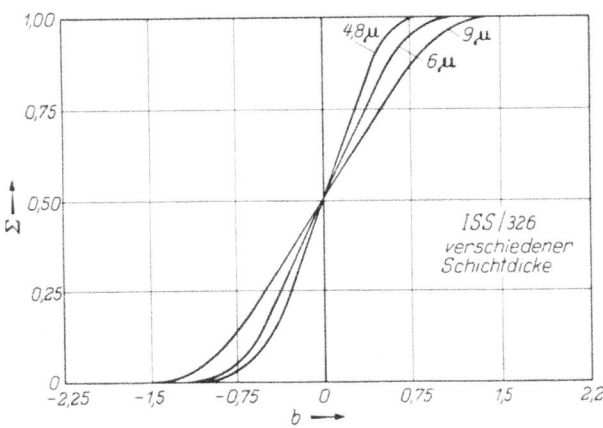

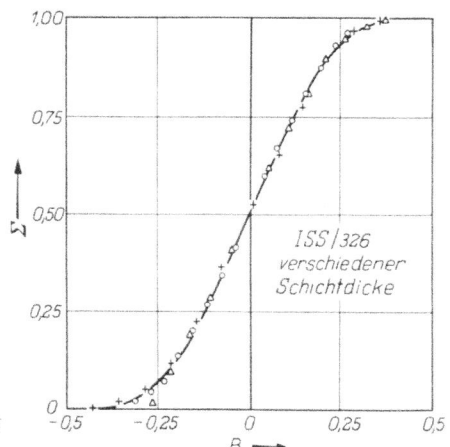

Abb. 10a. Schwärzungskurven verschieden dicker Filme gleicher Emulsion.
Schwärzung und Belichtung relativiert.

Abb. 10b. Belichtung reduziert.

Setzt man die Formel (5.1b) des vorigen Abschnittes ein, so erhält man

$$\Delta_t \tilde{S}(p) = \sum_1^\infty \left\{ e^{p\alpha(\Delta t - kt)} - e^{-p\alpha kt} \right\} \tilde{S}(p) \; . \tag{5.6}$$

Schreibt man für $\alpha t = D \quad \alpha \Delta t = \Delta D$
und transformiert zurück, so erhält man die durch die Dichtenveränderung ΔD bewirkte Schwärzungsänderung.

Einfluß der Gußdicke auf die photographischen Kenngrößen einer Emulsion 163

$$\triangle_t S(b) = \sum_1^\infty \left\{ S(b + kD - \triangle D) - S(b + kD) \right\}. \tag{5.7}$$

In praxi wird man so vorgehen, daß die vorgegebene Schichtendicken- bzw. Dichteänderung $\triangle D$ einen bestimmten Bruchteil $\frac{1}{q}$ der bereits vorhandenen D darstellt.

Es gilt also $q \cdot \triangle D = D$ (q sei eine ganze Zahl).

Dann wird

$$\triangle_t S(b) = \sum_1^\infty \left\{ S(b + (kq - 1) \triangle D) - S(b + kq \triangle D) \right\} \tag{5.7a}$$

als Lösung des Problems ergibt sich dann

$$S(b, D + \triangle D) = S\left(b, \left(1 + \frac{1}{q}\right) D\right) = S(b, D) + \triangle_t S(b). \tag{5.8}$$

Zur Auswertung teilt man die vorgegebene Schwärzungskurve von der betreffenden Belichtung b ausgehend in Abschnitte der Breite $\triangle D$ ein. Je kleiner der relative Dichtezuwachs $\frac{\triangle D}{D}$ ist, in um so größere Abstände werden die Differenzen zwischen Punkten des Abstandes D gebildet. Wegen der speziellen Form der Schwärzungskurve konvergiert das Verfahren schnell.

Die Formel (5.7) geht durch $\triangle D$ dividiert im limes $\triangle D \to 0$ in die Formel (5.3) über. An die Stelle der Differenz tritt dort der Differentialquotient. Wendet man das obige Verfahren auf die Gradationskurve der Abb. 8, die mit $q = \infty$ bezeichnet ist, an, so erhält man die mit $q = 1$ bezeichnete, wenn die Schichtdicke verdoppelt wird. (Für $q \to \infty$ erhält man $\triangle_t S(b) = 0$).

6. Vergleich mit Experimenten

Die experimentellen Ergebnisse dreier, hinsichtlich Korngröße und Gradation (Abb. 9) sehr verschiedener Filme wurden dem Vergleich mit der Theorie zugrunde gelegt. Die relativierten Schwärzungskurven, die in Abb. 9a dargestellt sind, waren Ausgangspunkte für das im vorigen Abschnitt entwickelte Rechenverfahren zu, Gewinnung der Elementarkurven.

Die Einführung der Größe b_o macht keine Schwierigkeit, da sie einfach eine Parallelverschiebung derart bedeutet, daß die relativen Schwärzungen $\sigma = 0,5$ aufeinander zu liegen kommen.

Das nachzuweisende Ähnlichkeitsprinzip ist dann erfüllt, wenn es für die verschiedenen Filme Größen h gibt, die als Maßstabsänderung der Abszisseneinteilung die einzelnen Gradationskurven zusammenfallen lassen.

Entsprechend ihrer Definition (1.6) finden wir als h-Werte:

$h = 0,62$ Agfa-ISS
$h = 0,48$ Agfa phototechnisch B-pan
$h = 0,28$ Agfa Fluorapid

Diese Werte lassen in der Tat die Kurven der so unterschiedlichen Filme innerhalb der Fehlergrenzen gut zusammenfallen (Abb. 9b).

Als weiterer Beleg wurde der beschriebene Rechenvorgang auch an drei Agfa-ISS Filmen verschiedener Gußdicke durchgeführt, deren relative Kurven in Abb. 10a dargestellt sind; er muß dann dreimal die gleiche Elementarkurve liefern, wenn die unbelichtete Dichte der verschiedenen dicken Filme berücksichtigt wird. Die erwartete Übereinstimmung gibt die Abb. 10b wieder.

Durch die geschilderten Ergebnisse ist auch das für die Theorie des 2. Teiles angewandte Absorptionsgesetz experimentell belegt. Weitere Versuche, Einfluß der Entwicklungsbedingungen usw., könnten noch angeschlossen werden.

In diesem Rahmen jedoch sollte die Theorie durch photographisch möglichst verschiedene Filme so weit experimentell bestätigt werden, daß sie zur rechnerischen Vorhersage des Gußdickeneinflusses geeignet ist und blindes Experimentieren erübrigt.

Zusammenfassung

In der vorliegenden Arbeit werden zunächst Formeln über den Einfluß der Schichtdicke auf die Schwärzungskurve entwickelt und mit Experimenten verglichen.

Der Begriff der Elementarschicht wird erläutert, seine Wichtigkeit nachgewiesen und eine Möglichkeit zur Berechnung der elementaren Schwärzungskurven angegeben.

Dieses Verfahren wird auf mehrere Emulsionen angewendet und an ihnen die gemeinsame Darstellbarkeit ihrer Schwärzungskurven (Ähnlichkeitsprinzip) gezeigt.

Formelverzeichnis

s Schwärzung der Elementarschicht

σ Relative Schwärzung der Elementarschicht $\dfrac{s}{s_{\max}}$

g Gradient der elementaren Kurve

γ Relativer Gradient der elementaren Kurve $s_{\max}$

h $\sqrt{\pi} \cdot \gamma_{\max}$ Konstante, welche die Form der Schwärzungskurve der Elementarschicht bestimmt

S Schwärzung der dicken Schicht

Σ Relative Schwärzung der dicken Schicht

G Gradient der dicken Schicht

Γ Relativer Gradient der dicken Schicht

It Belichtung (Ws cm^{-2})

$I_0 t_0$ Belichtung zur Erzeugung von $s = \dfrac{s_{\max}}{2}$

b $\lg \dfrac{It}{I_0 t_0}$

B $h \cdot b$ reduzierte Belichtung

t Schichtdicke (cm)

T Reduzierte Schichtdicke $h\alpha t$

α Absorptionskoeffizient (dekadisch) cm^{-1}

Literatur

[1] MEES, C. E. K.: The Theory of the Photographic Process, New York: MacMillan 1954.

4-Amino-5-pyrazolone als Schwarzweißentwickler

Von L. Burgardt und W. Pelz

I. Einleitung

In jüngster Zeit wurden neue Entwicklersubstanzen bekannt, die hinsichtlich ihres photographischen Verhaltens überraschende Effekte zeigen.

Bei den neuen Entwicklersubstanzen handelt es sich um stickstoffhaltige heterocyclische Verbindungen, die der Reihe der 3-Pyrazolidone (Phenidon, Ilford) [1] und der 3-Pyrazolidon-imine (Phenimine, Agfa) [2] sowie der Reihe der 4-Amino-5-pyrazolone (Aminopyrazolone, Agfa) [3] angehören. Im folgenden werden einige Eigenschaften der letztgenannten Gruppe geschildert.

Mit dem 4-Aminopyrazolon ist durch die präparativ bequeme Zugänglichkeit und durch die zahlreichen Substitutionsmöglichkeiten, die der 5-Pyrazolonring in 1- und 3-Stellung bietet, eine Klasse von entwickelnden Substanzen erschlossen, deren Eigenschaften in weitem Rahmen variierbar sind. Es ist z. B. möglich, in den 1-Phenylkern Sulfo- oder Carboxy-Gruppen einzuführen, die für die gute Löslichkeit von großer Bedeutung sind, ohne eine Verringerung der Entwicklungsintensität in Kauf nehmen zu müssen.

Experimentelle Daten

Für die Versuche wurde Agfa Isopan F Rollfilm verwendet, der im Kurzzeitsensitometer hinter Stufenkeil Faktor 2 belichtet wurde. Die pH-Werte wurden mit einem Gerät der Firma L. Pusl, Type 11, gemessen. Gegebenenfalls notwendige Korrekturen der pH-Werte wurden mit 10%iger HCl bzw. 10%iger NaOH vorgenommen. Salzeffekte konnten vernachlässigt werden. Die Entwicklung wurde im allgemeinen im 3-Liter-Tank durchgeführt, wobei die Sensitometerstreifen in kurzen Zeitabständen gleichmäßig auf- und abbewegt wurden. In einigen Fällen wurde in Schalen entwickelt und die Schalen gleichmäßig bewegt. Temperatur der Entwicklerlösungen war 18° C.

II. Entwicklereigenschaften des 1-Phenyl-3-methyl-4-amino-5-pyrazolons

1. p-H-Abhängigkeit
von Schleierdichte, Gamma und relativer Schwellenempfindlichkeit

Handelsübliche Entwickler sind auf pH-Werte eingestellt, die sich von ca. pH 8 bis ins stark alkalische Gebiet hinein erstrecken, unter pH 8 ist bei diesem Entwickler das Entwicklungsvermögen unzureichend. Untersucht man die Entwicklungsaktivität von 1-Phenyl-3-methyl-4-amino-5-pyrazolon (Formel I) in einem größeren pH-Bereich, so stellt man fest, daß im alkalischen Bereich trotz Zusatz von Antischleiermitteln wie KBr stets starke Schleier auftreten. Erniedrigt man den pH-Wert, so zeigt sich, daß etwa von pH 7,2 ab der Entwickler selbst bei längeren Entwicklungszeiten schleierfrei arbeitet. (Abb 1). Die Menge des entwickelten Silbers nimmt dabei aber zunächst keineswegs in nennenswertem Ausmaß ab, selbst wenn der pH-Wert in das schwach saure Gebiet hineinverlegt wird. Ein deutlich sichtbarer Abfall der Aktivität des Entwicklers tritt erst bei pH 5,5 auf (Abb. 2). Ganz entsprechend verhält es sich mit der entwickelten Schwellenempfindlichkeit; auch hier wird erst ab ca. pH 5,5 ein deutliches Absinken der Empfindlichkeit sichtbar. Berücksichtigt man die in Anbetracht des hohen Molekulargewichtes verhältnismäßig niedrige molare Konzentration von I in den benutzten Entwicklern A und B, so ergibt sich besonders

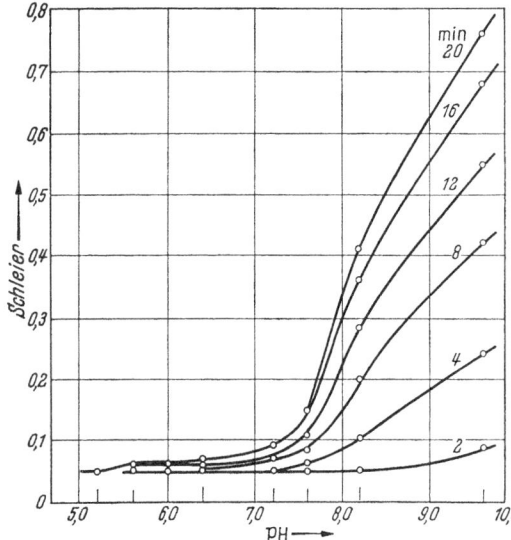

Abb. 1. pH-Schleierdichtekurve für 1-Phenyl-3-methyl-4-amino-5-pyrazolon-(Aminopyrazolon I)-Entwickler. Parameter: Entwicklungszeit (2, 4, 8, 12, 16 u. 20 Min.)

Entwicklerrezept A (für die sauren pH-Werte):

Aminopyrazolon I (Halbsulfat	6	g
Essigsäure 3%ig	200	ccm
Kaliumbromid	0,5	g
Sulfit sicc.	wechselnde Mengen	
Wasser	auf 1000	ccm

Die pH-Werte der Entwicklerlösung 5,2, 5,6, 6,0 u. 6,4 wurden mit folgenden Mengen Sulfit sicc. eingestellt:

pH 5,2	9	g
pH 5,6	12	g
pH 6,0	17,5	g
pH 6,4	27	g.

Entwicklerrezept B (für die neutralen und alkalischen pH-Werte):

Aminopyrazolon I (Halbsulfat)	6	g
Sulfit sicc.	85	g
Soda sicc.	1	g
Kaliumbromid	0,5	g
Wasser	auf 1000	ccm.

Die Lösung hat einen pH-Wert von 8,2; die pH-Werte 7,2 und 7,6 wurden mit 30 ccm bzw. 15 ccm 10%iger Salzsäure, der pH-Wert 9,6 mit 11 ccm 10%iger Natronlauge eingestellt

im neutralen Gebiet eine relativ hohe Aktivität dieser Substanz. Ein Vergleich mit Agfa Final-Entwickler (Abb. 2a) zeigt, daß neutrale Entwickler mit I bei etwas verminderter Rapidität diesem hinsichtlich der ausgenutzten Empfindlichkeit des Materials überlegen sind.

Ähnlich I verhalten sich andere von uns dargestellte 3-Methyl-4-amino-5-pyrazolonderivate (Tab. 1).

4-Amino-5-pyrazolone als Schwarzweißentwickler

Tabelle 1

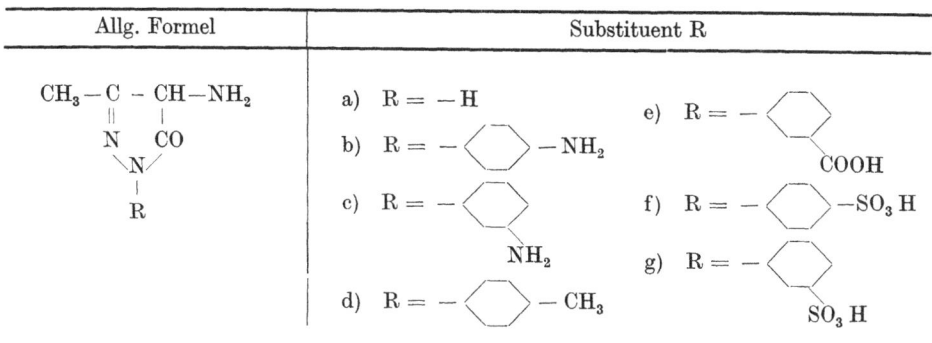

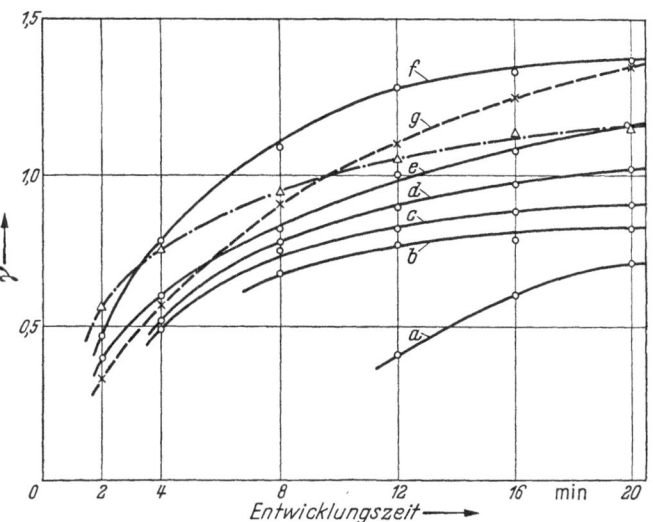

Abb. 2. Gamma-Entwicklungszeitkurven für Aminopyrazolon I- und Agfa-Final-Entwickler.

Parameter: pH-Wert der Entwicklerlösung:
a) pH 5,2; b) pH 5,6; c) pH 6,0; d) pH 6,4; e) pH 7,2; f) pH 7,6; g) pH 8,2, x - - -; Agfa-Final-Entwickler, pH 8,8, △ · · · · · ·

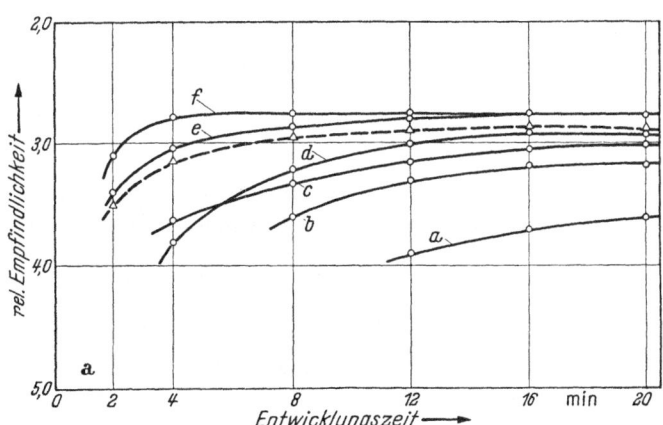

Abb. 2a. Rel. Empfindlichkeit-Entwicklungszeitkurven für Aminopyrazolon I- und Agfa-Final-Entwickler (- - -).

Parameter: pH-Wert der Entwicklerlösung.

2. KBr-Abhängigkeit von Schleierdichte, Gamma und relativer Schwellenempfindlichkeit bei verschiedenen pH-Werten

Die Abhängigkeit der Arbeitsweise photographischer Entwickler von im Laufe langer Gebrauchszeiten variierenden Größen wie etwa dem KBr-Gehalt oder dem pH-Wert ist von besonderer Bedeutung.

Die Untersuchung der KBr-Abhängigkeit von Entwicklern mit I zeigte einige interessante Ergebnisse. Im schwach alkalischen Bereich läßt sich ein starker Entwicklungsschleier nur durch Zusatz recht beträchtlicher Mengen von KBr (12 g/l) genügend reduzieren. Überraschenderweise werden aber weder der Gammawert noch die Schwellenempfindlichkeit durch hohe KBr-Zusätze nennenswert beeinflußt.

Im neutralen Bereich genügen einerseits geringe KBr-Mengen, um den Entwicklungsschleier auszuschalten (1 g/l); andererseits wird aber hier bereits eine, wenn auch relativ geringe nachteilige Beeinflussung von Gamma und Schwellenempfindlichkeit sichtbar. Immerhin kann man bei pH 7,2 im Falle eines Entwicklers mit einem Gehalt von 5 g KBr durch verlängerte Entwicklungszeit etwa die Schwellenempfindlichkeit eines KBr-freien Entwicklers herausholen, ohne daß gleichzeitig der Kontrast des Silberbildes erhöht wird.

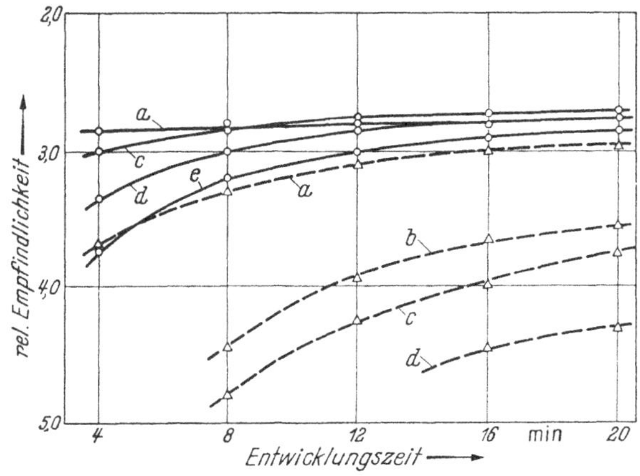

Im schwachsauren Bereich, in dem schon der KBr-freie Entwickler absolut schleierfrei arbeitet, werden Gammawert und Schwellenempfindlichkeit durch geringe KBr-Zusätze zum Entwickler außerordentlich stark beeinflußt. Die Inkubationszeit nimmt mit steigendem KBr-Gehalt schnell zu; der Empfindlichkeitsverlust ist schon bei 0,5 g KBr pro Ltr. sehr hoch. Der Zusatz von 5 g KBr pro Ltr. unterdrückt die Entwicklung praktisch vollkommen (Abb. 3).

Abb. 3. Rel. Empfindlichkeit-Entwicklungszeitkurven für Aminopyrazolon I-Entwickler bei pH 7,2 und pH 6,0
Parameter: KBr-Gehalt der Entwicklerlösung.
——— pH 7,2 ⎱ a) ohne KBr; b) 0,5 g KBr/l;
– – – pH 6,0 ⎰ c) 1 g KBr/l; d) 2 g KBr/l; e) 5 g KBr/l.

3. Empfindlichkeitssteigerung durch Zusatz von 1-(p'-Aminophenyl)-3-pyrazolidon-imin.

Bei der Untersuchung der Eigenschaften von Entwicklerkombinationen zeigte sich, daß Substanzen aus der Entwicklerklasse der 1-Phenyl-3-pyrazolidon-imine — in geringen Mengen zugesetzt — eine beachtliche aktivierende Wirkung hervorrufen. Es handelt sich hier um echte superadditive Effekte. Andere Entwicklersubstanzen wie z. B. Metol, Hydrochinon oder Phenidon zeigen im Gegensatz dazu keine aktivierende sondern eine inhibierende Wirkung.

Phenimine besitzen auch für sich in schwach sauren Lösungen bereits eine geringe Entwicklungsaktivität. Charakteristisch ist dabei die bei hoher Schleierneigung und geringen Kontrasten relativ hohe Empfindlichkeitsausnutzung durch diese Verbindungen. Durch Zusatz geringer Mengen von II zu einem schwach sauren Entwickler mit I ergibt sich eine Verkürzung der Latenzzeit, eine überraschend hohe Konstanz des entwickelten Kontrastes über lange Entwicklungszeiten (von 4′ bis 16′) sowie eine hohe bereits bei sehr kurzen Entwicklungszeiten vorhandene Ausnutzung der Empfindlichkeit des Materials. Längere Entwicklungszeiten erhöhen die Schwellenempfindlichkeit praktisch nicht mehr; dagegen steigt der Entwicklungsschleier etwas an (Abb. 4).

Die Prüfung der Abhängigkeit des gewünschten superadditiven Effektes von der Konzentration an II im Entwickler ergibt, daß ca. 1 bis 3 Gewichtsprozente Phenimin II, bezogen auf Aminopyrazolon I, eine optimale Wirkung herbeiführen. Höhere Konzentrationen an II verursachen ein schnelles Ansteigen des Entwicklungsschleiers.

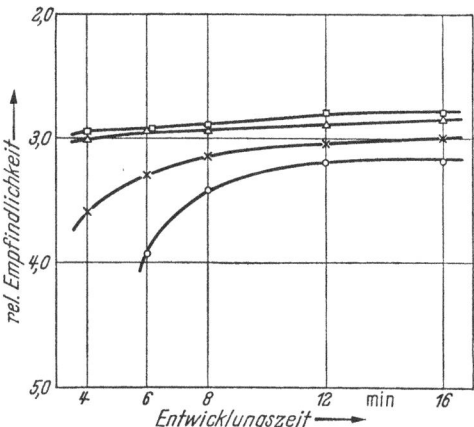

Abb. 4. Rel. Empfindlichkeit-Entwicklungszeit-kurven für Aminopyrazolon I-Entwickler mit und ohne Zusatz von 1-(4′-Aminophenyl)-3-pyrazolidon-imin-dihydrochlorid (Phenimin II) und KBr. (*Entwicklerrezept A*, pH 6,4).

× Rezept A ohne KBr ○ Rezept A △ Rezept A ohne KBr + 0,25 g Phenimin II □ Rezept A + 0,25 g Phenimin II.

III. Entwicklereigenschaften der 4-Amino-5-pyrazolon-3-carbonsäure-Derivate und des 1-Phenyl-4-amino-5-pyrazolons

Abhängigkeit der Entwicklungsaktivität einiger typischer 4-Amino-5-pyrazolonderivate von der chemischen Konstitution

Die Substitution in 3-Stellung ist für den Charakter des Entwicklermoleküls von besonderer Bedeutung. 3-Phenyl-4-amino-5-pyrazolone, 3,4-Diamino-5-pyrazolone, 3-Oxy-4-amino-5-pyrazolone und 3-Carboxymethyl-4-amino-5-pyrazolone sind in ihren Eigenschaften vergleichbar mit 3-Methyl-4-amino-5-pyrazolonen.

Demgegenüber stellen 4-Amino-5-pyrazolone, die in 3-Stellung eine Carboxyl- bzw. substituierte Carboxylgruppe oder keinen Substituenten tragen, praktisch interessante Entwicklersubstanzen dar. In den Abb. 5 und 6 sind einige 4-Amino-5-pyrazolon-3-carbonsäure-Derivate in ihrer Entwicklungsaktivität einander gegenübergestellt. Die Schleierdichten sind in der Abb. 5 nicht aufgetragen, da sie auch bei langen Entwicklungszeiten unterhalb einer Dichte von 0,1 bleiben. Die Entwickler

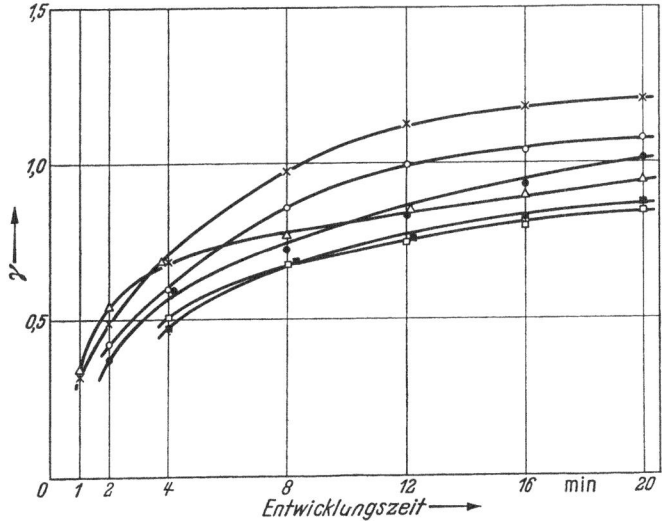

Abb. 5. Gamma-Entwicklungszeitkurven für 4-Amino-5-pyrazolon-3-corbonsäure bzw. 4-Amino 5-pyrazolon-3-carbonsäurederivate. Rezept B, pH 8,2.

Zum Vergleich der „molekularen Entwicklungsaktivität" wurden jeweils die 4,5 g Metol/l entsprechenden äquimolaren Gewichtsmengen der genannten Aminopyrazolone statt des im Rezept B verwendeten Aminopyrazolon I eingesetzt.

× 1-Phenyl-4-amino-5-pyrazolon-3-carbonsäure (III)	5,75 g
○ 1-Phenyl-4-amino-5-pyrazolon-3-carbonsäureäthylester-Halbsulfat (IV)	7,2 g
● 1-(4'-Aminophenyl)-4-amino-5-pyrazolon-3-carbonsäureäthylester-dihydrochlorid (V)	8,75 g
△ 1-Phenyl-4-amino-5-pyrazolon-3-carbonsäureamid-Halbsulfat (VI)	7 g
□ 4-Amino-5-pyrazolon-3-carbonsäureäthylester-hydrochlorid (VII)	5,4 g
■ 4-Amino-5-pyrazolon-3-carbonsäureamid-Hlabsulfat (VIII)	5,0 g

$$\text{HOOC} - \underset{\underset{\underset{\bigcirc}{N}}{N}}{\overset{\parallel}{C}} - \underset{\text{CO}}{\overset{\mid}{CH}} - NH_2 \qquad III$$

$$C_2H_5OOC - \underset{\underset{\underset{\bigcirc}{N}}{N}}{\overset{\parallel}{C}} - \underset{\text{CO}}{\overset{\mid}{CH}} - NH_2 \qquad IV$$

$$C_2H_5OOC - \underset{\underset{\underset{\underset{NH_2}{\bigcirc}}{N}}{N}}{\overset{\parallel}{C}} - \underset{\text{CO}}{\overset{\mid}{CH}} - NH_2 \qquad V$$

$$H_2N - OC - \underset{\underset{\underset{\bigcirc}{N}}{N}}{\overset{\parallel}{C}} - \underset{\text{CO}}{\overset{\mid}{CH}} - NH_2 \qquad VI$$

$$C_2H_5OOC - \underset{\underset{\underset{H}{N}}{N}}{\overset{\parallel}{C}} - \underset{\text{CO}}{\overset{\mid}{CH}} - NH_2 \qquad VII$$

$$H_2N - OC - \underset{\underset{\underset{H}{N}}{N}}{\overset{\parallel}{C}} - \underset{\text{CO}}{\overset{\mid}{CH}} - NH_2 \qquad VIII$$

(III—VIII) arbeiten auch im alkalischen Bereich schleierfrei. Gleichzeitig ist die Beständigkeit dieser Substanzen gegenüber Luftsauerstoff erhöht, so daß alkalische Lösungen dieser Aminopyrazolone in Gegenwart von Sulfit genügend haltbar sind.

Der Vergleich einiger substituierter 4-Amino-5-pyrazolon-3-carbonsäure-Derivate zeigt, daß das 1-Phenyl-3-carbonsäure-Derivat (III) hinsichtlich der entwickelten Schwärzung das aktivste und dem entsprechenden Äthylester (IV) und Carbonsäureamid (VI) überlegen ist (Abb. 5). Charakteristisch ist ferner das Absinken der Entwicklungsaktivität bei in 1-Stellung des Pyrazolon-Kernes unsubstituierten 3-Carbonsäure-Derivaten (VII und VIII). Die Einführung einer Aminogruppe in p-Stellung des 1-Phenyl-Kernes (V) hat keinen aktivierenden Einfluß.

Hinsichtlich des Verlaufs der Gamma-Zeitkurve hebt sich das 1-Phenyl-3-carbonsäureamid (VI) typisch aus der Kurvenschar heraus (Abb. 5). Diese Substanz arbeitet mit kurzer Latenzzeit und entwickelt das Silberbild rapide, ohne selbst bei stark verlängerten Entwicklungszeiten Kontrast und Schleier noch nennenswert zu erhöhen.

Vergleicht man die Empfindlichkeitsausnutzung der einander gegenübergestellten Aminopyrazolon-carbonsäure-Derivate (Abb. 6), so erhält man etwa die gleiche Rangfolge wie in Abb. 5. Das 1-Phenyl-3-carbonsäureamid (VI) hebt sich auch hier wegen seiner relativ hohen und schnellen Empfindlichkeitsausnutzung heraus.

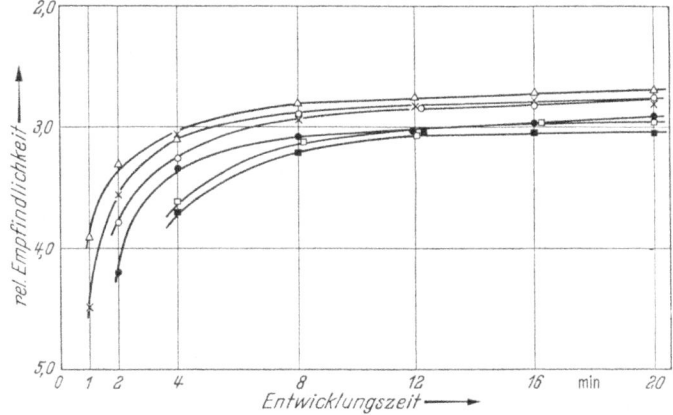

Abb. 6. Rel. Empfindlichkeit-Entwicklungszeitkurven für 4-Amino-5-pyrazolon-3-carbonsäure bzw. 4-Amino-5-pyrazolon-3-carbonsäure-Derivate entsprechend Abb. 5.

An anderer Stelle [5] wurde die geringe pH- und KBr-Abhängigkeit der genannten 4-Amino-5-pyrazolon-3-carbonsäure-Derivate beschrieben. Diese Eigenschaften in Verbindung mit der hier gezeigten Rapidität, der hohen Empfindlichkeitsausnutzung, der geringen Schleierneigung und des bei verlängerten Entwicklungszeiten beinahe unveränderten Kontrastumfanges des entwickelten Silberbildes lassen das Aminopyrazolon VI als außerordentlich leistungsfähigen Entwickler für die Negativ-, insbesondere die Tankentwicklung erscheinen.

Eine weitere Gruppe der praktisch interessanten Aminopyrazolon-Entwickler stellen die in 3-Stellung des heterocyclischen Kernes unsubstituierten 4-Amino-5-pyrazolone dar [6].

IX hat im schwach alkalischen Bereich mit I die kräftige Kontraste hervorrufende hohe Entwicklungsaktivität sowie eine schnelle hohe Empfindlichkeitsausnutzung des Materials, mit VI die größere Luftbeständigkeit und eine geringere Schleierneigung gemeinsam (Abb. 7 und 8). Allerdings gibt die Abb. 7 hinsichtlich

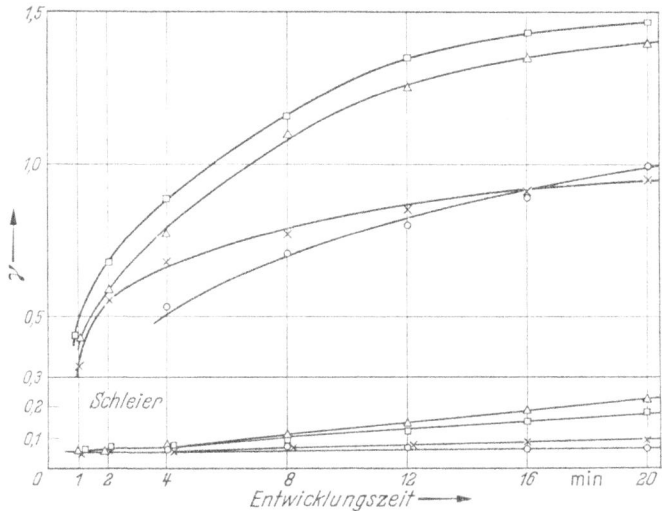

Abb. 7. Gamma-Entwicklungszeit und Schleierdichte-Entwicklungszeit wurden für Metol-, 1-Phenyl-4-amino-5-pyrazolon-3-carbonsäureamid- (VI), 1-Phenyl-3-methyl-4-amino-5-pyrazolon- (I) und 1-Phenyl-4-amino-5-pyrazolon-Entwickler (Aminopyrazolon IX). Rezept B, pH 8,2.

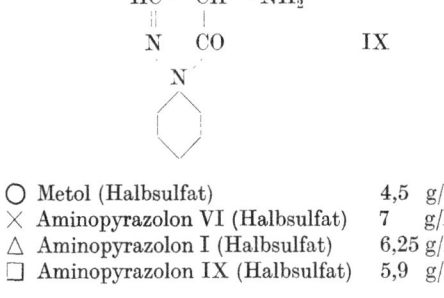

○ Metol (Halbsulfat)	4,5 g/l
× Aminopyrazolon VI (Halbsulfat)	7 g/l
△ Aminopyrazolon I (Halbsulfat)	6,25 g/l
□ Aminopyrazolon IX (Halbsulfat)	5,9 g/l

der Schleierneigung von IX ein weniger günstiges Bild. Der tatsächliche Silberschleier ist wesentlich niedriger als das Koordinatensystem anzeigt. In die Messung geht ein geringer Farbschleier ein, der von einem während der Entwicklung gebildeten Entwicklerrestbild herrührt. Dieses orangefarbige Restbild, das sich bei entsprechender Rezeptgestaltung außerordentlich intensiv gewinnen läßt, ist das symmetrische Azomethin des Pyrazolons IX.

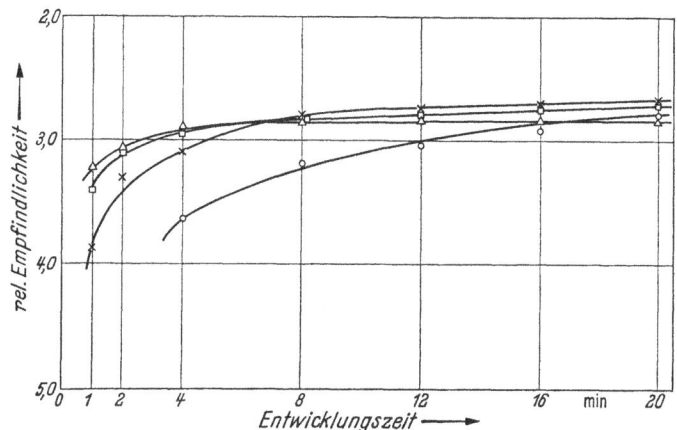

Einige andere Entwickler von Typ IX zeigen bei sonst unveränderten Eigenschaften die Tendenz zur Bildung eines Entwicklerrestbildes nicht. Ähnliche gelbe

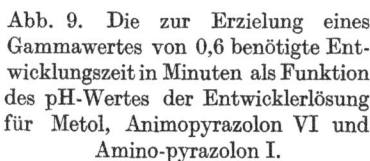

Abb. 8. Rel. Empfindlichkeit-Entwicklungszeitkurve für Metol-, Aminopyrazolon VI-, Aminopyrazolon I- und Aminopyrazolon IX-Entwickler entsprechend Abb. 7.

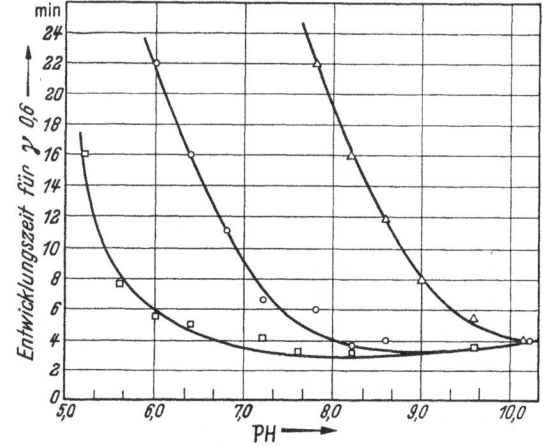

Abb. 9. Die zur Erzielung eines Gammawertes von 0,6 benötigte Entwicklungszeit in Minuten als Funktion des pH-Wertes der Entwicklerlösung für Metol, Animopyrazolon VI und Amino-pyrazolon I.

Entwicklerrezept B, äquimolare Grammengen der Entwicklersubstanzen bezogen auf 4,5 g Metol/l
□ Aminopyrazolon I;
○ Aminopyrazolon VI;
△ Metol

Restbilder lassen sich — bei geeigneter Rezeptur — auch mit Entwicklern von Typ I hervorrufen, z. B. mit 1-(p-Chlorphenyl)-3-methyl-4-aminopyrazolon.

Die Gegenüberstellung der drei genannten typisch substituierten Aminopyrazolone I, VI und IX zu Metol — unter Zugrundelegung molarer Entwicklerkonzentration — zeigt anschaulich die Überlegenheit der Aminopyrazolone hinsichtlich Rapidität und Empfindlichkeitsausnutzung bei niedrigen alkalischen pH-Werten (Abb. 7 und 8).

In der Abb. 9 ist die Funktion der zur Erzeugung eines gegebenen Gammawertes (0,6) erforderlichen Entwicklungszeit von der H-Ionenkonzentration des Entwicklers für die Aminopyrazolone I, VI sowie für Metol aufgetragen. Danach ergibt sich für I als praktisch günstiger Wirkungsbereich das schwach alkalische Medium. Erst bei einem pH-Wert von etwa 9,5 bis 10,0 erreicht Metol die Aktivität der genannten Aminopyrazolone.

IV. Vergleich der KBr-Abhängigkeit von Metol-Hydrochinon-, Phenidon-Hydrochinon- und Aminopyrazolon-Hydrochinon-Entwicklern

Es wurde bereits mitgeteilt [5], daß sich Aminopyrazolon-Entwickler gegenüber Metol-Entwicklern durch die relativ hohe Konstanz ihrer photographischen Eigenschaften bei Erhöhung des KBr-Gehaltes auszeichnen. Es erhob sich die Frage, ob dieser Effekt auch bei der Kombination mit Hydrochinon sichtbar wird.

Für diese Untersuchung wurde das Entwicklerrezept von AXFORD und KENDALL [4] benutzt, in dem 2 g Metol durch 0,2 g Phenidon bzw. 2 g Aminopyrazolon VI ersetzt wurde. Die Variierung des KBr-Gehaltes der Entwicklerlösungen von 0 bis 8 g/l zeigt, daß die Gammazeitkurven bei der Phenidon-Hydrochinon- und der VI-Hydrochinon-Kombination dichter gebündelt verlaufen, während sie bei der Metol-Hydrochinon-Kombination weiter auseinanderstreben. Der Zusatz von 5 g KBr bremst die Metol-Hydrochinon-Entwicklung fast vollkommen, die Phenidon-Hydrochinon- und VI-Hydrochinon-Entwicklung wird demgegenüber relativ wenig verzögert, d. h. daß die Konstanz der photographischen Eigenschaften der Aminopyrazolonentwickler auch in der untersuchten Kombination VI-Hydrochinon gewährt ist. Die Untersuchung der Abhängigkeit der entwickelten Schwellenempfindlichkeit vom KBr-Gehalt der Entwicklerlösung vermittelt ein ähnliches Bild.

V. Zusammenfassung

1. 3-Methyl-4-amino-5-pyrazolone stellen Entwicklersubstanzen dar, die im neutralen und schwach sauren pH-Bereich belichtetes Halogensilber kräftig entwickeln. In Gegenwart von Alkali zeigen diese Substanzen hohe Schleierneigung.

2. Die photographischen Eigenschaften des 1-Phenyl-3-methyl-4-amino-5-pyrazolons werden im neutralen pH-Bereich durch steigende KBr-Konzentration des Entwicklers relativ wenig beeinflußt; im schwach sauren Bereich ist der hemmende Einfluß von KBr dagegen außerordentlich groß.

3. Durch Zusatz geringer Mengen (1 bis 5%) von 1-(p'-Aminophenyl)-3-pyrazolidon-imin zu schwach sauren Lösungen von 1-Phenyl-3-methyl-4-amino-5-pyrazolon werden superadditive Effekte erhalten. Der verzögernde Einfluß des KBr ist bei dieser Kombination wesentlich vermindert.

4. 4-Amino-5-pyrazolon-3-carbonsäure-Derivate vermögen im neutralen und schwach alkalischen pH-Bereich belichtetes Halogensilber rapide und kräftig zu entwickeln. Die bezeichneten Substanzen besitzen sehr geringe Schleierneigung und sind in Lösung gegenüber Luftoxydation genügend beständig. Die Abhängigkeit der

Entwicklungsaktivität von der Substitution in 1-Stellung und der Substitution der Carboxylgruppe in 3-Stellung des Pyrazolon-Ringes wird dargelegt.

5. Die in 3-Stellung des Pyrazolonkernes unsubstituierten 4-Amino-5-pyrazolone verhalten sich hinsichtlich Schleierneigung und Beständigkeit in Lösung etwa wie die 4-Amino-5-pyrazolon-3-carbonsäure-Derivate; in ihrer Entwicklungsaktivität sind sie den Carbonsäure-Derivaten überlegen und entsprechen etwa den 3-Methyl-4-amino-5-pyrazolonen.

6. Für die Kombination von 1-Phenyl-4-amino-5-pyrazolon-3-carbonsäureamid mit Hydrochinon wird die KBr-Abhängigkeit von Gamma, Schleierdichte und relativer Schwellenempfindlichkeit untersucht und entsprechenden Messungen mit Phenidon-Hydrochinon- und Metol-Hydrochinon-Entwicklern gegenübergestellt.

Literatur

[1] KENDALL, J. D.: BP. 542502. Brit. J. phot. **100**, 56 (1953).
[2] ULRICH, H., R. MERSCH, O. WAHL u. D. DELFS: DP. 945606.
[3] DRP. 646516.
  BURGARDT, L., W. PELZ, O. WAHL u. H. SASSMANN: DP. 955025.
[4] AXFORD, A. J., u. J. D. KENDALL: Brit. J. Phot. **103**, 272—274 (1956).
[5] BURGARDT, L., W. PELZ, H. SASSMANN u. O. WAHL: Intern. Konf. f. Wiss. Phot. Köln 1956.
[6] PELZ, W., L. BURGARDT, M. O. WAHL, D.A.S. 1029 229.

Die Regenerierung photographischer Entwickler.
Modellversuche zur Regenerierung einfacher Entwicklungssysteme. Vorteile substituierter 4-Aminopyrazolon-3-carbonsäuren gegenüber Metol

Von H. Sassmann

Die organischen Reduktionsmittel eines photographischen Entwicklers werden sowohl durch das Halogensilber der verarbeiteten Emulsionsschichten als auch durch den Luftsauerstoff oxydiert. Die Entwickler-Oxydationsprodukte beider Reaktionen sind sehr ähnlich und beeinflussen die Entwicklungskinetik auch annähernd in gleichem Maße. Wesentlich überdeckt wird dies allerdings durch den entscheidenden Einfluß der verschiedenen, sich gleichzeitig bildenden anorganischen Reaktionsprodukte. Während bei der Erschöpfung im Verlauf des Entwicklungsvorganges unter Verminderung der Gesamtalkalität Alkalihalogenid entsteht, führt dagegen die Luftoxydation von Entwicklerlösungen unter Sulfitverbrauch zur Bildung von freien Hydroxylionen. Die beiden, in der Praxis nebeneinander und entsprechend den jeweiligen Verarbeitungsbedingungen mit sehr verschiedener Geschwindigkeit ablaufenden Oxydationsprozesse führen daher zu einer wesentlichen Verschiebung im ursprünglich (Frischentwickler) vorhandenen Konzentrationsverhältnis $[OH^-]/[Br^-]$.

Bei der Erschöpfung des Entwicklers ohne zusätzliche Regenerierung wird sich also der pH-Wert in Abhängigkeit von der Pufferung des Systems, der Durchsatzzahl und den Verarbeitungsbedingungen ändern, die Bromionen-Konzentration dagegen nur entsprechend dem Durchsatz erhöhen. Wird im normalen Tankbetrieb entsprechend der ausgeschleppten Flüssigkeitsmenge bromidfreie Nachfüllung zugesetzt („topping-up"-System) [1], so steigt der KBr-Gehalt des Entwicklers je nach Ausschleppung bis zu einem Grenzwert von 5 bis 7 g/l an. Verwendet man dagegen die Nachfüll-Lösung nicht nur zur Ergänzung des durch Ausschleppverluste verminderten Tankinhaltes, sondern ersetzt vielmehr täglich einen beträchtlichen Teil des Entwicklers („bleed"-System) [2], so kann der Bromkaliumspiegel in Grenzen auf jeden beliebigen Wert eingestellt werden. Dieses Verfahren, welches allerdings neben der laufenden sensitometrischen Überwachung eine ständige analytische Kontrolle des Bades erfordert, wird seit Jahren in den Kopieranstalten zur Entwicklung von Kinefilmen angewendet.

Das Problem der Regenerierung eines Tankentwicklers kann dagegen erst dann als gelöst betrachtet werden, wenn es unter Verwendung relativ KBr- und pH-unempfindlicher Kombinationen von Entwicklungssubstanzen gelingt, mit der nur geringfügigen Nachfüllung nach Maßgabe der Ausschleppung hohe Verarbeitungskonstanz hinsichtlich Gradation *und* Empfindlichkeitsausnutzung zu erzielen.

Über die im Gegensatz zu Metol nur geringe Beeinflußbarkeit der Entwicklungskinetik von Phenidon durch Bromionen [3], bzw. die äußerst kleine KBr- und pH-Abhängigkeit bei Derivaten der 4-Amino-5-pyrazolon-3-carbonsäure [4] ist bereits in den letzten Jahren berichtet worden. Anschließend von uns durchgeführte Arbeiten zeigten bei verschiedenen Entwicklungssubstanzen sehr unterschiedliche pH-Abhängigkeit des KBr-Einflusses auf die Entwicklungsgeschwindigkeit. So sind z. B. Entwickler mit 22 mMol/l 4-Aminopyrazolon und 100 g/l Na_2SO_3 im üblichen Alkalitätsbereich, praktisch unabhängig vom pH-Wert, sehr wenig KBr-empfindlich, während gleichmolare Metolentwickler diese für eine einfache Regenerierbarkeit zweifellos günstige Eigenschaft absolut nicht zeigen (Abb. 1, Agfa IF-Film, $\gamma = 0{,}65$).

Es lag daher nahe, die Regenerierungsmöglichkeit durch pH-Steigerung und Erhöhung der Konzentration an Entwicklungssubstanz im Modellversuch bei hohem KBr-Gehalt zu untersuchen. Um eine Überlagerung der Ergebnisse durch Superadditivitätseffekte auszuschließen, wurde auch hier mit Einstoffentwicklern vom Typ 4-Aminopyrazolon/Sulfit bzw. Metol/Sulfit gearbeitet.

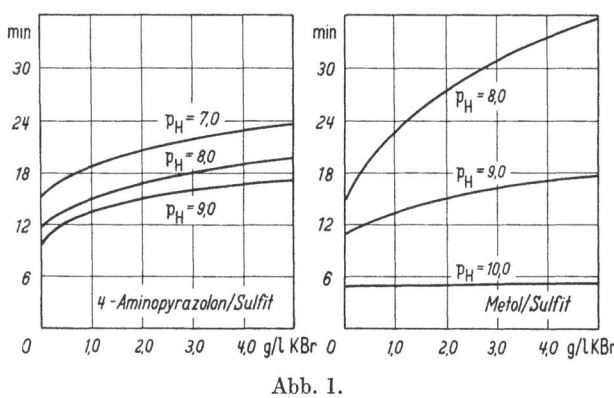

Abb. 1.

Die für die Versuche verwendeten Entwickler enthielten 3,6 g Metol (MG = 172,2) bzw. das Halbsulfat des 1-Phenyl-4-Amino-5-pyrazolon-3-carbonsäureamids (MG = 267) nur in $^2/_3$ der äquimolaren Menge neben 100,0 g Na_2SO_3 sicc. pro Liter. Die einzelnen Entwicklungssysteme wurden auf die jeweils angegebenen pH-Werte nach Bedarf mit $K_2S_2O_5$ oder Na_2CO_3 (NaOH) eingestellt. Die Ausgangslösungen erforderten infolge der wesentlich höheren Entwicklungsgeschwindigkeit des 4-Aminopyrazolons sehr verschiedene pH-Werte, um in gleicher Zeit (15 Min. bei 20° C unter gleichförmiger, intermittierender Bewegung) die für unsere Versuche verwendeten Agfa ISS-Filme auf ein gleiches Gamma von 0,6 zu entwickeln. Diese Bedingungen erfüllte der angegebene Metol-Sulfit-Entwickler bei pH 7,8, der 4-Aminopyrazolon-Entwickler

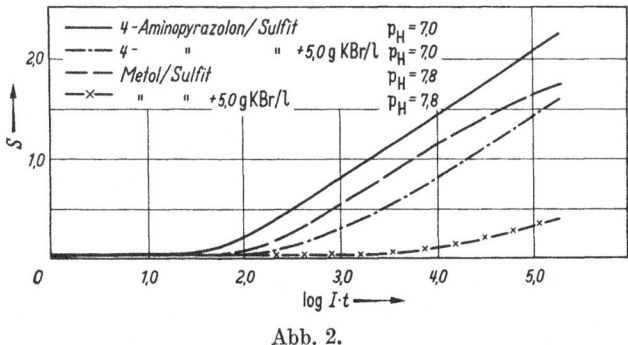

Abb. 2.

dagegen trotz absichtlich um $^1/_3$ verminderter molarer Konzentration bereits bei pH 7 mit einer im Mittel um $1^1/_2$ Blenden günstigeren Empfindlichkeitsausnutzung. Aus Abb. 2 ist gleichzeitig der sehr verschieden starke Aktivitätsrückgang ersichtlich, welcher eintritt, wenn man beiden Ausgangsentwicklern je 5,0 g/l KBr zusetzt, wobei die oben genannten Entwicklungsbedingungen (15 Min. bei 20° C und gleichartiger Bewegung) wie für alle folgenden Versuche absolut konstant gehalten wurden.

Der Einfluß der pH-Steigerung auf die beiden durch 5,0 g KBr/l gebremsten Entwicklungssysteme ergibt sich aus Abb. 3 und 3a. Auch hier zeigen sich deutliche Unterschiede zwischen dem 4-Aminopyrazolon und Metol. Während der 4-Aminopyrazolon / Sulfit / KBr-Entwickler auf pH-Erhöhung nur durch erhöhte Empfindlichkeitsausnutzung und im weiteren Verlauf des pH-Anstieges durch deutliche Schleierzunahme reagiert, ändert sich die Entwicklungskinetik des vergleichbaren Metol/Sulfit/KBr-Systems sehr rasch unter relativ geringer Schleieranfälligkeit. Werden beide Entwickler durch Alkalizugabe auf gleiche Entwicklungsgeschwindigkeit (gleiches Gamma unter konstanter Verarbeitungsbedingung) wie die Ausgangslösungen ohne KBr gebracht, so erreichen wir bei 4-Aminopyrazolon etwa 50%

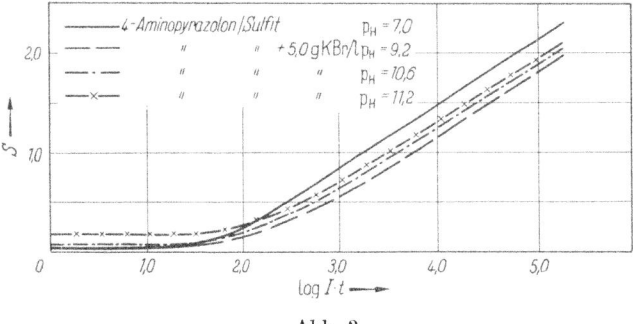

Abb. 3.

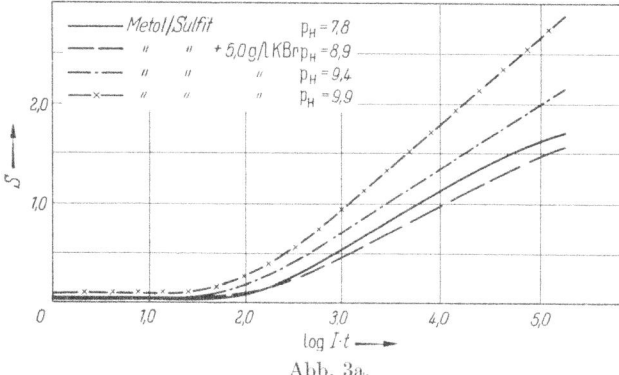

Abb. 3a.

der ursprünglichen Empfindlichkeitsausnutzung; bei Metol dagegen wird gleiches Gamma erst bei einem bereits um 90% erhöhten Wert erreicht. In beiden Fällen können dagegen die durch KBr hervorgerufenen Verluste an Entwicklungsgeschwindigkeit und entwickelbarer Empfindlichkeitsausnutzung eliminiert werden, wenn man mittels der Regenerierungslösung gleichzeitig OH-Ionen *und* Entwicklungssubstanz in bestimmtem Verhältnis zuführt.

Um die Effekte zu trennen und die optimal notwendige Menge Entwicklungssubstanz festlegen zu können, wurde zunächst in zwei Konzentrationsreihen die Aktivitätssteigerung ermittelt (Abb. 4 und 4a) und anschließend mit jeder Zusatzmenge an 4-Aminopyrazolon bzw. Metol pH-Reihen durchgeführt. Die günstigsten Bedingungen für die möglichst vollständige Ausschaltung der photographischen Wirkung von 5 g KBr/l durch pH-Erhöhung fanden wir bei einem gleichzeitigen Zusatz von 1,0 g/l des 4-Aminopyrazolons bzw. von 0,3 g/l Metol zu den betreffenden Ausgangsentwicklern. Während also KBr-freie 4-Aminopyrazolon-Entwickler bereits wesentlich erhöhte Aktivität mit nur $2/3$ der molaren Menge von Metol haben, brauchen

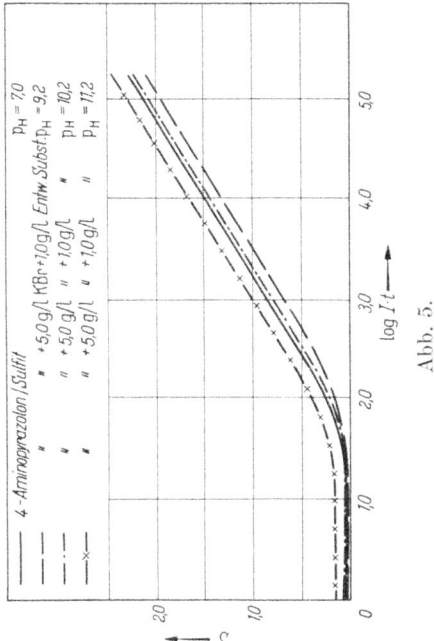

Abb. 5.

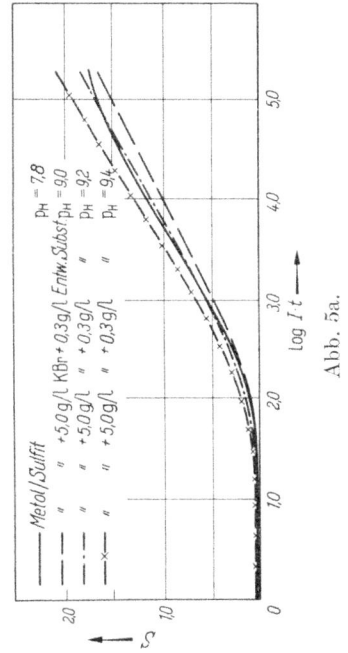

Abb. 5a.

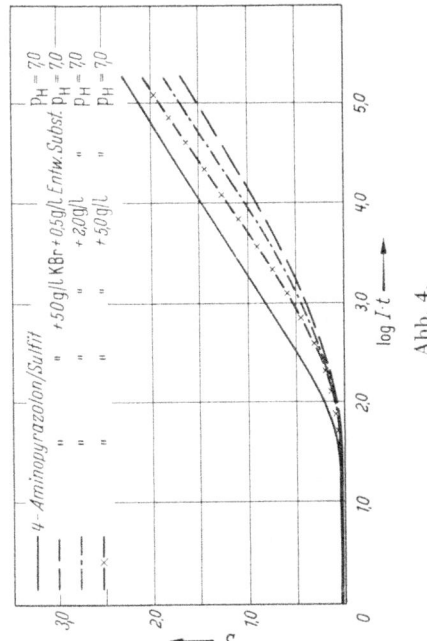

Abb. 4.

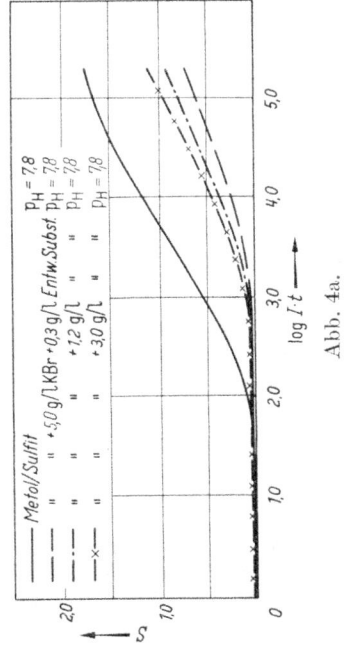

Abb. 4a.

sie zu ihrer Regenerierung infolge der nur geringen Beeinflußbarkeit ihrer Entwicklungsgeschwindigkeit durch OH-Ionen die doppelt molare Menge.

Aus den Abbn. 5 und 5a geht hervor, daß bei beiden Entwicklungssystemen der zwar sehr verschieden kinetisch wirksame Einfluß einer hohen Bromionen-Konzentration durch geeignete Regenerierungsmaßnahmen praktisch kompensierbar ist. Soll jedoch ein Entwickler einfach und sicher zu regenerieren sein, so muß auch das regenerierte System möglichst stabil sein, d. h. auf geringfügige Änderungen seiner kinetisch wichtigen Komponenten möglichst wenig ansprechen. Wie unsere Versuche zeigen, ist das bei Metol viel weniger der Fall als bei den 4-Aminopyrazolonen.

Zusammenfassung

Photographische Entwickler auf Basis einer substituierten 4-Amino-5-pyrazolon-3-carbonsäure sind im üblichen Alkalitätsbereich, praktisch unabhängig vom jeweiligen pH-Wert, weitgehend KBr-unempfindlich. Dagegen wird die Entwicklungskinetik eines Metol-Entwicklers durch Änderung von [Br$^-$] und [OH$^-$] stark beeinflußt. Geht man von Entwicklern annähernd gleicher Aktivität aus, so kann der verzögernde Einfluß eines Zusatzes von 5,0 g KBr/l in beiden Fällen durch eine entsprechende pH-Erhöhung nur annähernd kompensiert werden. Dabei wird allerdings die als Kriterium einer einwandfreien Regenerierung zu verlangende Deckungsgleichheit der Schwärzungskurven nicht erreicht; d. h., der nur durch Alkalizugabe regenerierte Entwickler wird sich in seinen photographischen Eigenschaften noch immer deutlich vom betreffenden Frischentwickler unterscheiden.

Eine einwandfreie Regenerierung verlangt also gleichzeitig die Erhöhung der Absolutkonzentration an Entwicklungssubstanz. Dabei zeigt sich, daß relativ nur geringfügige Mengen an zusätzlicher Entwicklungssubstanz notwendig sind, um bei gleichzeitiger pH-Erhöhung die verzögernde Wirkung von 5 g KBr/l auf Aminopyrazolon- und Metol-Entwickler praktisch aufzuheben, wobei in beiden Fällen Schwärzungskurven resultieren, die eine gleich gute Kopierbarkeit der Negative gewährleisten wie im betreffenden KBr-freien Ausgangsentwickler. Das regenerierte Modellsystem eines Metolentwicklers ist äußerst pH-empfindlich. Im Gegensatz dazu zeigt sich der regenerierte Aminopyrazolon-Entwickler weitgehend unempfindlich gegen Verschiebungen der OH-Ionen-Konzentration, wie sie in der Praxis niemals auszuschließen sind.

Fast alle Tankentwickler des Handels enthalten Kombinationen von mindestens zwei Entwicklungssubstanzen, so daß die in unseren Modellversuchen aufgezeigten Reaktionen noch überlagert werden. Trotzdem sind die hier beschriebenen Effekte für den Aufbau konstant arbeitender Entwickler-Regenerator-Systeme von grundsätzlicher Bedeutung.

Literatur

[1] AXFORD, A. J., u. J. D. KENDALL: The replenishment of Phenidone-Hydroquinone developers. Brit. Journ. Phot. Nr. 4949, 138—140 (1955).
[2] ebenda.
[3] AXFORD, A. J., u. J. D. KENDALL: The effect of soluble bromide on fine grain MQ and PQ developers. Brit. Journ. Phot. Nr. 5012, 272—275 (1956); Phot. Engin. 7, 105—110 (1956).
[4] SASSMANN, H.: Kinetik der 4-Aminopyrazolon-Entwickler. Wissenschaftliche Photographie, Vorträge über Fortschritte der Photogr. Grundlagenforschung. Internationale Konferenz für Wissenschaftliche Photographie Köln 1956 (im Druck).

Über den Reaktionsmechanismus und die Kinetik der Farbkupplung

Von J. Eggers

A. Einleitung

Die meisten der heute ausgeübten farbenphotographischen Verfahren benutzen zur Farbbilderzeugung die von R. Fischer [1] erstmals auf die photographische Schicht angewendete Reaktion der oxydativen Farbkupplung.

Beim Farbkupplungsprozeß reagiert die Farbentwicklersubstanz (im allgemeinen ein p-Amino-N-dialkylanilin) mit Kupplern im Beisein von Oxydationsmitteln unter Bildung von Farbstoffen. Als Oxydationsmittel dient in der photographischen Colorschicht das Silberhalogenid. Die Reaktion setzt an den Stellen ein, an denen durch eine vorangegangene Belichtung ein latentes Bild erzeugt und damit das Silberhalogenid aktiviert worden ist.

Auf die Einzelheiten der verschiedenen farbenphotographischen Verfahren, welche nach diesem Prinzip arbeiten, kann in diesem Zusammenhang nicht eingegangen werden, zumal dies von anderer Seite aus in großer Ausführlichkeit geschehen ist [2]. Es sei nur hervorgehoben, daß die nach dem Prinzip der oxydativen Farbkupplung arbeitenden subtraktiven Verfahren im allgemeinen ein photographisches Material mit drei verschiedenen Emulsionsschichten benutzen, die für blaues, grünes und rotes Licht empfindlich sind. Die in den drei Schichten am Ende des Prozesses erzeugten drei einfarbigen Teilbilder von gelber, purpurner und blaugrüner Farbe ergeben in der Durchsicht das fertige Farbbild. Man benötigt für jede Emulsionsschicht einen anderen Sensibilisator und einen anderen Kuppler.

Der wesentliche Unterschied zwischen den einzelnen nach diesem Prinzip arbeitenden Verfahren besteht in der verschiedenen Lösung der Aufgabe, die Farbkupplung in den drei Schichten so vor sich gehen zu lassen, daß keine gegenseitige Beeinflussung stattfindet.

Bei dem Agfacolor-Negativ- und -Umkehrverfahren befindet sich in jeder der drei Einzelschichten ein Kuppler in der wäßrigen Phase in diffusionsfester Form (Fettsäurereste). Dasselbe Prinzip wird bei dem Ansco-Color-, dem Gevacolor-, dem Ferraniacolor-, dem Telcolor- und dem Pakolor-Verfahren angewendet.

Im Kodacolor-, Ektacolor- und Ektochrom-Verfahren wird die Diffusionsfestigkeit der Kuppler durch Auflösen in wasserunlöslichen, hochsiedenden organischen Lösungsmitteln und Dispergieren der Lösungen in der wäßrigen Phase erreicht. Auch die Eastmancolor-Negativ- und -Positivfilme sind nach diesem Prinzip aufgebaut.

Das Kodachromverfahren unterscheidet sich von allen bisher genannten Prozessen, indem das Farbbild durch drei getrennte Entwicklungsvorgänge mit jeweils den entsprechenden Kupplern in der Entwicklerlösung durchgeführt wird. Die selektive Entwicklung der einzelnen Schichten wird durch besondere Maßnahmen erreicht. Ähnlich sind das Ilford-Color- und Fujicolor-Verfahren aufgebaut.

Beim Dupont Color Release Positive-Film sind die Farbbildner mit dem Schutzkolloid (Acetale des Polyvinylalkohols) der Emulsion chemisch fest verbunden, wodurch die Diffusionsfestigkeit erreicht wird.

Während die technische Vervollkommnung der Verfahren immer weiter vorangetrieben wurde, war man sich bis vor wenigen Jahren nicht im klaren, wie im einzelnen der Prozeß der Farbentwicklung vor sich geht, insbesondere welches Oxydationsprodukt der Farbentwicklersubstanz mit den Kupplern reagiert, um schließlich den Farbstoff zu bilden. Die Aufgabe dieses Beitrages soll es sein, nach einem kurzen Überblick der Arbeiten, welche zur Aufklärung des Mechanismus beigetragen haben, den Prozeß der Farbkupplung unter kinetischen Gesichtspunkten zu betrachten und darzulegen, welche für die Praxis wichtigen Erkenntnisse aus diesen Betrachtungen gewonnen werden können.

B. Hauptteil

1. Die Bruttoreaktion

Die Bruttogleichung der Farbentwicklungsreaktion ist in Abb. 1 Gl. I wiedergegeben.

Als Entwicklersubstanzen dienen Derivate des p-Phenylendiamins, im allgemeinen sind die Wasserstoffatome einer Aminogruppe durch Alkylgruppen oder

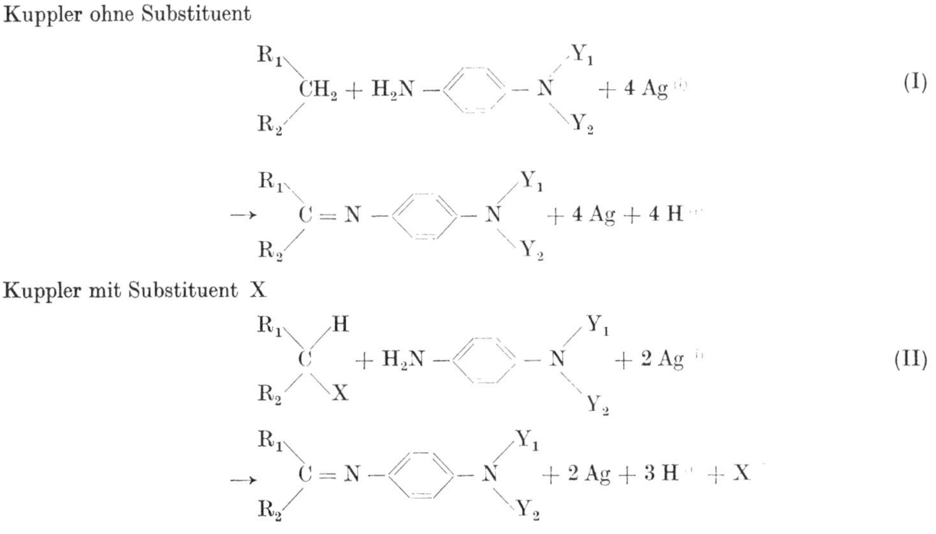

Kuppler ohne Substituent

$$\begin{array}{c}R_1\\ \diagdown\\ CH_2 + H_2N - \langle\!\!\!\bigcirc\!\!\!\rangle - N\diagup^{Y_1}_{\diagdown Y_2} + 4\,Ag^\oplus\\ R_2\diagup\end{array} \quad (I)$$

$$\rightarrow \begin{array}{c}R_1\\ \diagdown\\ C = N - \langle\!\!\!\bigcirc\!\!\!\rangle - N\diagup^{Y_1}_{\diagdown Y_2} + 4\,Ag + 4\,H^\oplus\\ R_2\diagup\end{array}$$

Kuppler mit Substituent X

$$\begin{array}{c}R_1\diagdown\diagup H\\ C\\ R_2\diagup\diagdown X\end{array} + H_2N - \langle\!\!\!\bigcirc\!\!\!\rangle - N\diagup^{Y_1}_{\diagdown Y_2} + 2\,Ag^\oplus \quad (II)$$

$$\rightarrow \begin{array}{c}R_1\\ \diagdown\\ C = N - \langle\!\!\!\bigcirc\!\!\!\rangle - N\diagup^{Y_1}_{\diagdown Y_2} + 2\,Ag + 3\,H^\oplus + X^-\\ R_2\diagup\end{array}$$

Abb. 1. Bruttoreaktion der oxydativen Farbkupplung. (Die allgemeine Formel gilt auch für phenolische Kuppler, wenn man letztere nicht in der Enol-, sondern in der Ketogrenzstruktur schreibt).

Alkylderivate substituiert. Die Kupplung findet erst im Beisein von Oxydationsmittel statt. In der photographischen Schicht dient dazu, wie bereits erwähnt, das durch die Belichtung aktivierte Silberhalogenid, welches in metallisches Silber übergeht. Es werden $4\,Ag^\oplus$ zur Bildung eines Farbstoffmoleküls benötigt. Der Kuppler besitzt im allgemeinen durch die Substituenten R_1 und R_2 aktivierten Wasserstoff an demjenigen Kohlenstoff (bei den Indazolonen am Stickstoff), an dem die Kupplung vor sich geht. Man unterscheidet nach der kuppelnden Gruppe:

1. offenkettige Methylenkuppler
2. cyclische Methylenkuppler
3. Methinkuppler
4. Iminkuppler (Indazolone, Benzisoxazolone).

Die Methinkuppler kann man auch als Methylenkuppler auffassen, wenn man sie in Form einer aktiven Grenzstruktur schreibt; das sieht am Beispiel des Phenols, welches als Phenolation wirkt, wie folgt aus:

$$\overset{\ominus}{|O}-\left\langle\right\rangle\!\!\text{CH} \rightleftarrows |\overline{O}=\left\langle\right\rangle\!\!\overset{\ominus}{\text{CH}}$$

Die Kupplung tritt bei Methinkupplern stets in p-Stellung zum aktivierenden Substituenten ein (Gl. I), und zwar auch dann, wenn bestimmte eliminierbare Gruppen wie z. B. $SO_3^{\ominus}$, Halogen, CN an der Kupplungsstelle substituiert sind (Gl. II). Allerdings verläuft dann die Reaktion in etwas anderer Weise. Es werden nämlich nur 2 $Ag^{\oplus}$ pro Farbstoffmolekül verbraucht (Abb. 1, Gl. II).

2. Die Teilreaktionen

Die Notwendigkeit der Anwesenheit von drei verschiedenen Substanzen bei der Reaktion sowie die Reduktion von mehreren Äquivalenten Silberhalogenid zur Bildung eines Farbstoffmoleküls deutet darauf hin, daß der Prozeß nicht in einem Schritt vor sich geht.

Diese Annahme wird durch Versuche gestützt, die gezeigt haben, daß der Reaktionsort der Oxydation des Entwicklers in der wäßrigen Phase an der Oberfläche des Silberhalogenidkorns und der Ort der Farbkupplung mit diffusionsfesten bzw. im organischen Lösungsmitteltröpfchen gelösten Kupplern relativ weit voneinander getrennt sein können [3, 4] (Bildung von Farbstoffhöfen). Das Zwischenprodukt, welches vom Ort der Entwicklung am Silberhalogenidkorn bis zur Stelle der Kupplung diffundiert, kann nur ein Oxydationsprodukt des Entwicklers oder ein daraus durch Zersetzung gebildetes Folgeprodukt sein. Welcher Stoff mit dem Kuppler zum Farbstoff reagiert, wurde durch Modellversuche von TONG [5], HÜNIG [6] sowie EGGERS und FRIESER [7, 8] klarzustellen versucht. Dabei wurde aus experimentellen Gründen auf die einfacheren Verhältnisse der Oxydation in wäßriger Lösung mit einem Oxydationsmittel wie $K_3[Fe(CN)_6]$ oder $K_2S_2O_8$ übergegangen.

a) Die Oxydationsreaktion. Um festzustellen, welches Produkt kuppelt, soll zunächst über Untersuchungen berichtet werden, die zeigen, welche Stoffe bei der Oxydation des p-Phenylendiaminderivates überhaupt entstehen. Über die Oxydationsprodukte von p-Phenylendiaminderivaten liegen grundlegende Untersuchungen von MICHAELIS [9] vor, der durch Redoxpotential- und Lichtabsorptionsmessungen eine zweistufige Oxydation nachweisen konnte. Durch Abgabe eines Elektrons entsteht aus dem p-Amino-N-dialkylanilin (R) ein stark gefärbtes Semichinonion (S), welches durch Abgabe eines weiteren Elektrons in das N-Dialkyl-chinondiimin (T) übergeht. Die drei Produkte sind in ihren Konzentrationen nicht unabhängig voneinander, sondern durch das sich schnell einstellende Semichinonbildungsgleichgewicht miteinander verknüpft. Außerdem kann bei manchen p-Phenylendiaminderivaten eine Bildung von Dimeren durch Aneinanderlagerung von zwei Semichinonionen beobachtet werden. Durch Lichtabsorptionsmessungen konnten wir aber zeigen, daß die Dimerenbildung des Semichinons des p-Amino-N-diäthylanilins bei Zimmertemperatur zu vernachlässigen ist. Sie tritt erst bei $-90°$ C in Erscheinung [10]. Das Gleichgewicht der Semichinonbildung kann wie folgt formuliert werden:

$$R + T \underset{k_{-3}}{\overset{k_3}{\rightleftarrows}} 2\,S.$$

k_3 bedeutet die Geschwindigkeitskonstante der Bildung des Semichinondiimins S aus der reduzierten Aminoform R und der total oxydierten Chinondiiminform T. Die Gleichgewichtskonstante $K_3 = \dfrac{k_3}{k_{-3}}$ wird als Semichinonbildungskonstante bezeichnet. Eigene Untersuchungen haben ergeben, daß K_3 vom pH-Wert abhängig ist, für p-Amino-N-diäthylanilin hat K_3 bei pH 7,5 etwa den Wert 3—4.

Wie MICHAELIS schon erkannte und eigene Versuche gezeigt haben, bilden R, S und T in Abhängigkeit vom pH-Wert durch Protonenabspaltung verschiedene Ionenformen, deren Konzentrationen durch die Dissoziationsgleichgewichte voneinander abhängen (Abb. 2). In welcher Weise diese Protonendissoziationsgleich-

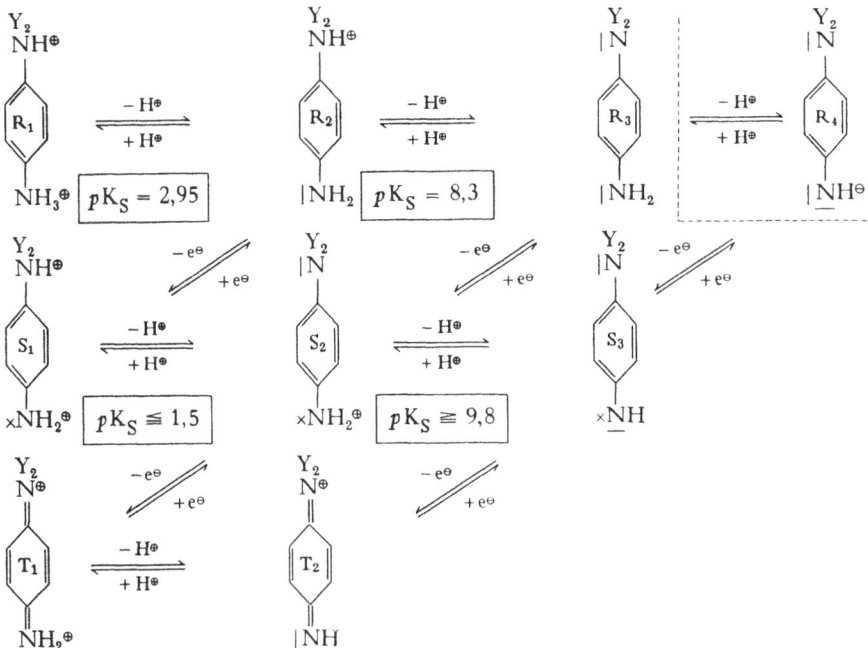

Abb. 2. Theoretisch mögliche Ionenformen des p-Amino-N-dialkylanilins [R], des halboxydierten Semichinons [S] und des total oxydierten Chinondiimins [T], die gemessenen bzw. bekannten pK-Werte der Kationsäuren (pK_s) sowie die theoretisch möglichen Redoxübergänge. pK_s-Werte bei 20° C. R = reduzierte Formen (Diamin). T = Formen des Chinondiimin. S = Formen des Semichinondiimins. Y = Alkylgruppe.

gewichte die gemessene Semichinonbildungskonstante beeinflussen, haben im Prinzip BAXENDALE und HARDY [11] angegeben.

EGGERS und FRIESER [7, 8] sowie TONG und GLESMANN [5] konnten zeigen, daß im sauren und schwach alkalischen pH-Bereich überwiegend das N-Dialkyl-chinondiimin (T) und nicht das Semichinondiimin (S) kuppelt. Im stark alkalischen Gebiet wird die Semichinonbildungskonstante wegen des Übergangs des Semichinonions $S_2^{\oplus}$ in das sehr instabile neutrale Radikal S_3 erheblich verkleinert. Die Annahme, daß auch in diesem pH-Bereich das N-Dialkylchinondiimin (T) kuppelt, erscheint deshalb plausibel.

TONG und GLESMANN [5] konnten durch kinetische Untersuchungen mit einer Fließapparatur nach dem Prinzip von HARTRIDGE und ROUGHTON [12] diese Tatsache beweisen.

b) Die Desaminierungsreaktion. Die Untersuchungen über die Kupplungsreaktion im stärker alkalischen pH-Gebiet werden dadurch erschwert, daß das N-Diäthylchinondiimin (T) sehr instabil ist. TONG [13] zeigte, daß die Zerstörung nach folgendem Schema (Abb. 3) vor sich geht, wobei bei hohen pH-Werten die Desaminie-

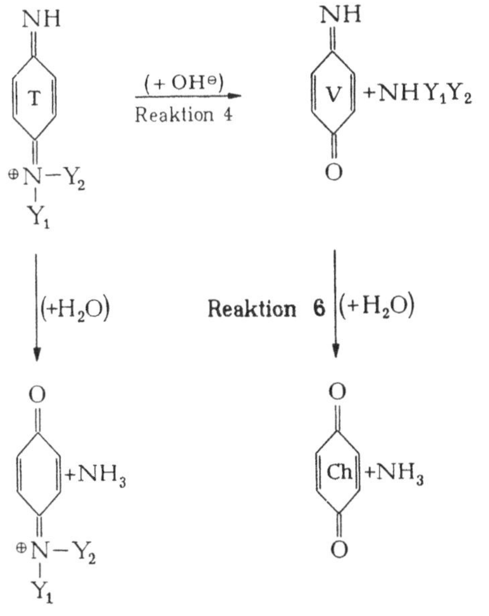

Abb. 3. Folgereaktionen des Chinondiimins in wäßriger Lösung (nach TONG [13]).

rung der substituierten Aminogruppe und damit die Bildung des Chinonmonoimins (V) erheblich überwiegt. Die Lebensdauer des Chinondiimins T, wie sie sich aus der Bildungs- und Zersetzungsgeschwindigkeit errechnet, ist bei höheren pH-Werten so gering, daß die Diffusion des T-Produktes in der photographischen Schicht bis zu den beobachteten Entfernungen ohne Zersetzung unmöglich erscheint. Das aus dem Chinondiimin (T) durch Desaminierung gebildete Chinonmonoimin (V) ist dagegen so beständig, daß es die experimentell ermittelten Diffusionswege in der Schicht ohne

Zersetzung zurücklegen könnte, es bildet aber mit einem Teil der Kuppler gar keine Farbstoffe, mit einigen Farbbildnern werden zwar Farbstoffe gebildet, doch sind es andere als die bei der Farbkupplung entstehenden. Der Widerspruch wird durch die Annahme von VITTUM und WEISSBERGER [14], welche sich auf die Versuche von TONG und GLESMANN [5] stützt, behoben, daß das bei der alkalischen Desaminierung gebildete Chinonmonoimin (V) mit überschüssigem p-Amino-N-dialkylanilin in folgendem Gleichgewicht steht: (Abb. 4). Durch dieses Gleichgewicht bleibt, wie

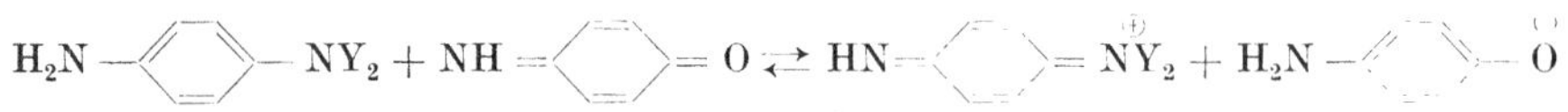

$$H_2N-\langle\rangle-NY_2 + NH=\langle\rangle=O \rightleftarrows HN-\langle\rangle=\overset{(+)}{N}Y_2 + H_2N-\langle\rangle-O$$
$$R + V \rightleftarrows T + V_{Red}.$$

Abb. 4. Gleichgewicht zwischen dem p-Phenylendiaminderivat und seinen Oxydations- und Folgeprodukten im alkalischen pH-Bereich. (Im pH-Bereich der photographischen Farbentwicklung (pH = 11) liegt das p-Aminophenol (V_{Red}) im wesentlichen als Anion vor. Y = Alkyl- oder Alkoxylgruppen).

später in den kinetischen Betrachtungen noch gezeigt werden wird, das kupplungsfähige Chinondiimin T länger erhalten, als es aus der Desaminierungsreaktion zu erwarten wäre, und kann daher auch weiter von der Kornoberfläche wegdiffundieren, ehe es zerstört wird.

c) Die Kupplungsreaktion und Farbstoffbildung. Die Reaktion zwischen dem Chinondiimin T und den Kupplern mit aktiver Methylen- oder Methingruppe ist eine Kondensation und führt nicht direkt zum Farbstoff, sondern zu einer farblosen oder nur schwach gefärbten Zwischenverbindung Z.

Bei Verwendung von Kupplern mit Wasserstoff an der Kupplungsstelle (Typ I, s. Abb. 1) ist Z die Leukoverbindung des Farbstoffs, welche durch Abspaltung von 2 Wasserstoffatomen (oder besser gesagt 2 Elektronen und 2 Protonen) mittels eines Oxydationsmittels in den Farbstoff übergeht (Abb. 5).

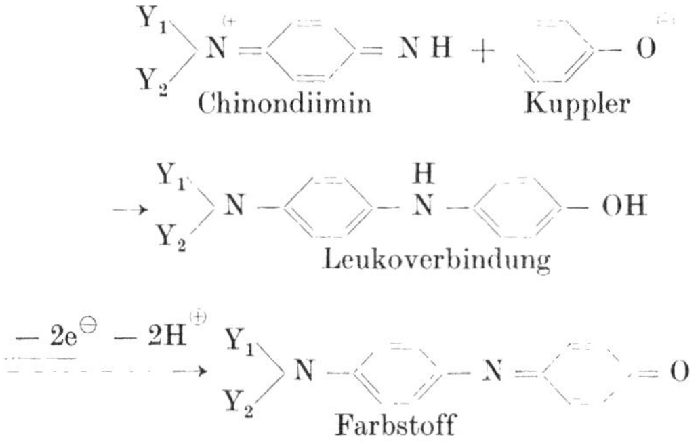

$$\begin{matrix} Y_1 \\ Y_2 \end{matrix}\rangle\overset{(+)}{N}=\langle\rangle=NH + \langle\rangle-O$$
Chinondiimin   Kuppler

$$\rightarrow \begin{matrix} Y_1 \\ Y_2 \end{matrix}\rangle N-\langle\rangle-\overset{H}{N}-\langle\rangle-OH$$
Leukoverbindung

$$\xrightarrow{-2e^{\ominus}-2H^{(+)}} \begin{matrix} Y_1 \\ Y_2 \end{matrix}\rangle N-\langle\rangle-N=\langle\rangle=O$$
Farbstoff

Abb. 5. Kupplung und Farbstoffbildung. Kuppler vom Typ I (als Beispiel Phenolation).

Bei der Kondensationsreaktion von Kupplern, welche an der Kupplungsstelle einen Substituenten X besitzen (Typ II, s. Abb. 1), der sich bei der Farbstoffbildung abspaltet (wie z. B. Halogen, -CN, -$SO_3^{\ominus}$), entsteht eine Zwischenverbindung Z, welche durch innermolekulare HX-Abspaltung in den Farbstoff übergeht. Hier wird also kein Oxydationsmittel zur Farbstoffbildung benötigt (Abb. 6). Das ist die Ursache dafür, daß im Gegensatz zu Kupplern vom Typ I, welche vier Äquivalente Oxydationsmittel zur Bildung eines Farbstoffmols benötigen, die Farbbildner vom Typ II nur zwei Oxydationsäquivalente pro Mol Farbstoff brauchen.

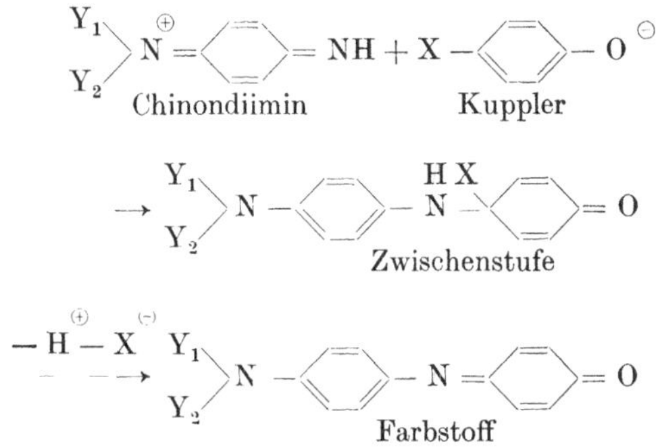

$$\begin{array}{c} Y_1 \\ Y_2 \end{array}\!\!> \!\!\overset{\oplus}{N} = \!\!\left\langle = \right\rangle\!\! = NH + X - \!\!\left\langle \right\rangle\!\! - O^{\ominus}$$
Chinondiimin   Kuppler

$$\rightarrow \begin{array}{c} Y_1 \\ Y_2 \end{array}\!\!> \!\! N - \!\!\left\langle \right\rangle\!\! - \overset{H\ X}{N} - \!\!\left\langle = \right\rangle\!\! = O$$
Zwischenstufe

$$\xrightarrow{-\overset{(+)}{H} - \overset{(-)}{X}} \begin{array}{c} Y_1 \\ Y_2 \end{array}\!\!> \!\! N - \!\!\left\langle \right\rangle\!\! - N = \!\!\left\langle = \right\rangle\!\! = O$$
Farbstoff

Abb. 6. Kupplung und Farbstoffbildung. Kuppler vom Typ II (als Beispiel in p-Stellung substituiertes Phenolation).

Als Oxydationsmittel für die Oxydation der Leukoverbindung zum Farbstoff bei Kupplern vom Typ I könnte in der photographischen Colorschicht das Silberhalogenid fungieren. Da aber der Ort der Farbstoffbildung von dem des Silberhalogenids räumlich entfernt und eine Diffusion der Leukoverbindung bei diffusionsfesten Kupplern nicht möglich ist, erscheint dies unwahrscheinlich. Die Wirkung des Luftsauerstoffs als Oxydationsmittel kann man ausschließen, ohne daß dadurch die Farbbildung leidet.

Es könnten höchstens die beweglichen Silberionen in der Schicht die Oxydation ausführen, doch ist deren Konzentration sehr gering. Es ist viel wahrscheinlicher, daß eines der Oxydationsprodukte oder Folgeprodukte als Oxydationsmittel dient. Eigene Versuche [8] haben gezeigt, daß das Chinondiimin T viel schneller einen Leukofarbstoff oxydiert als z. B. $K_2S_2O_8$ von zehnfach höherer Konzentration unter sonst gleichen Bedingungen (Abb. 7).

Das Chinonmonoimin V wirkt in analoger Weise als schnell reagierendes Oxydationsmittel, wobei es selbst zum p-Aminophenol reduziert wird. Allerdings ist sein Potential erheblich negativer, so daß es schwächer wirkt als das Chinondiimin T. Es ist schwer zu entscheiden, welches der beiden Produkte die Oxydation zum Farbstoff in der Schicht durchführt, da entsprechende Beweise fehlen. Das Chinonmonoimin (V) ist ein schwächeres Oxydationsmittel, aber in größeren Konzentrationen vorhanden. Das in kleiner Konzentration anwesende Chinondiimin, welches durch die Kupplungsreaktion außerdem noch stark verbraucht wird, ist ein stärkeres Oxydationsmittel.

Es werden daher im folgenden beide Möglichkeiten diskutiert.

3. Die Kinetik

Will man genauere Vorstellungen über den Mechanismus der Farbkupplung gewinnen, so muß man die Kinetik der Teilprozesse aufklären und dann zum Gesamtprozeß zusammenfügen. Um kinetische Messungen durchzuführen und einfach auswerten zu können, ist es zweckmäßig, zunächst auf die homogene wäßrige Lösung überzugehen, da hier keine Adsorptionsvorgänge und die Diffusionsprozesse nur in geringem Maße stören. Allerdings darf man die Ergebnisse nur mit Vorsicht auf die Verhältnisse in der photographischen Schicht übertragen.

a) Kinetik der Oxydations- und Desaminierungsreaktion. LuValle und Weissberger [*15*] haben als erste den Mechanismus der Oxydation von p-Phenylendiaminderivaten in wäßriger Lösung mit Sauerstoff an Hand eines allgemeinen Schemas diskutiert, das im folgenden wiedergegeben sei (Abb. 8). Daraus wurde von ihnen eine große Reihe von Reaktionsmechanismen abgeleitet, die sich durch die Größen-

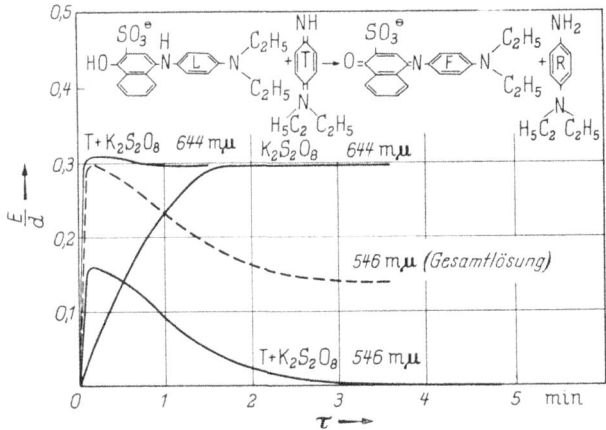

Abb. 7. Oxydation der Leukoverbindung der 1-Naphthol-2-sulfosäure durch $K_2S_2O_8$ (verfolgt bei 644 mμ) und durch mit $K_2S_2O_8$ oxydiertes p-Amino-N-diäthylanilin (T + $K_2S_2O_8$) (verfolgt bei 644 mμ und 546 mμ). *p*H-Wert = 7,5, Temperatur = 20° C.
Abszisse: Zeit nach Oxydationsbeginn in Minuten.
Ordinate: Extinktionsmodul *E* für die betreffenden Wellenlängen. Bei Kurve T + $K_2S_2O_8$ 546 mμ wurde die Extinktion des Farbstoffes eliminiert.

1. $R + O_2 \xrightarrow{k_1} S + O_2^{(-)}$
2. $S + O_2 \xrightarrow{k_2} T + O_2^{(-)}$
3. $R + T \underset{k_{-3}}{\overset{k_3}{\rightleftarrows}} 2\,S$
4. $R + T \underset{k_{-4}}{\overset{k_4}{\rightleftarrows}} D$
5. $2\,S \underset{k_{-5}}{\overset{k_5}{\rightleftarrows}} D$
6. $T + OH \xrightarrow{k_6} V$
7. $T + S \underset{k_{-7}}{\overset{k_7}{\rightleftarrows}} TS$
8. $TS + S \xrightarrow{k_8} 2\,T + R$

8a. $2\,TS \xrightarrow{k_{8a}} 3\,T + R$

Abb. 8. Allgemeines Schema der Oxydation von p-Phenylendiaminderivaten mit Sauerstoff (nach Lu Valle und Weissberger [*15*]).

verhältnisse der Geschwindigkeitskonstanten voneinander unterscheiden. Die experimentellen Untersuchungen dieser Autoren zusammen mit Glass [*16*] über p-Phenylendiaminderivate beschränkten sich auf die Messung des Sauerstoffverbrauchs während der Reaktion. Abgesehen davon, daß diese Methode wegen experimenteller Schwierigkeiten nicht auf die Oxydation mit Persulfatlösungen, wie sie von Eggers [*8*] durchgeführt wurde, übertragen werden kann, erlaubt erst die experimentelle Ermittlung der Konzentrationsverhältnisse aller an der Reaktion beteiligten Produkte [*8*] eine genaue Überprüfung der Gültigkeit des angenommenen Reaktionsmechanismus durch Vergleich mit den aus den Geschwindigkeitsgleichungen abgeleiteten Größen. Hierzu erwies sich die Lichtabsorption der Reaktionslösung in Abhängigkeit von der Zeit als geeignet. Durch eine Folge von Spektralaufnahmen werden zunächst halbquantitative Übersichtsergebnisse mit sehr großem Informationsinhalt gewonnen. Abb. 9 zeigt als Beispiel die Oxydation von p-Amino-N-diäthylanilin (R) bei pH 7,6 mit einem Überschuß an Persulfat. Die Abweichung vom pH-Wert der normalen Farbentwicklung (ca. pH 11) wurde deshalb vorgenommen, weil die Reaktionen im stärker alkalischen Gebiet zu schnell verlaufen, als daß sie mit einfachen Mitteln verfolgt werden könnten, dies gilt besonders für die anschlie-

Abb. 9. Oxydation von p-Amino-N-diäthylanilin mit $K_2S_2O_8$ bei pH 7,5 und 20° C. Spektren der Reaktionslösung zu verschiedenen Zeiten nach Reaktionsbeginn.

Spektrum 1 = Pufferlösung mit $K_2S_2O_8$ ohne p-Amino-N-diäthylanilinzusatz

Spektrum 2 = Reaktionslösung 2 Sekunden nach Oxydationsbeginn (durch Zugabe von p-Amino-N-diäthylanilin ausgelöst)

Spektrum 3 = Lösung 12 Sekunden nach Reaktionsbeginn

Jede weitere Spektralaufnahme erfolgte im Abstand von 10 Sekunden.

Ia und Ib = Absorptionsbanden des Semichinondiimins (S). II = Bande des Chinondiimins (T). IIIa und IIIb = Banden des Chinonmonoimins (V). IV = Bande des p-Amino-N-diäthylanilins (R)

ßend besprochenen Reaktionen der Kupplung und Farbstoffbildung. Tong und Glesmann [5] haben deshalb die erwähnte Fließapparatur für das alkalische Gebiet verwendet. Überschuß an Persulfat wurde gebraucht, weil so die langsamer vor sich gehende Oxydation mit Luft vernachlässigbar und eine von Tong und Glesmann [5] als Autokupplung bezeichnete Nebenreaktion stark unterdrückt wird.

R absorbiert im kurzwelligen Spektralgebiet unterhalb 240 mμ (IV). Bei der Oxydation nimmt R ab, und es entsteht das rotgefärbte Semichinondiimin S, welches bei 540 mμ (Ia) und 330 mμ (Ib) absorbiert. In demselben Maße, wie dieses wieder verschwindet, bildet sich das N-Diäthyl-Chinondiimin T, welches bei 290 mμ (II) stark absorbiert. Auch dieses Produkt ist nicht beständig und geht in ein als Chinonmonoimin identifiziertes Produkt über, welches bei 261 mμ (IIIa) und 252 mμ (IIIb) Extinktionsmaxima besitzt. Man kann nun geeignete Wellenlängen, welche besonders große Extinktionsunterschiede in Abhängigkeit von der Zeit zeigen, aussuchen und mit Hilfe eines Monochromators quantitativ die Zeitabhängigkeit der Extinktion an diesen Stellen des Spektrums verfolgen (Abb. 10). Daraus wird unter Benutzung der schon früher beschriebenen Rechenmethode [8] quantitativ die Zeitabhängigkeit der Konzentrationen der an der Reaktion beteiligten Stoffe ermittelt (Abb. 11).

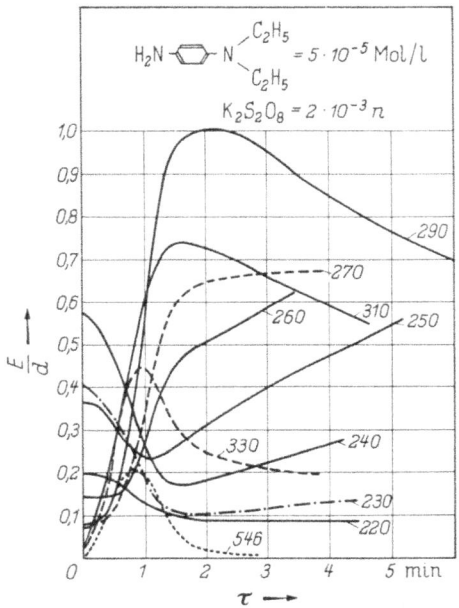

Abb. 10. Oxydation von p-Amino-N-diäthylanilin mit überschüssigem $K_2S_2O_8$ bei pH 7,5 und 20° C. Extinktionsmodul $\frac{E}{d}$ bei verschiedenen Wellenlängen (in mμ) in Abhängigkeit von der Zeit nach Oxydationsbeginn (τ in Minuten).

Die Auswertung der Meßergebnisse durch Differentiation ergab, daß ein gegenüber LuValle und Weissberger [15] in gewisser Hinsicht vereinfachtes Reaktionsschema den Prozeß der Persulfatoxydation beschreibt (Abb. 12, Gl. (1–4) u. Abb. 13). Die Reaktionskonstanten konnten daraus abgeschätzt werden. Eine eingehende Prüfung durch Vergleich der experimentellen Kurven von R, S, T und V mit den Kurven dieser Größen, welche durch Eingabe der geschätzten Konstanten in eine Integrieranlage berechnet und gezeichnet wurden, bestätigt weitgehend den von Michaelis angegebenen Oxydationsmechanismus, wie er in den Gln. 1–3 bei LuValle und Weissberger enthalten ist, R geht in S, S geht in T über, R ergibt mit T 2 S, und 2 S disproportionieren in R und T.

Es zeigte sich aber aus dem überproportionalen Anstieg von S, daß im Gegensatz zur Annahme von LuValle und Weissberger [15] das Gleichgewicht der Gl. 3 mindestens bis kurz vor Erreichung der Maximalkonzentration von S, also relativ lange Zeit nach Oxydationsbeginn, nicht vollständig eingestellt sein kann und damit die Glieder von k_3 und k_{-3} nicht zu vernachlässigen sind, zumal sich hohe Werte für diese Konstanten ergeben.

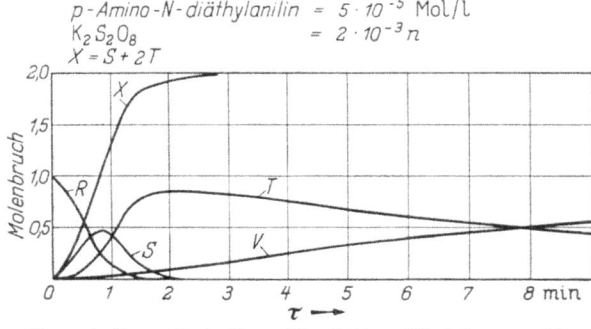

Abb. 11. Konzentrationen der bei der Oxydation von p-Amino-N-diäthylanilin mit überschüssigem $K_2S_2O_8$ auftretenden Produkte in Abhängigkeit von der Zeit nach Oxydationsbeginn.

pH = 7,5, Temperatur = 20° C
R = reduzierte Form
S = halboxydierte Form (Semichinondiimin)   T = totaloxydierte Form (substituiertes Chinondiimin)   V = Desaminierungsprodukt (Chinonmonoimin) $x = S + 2T =$ Äquivalente an verbrauchtem Kaliumpersulfat = Vollendung der Oxydationsreaktion
Ordinate: Molenbruch bezogen auf $R_0 = 1$.

$$R + (Ox) \xrightarrow{k_1} S + (Red) \quad (1)$$

$$S + (Ox) \xrightarrow{k_2} T + (Red) \quad (2)$$

$$R + T \underset{k_{-3}}{\overset{k_3}{\rightleftarrows}} 2S \quad (3)$$

$$T + (OH^{\ominus}) \xrightarrow{k_4} V + (NHY_1Y_2) \quad (4)$$

Abb. 12. Vereinfachtes Schema der Oxydation und Desaminierung
R = reduzierte Form (p-Phenylendiaminderivat)
S = Semichinondiimin
T = Chinondiimin
V = Desaminierungsprodukt des Chinondiimins (Chinonmonoimin)
Ox = Oxydationsmittel
Red = reduziertes Oxydationsmittel
$OH^{\ominus}$ = $OH^{\ominus}$-Ion
NHY_1Y_2 = abgespaltenes Dialkylamin
k_n = Geschwindigkeitskonstanten.

$$\frac{dR}{d\tau} = k_{-3} S^2 - k_1 R(Ox) - k_3 \cdot R \cdot T \quad (1)$$

$$\frac{dS}{d\tau} = k_1 R(Ox) - k_2 S(Ox) + 2k_3 \cdot R \cdot T - 2k_{-3} S^2 \quad (2)$$

$$\frac{dT}{d\tau} = k_2 S(Ox) + k_{-3} S^2 - k_3 RT - k_4 \cdot T \cdot (OH^{\ominus}) \quad (3)$$

$$\frac{dV}{d\tau} = k_4 \cdot T (OH^{\ominus}) \quad (4)$$

Abb. 13. System von Differentialgleichungen für die Oxydation und Desaminierung ohne Kupplung im neutralen pH-Gebiet.

Die Zerstörung von T geht in dem untersuchten pH-Bereich im wesentlichen durch Desaminierung zum Chinonmonoimin (V) vor sich (Reaktion 4). Die Desaminierungsgeschwindigkeit ist proportional der $OH^{\ominus}$-Konzentration. Wie im einzelnen in einer anderen Arbeit [17] gezeigt wird, konnte durch Vergleich der Experimente mit den durch eine Integrieranlage berechneten Kurven festgestellt werden, daß die Desaminierungsreaktion allein nicht die beobachtete pH-Abhängigkeit der Kinetik erklärt. Als Ursache dafür ist vielmehr die schnellere Disproportionierungsreaktion des durch Protonendissoziation aus dem Semichinondiiminion im alkalischen Gebiet entstehenden Semichinondiiminmoleküls in R und T anzusehen. Hier ist also eine Erweiterung des Schemas von LuVALLE und WEISSBERGER nötig. Für die Disproportionierung des instabilen Semichinondiiminmoleküls wird anstelle von k_{-3} eine neue größere Konstante k'_{-3} eingeführt.

Das Semichinondiiminmolekül wird außerdem eine andere Reaktionsfähigkeit mit $K_2S_2O_8$ haben. Dies wird durch Einsetzen einer neuen Konstanten k'_2 anstatt von k_2 berücksichtigt. Durch Einführung einer entsprechenden Erweiterung im Reaktionsmechanismus wurde die experimentell gefundene pH-Abhängigkeit der Kinetik auch bei den berechneten Werten der Integrieranlage erzielt. Im stärker alkalischen pH-Gebiet der normalen Farbentwicklung (pH 11) wird die von VITTUM und WEISSBERGER [14] angenommene Reaktion zwischen V und R, welche eine Art Rückkopplung darstellt, von Einfluß sein, wenn das Oxydationsmittel im Unterschuß und R im Überschuß verwendet werden. Außerdem ist noch eine von TONG aufgezeigte Zersetzungsreaktion des Chinonmonoimins V zu berücksichtigen (Abb. 3). Der Gesamtmechanismus für die Oxydation bei höheren pH-Werten sieht dann folgendermaßen aus (Abb. 14, Gl. 1—6):

$$R + (Ox) \xrightarrow{k_1} S + (Red) \quad (1)$$

$$S + (Ox) \xrightarrow{k_2'} T + (Red) \quad (2)$$

$$R + T \underset{k_3'}{\overset{k_3}{\rightleftarrows}} 2S \quad (3)$$

$$T + (OH^-) \xrightarrow{k_4} V + (NHR_2) \quad (4)$$

$$V + R \underset{k_{-5}}{\overset{k_5}{\rightleftarrows}} T + (V_{Red}) \quad (5)$$

$$V + (H_2O) \xrightarrow{k_6} (Ch) + (NH_3) \quad (6)$$

$$T + (Ku_{II}) \xrightarrow{k_{7a}} Z_{II} \quad (7a)$$

$$Z_{II} + (OH^-) \xrightarrow{k_{8a}} F_{II} + (H_2O) + (X^-) \quad (8a)$$

$$T + (Ku_I) \xrightarrow{k_{7b}} Z_I \quad (7b, 7c \text{ u. } 7d)$$

$$Z_I + (Ox) \xrightarrow{k_{8b}} F_I + (Red) \quad (8b)$$

$$Z_I + T \xrightarrow{k_{8c}} F_I + R \quad (8c)$$

$$Z_I + V \xrightarrow{k_{8d}} F_I + (V_{Red}) \quad (8d)$$

Abb. 14. Allgemeines Schema der Oxydation und Farbkupplung mit Neben- und Folgereaktionen. Index I = Reaktionsverlauf bei Kupplern vom Typ I, Index II = Reaktionsverlauf bei Kupplern vom Typ II.

b) Kinetik der Kupplung und Farbstoffbildung. Wie schon gezeigt wurde, vollzieht sich die Farbkupplung in zwei Schritten: der Kondensation und der Farbstoffbildung.

Bei der Reaktion mit Kupplern vom Typ II, bei der die Farbstoffbildung durch eine sehr schnell verlaufende innermolekulare HX-Abspaltung ohne Verbrauch an Oxydationsmittel vor sich geht, sind in dem Schema des Oxydationsmechanismus (Abb. 14) die Reaktionen (7a) und (8a) zu ergänzen.

Verwendet man Kuppler vom Typ I (ohne Substituent an der Kupplungsstelle), so bildet sich bei der Kondensationsreaktion die Leukoverbindung Z_I, welche für den Übergang zum Farbstoff F_I ein Oxydationsmittel benötigt. Hierzu dient entweder das im Überschuß vorhandene Oxydationsmittel (Ox) ($K_2S_2O_8$, $K_3[Fe(CN)_6]$ bzw. $Ag^{(+)}$-Ionen in der photographischen Schicht) oder das Chinondiimin (T) bzw. das Chinonmonoimin (V). Für den ersten Fall gelten die Gln. (7b) und (8b) in Abb. 14. Die Kinetik ist bei überschüssigem Oxydationsmittel (Ox) gleich der für Kuppler vom Typ II. Ist das Oxydationsmittel (Ox) nur im Unterschuß vorhanden oder reagiert es viel langsamer mit der Leukoverbindung (Z_I) als das Chinondiimin (T) bzw. Chinonmonoimin (V) (wie es z. B. für die $K_2S_2O_8$-Oxydation im schwach alkalischen Gebiet nachgewiesen wurde), so gilt die Gl. (8c) oder (8d) statt (8b) in Abb. 14, was eine Änderung der Kinetik zur Folge hat. Es werden jetzt zur Bildung von 1 Mol Farbstoff (F_I) 2 Mole Chinondiimin (T) bzw. Chinonmonoimin (V) unter Rückbildung von 1 Mol p-Phenylendiaminderivat (R) verbraucht.

Bei Ansatz der kinetischen Differentialgleichungen kann man allgemein und auch von den Versuchsbedingungen abhängige Vereinfachungen vornehmen.

Die Reaktion (8a) ist eine innermolekulare Abspaltung, welche sehr schnell verläuft. Aber auch die Geschwindigkeiten der Oxydationsreaktionen (8b), (8c) und (8d) sind sehr groß. So konnten die Zwischenstufen Z_I und Z_{II} wegen ihrer großen Instabilität bisher nicht nachgewiesen werden. Die beobachtbare Geschwindigkeit der Farbbildung ist damit annähernd gleich der Kupplungsgeschwindigkeit (siehe auch [5]).

Es gilt für Typ I oder Typ II in allen Fällen:

$$\frac{dF}{d\tau} \approx \frac{dZ}{d\tau} = k_7 \cdot T \cdot (Ku).$$

Der Verbrauch von T durch die Kupplungsreaktion kann im System der Differentialgleichungen bei Typ II näherungsweise durch das Glied $-k_{7a} \cdot T \cdot (Ku_{II})$ ausgedrückt werden, bei Typ I ergibt sich bei Überschuß eines schnell reagierenden Oxydationsmittels analog $-k_{7b} \cdot T \cdot (Ku_I)$, wird dagegen die Oxydation von Z_I durch das Chinondiimin (T) vorgenommen, so gilt $-2 \cdot k_{7b} \cdot T \cdot (Ku_I)$. Im letzten Fall erscheint dann noch ein Glied für die Rückbildung von R: $+k_{7b} \cdot T \cdot (Ku_I)$. Wird die Oxydation durch V vorgenommen, so gilt $-k_{7b} \cdot T \cdot (Ku_I)$ für den Verbrauch von T, das Glied $-k_{7b} \cdot V \cdot (Ku_I)$ für den Verbrauch von V und das Glied $+k_{7b} \cdot V \cdot (Ku_I)$ für die Zunahme von (V_{Red}).

Die sich aus dem Reaktionsschema Abb. 14 unter Benutzung der obigen Näherung ergebenden Differentialgleichungen sind für Typ II und Typ I bei Oxydation von Z_I durch das Oxydationsmittel analog in ihrem Aufbau. Es gilt Abb. 15 ohne die eckigen Klammern und eingerahmten Glieder.

Wird die Oxydation von Z_I dagegen vom Chinondiimin T ausgeführt, so sind die im Schema (15) mit eckigen Klammern versehenen Zusatzglieder einzufügen, die sich aus dem vermehrten Verbrauch von T und der Rückbildung von R ergeben. Nimmt die Oxydation von Z_I das Chononmonoimin V vor, so sind die im Schema (15) eingerahmten Glieder zuzufügen, die sich aus dem erhöhten Verbrauch an V und der Bildung von (V_{Red}) ergeben.

Der allgemeine Ansatz der Abb. 14 und 15 kann, je nachdem in welchem pH-Gebiet und unter welchen Bedingungen gearbeitet wird, in verschiedener Weise vereinfacht werden.

Wird ein Überschuß an Oxydationsmittel verwendet, was allerdings praktisch in der photographischen Schicht nicht der Fall ist, so fallen die Gl. 5 in Abb. 14 und damit alle Glieder mit k_5 und k_{-5} in Abb. 15 fort.

Im neutralen und schwach alkalischen Gebiet kommt Reaktion 4 (Abb. 14) nur wenig zum Zuge, V bleibt lange Zeit sehr klein. Damit fällt auch bei Unterschuß an

Oxydationsmittel Gl. 5 und Gl. 6 in Abb. 14 nicht ins Gewicht. Die Glieder von k_5, k_{-5} und k_6 in Abb. 15 sind zu vernachlässigen.

$$\frac{dR}{d\tau} = k_{-3}' \cdot S^2 + k_{-5} \cdot T \cdot (V_{Red}) - k_1 \cdot (Ox) \cdot R - k_3 \cdot R \cdot T - k_5 \cdot V \cdot R \, [+ k_7 \cdot T \cdot (Ku)]$$

$$\frac{dS}{d\tau} = k_1 \cdot (Ox) \cdot R + 2 k_3 \cdot R \cdot T - k_2' \cdot (Ox) \cdot S - 2k_{-3}' \cdot S^2$$

$$\frac{dT}{d\tau} = k_2' \cdot (Ox) \cdot S + k_{-3}' \cdot S^2 + k_5 \cdot V \cdot R$$
$$- k_3 \cdot R \cdot T - k_4 \cdot T \cdot (OH^-) - k_{-5} \cdot T \cdot (V_{Red}) - k_7 \cdot T \cdot (Ku) \, [- k_7 \cdot T \cdot (Ku)]$$

$$\frac{dV}{d\tau} = k_4 \cdot T \cdot (OH^-) + k_{-5} \cdot T \cdot (V_{Red}) - k_5 \cdot V \cdot R - k_6 \cdot V \; \boxed{- k_7 \cdot T \cdot (Ku)}$$

$$\frac{d(V_{Red})}{d\tau} = k_5 \cdot V \cdot R - k_{-5} \cdot T \cdot (V_{Red}) \; \boxed{+ k_7 \cdot T \cdot (Ku)}$$

$$\frac{d(Ch)}{d\tau} = k_6 \cdot V$$

$$\frac{dF}{d\tau} = k_7 \cdot T \cdot (Ku)$$

Abb. 15. Differentialgleichungen für die Oxydation und Kupplung mit Neben- und Folgereaktionen. [ ] gilt nur bei Kupplern vom Typ I, wenn T zum Farbstoff oxydiert. ☐ gilt nur bei Kupplern vom Typ I, wenn V zum Farbstoff oxydiert.

Im stärker alkalischen Gebiet, also unter den praktischen Bedingungen der photographischen Entwicklung, kann man statt der Gl. 1 der Abb. 14 schreiben:

$$R + 2(Ox) \xrightarrow{k_1} T + 2(Red), \tag{1}$$

(Die Reaktion erfolgt aber nach wie vor in zwei Teilschritten, so daß (Ox) und (Red) in Abb. 16 nur mit linearen Gliedern eingehen).

Die Gln. (2) und (3) fallen fort, da S wegen seiner Instabilität nur in sehr kleiner Konzentration vorhanden und in erster Näherung gleich 0 gesetzt werden kann. Damit ändert sich das Gleichungssystem von Abb. 15 wie folgt (Abb. 16):

$$\frac{dR}{d\tau} = + k_{-5} \cdot T \cdot (V_{Red}) - k_1 \cdot (Ox) \cdot R - k_5 \cdot V \cdot R \, [+ k_7 \cdot T \cdot (Ku)]$$

$$\frac{dT}{d\tau} = k_1 \cdot (Ox) + k_5 \cdot V \cdot R - k_4 \cdot T \cdot (OH^-) - k_{-5} \cdot T \cdot (V_{Red}) - k_7 \cdot T \cdot (Ku) \, [- k_7 \cdot T \cdot (Ku)]$$

$$\frac{dV}{d\tau} = k_4 \cdot T \cdot (OH^-) + k_{-5} \cdot T \cdot (V_{Red}) - k_5 \cdot V \cdot R - k_6 \cdot V \; \boxed{- k_7 \cdot T \cdot (Ku)}$$

$$\frac{d(V_{Red})}{d\tau} = k_5 \cdot V \cdot R - k_{-5} \cdot T \cdot (V_{Red}) \; \boxed{+ k_7 \cdot T \cdot (Ku)}$$

$$\frac{d(Ch)}{d\tau} = k_6 \cdot V$$

$$\frac{dF}{d\tau} = k_7 \cdot T \cdot (Ku)$$

Abb. 16. Differentialgleichungen für die Oxydation und Kupplung im stärker alkalischen Gebiet unter vereinfachenden Annahmen. [ ] gilt nur bei Kupplern vom Typ I, wenn T zum Farbstoff oxydiert. ☐ gilt nur bei Kupplern vom Typ I, wenn V zum Farbstoff oxydiert.

Dies ist also das Differentialgleichungssystem, welches für die Reaktionen der praktischen Farbentwicklung anzusetzen ist. Wie werden sich nun die einzelnen Produkte während der Kupplungsreaktion beim photographischen Farbentwicklungsprozeß verhalten? R nimmt anfangs durch die Reaktion mit einem Silberhalogenidkorn in dessen Umgebung sehr schnell ab, $-k_1 \cdot (Ox) \cdot R$ ist also anfangs groß; wenn das Oxydationsmittel AgBr verbraucht ist, also (Ox) = 0 wird, wird dieses Glied ebenfalls gleich 0. Das Glied $-k_5 \cdot V \cdot R$ bringt eine weitere Abnahme von R, die durch das Glied $+k_{-5} \cdot T \cdot (V_{Red})$ nicht wettgemacht wird (siehe unten!). Das Glied $+k_7 \cdot T \cdot (Ku)$ vergrößert R für den Fall, daß Kuppler vom Typ I gebraucht werden und T die Oxydation zum Farbstoff ausführt.

T wird nach $k_1 \cdot (Ox) \cdot R$ aus R gebildet, seine Konzentration nimmt aber wegen der schnellen Reaktion der Desaminierung ($k_4 = 3-4 \cdot 10^{-3}$ ltr/Mol sec [18]) durch das Glied $-k_4 \cdot T \cdot (OH^\ominus)$ so stark ab, daß es nie groß wird, nur durch die Gleichgewichtsreaktion 5 (Abb. 14) mit dem Glied $+k_5 \cdot V \cdot R$ bleibt es überhaupt in kleiner aber nur langsam abnehmender Konzentration so lange bestehen, bis V oder R verbraucht sind. Solange T klein ist, wird die Gegenreaktion ausgedrückt durch das Glied $-k_{-5} \cdot T \cdot (V_{Red})$, langsam sein, denn durch potentiometrische Redoxtitration konnte $K_5 = \frac{k_5}{k_{-5}}$ zu $2,4 \cdot 10^{-4}$ bestimmt werden [18]. Das heißt, wenn $k_5 \cdot V \cdot R$ größer als $k_{-5} \cdot T \cdot (V_{Red})$ sein soll, muß $\frac{V \cdot R}{T \cdot (V_{Red})} > 4200$ sein. Da R (unverbrauchte Entwicklersubstanz) sicher in großem Überschuß in der weiteren Umgebung des Korns vorhanden ist und V schnell viel größer als T wird, T und $V_{(Red)}$ dagegen klein bleiben, erscheint es leicht möglich, daß $k_5 \cdot V \cdot R$ sogar viel größer als $k_{-5} T \cdot (V_{Red})$ wird.

Der Verbrauch an T durch die Kupplungsreaktion wird durch das Glied $-k_7 \cdot T \cdot (Ku)$ ausgedrückt. TONG und GLESMANN [5] konnten mit der Fließapparatur für die Kupplung mit 6-Nitronaphthol(−1) die Geschwindigkeitskonstante k_7 zwischen 1,8 und $8,1 \cdot 10^4$ Liter/Mol · sec ermitteln, für die meisten anderen Kuppler liegt die Größe noch höher, so daß sie selbst mit der Fließapparatur nicht zu ermitteln war.

Die Farbkupplungsreaktion in der beobachteten Ausbeute wird also erst durch die Gleichgewichtsreaktion 5 (Abb. 14) ermöglicht. Es konnte durch eigene Versuche unter Luftabschluß [18] in wäßrig alkalischem Medium (pH 10,4) nachgewiesen werden, daß bei Unterschuß an Oxydationsmittel die Kupplung noch stattfindet, selbst wenn der Kuppler (Typ II) mehrere Minuten nach der Oxydation zugesetzt wird. Bei Überschuß an Oxydationsmittel dagegen, also unter Verhältnissen, bei denen das Gleichgewicht 5 (Abb. 14) nicht existiert, da R schon kurz nach Reaktionsbeginn gleich Null wird, ist wenige Sekunden nach der Oxydation keine Spur der eigentlichen Farbkupplung mehr zu erhalten. Es bildet sich nur ein Farbstoff durch Reaktion des Chinonmonoimins V mit dem Kuppler, welcher aber andere Eigenschaften zeigt [5]. Das eingeklammerte Glied $[-k_7 \cdot T \cdot (Ku)]$ (Abb. 16) tritt hinzu, wenn bei Kupplern vom Typ I das Chinondiimin T die Oxydation zum Farbstoff ausführt.

Die Desaminierungsreaktion 4 (Abb. 14) mit dem Glied $k_4 \cdot T \cdot (OH^\ominus)$ (Abb. 16) bildet aus T sehr schnell V, aber die Gleichgewichtsreaktion 5 (Abb. 14) mit den Gliedern $-k_5 \cdot V \cdot R$ und $+k_{-5} \cdot T \cdot (V_{Red})$ (Abb. 16) läßt V in dem Maße abnehmen wie T nachgebildet wird. V nimmt außerdem noch durch das Glied $k_6 \cdot V$ (verursacht durch eine irreversible Zerstörung von V) ab. Das Glied $-k_7 \cdot T \cdot (Ku)$ tritt dann in Erscheinung, wenn bei Kupplern vom Typ I das Chinonmonoimin V die Oxydation zum Farbstoff durchführt.

Die Bildung von (V_{Red}) = p-Aminophenol geschieht in dem Maße aus V, wie T nach Gl. 5 (Abb. 14) nachgebildet wird. Das Glied $+k_7 \cdot T \cdot (Ku)$ wird wirksam, wenn V die Oxydation zum Farbstoff durchführt und dabei reduziert wird.

Die Bildung von Chinon (Ch) wird von TONG [5] bei der irreversiblen Zerstörung von V angenommen. Durch Redoxpotentialmessungen [18] konnte gezeigt werden, daß tatsächlich eine Zerstörungsreaktion von V stattfindet; sie konnte als Beweis dafür benutzt werden, daß das aus dem Chinondiiminderivat T im alkalischen Gebiet gebildete Produkt und das Oxydationsprodukt des p-Aminophenols, das Chinonmonoimin V, identische Produkte sind.

Die Farbstoffbildungsgeschwindigkeit ist in der vorgenommenen Näherung gleich der Kupplungsgeschwindigkeit. Diese wird durch das Glied $k_7 \cdot T \cdot (Ku)$ ausgedrückt. In der Nähe des Korns der photographischen Schicht wird der Kuppler (Ku) schnell verbraucht sein, die Farbstoffbildung damit bald langsamer werden und schließlich ganz aufhören. Da V längere Zeit beständig ist und durch das stark nach links verschobene Gleichgewicht 5 der Abb. 14 nur wenig verbraucht wird, kann es vom Korn wegdiffundieren. Da sich andererseits überall, wo V zugegen ist, nach dem Gleichgewicht 5 (Abb. 14) schnell eine kleine Menge T bilden wird, falls R in größerer Menge vorhanden ist, wird auch T in gewissem Abstand vom Korn noch anzutreffen sein und damit die Kupplung stattfinden bis R und V ganz verbraucht sind.

Eine Komplikation der Verhältnisse tritt bei der praktischen Farbentwicklung dadurch ein, daß mit Entwicklern gearbeitet werden muß, die Antioxydationsmittel enthalten, um die Haltbarkeit gegenüber der Einwirkung der Luft zu erhöhen. Ihre Wirkung auf die Farbentwicklung wurde eingehend von K. MEYER und Mitarbeitern [19] untersucht. Das bei Schwarzweiß-Entwicklern verwendete Sulfit ist bei Farbentwicklern nur in kleinen Konzentrationen anwendbar, da es außer dem Abfangen des Sauerstoffs der Luft auch die kupplungsfähigen Entwickleroxydationsprodukte unter Bildung von Sulfonsäuren bindet. Es ist verständlich, daß durch diese Reaktionen des Sulfits mit T und V die Farbausbeute stark herabgesetzt wird. Man muß bei Farbentwicklern also einen Kompromiß schließen und sich mit kleinen Sulfitkonzentrationen begnügen. Dafür wird als weiteres Antioxydationsmittel Hydroxylamin zugesetzt, welches aber auch nicht ohne Rückwirkung auf die Farbentwicklung ist.

In dieser allgemeinen Diskussion konnte auf eine Reihe von Nebenreaktionen nicht eingegangen werden. Obwohl diese Reaktionen für die praktische Farbentwicklung als Störungsquelle eine gewisse Bedeutung haben, sind sie für die Aufklärung des Prinzips der Farbentwicklung unwichtig.

So ist der allgemeine Reaktionsmechanismus der Farbentwicklung im wesentlichen geklärt, obwohl noch manche Teilprobleme einer Lösung harren.

Zusammenfassung

Es werden nach einem Überblick über die Bedeutung der Farbentwicklungsreaktion für die heutige Farbenphotographie neuere Untersuchungen über den Mechanismus der Farbkupplungsreaktion und die Natur des Entwickleroxydationsproduktes, welches die Kupplungsreaktion ausführt, mitgeteilt.

An Hand eines allgemeinen kinetischen Differentialgleichungssystems werden die experimentellen Ergebnisse diskutiert.

Der Kupplungsfarbstoff wird im neutralen und alkalischen pH-Bereich durch Reaktion des Entwickleroxydationsproduktes T (Chinondiiminderivat) mit dem Kuppler und bei Kupplern vom Typ I (ohne Substituent an der Kupplungsstelle) durch nachfolgende Oxydation oder bei Typ II (mit Substituent X an der Kupplungsstelle) durch nachfolgende innermolekulare HX-Abspaltung gebildet.

Im stärker alkalischen Gebiet ist das kupplungsfähige Chinondiiminderivat sehr instabil. Der aufgestellte Reaktionsmechanismus würde daher nicht mit den in der photographischen Schicht gefundenen relativ langen Diffusionswegen des kupplungsfähigen Produktes in Einklang stehen. Nur durch eine Gleichgewichtsreaktion zwischen dem Zersetzungsprodukt des Chinondiiminderivates, dem Chinonmonoimin V, welches selbst keine oder in der photographischen Schicht nicht beobachtbare Farbstoffe bildet, mit unoxydiertem Farbentwickler unter Bildung des kupplungsfähigen Chinondiiminderivates T ist dies zu erklären.

Literatur

[1] FISCHER, R.: DRP 25 3335 (1912).
FISCHER, R., u. H. SIGRIST: Phot. Korr. **51**, 18 (1914).
[2] SCHULZE, W.: Farbenphotographie und Farbenfilm. Springer 1953.
[3] BROMBERG, A. V., u. J. B. WILENSKI: J. Chim. appl. (russ.) **22**, 128 (1948).
[4] WHITE, C. F. A.: US-Patent 2350280 (1944).
[5] TONG, L. K. J. u. GLESMANN, M. C.: J. Amer. Chem. Soc. **78**, 5827 (1956) und **79**, 583 u. 592 (1957).
[6] HÜNIG, S., u. W. DAUM: Ann. Chem. **295**, 131 (1955).
[7] EGGERS, J., u. H. FRIESER: Z. Elektrochem. **60**, 372 (1956).
[8] EGGERS, J.: Z. Elektrochem. **60**, 987 (1956).
[9] MICHAELIS, L., M. P. SCHUBERT u. S. GRANICK: J. Amer. Chem. Soc. **61**, 1981 (1939).
MICHAELIS, L., u. S. GRANICK: J. Amer. Chem. Soc. **65**, 1747 (1943).
[10] LOHMER, K.: Dissertation T. H. München 1955, Agfa Mitt. Bd. 1 (1955), S. 95.
[11] BAXENDALE, J. H., u. H. R. HARDY: Trans. Faraday Soc. **49**, 1433 (1953).
[12] HARTRIDGE, A. H., u. F. J. W. ROUGHTON: Proc. Roy. Soc. **104 A**, 376 (1923).
[13] TONG, L. K. J.: J. Phys. Chem. **58**, 1090 (1954).
[14] VITTUM, P. W., u. A. WEISSBERGER: Vortrag auf der Internat. Konf. f. wiss. Photogr. Köln 1956.
[15] LUVALLE, J. E., u. A. WEISSBERGER: J. Amer. Chem. Soc. **69**, 1576 (1947).
[16] LUVALLE, J. E., D. B. GLASS u. A. WEISSBERGER: J. Amer. Chem. Soc. **70**, 223 (1948).
[17] EGGERS, J.: Z. Elektrochem. **61**, 1310 (1957).
[18] EGGERS, J.: noch zu veröffentlichende Untersuchungen.
[19] MEYER, K., u. Mitarbeiter: Z. wiss. Phot. **45**, 222; **46**, 135, 169 u. 174; **47**, 129 u. 137; **48**, 1, 6, 145 u. 158.

Wandlung der Papiergradation durch Zusatzbelichtung

Von H. Berghaus

Wenn man sich die Aufgabe stellt, Negative verschiedenen Schwärzungsumfanges auf eine einzige Sorte Papier zu kopieren, und gleichzeitig zur Bedingung macht, daß die mögliche Verschiedenheit der Negative weitgehend ausgeglichen wird und daß bereits bekannte Einrichtungen zur Messung der Negativdichten und Bestimmung der Belichtungszeiten benutzt werden können, so schien es bisher an einer geeigneten Lösung dieses Problems zu fehlen. Die Bedeutung der Aufgabe leitet sich aus den Bestrebungen her, die Arbeiten der Photolabors zu rationalisieren. Die Handarbeit wird verdrängt, und Maschinen werden mehr und mehr im Labor eingeführt — vorausgesetzt, daß die vorgenannte Aufgabe gelöst wird.

Die aus dem Ausland bekanntgewordenen Kopiermaschinen verwenden durchweg Papiere weicher Gradation, etwa den Sorten Lupex Weich bzw. Brovira Weich entsprechend. Erleichtert wird die Arbeit, wenn die Entwicklung der Negative so erfolgt, daß möglichst wenig Unterschiede in ihrem Kontrastumfang auftreten. Da aber auf die Aufnahmebedingungen des Amateurs kein Einfluß genommen werden kann, sind diesem — sonst rationellen — Verfahren keine sehr weiten Grenzen gesetzt.

Das zweite denkbare Verfahren hat sich anscheinend bisher nicht eingeführt. Seit nahezu einem halben Jahrhundert ist bekannt[1], daß gewisse Emulsionen in ihrer Gradation beeinflußbar sind, wenn die Farbe des Kopierlichtes geändert wird. Ist z. B. die Lichtfarbe mittels eines Filters bläulich gestellt, so arbeitet ein handelsübliches Spezialpapier wie eine Emulsion der Gradation Hart, während man mit einem Gelbfilter die Gradation Weich und mit Übergangsfiltern entsprechende Zwischengradationen erreichen kann. Bei einem anderen Material ist es gerade umgekehrt, während bei einem dritten Papier die Wirkung dadurch erreicht wird, daß dichtere oder dünnere Gelbfilter in den Strahlengang eingeschoben werden. Eigentlich müßten diese Verfahren weit verbreitet sein. Daß dies nicht der Fall ist, liegt wahrscheinlich daran, daß in jedem größeren Kopierbetriebe Filme mehrerer Hersteller anfallen. Die Filme unterscheiden sich oft in der Anfärbung des Schichtträgers, der somit als zusätzliches Filter wirkt. Seine Wirkung zu bestimmen und zu korrigieren, ist eine Arbeit, deren Aufwand in keinem günstigen Verhältnis zu dem mit der Kopiermaschine an sich erreichbaren Gewinn steht.

Noch länger ist es bekannt, daß die Gradation photographischer Papiere durch zusätzliche Belichtung verändert werden kann, sei sie vor, während oder nach dem Kopiervorgang. Frühere Beiträge zu diesem Problem stellen allerdings eine Fehlerquelle in den Mittelpunkt: die Autoren warnen davor, photographische Papiere allzulange dem Dunkelkammerlicht auszusetzen, um nicht die Brillanz der Bilder zu verschlechtern, oder weisen darauf hin, daß durch das Streulicht von Vergrößerungsgeräten (Mattscheibe!) eine Gradationsverflachung eintreten kann.

---

[1] z. B. DRP Nr. 250183 (R. Fischer), 1911, u. a.

Der Gedanke, die zusätzliche Belichtung so auszunützen, daß auf demselben photographischen Papier Negative sehr verschiedenen Schwärzungsumfanges kopiert werden können, wurde in unseren Laboratorien schon vor gut 20 Jahren aufgegriffen und ein Verfahren dieser Art veröffentlicht[1]. Das wesentliche Ergebnis jener Arbeiten bestand darin, daß man mit extraharten Papieren bestimmter Gradationseigenschaften eine Änderung der ursprünglichen Gradation — bis zur Stufe Weich — erzielen kann, ohne daß es zu einer Verschleierung der Weißen zu kommen braucht. Es blieb aber auch nicht verborgen, daß diese Arbeitsweise größere apparative Mittel verlangt, weil z. B. die zusätzliche Belichtung recht genau dosiert werden muß und deswegen auch an die Konstanz der Eigenschaften des Photopapiers hohe Anforderungen gestellt werden.

Zur damaligen Zeit war in Deutschland das Problem von Großkopieranstalten noch nicht spruchreif, denn nur dort hat es einen Sinn, sich auf eine Papiergradation zu beschränken und diese den vorhandenen Negativen anzupassen. Die Arbeiten wurden deswegen zurückgestellt und erst wieder aufgenommen, als das Beispiel der USA erkennen ließ, daß auch in Deutschland und Europa über kurz oder lang die Herstellung qualitativer hochwertiger Kopien auf Rollenmaterial von Bedeutung sein wird. Diese Bedeutung muß um so höher sein, je besser es gelingt, das bekannte Gradationssortiment guter photographischer Papiere mit einer einzigen Gradation nachzuahmen.

Der Grundgedanke des Verfahrens bleibt — nicht zuletzt mit Rücksicht auf die Bedingung der Lichtmessung — sehr einfach: Man kopiert oder vergrößert wie üblich und sorgt dafür, daß zu irgendeiner Zeit noch Licht größenordnungsmäßig gleicher Intensität und Dauer auf das Papier fällt, das nicht durch das Negativ durchgegangen ist. Dieses Licht braucht keinesfalls, wie es hin und wieder vorgeschlagen wird, „diffus" zu sein, denn für das Papier ist Licht gleich Licht. Ja, es läßt sich sogar zeigen, daß es günstiger ist, wenn das Licht mehr oder weniger gerichtet ist. Denn in der Regel ist die Kopierfläche nicht gleichmäßig ausgeleuchtet, nach dem Rande zu tritt ein Lichtabfall auf. Um in der Mitte und am Rande gleiche Wirkungen zu erzielen, muß überall das gleiche Verhältnis von Zusatzlicht zu Hauptlicht herrschen, wenn man einmal erkannt hat, daß dieses Verhältnis den Grad der Wandlung des Papiers bedingt. Ein gutes Kopiergerät wird somit das Zusatzlicht optisch ebenso lenken wie das Hauptlicht und so über die ganze Bildfläche eine gleichmäßige Gradationsänderung erreichen.

Das Arbeiten mit nur einer Papiersorte bringt den Vorteil der stets gleichen Empfindlichkeit mit sich. Es ist für das Papier gleichgültig, ob das zu seiner Belichtung verwendete Licht nur durch das Negativ fiel, allein von der Zusatzlichtquelle herkam oder eine Mischung aus beiden war. In jedem Fall wird ein bestimmter Wert der auf das Papier fallenden Lichtmenge (Produkt aus Intensität I und Zeit t) eine bestimmte Schwärzung hervorrufen. Insofern drängt sich der Einbau eines automatisch schaltenden Meßgerätes nach Art des Agfa-Variomaten in die Kopiermaschine geradezu auf. Es sorgt dafür, daß die Belichtung zur rechten Zeit abgeschaltet wird, wenn nämlich Hauptlicht und Zusatzlicht zusammen den der Empfindlichkeit des Papiers entsprechenden Wert erreicht haben. An der Maschine muß

---
[1] F. P. Nr. 815985 mit Priorität vom 16. 6. 36.

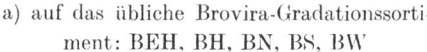

Abb. 1. Hier wurde das gleiche Negativ kopiert

a) auf das übliche Brovira-Gradationssortiment: BEH, BH, BN, BS, BW

b) auf das gleiche BEH-Papier wie oben links, jedoch mit stufenweise steigender Zusatzbelichtung.

a   b

Abb. 2. Die zu nebenstehenden Bildern (Abb. 1a u. 1b) gehörenden Graukeilkopien. Der jeweils obere Keil gehört zur linken, der untere zur rechten Bildreihe.

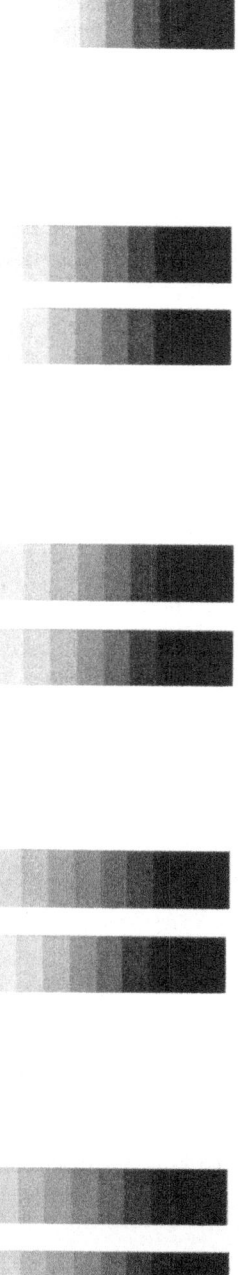

dann nur noch vom Laboranten eingestellt werden, wie hoch der Anteil des Zusatzlichtes an der Gesamtbelichtung sein soll. Ein paar fest eingestellte Tasten leisten dabei nützliche Hilfe. Die Größe dieses Anteils kann man entweder durch Versuche ermitteln oder durch einfache Überlegungen vorherbestimmen.

Vor der Erklärung, warum es möglich ist, daß ein photographisches Papier seine wichtigste Eigenschaft, seine Gradation in weiten Grenzen ändern kann, noch einige Bildbeispiele.

In Abb. 1 befindet sich an oberster Stelle die Vergrößerung einer Amateuraufnahme auf Brovira EH 1. Diese Vergrößerung ist viel zu hart ausgefallen. In der linken Reihe schließen sich nach unten Vergrößerungen auf Brovira Hart, Normal, Spezial und Weich an. Damit ergibt sich ein Überblick über die Möglichkeiten, die ein handelsübliches Sortiment bietet. Die rechte Reihe ist dadurch entstanden, daß das gleiche, für die obere Vergrößerung verwendete BEH 1 — verschieden abgestuft — zusätzlich belichtet wurde. Man erkennt — und das dürfte den Vergleich verschiedener Methoden, nach denen Kopiermaschinen arbeiten könnten, entscheiden — daß man wenigstens genau das erreichen kann, was auch die verschiedenen Gradationen des Sortiments erreichen. Rechts unten wurde sogar noch etwas weiter gegangen und die Gradation Weich übertroffen.

So wichtig in der Praxis des Labors die vorliegenden Bildergebnisse auch sein mögen, ein klares Bild über den Vorgang der Gradationswandlung verschafft erst das

Studium der nach Graukeilkopien ausgemessenen Gradationskurven. Abb. 2 ist analog Abb. 1: oben jeweils die Kopien eines Stufengraukeiles auf den gleichen Brovira-Papieren, die für die Kopien von Abb. 1 verwendet wurden. Unmittelbar darunter sind Keilkopien abgebildet, die sich von ihren zugehörigen Nachbarn gar nicht oder nur sehr wenig unterscheiden. Sie wurden dadurch erhalten, daß wiederum BEH 1 in einer bestimmten Wertefolge zusätzlich belichtet wurde, ohne daß dieses Zusatzlicht durch den Graukeil geleitet wurde. Wenn man nach den Bildern und selbst nach den in den Graukeilkopien erkennbaren Stufenzahlen urteilt, so ist der Schluß berechtigt, daß ohne weiteres irgendeine Papiergradation durch ein entsprechend belichtetes Material härterer Gradation — hier BEH 1 — ersetzt werden kann.

Ein Vorteil ist dabei gar nicht zu übersehen: man kann durch entsprechende Dosierung des Zusatzlichtes auch Zwischengradationen erreichen, ohne daß man den Umweg über veränderte Entwicklungsbedingungen u. ä. gehen muß.

Ein wenn auch geringfügiger Unterschied wird erst erkennbar, wenn man die durch die Graukeilkopien gegebenen Gradationskurven ausmißt. Abb. 3 bringt den Vergleich. Im rechten Teil finden wir das Kurvenbündel des üblichen Sortiments,

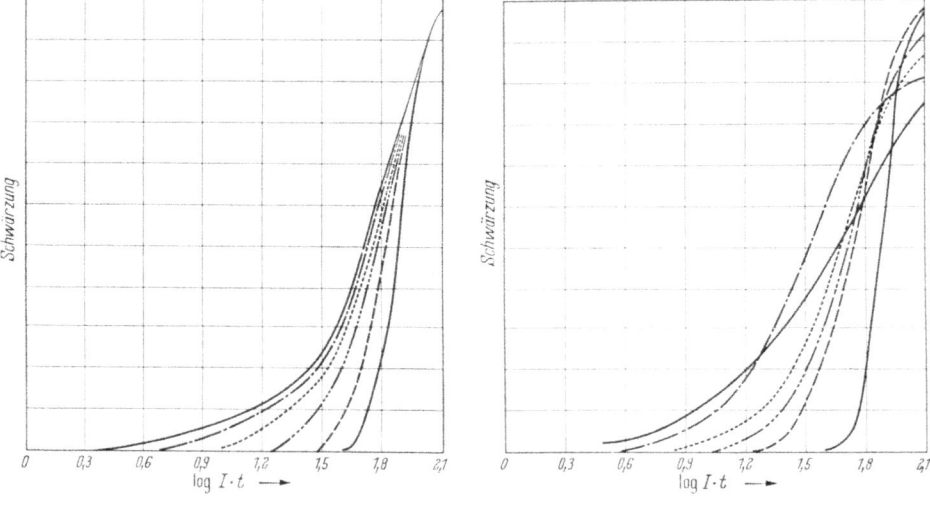

Abb. 3.

während links die mit Zusatzbelichtung von Brovira Extra Hart 1 erreichten Kurven eingetragen sind. Dieser Unterschied wurde nun berücksichtigt und gab Anlaß, für die Maschinenkopie ein neues Papier auszuarbeiten und zu empfehlen: Agfa-Variolux. Es steht in zwei Oberflächen, weiß und chamois, glänzend zur Verfügung, die in der Kopiermaschine leicht gegeneinander ausgetauscht werden können, weil die Empfindlichkeiten aneinander angeglichen sind.

Die Auswertung der Gradationskurven bringt nun das Ergebnis, daß der Effekt der Gradationswandlung in jedem Falle vorherbestimmt werden kann und unabhängig — abgesehen von der Ausgangsgradation — von allen Emulsionseigenschaften ist. Man wird also einen Ausdruck angeben können, aus dem abzulesen ist, wie lange ein Papier zusätzlich zu belichten ist, damit es um einen vorgegebenen Grad weicher wird. Will man sich nur über den Verlauf der Gradationskurve vor und nach einer zusätzlichen Belichtung orientieren, so läßt man alle Punkte der Ausgangsgradationskurve im Koordinatensystem um den gleichen Betrag nach links rücken, nämlich um den Betrag der Zusatzbelichtung.

Wenn unsere Kurven in einem linearen System aufgezeichnet würden, würde es sich nur um eine Parallelverschiebung handeln. Unser Koordinatensystem ist aber logarithmisch, deswegen muß eine zweimalige Umrechnung, von den logarithmischen Werten in natürliche Zahlen und, nach der Differenzbildung, wieder zurück, vorgenommen werden. Das bedingt, daß die Kurvenpunkte in der Nähe der Schwelle viel weiter nach links rücken als die Kurvenpunkte, die höheren Dichten entsprechen. In Abb. 4 ist das einmal skizziert.

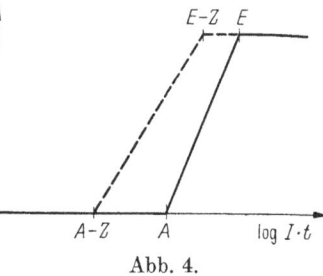

Abb. 4.

Danach fällt es auch nicht mehr schwer, die höchste zusätzliche Belichtung zu bestimmen, die angewandt werden kann, ohne daß die Lichter des Papiers verschleiern: sie ist durch den Schwellenwert des Papiers gegeben. Das darf aber nicht zu dem Urteil verleiten, daß die unempfindlichen Papiere in dieser Hinsicht am besten seien. Da auch die Allgemeinempfindlichkeit mit einbezogen werden muß, läßt sich aus Empfindlichkeitsangaben kein Werturteil ableiten.

Es bereitet nunmehr keine Schwierigkeiten, die Beziehungen zwischen den photographischen Größen zu finden. Der Einfachheit halber wird die Gradationskurve als geradlinig angenommen (Abb. 4). Sie setzt bei A ein, und die maximale Schwärzung wird bei E erreicht. Eine zusätzliche Belichtung des Materials vom Wert Z verlegt die Schwelle nach $A-Z$ und die maximale Schwärzung nach $E-Z$.

Die maximale Schwärzung selbst möge den Wert S haben, dann bestimmen wir das γ_o der Ausgangskurve und γ_z der zusätzlich belichteten Kurve. Wir finden

$$\gamma_o = \frac{S}{\log \frac{E}{A}} \quad \text{und} \quad \gamma_z = \frac{S}{\log \frac{E-Z}{A-Z}}$$

Diese letzte Gleichung bedeutet aber auch

$$\frac{E-Z}{A-Z} = 10^{\frac{S}{\gamma_z}} = 10^{n_z + 0,1}$$

wenn man einmal mit n_z $1/10$ der in der Graukeilkopie ablesbaren Stufen ($\sqrt[3]{2}$) bezeichnet. Nun findet man sofort den Zahlenwert von Z, wenn man die Schwellenempfindlichkeit kennt (A), die Stufen der DIN-Graukeilkopie ausgezählt hat ($10\,n$) und angibt, wie viele Stufen man nach der zusätzlichen Belichtung Z zählen möchte ($10\,n_z$).

$$Z = A \cdot \frac{10^{n_z + 0,1} - 10^{n + 0,1}}{10^{n_z + 0,1} - 1}$$

Diese Formel läßt sich sehr viel übersichtlicher und allgemeiner verwendbar gestalten, wenn man an die übliche automatische Messung denkt. Es hat sich erwiesen, daß man mit der Belichtungszeit H bzw. $(H + Z)$ einen Punkt der Gradationskurve in Beziehung setzen kann, der sich wie folgt ergibt:

$$\log(Z + H) = \log A + f \cdot (\log E - \log A)$$

Die Belichtungsmessung erfolgt im wesentlichen nach den Schattenpartien; man macht keinen sehr großen Fehler, wenn man

$$f = 0,8 \quad \text{annimmt.}$$

Unter den genannten Voraussetzungen errechnet man das Verhältnis von $Z : H$ für den Fall, daß die Summe beider gleich 1 ist. Das ist sehr vorteilhaft, weil man dann schnell auf andere Papierempfindlichkeiten umrechnen kann. Man findet:

$$Z_{(1)} = \frac{10^{n_z + 0,1} - 10^{n + 0,1}}{10^{f \cdot (n + 0,1)} \cdot (10^{n_z + 0,1} - 1)}$$

So vereinfacht die Voraussetzungen dieser Rechnung auch waren, die vorstehende Formal bewährt sich doch in allen Fällen der Praxis. Die Auswertung gibt nämlich über zwei sehr wichtige Fragen Aufschluß:

Was geschieht, wenn aus irgendwelchen Gründen die Empfindlichkeit und die Gradation des Materials mehr oder minder schwanken? Diese Fragen müssen z. B. schon gestellt werden, wenn sich die Entwicklertemperatur oder überhaupt der Zustand des Entwicklers ändern, und sie sind ebenso berechtigt, wenn auf eine andere Papierlieferung übergegangen wird. Die Antwort gibt Abb. 5. Dort ist der Anteil der zusätzlichen Belichtung an der Gesamtbelichtung aufgetragen. Waagerecht sind die Gradationsbezeichnungen genannt. Die verschiedenen Linien beziehen sich auf Ausgangsmaterialien von ganz geringfügig unterschiedlicher Gradationslage (Stufenzahl $10\,n$ zwischen 4 und 6,5). Es offenbart sich nun, daß alle Kurven vom Ausgang aus sehr rasch ansteigen und dann verhältnismäßig flach verlaufen. Dieser Befund macht es nicht ganz einfach, beim praktischen Arbeiten zwischen den weicheren Gradationen zu differenzieren, liegen doch in allen Fällen Weich und Spezial nur höchstens um 3% auseinander. Dagegen bedingt eine Abweichung des Ausgangsmaterials um nur $1/2$ Stufe in der Gradation — eine Toleranz, die man dem Fabrikanten unbedingt zugestehen muß und die allein schon durch eine Veränderung der Entwicklungsbedingungen entstanden sein kann — eine Differenz von 5%, wenn man die Gradation Normal erreichen will. Das zwingt den Hersteller einer nach diesem Prinzip arbeitenden Kopiermaschine, diese Verhältnisse durch einen entsprechenden Bau seiner Gradationswahleinrichtung zu berücksichtigen.

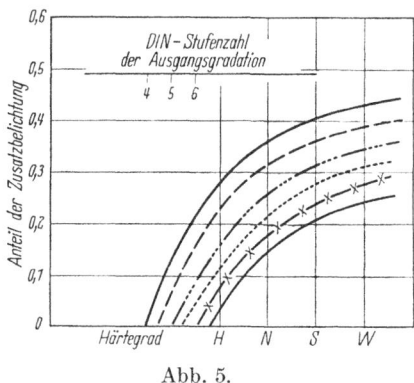

Abb. 5.

Ändert sich allein die Empfindlichkeit, so wächst der Anteil des Zusatzlichtes mit der Gesamtbelichtung im gleichen Maßstab.

Nachdem diese Grundlagen geklärt sind und, auf ihnen aufgebaut, photographisches Papier und Kopiergeräte hergestellt werden, ist mit einer fruchtbaren Auswertung in der Praxis, die letzten Endes der Bildqualität zugute kommt, zu rechnen.

Veränderung der Gradation von handelsüblichem Photomaterial durch Kombination von Kurzzeit- und Langzeitbelichtung

Von J. Eggers

Die Variation der Gradation von photographischem Material erscheint besonders bei der Herstellung von Kopien oder Vergrößerungen wünschenswert, da die Verwendung eines einzigen Materials gegenüber der Benutzung einer Reihe von verschiedenen Gradationen Vorteile mit sich bringt. Erstens wird die nötige Vorratshaltung stark herabgesetzt, und zweitens wird das bei der Automation technisch schwierig auszuführende Wechseln des Materials vermieden.

Zur Veränderung der Gradation von photographischem Material werden verschiedene Methoden angewendet. Der erste Punkt kann in gewissem Umfang bei jedem gebräuchlichen photographischen Material erreicht werden, in dem es der gewünschten Gradation durch Variation der Belichtungsdosis und der Entwicklungszeit angepaßt wird. Beim zweiten Punkt ist diese Methode aber nicht anwendbar, da bei automatischer Verarbeitung von photographischem Material die Entwicklungszeit nicht individuell verschieden gemacht werden kann.

Eine andere auch bei der Automation anwendbare Methode ist die Verwendung von Spezialpapier, welches je nach dem Spektralbereich des aufgestrahlten Lichtes mit verschiedener Gradation anspricht. Bei den bekannten Verfahren wie „Varigam", „Multigrade" und „Polycontrast" wird die Gradationseinstellung durch Veränderung der Durchlässigkeit von Farbfiltern erreicht.

Ein weiteres Verfahren benutzt die durch eine allgemeine über das ganze Material gleichmäßig erfolgende Zusatzbelichtung bei bestimmten photographischen Materialien erzielbaren Gradationsveränderungen, wobei die Zusatzbelichtung also nicht durch das Negativ hindurch erfolgt. Es wird von H. Berghaus im einzelnen in einer Arbeit dieses Bandes beschrieben.

Es gelingt nun noch auf eine andere Weise, eine Gradationsveränderung in erheblichem Umfang zu erzielen.[1]

1. Arbeitsbedingungen

Man gibt dabei eine Belichtung L von normaler Dauer (länger als $1/10$ Sekunde) in Kombination mit einer im Vergleich dazu kurzen Belichtung K (kürzer als $1/100$ der Belichtungszeit von L) auf ein handelsübliches hartes oder extrahartes Material. Die hier als Beispiele gezeigten Kopien wurden mit „Agfa Brovira Extrahart 1" ausgeführt. Beide Belichtungen erfolgen bei diesem Verfahren durch das Negativ hindurch, so daß eine Verschleierung durch eine zu stark geratene gleichmäßige Allgemeinbelichtung nicht vorkommen kann. Die Gradationsveränderung wird durch Variation des Belichtungsverhältnisses der Belichtungen L und K erreicht. Für die Form der Schwärzungskurve, welche auf dem photographischen Material erhalten

---

[1] DAS 1016 560 57 b 13/02 vom 7.9.55.

wird, ist dabei der Zeitpunkt der Belichtung K relativ zur Belichtung L von Bedeutung.

Als Lichtquelle für die Belichtung L wurde von uns eine Glühlampe verwendet, die Belichtungszeit betrug in den angeführten Beispielen zwischen 10 und 24 Sekunden.

Die Belichtung K wird z. B. mit einem Elektronenblitz ausgeführt, es kann aber auch ebensogut eine intensive Dauerlichtquelle, z. B. eine Höchstdrucklampe und eine Vorrichtung zur Einstellung kurzer Belichtungszeiten, z. B. ein Verschluß, benutzt werden. In den hier gezeigten Beispielen betrug die Belichtungszeit für K etwa $1/3000$ Sekunde.

Die Veränderung des Belichtungsmengenverhältnisses der beiden Belichtungsarten kann z. B. durch Vorschaltung oder Wegnahme von Graufiltern, durch Anbringen variabler Blenden oder durch Abstandsänderung der Lichtquellen erreicht

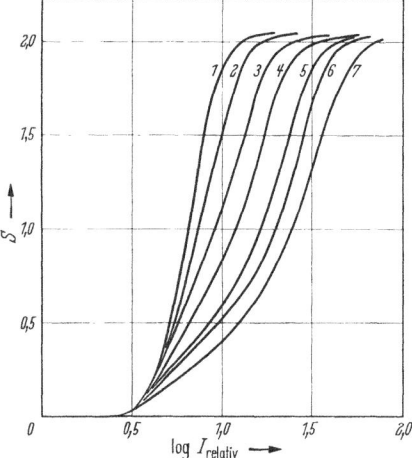
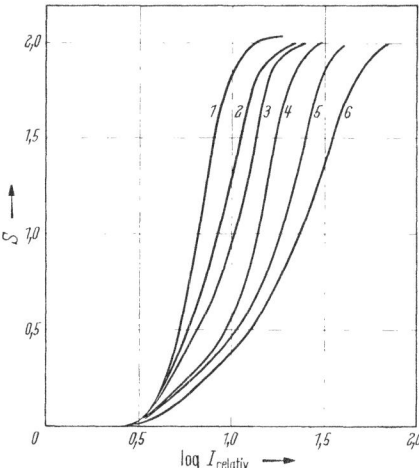

Abb. 1. Schwärzung (S) in Abhängigkeit vom Logarithmus der Belichtungsintensität in relativem Maßstab (log I relativ).

Belichtungszeit: Belichtung $K = 1/3000$ Sek.
Belichtung $L = 24$ Sek.
Zeitpunkt der Belichtung K: 12 Sek. nach Beginn der Belichtung L
Material: „Agfa Brovira Extrahart 1"
Entwicklung: $1\frac{1}{2}$ Min. in „Agfa 100" bei $18\,°C$
Parameter: Verhältnis der Belichtungsintensität von Belichtung K zu Belichtung L variiert

Abb. 2. Schwärzung (S) in Abhängigkeit vom Logarithmus der Belichtungsintensität in relativem Maßstab (log I relativ).

Belichtungszeit: Belichtung $K = 1/3000$ Sek.
Belichtung $L = 24$ Sek.
Zeitpunkt der Belichtung K: 16 Sek. nach Beginn der Belichtung L
Material: „Agfa Brovira Extrahart 1"
Entwicklung: $1\frac{1}{2}$ Min. in „Agfa 100" bei $18\,°C$
Parameter: Verhältnis der Belichtungsintensität von Belichtung K zu Belichtung L variiert

Kurve Nr.	Relative Intensität	
	K	L
1	0,00	1,00
2	0,16	0,84
3	0,24	0,76
4	0,36	0,64
5	0,50	0,50
6	0,64	0,36
7	1,00	0,00

Kurven Nr.	Relative Intensität	
	K	L
1	0,00	1,00
2	0,24	0,76
3	0,36	0,64
4	0,56	0,44
5	0,68	0,32
6	1,00	0,00

werden. Dabei kann man die Dosisvariation der beiden Belichtungsarten in der Weise koppeln, daß die Gesamtbelichtung stets den gleichen Bildeindruck in bezug auf den Intensitätsbereich erzeugt.

Der Zeitpunkt der Auslösung der Belichtung K kann automatisch erfolgen, z. B. durch eine Belichtungsuhr, welche einmal die Dauer der Belichtung L regelt, zum anderen aber auch durch einen Zeitschalter den Zeitpunkt der Belichtung K, an dem beispielsweise ein Elektronenblitz ausgelöst oder ein Verschluß geöffnet wird, einzustellen gestattet.

Entwickler, Entwicklungszeit und -temperatur können wie üblich angewendet werden. Bei den hier aufgeführten Beispielen wurde $1^1/_2$ Minuten in „Agfa 100" bei 18° C entwickelt.

2. Ergebnisse

Je nach dem Belichtungsmengenverhältnis zwischen den Belichtungen L und K, welche beide durch das Negativ hindurch erfolgen, werden, wie Abb. 1 in Gestalt der Schwärzungskurven zeigt, verschiedene Gradationen von „Extra Hart" bis weicher als „Weich" erzeugt. Der Zeitpunkt des Blitzes wurde bei den Beispielen in Abb. 1 auf die Mitte der Lampenbelichtung, also 12 Sekunden, eingestellt.

Eine Belichtung L allein oder in Kombination mit einer Belichtung K von sehr geringer Dosis erzeugt eine sehr steile Gradation, eine Belichtung K allein oder in Kombination mit einer Belichtung L von sehr geringer Dosis bewirkt eine flache Gradation. Durch Veränderung des Dosisverhältnisses der Belichtungen L und K können nun alle innerhalb dieser Grenzen möglichen Gradationen erzeugt werden.

Abb. 2 zeigt die Schwärzungskurven auf „Agfa Brovira Extrahart 1", welche erhalten wurden, wenn bei der Kombination der beiden Belichtungen der Zeitpunkt von Belichtung K 16 Sekunden nach Beginn von Belichtung L gelegt wurde. Man erkennt deutlich, daß die Formen der Schwärzungskurven der Kombinationsbelichtungen etwas anders sind als in Abb. 1.

In Abb. 3 sind zum Vergleich die Schwärzungskurven von verschiedenen „Agfa Brovira"-Papieren bei $1^1/_2$ Minuten Entwicklung in „Agfa 100" bei 18° C wiedergegeben.

Die Abb. 4 bis 6 zeigen Kopien eines bildmäßigen Negativs, welche einmal durch Kombination von Belichtung K und L auf „Agfa Brovira Extrahart 1" (Abb. 4 und 5) und zum anderen mit verschiedenen Gradationen von „Agfa Brovira"-Papier

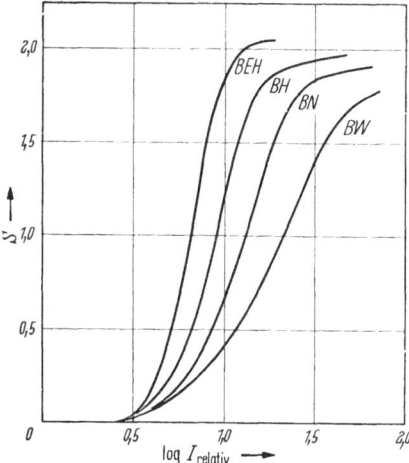

Abb. 3. Schwärzung (S) in Abhängigkeit vom Logarithmus der Belichtungsintensität in relativem Maßstab (log I relativ).

Belichtungszeit: 24 Sek.

Material:

BEH = „Agfa Brovira 1 Extrahart"
BH = „Agfa Brovira 1 Hart"
BN = „Agfa Brovira 1 Normal"
BW = „Agfa Brovira 1 Weich"

Entwicklung: $1^1/_2$ Min. in „Agfa 100" bei 18° C.

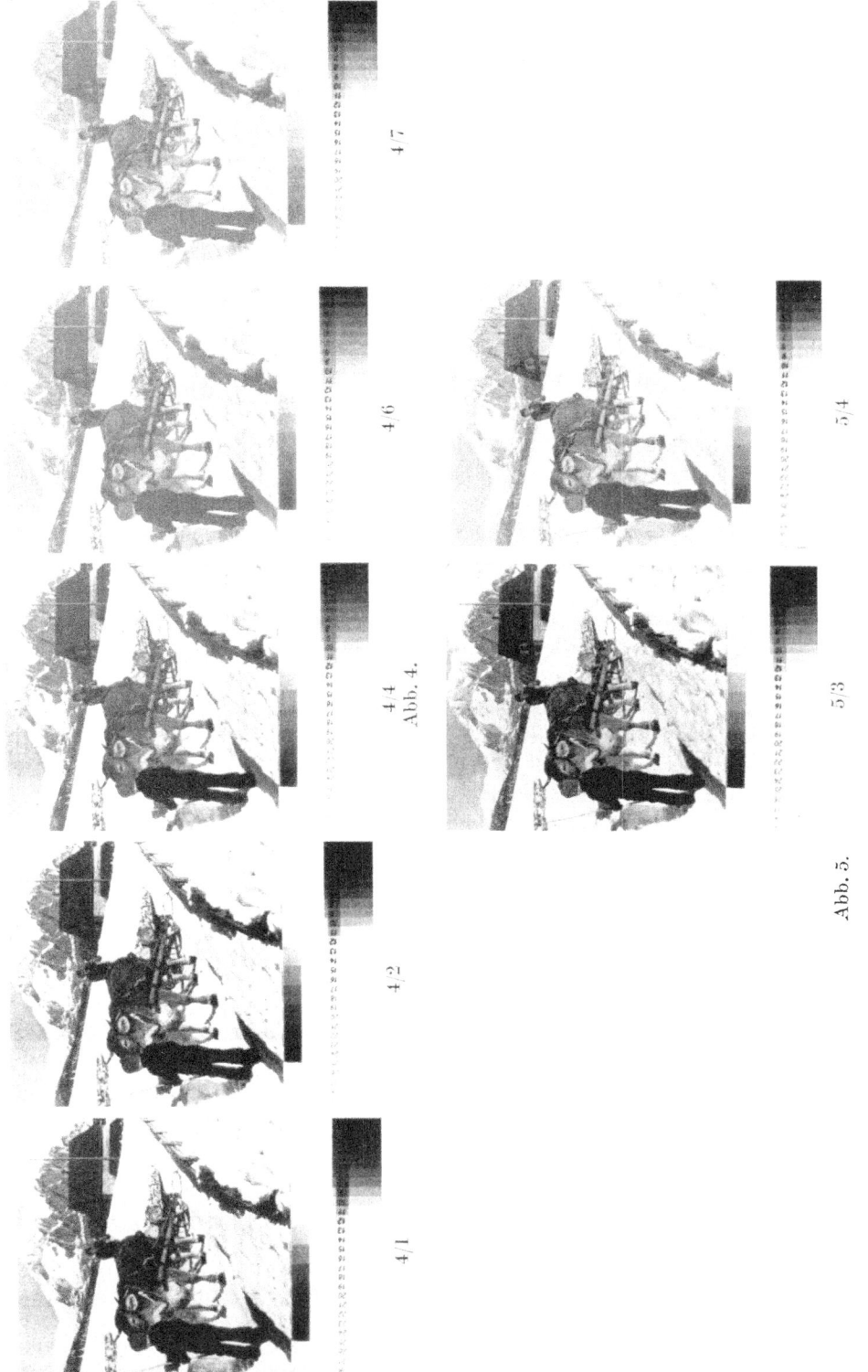

Abb. 4.

Abb. 5.

Gradationsvariation durch Kombination von Kurz- und Langzeitbelichtung 209

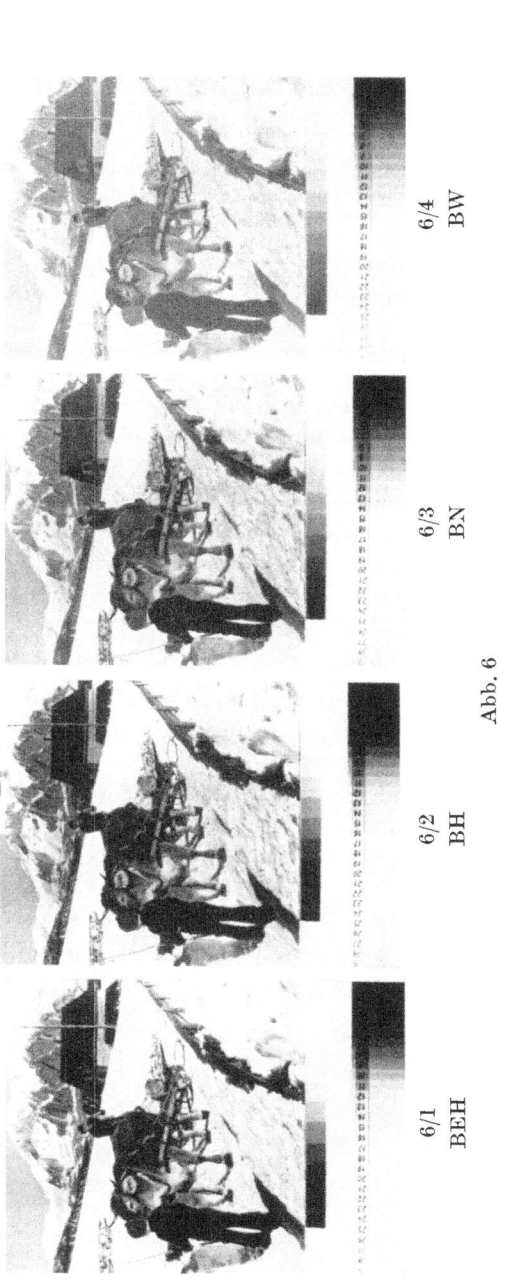

Abb. 4. Kopien eines bildmäßigen Negativs, hergestellt durch Kombination von Belichtung K und L auf „Agfa Brovira Extrahart 1". Die Versuchsbedingungen gleichen den Angaben der Abb. 1, die Ziffern unter den Abbildungen entsprechen den Kurvennummern der Abb. 1. Zeitpunkt der Belichtung K: 12 Sek. nach Beginn der Belichtung L.

Abb. 5. Kopien eines bildmäßigen Negativs, hergestellt durch Kombination von Belichtung K und L auf „Agfa Brovira Extrahart 1". Die Versuchsbedingungen entsprechen den Angaben der Abb. 2, die Ziffern gleichen den Kurvennummern der Abb. 2. Zeitpunkt der Belichtung K: 16 Sek. nach Beginn der Belichtung L.

Abb. 6. Kopien des gleichen bildmäßigen Negativs wie in Abb. 4 und 5, aber hergestellt auf verschiedenen Agfa-Brovira-1-Papieren. Die Versuchsbedingungen entsprechen den Angaben der Abb. 3.

14 Mitteilungen Agfa II

hergestellt wurden (Abb. 6). Die Wiedergaben in Abb. 4 wurden unter den Bedingungen, welche in Abb. 1 angegeben sind, hergestellt, die in Abb. 5 entsprechen den Bedingungen der Abb. 2 und die in Abb. 6 denen der Abb. 3.

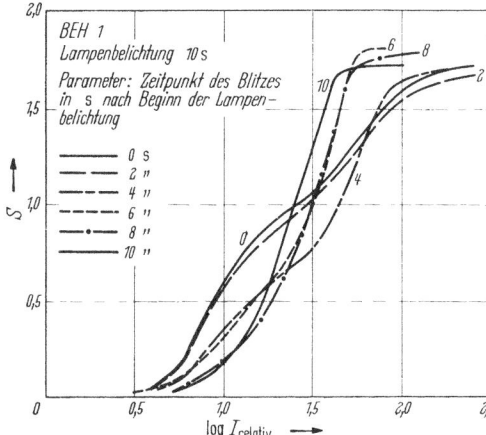

Abb. 7. Schwärzung (S) in Abhängigkeit vom Logarithmus der Belichtungsintensität in relativem Maßstab (log I relativ).

Belichtungszeiten:
  Belichtung $K = 1/3000$ Sek.
  Belichtung $L = 10$ Sek.

Parameter: Variation des Zeitpunktes von Belichtung K, Angaben in Sekunden nach Beginn der Belichtung L.

Material: „Agfa Brovira Extrahart 1".
Entwicklung: $1\frac{1}{2}$ Min. in „Agfa 100" bei 18° C.

In welcher Weise die Änderung des Zeitpunktes der Auslösung der Belichtung K nach Beginn der Belichtung L die Form der Schwärzungskurve beeinflußt, zeigt Abb. 7. Wird die Belichtung K zu Beginn der Belichtung L ausgelöst (Kurve 0), so ist das Gebiet der Schwelle hart, das Gebiet der Schulter weich. Wenn die Belichtung K erst zum Schluß der Belichtung L stattfindet, wird die Schwelle weich und die Schulter hart. Diese Variationsmöglichkeit erscheint wichtig für die tonwertrichtige Kopie oder Vergrößerung von unterbelichteten oder überbelichteten Negativen.

3. Zusammenfassung

Es wird eine Methode zur Änderung der Gradation eines photographischen Materials beschrieben und an Hand von Schwärzungskurven und bildmäßigen Aufnahmen erläutert.

Das Verfahren beruht auf der Kombination einer kurzen Belichtung K und einer langen Belichtung L, wobei beide Belichtungen durch das Negativ hindurch erfolgen, so daß eine Verschleierung durch eine gleichmäßige Allgemeinbelichtung ausgeschlossen ist.

Die Gradationsvariation wird durch Änderung des Intensitätsverhältnisses beider Belichtungsarten erreicht. Man kann durch dieses Verfahren Gradationen von Extrahart bis Weich auf dem gleichen Material erzeugen.

Die Spektralempfindlichkeit einiger Agfafilme

Von R. MÜLLER

A. Die relative Spektralempfindlichkeit

Für eine Reihe von technischen und wissenschaftlichen Problemen ist die Kenntnis der spektralen Empfindlichkeitsverteilung des Aufnahmematerials erforderlich. Für die in den letzten Jahren neu auf den Markt gekommenen Agfafilme wurden die Spektralempfindlichkeiten bestimmt und gleichzeitig durch Neumessungen einiger bereits seit längerer Zeit gelieferten Produkte ergänzt.

1. Meßmethode

Die dargestellten Empfindlichkeitskurven sind auf energiegleiches Spektrum gezogen. Die Spektren wurden mit einem Gitterspektrographen (Dispersion 10 nm = 3,17 mm) belichtet, dessen Lichtquelle (Osram Wi 9) eine gemessene Farbtemperatur von 2800° K besaß. Die Energieverteilung des spektral zerlegten Lichts im Spektrum 1. Ordnung wurde mit Hilfe eines Strahlungsthermoelements kontrolliert und entsprach der eingestrahlten Farbtemperatur im Bereich von 400 bis 680 nm mit Abweichungen von maximal ±10% des Sollwertes. Der Spektrograph war also im wesentlichen nichtselektiv.

Vor den Spalt des Spektrographen wurde ein genau vermessener stufenloser Graukeil aus Graphit von 15 mm Höhe gesetzt, dessen Schwärzungsanstieg 0,1 pro mm betrug. Die Schwärzung war im interessierenden Spektralbereich praktisch unabhängig von der Wellenlänge (gemessen mit Zeiß-Monochromator M 4 Q). Durch Blenden im Spektrographen wurde Streulicht weitgehend beseitigt und bei 500 und 600 nm die Erhaltung des Helligkeitsabfalls mit dem Thermoelemet kontrolliert.

Die belichteten und entwickelten Spektren (als Beispiel Abb. 1 Agfa Dokumentenfilm Agepan) wurden in einem Linienphotometer von 10 zu 10 nm (im Bedarfsfall

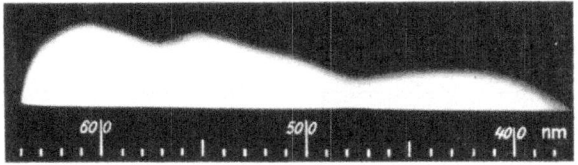

Abb. 1.

enger) ausgemessen, wobei jeweils die Höhe über der Grundlinie, d. h. also die Schwächung durch den vor den Spalt montierten Graukeil bestimmt wurde, die noch eine Schwärzung von 0,1 über dem Schleier hervorruft. Aus der Energieverteilung des Spektrums und der erforderlichen Graukeilschwächung läßt sich dann die Empfindlichkeitsverteilung bezogen auf energiegleiches Spektrum ermitteln.

Da die Empfindlichkeit im logarithmischen Maßstab für 2800° gemessen ist, muß zur Umrechnung auf energiegleiches Spektrum der ebenfalls logarithmisch dargestellte Umrechnungsfaktor (Abb. 2) addiert werden.

Abb. 2.

2. Ergebnisse

Die auf diesem Wege ermittelten spektralen Empfindlichkeits-Verteilungskurven sind in den Abb. 3 bis 11 für die Agfamaterialien Isopan FF (13° Din), Isopan F, Isopan SS, Isopan Ultra, Isopan Portrait, die Dokumentenfilme Agepe und Agepan und die Agfacolorfilme CN 17 (Negativ) und Agfacolor-Umkehrfilm 18 wiedergegeben. Die Abszisse ist als Logarithmus der relativen Empfindlichkeit geteilt, so daß einer Differenz von 0,3 ein Empfindlichkeitsunterschied um den Faktor 2 entspricht. Die Belichtung erfolgte mit $1/25$ bis $1/200$ Sekunden, die Entwicklung in kleinen Tanks mit mechanischer, ruckweiser Bewegung, und zwar für die Isopanfilme in Final, für die Dokumentenfilme in Agfa 71/5' und für die Colorfilme entsprechend den Agfa-Vorschriften.

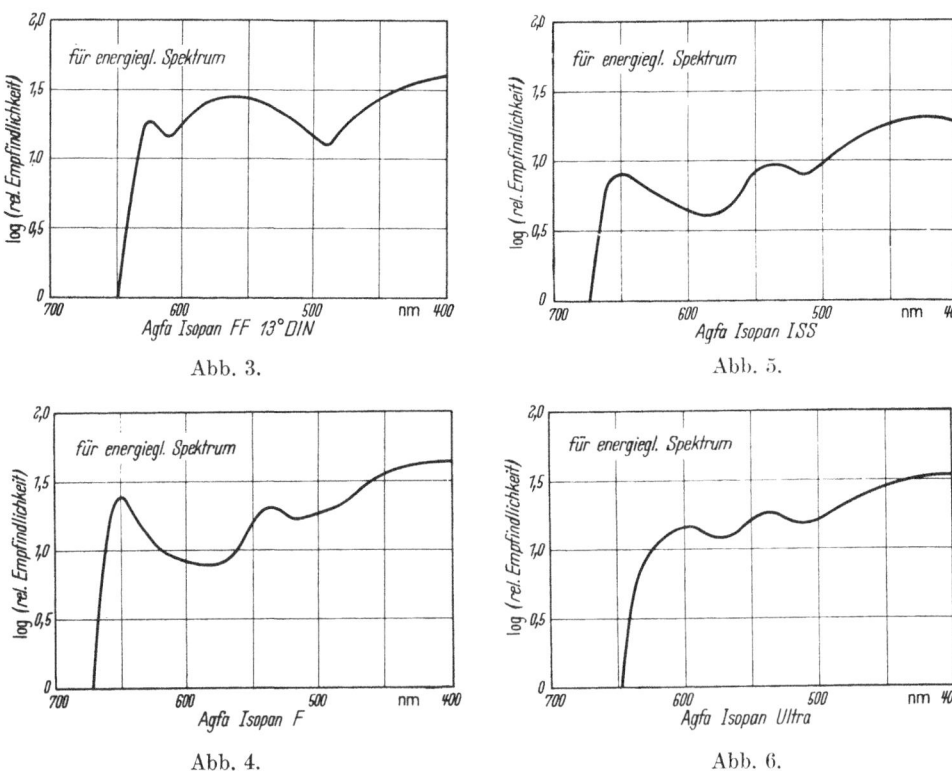

Abb. 3.

Abb. 4.

Abb. 5.

Abb. 6.

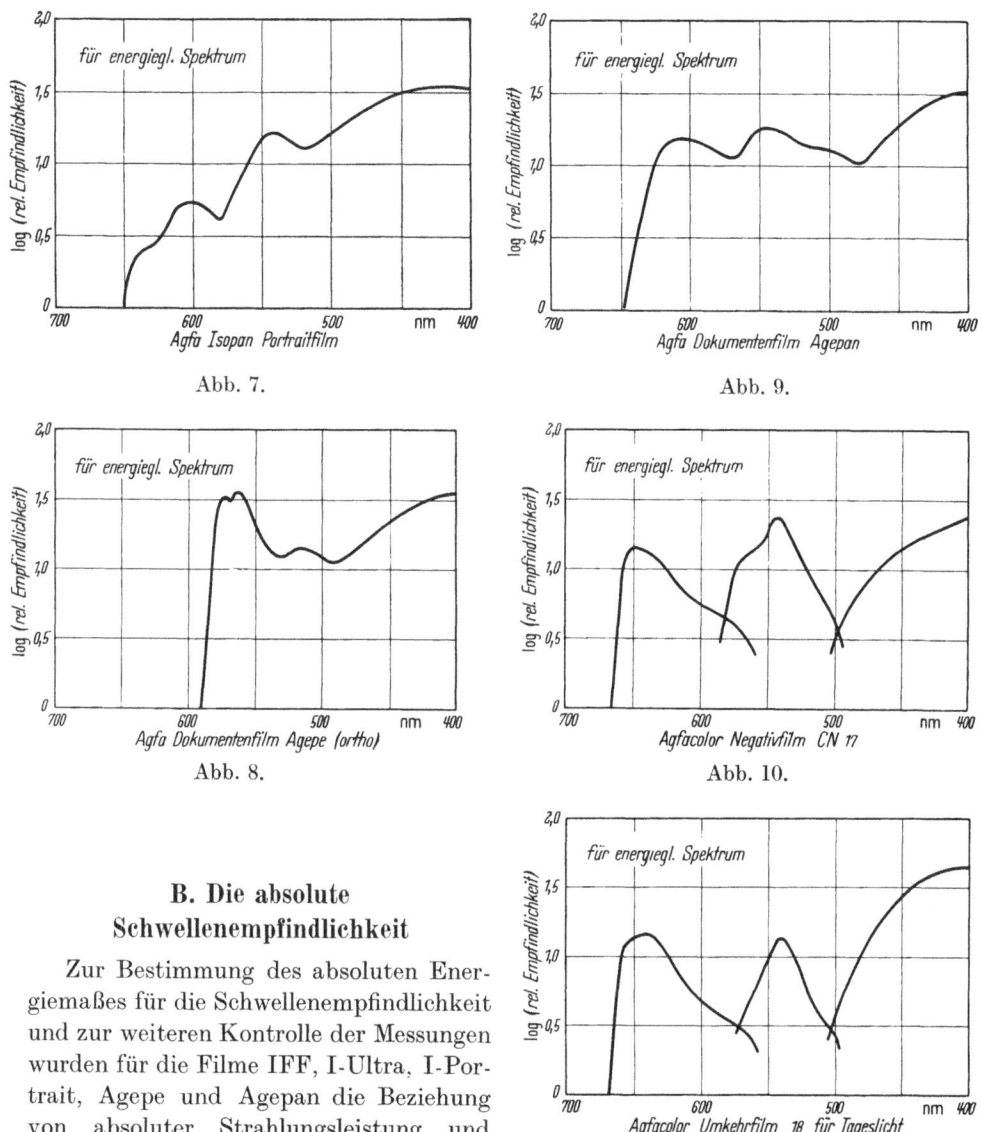

Abb. 7. Agfa Isopan Portraitfilm

Abb. 8. Agfa Dokumentenfilm Agepe (ortho)

Abb. 9. Agfa Dokumentenfilm Agepan

Abb. 10. Agfacolor Negativfilm CN 17

Abb. 11. Agfacolor Umkehrfilm 18 für Tageslicht

B. Die absolute Schwellenempfindlichkeit

Zur Bestimmung des absoluten Energiemaßes für die Schwellenempfindlichkeit und zur weiteren Kontrolle der Messungen wurden für die Filme IFF, I-Ultra, I-Portrait, Agepe und Agepan die Beziehung von absoluter Strahlungsleistung und photographischer Schwärzung bestimmt.

1. Erzeugung der spektralen Lichter

Da die Intensität im Spektrographen bzw. die Empfindlichkeit des Strahlungs-Thermoelements für eine exakte Messung nicht groß genug war, wurde mit Spektrallichtern der Wellenlängen 509, 543 und 568 nm gearbeitet. Diese wurden mit einer elektrisch konstant gehaltenen Glühlampe und doppelten Interferenzfiltern (Gerätebauanstalt Balzers, Liechtenstein) unter zusätzlicher Verwendung eines Schottglases zur Dämpfung des Rot- und Infrarotanteils (BG 19, 4 mm) erzeugt. Die Halbwertsbreite der Interferenzfilter betrug für 509 nm ±8, für 543 nm ±7 und für

568 nm ±5. Durch ein Abbildungssystem (Kondensor als Feldlinse und eine Abbildungslinse) wurde eine Fläche von etwa 10 mm ⌀ gleichmäßig ausgeleuchtet, bei der sichergestellt war, daß Spektralverschiebungen durch Strahlen, die nicht senkrecht zur Filterebene verlaufen, ausgeschlossen blieben (Abb. 12). Ein Verschluß gestattet eine definierte Belichtung, wenn die Verschlußzeiten genau bekannt sind. Die Energiemessung erfolgte bei voller Intensität, die Belichtung mit Zeiten von $1/_{25}$ bis $1/_{100}$ Sekunden nach Schwächung der Strahlung durch geeichte Graugläser von Schott.

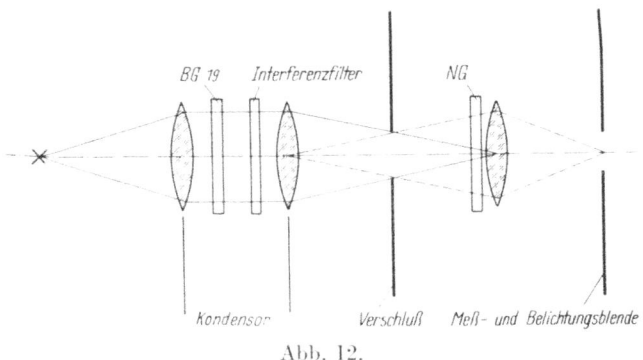

Abb. 12.

2. Energiemessung

Die Strahlungsenergie bei den Wellenlängen 509, 543 und 568 nm wurde mit einem in der PTB Braunschweig geeichten Strahlungsthermoelement (Pyro) mit Zernyke-Galvanometer bestimmt und die Empfindlichkeit des Thermoelements mit einer ebenfalls von der PTB geeichten Lampe (Gesamtstrahlung bei Vorschaltung von 4 mm BG 19) kontrolliert. Die Reproduzierbarkeit der Strahlungsmessung war sehr gut (Schwankung höchstens ±1%), die Eichung des Strahlungsmessers auf ±3% sicher. Strahlungsmessungen wurden jeweils vor und nach den Belichtungen durchgeführt.

3. Zeitmessung

Um die genauen Öffnungszeiten des Verschlusses zu ermitteln, wurde ein photographisches Meßverfahren benutzt.

An die Stelle der Meßblende in der Anordnung Abb. 12 wurde das in der Abb. 13 dargestellte Meßgerät zur Verschlußzeitkontrolle gesetzt. Auf einer Trommel, die durch einen Synchronmotor angetrieben war, wurde Fluorapidfilm befestigt und das durch die Blendenöffnung des Verschlusses gehende Licht darauf verkleinert abgebildet. Die Drehzahl der Trommel wurde mit einem Tachometer gemessen. Um den Meßbereich der Anordnung zu vergrößern, wurde vor die Filmtrommel eine mit einer Spirale versehene Scheibe gesetzt, die im Untersetzungsverhältnis 1 : 5 von der Trommel angetrieben war. Der Lichtfleck wandert dann spiralförmig über die Trommel, so daß auf dem Film fünf nebeneinander liegende und zeitlich aneinander angrenzende Belichtungsspuren verlaufen. Entsprechend Drehzahl und Trommelumfang betrug die Filmgeschwindigkeit 972 cm pro Sekunde. Nach Ausmessung der Länge der entwickelten Spur ergibt sich somit die Verschlußzeit zu:

$$t\ (sek.) = \frac{\text{Spurlänge (cm)}}{\text{Filmgeschw. (cm/s)}}$$

Die Zeitdehnung beträgt 1,03 Millisek./cm, der Meßbereich liegt zwischen 1 und 100 Millisek. Durch Vergrößerung der Untersetzung der Spirale läßt sich der Meßbereich noch beträchtlich erweitern.

Abb. 13.

Die Verschlußzeiten waren jedoch nur dann gut reproduzierbar, wenn der Verschluß kurz vor der Belichtung zwei- bis dreimal abgezogen wurde und wenn der Strahl der aus Gründen der Konstanz dauernd brennenden Lichtquelle im allgemeinen durch eine Vorblende abgedeckt war (Erwärmung der Verschlußlamellen). Die Verschlußzeiten betrugen dann:

bei $1/100$ 9,7 ± 0,2 Millisek.
„ $1/50$ 18,2   „
„ $1/25$ 34,4   „

4. Entwicklung und Sensitometrie

Für die Belichtung wurde die Strahlung durch Vorschalten von Graugläsern (Schott NG 3, NG 5 und NG 10 in verschiedenen Stärken) auf ein der jeweiligen Filmempfindlichkeit angepaßtes Niveau gebracht. Die Dichte der Graugläser wurde mit den Interferenzfiltern im objektiven Farbdichtemesser auf 0,01 genau vermessen, unter Einschluß der Reflektionen.

Es wurden jeweils drei Belichtungen bei den Verschlußzeiten $1/100$, $1/50$, $1/25$ Sek. hergestellt und auf Schwärzung 0,1 über Schleier unter Zuhilfenahme von Sensitometerbelichtungen des jeweiligen Materials hinter den entsprechenden Interferenzfiltern interpoliert. Abgesehen davon, daß die ermittelten Werte nur wenig von $1/50$ Sek. abwichen, geht aus unveröffentlichten Untersuchungen hervor (Dr. EGGERS,

Wiss. Photogr. Labor Agfa Leverkusen), daß bei den verwendeten Materialien im benutzten Belichtungsgebiet der Schwarzschildexponent gleich 1 gesetzt werden kann.

Die Entwicklung erfolgte in Kleintanks mit mechanischer Bewegung der Rahmen bei 18° C, und zwar:

$$\left.\begin{array}{ll}\text{Isopan FF} & 6 \text{ Min.} \\ \text{Isopan Ultra} & 10 \text{ ,,} \\ \text{Isopan Portrait} & 10 \text{ ,,}\end{array}\right\} \text{Final}$$

$$\left.\begin{array}{ll}\text{Agepe} & 5 \text{ ,,} \\ \text{Agepan} & 5 \text{ ,,}\end{array}\right\} \text{Agfa 71}$$

Die Ausmessung der Schwärzung erfolgte mit dem objektiven Farbdichtemesser in diffusem Licht.

5. Ergebnisse

Die Tabelle enthält die gemessene Strahlungsarbeit pro cm² für die genannten Materialien.

Arbeit pro cm² für $S = 0{,}1$ über Schleier in [erg/cm²]

Material	$\lambda = 509$ nm	543 nm	568 nm
Isopan FF 13° Din	$7{,}5 \cdot 10^{-2}$	$5{,}4 \cdot 10^{-2}$	$4{,}2 \cdot 10^{-2}$
Isopan Ultra	$10{,}5 \cdot 10^{-3}$	$9{,}5 \cdot 10^{-3}$	$11{,}5 \cdot 10^{-3}$
Isopan Portrait	$7{,}6 \cdot 10^{-3}$	$7{,}75 \cdot 10^{-3}$	$14{,}7 \cdot 10^{-3}$
Agepe	$11{,}2 \cdot 10^{-2}$	$9{,}3 \cdot 10^{-2}$	$5{,}2 \cdot 10^{-2}$
Agepan	$10{,}7 \cdot 10^{-2}$	$7{,}9 \cdot 10^{-2}$	$11{,}9 \cdot 10^{-2}$

Unter Zugrundelegung dieser Absolutempfindlichkeit wurden die unter A mitgeteilten Kurven der spektralen Empfindlichkeitsverteilung in ein Koordinatennetz eingetragen (Abb. 14). Die gute Lage der Meßpunkte auf den Kurven zueinander bestätigt die Gültigkeit der unter A bestimmten Spektralempfindlichkeits-Verteilungen. Die angegebenen Absolutempfindlichkeiten in Erg/cm² bzw. log (Erg/cm²) sind für Belichtungszeiten von etwa $^1/_{50}$ Sek. gültig.

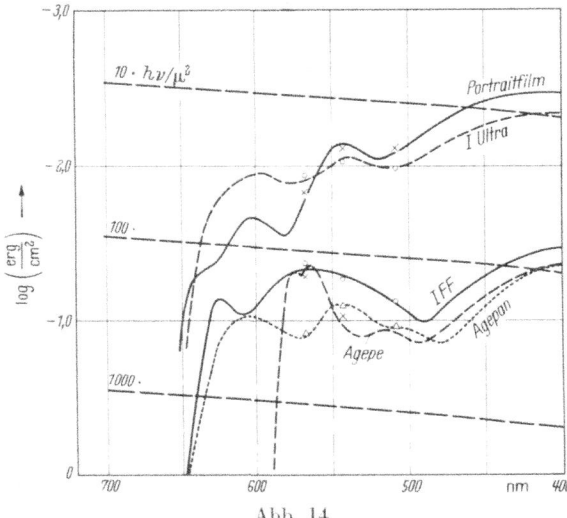

Abb. 14.

In die Abb. 14 sind außerdem die Linien eingetragen, welche bei der jeweiligen Wellenlänge 10, 100 und 1000 Quanten pro μ^2 entsprechen.

Die Übertragungstheorie in der Photographie.
Eine Einführung

Von E. Zeitler

Einleitung

Ein wesentlicher Anteil der täglichen Arbeit besteht aus Erzeugen und Übermitteln von Information.

Mit diesem Übermitteln von Information befaßt sich die Übertragungstheorie, das heißt physikalisch mit dem Transport von Energie, die, sei es direkt oder indirekt, zur Registrierung angewendet wird.

In der Nachrichtentechnik ist die Information eine zeitliche Verteilung elektrischer oder elektromagnetischer Energie, in der Photographie besteht sie in der örtlichen Lichtverteilung des Objektes. Die oft nötige Verstärkung erfolgt in einem Falle meist elektrisch, im anderen bei der Entwicklung des photographischen Bildes chemisch. Es ist verständlich, daß eine Theorie der Übertragung zunächst in der Nachrichtentechnik ihren Anfang genommen hat. Da die dort erhaltenen Ergebnisse jedoch allgemeine Gültigkeit haben, wurde die Theorie bald auf andere Gebiete angewendet.

Man spricht allgemein nur noch von einem Übertragungsglied; dieses besteht ganz formal aus einem Eingang und einem Ausgang. Die Übertragungseigenschaften eines solchen Gliedes sind festgelegt, wenn bekannt ist, in welches Ausgangssignal ein bekanntes Eingangssignal verformt wird.

Diese bewußt allgemein gehaltene Beschreibung des Übertragungsgliedes soll begreiflich machen, welch großes Anwendungsgebiet einer Theorie der Übertragung offensteht. Probleme der Messung, der Navigation, Rechenmaschinen, ja sogar physiologische und psychologische Vorgänge werden von der Übertragungstheorie erfaßt. Zweifellos sind Auge und Ohr Übertragungsglieder in obigem Sinne. Sogar den Menschen als Urerzeuger und Übermittler von Information kann man einbeziehen. Ein anschauliches Beispiel liefert die Entstehung eines Gerüchtes, wo das ursprüngliche „Testsignal" je nach Veranlagung der einzelnen „Übertragungsglieder" verändert wird [1].

In dem vorliegenden Artikel soll eine Einführung in die Begriffe der Übertragungstheorie im Bereich der Optik und der photographischen Bildaufzeichnung gegeben werden. In der englischen Literatur findet man ausgezeichnete zusammenfassende Veröffentlichungen, die jedoch entweder nur den rein optischen Bereich [2, 3] oder nur die Körnigkeitsbeschreibung [4, 5] des Films behandeln.

Es besteht daher durchaus das Bedürfnis nach einer Einführung in die gleichermaßen für Theorie und Praxis bedeutsame neue Betrachtungsweise der optischen Übertragung für einen breiteren deutschen Leserkreis.

Gleichzeitig ist dieser Artikel als Einleitung zu den anschließenden Arbeiten von H. Frieser [6] anzusehen.

In den folgenden Abschnitten werden also die Bedingungen für die Anwendbarkeit der Theorie und ihre Grenzen aufgezeigt. In dem ersten Abschnitt beschäftigt uns Objekt und Bild in übertragungstheoretischer Sprache, im zweiten Abschnitt wenden wir die Begriffe auf die die Information des Bildes einengende Körnigkeit an, um in einem letzten Abschnitt für das Zusammenwirken von Bild und Körnigkeit ein Maß des Informationsgehaltes anzugeben.

I. Frequenzdarstellung von Objekt und Bild und ihre Übertragung

1. Strichraster

Zur Charakterisierung von Film- oder Objektiveigenschaften spielen die Aufnahmen von Strichrastern eine bevorzugte Rolle in der wissenschaftlichen Photographie. An Hand eines solchen Strichrasters wollen wir die für das folgende notwendigen Begriffe präzisieren.

Mathematisch gesprochen stellt ein Strichraster in bezug auf seine Transparenz eine periodische Ortsfunktion dar (z. B. Mäanderlinie).

Nach FOURIER läßt sich nun jede periodische Funktion als eine Summe von harmonischen Funktionen (Sinus oder Kosinus) darstellen, deren Frequenzen sich um ganze Vielfache unterscheiden; lediglich die Anteile der einzelnen Oberschwingungen sind so zu wählen, daß die ursprüngliche Funktion resultiert.

Den Begriff der hier auftretenden Ortsfrequenz brauchen wir nicht besonders einzuführen, da die Kennzeichnung solcher Raster durch Angabe ihrer Frequenz, d. h. nämlich Striche pro Millimeter, allgemein geläufig ist.

Optisch heißt das aber, daß ein Strichraster durch viele ineinander kopierte sinusförmige Teilraster mit Frequenzen, die ganzzahlig vielfach zu einer Grundfrequenz sind, und entsprechenden maximalen Transparenzen ersetzt werden kann.

Um besonders klar zu werden, beschreiben wir das Wesentliche dieser FOURIERdarstellung noch einmal mathematisch; gleichzeitig sollen hierbei die Vereinbarungen über die Symbole und Bezeichnungen getroffen werden (siehe Anhang A 2).

Gehen wir also von einem periodischen Objekt $F(x)$ aus (große Buchstaben sind den Objekten vorbehalten), so gilt für dieses in der Fourierdarstellung

$$F(x) = \sum_{-\infty}^{+\infty} \tilde{F}_n e^{i2\pi nx} \quad *$$

Die Ortsfunktion $F(x)$ ist vollkommen angegeben, wenn man das Ensemble $\tilde{F}_n$ kennt, das angibt, wie die Anteile der unendlich abzählbar vielen Teilschwingungen abzustimmen sind. Der Circumflex soll daran erinnern, daß $\tilde{F}_n$ den Anteil der reinen harmonischen Schwingung mit der n-ten Oberfrequenz darstellt.

Statt die Funktion im Ortsraum längs der x-Achse darzustellen, kann man im Frequenzraum die Anteile $\tilde{F}_n$ längs der Frequenzachse angeben; man sagt kurz: der x-Achse wird die Frequenzachse, der Ortsfunktion $F(x)$ die Frequenzfunktion $\tilde{F}_n$ zu-

---

* Wir bevorzugen die komplexe Schreibweise. Statt der bei der üblichen Fourierreihe vorkommenden Sinus- und Kosinusfunktionen verwenden wir nach MOIVRE die Exponentialfunktionen.

$$\cos 2\pi nx + i \sin 2\pi nx = e^{i2\pi nx} \qquad \text{siehe Anhang A 1, b.}$$

geordnet. Diesen Sachverhalt der Zuordnung, der auch in umgekehrter Richtung gilt, stellen wir symbolisch dar als

$$F(x) \rightleftarrows \tilde{F}_n$$

In Abb. 1 ist als Ortsfunktion eine einfache Mäanderlinie dargestellt; im Frequenzbereich sind die Anteile der verschiedenen Einzelschwingungen, aus denen sich die Ortsfunktion zusammensetzt, angegeben.

Ist das Objekt periodisch, so wird durch die Abbildung ein ebenfalls periodisches Bild $f(x)$ erhalten werden (kleine Buchstaben sind den Bildern vorbehalten), so daß nach FOURIER gilt

$$f(x) = \sum_{-\infty}^{+\infty} \tilde{f}_n \, e^{i2\pi nx}$$

2. Beliebige Objekte

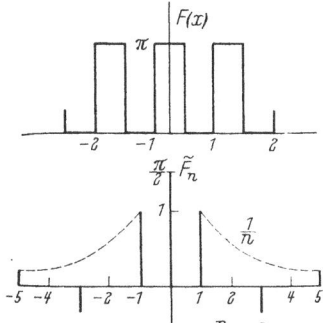

Abb. 1. Strichraster und sein Fourierspektrum.

Im allgemeinen sind jedoch die Objekte nicht periodisch, geschweige denn harmonisch, so daß man zunächst an der Allgemeingültigkeit der Folgerungen, die man an periodischen Modellobjekten erhalten hat, zweifeln möchte.

FOURIER hat jedoch gezeigt, daß (unter für unsere Betrachtungen sehr allgemeinen und meist erfüllten Bedingungen) sogar nichtperiodische Funktionen durch harmonische dargestellt werden können, so daß durch Bevorzugung der harmonischen keine Beeinträchtigung der Allgemeingültigkeit erfolgt. Während man bei periodischen Funktionen mit einer diskreten Frequenzverteilung der Oberwellen auskommt, benötigt man bei der Darstellung nichtperiodischer Funktionen eine viel engere, in der Frequenz sogar kontinuierliche Verteilung harmonischer Raster; im Frequenzintervall zwischen ν und $\nu + d\nu$ wird die Teilwelle $\tilde{F}(\nu) e^{i2\pi\nu x}$ wirksam. Die Ortsfunktion stellt sich dann als die Summe (Integral) über alle Teilwellen dar

$$F(x) = \int_{-\infty}^{+\infty} \tilde{F}(\nu) \, e^{i2\pi\nu x} \, d\nu$$

In dieser FOURIER'schen Integraldarstellung wird die Zuordnung der Ortsfunktion $F(x)$ zu der entsprechenden Frequenzfunktion $\tilde{F}(\nu)$ besonders deutlich

$$F(x) \rightarrow \tilde{F}(\nu)$$

Die schon erwähnte eindeutige Umkehrbarkeit der Zuordnung ergibt sich als sogenanntes Reziprozitätstheorem von FOURIER, wonach

$$\tilde{F}(\nu) = \int_{-\infty}^{+\infty} F(x) \, e^{-i2\pi\nu x} \, dx$$

$$\tilde{F}(\nu) \rightleftarrows F(x)$$

ist.

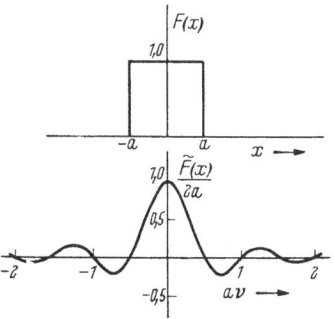

Abb. 2. Spalt und sein Fourierspektrum.

In Abb. 2 ist als Beispiel eine stufenförmige Ortsfunktion und die dazugehörige Frequenzfunktion dargestellt.

$$F(x) = \begin{matrix} 1 \\ 0 \end{matrix} \text{ wenn } \begin{matrix} |x| < a \\ |x| < a \end{matrix} \qquad \frac{\tilde{F}(\nu)}{2a} = \frac{\sin 2\pi\nu a}{2\pi\nu a}$$

Zusammenfassend kann gesagt werden, daß das photographische Bild als die Zusammenwirkung von harmonischen Transparenzprofilen kontinuierlich verteilter Frequenzen aufgefaßt werden kann; die Amplituden dieser harmonischen Raster sind Funktionen der jeweiligen Frequenz.

Die Beschreibung im Orts- oder Frequenzraum ist wegen des Reziprozitätstheorems gleichwertig; die Bevorzugung der einen oder anderen ist lediglich eine Frage der Zweckmäßigkeit.

Abschließend sei als besonders anschauliches und geläufiges Beispiel für die oben beschriebenen Transparenzraster die Sprossenschrift der Lichttonaufzeichnung beim Kinofilm angeführt. Dort wird die Druckschwankung eines Tones, deren Frequenzzerlegung allgemein geläufiger ist, in eine Lichtschwankung umgesetzt und auf einen bewegten Film aufbelichtet. Nach der Entwicklung, die eine Linearität zwischen Lichtintensität und Transparenz gewährleisten muß, erhält man örtlich nebeneinander das periodische Bild der zeitlich hintereinander erfolgten periodischen Druckschwankungen. Der Ortsfrequenz entspricht durch die Filmgeschwindigkeit eine (Zeit) Frequenz.

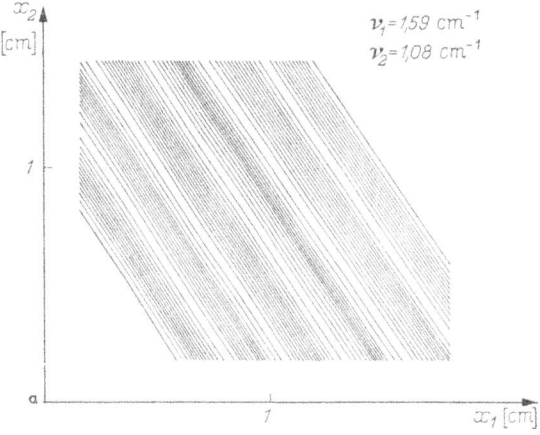

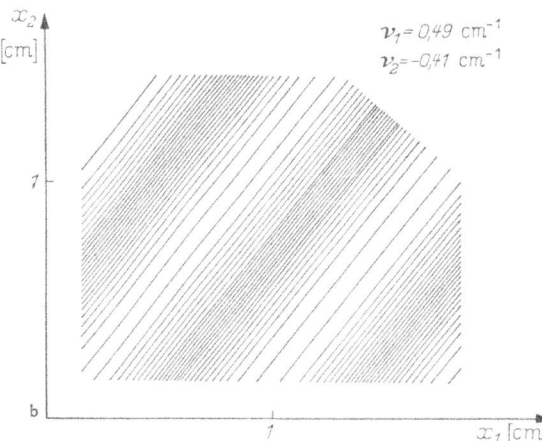

Abb. 3a u. b. Zweidimensionale Fourierzerlegung.

Nun bleibt noch eine Bemerkung über die Zahl der Dimensionen des photographischen Objektes zu machen. Die Photographie bezieht sich auf die Abbildung von Flächen auf Flächen, d. h. also, daß zwei Ortskoordinaten zur Beschreibung nötig sind. Durch Einführung zweier Ortsfrequenzen können die oben gewonnenen Ergebnisse ohne weiteres auf zwei dimensionale Ortsfunktionen erweitert werden. Auch im Zweidimensionalen besteht das Bild in der FOURIERschen Darstellug aus vielen solchen Sprossenschriften, die verschiedene Amplituden und Frequenzen haben. Der Unterschied zum eindimensionalen Fall besteht lediglich darin, daß die Sprossenschriften nicht mehr parallele, sondern nach Maßgabe der Frequenzen ν_1 und ν_2 verschieden gerichtete

Ausbreitungsrichtungen haben (s. Abb. 3 aus [5] entnommen). An die Stelle der Ortskoordinate tritt ein Ortsvektor und an Stelle der Frequenzkoordinate ein Frequenzvektor.

Da die Allgemeingültigkeit nach diesem Vermerk keine Einschränkung erfährt, behandeln wir im weiteren der Einfachheit und der besseren Deutlichkeit halber eindimensionale Fälle.

3. Die Abbé'sche Theorie des Mikroskopes

ABBÉ fragt nach dem Auflösungsvermögen eines Mikroskopes, d. h. nach dem Kehrwert des Abstandes, der zwei Objektbereiche im Bild ohne Rücksicht auf die Wiedergabe ihrer Gestalt als noch getrennt ansehen läßt. Da er zur Beantwortung dieser Fragestellung wahrscheinlich als erster die Betrachtungsweise der Übertragungstheorie angewendet hat, sei seine allgemein bekannte Überlegung hier kurz wiedergegeben.

Wählen wir mit ABBÉ als Testobjekt ein Raster, so wird unser Bild $f(x)$ ebenfalls periodisch sein.

$$f(x) = \sum_{-\infty}^{+\infty} \tilde{f}_n e^{i2\pi n x}$$

Bei der Abbildung wird jedoch das auffallende Licht durch Beugung um so mehr abgelenkt, je kleiner der „Gitterabstand" der einzelnen sinusförmigen Teilraster ist.

Hohe Frequenzen, die für die Feinheiten des Objektes charakteristisch sind, werden also im Bild garnicht festgestellt, wenn die entsprechenden Ablenkungswinkel größer als die Apertur des Übertragungsgliedes sind. Das Übertragungsglied bewirkt also ein Abbrechen der obigen Summe. Wir gewinnen schon hier die Vermutung, daß die Veränderung der Anteile $\tilde{F}_n$ in $\tilde{f}_n$ durch das Übertragungsglied zur Beschreibung seiner Eigenschaften geeignet sein kann.

4. Die lineare Übertragung

In diesem Abschnitt soll die Abbildung durch ein allgemeines optisches System im Sinne der Übertragungstheorie beschrieben werden.

Ohne Einschränkung der Allgemeinheit behandeln wir Abbildungen im Maßstab 1 : 1, so daß wir der besseren Übersicht halber Objekt und Bild in das gleiche Koordinatensystem einzeichnen können. Führen wir zunächst zur einfacheren Darstellung eine symbolische Schreibung ein, die weiter unten physikalisch erklärt wird. Wird die Abbildung (Übertragung) einer Ortsfunktion $F(x)$ in die Bildfunktion $f(x)$ durch ein Übertragungsglied Ω ausgeführt (große griechische Buchstaben sind den Übertragungsgliedern vorbehalten), so schreiben wir einfach

$$f(x) = \Omega * F(x)$$

Der Bildfunktion können wir ohne weiteres eine Frequenzfunktion zuordnen

$$f(x) \rightarrow \tilde{f}(\nu) = \widetilde{\Omega * F}(x)$$

Als nächstes erhebt sich die Frage, wie die Frequenzfunktion $\tilde{f}(\nu)$ des Bildes mit der Frequenzfunktion $\tilde{F}(\nu)$ des Objektes und den Eigenschaften des Übertragungsgliedes Ω zusammenhängt. Da beide Frequenzfunktionen Fouriertransformierte sind, wird ein einfacher und eindeutiger Zusammenhang nur dann resultieren, wenn die Übertragung das Grundprinzip der Fouriertransformation, nämlich die Superposition (Addition) nicht stört. Übertragungsglieder, die die Superposition erhalten, nennt man linear. Fordern wir die für eine brauchbare Abbildung kardinale Eigenschaft, daß sich das Bild mehrerer Objekte als Summe der Einzelbilder dieser Objekte darstellt, so ist dies gleichbedeutend mit der Forderung nach Linearität. Es kann somit nicht einschränkend sein, wenn wir im folgenden nur die lineare Übertragung behandeln.

Leider läßt sich in dieser Einführung ein streng methodisches Vorgehen nicht einhalten, so daß wir zum leichteren Verständnis die Anschauung heranziehen müssen.

Gehen wir wieder von einem harmonischen Raster als Objekt aus, so wird der Einfluß des Übertragungsgliedes als Verwaschung im Bild festgestellt werden. Mit zunehmender Frequenz wird der Kontrast im Bild abnehmen, da die Zwischenräume der Bildrasters auf Grund der Verwaschung immer mehr aufgefüllt werden. Von einer gewissen Frequenz im Objekt ab wird im Bild eine Periodizität nicht mehr festgestellt werden. Diese aus der Erfahrung bekannte Tatsache wollen wir nun quantitativ fassen.

Nehmen wir an, daß von der Lichtintensität $F(s)$ im Objektpunkt s durch die Eigenart des Übertragungsgliedes im Bildpunkt x_0 der Bruchteil $\Omega(s - x_0)$ wirksam ist, der verständlicherweise nur von der Distanz $(s - x_0)$ zwischen dem betrachteten Objekt- und dem zugehörigen Bildpunkt abhängt, so erhalten wir als Lichtmenge im Bildpunkt x_0 die Summe (Integral) der Beiträge aller auch entfernteren Objektpunkte s (Abb. 4). Im Bild ergibt sich somit die Intensität für den allgemeinen Punkt x zu

$$f(x) = \int_{-\infty}^{+\infty} \Omega(s - x) \cdot F(s) \cdot ds$$

$\Omega(x)$ nennt man verständlicherweise Verwaschungsfunktion. Wir haben also auch hier bei der Einwirkung des von verschiedenen Objektpunkten kommenden Lichtes im allgemeinsamen Bildpunkt Linearität vorausgesetzt, indem wir die Einzelbelichtungen summieren. Man kann andererseits zeigen, daß das abgeleitete Integral auch die allgemeinste lineare Beziehung zwischen $F(x)$ und $f(x)$ darstellt; dieses Integral spielt in der Theorie der Übertragung eine dominante Rolle. Es wird als Faltungsintegral bezeichnet (das Wesentliche ist der Typ des Integranden $g(x) \cdot h(x - y)$).

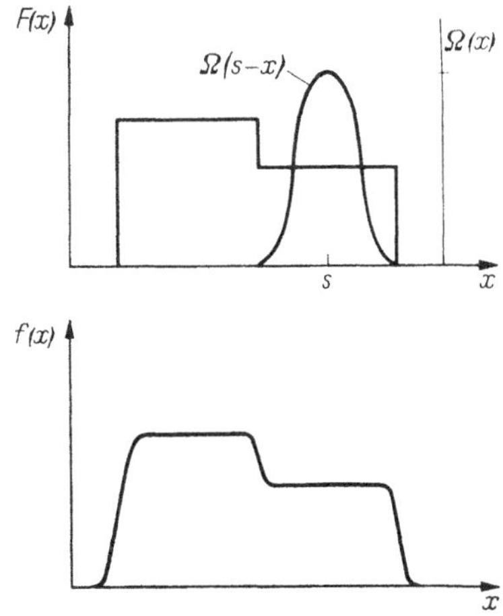

Abb. 4. Oben: Objekt- und Verwaschungsfunktion
Unten: Bildfunktion.

Wir können die hier zu betrachtenden Übertragungsglieder also auch so kennzeichnen: die von ihnen vermittelte Abbildung soll eine Faltung darstellen. Unser für die Abbildung eingeführtes Symbol $f(x) = \Omega * F(x)$ ist somit als Faltung aufgeklärt und definiert.

Nach dieser Betrachtung im Ortsbereich können wir der oben aufgeworfenen Frage, wie nämlich die Abbildung im Frequenzbereich zu beschreiben ist, nähertreten. Ordnen wir dem Objekt $F(x)$ die Frequenzfunktion $\widetilde{F}(\nu)$ zu, so wird, wie anschaulich schon geschildert, bei vorgegebener Frequenz je nach der Stärke der Verwaschung nicht die volle Amplitude $\widetilde{F}(\nu)$ sondern durch Kontrastminderung nur $\widetilde{\Omega}(\nu) \widetilde{F}(\nu)$ übertragen; dabei ist $\widetilde{\Omega}(\nu)$ lediglich ein von der Frequenz abhängiger Faktor.

Als Frequenzfunktion des Bildes erhalten wir also
$$\widetilde{f}(\nu) = \widetilde{\Omega}(\nu) \cdot \widetilde{F}(\nu)$$
Da jedoch der Frequenzfunktion eindeutig eine Ortsfunktion $f(x)$, nämlich das Faltungsintegral, entspricht, muß $\widetilde{f}(\nu)$ die dem Faltungsintegral zugeordnete Frequenzfunktion sein.

Die komplizierte Faltung im Ortsbereich wird also zu einer gewöhnlichen Multiplikation im Frequenzbereich. Hierin, in dem sogenannten Faltungstheorem, liegt die hauptsächliche Begründung für die Bevorzugung der Beschreibung einer linearen Übertragung im Frequenzbereich.

Der frequenzabhängige Faktor $\widetilde{\Omega}$ ist, wie die Schreibung andeutet, jedoch im Rahmen dieser Arbeit nicht nachgewiesen werden kann, die der Verwaschungsfunktion des Übertragungsgliedes zugeordnete Frequenzfunktion
$$\widetilde{\Omega}(\nu) \rightleftarrows \Omega(x)$$
Man bezeichnet sie als Kontrastübertragungsfunktion (CPT).

Sind mehrere Übertragungsglieder hintereinander geschaltet (Objektiv, Blende, Film), so beweist die Frequenzbeschreibung auch hierbei ihre Überlegenheit.

Die „Bild"frequenzfunktion am Ausgang des einen erscheint als „Objekt"frequenzfunktion am Eingang des nächsten Gliedes:

$\widetilde{F}(\nu)$ Objekt

$\widetilde{f}_1 = \widetilde{\Omega}_1 \widetilde{F}$ Nach dem Durchgang durch die Luft, die durch Flimmern bereits Frequenzen unterdrückt (kleinste Details)

$\widetilde{f}_2 = \widetilde{\Omega}_2 \cdot \widetilde{f}_1$ Nach dem Objektiv

$\widetilde{f}_3 = \widetilde{\Omega}_3 \cdot \widetilde{f}_2$ Nach der Blende

$\widetilde{f}_4 = \widetilde{\Omega}_4 \cdot \widetilde{f}_3$ Nach der Lichtstreuung im Film

$$\widetilde{f}_n(\nu) = \widetilde{\Omega} \cdot \widetilde{F}(\nu) \; ; \text{ mit } \Omega = \Omega_1 \cdot \Omega_2 \cdots \Omega_n$$

Die Gesamtübertragungsfunktion ergibt sich einfach als Produkt der einzelnen Übertragungsfunktion.

In dem nächsten Abschnitt wollen wir einige spezielle Kontrastübergangsfunktionen einfacher optischer Übertragungsglieder behandeln.

5. Spezielle Kontrastübertragungsfunktionen

a) Spalt. In der Optik spielen Spalte und Blenden eine bedeutende Rolle. An einem solchen Spalt wollen wir durch die Anschauung das Verständnis für die Kontrastübertragungsfunktion vertiefen. Wie kommt die Frequenzabhängigkeit zustande?

Die Durchlässigkeit eines Spaltes stellt sich im Ortsbereich kastenförmig dar, die durchgelassene Lichtintensität stellt einen Mittelwert über den von der Spaltbreite erfaßten Objektbereich dar, so daß verschiedene Objekte die gleiche Anzeige ergeben können.

Betrachten wir als Objekt wieder ein harmonisches Raster, aus dem sich nach Fourier beliebige Objekte aufbauen lassen. Ist die Frequenz des Rasters niedrig, d. h. die Änderung der Amplitude pro Längeneinheit klein, so ist der Spalt quasi homogen ausgeleuchtet, und es tritt keine Verfälschung, keine Kontrastminderung des Objektes im Bild auf. $\widetilde{\Omega}(0) = 1$. Wird mit zunehmender Frequenz eine Schwingung gerade so lang wie die Spaltbreite $2a$, so kann diese Frequenz $\nu = \frac{1}{2a}$ gar nicht registriert werden. Wegen der Periodizität tritt nämlich bei der Abtastung gerade ein solcher Intensitätswert aus dem Spaltbereich aus, der an der anderen Seite eintritt, $\widetilde{\Omega}\left(\frac{1}{2a}\right) = 0$. Zwischen diesen beiden Extremwerten kann $\widetilde{\Omega}$ alle Werte zwischen null und eins annehmen. Bei den Frequenzen $\left(\frac{n}{2a} = \text{Oberwellen}\right)$ wird die Durchlässigkeit des Spaltes ebenfalls gleich Null. Wir erwarten also eine oszillierende Kontrastübertragungsfunktion.

Wie wir schon wissen, ist die Kontrastübertragungsfunktion lediglich die Fouriertransformierte der Durchlässigkeitsfunktion. In Abb. 2 ist schon einmal die Frequenzfunktion einer kastenförmigen Ortsfunktion der Höhe 1 und der Breite $2a$ angegeben, die sich als

$$\widetilde{\Omega}(\nu) = \frac{\sin 2\pi\nu a}{2\pi\nu a}$$

darstellt und somit auch für den Spalt gültig ist. Ihr Verlauf entspricht der gegebenen anschaulichen Erklärung.

b) Film. Durch die Streuung des Lichtes in der Emulsion entsteht eine Verwaschung im Bild. Diesen sogenannten Diffusionslichthof hat FRIESER [7] genauer untersucht und festgestellt, daß bei der Aufbelichtung eines feinen Spaltes nicht nur am Ort des Spaltes, sondern auch in der Nachbarschaft eine zu größeren Entfernungen hin abklingende Belichtung auftritt.

Die resultierende Belichtung kann man so beschreiben, als ob ohne Lichtstreuung statt des Spaltes eine exponentiell verlaufende Intensität aufbelichtet worden wäre (Abb. 5). Dem Film ist also eine Verwaschungsfunktion

$$\Omega(x) = \frac{1}{k} e^{-\frac{|x|}{k}}$$

zuzuordnen. Die k-Zahl ist ein Maß für die Breite der Verwaschung und somit eine filmcharakteristische Größe.

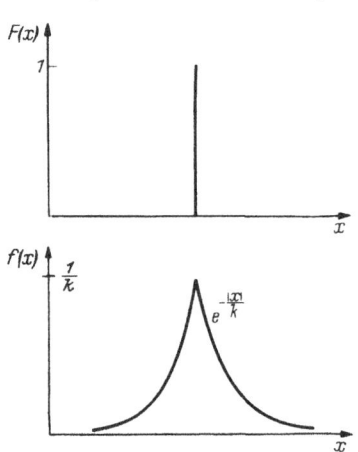

Abb. 5. Übertragung durch eine photographische Schicht.

Oben: Sehr schmaler Spalt als Ortsfunktion — Unten: Bildfunktion.

Die Kontrastübertragungsfunktion finden wir formal als Fouriertransformation

$$\widetilde{\Omega}(\nu) = \int_{-\infty}^{+\infty} \Omega(x) e^{-i2\pi\nu x} dx = \frac{1}{1 + (2\pi\nu k)^2}$$

Dieses Ergebnis wird durch die Anschauung ebenfalls leicht verständlich. Der übertragene Kontrast wird um so geringer, je stärker die Verwaschung, d. h. je größer k oder je höher die Frequenz ist. Anders ausgedrückt kommt es nur auf das Verhältnis von Verwaschungsbreite zu Wellenlänge an. In Abb. 6 ist die Kontrastübertragungsfunktion für zwei Filme mit verschiedener k-Zahl wiedergegeben.

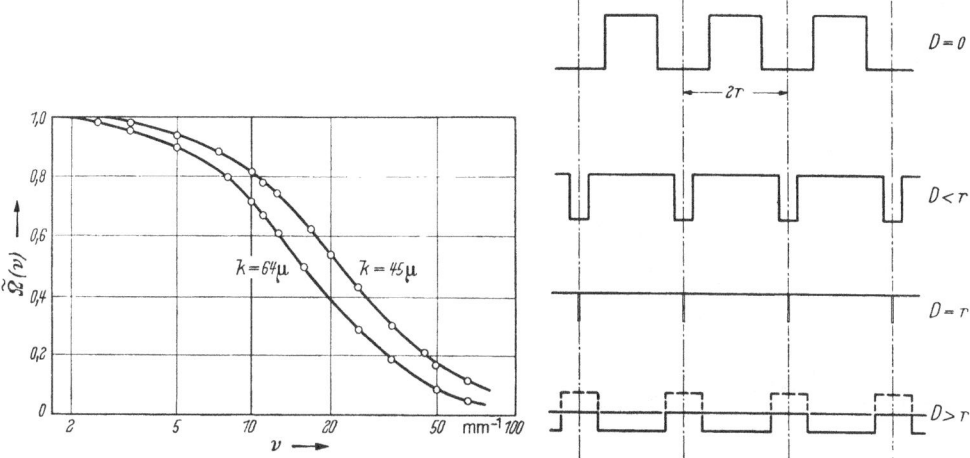

Abb. 6. Kontrastübertragungsfunktion von zwei photographischen Schichten mit verschiedenem k-Wert.

Abb. 7. Wirkung einer unscharfen Einstellung.

c) **Unscharfes Einstellen.** Eine ähnliche mittelnde Wirkung wie beim Spalt erhält man durch unscharfes Einstellen der Kamera, wodurch ein Objektpunkt nicht in einen Bildpunkt, sondern in einen Bildkreis abgebildet wird. Das unscharfe Bild erhält man aus dem scharfen wiederum durch Faltung der Objektverteilung mit der Lichtverteilung im Zerstreuungskreis. Nach dem unter 5a Gesagten ist es nicht verwunderlich, daß man für bestimmte Verhältnisse von Rasterabstand zum Radius des Zerstreuungskreises keine Frequenz im unscharfen Bild feststellt. Die schematische Zeichnung in Abb. 7 läßt dies leicht einsehen (lineares Problem).

Während mit zunehmendem Zerstreuungskreisdurchmesser D zunächst nur eine Abnahme des Kontrastes zu verzeichnen ist (die vorhandene Lichtintensität wird auf eine größere Fläche verteilt), wird dieser Null, wenn, wie bei unserem linearen Beispiel, der Zerstreuungsradius gerade dem Rasterabstand entspricht. Nimmt D weiter zu, so überlappen sich jetzt Rasterelemente und bilden durch neuen Kontrast, der freilich nie dem ursprünglichen entspricht, ein neues Raster (Pseudoschärfe). Es ist jedoch zu beachten, daß dieses Raster verschoben erscheint. Man nennt diese Erscheinung Phasenverschiebung, die in unserem Fall eine halbe Wellenlänge beträgt.

Über diese anscheinend neue Erscheinung der Phasenverschiebung ist noch eine Bemerkung nachzuholen.

Sie ist natürlich in der Kontrastübertragungsfunktion mitenthalten; wir haben sie bisher nur nicht besonders hervorgehoben, um nicht zu viele neue Begriffe einzuführen. Im allgemeinen ist nämlich die Kontrastübertragungsfunktion komplex und besteht so aus zwei Bestimmungsstücken, Realteil und Imaginärteil. Mit Hilfe beider Anteile läßt sich sowohl der Kontrast, d. h. das Amplitudenverhältnis von Objekt zu Bildraster und die Phasenverschiebung, d. h. die örtliche Verschiebung zwischen Objekt- und Bildraster kennzeichnen.

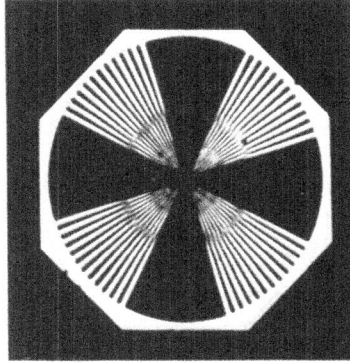

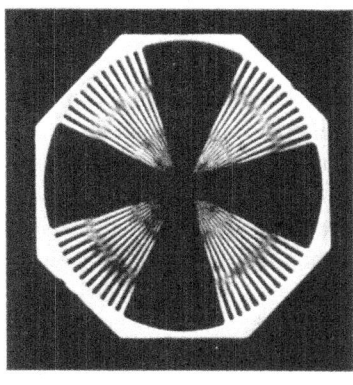

Man schreibt

$$\widetilde{\Omega}(v) = \widetilde{\Phi}(v) + i\widetilde{\Psi}(v) = |\widetilde{\Omega}(v)| e^{i \cdot \varphi(v)}$$

$$\text{mit } |\widetilde{\Omega}|^2 = \widetilde{\Phi}^2 + \widetilde{\Psi}^2, \quad \text{tg } \varphi = \frac{\widetilde{\Psi}}{\widetilde{\Phi}}$$

Dabei gibt

$|\widetilde{\Omega}(v)|$ die Kontrastverminderung und

$\varphi(v)$ die Phasenverschiebung an.

Wir nennen

$\widetilde{\Omega}(v)$ Kontrastübertragungsfunktion, abgek. CPT

$|\widetilde{\Omega}(v)|$ Kontrastübertragung abgek. CT

$\varphi(v)$ Phasenübertragungsfunktion, abgek. PT.

In Abb. 8 sind sternförmige Raster unscharf aufgenommen. Die beschriebene Erscheinung der Kontrastverminderung und Phasenverschiebung kommt in den Aufnahmen sehr deutlich zum Ausdruck. Sehr auffällig ist, wie durch Vergrößern des Zerstreuungskreises der Phasensprung bei größerer Linienbreite einsetzt, weil es, wie schon besprochen, nur auf das Verhältnis beider Strecken ankommt.

Die formal als Fouriertransformation eines Zerstreuungskreises gewonnene Kontrastübertragungsfunktion (entnommn aus [8]) zeigt die oben anschaulich erhaltenen Ergebnisse (Abb. 9).

Abb. 8. Bild eines sternförmigen Rasters bei unscharfer Einstellung. (Die Unschärfe nimmt in der Reihenfolge der Abbildungen zu.)

Es ist einleuchtend, daß bei komplizierten Objekten die Diskussion im Frequenzraum viel einfacher ist als im Ortsraum. Bei so einfachen Objekten wie Rastern führt die Betrachtung im Ortsraum allerdings auch zu anschaulich zugänglichen Resultaten.

d) Objektiv. In Abb. 10 ist der Registrierstreifen des Bildes dargestellt, wie es ein Objektiv von einem harmonischen Raster gleicher Amplitude jedoch zunehmender Frequenz wiedergibt. Aus den Abb. 10 und 11 (entnommen aus [9]) ist deutlich die zunehmende Kontrastverminderung mit zunehmender Frequenz zu ersehen. Die entsprechende Phasenverschiebung ist ebenfalls in Abb. 11 dargestellt.

Es ist einleuchtend, daß ein Objektiv nicht genügend durch Angabe seines Auflösungsvermögens charakterisiert ist. Das Auflösungsvermögen bezieht sich nämlich lediglich auf einen Punkt der Kontrastübertragungsfunktion, eben der gerade noch wiedergegebenen Frequenz, über den Verlauf wird jedoch keine Aussage gemacht. So können zwei Objektive gleichen

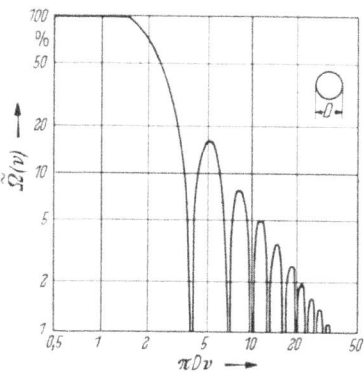

Abb. 9. Kontrastübertragungsfunktion bei unscharfer Einstellung.

Auflösungsvermögens in ihrer Güte sehr verschieden sein, da sie sich im Bereich bildwichtiger Frequenzen unterschiedlich verhalten. Haben wir eine bis zu einer Grenzfrequenz frequenzabhängig verlaufende Kontrastübertragungsfunktion, so ist

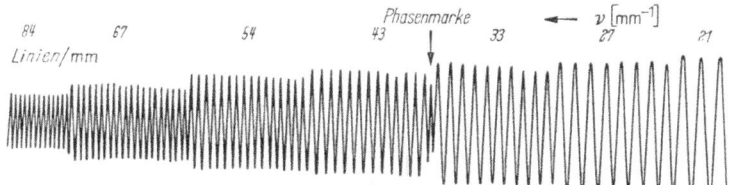

Abb. 10. Photometerregistrierung eines harmonischen Rasterbildes konstanter Amplitude und variabler Frequenz, das von einem Objektiv übertragen wurde (s. Abb. 11).

im allgemeinen die Angabe der Grenzfrequenz keine genügende Angabe zur Charakterisierung des Übertragungsgliedes.

Abb. 12 zeigt z. B. den Einfluß der Blendenöffnung auf die Kontrastübertragungseigenschaften eines Objektives.

6. Bestimmung der Kontrastübertragungsfunktion

Die Bestimmung der Kontrastübertragungsfunktion kann entweder im Ortsbereich oder direkt im Frequenzbereich erfolgen.

Im Ortsbereich belichtet man wie in Abb. 5 angedeutet einen Punkt oder feinen Spalt auf und bestimmt die Verwaschung durch das Übertragungsglied im Bild. Die Fouriertransformierte dieser Verwaschungsfunktion ist die gesuchte Kontrastübertragungsfunktion.

Im Frequenzbereich experimentiert man mit harmonischen Rastern als Objekt, die wegen ihrer kontinuierlichen Wiederholbarkeit und des Auftretens nur endlicher Frequenzen den Vorzug haben. Das Objekt ist dann

$$F(x) = \widetilde{F}_0 + \widetilde{F}_1 \cos 2\pi\nu x$$

das Bild wird einfach

$$f(x) = \widetilde{f}_0 + \widetilde{f}_1 \cos(2\pi\nu x + \varphi) = \widetilde{\Omega}(o) \cdot \widetilde{F}_0 + |\widetilde{\Omega}(\nu)| \cdot F_1 \cos(2\pi\nu x + \varphi)$$

Legt man Bild und Objekt aufeinander, so kann man $|\widetilde{\Omega}(\nu)|$ und $\varphi(\nu)$, die beiden

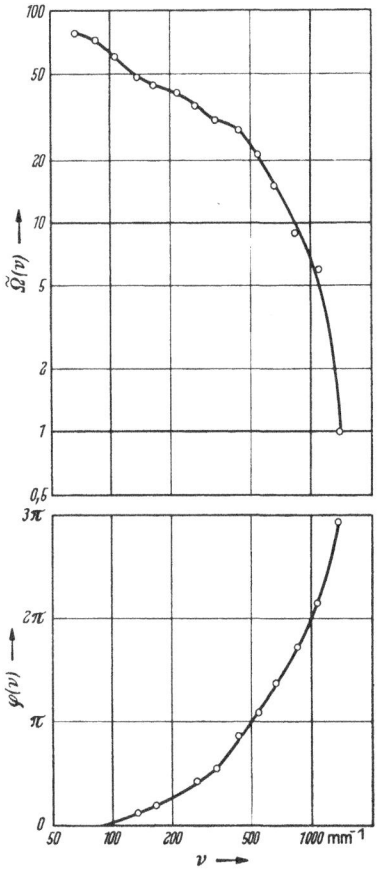

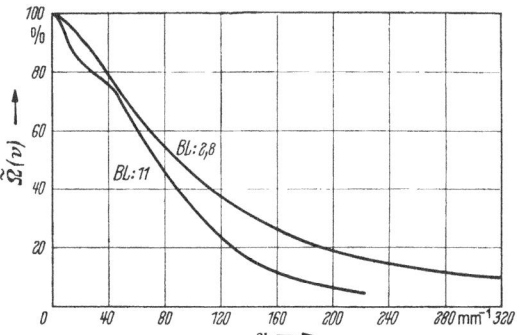

Abb. 12. Einfluß der Blende auf die Kontrastübertragung eines Objektivs.

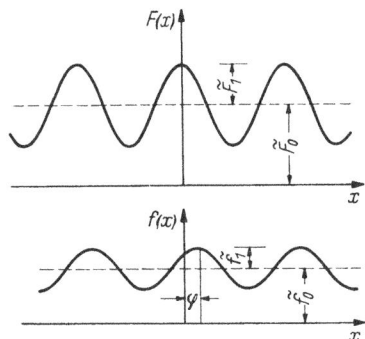

Abb. 11. Kontrastübertragung und Phasenübertragungsfunktion eines Objektives (s. Abb. 10).

Abb. 13. Zur Bestimmung der Kontrastübertragungsfunktion.

gesuchten Größen bestimmen. Wiederholt man dieses Verfahren für mehrere Frequenzen ν, so ergibt sich der Verlauf von $|\widetilde{\Omega}|$ und φ als Funktion der Frequenz (Abb. 13). $|\widetilde{\Omega}(o)|$ wird im allgemeinen auf 1 normiert.

7. Optische Anwendungen

Während wir bis jetzt die üblichen optischen Systeme und die durch sie gegebenen Kontrastübertragungsfunktionen betrachtet haben, kann in der Praxis auch das umgekehrte Problem auftreten, nämlich zu einer gewünschten Übertragungsfunktion das Übertragungssystem zu suchen. Man wird versuchen, durch Hintereinanderschalten mehrerer Glieder das Problem zu lösen.

Die Übersicht über die Übertragungsfunktion solcher hintereinander geschalteter Übertragungsglieder wird besonders einfach, wenn man die Einzelkurven logarithmisch aufträgt, die gesamte Übertragungsfunktion ist dann einfach die Summe der einzelnen. Sogar negative Transparenzen können durch die Kombination von optischen und elektrischen Filtern erreicht werden.

Nehmen wir den Fall, daß durch Bewegung des Objektives oder der Kamera das Bild verwackelt ist, d. h. in der Sprache der Frequenz, daß zu den Originalfrequenzen störende Frequenzen aufgetreten sind, so zeigt die Übertragungstheorie Möglichkeiten zur nachträglichen Entstörung. Läßt man dieses Bild nämlich noch einmal durch eine Blende gehen, deren Übertragungsfunktion in dem störenden Frequenzintervall sich gerade reziprok zum Eingangsimpuls verhält (log gerade negativ so groß ist wie das störende positiv), so verschwindet die Störung am Ausgang.

Je höher die übertragbaren Frequenzen sein sollen, desto höher wird der Aufwand bei der Herstellung der Übertragungsglieder (Optik, Film). Die Übertragungstheorie zeigt einfach, daß die Grenzen durch das „schwächste" Glied vorgegeben sind.

II. Körnigkeit

Die vorangegangenen Abschnitte haben gezeigt, wie man die photographischen Bilder als Frequenzspektren und die abbildenden Systeme mit ihren Linsen und Blenden als Frequenzfilter mit bestimmten Durchlässigkeiten für die Spektren auffassen kann.

Im folgenden soll nun die Übertragungstheorie zur Beschreibung der Körnigkeit des Films angewendet werden.

1. Mittelwerte der Transparenz

Ein einheitlich belichtetes Filmstück ist nach der Entwicklung keineswegs einheitlich geschwärzt. Eine solche Fläche besteht vielmehr aus undurchsichtigen Elementarflächen (Silberkörnern) und durchsichtigen Zwischenräumen.

Registriert man eine Spur mit Hilfe eines Mikrophotometers, so erhält man am Schreiber eine bizarre Kurve (Abb. 14). Da eine so vollständige Beschreibung der Transparenzschwankungen viel zu unhandlich ist, reduziert man die vielen Angaben einer solchen Registrierung

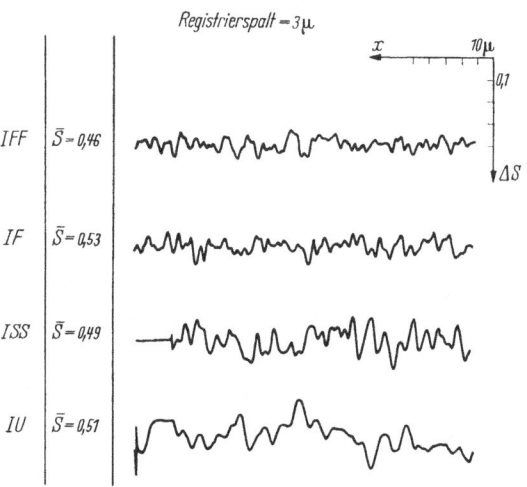

Abb. 14. Photometer-Registrierung gleichmäßig belichteter photographischer Schichten von verschiedener Körnigkeit.

durch Bildung von Mittelwerten und begnügt sich mit einer Charakterisierung der Transparenz durch diese Mittelwerte. Zunächst bildet man natürlich den linearen

Mittelwert, indem man die Transparenz U an mehreren Stellen x_i mißt, die Werte summiert und durch die Anzahl der Messungen dividiert. (Eine Mittelung sei im Folgenden durch Überstreichen des Symbols angedeutet):

$$\overline{U} = \frac{1}{n} \sum_{1}^{n} U(x_i)$$

Als zweiten Mittelwert bestimmt man die für statistische Verteilungen besonders charakteristische Streuung. Unter Streuung versteht man die mittlere quadratische Abweichung vom Mittelwert, also

$$\sigma^2 = \overline{(U - \overline{U})^2} = \frac{1}{n} \sum_{1}^{n} (U(x_i) - \overline{U})^2$$

Es ist einleuchtend, daß die Schwankungswerte (Streuung) mit der Größe der Beobachtungsfläche zusammenhängen. Je kleiner man diese Fläche wählt, um so mehr wird die bei mehreren Messungen beobachtete Kornzahl von der mittleren abweichen.

Bei einer rein statistisch unabhängigen Verteilung der Körner nimmt die Streuung mit der von der Beobachtungsfläche A erfaßten Kornzahl, d. h. proportional A^{-1} ab, das Produkt aus σ^2 und A ist demnach konstant. Spielt nämlich nur der Zufall eine Rolle, so ist die mittlere Schwankung gleich der Wurzel aus dem Mittelwert, der seinerseits proportional der Fläche ist (Wurzelgesetz der Statistik). Das besonders ausgezeichnete Produkt $G = \sigma \sqrt{A}$ bildet im Falle statistischer Verteilung ein objektives Maß für die Transparenzschwankungen und ermöglicht einen quantitativen Vergleich verschiedener Filme [11]. Man nennt deshalb G die Körnigkeit des Films. Die Voraussetzung der statistischen Verteilung muß bei einem vorliegenden Film durch die Unabhängigkeit der Größe G von der Meßfläche experimentell nachgewiesen werden. Es ist verständlich, daß in solchem Fall die Körnigkeit durch G als einzige Maßzahl gekennzeichnet ist.

2. Mittelwerte in der Frequenzsprache

Wir wollen nun die im Ortsraum durchgeführten Betrachtungen in den Frequenzbereich übersetzen und die den Mittelwerten entsprechenden Größen definieren.

Unser Hauptinteresse gilt der naheliegenden Frage, ob man nicht die im Ortsraum recht umständliche und nicht sehr ökonomische Bestimmung der Mittelwerte im Frequenzbereich direkt durch eine einzige Messung ausführen könnte.

Wir können natürlich nur der Abweichung der Transparenz vom Mittelwert $U(x) - \overline{U}$ eine Frequenzfunktion zuordnen, da der gleichmäßigen mittleren Transparenz selbst die Frequenz Null entspricht. Unter $T(x)$ sei daher im folgenden die Abweichung vom Mittelwert verstanden

$$T(x) \rightleftarrows \widetilde{T}(\nu)$$

Für die Streuung ergibt sich somit

$$\sigma^2 = \frac{1}{2a} \int_{-a}^{+a} T^2(x) \, dx \qquad 2a \text{ linearer Beobachtungsbereich}$$

aus der wir die Körnigkeit durch Multiplikation mit der „Fläche" $2a$ gewinnen

$$G^2 = \int_{-a}^{+a} T^2(x) \, dx$$

Um den gewünschten Zusammenhang mit $\tilde{T}(\nu)$ zu finden, können wir im Rahmen dieser Einführung nicht den exakten und einfacheren Weg der mathematischen Ableitung befolgen, sondern müssen, um anschaulich zu bleiben, einige Anleihen aus der Elektrotechnik machen.

Wir stellen uns vor, der einheitlich anbelichtete Meßstreifen werde mit konstanter Geschwindigkeit durch ein Photometer gezogen. Es entspricht dann jedem Wegelement dx ein Zeitelement und jedem Transparenzwert $T(x)$ ein elektrischer Stromwert im Anzeige-Instrument. Das Quadrat der Stromstärke, das proportional $T^2(x)$ ist, stellt somit die momentane Leistung dar, die am Innenwiderstand des Instruments auftritt. Die während der Durchlaufzeit des Beobachtungsbereiches $2a$ im Meßinstrument erzeugte Energie erhält man durch Summation aller Energiebeträge, also

$$E = \beta \int_{-a}^{+a} T^2(x)\, dx$$

In der Konstanten β sind alle Proportionalitätsgrößen wie Geschwindigkeit der Messung, Innenwiderstand des Instruments und das Verhältnis von Transparenz zu Stromstärke enthalten. Dieselbe Betrachtung kann man auch auf die harmonischen Raster der Fourierzerlegung anwenden. $\tilde{T}(\nu)$ entspricht der Stromstärke eines Ortsfrequenzintervalles, das durch die Bewegung des Teststreifens einem Frequenzintervall (sec^{-1}) zugeordnet wird. Im Frequenzintervall zwischen ν und $\nu + d\nu$ ist dann die Energie $\beta |T(\nu)|^2\, d\nu$ vorhanden. (Die Proportionalkonstante ist ebenfalls β). Die Gesamtenergie ergibt sich wieder durch Summation. Nach dem Energiesatz können wir einfach die beiden Energien gleichsetzen und erhalten

$$\int_{-a}^{+a} T^2(x)\, dx = \int_{-\infty}^{+\infty} |\tilde{T}(\nu)|^2\, d\nu$$

(Diese als Parsevalsche in der Theorie der Fourierintegrale bekannte Gleichung läßt sich natürlich auch exakt ableiten. Da jedoch bei der praktischen Messung ein Transparenzwert stets als Stromwert im Photometer zur Anzeige gelangt, erscheint obige Ableitung nicht so weit hergeholt).

Da $|T(\nu)|^2$ eine gerade Funktion ist, finden wir für die Streuung bzw. Körnigkeit

$$\sigma^2 = \frac{2}{2a} \int_{o}^{\infty} |\tilde{T}(\nu)|^2\, d\nu$$

$$G^2 = 2 \int_{o}^{\infty} |\tilde{T}(\nu)|^2\, d\nu$$

Für die Bestimmung der Körnigkeit muß also nicht der spektrale Verlauf der Funktion $\tilde{N}(\nu) = \frac{1}{2a} |\tilde{T}(\nu)|^2$ bekannt sein, sondern nur die Summe (Integral) über alle vorkommenden Frequenzen. $\tilde{N}(\nu)$ nennt man mit guter Berechtigung das Körnigkeitsspektrum.

Die Messung von σ^2 läuft nur darauf hinaus, die gesamte im Photometer erzeugte Wechselstrom-Energie zu messen. Im Prinzip genügt dazu ein quadratisch anzeigendes integrierendes Instrument, wie es ein Thermokreuz darstellt. Es muß in einer Eichmessung lediglich die Proportionalitätskonstante zwischen Transparenz und Stromstärke ermittelt werden.

Die Transformation in den Frequenzbereich liefert somit in der Tat eine Möglichkeit, die Streuung bzw. Körnigkeit nicht umständlich durch Mittelwertsbildung, sondern direkt in einer Messung zu gewinnen.

Abschließend sei noch ein sehr wesentlicher Vorteil der Frequenzbetrachtung erwähnt. Bei den Körnigkeitsmessungen alter Art traten bei verschiedenen Autoren Diskrepanzen auf, die sich durch die nicht genügende Beobachtung des Einflusses der Blenden erklären lassen. Die Übertragungstheorie läßt im Frequenzraum den Einfluß solcher optischer Hilfsmittel leicht bestimmen und eliminieren.

Hat das Übertragungsglied die Frequenzfunktion $\tilde{\Omega}(\nu)$, so mißt man statt der Transparenzfunktion des Films $\tilde{T}(\nu)$

$$\tilde{t}(\nu) = \tilde{\Omega}(\nu) \cdot \tilde{T}(\nu)$$

und entsprechend auch das Körnigkeitsspektrum.

$$\tilde{n}(\nu) = |\tilde{\Omega}(\nu)|^2 \cdot \tilde{N}(\nu)$$

Die für den Film charakteristischen Werte ergeben sich dann zu

$$G^2 = 2\int_0^\infty \tilde{N}(\nu)\, d\nu = 2\int_0^\infty \frac{\tilde{n}(\nu)}{|\tilde{\Omega}(\nu)|^2}\, d\nu$$

Liegt eine sehr breite Frequenzfunktion des Übertragungsgliedes vor, so kann man in einem solchen Fall oftmals schreiben

$$G^2 = \frac{2}{|\tilde{\Omega}|^2}\int_0^\infty \tilde{n}(\nu)\, d\nu$$

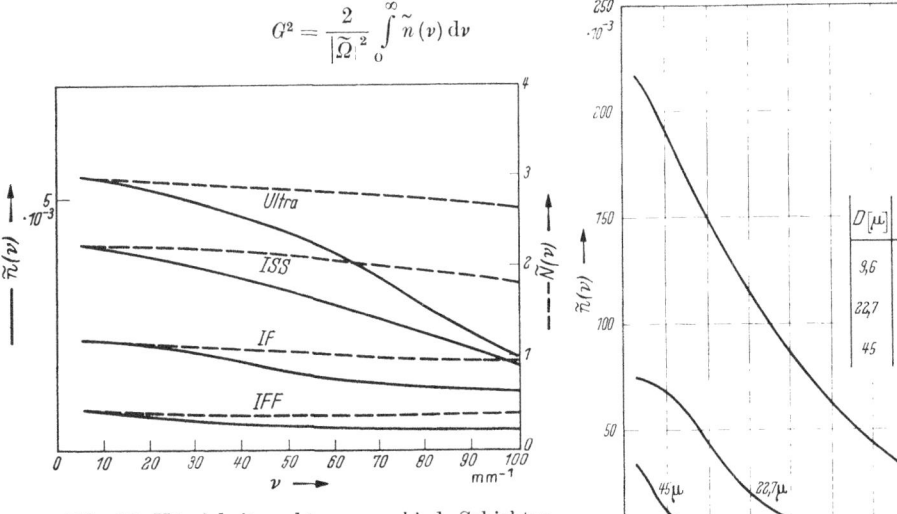

Abb. 15. Körnigkeitsspektren verschied. Schichten
ausgezogene Kurven: Direkt aus der Messung abgeleitete Werte.
gestrichelte Kurven: „reine" Körnigkeitsspektren, erhalten durch Eliminierung des Einflusses der Meßfläche.

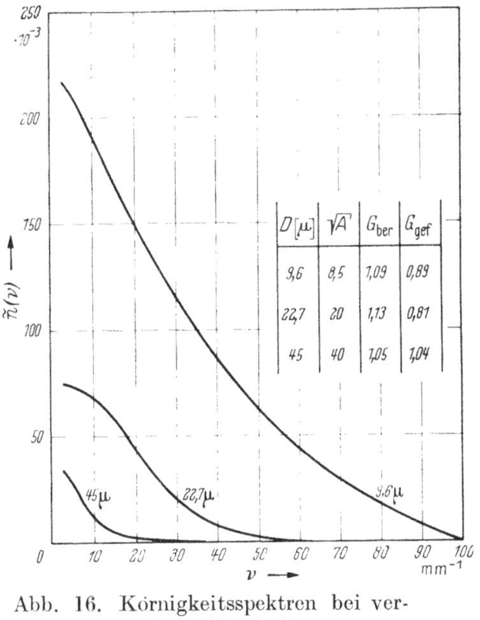

Abb. 16. Körnigkeitsspektren bei verschiedenen Meßflächen.

In Abb. 15 sind die mit einer Kreisblende gemessenen Körnigkeitsspektren $\tilde{n}(\nu)$ für vier verschiedene Filme eingetragen. Die gestrichelten Kurven stellen die reinen Körnigkeitsspektren $\tilde{N}(\nu)$ dar, die durch Eliminierung des Blendeneinflusses $|\tilde{\Omega}(\nu)|^2$ durch Rechnung gewonnen werden. Je feiner das Korn (IU → IFF) desto frequenzunabhängiger (weißer) werden die Spektren.

In Abb. 16 ist der Einfluß der Meßblende auf das Körnigkeitsspektrum eines Films gezeigt. Für die angegebenen Blendendurchmesser D erhält man verschiedene Spektren, deren Flächenintegrale mit der Meßfläche A multipliziert den Körnigkeitsfaktor G^2 ergeben. Ein Vergleich mit den berechneten Werten zeigt Übereinstimmung erst bei der größten Blendenöffnung. Erst bei der großen Blende ist statistische Unabhängigkeit gewährleistet.

3. Korrelation

In diesem Abschnitt soll der Begriff der statistischen Unabhängigkeit bzw. Abhängigkeit, den wir im letzten Abschnitt bereits eingeführt haben, definiert werden.

Nach dem Multiplikationssatz der Wahrscheinlichkeitsrechnung ist die Wahrscheinlichkeit für das gleichzeitige Auftreten zweier statistisch unabhängiger Ereignisse u und v das Produkt, aus den Einzelwahrscheinlichkeiten $W(u)$ und $W(v)$; $W(u,v) = W(u) \cdot W(v)$. Für den Mittelwert von $u \cdot v$ gilt entsprechend

$$\overline{u \cdot v} = \overline{u} \cdot \overline{v}$$

Man kann also das Verschwinden der Größe $K = \overline{u \cdot v} - \overline{u} \cdot \overline{v}$ als Kriterium für die statistische Unabhängigkeit betrachten.

Es liegt daher nahe, $K = \overline{u \cdot v} - \overline{u} \cdot \overline{v}$ als Maß für die statistische Abhängigkeit einzuführen. Verschwindet K nicht, so bedeutet dies, daß zwischen den Größen u und v eine gewisse Korrelation besteht. Ist $K > 0$, so bewirkt eben das Auftreten des Ereignisses u eine Erhöhung der Wahrscheinlichkeit für das gleichzeitige Auftreten von v und vice versa. (Durch eine physikalische Kopplung kann z. B. das Auftreten von v bei aufgetretenem u erleichtert werden). Ist $K < 0$, so bewirkt die Korrelation eine Erschwerung für das geforderte gleichzeitige Ereignis. Für diskret verteilte Ereignisse schreiben wir K ohne weitere nötige Erklärung

$$K = \frac{1}{n} \sum_{1}^{n} u_i v_i - \overline{u}\,\overline{v} = \frac{1}{n} \sum_{1}^{n} (u_i - \overline{u})(v_i - \overline{v_i})$$

Um die statistische Abhängigkeit des Transparenzschwankungen eines Films zu prüfen, verknüpft man die Werte einer Meßreihe $U(x_i)$ mit Werten der gleichen Meßreihe, die jedoch konstant um j Messungen später ermittelt wurden. Wegen des Beziehens auf ein und dieselbe Meßreihe spricht man von Autokorrelation und schreibt:

$$K_j = \frac{1}{n} \sum_{1}^{n} U(x_i) U(x_{i+j}) - \overline{U}^2 = \frac{1}{n} \sum_{1}^{n} T(x_i) \cdot T(x_{i+j})$$

Je größer man den Abstand j zwischen den bezogenen Messungen macht, um so geringer wird die Korrelation sein, da die zunehmend dazwischen liegenden Messungen den Einfluß der beiden betrachteten aufeinander abschirmen.

4. Korrelation in der Frequenzsprache

Gehen wir zu kontinuierlichen Transparenzfunktionen über, so ergibt sich die Korrelationsfunktion zu

$$K(x) = \frac{1}{2a} \int_{-a}^{+a} T(\xi) \cdot T(\xi + x) \, d\xi$$

als ein uns schon geläufiges Faltungsintegral.   Symbolisch:

$$K(x) = \frac{1}{2a} T(x) * T(x)$$

Die Frequenzfunktion dieses Faltungsintegrals stellt sich nach dem Faltungstheorem als das gewöhnliche Produkt aus den Frequenzfunktionen $\widetilde{T}(\nu)$ dar

$$\widetilde{K}(\nu) = \frac{1}{2a} |\widetilde{T}(\nu)|^2 = \widetilde{N}(\nu)$$

Der Zusammenhang zwischen Korrelationsfunktion und dem Körnigkeitsspektrum lautet also: Die Korrelationsfunktion ist die dem Körnigkeitsspektrum zugeordnete Ortsfunktion und entsprechend ist das Körnigkeitsspektrum die Frequenzfunktion der Korrelationsfunktion. Wir ersetzen deshalb $K(x)$ durch $N(x)$ und erhalten:

$$N(x) \rightleftarrows \widetilde{N}(\nu)$$

$$N(x) = \int_{-\infty}^{+\infty} \widetilde{N}(\nu) \, e^{i2\pi\nu x} \, d\nu$$

oder da $\widetilde{N}(\nu)$ eine gerade Funktion ist

$$N(x) = 2 \int_{0}^{+\infty} \widetilde{N}(\nu) \cos 2\pi\nu x \, d\nu$$

Die gegebene formale Ableitung läßt sich durch eine Energiebetrachtung analog beim Körnigkeitsspektrum verständlich machen. Der Kürze halber verwenden wir die dort gebrauchten Begriffe hier ohne weitere Erklärung.

Bei der Korrelation $N(x) = \overline{T(\xi) \, T(\xi + x)}$ interessiert nicht das Stromstärkequadrat, sondern das Produkt aus den Stromstärken am Ort ξ und an einem um x verschobenen. $T(\xi) \cdot T(\xi + x)$ ist eine Energiegröße pro Wegelement dx. Betrachtet man ein entsprechendes harmonisches Raster im Frequenzraum, so sei seine Amplitude am Ort ξ gerade $\widetilde{T}(\nu)$; durch Verschiebung um x sinkt sie auf $\widetilde{T}(\nu) \cdot \cos 2\pi\nu x$. Die Energie pro Frequenzintervall ist also $|\widetilde{T}(\nu)|^2 \cos 2\pi\nu x$. (Der Faktor $\cos \varphi$ ist in der Elektrotechnik bekannt und tritt auf, wenn die Leistung von Spannung und phasenverschobenem Strom berechnet wird).

Wiederum den Energiesatz angewendet und über $2a$ gemittelt erhalten wir

$$N(x) = \frac{2}{2a} \int_{0}^{\infty} |\widetilde{N}(\nu)|^2 \cos 2\pi\nu x \cdot dx$$

Für die Verschiebungslänge $x = 0$ geht die Korrelationsfunktion $N(o)$ in die Streuung über $\qquad N(o) = \sigma^2$

Wir wollen diesem Zusammenhang zwischen Korrelationsfunktion und Körnigkeitsspektrum noch einmal anschaulich nachgehen. Wären die Körner des Films rein periodisch angeordnet, so genügte zur Beschreibung der Transparenzschwankungen die Angabe einer Frequenz. Zwischen den Ortskoordinaten eines Korns bestünde dann eine ganz starre Beziehung zu der Lage aller anderen Körner. Je willkürlicher jedoch die Körner verteilt sind, desto breiter wird die Verteilung der vorkommenden Kornabstände und desto mehr Frequenzen benötigt man zur Wiedergabe der Transparenzschwankungen. Die Korrelation, [einer für den Film charakteristischen Korrelationslänge x_0] wird sich um so weniger auswirken, je größer der Abstand x der beiden miteinander verglichenen Transparenzen im Vergleich zu [ ] ist.

Nehmen wir modellmäßig als Korrelationsfunktion eine Gauß-Funktion an, die den geschilderten Verhältnissen gerecht wird

$$N(x) = e^{-\left(\frac{x}{x_0}\right)^2}$$

so erhalten wir als Körnigkeitsspektrum, ebenfalls eine Gauß-Funktion

$$\widetilde{N}(\nu) = \int_{-\infty}^{+\infty} N(x) e^{-i\,2\pi\nu x} \cdot dx = \frac{1}{\sqrt{\pi}\,\nu_0} e^{-\left(\frac{\nu}{\nu_0}\right)^2}$$

mit $\quad \nu_0 = \dfrac{1}{\pi x_0}$

Hier kann man nun sehr schön sehen, wie bei statistischer Unabhängigkeit, d. h. bei Verschwinden der Korrelationslänge, die Verteilung $\widetilde{N}(\nu)$ immer breiter wird, so daß im Grenzfall alle Frequenzen gleichmäßig auftreten. Dem Sprachgebrauch der Elektrotechnik folgend bezeichnet man das Körnigkeitsspektrum einer statistisch unabhängigen Kornverteilung als weißes Spektrum. Es ist bemerkenswert, daß die elektrische Übertragungstheorie hier eine Anleihe aus der Optik entnommen hat, während die Optik heute die gesamte Übertragungstheorie als Anleihe übernimmt.

Ein weißes Spektrum als Abbild einer statistisch unabhängigen Kornverteilung spielt eine ausgezeichnete Rolle, so daß hier noch einige Betrachtungen angeschlossen seien.

Wegen der Gleichverteilung der Frequenzen ist ein solches Spektrum eindeutig durch einen Wert, nämlich die Höhe $\widetilde{N}(\nu)$, oder was auf das gleiche hinauskommt durch die Fläche:

$$\int_0^\infty \widetilde{N}(\nu)\,d\nu = \frac{\sigma^2}{2}$$

charakterisiert.

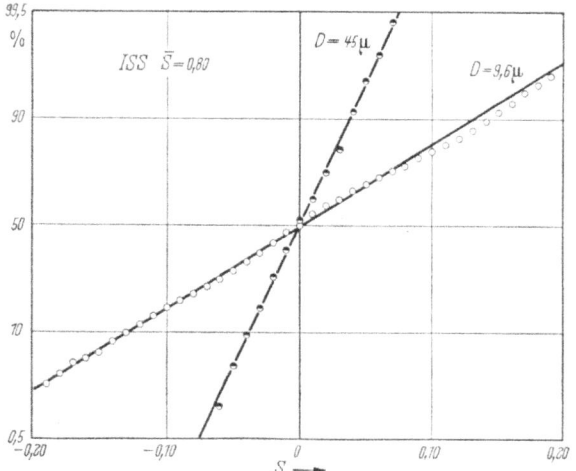

Abb. 17. Summenhäufigkeitsverteilung von Schwärzungswerten, die um den Mittelwert einer gleichmäßig belichteten photographischen Schicht streuen.

Aus der Gleichverteilung folgt außerdem, daß die vorkommenden Transparenzwerte $T(x) = U(x) - \overline{U}$ statistisch unabhängig nach einer Gauß-Funktion verteilt sind; die Häufigkeit für das Auftreten von T ist also

$$H(T) = \frac{1}{\sqrt{2\pi\,\sigma^2}} e^{-\frac{T^2}{2\sigma^2}}$$

Eine solche Gaußfunktion ist ebenfalls durch nur einen Wert, nämlich σ^2, festgelegt, der mit der oben angeführten Streuung identisch ist. Solange die Abweichungen der Transparenz vom Mittelwert klein sind, sind die Schwärzungsschwankungen den ersten proportional und somit auch gaußförmig verteilt.

Dieses Gesetz ist in der Praxis meist sehr gut erfüllt, wie auch nebenstehende Abb. 17 zeigt. Es sind gemessene Summenhäufigkeiten von Schwärzungsschwankungen so eingetragen, daß sie im Falle einer Gaußverteilung auf einer Geraden liegen (Wahrscheinlichkeitspapier). Der Anstieg der Geraden ist direkt proportional zu σ.

Zusammenfassend können wir sagen, daß die Körnigkeit eines Films nur dann durch eine einzige Zahl σ charakterisiert werden kann, wenn die Körner statistisch verteilt sind [*11, 12, 13, 14*].

Gleichberechtigte Kriterien dafür sind:
1. Unabhängigkeit von $\sigma^2 \cdot A$ von der Beobachtungsfläche A
2. Korrelationslänge Null
3. Frequenzunabhängigkeit des Körnigkeitsspektrums
4. Gaußverteilte Transparenzwerte.

Der Einfluß eines Übertragungsgliedes auf die Korrelationsfunktion eines weißen Spektrums ergibt sich im Frequenzraum zunächst einfach zu

$$\widetilde{n}(\nu) = |\widetilde{\Omega}(\nu)|^2 \widetilde{N}(\nu)$$

Die Korrelationsfunktion $n(x)$ gewinnt man durch Rücktransformation in den Ortsraum

$$n(x) = -\int_{-\infty}^{+\infty} \widetilde{N}(\nu) |\Omega|^2 e^{i2\pi\nu x} d\nu$$

die sich wegen der vorausgesetzten Frequenzunabhängigkeit von $\widetilde{N}(\nu)$ als

$$n(x) = \widetilde{N} \int_{-\infty}^{+\infty} |\Omega|^2 e^{i2\pi\nu x} d\nu = \widetilde{N} \cdot K_\Omega(x)$$

darstellen läßt. Dabei ist $K_\Omega(x)$ die Korrelationsfunktion des Übertragungsgliedes, denn es gilt nach dem Faltungstheorem

$$|\widetilde{\Omega}(\nu)|^2 \rightleftarrows K_\Omega(x)$$

Der Einfluß der Meßblende auf ein allgemeines (nicht weißes) Körnigkeitsspektrum ist besonders klar in den Arbeiten von MARIAGE und PITTS herausgearbeitet [*15*].

Abschließend sei noch die Korrelationsfunktion eines Spaltes behandelt. Aus der Definition folgt sofort, daß diese die gemeinsame Transparenz zweier Spalte darstellt, deren Mittelpunkt um x verschoben sind. Die Korrelationsfunktion muß demnach in einem Bereich von Null verschieden sein, der der doppelten Spaltbreite entspricht, und von dessen Grenzpunkten zur Mitte hin linear ansteigen (Abb. 18). (Dreieck mit der doppelten Spaltbreite als Grundlinie).

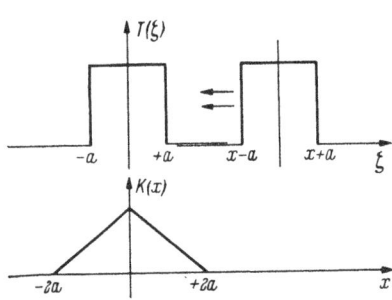

Abb. 18. Korrelationsfunktion eines Spaltes.

Die Frequenzfunktion eines Spaltes der Breite a war

$$\widetilde{\Omega}(\nu) = \frac{\sin 2\pi\nu a}{2\pi\nu a},$$

so daß die Frequenzfunktion der Korrelationsfunktion

$$\widetilde{K}_\Omega(\nu) = \left(\frac{\sin 2\pi\nu a}{2\pi\nu a}\right)^2$$

das erwartete Resultat ergibt

$$K_\Omega(x) = \frac{1}{2a}\left(1 - \frac{|x|}{2a}\right) \quad \text{wenn } |x| < 2a$$
$$= 0 \quad \text{wenn } |x| > 2a$$

5. Anwendung, Callierkoeffizient als Korrelationsmaß

Unter dem Callierkoeffizienten Q versteht man das Verhältnis aus den Schwärzungswerten, die man für das diffus bzw. parallel durch die geschwärzte photographische Schicht gegangene Licht erhält. Praktisch legt man die Meßzelle einmal direkt auf die Rückseite der Schicht und einmal stellt man sie je nach ihrer Größe in größerem Abstand von der Schicht auf.

Der Callierkoeffizient ist einerseits ein Maß für die Körnigkeit der Schicht und andererseits nach EGGERT und KÜSTER [16] eine einfache Funktion des mittleren Durchmesser des entwickelten Kornes.

Die vorangegangenen Abschnitte lassen uns diese zunächst nur empirisch bekannten Ergebnisse verstehen. Denken wir die Transparenzschwankungen durch die ineinanderliegenden harmonischen Raster ersetzt. Ein einzelnes herausgegriffenes Raster $\tilde{f}(\nu)$ wird bei der Beleuchtung (mit monochromatischem Licht) wie ein optisches Gitter wirken und das Licht in mehrere Beugungsmaxima ablenken. Die Größe des Ablenkungswinkels α ist nach der bekannten Formel für die Beugung am Gitter ein Maß für den Rasterabstand (Frequenz). Die Intensität der Maxima ein Maß für die maximale Transparenz des Rasters.

Berücksichtigt man, wie es bei Messung der diffusen Schwärzung geschieht, alle Ablenkungswinkel, so erhält man ein Maß für die Intensität der Gesamtheit der im Film enthaltenen Raster.

Statt
$$\int_{-\infty}^{+\infty} |\tilde{f}(\nu)|^2 \, d\nu$$

kann man also auch

$$\int_{-\frac{\pi}{2}}^{+\frac{\pi}{2}} |\tilde{f}(\alpha)|^2 \, d\alpha$$

schreiben, wobei letzteres Integral unmittelbar proportional der diffus gemessenen Transparenz ist.

Die parallel gemessene Schwärzung stellt im Callierkoeffizienten lediglich die Bezugsgröße dar. Der Zusammenhang der Größe Q mit der Körnigkeit ist durch die obigen Integrale erklärt. Die Beziehung von Q zu der Korngröße wird klar, wenn man einerseits den Zusammenhang der obigen Integrale mit der Korrelationsfunktion bedenkt und sich andererseits erinnert, daß die Korngröße die Korrelationslänge des Films bestimmt.

III. Informationsgehalt des photographischen Bildes

Während die vorangegangenen Kapitel die Beschreibung des Bildes und seine Übertragung behandelten, soll als Abschluß der Wert des Bildes, nämlich sein Informationsgehalt Gegenstand der Betrachtung sein.

Wir wollen gleich anfangs möglichst klar die Begriffe einführen, die eine quantitative Fassung des Informationsgehaltes ermöglichen. Während die Begriffe der vorangegangenen Kapitel der Nachrichtentheorie entstammen, besteht für unser etziges Problem eine Analogie zu der statistischen Thermodynamik [17]. Dort liegen die ordnenden Kräfte in Konkurrenz mit den statistischen Temperaturschwankungen; hier wird die Information des Bildes durch die statistische Struktur der Körnigkeit beeinträchtigt.

Wenn man allgemein von dem „photographischen Bild" spricht, so beinhaltet der Begriff die potentiell im Bild liegende Eigenschaft, Lichtwerte zu registrieren und wiederzugeben. Sagt man aber: das Bild an der Wand, so handelt es sich um einen konkreten Gegenstand. Um klar diese doppelte Bedeutung des deutschen Wortes „Bild" hervortreten zu lassen, sprechen wir im folgenden von einem Bildspeicher für die erste Bedeutung und von einem Bild für die zweite Bedeutung.

1. Definition der Kapazität

Gehen wir von einem modellmäßigen Bildspeicher aus.

Seine Fläche besteht aus q-Elementen (Teilflächen) gleicher Größe. Jedes Element kann in einem von m unterscheidbaren Grauwerten erscheinen; wir sagen kurz, jedes Element habe m-mögliche Zustände. Unter einem Bild verstehen wir dann die einmalig fixierte Einstellung der q-Elemente in irgendwelche mögliche Zustände. Es ist einleuchtend, daß die Kapazität für die Informationswiedergabe eines solchen Bildspeichers um so höher ist, je mehr Bilder erzeugt werden können.

Bei unserem Modell beträgt die Anzahl Z der Bilder $Z = m^q$, wie folgende einfache Überlegung zeigt. Gibt man zu den q vorhandenen Elementen ein weiteres hinzu, so entstehen m-mal mehr mögliche Bilder, da das neue Element seinerseits m-Zustände beitragen kann, $Z(q+1) = mZ(q)$. Fängt man mit $q = 1$ an, so erhält man obiges Ergebnis.

Die Kapazität eines Speichers wächst mit der Anzahl Z der möglichen Bilder, so daß prinzipiell Z oder jede monoton mit Z wachsende Funktion als Maß gelten kann.

Betrachten wir zwei solcher Speicher, so erhöht sich die Anzahl der gemeinsam registrierbaren Bilder auf Z^2, während man gefühlsmäßig nur eine Verdoppelung der Kapazität empfindet. Wir suchen daher als Maß für die Kapazität C eine Funktion von Z, die dem genannten Umstand Rechnung trägt und fordern

$$C(Z^2) = 2C(Z).$$

Diese Bedingungsgleichung wird aber gerade vom Logarithmus erfüllt, denn $\log Z^2 = 2 \log Z$, so daß sich der Logarithmus als angemessenes Maß anbietet:

$$C = q \cdot \log m.$$

Eine weitere Vereinfachung erhält man durch Verwendung des Logarithmus zur Basis 2, d. h. durch Rechnen im Dualsystem (im weiteren wird unter dem Zeichen log stets der Logarithmus zur Basis 2 verstanden).

Im Dualsystem gibt es nur die Ziffern 1 und 0, oder anders ausgedrückt, die Unterscheidung zwischen ja und nein. Der Zweier-Logarithmus mißt dann gerade die Anzahl der Ja- und Neinentscheidungen, die nötig sind, das vorliegende Bild zu beschreiben. Bleiben wir bei unserem Modellbild, das jetzt nur aus drei Elementen und zwei Zuständen (schwarz und weiß) pro Element bestehen soll, so ergibt sich die Anzahl der möglichen Bilder zu $2^3 = 8$. Zur Beschreibung dieser acht Möglichkeiten fragt man: Ist das erste Element schwarz oder weiß (0 oder 1), dann, ist das zweite schwarz oder weiß, oder ist das dritte schwarz oder weiß? Man benötigt also $3 = \log 8$ Entscheidungen. Eine solche Entscheidung, d. h. eine Einheit des Zweier-Logarithmus bezeichnet man als binary digit oder als ein bit. Ein Element unseres Modellbildes hat demnach $\frac{1}{3} \log 8 = 1$ bit Kapazität.

In der Abb. 19 sind die möglichen Bilder des Speichers schematisch dargestellt und im Dualsystem beschrieben. Des weiteren sind die Entscheidungen, die zur Charakterisierung der Bilder nötig sind, gezeichnet. Ein schräger Aufstrich bedeutet „schwarz", ein schräger Abstrich „weiß", jede „Weggabelung" entspricht einer Entscheidung, d. h. einem bit.

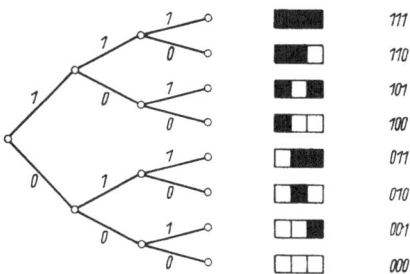

Abb. 19. Ableitung der möglichen Bilder eines Speichers von drei Elementen und zwei Zuständen.

Gehen wir nun von dem Modell zu einer photographischen Schicht über, so wird einerseits das gegebene Auflösungsvermögen die minimale Elementgröße und andererseits die Körnigkeit, die Anzahl der Graustufen (Zustände) bestimmen.

2. Kapazität der photographischen Schicht

a) Anzahl der Elemente. Ist das Auflösungsvermögen einer photographischen Schicht, d. h. die gerade noch wiedergegebene Frequenz ν_0, so erscheinen Details, deren Ausdehnung kleiner als der Rasterabstand $r_0 = \frac{1}{2\nu_0}$ ist, nicht im Bild. Die minimale Elementgröße ergibt sich somit zu r_0. Hat der lineare Bildspeicher die Länge L, so wird die maximale Anzahl der unterscheidbaren Elemente

$$q = \frac{L}{r_0} = 2 L \nu_0$$

Das endliche Auflösungsvermögen führt dazu, zwei Transparenzprofile, die in äquidistanten Punkten vom Abstand r_0 übereinstimmen, sinnvollerweise als gleich zu betrachten. Eine Ortsfunktion $f(x)$ ist also bestimmt, wenn man sie an den „samplings-points" $x_n = n \cdot r_0$ kennt.

Durch die Beschränkung der Frequenzen ist eine Fouriersche Integraldarstellung der Ortsfunktion f (x) nicht mehr möglich.

Durch einen Kunstgriff bietet sich jedoch eine andere Möglichkeit, wenn $x = x_1 \leftrightarrow x_2 \leftrightarrow x_3 \quad x_n$
wird $f(x) = f(x_1) \; f(x_2) \quad f(x_3) \quad f(x_n)$.

Verfügten wir über Funktionen $\psi_n(x)$, die für die obigen x-Werte folgende Eigenschaft hätten:

$$\begin{array}{llll} \psi_1(x) = 1 & 0 & 0 & 0 \\ \psi_2(x) = 0 & 1 & 0 & 0 \\ \psi_3(x) = 0 & 0 & 1 & 0 \\ \psi_n(x) = 0 & 0 & 0 & 1 \end{array} \quad \text{allg.} \quad \psi_n(x_k) = \text{wenn} \begin{array}{l} 0 \quad k \neq n \\ 1 \quad k = n \end{array}$$

so ergäbe sich die einfache Darstellung für

$$f(x) = \sum_{-\infty}^{+\infty} f(x_n) \cdot \psi_n(x) \; ; \text{(sampling theorem)}.$$

Da nämlich die Summe die an den sampling points geforderte Übereinstimmung mit $f(x)$ gewährleistet, ist sie auch nach dem oben Gesagten als mit $f(x)$ identisch anzusehen.

Für die heuristisch eingeführten Funktionen ψ_n gibt es eine einfache Darstellung, nämlich

$$\psi_n(x) = \frac{\sin 2\pi\nu_0(x-x_n)}{2\pi\nu_0(x-x_n)} \ .$$

Für zweidimensionale Funktionen gilt natürlich das entsprechende. Die minimale Elementengröße wird wieder durch den Abstand r_0 zweier Probenpunkte gegeben

$$r_0^2 = a = \frac{1}{4\nu_0^2}$$

und die Anzahl der Elemente oder Freiheitsgrade, wie sie Toraldo di Francia [18] bezeichnet, für ein Bild der Fläche A wird

$$q = \frac{A}{a} = 4\nu_0^2 A$$

b) Anzahl der Graustoffe. Die Anzahl der unterscheidbaren Stufen in dem zur Verfügung stehenden Transparenzbereich einer photographischen Schicht, die von einem minimalen Transparenzwert U_0 bis zu einem maximalen U_1 reicht, ist nicht beliebig groß, sondern wegen der statistischen Körnigkeitsschwankungen endlich.

Liegt eine Transparenz U, vom Minimalwert U_0 aus gerechnet, vor, so berechnet sich die aus der Körnigkeit resultierende Unsicherheit aus der entsprechenden quadratischen Abweichung σ^2 nach den Gesetzen der Fehlerrechnung zu $\pm\sigma$.

Wegen der vorausgesetzten Statistik addieren sich die Fehlerquadrate, und die Stufenzahl $m(U)$ ergibt sich zu:

$$m(U) = \sqrt{\frac{U^2 + \sigma^2}{\sigma^2}}$$

Da nun σ^2 selbst eine Funktion der Transparenz ist, läßt sich die Stufenzahl des gesamten Transparenzbereichs nur als ein Mittelwert angeben

$$m = \frac{1}{U_1 - U_0} \int_0^{U_1 - U_0} m(U)\,dU$$

Die Anzahl der Graustufen nimmt also zu, je größer der Transparenzbereich und je kleiner die Schwankungen sind.

c) Kapazität. Für die Kapazität erhalten wir nun einfach

$$C = q \cdot \log m.$$

Es ist hervorzuheben, daß sich die Schwankungswerte, die die Stufenzahl bestimmen, auf die Elementarbereiche beziehen. Speziell an der Grenzfrequenz ist der Abstand zweier Linien gerade so groß, daß sie trotz der Schwankungen im Zwischenraum noch erkannt werden; die Stufenzahl ist auf zwei abgesunken (entweder kann man die Linien von der Umgebung unterscheiden oder nicht).

Die Besonderheit der Kapazitätsformel liegt also darin, daß q und m nicht voneinander unabhängig sind. Die Schwankungen werden um so größer werden, je kleiner das ins Auge gefaßte Element ist. Eine Erhöhung der Elementenzahl durch Verkleinerung der Bereiche bewirkt bei vorgegebener Bildgröße gleichzeitig eine Verminderung der Stufenanzahl.

Die Kapazität eines linearen Bildspeichers von der Länge L ist also
$$C = 2 L v_0 \log m (v_0)$$
wobei die Schreibung $m(v_0)$ darauf hinweisen soll, daß die Schwankungen sich auf Bereiche des Auflösungsvermögens beziehen.

3. Information

Inzwischen sind wir begrifflich so weit fortgeschritten, daß wir ein Maß für den zunächst sehr anthropomorph erscheinenden Begriff Information aufstellen können.

SHANNON [17] hat gezeigt, daß die Mathematik durch Einführung des Wahrscheinlichkeitsbegriffes (stat. Thermodynamik) die vermeintlich psychologischen Faktoren der Information beschreiben kann.

Jeder Meßvorgang ist ein Vergleich. Hat man z. B. die Aufgabe, eine Flüssigkeitsmenge zu bestimmen, so sieht man zu, wie oft ein definiertes Gefäß zu füllen ist und gibt an, welches kleinste Volumen die Flüssigkeit ausfüllt; das Maß ist gewissermaßen die Größe des kleinsten Fasses.

Die Messung der Information erfolgt analog. Wir konnten im vorigen Abschnitt die Kapazität eines Bildspeichers definieren und haben so ein Meßvolumen. Den Informationsgehalt von Bildern setzen wir dann einfach gleich der Kapazität eines Bildspeichers, der alle Bilder, aber auch nur alle Bilder, der zu wägenden Menge wiedergeben kann.

Sind die zu betrachtenden M-Bilder unterschiedlich, so brauchen wir $\log M$-, Ja- oder Nein-Entscheidungen, um eines der Bilder auszuwählen. Die Kapazität ist also $\log M$ bits, und da es gleichzeitig die minimale Kapazität ist, sagen wir, die Information J pro Bild beträgt

$$J = \frac{1}{M} \cdot \log M.$$

Denken wir uns ruhig den Speicher als Regal mit vielen Fächern. Die Kapazität ist dann definitionsgemäß nicht die Anzahl der Fächer, sondern die Anzahl der Fragen, die man beantworten muß, um an ein spezielles Fach in der rechten oder linken Hälfte des Regals, dann in der rechten oder linken Hälfte des halben Regals usw. zu gelangen.

Sind unter den M-Bildern jeweils eine Gruppe von m_K-Bildern einander gleich (Sorte k ununterscheidbar), so benötigt man einen Speicher von kleinerer Kapazität; die Information wird durch wiederholtes Auftreten gleicher Bilder ja auch kleiner. (Unser Regal benötigt weniger Fächer, da gleiche Bilder im gleichen Fach liegen). Durch eine indirekte Methode gelingt es, die Minimal-Kapazität zur Speicherung aller Sorten, d. h. die Anzahl der Entscheidungen, die eine Bildsorte auswählen läßt, zu bestimmen.

Numerieren wir nämlich die an sich gleichen Bilder einer Sorte und machen sie somit unterscheidbar, so benötigen wir $\log M$-Entscheidung zur Charakterisierung eines Bildes.

Diese Entscheidungen können wir aber auch in zwei Schritten treffen, wobei der erste gerade die Frage nach der Kapazität des Minimalspeichers ist:

1. Wie viele Entscheidungen sind nötig, um nur eine Sorte von Bildern auszuwählen?

2. Wie viele Entscheidungen sind innerhalb einer Sorte zur Auswahl eines Einzelbildes nötig?

Zur Auswahl eines Bildes der Sorte k sind $\log m_K$ Entscheidungen nötig. Da die Sorte k aber nur mit einem Anteil $\frac{m_K}{M}$ vorkommt, ist die Anzahl der Einzelentscheidungen, die bei einem Bild der Sorte k endigen

$$\frac{m_k}{M} \cdot \log m_k .$$

Die Gesamtzahl der Entscheidungen ist dann

$$\log M = J + \sum \frac{m_k}{M} \log m_k .$$

Oder wenn wir nach der unbekannten Minimal-Kapazität, die wir schon mit J (Information) bezeichnet haben, auflösen, erhalten wir

$$J = \log M - \sum \frac{m_k}{M} \log m_k \qquad \text{mit } \frac{m_k}{M} = p_k$$

$$= - \sum p_k \log p_k$$

Dieses Ergebnis können wir einfach prüfen. Kommen nämlich bei M-Bildern nur ungleiche vor, d. h. aber $m_k = 1$, $p_k = \frac{1}{M}$, so muß die Information J gleich der Kapazität eines Speichers für M Bilder werden. In der Tat wird dann

$$J = - \sum \left(\frac{1}{M} \log \frac{1}{M} \right)_k = \log M .$$

4. Die apriori Wahrscheinlichkeit

Der wesentliche Schritt bei der Definition der Information ist die Einführung der erwarteten Häufigkeit p_k (a priori-Wahrscheinlichkeit) für das Auftreten des betreffenden Informationsvorganges k.

Einen Gewinn an Information kann man nur erzielen, wenn die erhaltenen Nachrichten über das vorhandene Wissen hinausgehen. Je weniger man die erhaltene Nachricht im voraus erwarten kann, um so mehr Information trägt sie.

Diese Interpretation ist in der oben gewonnenen Formel enthalten, wenn wir bedenken, daß für das Ereignis k gilt:

$$J_k = \log \frac{1}{p_k} .$$

Zur Gesamtinformation trägt es jedoch wegen seines geringen Auftretens nur $p_K \cdot J_K$ bei, so daß wie oben die mittlere Information

$$J = \sum p_k \cdot J_k$$

wird. Tritt ein Ereignis mit unbedingter Sicherheit auf, so kann es keine Information tragen. Mathematisch heißt das, daß $p_1 = 1$ und alle übrigen $p_k = 0$ sind; daraus folgt in der Tat $J = 0$.

5. Information und statische Schwankungen

Treten bei der Informationsübertragung statistische Störungen auf, so empfängt man nicht mit absoluter Sicherheit das dem Objekt F zugeordnete Bild f. Wir sehen uns vielmehr folgender Situation gegenüber.

Zu einem empfangenen Bild f kann ein ganzer Satz von Objekten F' gehören, die alle, wenn es die statistischen Schwankungen im Überträger gerade wollen, als f erscheinen können. Es besteht nur noch eine gewisse a posteriori-Wahrscheinlichkeit $p_f(F)$, daß das Bild f von einem Objekt F hervorgerufen worden ist. Umgekehrt wird zu dem übertragenen Objekt F ein ganzes Ensemble von Bildern f' gehören. Das zugehörige Bild f wird nicht mit Sicherheit, sondern nur mit der Wahrscheinlichkeit $p_F(f)$ erhalten. Diese Wahrscheinlichkeit $p_F(f)$ ist ein Maß für die Unsicherheit der Übertragung.

Der Empfänger wird also für das Auftreten des Bildes f die Wahrscheinlichkeit $p(f)$ feststellen. Der Informationsgehalt ist jedoch nicht wie nach dem vorherigen Abschnitt zu erwarten, $\log \frac{1}{p(f)}$, sondern noch zu vermindern um alle die Fälle, wo das Übertragungsglied „von sich aus" von dem Objektsatz F' ein Bild f übertragen hat.

Es ist somit

$$J_{F'}(f) = \log \frac{1}{p(f)} - \log \frac{1}{p_{F'}(f)}.$$

Der mittlere Informationsgewinn ist also

$$J = \sum_f \sum_{F'} p(F', f) \cdot J_{F'}(f),$$

wobei $p(F, f)$ die Wahrscheinlichkeit für das Auftreten des Ereignisses (F, f) ist.

Für sie gilt $p(F, f) = p(F) \cdot p_F(f) = p(f) \cdot p_f(F)$.

Um die Information nach der Übertragung bestimmen zu können, muß man allerdings die a priori-Wahrscheinlichkeit $p(F)$ und das statistische Verhalten $p_F(f)$ des Übertragungsgliedes kennen. Ist die Störung, wie wir stets vorausgesetzt haben, rein statistischer Natur, so wird $p_f(F)$ einfach $p(F - f)$.

Nehmen wir als Beispiel die Körnigkeitsschwankung, so ist $F = f + S$, wobei S die Störung darstellen soll. Für das Auftreten von S gibt es eine Wahrscheinlichkeitsverteilung, die wir als Gaußfunktion kennengelernt haben.

$$p(S) \sim e^{-S^2/2\sigma^2}, \text{ so daß}$$
$$p_f(F) \sim e^{-(F-f)^2/2\sigma^2}$$

wird.

6. Anwendung

Die oben beschriebenen Ergebnisse der Informationstheorie hat LINFOOT [20] auf die Bildwiedergabe angewendet. Das Ergebnis seiner Rechnung wollen wir uns im folgenden plausibel machen. Dabei gehen wir analog zur Bestimmung der Bild-Kapazität vor und bemerken, daß die Minimalkapazität gleich der Information ist. Da im allgemeinen Fall kein weißes Rauschen vorliegt, teilen wir den Bereich des Auflösungsvermögens ν_0 in Unterbereiche $\Delta \nu$, in denen das Rauschen als frequenzunabhängig betrachtet werden kann. Die unterscheidbare Stufenzahl, die ein Raster

$$\tilde{f}(\nu) = \tilde{\Omega}(\nu) \cdot \tilde{F}(\nu)$$

in einem solchen Frequenzintervall $\Delta \nu$ wiedergeben kann, ergibt sich auf Grund der statistischen Unsicherheit $\pm \sqrt{\widetilde{N}(\nu)}$ zu

$$\sqrt{\frac{|\widetilde{f}(\nu)|^2 + \widetilde{N}(\nu)}{\widetilde{N}(\nu)}}$$

Hat der lineare Bildspeicher die Länge L, so lassen sich $2\,\Delta\nu \cdot L$ Elemente einteilen, und der Informationsgehalt Raster S wird

$$L \Delta \nu \log\left(1 + \frac{|\widetilde{f}(\nu)|^2}{\widetilde{N}(\nu)}\right).$$

Baut sich das Bild wie üblich aus mehreren Rastern auf, so summieren sich die Informationsbeiträge, und wir erhalten

$$J = L \int_0^{\nu_0} \log\left(1 + \frac{|\widetilde{\Omega}(\nu)|^2 |\widetilde{F}(\nu)|^2}{\widetilde{N}(\nu)}\right) d\nu$$

In $\widetilde{\Omega}(\nu)$ sind die Eigenschaften aller Übertragungsglieder zusammengefaßt. Diese Formel leitet Linfoot exakt ab.

7. Problematik der Informationstheorie

Das Konzept der Informationstheorie beruht darauf, den Informationsgewinn in Einheiten der a priori-Wahrscheinlichkeit für das Auftreten des Informationsvorgangs zu messen.

Sie definiert das Wissensniveau des Empfängers durch diese a priori-Wahrscheinlichkeit.

Die Problematik in der Anwendung liegt nun darin begründet, Normempfänger zu definieren. Für einen weniger gebildeten Menschen wird das mikroskopische Bild einer Leberzelle viel mehr Neues bringen als für einen Cytologen.

Andererseits kann trotz der geringen a priori-Wahrscheinlichkeit das Bild für den weniger Gebildeten keinen Informationszuwachs enthalten, wenn er nämlich gar kein Interesse für derartige Bilder zeigt.

RÖHLER [21] arbeitet diese hier kurz angedeuteten Schwierigkeiten bei Anwendung der Informationstheorie auf die Bildwiedergabe deutlich heraus und zeigt auch Ansätze, sie zu umgehen.

Man muß eben vor der Betrachtung den Bereich der a priori-Wahrscheinlichkeit genau definieren und sich auf bestimmte Fragestellungen festlegen. Man wird dann nicht mehr auf die einzelnen Elemente des Bildspeichers zurückkommen müssen, sondern sich mit charakteristischen Bildbereichen, die wir Detail nennen wollen, begnügen können. Ein solches Detail braucht nicht besonders klein zu sein, sondern es muß nur durch die Fragestellung bei der Bildauswertung eine Besonderheit, eine Abweichung vom Erwarteten darstellen. Ein besonders geeignetes Beispiel für diese erweiterte Informationstheorie ist die Röntgenphotographie. [21] Dort hat man ein Normbild, sagen wir die Lungenaufnahme des gesunden Menschen. Die Auswerter sind nur von der einen Frage beseelt, in welchen Bereichen das vorliegende Bild von der Normal-Lungenaufnahme abweicht. Diese Abweichung ist das interessierende Detail. Der Wissensstand des Arztes wird auch hier durch die a priori-Wahrscheinlichkeit festgelegt; je nach dem Ausgang der Voruntersuchungen wird er auf der Röntgenaufnahme des Patienten eine Abweichung von der des gesunden Menschen erwarten

Gelingt es, die Definition des Details im obigen Sinne allgemeiner zu erfassen, so wird die Informationstheorie nicht nur, wie es zur Zeit noch ist, Fragen der reinen Bildtechnik, sondern auch Fragen der Amateur- und sogar Werbephotographie beantworten können.

IV. Anhang

1. Definition der Fouriertransformation

Wird der Ortskoordinate x die Frequenzkoordinate ν zugeordnet, so kann nach Fourier der Ortsfunktion $f(x)$ eine Frequenzfunktion $\tilde{f}(\nu)$ zugeordnet werden. Man spricht auch von einer Abbildung des Ortsraumes auf den Frequenzraum; die Transformation ist eine kontinuierliche Funktionaltransformation, da anstelle der bei der Abbildung sonst üblichen diskreten Matrix eine Funktion, bei Fourier eben $e^{i 2\pi\nu x}$, an die Stelle der Summe das Integral tritt..

$$f(x) = \int_{-\infty}^{+\infty} \tilde{f}(\nu) \, e^{i 2\pi\nu x} \cdot d\nu$$

Die Rücktransformation ist vollkommen reziprok

$$\tilde{f}(\nu) = \int_{-\infty}^{+\infty} f(x) \, e^{-i 2\pi\nu x} \cdot dx$$

Die beiden Gleichungen zusammen ergeben:

$$f(x) = \int_{-\infty}^{+\infty} \int_{-\infty}^{+\infty} f(\xi) \, e^{-i 2\pi (\xi - x)} \cdot d\xi \cdot d\nu$$

Die Zuordnung der beiden Funktionen schreiben wir $f(x) \to \tilde{f}(\nu)$. Die Bedingung für Fouriertransformierbarkeit einer Funktion ist die quadratische Integrabilität, d. h. es muß das Integral

$$\int_{-\infty}^{+\infty} |f(x)|^2 \, dx < \infty$$

existieren. Fassen wir $\int_{-\infty}^{+\infty} e^{i 2\pi\nu x} \cdot d\nu$ als Operator $\mathfrak{F}$ auf, so gilt

$$f(x) = \mathfrak{F} \cdot \tilde{f}(\nu)$$

Für die Umkehrung ergibt sich

$$\tilde{f}(\nu) = \mathfrak{F}^{-1} f(x) \qquad \text{mit} \quad \mathfrak{F}^{-1} = \int_{-\infty}^{+\infty} e^{-i 2\pi\nu x} \cdot dx$$

Offensichtlich gilt

$$\mathfrak{F} \cdot \mathfrak{F}^{-1} = \mathfrak{F} \cdot \mathfrak{F}^* = 1$$

$\mathfrak{F}^*$ konjugiert komplex zu $\mathfrak{F}$.

a) Verallgemeinerte Fouriertransformation. Ist die Funktion $f(x)$ nicht quadratisch integrabel, so läßt sich, wie WIENER [1] gezeigt hat, eine verallgemeinerte Fouriertransformation angeben, wenn nur der limes von

$$\lim_{B \to \infty} \frac{1}{2B} \int_{-B}^{+B} |f(x)|^2 \, dx \qquad \text{existiert.}$$

Die generalisierte Fouriertransformierte ist dann

$$\bar{f}(v) = \lim_{B \to \infty} \frac{1}{2B} \int_{-B}^{+B} f(x)\, e^{-i2\pi vx}\, dx$$

Statt des Circumflex als Zeichen für die Frequenzfunktion schreiben wir einen Querstrich, um die Mittelung, die bei dieser Grenzwertbildung durchgeführt wird, anzudeuten.

b) Periodische Funktionen, Fourierreihe. Periodische Funktionen sind nicht quadratisch integrierbar; sie lassen sich daher nicht durch ein Fourierintegral, sondern nur durch eine Fourierreihe darstellen. Wählen wir die Periode 1, die sich durch Maßstabänderung der Ortskoordinate immer erreichen läßt, so gilt

$$f(x) = \sum_{-\infty}^{+\infty} \tilde{f}_n\, e^{i2\pi nx}$$

Die Koeffizienten ergeben sich als Mittelwert über die Periodenlänge zu

$$\tilde{f}_n = \int_{-\frac{1}{2}}^{+\frac{1}{2}} f(x)\, e^{-i2\pi nx}\, dx$$

Es gilt ersichtlich

$$\tilde{f}_{-n} = \tilde{f}_n^*$$

Wir bevorzugen die komplexe Schreibweise, weil sie übersichtlicher ist und die Analogie zum Fourierintegral deutlicher zeigt als die übliche reelle Form der Fourierreihe.

$$f(x) = \sum_{0}^{\infty} (\tilde{a}_n \cos 2\pi nx + \tilde{b}_n \sin 2\pi nx)$$

Wendet man das Theorem von MOIVRE auf die reelle Reihe an und vergleicht die Koeffizienten, so wird

$$\tilde{a}_0 = \tilde{f}_0$$
$$\tilde{a}_n = (\tilde{f}_n + \tilde{f}_n^*)$$
$$\tilde{b}_n = i(\tilde{f}_n - \tilde{f}_n^*)$$

Die Voraussetzung für die Darstellbarkeit einer periodischen Funktion $f(x)$ in eine Fourierreihe ist, daß ihre erste Ableitung im Periodenintervall stückweise stetig ist. Die Funktion selbst darf endlich viele Unstetigkeitsstellen haben.

2. Zusammenstellung der Beziehungen und Symbole

Funktionen, die durch einen großen Buchstaben symbolisiert sind, beziehen sich auf das Objekt, solche mit kleinen Buchstaben auf das Bild. Entsprechen sich die Buchstaben, groß und klein, so entsprechen sich auch die Funktionen. Große griechische Buchstaben dienen zur Kennzeichnung der Übertragungsglieder. In der nachstehenden Tabelle sind die durch die Fouriertransformation miteinander verknüpften Größen als Symbole und mit ihrer Bezeichnung zusammengestellt.

Ortsraum		Frequenzraum	
Symbol	Bezeichnung	Symbol	Bezeichnung
x	Ortskoordinate	ν	Ortsfrequenz
$r = \dfrac{1}{2\nu}$	Rasterabstand		Fouriertransformierte von $f(x)\ F(x)$
$f(x),\ F(x)$	Ortsfunktion	$\tilde{f}(\nu),\ \tilde{F}(\nu)$	Frequenzfunktion Spektralfunktion
		$\tilde{f}_n,\ \tilde{F}_n$	Koeffizient der n-ten Oberfrequenz
$f(x) * g(x) =$ $= \int\limits_{-\infty}^{+\infty} f(\xi) \cdot g(\xi - x)\, d\xi$	Faltungsprodukt Faltung	$\tilde{f}(\nu) \cdot \tilde{g}(\nu)$	einfaches Produkt
$n(x) = f(x) * f(x)$ $N(x) = F(x) * F(x)$	Korrelationsfunktion	$\tilde{n}(\nu)$ $\tilde{N}(\nu)$	Körnigkeitsspektrum
$\Omega_n(x)$	Verwaschungsfunktion des n-ten Übertragungsgliedes	$\tilde{\Omega}_n(\nu)$	Kontrastübertragungsfunktion des n-ten Übertragungsgliedes (CPT)
		$\lvert\tilde{\Omega}(\nu)\rvert$	Kontrastübertragung (CT)
		$\varphi(\nu) = -i \log \dfrac{\Omega}{\lvert\tilde{\Omega}\rvert}$	Phasenübertragung (PT)
$K_\Omega(x)$	Korrelationsfunktion des Übertragungsgliedes Ω	$\tilde{K}_\Omega(\nu)$	

Schluß

Der Verfasser wüßte nicht besser zu beschließen als mit den Worten von WOODWARD [22], die dieser an das Ende eines dem vorliegenden ähnlichen Artikels gesetzt hat. Es sei daher wörtlich zitiert:

„Whenever a new technique or a new theory is evolved there is some adverse criticism; it may be said of information theory that it is merely an amusement for the mathematician and that the communication engineer has been intuitively aware of all its conclusions for a long time. Even if this were true, which is very doubtful, the subject has, in the author's opinion, a profound significance.

In the first place, it provides a precise language for the description of physical systems which handle information where before there was only intuition. The existence of a precise language always tends to clarify thought, and acts as a stimulus to further research. And in the second place, the relation between communication theory and statistical mechanics contributes to the general understanding of both these branches of physics. Few things in science are more exciting than the sudden realization that two apparently disconnected phenomena can both be expressed in terms of a single idea."

Herrn Prof. Dr. H. FRIESER bin ich für viele anregende Diskussionen dankbar.

Literatur

[1] WIENER, N.: Cybernetics. John Wiley & Sons N. Y. 1955.
[2] ELIAS, P., D. S. GREY u. D. Z. ROBINSON: JOSA **42**, 127 (1952).
[3] ELIAS, P.: JOSA **43**, 229 (1953).
[4] FELLGETT, P. B.: JOSA **43**, 271 (1953).
[5] CLARK-JONES, R.: JOSA **45**, 799 (1955).
[6] FRIESER, H.: in diesem Band.
[7] FRIESER, H. u. H. LINKE: Zeitschr. Wiss. Photogr. **37**, 19 (1938).
[8] LINDBERG, P.: Optica Acta **1**, 80 (1954).
[9] INGELSTAM, E., E. DJURLE u. B. SJÖGREN: JOSA **46**, 707 (1956).
   FRIESER, H.: Mitteil. Agfa Bd. I, S. 129. — Phot. Korr. **91**, 69 (1955).
[10] ROSENHAUER, K. u. K. J. ROSENBRUCH: Z. f. Instrumentenkunde **65**, 83 (1957).
[11] SELWYN, E. W. H.: Phot. J. **75**, 571 (1935).
[12] VAN KREFELD, A.: JOSA **26**, 170 (1936) und ebd. **27**, 100 (1937).
[13] GROETZ, A. u. W. O. GOULD: J. Soc. Mot. Pict. Eng. **29**, 510 (1937) und ebd. **34**, 279 (1940).
[14] RÖHLER, R.: Z. anorg. Phys. **8**, 577 (1956).
[15] MARRIAGE, A. u. E. PITTS: JOSA **46**, 1019 (1956) und ebd. **47**, 321 (1957).
[16] EGGERT, J. u. KÜSTER: Agfa Veröff. **4**, 49 (1935).
[17] SHANNON, C. E.: Bull. System. Techn. J. **27**, 379 u. 623 (1948).
[18] TORALDO DI FRANCIA, G.: JOSA **45**, 497 (1955).
[19] WOODWARD, P. M. u. I. L. DAVIES: Proc. Inst. Electr. Eng. **99**, 137 (1952).
[20] LINFOOT, E. H.: JOSA **45**, 808 (1955).
[21] RÖHLER, R.: Dissertation Hamburg (1957).
[22] WOODWARD, P. M.: Brit. J. appl. Phys. **4**, 129 (1953).

Weitere Literaturhinweise finden sich unter den angegebenen Zitaten.

Messung des Schwankungsspektrums und der mittleren Schwärzung entwickelter photographischer Schichten

Von H. Frieser

I. Einleitung

Um Aussagen über die Körnigkeit einer entwickelten photographischen Schicht zu machen und diese in bezug auf Körnigkeit zu bewerten, ist vor allem ein Verfahren erforderlich, mit dem man die körnige Struktur der Schicht physikalisch ausreichend beschreiben kann. Dazu reicht im allgemeinen die Angabe der Größe und der Größenverteilung der entwickelten Körner nicht aus. Dies liegt nur zum Teil daran, daß bei der unregelmäßigen Form, welche die Körner in manchen Entwicklern annehmen, die Größe, d. h. der mittlere Korndurchmesser bzw. die mittlere Kornfläche schlecht definiert ist. Es spielt vor allem die Verteilung der Körner in der Schicht eine ausschlaggebende Rolle. Solange diese zufällig ist, kann man mittels des mittleren Korndurchmessers gute Aussagen über die Körnigkeit machen. So ist auch die von Eggert und Küster [1] angegebene Methode, welche den Callierkoeffizienten zur Bestimmung benutzt und die im wesentlichen den mittleren Korndurchmesser mißt, in diesem Fall gut geeignet. Die Methoden versagen aber, wenn sich in der Schicht Kornhaufen bilden. Solche Haufenbildung tritt z. B. ein, wenn die Schicht mit Röntgenstrahlen oder Elektronen bestrahlt wurde (Eggert und Schopper [2]). Ähnliches beobachtet man bei Kopien, besonders wenn ein grobkörniges Negativ auf ein feinkörniges Kopiermaterial kopiert wird. In diesem Fall wird die Körnigkeit im wesentlichen durch die aufkopierte Kornstruktur des Negativs bestimmt, während mittlerer Korndurchmesser und Callierkoeffizient die Werte des Kopierfilms annehmen.

Zu einer besseren Beschreibung gelangt man durch Angabe der mittleren Schwärzungsschwankung (Streuung (σ)). Man versteht darunter die mittlere quadratische Abweichung der Schwärzung einer gleichmäßig belichteten und entwickelten Probe, wenn diese mit einer kleinen Meßfläche von der Fläche F an einer großen Anzahl (n) von Stellen gemessen wird (ältere Literatur siehe [3] 283ff., 290ff.).

$$\sigma = \sqrt{\overline{(\Delta S)^2}} = \sqrt{\frac{\Sigma (S - \overline{S})^2}{n}}$$

$\overline{S}$ = mittlere Schwärzung

σ ist abhängig von der Größe der Meßfläche und nimmt bei nicht zu kleiner Fläche und statistischer Verteilung der Körner im allgemeinen umgekehrt proportional der Quadratwurzel aus der Meßfläche F zu (Gl. (9)). Um zu einer von der Größe der Meßfläche unabhängigen Angabe zu kommen, definiert man eine Körnigkeitszahl G (Selwyn [7])

$$G = \sigma \sqrt{F} \quad .$$

G ist aber bei kleinen Meßflächen von F abhängig, und eine vollständige Beschreibung der Kornstruktur ist demnach nur möglich, wenn G als Funktion von F

angegeben wird. (Es sei bemerkt, daß eine Abhängigkeit von σ von der Kornfläche vorgetäuscht werden kann, wenn durch eine unvollkommene Abbildung bei der Messung die wirksame Meßfläche eine andere Größe hatte als zur Berechnung angenommen worden war [6, 11]).

Diese vor einigen Jahren noch recht unklaren Verhältnisse werden wesentlich geklärt durch Anwendung der modernen Übertragungstheorie auf den photographischen Prozeß besonders durch FELGETT [4] und JONES [5]. Dabei ergab sich, daß zur Beschreibung der Kornstruktur außer der Schwärzungsschwankung als Funktion der Meßfläche ($\sigma(F)$) vor allem die Autokorrelationsfunktion oder das Schwankungsspektrum (power spectrum, „Wiener Spektrum") geeignet ist. Diese beiden Funktionen können ineinander übergeführt werden, da die eine die Fouriertransformierte der anderen darstellt. Aus einer dieser Funktionen kann auch ohne weiteres die Abhängigkeit der mittleren Schwärzungsschwankung bzw. des G-Wertes von der Größe der Meßfläche abgeleitet werden, woraus folgt, daß eine dieser Funktionen zur Beschreibung der Kornstruktur dienen kann.

In der vorhergehenden Arbeit von E. ZEITLER [10] sind die Eigenschaften und gegenseitigen Beziehungen dieser drei Funktionen ausführlich behandelt worden. Es können die in dieser Arbeit erhaltenen Ergebnisse ohne weiteres den vorliegenden Untersuchungen zugrunde gelegt werden.

Die vorliegende Arbeit beschäftigt sich in erster Linie mit der Bestimmung der Streuung ($\sigma(F)$) und des Schwankungsspektrums entwickelter photographischer Schichten. Vor allem soll untersucht werden, ob der theoretisch abgeleitete Zusammenhang zwischen diesen beiden Funktionen auch experimentell bestätigt werden kann. Weiter ist zu prüfen, wie das Schwankungsspektrum von der Art der Herstellung der entwickelten Schicht abhängt, ob diese durch Licht- oder Röntgenexposition oder durch Kopie einer körnigen Vorlage erhalten worden war. Auch der Farbfilm wird in den Kreis der Betrachtungen einbezogen.

II. Theoretischer Teil
1. Definition der Streuung und des Schwankungsspektrums

In der vorstehenden Arbeit [10] war für die mittlere Transparenzschwankung (Streuung σ_T) beim Abtasten der Schicht mit einer Meßfläche von der Fläche F gefunden worden:

$$\sigma_T^2 = \frac{1}{A}\int_A (t(x))^2\, dx = \frac{1}{A}\int_{-\infty}^{+\infty} (\tilde{t}(\nu))^2\, d\nu = \int_{-\infty}^{+\infty} n_T(\nu)\,|\tilde{u}(\nu)|^2\, d\nu, \qquad (1)$$

wobei der Index T darauf hinweisen soll, daß Transparenzschwankungen gemeint sind. $t(x)$ bedeutet die Abweichungen der Transparenz an der Stelle x, $T(x)$ vom Mittelwert $\bar{T} \cdot t(x) = T(x) - \bar{T}$. $n_T(\nu)$ ist das Schwankungsspektrum

$$n_T(\nu) = \frac{1}{A}(\tilde{t}(\nu))^2 \qquad (2)$$

und $\tilde{u}$ die Kontrastübertragungsfunktion der Meßfläche. A ist der Bereich der Schicht, über den die Mittelung durchgeführt wird. Für die folgenden Betrachtungen ist es erforderlich, die Gl. (1) zweidimensional mit der rechtwinkligen Koordinate x_1, x_2 bzw. ν_1, ν_2 zu schreiben. Es gilt dann:

$$\sigma_T^2 = \frac{1}{A} \iint_A (t(x_1 x_2))^2 \, dx = 4 \int_0^{+\infty}\int_0^{+\infty} n_T(\nu_1 \nu_2) \, |\tilde{u}(\nu_1 \nu_2)|^2 \, d\nu_1 \, d\nu_2. \quad (3)$$

Die erste Integration wird über die Schichtfläche A durchgeführt. Bei der zweiten Integration wurde berücksichtigt, daß $n(\nu_1 \nu_2)$ und $|u(\nu_1 \nu_2)|^2$ gerade Funktionen sind (siehe Gl. (2)).

$\tilde{u}(\nu_1 \nu_2)$ ist die zweidimensionale Kontrastübertragungsfunktion der Meßfläche. Wie in [10] S. 221 gezeigt wurde, ist diese die Fouriertransformierte der Transparenzverteilung in der Meßfläche, bezogen auf deren Gesamtdurchlässigkeit. Ist die Durchlässigkeit der Meßfläche gleich $w(y_1 y_2)$, wo y_1 und y_2 rechtwinklige Koordinaten sind, parallel zu x_1 und x_2, so gilt:

$$u(y_1 y_2) = \frac{w(y_1 y_2)}{\int_{-\infty}^{+\infty} w(y_1 y_2) \, dy_1 \, dy_2}. \quad (4)$$

Ist $w(y_1 y_2)$ innerhalb der Meßfläche von der Fläche F gleich eins, außerhalb gleich Null, wie es meist bei mikrophotometrischen Messungen vorkommt, so gilt

$$u(y_1 y_2) = \frac{1}{F} w(y_1 y_2). \quad (5)$$

Die Funktion $\tilde{u}(\nu_1 \nu_2)$ soll für die Kreisöffnung (Durchmesser D) und einen Spalt mit Breite und Länge b_1 und b_2 angegeben werden.

Kreisöffnung: $\tilde{u}(\nu) = \dfrac{2 I_1(\pi \nu D)}{\pi \nu D}$

I_1 = Besselfunktion 1. Ordnung (6)

Spalt: $\tilde{u}(\nu_1 \nu_2) =$

$$\frac{\sin 2\pi b_1 \nu_1}{2\pi b_1 \nu_1} \cdot \frac{\sin 2\pi b_2 \nu_2}{2\pi b_2 \nu_2}. \quad (7)$$

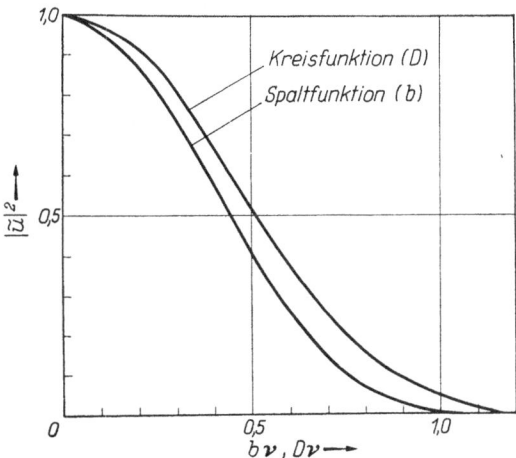

Abb. 1. Quadrat der Übertragungsfunktion für Kreisfläche (Durchmesser D) und Spalt (Breite b).

Die Funktionen sind in Abb. 1 dargestellt.

Aus dem Parsevalschen Satz ([10] S. 231) folgt:

$$\iint_{-\infty}^{+\infty} |\tilde{u}(\nu_1 \nu_2)|^2 \, d\nu_1 \, d\nu_2 = \iint_{-\infty}^{+\infty} u^2(y_1 y_2) \, dy_1 \, dy_2. \quad (8)$$

Für den Fall, daß Gl. (5) gilt, d. h. daß die Transparenz der Meßfläche von der Größe F innerhalb der Meßfläche gleich eins, außerhalb gleich Null ist, wird der Wert der Integrale (8) gleich $\dfrac{1}{F}$. Damit ergibt sich aus Gl. (3) eine wichtige Beziehung: Ist $n_T(\nu_1 \nu_2)$ konstant und gleich n_T^* in dem Bereich, in dem $\tilde{u}(\nu_1 \nu_2)$ noch nicht vernachlässigbar klein ist, kann in (3) $n(\nu_1\nu_2)$ vor das Integralzeichen geschrieben werden. Es gilt:

$$\left(\sigma_T^2\right)F = G_T^2 = n_T^*. \tag{9}$$

Die Streuung ist also proportional umgekehrt zu F.

2. Bestimmung der Streuung und des Schwankungsspektrums aus dem Rauschspektrum

a) Allgemeines. Wird die entwickelte photographische Schicht in einem lichtelektrischen Mikrophotometer mit einer kleinen Meßfläche abgetastet, und bewegt sich dabei die Schicht mit der Geschwindigkeit v, so erhält man einen Wechselstrom mit kontinuierlicher Frequenzverteilung. Es entspricht einer Raumfrequenz ν auf der Schicht eine Zeitfrequenz

$$f = \nu v. \tag{10}$$

Bedeutet L_0 den auf die Probe auffallenden, L den austretenden Lichtstrom, so ist $L = L_0 T$. Eine Transparenzschwankung $\triangle T$ erzeugt eine Lichtschwankung $\triangle L = \triangle T \cdot L_0$, und diese entspricht einer Stromschwankung $\triangle I = \eta \triangle L$, wobei η eine der Versuchsanordnung eigentümliche Konstante ist.

In einem quadratisch integrierenden Meßgerät (Thermoumformer) mißt man einen Strom I. Ist der Frequenzgang der Versuchsanordnung durch $\varphi(f)$ gegeben, so gilt, wenn die Abtastung in der x_1-Richtung erfolgt, nach JONES [5]:

$$\overline{I^2} = 4\eta^2 L_0 \int_0^{+\infty} \varphi^2(f)\,df \int_0^{+\infty} n_T\left(\frac{f}{v}\,\nu_2\right)\left|u\left(\frac{f}{v}\,\nu_2\right)\right|^2 d\nu_2. \tag{11}$$

Diese Gleichung kann man benutzen, um die mittlere Schwärzungsschwankung und das Schwankungsspektrum zu bestimmen.

b) Bestimmung der mittleren Schwärzungsschwankung (σ_S). Verwendet man eine Anordnung, bei welcher die Übertragung unabhängig von der Frequenz ist, d. h. φ konstant gleich eins gesetzt ist, so gilt mit (11) und (3):

$$\overline{I^2} = \eta^2 \sigma_T^2 L_0^2. \tag{12}$$

Um η zu bestimmen, läßt man im Strahlengang einen Sektor mit durchsichtigen und undurchsichtigen Flügeln gleicher Breite bei eingelegter Probe rotieren. Der zur Messung gelangende Lichtstrom ist dann L und 0.

Die Amplitude der Rechteckverteilung ist gleich $L/2$ und der quadratische Mittelwert:

$$\sigma^2_{\text{Sekt.}} = \frac{L^2}{4}. \tag{13}$$

Mit Sektor wird ein Strom gemessen:

$$\overline{I}^2_{\text{Sekt.}} = \eta^2 \frac{L^2}{4} \tag{14}$$

Aus (12) und (14) ergibt sich, da $\frac{L}{L_0} = T$ ist:

$$\sigma_T = \frac{\bar{I}}{I_{\text{Sekt.}}} \frac{T}{4} \ . \tag{15}$$

Um die Streuung der Schwärzung zu erhalten, muß man bedenken, daß bei kleinen Schwankungen

$$\frac{\triangle T}{T} \approx \triangle \ln T = -2{,}3 \triangle S \tag{16}$$

ist. Damit erhält man

$$\sigma_S = \frac{1}{2{,}3 \cdot 2} \frac{\bar{I}}{I_{\text{Sekt.}}} \ . \tag{17}$$

c) Berechnung des Schwankungsspektrums. Dazu verwendet man ein elektrisches Filter von engem Durchlaßbereich. $\varphi^2(f)$ ist dann nur in einem sehr engen Frequenzbereich von Null verschieden, in dem sich n und u nur wenig ändern. Es gilt dann nach G. (11)

$$E(\nu)^2 = \frac{2 L_o^2 \eta^2}{v} \int_0^{+\infty} \varphi^2(f) \, df \int_{-\infty}^{+\infty} |u(\nu_1 \nu_2)|^2 \, n(\nu_1 \nu_2) \, d\nu_2 \ . \tag{18}$$

Das zweite Integral soll als „spezifisches Schwankungsspektrum" n' berechnet werden:

$$n'_T(\nu_1) = \int_{-\infty}^{+\infty} |u(\nu_1 \nu_2)|^2 \, n_T(\nu_1 \nu_2) \, d\nu_2 \ , \tag{19}$$

welches außer von ν_1 von Form und Größe der Abtastflächen und von der Lage der Abtastrichtung zur Abtastfläche abhängt. Es gilt dann

$$E^2(\nu) = \frac{2 L_o^2 \eta^2}{v} n'_T(\nu) \int_0^{+\infty} \varphi^2(f) \, df \ . \tag{20}$$

Die Berechnung von n' aus (20) macht keine Schwierigkeiten:

$$n'_T(\nu) = \frac{E^2(\nu) \, v}{2 L_o^2 \eta^2 \int_0^{+\infty} \varphi^2(f) \, df} \ . \tag{21}$$

Die Berechnung von $n(\nu)$ erfordert die Lösung der Integralgleichung (18) und ist schwieriger durchzuführen. Für einen Spalt von der Breite b_1 und der Länge b_2, wobei die Abtastung senkrecht zur Länge erfolgt, gilt für u:

$$u = \frac{\sin \pi \nu_1 b_1}{\pi \nu_1 b_1} \frac{\sin \pi \nu_2 b_2}{\pi \nu_2 b_2} \ . \tag{22}$$

Man erhält

$$n'_T(\nu_1) = 2 \left(\frac{\sin \nu_1 b_1}{\pi \nu_1 b}\right)^2 \int_0^{+\infty} \frac{\sin \pi \nu_2 b_2}{\pi \nu_2 b_2} \, n_T(\nu_1 \nu_2) \, d\nu_2 . \tag{23}$$

Wegen der Isotropie der Schicht gilt:
$$v_1^2 + v_2^2 = v^2 \ ,$$
und man kann schreiben:
$$n_T(v_1 v_2) = n_T(v) = n_T\left(\sqrt{v_1^2 + v_2^2}\right). \tag{24}$$

$\left(\dfrac{\sin \pi v_2 b}{\pi v_2 b}\right)^2$ nimmt mit steigendem v_2 ab, hat bei $v_2 = \dfrac{1}{b_2}$ die erste Nullstelle und bleibt weiterhin klein und oszillierend. Man macht also keinen großen Fehler, wenn die Integration nur von 0 bis $v_2 = \dfrac{1}{b_2}$ durchgeführt wird. In diesem Bereich folgt aber:

$$\begin{aligned} v_2 &= 0 & v &= v_1 \\ v_2 &= \frac{1}{b_2} & v &= \sqrt{v_1^2 + \left(\frac{1}{b_2}\right)^2}. \end{aligned} \tag{25}$$

In dem Integrationsbereich ändert sich also v um

$\triangle v = \sqrt{v_1^2 + \left(\dfrac{1}{b_2}\right)^2} - v_1$. Es berechnen sich folgende Werte:

$\dfrac{1/b_2}{v}$	1	0,6	0,5	0,4	0,3	0,2
$\dfrac{\triangle v}{v}$	0,4	0,17	0,12	0,08	0,04	0,02

Man sieht, daß bei $\dfrac{1/b_2}{v} = 0,5$ der Bereich von v, über den integriert wird, verhältnismäßig klein ist.

Nimmt man in dem Integrationsbereich $n(v)$ als konstant und gleich n an, so kann man annähernd schreiben (19):

$$n_T'(v_1) = \int\limits_{-\infty}^{+\infty} |u|^2 n \, dv_2 = n_T \left(\frac{\sin \pi v_1 b_1}{\pi v_1 b_1}\right)^2 \left(\frac{\sin \pi v_2 b_2}{\pi v_2 b_2}\right)^2 dv = \frac{n_T}{b_2} \left(\frac{\sin \pi v_1 b_1}{\pi v_1 b_1}\right)^2, \tag{26}$$

da gilt:

$$\int\limits_{-\infty}^{+\infty} \left(\frac{\sin \pi v_2 b_2}{\pi v_2 b_2}\right)^2 dv_2 = b_2. \tag{27}$$

Mit (21) erhält man:

$$n_T(v) = \frac{v \, b \, E^2(v)}{2 L_0^2 \eta^2 \int\limits_0^{+\infty} \varphi^2(f) \, df} \left(\frac{\pi v b_1}{\sin \pi v b_1}\right)^2 = n_T'(v) \, b_2 \left(\frac{\pi v_1 b_1}{\sin \pi v_1 b_1}\right)^2. \tag{28}$$

Um Gl. (28) auswerten zu können, verwendet man wieder wie oben einen rotierenden Sektor, den man diesmal so schnell umlaufen läßt, daß die erzeugte Frequenz gleich der Frequenz ist, bei der die Filterfunktion $\varphi(f)$ ein Maximum ist. Es wird dann nur die erste Harmonische der vom Sektor abgegebenen Lichtverteilung wiedergegeben, deren Amplitude gleich ist

$$a = \frac{4}{\pi} \frac{L}{2} = \frac{2}{\pi} L. \tag{29}$$

Der quadratische Mittelwert ist:

$$\sigma^2_{\text{Sekt. 1. Harm.}} = \frac{2}{\pi^2} L^2 \tag{30}$$

und der Strom

$$I^2_{\text{Sekt. 1. Harm.}} = \frac{2}{\pi^2} \eta^2 L^2 = \frac{2}{\pi^2} \eta^2 L_0^2 T^2. \tag{31}$$

Man erhält daraus für das Schwankungsspektrum, jetzt auf Schwärzungen bezogen mit (21), (28) und (16):

$$n'_S(\nu) = \frac{I^2}{2 L_0^2 \eta^2 \int_0^{+\infty} \varphi^2(f)\,df \cdot T^2 \cdot 2{,}3^2} \cdot \nu = \frac{I^2}{I^2_{\text{Sekt. 1. Harm.}} \cdot 2 \cdot 2{,}3^2 \pi^2 \int_0^{+\infty} \varphi^2(f)\,df} \cdot 2\nu =$$

$$= 0{,}019 \frac{I^2}{I^2_{\text{Sekt. 1. Harm.}} \int_0^{+\infty} \varphi^2(f)\,d} \cdot \nu \tag{32}$$

$$n_S(\nu) = 0{,}019 \frac{I^2}{I^2_{\text{Sekt. 1. Harm.}} \int_0^{+\infty} \varphi^2(f)\,df} \cdot \nu \, b_2 \left(\frac{\pi \nu b}{\sin \pi \nu b}\right)^2. \tag{33}$$

Es sei zum Schluß noch kurz auf das spezifische Schwankungsspektrum eingegangen, das durch Gl. (19) definiert ist.

Man kann für n' auch folgendermaßen schreiben:

$$n'(\nu) = \Psi(\nu)\, n'(0). \tag{34}$$

wo $\Psi(\nu)$ eine von der Größe und Form der Abtastfläche und der Abtastrichtung abhängige Übertragungsfunktion ist. Ist $n(\nu_1 \nu_2)$ in dem Frequenzbereich konstant, in dem $u(\nu_1 \nu_2)$ von Null verschieden ist, so kann man $\Psi(\nu)$ berechnen. Für einen Spalt gilt z. B.

$$\Psi_{\text{Spalt}} = \left(\frac{\sin \pi \nu_1 b_1}{\pi \nu_1 b_1}\right)^2. \tag{35}$$

III. Durchführung der Messung

1. Messung der mittleren Schwärzungsschwankung durch Schwärzungsmessungen

An der gleichmäßig belichteten und entwickelten Probe wird an 200 verschiedenen, im Abstand von mindestens 50 μ befindlichen Stellen im Mikrophotometer die Schwärzung bestimmt. Bei den meisten Versuchen lagen immer je 50 Meßpunkte auf einer Reihe, so daß vier Reihen durchgemessen wurden, die auf parallelen Linien lagen. Um Streulicht zu verhindern, befand sich im Kondensor des Mikrophotometers eine Blende, die in die Schichtebene abgebildet wurde. Ihr Bild war etwas größer als die zu messende Schichtfläche. Die Schwärzung wurde gegen die Unterlage (Entfernen des Silbers durch Abschwächen) gemessen. Eine Kontrolle und, wenn erforderlich, ein Nachstellen des Nullpunktes erfolgte nach jeder Meßreihe.

Aus den Meßwerten wird die mittlere Schwärzungsschwankung bestimmt. Dies kann rechnerisch erfolgen:

$$\sigma = \sqrt{\frac{\Sigma (S - \overline{S})^2}{n}}. \tag{35}$$

$\bar{S}$ bedeutet den arithmetischen Mittelwert und n die Anzahl der Messungen. Da diese Berechnung recht umständlich ist, wird folgendes einfaches Verfahren durchgeführt: Der Schwärzungsbereich wird in gleiche Teile geteilt (meist 0,02 Schwärzungseinheiten) und die Häufigkeit $j(n)$ bestimmt, mit der die gemessene Schwärzung im n-ten Intervall $S_n - 0{,}02$ bis S_n liegt. Dann wird die Summenhäufigkeit im Intervall n' in Prozenten berechnet:

$$\frac{\sum_0^{n'} j(n)\,100}{\sum_0^{\infty} j(n)} = j(n') \tag{37}$$

und über der Schwärzung in ,,Wahrscheinlichkeitspapier'' eingetragen [10, Abb. 17]. Die Meßpunkte lassen sich gut durch eine Gerade darstellen. Es liegt also mit guter Annäherung eine Gaußverteilung vor. Aus der Neigung der Geraden ergibt sich die mittlere Schwärzungsschwankung, und zwar ist σ gleich der halben Differenz der Schwärzungen, welche den Werten 15,85% und 84,15% der Summenhäufigkeit entsprechen. Der Mittelwert der Schwärzung S wird der Darstellung bei $j = 50\%$ entnommen. Bei diesen Messungen erhält man die Schwankung der ,,Mikrophotometerschwärzung'' S^M, die auch bei allen im folgenden gemachten Angaben der Versuchsergebnisse verwendet wurde. Sie ist etwas größer (etwa 25%) als die Schwärzung im zerstreuten Licht S^+, und es gilt annähernd $S^M = Q^M S^+$, wobei Q^M von der Korngröße und der Apertur des Mikrophotometers abhängt. Q^M ist für die verwendeten Proben in Tab. 1 angegeben.

2. Messung des Rauschstromes

a) Versuchsanordnung. Die Messung des Rauschstroms wurde in demselben Mikrophotometer vorgenommen, welches auch zur Bestimmung der Streuung aus Schwärzungsmessungen diente. Die Apparatur arbeitete nach dem schon von DEBOT [12] und JONES u. a. [13] zur Messung des gesamten Rauschspektrums verwendeten Prinzip. Mittels einer im folgenden beschriebenen Einrichtung wurde die rotierend bewegte Probe mit einer kleinen Meßfläche abgetastet. Abb. 2 zeigt schematisch den Strahlengang des Mikrophotometers und die Vorrichtung zur Bewegung der Probe. Diese befand sich auf einem Drehtisch, der auf einem Kugellager mit 25 mm Innendurchmesser befestigt war. Die Drehachse war in einem Abstand von $a = 2 - 6$ mm parallel zur optischen Achse angeordnet. Dabei muß die Oberfläche der Probe möglichst senkrecht zur Drehachse stehen, damit beim Drehen die Scharfeinstellung nicht verschlechtert wird. Der Antrieb erfolgte durch einen Elektromotor über ein stufenlos regelbares Getriebe. Es konnten so verschiedene Umdrehungszahlen eingestellt werden, die stroboskopisch gemessen werden. Es ließen sich Geschwindigkeiten von 1,1 bis 52 cm/s einstellen.

Zur Messung des Rauschstromes muß ein quadratisch integrierendes Instrument verwendet werden. Es wurden dementsprechend eine Reihe von Messungen mit einem Thermoumformer durchgeführt. Später wurde er durch ein Röhrenvoltmeter ersetzt, nachdem festgestellt worden war, daß mit beiden Instrumenten dieselben Ergebnisse erhalten werden.

Zur Bestimmung der Streuung wurde der Gesamtstrom gemessen. Wichtig ist, daß der Verstärker, der bei Verwendung des Thermoumformers nötig war, das Röhrenvoltmeter und die Übertragungskabel in dem erforderlichen Frequenzbereich keine Frequenzabhängigkeit zeigten. Ist dies der Fall, so ist der Rauschstrom in einem weiten Bereich unabhängig von der Geschwindigkeit der Probe. Die Tourenzahl des Sektors wurde so gewählt, daß die abgegebene Grundfrequenz in den unteren Teil des frequenzunabhängigen Gebietes der Anordnung fiel, damit auch die höheren Harmonischen noch übertragen werden. Eichung der Anordnung und die Berechnung von σ_S erfolgte nach Abschnitt II 2b und Gl. (17).

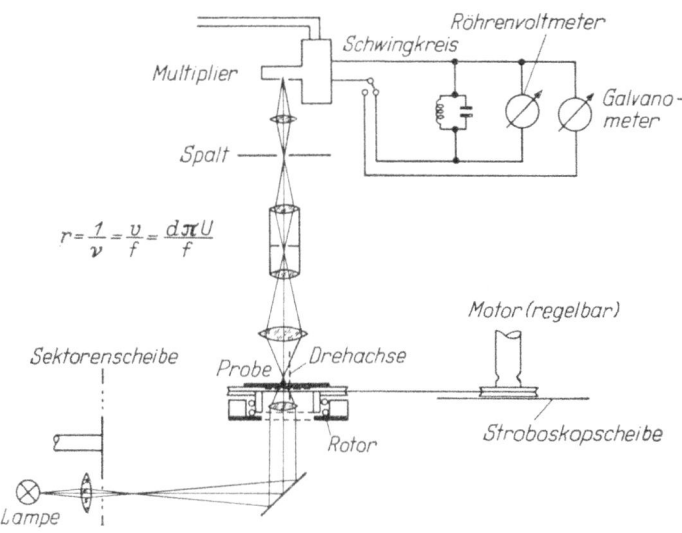

Abb. 2. Schema der Versuchsanordnung.

Zur Bestimmung des Schwankungsspektrums wurde der Rauschstrom mit einem Frequenzanalysator analysiert. Es stand dazu zeitweilig ein von der Firma Rohde & Schwarz leihweise zur Verfügung gestellter Frequenzanalysator mit Schreiber zur Verfügung, welcher sich gut für die in Frage kommenden Zwecke eignete. Die meisten Versuche wurden aber mit folgendem Verfahren durchgeführt: Durch einen parallel zum Ausgang des Photomultipliers geschalteten elektrischen Schwingkreis gelangte nur ein schmaler Frequenzbereich mit einer Mittelfrequenz von 950 Hz zur Messung. Die gemessene Raumfrequenz ist dann abhängig von der Geschwindigkeit

$$\nu = \frac{f}{v} \quad . \tag{38}$$

Man kann so, indem man die Streumessung bei verschiedenen Geschwindigkeiten vornimmt, das Rauschspektrum bestimmen, und zwar unter den vorliegenden Verhältnissen in einem Bereich von $\nu = 1{,}8$ bis 86 l/mm.

Die Auswertung erfolgte entsprechend den Ausführungen in Abschnitt II 2c nach

Gl. (32) und (33). $\varphi(f)$ ist dann gleich der Durchlässigkeitsfunktion des elektrischen Filters. $\varphi^2(f)$ ist in Abb. 3 wiedergegeben. Es gilt:

$$\int_0^{+\infty} \varphi^2(f)\, df = 186\ Hz.$$

b) Durchführung der Messung. Herstellung und Eigenschaften der untersuchten Proben.

Bei der Herstellung der Proben muß streng darauf geachtet werden, daß bei der Belichtung nicht eine Struktur aufkopiert wird. So darf keine Kontaktkopie von einem Stufenkeil gemacht werden, wenn der Film für sich untersucht werden soll.

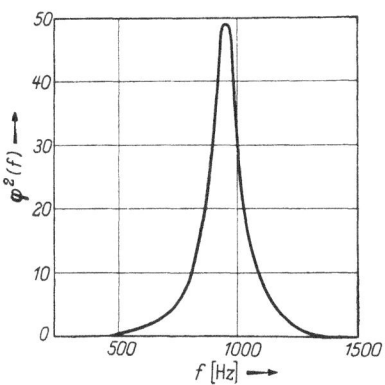

Abb. 3. Filterfunktion des elektrischen Filters.

Wird ein Keil zur Herstellung abgestufter Belichtungen verwendet, so muß dafür gesorgt werden, daß die Struktur des Keils auf der Probe nicht sichtbar wird. Man bringt z. B. den Film in einem Abstand von 1 bis 2 mm vor den Keil und belichtet mit zerstreutem Licht (Opalscheibe). Zur Untersuchung des Schwankungsspektrums bei Kopien wurde der Originalfilm in einem Kopierrahmen mit gutem Kontakt auf den Kopierfilm kopiert. Die verschiedenen Werte von g (g = Neigung der Schwärzungskurve des Positivmaterials bei der Schwärzung der Kopie) wurde durch Veränderung der Entwicklung bei der Kopie erhalten. Die untersuchten Filmproben und ihre Eigenschaften sind in Tab. 1 angegeben.

Einstellung der Meßbahn. Man stellt die Probe im Mikrophotometer zunächst so ein, daß der Beleuchtungsspalt und die Körner der Probe in der Meßspaltebene abgebildet werden. Dann bringt man die Drehachse des Rotors mit der Mitte der Meßfläche zur Deckung. Das ist dann der Fall, wenn die Körner sich um einen in der Mitte der Meßfläche liegenden Punkt drehen. Hierauf wird der Objekttisch mit dem darauf befestigten Drehtisch in den gewünschten Abstand a, meist 2 bis 6 mm, verschoben (bei einem Spalt in dessen Längsrichtung), so daß sich ein Umfang der Bahn der Meßflächenmitte von $2\pi a$ mm ergab. Die endgültige Scharfeinstellung wurde durch Einstellung auf Maximalausschlag vorgenommen. Diese Methode ist besonders bei langsamem Umlauf empfindlich und besser als visuelle Scharfeinstellung.

Bestimmung der Größe der Meßfläche. Eine gewisse Schwierigkeit bildet die genaue Bestimmung der wirksamen, der „effektiven" Meßfläche, besonders des effektiven Wertes von b_1. Durch Abbildungsfehler im Mikrophotometer und geringfügige Bewegung der Proben aus der Einstellebene bei der Abtastung kann eine größere Spaltbreite wirksamer sein als den geometrisch-optischen Verhältnissen im Mikrophotometer entspricht. Man kann nun eine scharfe Schwarzweiß-Kante genau parallel zum Spalt ausgerichtet über diesen hinwegführen und aus den registrierten Ausschlägen eine wirksame Spaltbreite berechnen. Dabei wird man aber nur die bei ruhenden Filmen vorhandenen Fehler erfassen, nicht die Veränderung der Einstellung bei der

Bewegung. Bei einem Spalt mit der errechneten Breite von 3 μ erhält man etwa 4 bis 4,5 μ bei ruhendem Film.

Eine weitere Möglichkeit zur Bestimmung der effektiven Spaltbreite ergibt sich aus der Tatsache, daß $n(v)$ bei mit Licht und durch direkte Belichtung hergestellten Proben (nicht bei Kopien) bis zu recht großen Werten von v, (das ist bis zu Werten von v, die kleiner als der reziproke Wert der Breite des schmalsten Spaltes sind) nur wenig abfällt. Das steht in Übereinstimmung damit, daß $n'(v)$ entsprechend $\Psi_{Sp}(v, b)$ abfällt (Gl. (34)). Trägt man $n'(v)$ und $\Psi_{Sp}(v, b)$ über v doppelt logarithmiert auf, so zeigt sich, daß die Kurven parallel verlaufen. Man kann die Kurven $n'(v)$ mit $\Psi(v, b)$ zur Deckung bringen und b für $vb = 1$, d. i. für den Wert, bei dem u gleich Null ist, ermitteln. Ähnlich kann man auch bei den Kreisöffnungen verfahren. Die Versuche ergaben für den 3 μ-Spalt effektive Breiten von etwa 4 bis 5 μ. Es wurde für die Berechnungen deshalb eine effektive Breite von 4,5 μ angenommen.

IV. Versuchsergebnisse

Die im folgenden abgegebenen experimentellen Ergebnisse beziehen sich alle auf die Schwankung der Schwärzung. Der einfachen Schreibweise wegen ist der Index S weggelassen. Die untersuchten Proben sind in Tabelle 1 zusammengestellt.

Tabelle 1

Probe	S^M	$S^{\|}$	S^{+}	$Q^{\|} \left(\dfrac{S^{\|}}{S^{+}}\right)$	$K =$ (100 log $Q^{\|}$)	$Q^M \left(\dfrac{S^M}{S^{+}}\right)$
Isopan Ultra a	0,78	1,32	0,62	2,13	32,8	1,26
Isopan SS a	0,86	1,62	0,71	2,28	35,8	1,21
b	1,71	2,50	1,33	1,88	27,4	1,29
c	0,62	1,17	0,48	2,44	38,7	1,29
Isopan F.................	1,10	1,48	0,86	1,72	23,6	1,28
Isopan FF	0,98	1,11	0,74	1,50	17,6	1,33
Kopie Isopan Ultra auf Kino-Positiv a) $g = 0,5$	0,74	0,81	0,60	1,35	13,1	1,23
b) $g = 1,0$	0,55	0,60	0,41	1,46	16,5	1,34
c) $g = 1,3$	1,09	1,23	0,85	1,45	16,1	1,28
d) $g = 1,8$	0,71	0,79	0,55	1,44	15,7	1,27
Röntgen-Film (Lichtexposition) ..... a	0,38	0,83	0,28	2,96	47,2	1,36
„ (Röntgenexposition 180 KV) b	0,42	0,99	0,31	3,25	51,5	1,35
Isopan Ultra (Lichtexposition) ....b	1,14	1,79	0,90	1,99	29,9	1,27
(Röntgenexposition 200 KV) c	1,02	1,72	0,80	2,15	33,5	1,28

1. Mittlere Schwärzungsschwankung (Streuung)

Abb. 4 zeigt einige Ergebnisse der Messungen der mittleren Schwärzungsschwankung bei verschiedenem Meßfelddurchmesser. Es ist $G = \sqrt{\overline{\Delta S^2}} \cdot \sqrt{F}$ in Abhängigkeit von $\sqrt{F}$ aufgetragen. Man sieht, daß bei IU-Film und Lichtexposition der Wert in dem vermessenen Bereich gut konstant ist, was Gl. (9) entspricht. Es sind also hier bereits alle verwendeten Meßflächen groß genug, um die für die Konstanz von G geforderte Bedingung zu erfüllen (Abschnitt II 1). Bei Röntgen- und Elektronenbestrahlung sowie bei Kopien ist dies nicht der Fall. G steigt hier mit der Meßfläche an und wird erst bei größeren Meßflächen konstant. In Tab. 2 sind die durch Schwärzungsmessung und Mittelwertsbildung erhaltenen Werte der Streuung mit den durch Messung des Rauschstromes erhaltenen (s. Abschnitt II 2b) und den aus der Schwärzungsschwankung berechneten verglichen (s. Abschnitt IV 3). Man sieht, daß die auf verschiedene Weise erhaltenen Werte recht gut übereinstimmen.

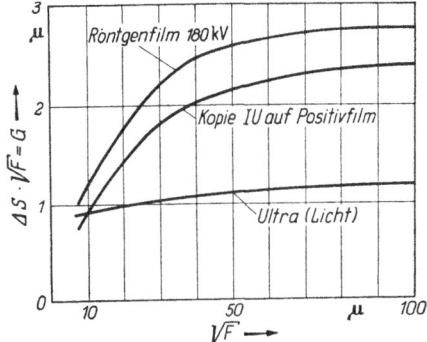

Abb. 4. Körnigkeitswert G in Abhängigkeit von der Wurzel aus der Meßfläche für verschiedene Schichten.

Tabelle 2

Probe	Meßfläche F	F	$\Delta S^M \cdot 10^2$ aus:		
			(S-Messung)	(n-Messung)	(Gesamtrauschstrom)
Isopan Ultra a	Kreis 9,6 μ	8,5	10,5	10,7	11,40
	Kreis 22,7 μ	20,1	5,6	5,6	5,10
	Kreis 45 μ	39,8	2,6	2,6	2,28
Isopan SS a	Kreis 9,6 μ	8,5	10,0	10,4	10,63
	Kreis 22,7 μ	20,1	5,4	5,5	5,21
	Kreis 45 μ	39,8	2,9	3,2	2,84
Isopan F	Kreis 9,6 μ	8,5	9,4	8,0	8,25
	Kreis 22,7 μ	20,1	4,0	4,0	3,80
	Kreis 45 μ	39,8	1,9	1,8	1,99
Röntgen-Film b (Röntgenexposition 180 KV)	Kreis 9,6 μ	8,5	9,6	9,9	8,90
	Kreis 22,7 μ	20,1	5,4	5,3	4,82
Kopie Isopan Ultra auf Kino-Positiv c	Kreis 22,7 μ	20,1	7,6	7,5	7,66

2. Das spezifische Schwankungsspektrum (n′ (ν))

Aus den bei den verschiedenen Geschwindigkeiten erhaltenen Rauschströmen wird zunächst, wie in Abschnitt II 2c besprochen, das spezifische Schwankungsspektrum ermittelt. In den Abb. 5 bis 13 sind die Werte von $n'(\nu)$ für verschiedene Materialien, verschiedene Bestrahlungsbedingungen und Meßflächen wiedergegeben.

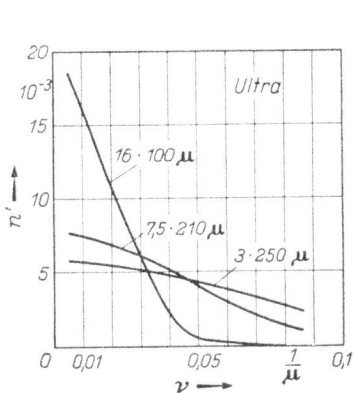

Abb. 5. Spezifisches Schwankungsspektrum für Isopan-Ultra-Film bei verschiedenen rechteckigen Meßflächen.

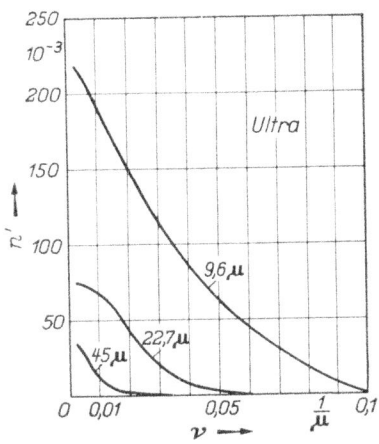

Abb. 6. Spezifisches Schwankungsspektrum für Isopan-ISS-Film bei verschiedenen kreisförmigen Meßflächen.

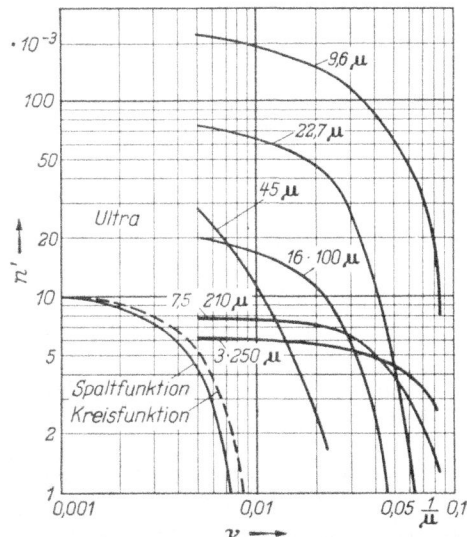

Abb. 7. Spezifisches Schwankungsspektrum für Isopan-Ultra-Film (logarithmische Darstellung). Übertragungsfunktionen für Kreis- und Spaltflächen.

Den Einfluß der Meßfläche erkennt man deutlich an dem verschiedenen Verlauf des Abfalls von $n'(v)$ gegen höhere Werte von v. Je schmaler die Meßfläche in der Abtastrichtung ist, um so früher fällt $n(v)$ ab. Besonders deutlich erkennt man den

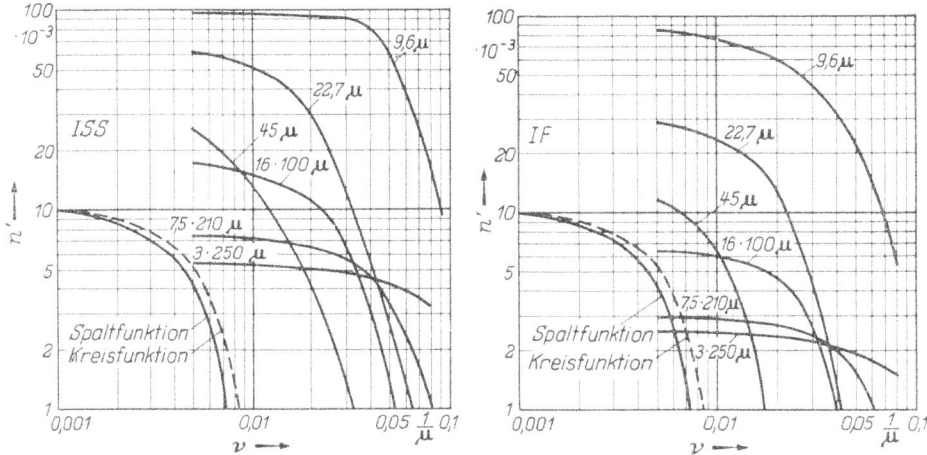

Abb. 8. Spezifisches Schwankungsspektrum für Isopan-ISS-Film (logarithmische Darstellung).
Übertragungsfunktionen für Kreis- und Spaltflächen.

Abb. 9. Spezifisches Schwankungsspektrum für Isopan-F-Film (logarithmische Darstellung).
Übertragungsfunktionen für Kreis- und Spaltflächen.

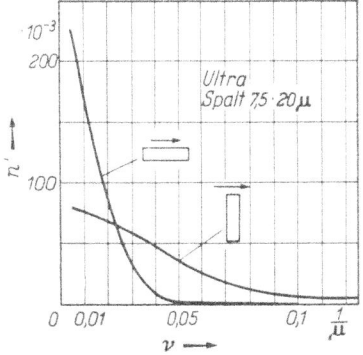

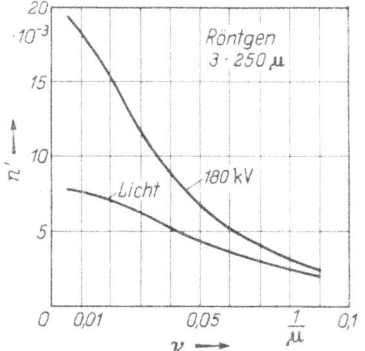

Abb. 10. Spezifisches Schwankungsspektrum für Isopan-Ultra-Film, gemessen mit einem Spalt von $7,5 \times 20\mu^2$ mit verschiedener Abtastrichtung.

Abb. 11. Spezifisches Schwankungsspektrum für Röntgenfilm bei Licht- und Röntgenexposition (180 KV).

Einfluß der Meßfläche bei einem in Abb. 10 wiedergegebenen Versuch. Beide Kurven der Abbildung werden mit derselben Meßfläche erhalten (Spalt $7,5 \cdot 20\ \mu$), doch war die Abtastrichtung einmal parallel und einmal senkrecht zur längeren Seite des Spaltes. Im ersten Fall sinkt $n'(v)$ bereits bei kleineren Werten von v ab als im zweiten Fall.

Einen deutlichen Unterschied bemerkt man auch bei der mit Licht exponierten Probe einerseits und der mit Röntgenstrahlen exponierten und den Kopien andererseits. Die letzten Proben zeigen einen schon bei niedrigen Frequenzen beginnenden Abfall, wie vor allem bei Vergleich der mit dem schmalsten Spalt erhaltenen Kurve deutlich wird.

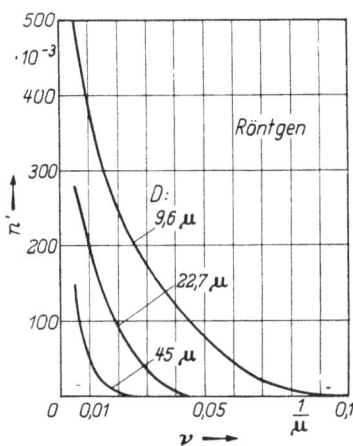
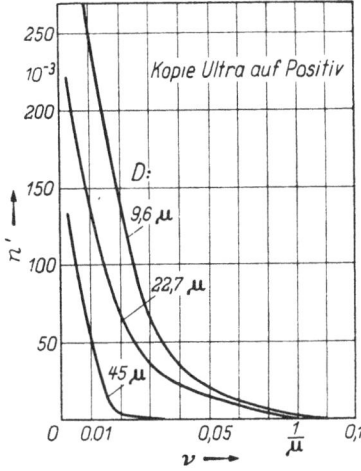

Abb. 12. Spezifisches Schwankungsspektrum für Röntgenfilm. Röntgenexposition und kreisförmige Meßflächen.

Abb. 13. Spezifisches Schwankungsspektrum einer Kopie von Isopan-Ultra-Film auf Kino-Positiv-Film. Probe C. Verschiedene kreisförmige Meßflächen.

Der Abfall der Kurven bei den mit Licht durch direkte Exposition (nicht durch Kopie) hergestellten Proben wird im wesentlichen durch die Kontrastübertragungsfunktion der Abtastfläche bedingt, da, wie in Abschnitt IV 4 gezeigt wird, $n(\nu)$ in dem untersuchten Frequenzbereich konstant ist. In diesem Fall gilt aber Gl. (34), d. h. in der doppelt logarithmischen Darstellung der Abb. 7 bis 9 muß $n'(\nu)$ parallel zu $\Psi(\nu)$ verlaufen. $\Psi(\nu)$ ist in die Abbildungen für Spalt und Kreisfläche eingetragen, und man kann sich leicht überzeugen, daß die Parallelität tatsächlich weitgehend vorhanden ist. Dies steht also in guter Übereinstimmung mit dem Befund, daß $n(\nu)$ konstant ist.

3. Integration von $n'(\nu)$ zur Bestimmung der mittleren Schwärzungsschwankung

Nach Gl. (35) muß das Integral über $n'(\nu)$ dem Quadrat der Streuung bzw., da hier die Schwankung der Schwärzung betrachtet wird, dem Quadrat der mittleren Schwärzungsschwankung gleich sein:

$$\overline{(\Delta S)^2} = \int_{-\infty}^{+\infty} n'(\nu)\, d\nu. \tag{39}$$

Daß dies tatsächlich der Fall ist, konnte durch graphische Integration von einer Reihe von Kurven, die $n'(\nu)$ in Abhängigkeit von ν darstellten, bestätigt werden, wie man aus Tab. 2 entnehmen kann. Es wird dort die nach Abschnitt III 1 gemessene mittlere Schwärzungsschwankung mit der nach Gl. (39) aus $n'(\nu)$ berechneten verglichen.

Kann in dem praktisch vorkommenden Frequenzbereich $n(\nu)$ als konstant angenommen werden, so ist $\overline{\triangle S}$ nur von der Größe der Meßfläche abhängig, nicht dagegen von ihrer Form. Ebenso darf die aus $n'(\nu)$ berechnete Schwärzungsschwankung $(\triangle S)_{ber}$ nicht von der Abtastrichtung abhängen. Daß dies der Fall ist, erkennt man leicht aus dem schon oben erwähnten und in Abb. 10 wiedergegebenen Versuch. Obwohl der Verlauf von $n'(\nu)$ ganz verschieden ist, je nachdem die Abtastung parallel oder senkrecht zur längeren Seite des Spaltes erfolgt, sind die Flächen unter beiden Kurven und damit $(\triangle S)_{ber}$ in beiden Fällen gleich.

4. Das Schwankungsspektrum $n(\nu)$

Die Berechnung des Schwankungsspektrums erfolgt aus den an Spalten bestimmten spezifischen Schwankungsspektren entsprechend (28):

$$n(\nu) = n'(\nu_1)\, b_2 \left(\frac{\sin 2\pi b_1 \nu_1}{2\pi b_1 \nu_1} \right)^2.$$

Die Ergebnisse sind in den Abb. 14 bis 18 zusammengestellt.

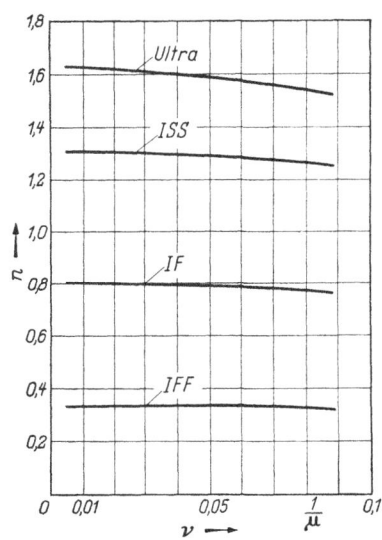

Abb. 14. Schwankungsspektrum für vier verschiedene Filmsorten.

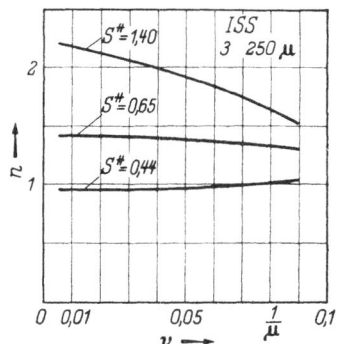

Abb. 15. Schwankungsspektrum bei verschiedenen Schwärzungen (Isopan-ISS-Film).

a) Lichtexposition. Man erkennt, daß für Lichtexposition in dem gemessenen Gebiet $n(\nu)$ weitgehend konstant ist.[1] In Abb. 14 sieht man deutlich, wie sich die einzelnen Filme unterscheiden. Die Unterschiede erscheinen besonders groß, da sich $n(\nu)$ auf das Quadrat der Schwärzungsschwankung bezieht. Abb. 15 zeigt den Einfluß verschiedener Schwärzungen bei demselben Filmmaterial. Wie zu erwarten, steigt $n(\nu)$ mit der Schwärzung an, und zwar, wie man leicht erkennt, etwa propor-

---

[1] Bei manchen Schichten, besonders bei sehr grobkörnigen, wurde ein schwacher Anstieg zu niedrigen Frequenzen beobachtet. Es steigt dann auch G etwas mit der Meßfläche an.

tional der Schwärzung. Die Konstanz von $n(v)$ in dem untersuchten Bereich von v folgt auch aus der von JONES [13] (Gl. (10,2)) angegebenen Formel.

b) Röntgenexposition. Bei Röntgenexposition hat $n(v)$ bei kleinem v höhere Werte und sinkt in dem zur Messung verwendeten Bereich stark gegen höhere v-Werte ab (Abb. 16). Hier ist offenbar nicht das Silberkorn das Bauelement der Schicht, sondern

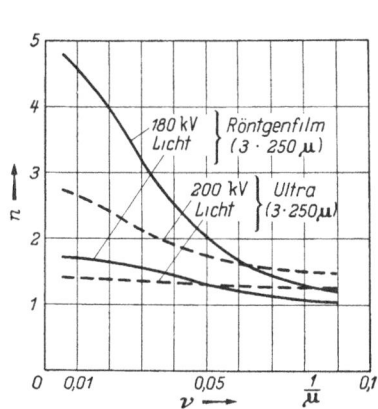

Abb. 16. Schwankungsspektrum bei Licht- und Röntgenexposition. Proben Röntgenfilm a und b, Isopan-Ultra b und c.

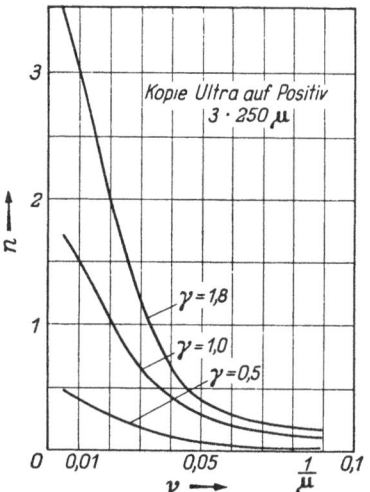

Abb. 17. Schwankungsspektrum bei Kopie von Isopan-Ultra-Film auf Positiv-Film (Proben a, b und d).

die Anhäufungen von Silberkörnern, welche durch die einzelnen einfallenden Röntgenquanten erzeugt werden. Bei hohen Frequenzen mißt man etwa dieselben Werte wie bei Lichtexposition. Hier wird die Schwankung durch das Silberkorn erzeugt. Die Anhäufungen wirken sich erst bei niedrigen Frequenzen aus. Ähnliche Verhältnisse wie bei Röntgenstrahlen liegen auch bei Exposition mit Elektronen vor.

c) Kopien. Der Verlauf von $n(v)$ ähnelt dem bei Röntgenexposition. Auch hier entstehen Kornanhäufungen, aber diesmal durch die Kopie der Struktur des grobkörnigen Originalfilms auf den feinkörnigen Kopierfilm. Daß sich die Originalstruktur nicht auch bei hohen Frequenzen überträgt, wo praktisch nur die $n(v)$-Werte des Kopierfilms gemessen werden, liegt daran, daß bei diesen Frequenzen die Verwaschung durch den Diffusionslichthof und durch Unschärfe bei der Kopie bereits so groß ist, daß eine Übertragung nur mit sehr stark vermindertem Kontrast möglich ist. Man könnte daran denken, solche Messungen auch zur Bestimmung des Kontrastübertragungsfaktors des Kopiermaterials zu benutzen.

Bei niedrigen Frequenzen erhält man meist viel höhere Werte für $n(v)$ als man nach den $n(v)$-Werten des Originals erwartet. Abb. 17 gibt die Erklärung. Die Vergrößerung ist besonders stark, wenn die Neigung der Schwärzungskurve (g) des Kopiermaterials bei der Schwärzung der Kopie groß war.

Entsprechend der Neigung g wird die Schwankung des Originals mehr oder weniger stark zur Geltung kommen. Man kann berechnen:

$$(n(\nu))_{\text{Kopie}} = (n(\nu))_{\text{Kopiermaterial}} + \alpha^2(\nu) g^2 (n(\nu))_{\text{Original}} \quad . \tag{40}$$

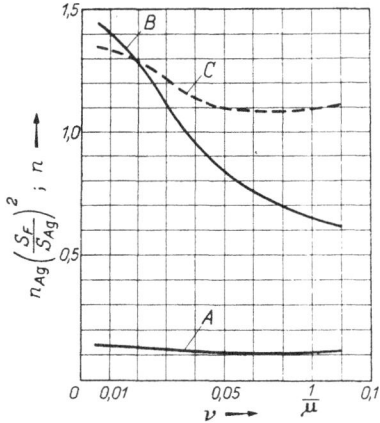

Abb. 18. Schwankungsspektrum bei Farbentwicklung A. Silberbild allein. B. Farbstoffbild allein. C. $n_{Ag} \left(\dfrac{S_F}{S_{Ag}}\right)^2$

$\alpha(\nu)$ ist die Kontrastübertragungsfunktion, welche die durch die Verwaschung bewirkte Verkleinerung der Amplitude eines aufbelichteten Sinusrasters angibt. Man kann zeigen, daß für kleine Schwärzungsdifferenzen im Original $((\triangle S)_{\text{Original}})$ bei einem Sinusraster die entsprechende Schwärzungsdifferenz in der Kopie gleich $g \alpha(\nu) (\triangle S)_{\text{Original}}$ ist.

Die Form der $n(\nu)$-Kurve steht in guter Übereinstimmung mit dem Aussehen einer Kopie. Man sieht im wesentlichen große Elemente, die wesentlich größer sind als das Einzelkorn des Originals und deren Größe sich aus der Kurve zu etwa 10μ ermitteln läßt.

d) Farbentwicklung. Es ergeben sich ähnliche Kurven. Abb. 18 zeigt die Ergebnisse einer Farbentwicklung, und zwar einmal das Silberbad nach Ausbleichen des Farbstoffes und einmal das Farbstoffbild nach Ausbleichen des Silbers. Während $n(\nu)$ beim Silberbild fast horizontal verläuft, beobachtet man beim Farbstoffbild wieder den starken Abfall. Dies deutet darauf hin, daß sich auch bei der Farbentwicklung größere Elemente bilden. Sie entstehen hier durch Diffusion der Entwickleroxydationsprodukte vom Korn in die unmittelbare Umgebung, wo sie Farbkupplung erzeugen. Entsprechend den statistischen Anhäufungen der Körner bilden sich Stellen großer Farbstoffkonzentration, die jetzt die Elemente darstellen.

Die Werte des Schwankungsspektrums liegen für das Silberbild $(n_{Ag}(\nu))$ deshalb so viel niedriger als für das Farbstoffbild $(n_F(\nu))$, weil die Schwärzung des Silberbildes $(S_{Ag} = 0,35)$ viel niedriger war als die des Farbstoffbildes $(S_F = 1,09)$ gemessen mit rotem Licht, da zu einem blaugrünen Farbstoffbild entwickelt worden war. Man kann nun das Schwankungsspektrum des Silberbildes berechnen, das man erhalten würde, wenn das Silberbild die Schwärzung des Farbstoffbildes hätte. Dazu muß man $n_A(\nu)$ mit $\left(\dfrac{S_F}{S_{Ag}}\right)^2$ multiplizieren. Die so erhaltene Kurve C (Abb. 18) zeigt sehr deutlich das bereits oben Gesagte. Bei kleinen Werten von ν stimmt Kurve C recht gut mit der Kurve für den Farbstoff B überein. Die Wiedergabe dieser Frequenzen wird also durch die Farbstoffbildung nicht beeinflußt. Bei hohen Frequenzen sinkt jedoch B gegenüber C stark ab: Durch die Ausbreitung des Farbstoffes in der Umgebung der Körner wird die Wiedergabe der hohen Frequenzen verschlechtert.

5. Berechnung von $\triangle S$ bzw. G aus dem Schwankungsspektrum

Unter Benutzung von Gl. (3) kann man aus dem Schwankungsspektrum den Wert von σ und G berechnen. Die Integration wird am besten graphisch durchgeführt.

Tab. 3 zeigt, daß die so berechneten Werte recht gut mit den direkt durch Schwärzungsmessungen gefundenen übereinstimmen. Dies gilt nicht nur für mit Licht exponierte Schichten, bei denen $n(v)$ praktisch konstant ist, sondern auch für Röntgenexposition und für Kopien, bei denen $n(v)$ stark abfällt.

Tabelle 3

Probe	Meß-fläche	G bestimmt aus:		
		Schwärzungsmessung	$(n'(v))$ Gl. (35)	$n(v)$ Gl. (28)
Isopan Ultra a	22,7 μ	1,11	1,12	1,26
	46 μ	1,06	1,06	1,27
Isopan SS a	22,7 μ	1,09	1,11	1,09
	46 μ	1,18	1,30	1,10
Isopan F	22,7 μ	0,80	0,80	0,88
	46 μ	0,77	0,73	0,89
Röntgen-Film b (Röntgenexposition 180 KV)	22,7 μ	1,81	1,99	2,20
	45 μ	2,52	2,16	2,50
Kopie Isopan Ultra auf Kino-Positiv c	22,7 μ	1,53	1,83	1,70

6. Beziehung der G-Werte zum mittleren Korndurchmesser und zur Körnigkeitszahl K

Wie im vorhergehenden Abschnitt gezeigt worden ist, ist $n(v)$, wenn mit Licht exponiert wird, bei den im allgemeinen praktisch zu messenden Frequenzen konstant. Ebenso ist der Körnigkeitswert G bei nicht zu kleiner Meßfläche konstant. Das heißt aber, daß die Kornstruktur durch eine Zahl ausreichend charakterisiert werden kann. Als solche käme die mittlere Projektionsfläche f des entwickelten Korns oder die mit ihm in Zusammenhang stehende aus dem Callierkoeffizienten bestimmte Körnigkeitszahl K in Frage.

Für K gilt $K = 100 \log \dfrac{S^{\shortparallel}}{S^{\#}}$ [1].

$S^{\#}$ und $S^{\shortparallel}$ = Schwärzung in zerstreutem und gerichtetem Licht (Apertur $\sim 1°$) gemessen.

Es gilt nun nach SIEDENTOPF [8]:

$$\sigma = 0{,}7 \sqrt{\dfrac{f}{F} S} \ , \quad (41)$$

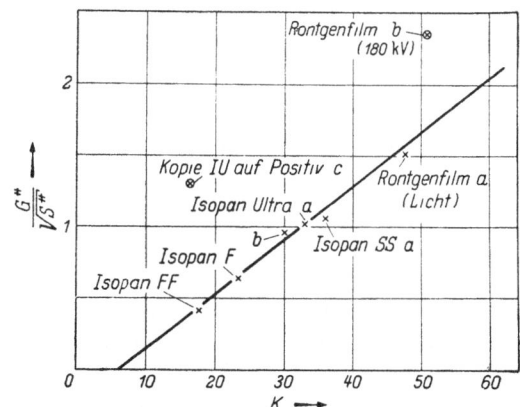

Abb. 19. Abhängigkeit von $G^{\#}/\sqrt{S^{\#}}$ von der Körnigkeitszahl K.

woraus folgt, daß der Ausdruck

$$\sigma \sqrt{\dfrac{F}{S}} = \dfrac{G}{\sqrt{S}} = 0{,}7 \sqrt{f} \tag{42}$$

nur abhängig von der Kornfläche f bzw. von K ist. Um dies zu prüfen, wurden in Abb. 19 die Werte von $\dfrac{G}{\sqrt{S}}$, die an verschiedenen Proben bestimmt wurden, über den K-Wert aufgetragen. Man sieht, daß die Punkte recht gut auf einer Geraden

$$\frac{G}{\sqrt{S}} = K \qquad (43)$$

liegen.

Wie zu erwarten, liegen die der Röntgenexposition und der Kopie entsprechenden Punkte nicht auf der Geraden.

V. Schlußbemerkung und Zusammenfassung

In dem theoretischen Teil dieser Arbeit wurde in Anschluß an die Arbeit von ZEITLER [10] gezeigt, wie die Körnigkeit photographisch entwickelter Schichten durch zwei ineinander überführbare Funktionen beschrieben werden kann, das Schwankungsspektrum und die Autokorrelationsfunktion und welche Beziehung dieser Funktionen zur mittleren Schwärzungsschwankung und zum Rauschspektrum besteht.

Im experimentellen Teil wird eine einfache Apparatur zur Messung des Schwankungsspektrums beschrieben und Messung an einer Reihe Filmen von durchgeführt, die teils direkt mit Licht exponiert waren, oder durch Röntgenbestrahlung oder Kopie hergestellt waren. Auch farbentwickelte Schichten wurden untersucht. Aus dem Schwankungsspektrum kann gezeigt werden, daß nur bei direkter Exposition mit Licht das Silberkorn der Schicht das die Schwärzung erzeugende Element ist und daß bei Exposition mit Röntgenstrahlen und Elektronen bei Kopien und bei Farbentwicklung größere Elemente entstehen, welche die Körnigkeit beeinflussen.

Aus den gemessenen Schwankungsspektren lassen sich die mittleren Schwärzungsschwankungen berechnen. Die so erhaltenen Werte stimmen recht gut mit den direkt gemessenen überein.

Die Ergebnisse der Arbeit haben gezeigt, daß das Schwankungsspektrum ein wertvolles Mittel zur Bewertung einer entwickelten photographischen Schicht bezüglich der Körnigkeit ist. Während bei Lichtexposition die Körnigkeit für die meisten praktischen Bedürfnisse mit einer Zahl beschrieben werden kann, so kann dies bei Röntgen- und Elektronenexposition, bei Kopien und bei Farbentwicklung nur durch das Schwankungsspektrum oder eine der aus ihm abgeleiteten Funktionen erfolgen. Die Anwendung des Schwankungsspektrums ist nicht auf die hier besprochenen Beispiele beschränkt. So ist die Untersuchung von Kopien und Vergrößerungen auf Papier, Colorpapierbilder, Umkehrentwicklungen von größtem Interesse. Man könnte vielleicht daran denken, auch Papierflächen zu untersuchen und zu bewerten. Auch vielseitige Anwendungen in der Reproduktionstechnik sind möglich.

Eine Ausgestaltung des Verfahrens besteht darin, daß das Integral des Schwankungsspektrums über einen bestimmten praktisch interessierenden Frequenzbereich gemessen wird. Dadurch wurde für viele Zwecke die Messung vereinfacht. Beim Fernsehen, wo der Frequenzbereich nach oben begrenzt ist, wurden solche Messungen von GOLDMANN [9] vorgenommen.

Die Anwendung des Schwankungsspektrums ist aber nicht auf Prüfung und Bewertung von Schichten beschränkt. Man kann mit ihm wichtige Aufschlüsse über eine Reihe von photographischen Problemen erhalten wie z. B. Kornhaufenbildung bei Röntgen- und Elektronenbelichtung, Farbkornbilder, Kontrastübertragung bei der Kopie und vieles andere mehr. Die Arbeiten werden auch in dieser Hinsicht fortgesetzt werden.

Formelverzeichnis

$T(x_1 x_2)$	Transparenz der Schicht an der Stelle $x_1 x_2$
$\overline{T}$	Mittlere Transparenz der Schicht
$t = T - \overline{T}$	Abweichung der Transparenz gegen den Mittelwert
S	Schwärzung
σ	Streuung Gl. (1)
$\Phi(z)$	Autokorrelationsfunktion Gl. (2)
$\varphi(f)$	Filterfunktion
$n(\nu)$	Schwankungsspektrum Gl. (6)
$n'(\nu)$	Spezifisches Schwankungsspektrum Gl. (19)
$w(y_1 y_2)$	Transparenz der Meßfläche
$u(y_1 y_2)$	Relative Transparenz der Meßfläche Gl. (4)
F	Größe der Meßfläche
G	Körnigkeitswert $G = \sigma \sqrt{F}$
I	Rauschstrom
η	Siehe Gl. (11)
f	Frequenz des Wechselstroms
ν	Raumfrequenz
$\Psi(\nu)$	Frequenzgang Gl. (34)
v	Geschwindigkeit der Probe
L_o	Auf die Probe auffallender Lichtstrom
$L = T L_o$	Aus der Probe austretender Lichtstrom
$\sim$	Bezeichnet die Fouriertransformierte
Index T, S	Bezeichnet, ob die Schwankung in Transparenzen oder Schwärzungen angegeben wird.

Literatur

[1] EGGERT, J. u. A. KÜSTER: Kinotechn. **16**, 127 (1934).
[2] EGGERT, J. u. E. SCHOPPER: Z. wiss. Photogr. **37**, 212 (1938).
[3] FRIESER, H.: Fortschritte der Photographie II. Leipzig: Akademische Verlagsgesellschaft 1940.
[4] FELGETT, P.: JOSA **43**, 271 (1953).
[5] JONES, R. C.: JOSA **45**, 799 (1955).
[6] ZWEIG, H. J.: JOSA **46**, 812—820, bes. 814 (1956).
  DEBOT, R.: Research **3**, 272 (1950).
[7] SELWYN, E. W. H.: Phot. J. **79**, 513 (1939).
[8] SIEDENTOPF, H.: Phys. Z. **38**, 154 (1937).
[9] GOLDMANN, J.: Vortrag auf der Fernsehtagung, Berlin, 1957.
[10] ZEITLER, E.: in diesem Band.
[11] DEBOT, R.: Sc. (2) **27**, 217 (1956).
[12] DEBOT, R.: Research **3**, 91—96 u. 474—478 (1950).
[13] JONES, C. A., G. G. HIGGINS, K. F. STULTZ u. H. F. HOESTEREY: JOSA **47**, 312 (1957).

Untersuchungen über die Wiedergabe kleiner Details beim Kopierprozeß

Von H. FRIESER

I. Theoretischer Teil

1. Einleitung

In früheren Arbeiten [1, 2, 3] wurde die Wiedergabe kleiner Details durch photographische Schichten bei einem „einstufigen" photographischen Prozeß behandelt, d. h. durch einen Prozeß, bei dem das Bild direkt durch die vom Objekt stammende Exposition erzeugt wird. In der Praxis entsteht aber nur in seltenen Fällen das endgültige Bild durch einen einzigen Prozeß (z. B. Umkehrfilm). Dieses wird meistens mittels eines Kopierprozesses über ein Zwischenbild (meist ein Negativ) hergestellt. Auch gibt es Fälle, in denen mehrere Zwischenbilder eingeschaltet werden, wie bei der Herstellung von kinematographischen Filmen über ein Dup-Negativ. Es ist daher von großer praktischer Bedeutung, die Wiedergabe kleiner Details auch bei einem mehrfachen photographischen Prozeß zu untersuchen. Dabei wird man im allgemeinen nicht zu so einfachen Beziehungen gelangen können wie bei einem einfachen Prozeß. Nur wenn die Übertragung von Belichtungen in Transparenzen linear erfolgt, sind einfache Beziehungen zu erwarten.

2. Allgemeine Vorbemerkungen und Berechnungen

Da die theoretische Behandlung des Kopierprozesses etwas kompliziert ist, sollen die einzelnen Schritte eines zweistufigen Prozesses übersichtlich zusammengestellt werden.

Dazu werden folgende Bezeichnungen gewählt:

$\hat{I}$ Der Schicht von außen „aufgedrückte" Intensität

I In der Schicht wirksame Intensität

T, S Transparenz und Schwärzung

g Gradient der im Arbeitsbereich geradlinig angenommenen Schwärzungskurve

I_1 Die verschiedenen Stufen des Prozesses werden durch arabische Zahlen als Indices bezeichnet (als Beispiel)

$\alpha(\nu)$ Photographische Kontrastübertragungsfunktion bei Sinusraster

$\alpha'(\nu)$ Optische Kontrastübertragungsfunktion bei Sinusraster

$\alpha_2 \alpha'_2 = \overline{\alpha_2}$

r Rasterabstand (Abstand benachbarter gleichartiger Linien)

$\nu = \dfrac{1}{r}$ Ortsfrequenz in $\dfrac{\text{Linien}}{mm}$

$\hat{I}_1^{III}$ Verschiedene Stellen des Objektes werden mit hochgestellten römischen Zahlen angegeben (als Beispiel)

i Siehe Gl. (18)

Man kann den Gesamtprozeß folgendermaßen zerlegen (s. auch Abb. 1):

$$\hat{I}_1 \rightarrow I_1 \rightarrow T_1 \rightarrow \hat{I}_2 \rightarrow I_2 \rightarrow T_2 . \qquad (1)$$
$$\text{(a)} \quad \text{(b)} \quad \text{(c)} \quad \text{(d)} \quad \text{(e)}$$

a) $\hat{I}_1$ ist die der photographischen Schicht des ersten Prozesses aufgedrückte Intensität. Sie geht durch Verwaschung, vorwiegend durch Diffusionslichthof in die wirksame Intensität I_1 über. Diese kann nach den in früheren Arbeiten [1, 2] gemachten Angaben berechnet werden. Die Verwaschung wurde dort durch die $\varnothing \frac{1}{10}$ Wertsbreite der Verteilung der wirksamen Intensität bei einem aufbelichteten, sehr engen Spalt gekennzeichnet. Als Verwaschungsfunktion war die Exponentialfunktion angenommen.

b) Durch den ersten photographischen Prozeß (b) wird die wirksame Intensität in Transparenz T_1 ungewandelt, wobei das erste Bild entsteht. Die Umrechnung kann mit der Schwärzungskurve erfolgen, wenn die Entwicklung ohne wesentlichen Nachbareffekt ausgeführt wird. Bei geradliniger Schwärzungskurve gilt

$$\frac{T_1^{\mathrm{I}}}{T_2^{\mathrm{II}}} = \left(\frac{I_1^{\mathrm{I}}}{I_2^{\mathrm{II}}}\right)^{-g_1}.$$

c) Das erste Bild mit der Transparenz T_1 dient als Vorlage für den zweiten Prozeß. T_1 bestimmt nur die aufgedrückte Intensität $\hat{I}_2$ (c). Bei idealer Übertragung, die weitgehend bei Kontaktkopie mit gutem Andruck vorliegt, ist $\hat{I}_2$ proportional T_1. Bei schlechtem Andruck, optischer Kopie oder Vergrößerung tritt eine Verwaschung durch Abbildungsfehler ein $(\alpha'_2(\nu))$.

d) Aus der dem zweiten photographischen Prozeß aufgedrückten Intensität $\hat{I}_2$ ergibt sich wieder durch Verwaschung die wirksame Intensität I_2. Die Verwaschung wird bei starker Vergrößerung im allgemeinen keine große Rolle spielen, so daß dann $\hat{I}_2 = I_2$ ist.

e) Aus der wirksamen Intensität (zweiter Prozeß) wird mittels der Schwärzungskurve des zweiten Prozesses die Transparenz des endgültigen Bildes (T_2) erhalten. Bei geradliniger Schwärzungskurve gilt

$$T_2 \sim (I_2)^{-g_2}.$$

f) „Wirksame Kopierintensität" I_K.

Diese ist ebenso definiert wie die „wirksame Intensität" bei einem einstufigen Prozeß. Sie ist gleich der aufgedrückten Intensität, die notwendig wäre, um mit einem idealen, d. h. ohne Verwaschung arbeitenden Prozeß die Schwärzung S_2 zu erzeugen. Man erhält sie aus S_2 mittels der Schwärzungskurve des Gesamtprozesses. Bei geradliniger Schwärzungskurve der Einzelprozesse (g_1, g_2) verläuft diese mit der Neigung $g_{12} = -g_1 \cdot g_2$, und es gilt

$$I_K \sim T_2^{1/g_1 g_2} \sim I_2^{-1/g_1}.$$

Dieses Schema kann durch weitere Prozesse noch erweitert werden. Aus den vorstehenden Ausführungen geht hervor, daß man vor allem zwei Grenzfälle unterscheiden kann, die im folgenden getrennt behandelt werden sollen.

1. Verwaschung beim zweiten Prozeß ist zu vernachlässigen: $I_2 = \hat{I}_2$. Dieser Fall tritt bei genügend starker Vergrößerung ein und soll mit dem Stichwort „Vergrößerung" bezeichnet werden. Ist auch die Verwaschung bei der Übertragung der Transparenz des ersten Prozesses in die wirksame Belichtung zu vernachlässigen, so ist $T_1 \sim \hat{I}_2 = I_2$. Es soll von „idealer Vergrößerung" gesprochen werden.

2. Die Verwaschung bei der Übertragung der Transparenz des ersten Prozesses in

aufgedrückte Intensität des zweiten Prozesses ist zu vernachlässigen: $\hat{I}_2 \sim T_1$. Dieser Fall ist bei guter Kontaktkopie verwirklicht. Stichwort: „Kontaktkopie".

Die beiden Fälle lassen sich mathematisch gleich behandeln. Es müssen nur die entsprechenden Verwaschungsfunktionen verwendet werden.

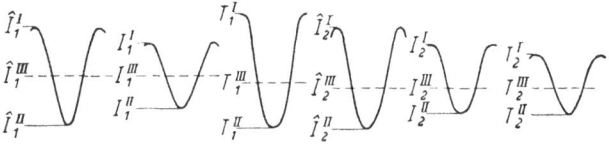

Abb. 1. Schematische Darstellung eines zweistufigen Prozesses, bei der Wiedergabe eines Rasters.

Die Berechnung erfolgt entsprechend den Schritten, die in Abb. 1 gezeigt sind. Die Verwaschung wird durch eine Kontrastübertragungsfunktion angegeben, die entsprechend dem Objekt definiert wird. Für Raster mit sinusförmiger Intensitätsverteilung wird sie mit α bezeichnet.

Die Schwärzungskurven werden in dem benutzten Gebiet durch Gerade von der Neigung g angenähert. g_1 und g_2 sind die Neigungen vom ersten und zweiten Prozeß. Die Schnittpunkte mit der Abszisse seien I_{01} bzw. I_{02}. Es ist dann z. B. $T_1 = \left(\dfrac{I_1}{I_{01}}\right)^{-g_1}$. Die Neigung der Schwärzungskurve des Gesamtprozesses ist dann $g_{12} = -g_1 g_2$. Das Ergebnis der Berechnung kann durch Angabe der Transparenzverteilung im zweiten Bild angegeben werden (T_2).

Zweckmäßig und vor allem allgemeiner ist es, eine „wirksame Kopierintensität" (I_K) zu berechnen und mit ihr dann einen „Kopie-Kontrastübertragungsfaktor" zu definieren.

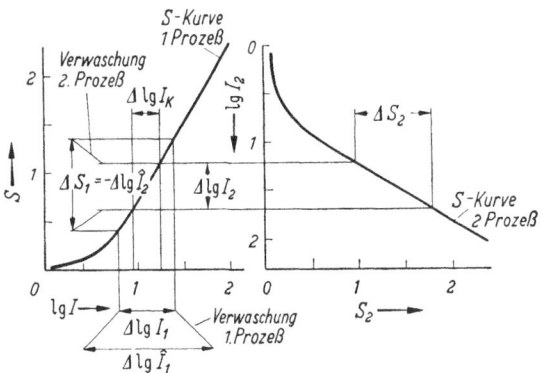

Abb. 2. Darstellung des Kopierprozesses an Hand der Schwärzungskurven. Definition der „wirksamen Kopierbelichtung".

Es ist dann möglich, wie mit der wirksamen Intensität eines einstufigen Prozesses die Schwärzung der Kopie mittels der Kopieschwärzungskurve zu ermitteln. Die Verhältnisse sind in Abb. 2 schematisch für eine krummlinige Schwärzungskurve dargestellt. Für den Fall, daß keine Verwaschung vorliegt (z. B. bei großen Details) ist $I_K \sim \hat{I}_1$, d. h. die wirksame Kopierbelichtung ist der aufgedrückten Belichtung des ersten Prozesses proportional. Bei kleinen Details, bei denen Verwaschung auftritt, wird I_K nicht mehr proportional $\hat{I}_1$ sein. In diesem Fall wird man einen Kontrastübertragungsfaktor des Kopierprozesses ähnlich wie bei einem einfachen Prozeß definieren können. Er wird aber nur bei linearer Übertragung der Intensitäten in Transparenzen ($g_1 = -1$) in einem einfachen Zusammenhang zu dem einzelnen Kontrastübertragungsfaktor stehen. Bei nicht linearer Übertragung wird dies nur bei genügend kleinen Kontrasten gelten, für die näherungsweise die Übertragung linear ist. Sonst treten einige Besonderheiten auf, auf die im folgenden noch von Fall zu Fall eingegangen wird.

3. Kopie eines Sinusrasters

Die Berechnung der Kopie eines Sinusrasters kann noch verhältnismäßig einfach durchgeführt werden. Es soll hier nur der Weg und das Endresultat angegeben werden. Einzelheiten sind in einer besonderen Arbeit [4] enthalten.

Die aufeinander folgenden Schritte der Berechnung, wie sie im Abschnitt 2 geschildert werden, sind in Abb. 1 angegeben, aus der auch einige Bezeichnungen entnommen werden können.

Es gilt für die aufgedrückte Belichtung (1. Prozeß)

$$\hat{I}_1 = \hat{I}_1^{III}(1 + \hat{p} \cos \omega x) \qquad (2)$$

$p = \text{Aussteuerung} = \dfrac{\text{Amplitude}}{\text{Mittelwert}} \quad x = \text{Ortskoordinate} \quad \omega = 2\pi\nu$

Für wirksame Belichtung und Transparenz des 1. Prozesses (geradlinige Schwärzungskurve) gilt:

$$I = \hat{I}_1^{III}(1 + \alpha_1(\nu)\hat{p}_1 \cos \omega x) \qquad (3)$$

$$\frac{T_1}{T_1^{III}} = (1 + p_1 \cos \omega x)^{-g_1}. \qquad (4)$$

Dieser letzte Ausdruck wird für die weitere Berechnung als Fourierreihe dargestellt.

$$\frac{T_1}{T_1^{III}} = \sum_{0}^{\infty} A_n \cos n\omega x. \qquad (5)$$

Dies ist notwendig, da bei dem zweiten Prozeß die einzelnen Harmonischen entsprechend ihrer Frequenz verkleinert werden. Dazu muß der Übertragungsfaktor des zweiten Prozesses (α_2) für die Grundfrequenz und ihr ganzzahliges Vielfaches bekannt sein. Um die Berechnung durchzuführen, entwickelt man (4), führt die einzelnen Potenzierungen durch und ordnet nach Gliedern mit steigender Frequenz.

Man erhält für die A_n in Gl. (5)

$$A_O = \sum_{m=0}^{m=\infty} \left(\frac{1}{2}\right)^{2m} \binom{2m}{m} \binom{-g}{2m} p_1^{2m}$$

$$A_n = \sum_{m=0}^{m=\infty} \left(\frac{1}{2}\right)^{n-1+2m} \binom{n+2m}{m} \binom{-g}{n+2m} p_1^{n+2m}. \qquad (6)$$

Um die wirksame Intensität zu berechnen, muß noch mit dem Kontrastübertragungsfaktor des zweiten photographischen Prozesses multipliziert werden; man erhält dann:

$$\frac{\hat{I}_2}{\hat{I}_2^{III}} = A_o + \sum_{1}^{\infty} A_n \overline{\alpha}_2(n\nu) \cos n\omega x \qquad (7)$$

und für die Transparenz der Kopie

$$\frac{T_2}{T_2^{III}} = \left(\frac{I_2}{I_2^{III}}\right)^{-g_2}. \qquad (8)$$

Durch Gl. (8) ist der Kopierprozeß beschrieben. Es soll aber zur übersichtlichen Wiedergabe der Resultate folgende Größe abgeleitet werden:

$$\frac{I_K}{I_K^{III}} = \left(\frac{T_2}{T_2^{III}}\right)^{-1/g_1 g_2} = \left(\frac{I_2}{I_2^{III}}\right)^{-1/g_1} \quad \text{Wirksame Kopierintensität} \tag{9}$$

$$\frac{I_K^I}{I_K^{II}} = V_K$$

$$\frac{\dfrac{I_K^I}{I_K^{III}} + \dfrac{I_K^{II}}{I_K^{III}}}{2} = \frac{I_K^M}{I_K^{III}} \quad \text{Relative mittlere Kopierintensität} \tag{10}$$

$$\frac{I_K^M - I_K^{III}}{I_K^{III}} = m \quad \text{Relative Verschiebung der mittleren wirksamen Kopierintensität} \tag{11}$$

$$\alpha_K = \frac{1}{\hat{p}_1} \frac{V_K - 1}{V_K + 1} \quad \text{,,Kopie-Kontrastübertragungsfunktion''.} \tag{12}$$

Durch V_K oder α_K, welche Funktionen von ν sind, wird der gesamte Kopierprozeß mit sämtlichen vorkommenden Verwaschungen erfaßt. Wie bei dem einstufigen Prozeß kann man mit diesen Funktionen und der Neigung der Schwärzungskurve, hier mit der Neigung der Kopierkurve ($g_{12} = -g_1 g_2$) die Transparenz berechnen.

Die Auswertung der Gl. (6) stößt auf Schwierigkeiten, wenn $g \geqq 2$ ist, da die Glieder der A_n nur gut konvergieren, wenn p_1 genügend klein ist. Bei sehr kleinem p_1 kann man aber auf alle Glieder mit Potenzen von p_1, die größer sind als eins, verzichten. Man erhält dann denselben Wert wie für $g_1 = -1$ (lineare Übertragung).

Bei $g_1 = -1$ ist dann

$$V_K = \frac{I_2^I}{I_2^{II}}$$

und mit (12)

$$\alpha_K = \frac{p_2}{\hat{p}_1}.$$

Da aber bei $g_1 = -1$ auch $p_2 = \overline{\alpha_2} p_1$ ist, so gilt

$$\alpha_K = \alpha_1 \overline{\alpha_2}. \tag{13}$$

Es läßt sich zeigen, daß dies nicht nur gilt, wenn $g_1 = -1$ ist, d. h. also T_1 proportional mit I_1 ansteigt, sondern auch wenn zwischen T_1 und I_1 eine lineare Beziehung besteht. Die Gl. (13) gilt natürlich auch, wenn der Verlauf von T_1 in Abhängigkeit von I_1 in den in Frage kommenden Bereich durch eine Gerade angenähert werden kann, was vor allem bei kleinen Werten von p_1 der Fall ist und g nicht zu groß ist (möglichst kleiner als 2), wie oben bereits ausgeführt wurde.

Es gilt in erster Näherung:

$$g < 2 \quad p_1 \lessgtr 0{,}1 \quad \text{bzw.} \quad p_1 \ll 1$$

$$\frac{I_2}{I_2^{III}} \approx 1 - g_1 \hat{p}_1 \alpha_1(\nu) \overline{\alpha_2}(\nu) \cos \omega x \tag{14}$$

$$V_K \approx \left(\frac{1 - g_1 \hat{p}_1 \alpha_1(\nu) \overline{\alpha_2}(\nu)}{1 + g_1 \hat{p}_1 \alpha_1(\nu) \overline{\alpha_2}(\nu)}\right)^{-1/g_1} \tag{15}$$

$$\boxed{\alpha_K \approx \alpha_1(\nu)\overline{\alpha_2}(\nu)} \tag{16}$$

$$m \approx O \quad \text{(s. Gl. (11))}. \tag{17}$$

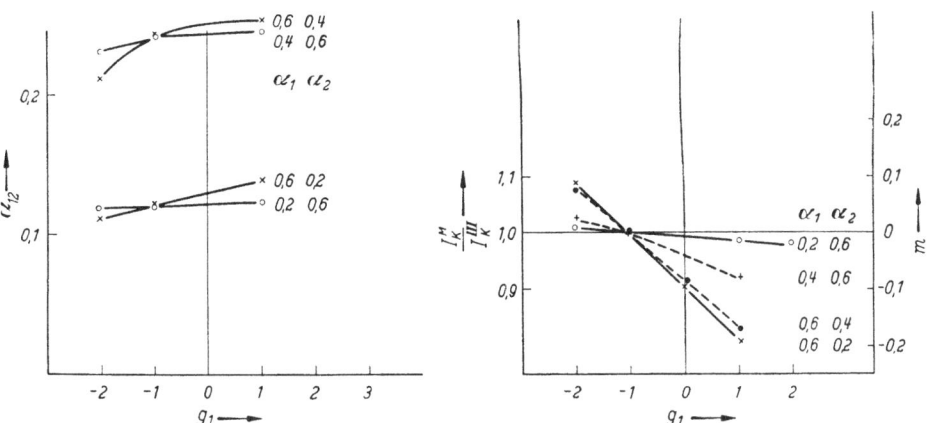

Abb. 3. Kontrastübertragungsfunktion α_K und Mittelpunktsverschiebung (m) in der Kopie in Abhängigkeit von dem Gradienten des ersten Prozesses (g_1) für verschiedene Kontrastübertragungsfunktionen der Einzelprozesse α_1 und α_2

Es wurden Beispiele durchgerechnet, und die Ergebnisse sind in Abb. 3 wiedergegeben.

Man sieht aus der Abb. 3, daß

1. der Wert von α_K bei $g_1 < -1$ kleiner, bei $g_1 > -1$ größer ist als bei linearer Übertragung ($g_1 = -1$). Daraus folgt, daß ein Negativ-Negativ-Prozeß günstiger als ein Positiv-Positiv-Prozeß ist. Doch ist der Unterschied zwischen beiden Prozessen nicht sehr groß. Der Unterschied ist stärker, wenn α_1 größer als $\overline{\alpha}_2$ ist.

2. Die durch den Wert $\dfrac{I_K{}^M}{I_K{}^{\text{III}}} - 1 = m$ wiedergegebene Verschiebung des Mittelwertes ist positiv bei $g_1 < -1$, negativ bei $g_1 > -1$. Sie ist größer bei großen α_1- und kleinen α_2-Werten.

Im allgemeinen kann man sagen, daß vor allem bei den Werten von α_K die Unterschiede gegenüber dem bei linearer Übertragung erhaltenen Wert ($g_1 = -1$) in dem üblicherweise verwendeten Bereich von g_1 verhältnismäßig klein sind, so daß man meist mit recht guter Annäherung mit diesen rechnen kann. Dies ist immer der Fall, wenn die Übertragung Intensität → Transparenz linear ist ($g_1 = -1$) bzw. linear angenähert werden kann ($\hat{p}_1\alpha_1$ genügend klein).

4. Kopie von Strich, Spalt, Rechteckraster und Kante, wenn einer der beiden Prozesse ohne Verwaschung arbeitet

Die Kopie der genannten Objekte ist allgemein nur umständlich zu berechnen. Man gelangt aber zu einfachen Formeln, wenn in einem der beiden Prozesse die Verwaschung zu vernachlässigen ist. Man kann aus den so gewonnenen Ergebnissen schon eine Reihe recht interessanter Schlüsse ziehen. Prozesse, die der obengenannten

Bedingung entsprechen, kommen in der Praxis vor. Folgende Beispiele seien angeführt:

Keine Verwaschung im ersten Prozeß: Scharfe Aufnahme auf großem Format, die stark verkleinert, unscharf kopiert oder vergrößert wird.

Keine Verwaschung im zweiten Prozeß: Kleinbildaufnahme, die mit guter Schärfe stark vergrößert wird.

Die im folgenden verwendeten Bezeichnungen können aus Abb. 4 entnommen werden.

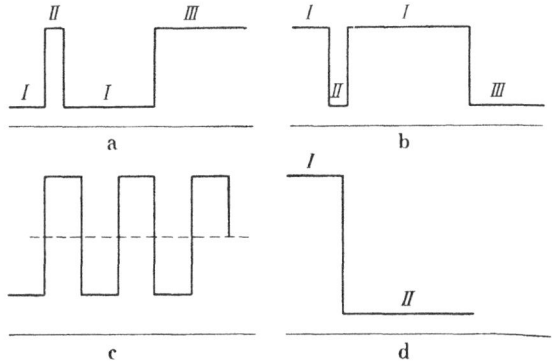

Abb. 4. Bezeichnungen für verschiedene Stellen des Objektes bei a) Strich; b) Spalt; c) Raster; d) Kante.

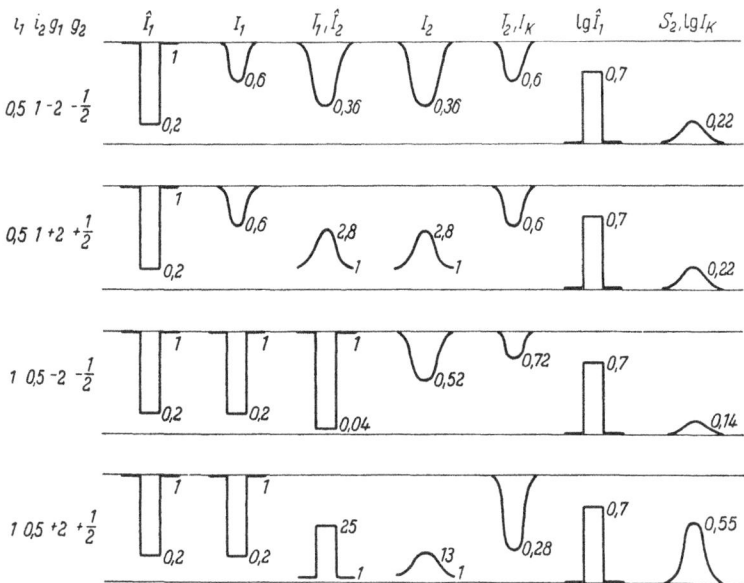

Abb. 5. Schematische Darstellung der Kopie eines Spaltes. a und b: nur der erste Prozeß arbeitet mit Verwaschung; c und d: nur der zweite Prozeß arbeitet mit Verwaschung; a und c: Positiv-Prozeß ($g_1 = -2$); b und d: Negativ-Prozeß ($g_1 = +2$).

a) **Spalt und Strich.** Um die Verhältnisse beim Kopierprozeß unter den genannten Bedingungen zu veranschaulichen, sind in Abb. 5 Beispiele angeführt, wobei auch die Zwischenstufen angegeben wurden. Zur Beschreibung der Verwaschung werden Übertragungsfunktionen verwendet, die folgendermaßen definiert sind:

$$\frac{I_1^{II} - I_1^{I}}{\hat{I}_1^{II} - \hat{I}_1^{I}} = i_1 \qquad \frac{I_2^{II} - \hat{I}_2^{I}}{T_1^{II} - T_1^{I}} = \overline{i_2}. \tag{18}$$

Man erhält für die beiden obengenannten Fälle folgende Beziehung:

$$\overline{i_1}, \overline{i_2} = 1$$

$$\frac{T_2^{II}}{T_2^{I}} = \left[1 + i_1\left(\frac{\hat{I}_1^{II}}{\hat{I}_1^{I}} - 1\right)\right]^{+g_1g_2}.$$

$$i_1 = 1, \overline{i_2}$$

$$\frac{T_2^{II}}{T_2^{I}} = \left\{1 + i_1\left[\left(\frac{\hat{I}_1^{II}}{\hat{I}_1^{I}}\right)^{-g_1} - 1\right]\right\}^{-g_2}.$$

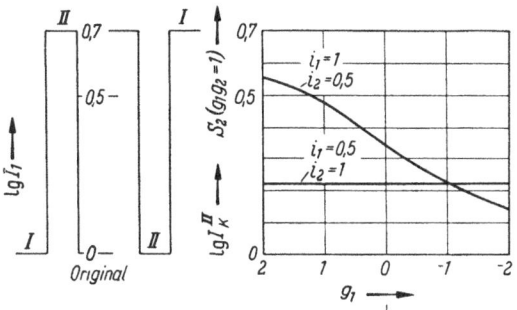

Die Formeln wurden für $g_{12} = -g_1 g_2 = 1$ ausgewertet, aus den Transparenzverhältnissen die Schwärzungsdifferenz berechnet und in Abb. 6 aufgetragen.

Abb. 6. Verlauf der Maximal- bzw. Minimalschwärzung bei der Kopie eines Spaltes bzw. Striches für verschiedene Werte der Neigung der Schwärzungskurve des ersten Prozesses (g_1), wobei der 1. oder der 2. Prozeß ohne Verwaschung arbeiten. (Die Spalte und Striche ergaben nur deshalb gleiche Kurven, weil die Verwaschung 0,5 gewählt wurde).

Wie schon aus Abb. 5 folgt, ist für den Fall, daß $\overline{i_2} = 1$ ist, das Resultat unabhängig von den einzelnen Werten von g_1. Dagegen ist im anderen Fall, $i_1 = 1$, eine starke Abhängigkeit von g_1 vorhanden. Bei $g_1 = g_2 = -1$ geben beide Fälle dasselbe Ergebnis. Während aber bei großen Werten von g_1 der Strich mit einem größer werdenden Schwärzungsunterschied wiedergegeben wird als der Spalt, ist bei kleinen Werten von g_1 das Umgekehrte der Fall.

b) **Strichraster.** Aussteuerung und Kontrastübertragungsfunktion werden hier ähnlich definiert wie bei Sinusrastern. Um auf das Rechteckraster hinzuweisen, wird der Index R verwendet. Auch hier wird nur der Fall berücksichtigt, daß in einem der Prozesse keine Verwaschung eintritt.

$$\alpha_1, \alpha_2 = 1$$

$$\frac{T_2^{I}}{T_2^{II}} = \left(\frac{1 + \hat{p}_1 \alpha_2}{1 - \hat{p}_1 \alpha_1}\right)^{+g_1 g_2} \tag{19}$$

$$\frac{T_2^{I} + T_2^{II}}{2 T_2^{II}} = \frac{(1 + \hat{p}_1 \alpha_1)^{-g_1 g_2} + (1 - \hat{p}_1 \alpha_1)^{-g_1 g_2}}{2} \tag{20}$$

$$\frac{I_K^{I}}{I_K^{II}} = \frac{1 + \hat{p}_1 \alpha_1}{1 - \hat{p}_1 \alpha_1} \tag{21}$$

$$\alpha_K = \alpha_1$$

$\alpha_1 = 1, \alpha_2$

$$\frac{T_2^{\mathrm{I}}}{T_2^{\mathrm{II}}} = \left\{ \frac{[(1+\hat{p}_1)^{-g_1}-1]\alpha_1+1}{[(1-\hat{p}_1)^{-g_1}-1]\alpha_1+1} \right\}^{-g_2} \tag{22}$$

$$\frac{T_2^{\mathrm{I}}+T_2^{\mathrm{II}}}{2\,T_2^{\mathrm{III}}} = \frac{\{[(1+\hat{p}_1)^{-g_1}-1]\alpha_1+1\}^{-g_2}+\{[(1-\hat{p}_1)^{-g_1}-1]\alpha_1+1\}^{-g_1}}{2}. \tag{23}$$

Die Formeln (22) und (19) gehen für $g_1 = g_2 = -1$ ineinander über. In Abb. 7 sind wieder einige Beispiele angegeben. Die aus Gl. (19) (22) berechneten Schwärzungsdifferenzen sind in Abb. 8 eingetragen, und zwar für $\hat{p}_1 = 0{,}66$ und $g_1 g_2 = 1$.

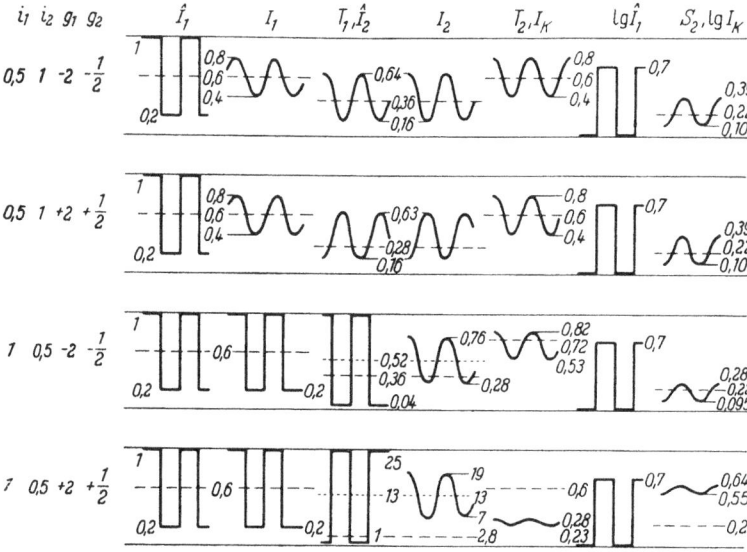

Abb. 7. Schematische Darstellung der Kopie eines Strichrasters. a und b: Nur der erste Prozeß arbeitet mit Verwaschung; c und d: Nur der zweite Prozeß arbeitet mit Verwaschung; a und c: Positiv-Prozeß ($g_1 = -2$); b und d: Negativ-Prozeß ($g_1 = +2$).

Auch hier sieht man, daß bei $\alpha_1, \alpha_2 = 1$ $\triangle S$ unabhängig von g_1 ist, während beim zweiten Fall, $\alpha_1 = 1$, α_2, $\triangle S$ sowohl nach kleineren wie auch nach größeren Werten von g_1 kleiner wird. Bemerkenswert ist aber, daß bei großen Werten von g_1 die Wiedergabe bei großen Schwärzungen erfolgt, die schon bei $g_1 = +1$ beide über S_2^{III} liegen.

c) **Kante.** Auch die Wiedergabe einer aufbelichteten Kante, das heißt eine Trennlinie zwischen einer stark und einer schwach belichteten Stelle, läßt sich verhältnismäßig leicht für den Fall berechnen, daß einer der beiden Prozesse ohne Verwaschung arbeitet. Ebenso wie bei Spalt, Strich und Raster kann man dabei sehr gut den Unterschied studieren, welcher entsteht, wenn dieselbe Verwaschung einmal im ersten Prozeß, zum anderen Mal im zweiten Prozeß auftritt. Es wird gezeigt werden, daß dieser Unterschied recht beträchtlich sein kann und dann auch von praktischer Bedeutung ist. Der allgemeine Fall, daß beide Prozesse mit Verwaschung arbeiten, ist recht kompliziert zu berechnen und soll hier nicht behandelt werden. Ein Beispiel ist in Abb. 9 wiedergegeben.

Der Verlauf an der Kante wird durch die Kantenfunktion $\vartheta(x)$ beschrieben, die folgendermaßen definiert ist:

Bedeuten $\hat{I}^\mathrm{I}$ und $\hat{I}^\mathrm{II}$ die aufgedrückten Intensitäten zu beiden Seiten der Kante

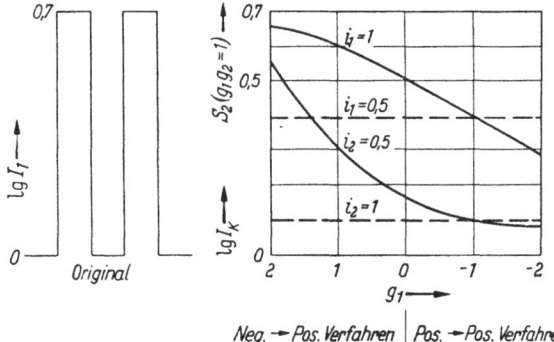

Abb. 8. Verlauf der Maximal- bzw. Minimalschwärzung bei der Kopie eines Rasters für verschiedene Werte der Neigung der Schwärzungskurve des ersten Prozesses (g_1), wobei der 1. oder der 2. Prozeß ohne Verwaschung arbeiten.

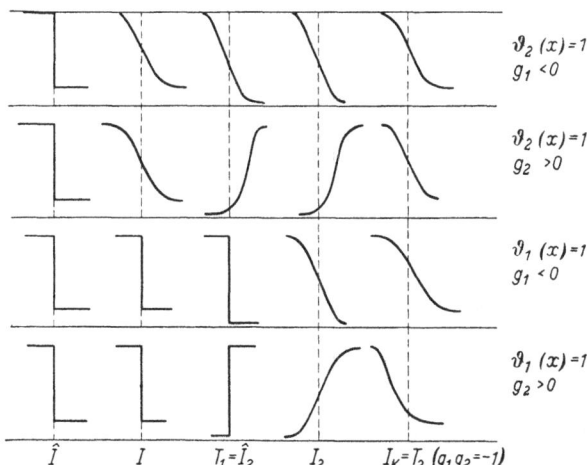

Abb. 9. Schematische Darstellung der Kopie einer Kante. a und b: Nur der erste Prozeß arbeitet mit Verwaschung; c und d: Nur der zweite Prozeß arbeitet mit Verwaschung; a und c: Positiv-Prozeß ($g_1 = -2$); b und d: Negativ-Prozeß ($g_1 = +2$).

(s. Abb. 4), so ist das Verhältnis der wirksamen Intensität im Abstand x von der Kante:

$$I(x) = (\hat{I}^\mathrm{I} - \hat{I}^\mathrm{II})\,\vartheta(x) + \hat{I}^\mathrm{II}. \tag{24}$$

x ist die Ortskoordinate und ist an der Stelle der Kante gleich Null. Ist die Verwaschungsfunktion eine Exponentialfunktion, so gilt:

$$\vartheta(x) = \frac{1}{2} 10^{-2x/k} \qquad x > 0$$

$$\vartheta(x) = 1 - \frac{1}{2} 10^{-2x/k} \qquad x < 0$$

1. Fall: *Verwaschung im zweiten Prozeß gleich Null*

$$\frac{I_K(x)}{I_K^I} = \left(\frac{T_2(x)}{T_2^I}\right)^{-1/g_1 g_2} = \left(1 - \frac{\hat{I}_1^{II}}{\hat{I}_1^I}\right) \vartheta(x) + \frac{\hat{I}_1^{II}}{\hat{I}_1^I}. \qquad (25)$$

Annähernd gilt für $\dfrac{\hat{I}_1^{II}}{\hat{I}_1^I} \ll \vartheta(x)$

$$\frac{I_K(x)}{I_K^I} = \vartheta(x). \qquad (26)$$

2. Fall: *Verwaschung des ersten Prozesses gleich Null*

$$\frac{I_K(x)}{I_K^I} = \left[\vartheta(x) + \left(\frac{\hat{I}_1^{II}}{\hat{I}_1^I}\right)^{-g_1} (1 - \vartheta(x))\right]^{-1/g_1}. \qquad (27)$$

Für $g_1 = -1$, d. h. bei linearer Übertragung, geht Formel (27) in Formel (25) über, d. h. man bekommt denselben Verlauf von T_2, unabhängig davon, ob i_1 oder i_2 gleich 1 ist.

Beispiel. Es wird ein Beispiel mit $\dfrac{\hat{I}_1^{II}}{\hat{I}_1^I} = 0{,}1$ berechnet. Als Verwaschungsfunktion wird die Exponentialfunktion verwendet mit der $^1/_{10}$-Wertsbreite k. Damit ist dann $\vartheta(x)$ gegeben.

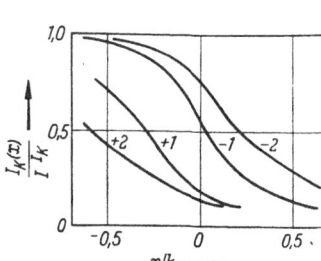
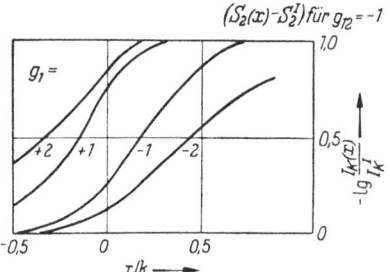

Abb. 10. Verlauf der relativen wirksamen Intensität und der Schwärzungsdifferenz in der Kopie für verschiedene Gradienten des ersten Prozesses bei einer aufbelichteten Kante.

Die Ergebnisse sind in Abb. 10 in linearem Maßstab und in logarithmischem Maßstab aufgetragen. Als Abszisse dient der Ausdruck x/k (x = Abstand von der Kante). Als Ordinate dient in der linearen Darstellung $\dfrac{I_K(x)}{I_K^I}$ und in logarithmischer $-\log \dfrac{I_K(x)}{I_K^I}$. Der negative Wert wurde gewählt, da er gleich der Schwärzungsdifferenz $S_K(x) - S_K^I$ ist bei $g_{12} = -1$ und somit ein anschauliches Bild des Schwärzungsverlaufes an einer Kante für den Kopiergradienten gleich -1 ist.

Man sieht, daß für den Fall, daß die Verwaschung des zweiten Prozesses Null ist, der Verlauf an der Kante unabhängig von Gradienten des ersten Prozesses ist. Arbeitet der erste Prozeß ohne Verwaschung, so erhält man denselben Verlauf bei $g_1 = -1$, also bei linearer Übertragung. Beim Negativ-Negativ-Prozeß ($g > 0$) ist das geschwärzte Gebiet verbreitet, beim Positiv-Positiv-Prozeß dagegen deutlich verschmälert.

II. Experimenteller Teil

1. Durchführung und Auswertung der Versuche

Als Testobjekt diente ein Strichraster, wie es schon für die Untersuchung des Diffusionslichthofes verwendet worden war [1, 2]. Dieses wurde verkleinert aufbelichtet, das so erhaltene erste Bild ausgemessen (S_1^I, S_1^{II}) und an einem ebenfalls aufbelichteten Stufenkeil die Schwärzungskurve bestimmt ($S_1 [\log I_1]$). Dann wurde das erste Bild, sowohl das Raster als auch das Keilbild, entweder in einem pneumatischen Kopierrahmen auf den zweiten Film in Kontakt kopiert oder in einem Vergrößerungsgerät vergrößert (S_2^I, S_2^{II}), die Schwärzungen gemessen und aus der Kopie des Keilbildes die Kopie-Kurve (S_2 in Abhängigkeit von der Belichtung des ersten Bildes) ermittelt. Durch Eintragen der Schwärzungen S_1^I und S_1^{II} des ersten Bildes in die Schwärzungskurve $S_1 (\log I_1)$ erhält man die Differenz $\triangle \log I_1 = \log \dfrac{I_1^I}{I_1^{II}}$. Auf ähnliche Weise kann man aus den Schwärzungen des zweiten Bildes S_2^I und S_2^{II} und der Kopie-Kurve $S_2 (\log I_1)$ die Differenz des Logarithmus der wirksamen Kopie-Intensität erhalten: $\triangle \log I_K = \log \dfrac{I_K^I}{I_K^{II}}$. Der Wert von $\triangle \log I_1$ hängt vom Rasterabstand ab, und man kann aus ihm den Kontrastübertragungsfaktor α_R des ersten Prozesses für die verschiedenen Werte des Rasterabstandes (r) bzw. der Raumfrequenz $N = \dfrac{1}{r}$ ermitteln, wenn $\hat{p}_R$ bekannt ist. Der Index R bezieht sich auf das als Original verwendete Rechteckraster. Bei Sinusraster wird kein Index angegeben. α_{RK} berechnet sich z. B. folgendermaßen:

$$\alpha_{RK} = \frac{1}{\hat{p}_R} \frac{I_K^I - I_K^{II}}{I_K^I + I_K^{II}}.$$

Aus α_R kann man den Kontrastübertragungsfaktor für Sinusraster (α) durch ein Näherungsverfahren gewinnen. Man zerlegt dazu das Rechteckraster mit der aufgedrückten Aussteuerung $(\hat{p}_R)_1$ nach FOURIER in Sinusverteilungen von der Aussteuerung p_1. Es gilt bei regelmäßigem Raster:

$$(\hat{p}_R)_1(\nu) = \hat{p}_1(\nu) - \hat{p}_1(3\nu) + \hat{p}_1(5\nu) \ldots \ldots \quad (28)$$

Dabei ist bei einem regelmäßigen Rechteckraster

$$\hat{p}_1(\nu) = 1{,}27 \, (\hat{p}_1)_R(\nu)$$

$$\hat{p}_1(3\nu) = \frac{1{,}27}{3}(\hat{p}_1)_R(\nu)$$

$$\hat{p}_1(5\nu) = \frac{1{,}27}{5}(\hat{p}_1)_R(\nu)$$

Die Aussteuerung der wirksamen Intensität ergibt sich durch Multiplikation mit den entsprechenden Werten der Kontrastübertragungsfunktion α_1 (für Sinusraster) bzw. $(\alpha_1)_R$ (für Rechteckraster).

$$(p_1)_R(\nu) = (\hat{p}_1)_R(\nu)\,\alpha_R(\nu) = 1{,}27\,(\hat{p}_1)_R(\nu)\left[\alpha_1(\nu) - \frac{1}{3}\alpha_1(3\nu) + \frac{1}{5}\alpha_1(5\nu)\ldots\right] \quad (29)$$

Bei der Verwaschung durch Diffusionslichthof ist aber $\alpha_1(\nu) > \alpha_1(3\nu) > \alpha_1(5\nu)\ldots$, bei $\alpha_1(\nu) \gtrless 0{,}76$ kann man die höheren Glieder vernachlässigen, und man erhält mit guter Näherung:

$$\alpha_1(\nu) = \frac{\alpha_R(\nu)}{1{,}27}.$$

Mit den so erhaltenen Werten für große ν können dann die Werte für kleinere ν nach Gl. (28) berechnet werden.

Für die verschiedenen Aussteuerungen gilt:

Aufgedrückte (Rechteckraster) Aussteuerung erster Prozeß:

$$(\hat{p}_R)_1 = \frac{\hat{I}_1^I - \hat{I}_1^{II}}{\hat{I}_1^I + \hat{I}_1^{II}}. \quad (30)$$

Wirksame Aussteuerung erster Prozeß:

$$(p_R)_1 = \frac{I_1^I - I_1^{II}}{I_1^I + I_1^{II}}. \quad (31)$$

Wirksame Kopie-Aussteuerung:

$$p_{RK} = \frac{I_K^I - I_K^{II}}{I_K^I + I_K^{II}}. \quad (32)$$

Daraus ergibt sich als Näherung unter den oben angegebenen Bedingungen:

$$\alpha_1 = \frac{p_1}{1{,}27\,(\hat{p}_1)_R} \quad (33)$$

$$\alpha_K = \frac{p_K}{1{,}27\,(\hat{p}_1)_R}. \quad (34)$$

Entsteht die Verwaschung durch den Diffusionslichthof, und kann sie durch eine Exponentialfunktion angenähert werden, so kann man auch die k-Werte der beiden Schichten ermitteln und daraus den Kontrastübertragungsfaktor berechnen:

$$\alpha = \frac{1}{1 + \left(\dfrac{\log e \cdot \pi k}{r}\right)^2}. \quad (35)$$

Ist nun aus anderen ähnlichen Versuchen der Kontrastübertragungsfaktor des zweiten Prozesses bekannt, so kann man das Produkt $\alpha_1 \alpha_2$ bilden. Wie im theoretischen Teil I gezeigt wurde, ist dieses Produkt sehr nahe gleich α_K.

2. Versuchsergebnisse

a) Versuch mit Kopie mit Negativentwicklern. In der Tab. 1 sind die Ergebnisse einiger Kopierversuche wiedergegeben. Es sind bei den verschiedenen Rasterab-

Untersuchungen über die Wiedergabe kleiner Details beim Kopierprozeß 283

ständen bzw. Raumfrequenzen die Maximal- und Minimalschwärzung und die mittlere Neigung der Schwärzungskurve (g) angegeben. Ermittelt wird α_1 und α_K. α_2 ($\hat{p}_1 = 0{,}75$) war aus besonderen Versuchen bekannt und ist in die Tabelle eingetragen. Man sieht, daß das Produkt $\alpha_1\alpha_2$ nahezu gleich dem Wert von α_K ist, wie die Theorie verlangt.

Tabelle 1. *Original*

Versuch Nr.	Film, Entwicklung		r, [μ]	$S^+_{1\max}$	$S^+_{1\min}$	$\triangle S^+_1$	$\triangle \lg I_1$	g^+_1	α_1	k_1
A 110/18a	ISS 7430/1605 5' Final	$\hat{p}_1 = 0{,}75$	30	0,89	0,51	0,38	0,37	1,03	0,44	26
			40	0,96	0,45	0,51	0,50	1,02	0,57	25
			60	1,01	0,36	0,65	0,66	0,99	0,73	27
			80	1,03	0,29	0,74	0,75	0,99	0,81	28
			120	1,10	0,24	0,86	0,89	0,97	—	—

Kopie

			r [μ]	$S^+_{2\max}$	$S^+_{2\min}$	$\triangle S^+_2$	$\triangle \lg I_K$	g^+_{12}	α_K	k_K
A 110/19	Kine Positiv 15 824 4' Prospekt, 1 : 1 verd.		30	0,71	0,48	0,23	0,21	1,10	0,25	38
			40	0,84	0,42	0,42	0,38	1,10	0,46	33
			60	1,00	0,34	0,66	0,65	1,08	0,72	28
			80	1,12	0,29	0,83	0,77	1,08	0,83	28
			120	1,20	0,25	0,95	0,92	1,08	—	—

r [μ]	α_1	α_2 ($k=18$)	$\alpha_1 \cdot \alpha_2$	α_K
30	0,44	0,58	0,26	0,25
40	0,57	0,73	0,42	0,46
60	0,73	0,86	0,63	0,72
80	0,81	0,92	0,75	0,83

Die Verhältnisse bei der Kopie werden durch Abb. 11 veranschaulicht, in welcher der Kopierprozeß unter Verwendung der experimentell gefundenen Werte und unter Berücksichtigung der Verwaschung dargestellt ist.

I. Quadrat: Schwärzungskurve des Negativs. Der Wert von $\triangle \log \hat{I}_1$ (aufgedrückte Intensität) wird je nach der Größe des Rasterabstandes in $\triangle \log I_1$ (wirksame Intensität) umgewandelt. Die Schwärzungen des Negativs können an der Kurve abgelesen werden.

II. Quadrat: Schwärzungskurve des zweiten Prozesses. Die Schwärzungen des Negativs entsprechen der aufgedrückten Intensität des zweiten Prozesses. Auch hier tritt entsprechend dem Rasterabstand durch die Verwaschung eine Verringerung des Kontrastes ein, und es wird die wirksame Intensität des zweiten Prozesses (I_2) und die entsprechende Schwärzung (S_2) erhalten.

III. Übertragungsgerade.

IV. Kopieschwärzungskurve. Aus ihr kann die wirksame Kopierintensität I_K entnommen werden.

Die gemessenen Kontrastübertragungsfunktionen sind auf Sinusraster umgerechnet in Abb. 12 eingetragen.

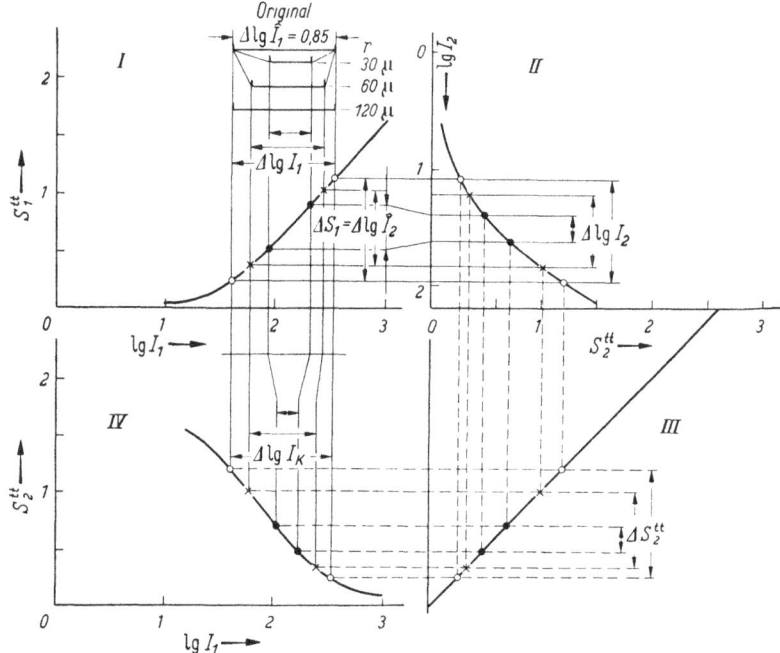

Abb. 11. Darstellung von experimentell gefundenen Werten der Verwaschung eines Rasters im ersten und zweiten Prozeß an Hand der Schwärzungskurven.

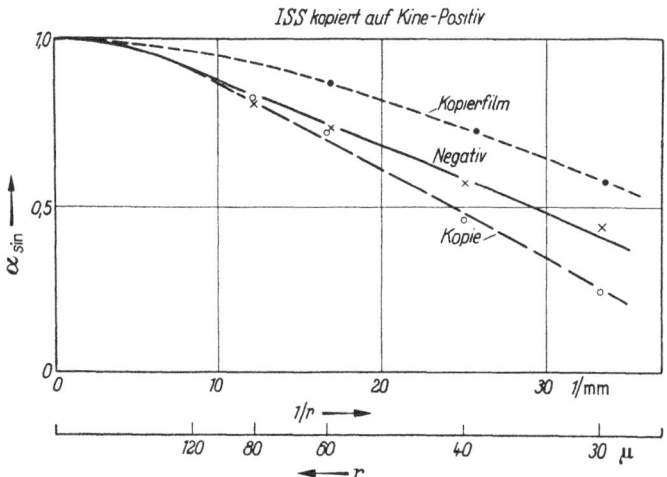

Abb. 12. Kontrastübertragungsfunktionen des in Abb. 10 gezeigten Versuches für das Negativ den Kopierfilm und die Kopie.

Abb. 13 zeigt eine ähnliche Darstellung wie Abb. 11, bei der die Belichtungen numerisch aufgetragen und auf der Abszisse Transparenzen angegeben sind. Trägt man die Mittelwerte der Belichtung für die verschiedenen Rastergrößen ein, so sieht man, daß sie nur wenig von einem Mittelwert abweichen.

Bei bestimmten Filmmaterialien und vor allem bei Anwendung von verdünnten Entwicklern kann man das Auftreten von Nachbareffekten beobachten. Dies zeigt sich darin, daß in den Rastern eine höhere Maximalschwärzung gemessen wird als sie auf Grund der aufgedrückten Belichtung und der Schwärzungskurve möglich ist; d. h. die Kontrastübertragungsfunktion wird bei kleinen Raumfrequenzen größer als 1,0 [5]. Ein Beispiel dafür ist in Tab. 2. gezeigt. Es wurde von einem Negativ

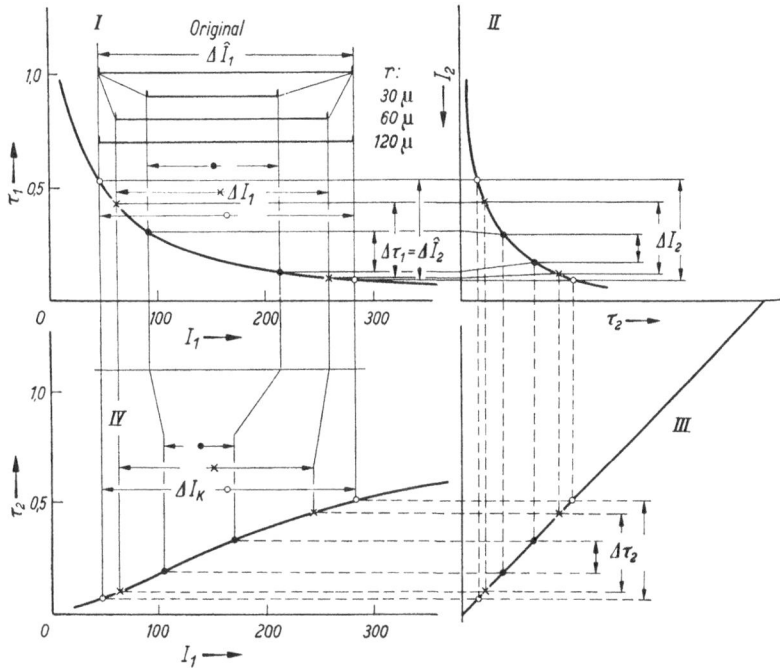

Abb. 13. Darstellung von experimentell gefundenen Werten der Verwaschung eines Rasters im ersten und zweiten Prozeß an Hand der Schwärzungskurven in numerischer Darstellung (s. Abb. 11).

(ISS-Film) auf Kine-Positiv-Film eine Kopie hergestellt und mit Metol-Hydrochinon-Entwickler (Agfa 100), 1:5 verdünnt, 4 Min. entwickelt. Der zweite Prozeß zeigt starke Bildung von Nachbareffekt. In einem gesonderten Versuch wurde der Kopierfilm unter den obigen Bedingungen entwickelt und die gemessenen Werte als α_2 in die Tabelle eingesetzt.

b) Kopie mit Umkehr-Umkehr-Entwicklung. Ein weiterer Versuch wurde mit Umkehrfilm vorgenommen, der ebenfalls auf Umkehrfilm kopiert wurde, wie es ja häufig auch in der Praxis vorkommt. Es wurde wieder ein Raster mit vermindertem Kontrast $\hat{p}_1 = 0{,}75$ aufbelichtet und die α-Werte bestimmt. Während der Originalfilm eine gute Schärfe zeigt — k wird bei Umkehrentwicklung mit zunehmender Rasterbreite kleiner — sieht man bei der Kopie eine beträchtliche Verschlechterung der Schärfe. α_2 des Kopierfilmes wurde wiederum aus einem gesonderten Versuch bestimmt. Das Produkt der Kontrastübertragungsfunktion $\alpha_1 \cdot \alpha_2$ stimmt sehr gut mit dem gemessenen α_K der Kopie überein, wie auch aus den theoretischen Überlegungen hervorgeht (Tab. 3).

Tabelle 2. *Original*

Versuch Nr.	Film, Entwicklung		r [μ]	$S_{1_{max}}^+$	$S_{1_{min}}^+$	$\triangle S_1^+$	$\triangle \lg I_1$	g_1^+	α_1	k_1
471/1	ISS 7430/1635 5' Final	3. Bel.	30	1,22	0,91	0,31	0,39	0,79	0,47	24
			40	1,24	0,84	0,40	0,50	0,81	0,57	25
			60	1,25	0,71	0,54	0,68	0,79	0,75	26
			80	1,27	0,67	0,60	0,75	0,80	0,81	29
			120	1,33	0,61	0,72	0,90	0,80	—	—
		4. Bel.	30	0,74	0,45	0,29	0,37	0,78	0,44	25
			40	0,79	0,43	0,36	0,46	0,78	0,53	27
			60	0,83	0,34	0,49	0,62	0,79	0,69	30
			80	0,90	0,30	0,60	0,76	0,79	0,83	27
			120	0,90	0,25	0,65	0,84	0,77	—	(25)

$\hat{p}_1 = 0,75$

Kopie

			r [μ]	$S_{K_{max}}^+$	$S_{K_{min}}^+$	$\triangle S_K^+$	$\triangle \lg I_K$	g_{12}^+	α_K	k_K
Kine-Positiv 142 426 4' Prospekt, 1:5 verd.		3. Bel.	30	0,80	0,55	0,25	0,27	0,93	0,30	31
			40	0,92	0,54	0,38	0,40	0,95	0,54	31
			60	1,17	0,46	0,71	0,75	0,95	0,74	25
			80	1,25	0,40	0,85	0,93	0,91	0,85	
			120	1,42	0,37	1,05	1,13	0,93	0,95	
		4. Bel.	30	1,40	1,07	0,33	0,33	1,00	0,30	27
			40	1,49	0,98	0,51	0,54	0,95	0,54	24
			60	1,71	0,90	0,81	0,92	0,88	0,74	—
			80	1,73	0,86	0,87	1,00	0,87	0,85	—
			120	1,83	0,84	0,99	1,38	0,72	0,95	

	r [μ]	α_1	α_2	$\alpha_1 \cdot \alpha_2$	α_K
3. Bel.	30	0,47	0,50	0,26	0,30
	40	0,57	0,67	0,41	0,54
	60	0,75	0,86	0,65	0,74
	80	0,81	0,95	0,77	0,85
4. Bel.	30	0,44	0,50	0,25	0,30
	40	0,53	0,67	0,40	0,54
	60	0,69	0,86	0,63	0,74
	80	0,83	0,95	0,79	0,85

c) **Vergrößerung.** Ein auf Agfa IFF-Film belichtetes Negativ wurde dreifach auf Agfa-Phototechn. B-Film vergrößert und dabei die optimale Scharfeinstellung im Vergrößerungsapparat gewählt. Die Versuche wurden bei einer Blendenzahl des Vergrößerungsobjektivs von 4,5 und 11 gemacht. Die Kontrastübertragungsfunktion des Kopiermaterials spielt hier eine geringere Rolle, da durch die Vergrößerung die Rasterabstände dreimal so groß als im Negativ sind. So wirkt z. B. bei einer Rasterbreite im Negativ von 30 μ durch die Vergrößerung die Kontrastübertragungsfunktion des Kopierfilms entsprechend $r = 90\,\mu$.

Tabelle 3. *Original*

Versuch Nr.	Film, Entwicklung		r [μ]	$S^M_{1_{max}}$	$S^M_{1_{min}}$	$\triangle S_1$	$\triangle \lg I_1$	g_1	α_1	k_1
482/2	ISS-Umk.-Fernseh		30	0,38	0,17	0,21	0,28	0,75	0,35	30
			40	0,53	0,16	0,37	0,42	0,88	0,50	30
		2. Bel.	60	0,77	0,14	0,63	0,66	0,95	0,72	28
	7831/166/4		80	0,96	0,13	0,83	0,82	1,01	0,87	(19)
	(mit Magnetton)		120	1,00	0,12	0,88	0,94	0,94	$\sim 1,0$	
	Entw.: Umkehr typgemäß		30	1,01	0,43	0,58	0,39	1,50	0,46	25
			40	1,20	0,36	0,84	0,56	1,50	0,60	24
		3. Bel.	60	1,54	0,28	1,26	0,85	1,48	0,93	—
			80	1,65	0,26	1,39	0,95	1,46	$\sim 1,0$	
			120	1,68	0,24	1,44	0,99	1,45	$\sim 1,0$	

$\hat{p}_1 = 0,75$

Kopie

			r [μ]	$S^M_{K_{max}}$	$S^M_{K_{min}}$	$\triangle S^M_K$	$\triangle \lg I_K$	g_{12}	α_K	k_K
501/IIa (Gelbfilter)	Kopierfilm 6774 Schnellentw. Em.	2. Bel.	30	0,40	0,32	0,08	0,11	0,73	0,14	55
			40	0,50	0,32	0,18	0,16	1,12	0,20	60
			60	0,75	0,26	0,49	0,43	1,14	0,52	43
			80	1,08	0,21	0,87	0,62	1,40	0,68	40
			120	1,33	0,21	1,13	1,21	0,94		
	Umkehr	3. Bel.	30	1,01	0,76	0,25	0,13	1,19	0,18	48
			40	1,10	0,65	0,45	0,24	1,85	0,32	44
			60	1,36	0,40	0,96	0,52	1,84	0,60	36
			80	1,53	0,31	1,22	0,87	1,40	$\sim 1,0$	
			120	1,60	0,29	1,31	—	—	—	

	r [μ]	α_1	α_2	$\alpha_1 \cdot \alpha_2$	α_K
2. Bel.	30	0,35	0,42	0,14	0,14
	40	0,50	0,56	0,28	0,20
	60	0,72	0,75	0,54	0,52
	80	0,87	0,81	0,70	0,68
3. Bel.	30	0,46	0,42	0,19	0,18
	40	0,60	0,56	0,34	0,32
	60	0,93	0,75	0,70	0,60
	80	$\sim 1,0$	0,81	-0,81	$\sim 1,0$

In Abb. 14 sind die Ergebnisse dieses Versuches dargestellt. Es wurden die Kontrastübertragungsfunktionen des ersten Films (Negativ) und des zweiten Films (Kopierfilm, bezogen auf den Rasterabstand des Negativs) sowie der Vergrößerung gemessen (Vergrößerung 3-fach).

Daraus wurde die Kontrastübertragungsfunktion des Vergrößerungsobjektivs für die Blendenzahlen 4,5 und 11 bestimmt, unter der Voraussetzung, daß

$$\alpha_K(\nu) = \alpha_1(\nu) \cdot \alpha_2'(\nu) \cdot \alpha_2\left(\frac{\nu}{3}\right)$$
Neg. Vergr. Obj. Kopiermaterial.

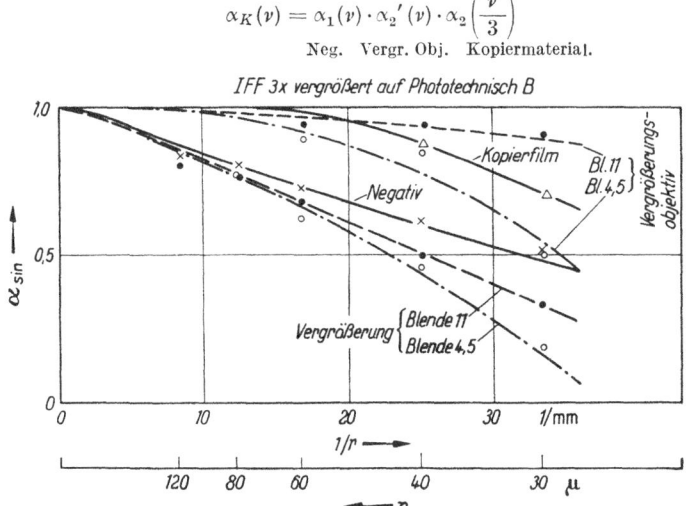

Abb. 14. Kontrastübertragungsfunktionen der einzelnen Prozesse bei der Herstellung einer Vergrößerung. (Verschiedene Blendenzahlen).

d) Ergebnisse von Kopierversuchen, bei denen einer der beiden Prozesse ohne Verwaschung arbeitete. Es sollten Kopien verglichen werden, bei deren Herstellung entweder im ersten oder im zweiten Prozeß keine Verwaschung vorlag. Um einen einwandfreien Vergleich zu haben, mußten in beiden Versuchen Verwaschung und Gradation gleich sein. Um das zu erreichen, wurde das Testobjekt, welches aus Rastern mit verschiedener Raumfrequenz, Strichen und Spalten bestand, einmal in gutem Kontakt und einmal unter Zwischenlage einer Filmfolie von 0,2 mm Dicke mit zerstreutem Licht kopiert. Die beiden Proben wurden unter gleichen Bedingungen entwickelt und die so erhaltenen Negative so kopiert, daß das unscharfe Negativ in gutem Kontakt, das scharfe Negativ unter Zwischenlage derselben Folie wie oben belichtet wurde. Durch diese Maßnahme ist man sicher, daß gleiche Verwaschung vorliegt. Das Ergebnis zeigt Abb. 15. Man sieht deutlich, daß, wie schon durch theoretische Überlegungen gefordert worden war, im Fall Negativ scharf — Kopie unscharf das Raster mit hoher Schwärzung und breiten geschwärzten Rasterstrichen wiedergegeben wird. Im anderen Fall, Negativ unscharf — Kopie scharf, sind die Schwärzungen kleiner, die Striche schmaler. Ähnliches kann man auch bei dem Strich und dem Spalt beobachten. Diese Resultate stimmen qualitativ sehr gut mit den in Abb. 5 wiedergegebenen, theoretisch berechneten Werten überein. Quantitative Übereinstimmung kann nicht erwartet werden, da die Bedingungen, die der Berechnung der Beispiele zugrunde lagen, anders waren als beim Experiment.

Unter den gleichen Bedingungen wie das Testobjekt werden auch von einer bildmäßigen Vorlage, einem Diapositiv, zwei Negative, ein unscharfes und ein scharfes, hergestellt und von ihm eine scharfe und eine unscharfe Kopie hergestellt.

Untersuchungen über die Wiedergabe kleiner Details beim Kopierprozeß 289

Die beiden Kopien erscheinen auf den ersten Blick identisch zu sein. Erst bei näherem Hinsehen erkennt man an Stellen kleiner Details mit hohem Kontrast die auch an dem Testobjekt gefundenen Unterschiede. Diese Beobachtung steht in guter

a

Neg.: scharf   unscharf
Pos.: unscharf scharf

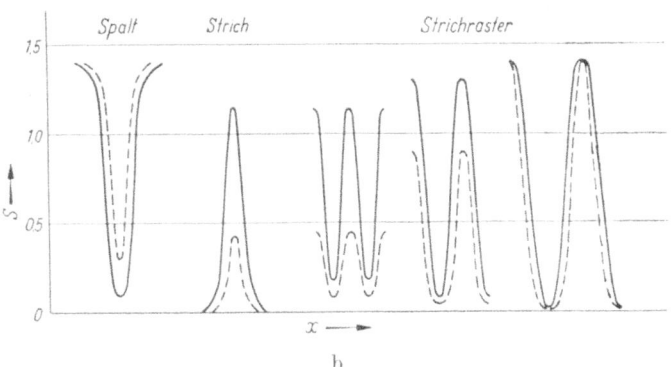

b

Abb. 15. Herstellung einer Kopie, wobei nur ein Prozeß mit Verwaschung arbeitet.
a) Bildmäßige Darstellung, links: 1. Prozeß ohne Verwaschung; 2. Prozeß mit Verwaschung; rechts: 1. Prozeß mit Verwaschung; 2. Prozeß ohne Verwaschung.
b) Die zu der bildmäßigen Darstellung gemessenen Schwärzungsverteilungen bei Spalt, Strich und Strichraster.

Übereinstimmung mit der Theorie. Bei der überwiegenden Menge kleiner Details ist der Kontrast klein. Dann ist die Übertragung im wesentlichen durch das Produkt der Übertragungsfunktion gegeben. Da aber die eine gleich 1 war und die von 1 verschiedene bei den beiden Versuchen gleich war, muß bei kleinen Kontrasten kein Unterschied entstehen. Erst bei hohen Kontrasten treten die gezeigten Anomalien auf, welche den Unterschied der beiden Versuche bewirken.

Zusammenfassung

In der vorliegenden Arbeit wurde zunächst gezeigt, wie die Kontrastübertragungsfunktion eines mehrstufigen Prozesses berechnet werden kann. Die Rechnung wurde exakt für ein Sinusraster als Objekt und für einen zweistufigen Prozeß durchgeführt. Es ergab sich ein starker Einfluß der Neigung g_1 der Schwärzungskurve des ersten Prozesses auf den Kontrastübertragungsfaktor des Kopierprozesses. Wenn g_1 gleich -1 ist (Positivverfahren), ist der Kontrastübertragungsfaktor des Kopierprozesses gleich dem Produkt der Kontrastübertragungsfaktoren der einzelnen Prozesse. Dies ist auch annähernd der Fall, wenn g_1 von 1 verschieden, aber die Aussteuerung klein ist. Die Abweichung ist vor allem groß, wenn der erste Prozeß ein Negativprozeß ist und g_1 größer als 1 ist.

Die Berechnung wurde auch für Strichraster, Striche und Spalte durchgeführt, aber nur annäherungsweise oder für besonders einfache Fälle. Dabei wurde auf den Unterschied hingewiesen, der unter Umständen auftritt, wenn die Verwaschung einmal nur im ersten, einmal nur im zweiten Prozeß auftritt.

Die theoretischen Ergebnisse konnten durch eine Reihe von Versuchen experimentell bestätigt werden.

Literatur

[1] FRIESER, H.: Mitt. Agfa Leverkusen—München, Bd. 1 (1955), S. 129. Berlin/Göttingen/Heidelberg: Springer.
[2] FRIESER, H.: Photogr. Korr. **91**, 69 (1955); **92**, 51 (1956); **92**, 183 (1956).
[3] FRIESER, H.: Körnigkeit und Auflösungsvermögen, in: Fortschritte der Photographie II. Leipzig: Akademische Verlagsgesellschaft 1940.
FRIESER, H.: Körnigkeit und Auflösungsvermögen, in: Fortschritte der Photographie III. Leipzig: Akademische Verlagsgesellschaft 1944.
[4] FRIESER, H.: Photogr. Korr. **94** (1958) (im Druck).
[5] INGELSTAM, E.: Vortrag gehalten auf dem Kolloquium über „Qualität der photographischen Bildwiedergabe" in Köln 1958.

Graphische Bestimmung von Optimalfarben
(Hierzu Tafeln A und B am Schluß des Buches in der Tasche)

Von E. Hellmig

1. Allgemeines

Die Optimalfarben werden wegen ihres bekannten ausgezeichneten Charakters in großem Umfange in farbmetrischen und mathematisch-farbenphotographischen Untersuchungen verwendet. Hierbei ergeben sich regelmäßig Aufgaben, wie z. B. die Bestimmung des Farbortes x, y oder der Normfarbwerte X, Y, Z der Optimalfarbe bei vorgegebenem Wertepaar λ_1, λ_2 der Grenzwellenlängen, oder auch die umgekehrte Aufgabe, zu vorgegebenen Farbmaßzahlen die Grenzwellenlängen λ_1, λ_2 der zugehörigen (gegebenenfalls verdunkelten) Optimalfarbe zu finden (Ermittlung der Rösch-Maßzahlen). Auch die in der Dreifarbenphotographie häufig auftretende Aufgabe, zu einer Remissionsfunktion die hierzu bedingt-gleiche, aus drei Teilfarben mit bereichweise konstanter Remission aufgebaute Remissionsfunktion zu finden, gehört hierher. Aufgaben dieser Art erfordern bei numerischer Durchführung meist beträchtliche Rechenarbeit; Reihenuntersuchungen, wie sie z. B. bei farbenphotographischen Untersuchungen zwecks Ermittlung optimaler Bedingungen (Aufsuchen der Primärfarben oder auch der Sensibilisierung für optimale Farbwiedergabe) auftreten, sind hierdurch sehr erschwert.

In der vorliegenden Arbeit werden zwei verschiedene, für die Lösung der beschriebenen Aufgaben bestimmte Diagramme vorgelegt; sie werden im folgenden als „Endfarbendiagramm" bzw. als „Optimalfarben-Netzdiagramm" bezeichnet. Aus beiden Diagrammen kann auf einfachste Weise der Farbort einer durch ihre Grenzwellenlängen vorgegebenen Optimalfarbe — oder auch umgekehrt — ermittelt werden: aus dem Endfarbendiagramm mit wenigen Strichen, aus dem Netzdiagramm ohne jegliche zeichnerische oder rechnerische Zwischenarbeit.

2. Das Endfarbendiagramm; Prinzip der Auswertemethode
(Hierzu Tafel A in der Tasche)

Das Prinzip der Auswertemethode beruht auf der Verwendung des in der beigefügten Tafel dargestellten Diagrammes; es besteht aus den beiden in die Normfarbtafel eingezeichneten Farbenzügen für die optimalen Kurzend- und Langendfarben $\mathfrak{K}$ bzw. $\mathfrak{L}$ (vgl. Abb. 1), die deren Farborte in Abhängigkeit von der Grenzwellenlänge, welche als Parameter angeschrieben ist, enthalten, sowie einigen Hilfsskalen. Der wesentlichste Bestandteil des „Endfarbendiagramms" — wie im folgenden das auf der genannten Tafel gezeichnete Diagramm genannt werden soll —, nämlich der Farbenzug der Kurz- und Langendfarben, ist an sich nicht neu. In der auf die physiologischen Grundvalenzen bezogenen Farbtafel hat es bereits 1928 Rösch [1] angegeben; in die Normfarbtafel eingezeichnet findet sich dieser Farbenzug z. B. bei Bouma [2]. Aber weder von diesen noch von anderen Autoren wurde gezeigt, in welch vorteilhafter Weise es für das graphische Arbeiten mit Optimalfarben verwendet werden kann.

Der Zweck der vorliegenden Arbeit ist, die Grundlagen der neuen Arbeitsmethode darzulegen und deren Vorteile an Beispielen zu erläutern.

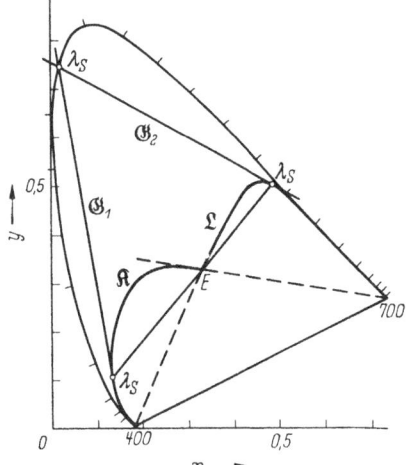

Abb. 1. Das Endfarbendiagramm.

2.1. Die wesentlichsten Eigenschaften des Endfarbendiagramms

2.11. Eine Gerade durch den Unbuntpunkt E (s. Abb. 1) schneidet den Kurzend- und Langendfarbenzug — wenn überhaupt — in zwei zu verschiedenen Seiten von E liegenden Punkten. Die hierdurch gekennzeichneten Optimalfarben — eine Kurzend- und eine Langendfarbe — müssen, da ihre additive Mischung Unbunt ergibt, komplementär zueinander sein, d. h. die gleiche Grenzwellenlänge λ_s haben. Es ergibt sich also:

Satz 1. Die beiden Schnittpunkte einer Geraden durch den Unbuntpunkt E mit dem Kurzend- bzw. Langendfarbenzug stellen die Farborte zweier zueinander komplementärer Farben dar; als Optimalfarben haben sie die gleiche Grenzwellenlänge.

2.12. Weiterhin teilt der aus zwei Ästen bestehende Endfarbenzug die gesamte, von dem Spektralfarbenzug und der Purpurlinie begrenzte Fläche der reellen Farben in zwei *Teilbereiche*.

Jede in dem unteren Teilbereiche mit der Purpurlinie als äußerer Begrenzung liegende Farbe ist darstellbar als additive Mischung einer Kurzend- mit einer Langendfarbe, deren Remissionsbereiche sich ausschließen, d. h. sie ist darstellbar als Mittelfehlfarbe. Außerhalb dieses Teilbereiches können keine weiteren Mittelfehlfarben liegen, da jenseits der beiden Endfarbenzüge eigentliche Mischungen einer Kurzend- mit einer Langendfarbe entweder überhaupt nicht oder nicht mit sich ausschließenden Remissionsbereichen möglich sind. Es ergibt sich also:

Satz 2. Der von den beiden Endfarbenbezügen und der Purpurlinie begrenzte Teilbereich der reellen Farbebene enthält alle nur durch eine Mittelfehlfarbe darstellbaren Farben; der übrige, vom Spektralfarbenzug und den Endfarbenzügen umschlossene Teilbereich nur die als Mittelfarbe darstellbaren Farben.

2.13. Bestünde das Endfarbendiagramm nur aus der Farbtafel mit dem Farbenzug der Endfarben, so wäre seine praktische Verwendbarkeit auf zwei Farbkoordinaten x, y beschränkt. Zwecks Einführung der dritten noch fehlenden Farbmaßzahl wurde es mit einer am rechten Rande angebrachten Skala versehen, auf der der Hellbezugswert A und das Farbgewicht (die Farbwertsumme) G der Kurzendfarben in Abhängigkeit von der Grenzwellenlänge abzulesen ist, wobei der Skalenmaßstab mit dem Ordinatenmaßstab der Normfarbtafel korrespondiert. Auf diese Weise ist es möglich, die Normfarbwerte X, Y, Z jeder Optimalfarbe, deren Farbort x, y oder deren Grenzwellenlänge λ gegeben ist, unter Verwendung der weiter unten abgeleiteten Sätze und der bekannten Beziehungen $X = G \cdot z$, $Y = G \cdot y$, $Z = G \cdot z$, $z = 1 - (x + y)$ aus dem Diagramm zu ermitteln. Erst durch diese Ergänzung wird das Endfarbendiagramm zum vollwertigen Auswertemittel.

2.2. Beispiel (Endfarben)

a) Gegeben die Kurzendfarbe K ... 490 mμ.

Aus dem Diagramm entnimmt man:

$x = 0{,}144$ $y = 0{,}041$; $G/300 = 0{,}380$,   also $G = 114$

$X = x \cdot G = 16{,}4$ $Y = y \cdot G = 4{,}6$ $Z = z \cdot G = 92{,}3$

Sollwerte: 16,42   4,61   92,5: $G = 113{,}53$

b) Gegeben die Langendfarbe 580 mμ ... L.

Aus dem Diagramm entnimmt man:

$x = 0{,}645$ $y = 0{,}355$ $G/300 = 1 - 0{,}707 = 0{,}293$, also $G = 87{,}9$

$X = x \cdot G = 56{,}73$ $Y = 31{,}2$ $Z = 0{,}00$

Sollwerte: 56,73   31,25   0,03 $G = 88{,}01$

Man erkennt an diesen Beispielen die gute Übereinstimmung der verfahrensgemäß ermittelten mit den genauen Zahlenwerten.

c) Ein Beispiel für eine Mittel- und Mittelfehlfarbe wird in 3.11 bzw. 3.12 gegeben.

2.3. Die Handhabung des Endfarbendiagrammes

2.31. Bestimmung des Farbortes x, y einer Optimalfarbe bei vorgegebenen Grenzwellenlängen. Vorausgehend sei bemerkt, daß wir uns hier wie in allen folgenden Fällen auf die Optimalfarben mit zwei Grenzwellenlängen (Mittel- und Mittelfehlfarben) beschränken, da für die Optimalfarben mit einer Grenzwellenlänge (Kurz- und Langendfarben) die gestellten Aufgaben mit dem Endfarbenzug *eo ipso* als gelöst vorliegen.

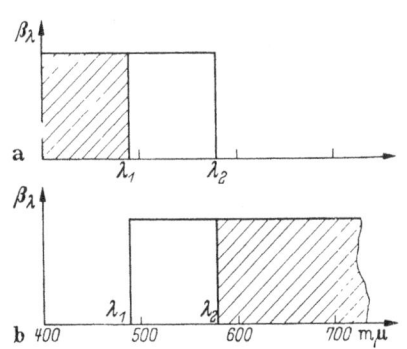

Abb. 2. Eine Optimal-Mittelfarbe, als Differenz a) zweier Kurzendfarben, b) zweier Langendfarben mit den Grenzwellenlängen λ_1 und λ_2 dargestellt.

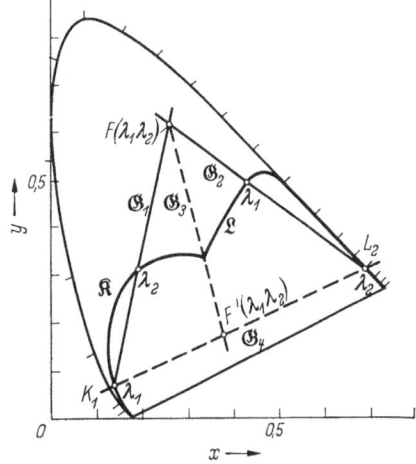

Abb. 3. Auffindung des Farbortes F einer Mittelfarbe mit den Grenzwellenlängen λ_1 und λ_2.

2.311. Bei der Bestimmung des *Farbortes* einer *Mittelfarbe* geht man davon aus, daß sie als Differenz (uneigentliche additive Mischung) der beiden Kurzendfarben mit der Grenzwellenlänge λ_1 bzw. λ_2 aufgefaßt werden kann (Abb. 2a). Der Farbort x, y dieser Farbe muß also auf der Geraden $\mathfrak{G}_1$ liegen, welche die Farborte der genannten beiden Kurzendfarben, d. h. die mit λ_1 und λ_2 bezeichneten Punkte auf dem Zug der Kurzendfarben, verbindet (Abb. 3). Ganz analog ist die gleiche Mittelfarbe als Differenz der beiden Langendfarben mit den gleichen Grenzwellenlängen λ_1, λ_2 (Abb. 2b) darstellbar; sie muß also auch auf der Geraden $\mathfrak{G}_2$ liegen, die die entsprechenden Punkte λ_1 und λ_2 auf dem Zug der Langendfarben verbindet. Der Schnittpunkt der beiden Geraden ist also der gesuchte Farbort (λ_1, λ_2) der Mittelfarbe.

Es ergibt sich also:

Satz 3. Der Farbort x, y einer Optimal-Mittelfarbe mit den Grenzwellenlängen λ_1, λ_2 ergibt sich aus dem Endfarbendiagramm als Schnittpunkt der beiden Geraden, welche die mit λ_1, λ_2 bezeichneten Punkte auf den beiden Ästen des Endfarbendiagrammes paarweise verbinden.

Beispiel: Gegeben die Mittelfarbe 490 ... 580 mμ. Aus dem Diagramm entnimmt man nach Satz 3:

$x = 0{,}273$; $y = 0{,}652$; also $z = 0{,}076$; $G/300 = (0{,}707 - 0{,}380) = 0{,}327$, also $G = 98{,}1$.

Hieraus errechnet sich:

$X = x \cdot G = 26{,}8 \qquad Y = 64{,}0 \qquad Z = 7{,}4$.

Sollwerte: $x = 0{,}273$; $y = 0{,}650$; also $z = 0{,}077$ und
$X = 26{,}84$; $Y = 64{,}1$; $Z = 7{,}47$; $G = 98{,}41$.

Man erkennt auch an diesem Beispiel die gute Übereinstimmung der ermittelten Normfarbwerte mit den Sollwerten.

Die Anwendung des Satzes 3 auf zwei *Spezialfälle* von Optimalfarben führt zu folgenden Ergebnissen:

Führt man den Grenzübergang einer Mittelfarbe zu einer *Spektralfarbe* durch, indem man die Grenzwellenlängen λ_1, λ_2 zur gemeinsamen Wellenlänge λ_s zusammenrücken läßt, so werden die Geraden $\mathfrak{G}_1$ und $\mathfrak{G}_2$ zu Tangenten; ihr Schnittpunkt liegt auf dem Spektralfarbenzuge an der Stelle λ_s (Farbort der Spektralfarbe λ_s in Abb. 1).

Es ergibt sich also:

Satz 4. Der (in Richtung wachsender Ausdehnung der Endfarben orientierte) Tangentenvektor im Punkte λ_s des Kurvenzuges der Kurz- oder Langendfarben schneidet den Spektralfarbenzug im gleich bezeichneten Punkte λ_s.

Hieraus folgt insbesondere, daß die beiden Endfarbenzüge

a) im Unbuntpunkt auf den Anfangs- bzw. Endpunkt des Spektralfarbenzuges (Endpunkte der Purpurlinie) zu gerichtet sind[1] (s. Abb. 1).

b) im Anfangs- bzw. Endpunkte des Spektralfarbenzuges eine mit dem Spektralfarbenzuge gemeinsame Tangente haben.

Die Ermittlung des gesamten *Vollfarbenzuges* ist ohne weitere Rechnungen oder Hilfsmittel aus dem Endfarbendiagramm möglich, indem man zuerst die zueinander kompensativen Grenzwellenlängen der betreffenden Vollfarbe in bekannter Weise dem Spektralfarbenzuge entnimmt und daraus nach Satz 1 den Farbort x, y bestimmt.

2.312. Der Farbort einer Mittel*fehl*farbe mit den Grenzwellenlängen λ_1 und λ_2 ergibt sich folgendermaßen (Abb. 3):

---

[1] Diesen Spezialfall hat bereits RÖSCH [*1*] S. 85 erwähnt.

Zunächst ermittelt man wie oben den Farbort (λ_1, λ_2) der Mittelfarbe mit den vorgegebenen Grenzwellenlängen λ_1 und λ_2. Da die dazugehörige Mittel*fehl*farbe F' zu dieser komplementär ist, muß sie auf der Verbindungsgeraden $\mathfrak{G}_3$ des Farbortes der Mittelfarbe durch den Unbuntpunkt E liegen. Zum anderen liegt sie als Summe einer Kurzendfarbe (Grenzwellenlänge λ_1) und einer Langendfarbe (Grenzwellenlänge λ_2) auf der Verbindungsgeraden $\mathfrak{G}_4$. Der Schnittpunkt der beiden Geraden $\mathfrak{G}_3$ und $\mathfrak{G}_4$ ist der Farbort F' (λ_1, λ_2) der gesuchten Mittelfehlfarbe.

Das heißt also:

Satz 5. Der Farbort einer Mittelfehlfarbe mit den Grenzwellenlängen λ_1, λ_2 ergibt sich aus dem Endfarbendiagramm, indem erst der Farbort F der entsprechenden Mittelfarbe (nach Satz 1) bestimmt wird und die durch F und den Unbuntpunkt E bestimmte Gerade mit der durch die Punkte λ_1 auf dem Kurzendfarbenzug und λ_2 auf dem Langendfarbenzug bestimmten Geraden zum Schnitt gebracht wird.

Beispiel: Gegeben die Mittelfehlfarbe K ... 490 mμ; 580 mμ ... L.

Die Anwendung des Satzes 5 auf die Mittelfarbe 490 ... 580 mμ (s. *2.311*) führt zu den Farbkoordinaten

$x = 0{,}363 \qquad y = 0{,}177 \qquad$ (also $z = 0{,}460$).

Der aus der Skala ermittelte Wert für das Farbgewicht ist

$G/300 = 0{,}673$; also $G = 201{,}9$;

hieraus folgt:

$X = G \cdot x = 73{,}3; \quad Y = G \cdot y = 35{,}8; \quad Z = G \cdot z = 92{,}9.$

Sollwerte: $x = 0{,}363; \; y = 0{,}178$

$X = 73{,}16; \; Y = 35{,}90; \; Z = 92{,}53; \; G = 201{,}59.$

2.32. Die Bestimmung der Grenzwellenlängen. Für eine (verdunkelte) Optimalfarbe, deren Farbort F (λ_1, λ_2) gegeben ist, werden die Grenzwellenlängen durch Umkehrung des vorbeschriebenen Verfahrens bestimmt. Ist die vorgegebene Farbe durch eine *Mittelfarbe* darstellbar (s. *2.311*), so suche man durch Probieren eine Lage für die beiden, um F (λ_1, λ_2) schwenkbaren Geraden $\mathfrak{G}_1$ und $\mathfrak{G}_2$, in der sie die beiden Äste $\mathfrak{K}$ und $\mathfrak{L}$ des Endfarbenzuges paarweise bei den gleichen Werten λ_1, λ_2 schneiden; dies sind dann die gesuchten Grenzwellenlängen. Aus physikalischen Gründen gibt es nur ein Wertepaar λ_1, λ_2, das diese Bedingungen erfüllt.

Die Ermittlung der Grenzwellenlängen einer durch ihren Farbort F' (λ_1, λ_2) vorgegebenen *Mittelfehlfarbe* ist etwas umständlicher: Zunächst zieht man von F' aus die durch den Unbuntpunkt E gehende Gerade $\mathfrak{G}_3$ (Abb. 3). Dann versucht man bei einer angenommenen Lage der Geraden $\mathfrak{G}_4$ durch Schwenken der beiden Geraden $\mathfrak{G}_1$ und $\mathfrak{G}_2$, ob bei irgendeiner Stellung deren Schnittpunkt F auf die Gerade $\mathfrak{G}_3$ fällt. *Hierbei ist immer darauf zu achten, daß die Geraden $\mathfrak{G}_1$ und $\mathfrak{G}_2$ durch Punkte gleicher Parameterwerte λ_1, λ_2 gehen.*

Gelingt die Auffindung einer entsprechenden Lage für den Schnittpunkt nicht, so ist von einer anderen Lage der Geraden $\mathfrak{G}_4$ auszugehen. Nach einigen Probierschritten ist die genaue Lage der Geraden $\mathfrak{G}_1$, $\mathfrak{G}_2$ und $\mathfrak{G}_4$ und damit das gesuchte Paar der Grenzwellenlängen gefunden.

2.33. Bestimmung der zu einer vorgegebenen Farbart komplementären Farbart. Das vorbeschriebene Verfahren gestattet, von einer hinsichtlich ihrer spektralen Eigenschaften beliebigen Farbe, deren Farbart x, y vorgegeben ist, die hierzu komplementäre Farbart rein graphisch zu ermitteln: Indem man nach dem in *2.312* gegebenen

Wege das Dreieck $K_1 L_2 F$ (Abb. 3) aufbaut, gelangt man unmittelbar zu der gesuchten komplementären Farbart.

Satz 6. Die zu einer vorgegebenen Farbart komplementäre Farbart ergibt sich in der Normfarbtafel, indem man über das Endfarbendiagramm die Grenzwellenlängen der zu der vorgegebenen Farbart bedingt-gleichen (verdunkelten) Optimalfarbe ermittelt und nach Satz 3 bzw. 5 die hierzu komplementäre Optimalfarbe aufsucht.

2.4. Anwendungsbeispiel

Folgendes Beispiel soll die vorteilhafte Verwendbarkeit des Endfarbendiagrammes für die Lösung farbmetrischer Aufgaben veranschaulichen.

In der Farbenlehre (Farbenphotographie) tritt oft die Aufgabe auf, von einer durch ihren Farbort $F(x, y)$ und ihr Farbgewicht G_F vorgegebenen Farbe die aus drei (verdunkelten) Optimalfarben A, B und C mit aneinandergrenzenden Grenzwellenlängen bekannter Größe zusammengesetzte Remissionsfunktion (dreiteilige „Stufenfarbe", s. Abb. 4) zu ermitteln.

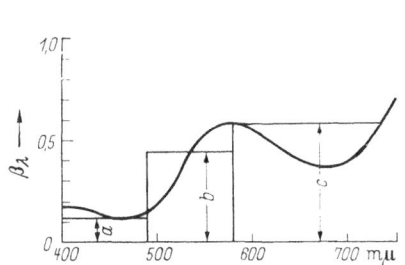

Abb. 4. Darstellung einer Farbe als additive Mischung dreier Optimalfarben A, B, C mit angrenzenden Wellenlängen (dreiteilige Stufenfarbe) und den Relativhelligkeiten a, b, c.

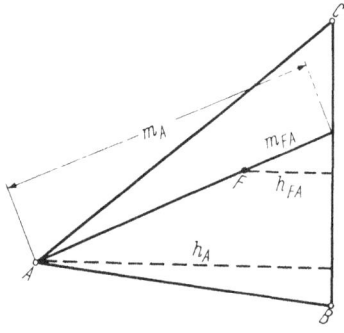

Abb. 5. Bestimmung der Relativhelligkeit a (Abb. 4) aus dem von den drei Optimalfarben A, B, C in der Normfarbtafel gebildeten Dreieck.

Diese Aufgabe ist mathematisch-analytisch bekanntlich nur umständlich zu lösen (Determinanten):

Da $\mathfrak{F} = a \cdot A + b \cdot B + c \cdot C$ ist, müssen die drei Gleichungen
$$X_F = aX_A + bX_B + cX_C$$
$$Y_F = aY_A + bY_B + cY_C$$
$$Z_F = aZ_A + bZ_B + cZ_C$$
nach a, b und c aufgelöst werden; das ergibt

$a = \dfrac{1}{D} \begin{vmatrix} X_A X_B X_C \\ Y_A Y_B Y_C \\ Z_A Z_B Z_C \end{vmatrix}$ mit $D = \begin{vmatrix} X_F X_B X_C \\ Y_F Y_B Y_C \\ Z_F Z_B Z_C \end{vmatrix}$ b und c analog.

Für die Berechnung von a, b und c sind also 4 Determinanten auszuwerten!

Die gestellte Aufgabe besteht also in der Ermittlung der „Relativhelligkeiten" a, b und c der drei Optimalfarben.

Zur Lösung der Aufgabe nach dem neuen Verfahren ermittelt man erst die Farborte der drei Optimalfarben aus dem Endfarbendiagramm: die Kurzendfarbe A und die Langendfarbe C liegt auf jeweils einem Aste des Endfarbenzuges; der Farbort der zwischen den beiden Endfarben liegenden Mittelfarbe B wird nach Satz 1 bestimmt.

Die Farbgewichte G_A, G_B, G_C der drei Optimalfarben $\mathfrak{A}$, $\mathfrak{B}$ und $\mathfrak{C}$ entnimmt man der Skala am Rande des Diagrammes.

Die gesuchte Relativhelligkeit a ergibt sich nun aus dem Momentensatz (Abb. 5)
$$G_F \cdot h_{FA} = a \cdot G_A \cdot h_A$$
zu
$$a = (G_F/G_A)(h_{FA}/h_A),$$
worin h_A bzw. h_{FA} gemäß Abb. 5 die Länge der von dem Farbort A bzw. F auf die gegenüberliegende Dreieckseite BC gefällten Lote sind.

Statt des Verhältnisses h_{FA}/h_A der Lotlängen kann auch das einfacher zu bestimmende Verhältnis m_{FA}/m_A treten (Abb. 5), so daß sich ergibt
$$a = (G_F/G_A)(m_{FA}/m_A)$$
Entsprechende Gleichungen ergeben sich für b und c.

Das Verfahren ist besonders für Übersichtsbetrachtungen geeignet, z. B. wenn die Grenzwellenlängen variiert werden.

Zahlenbeispiel: Vorgegeben die Farbe $\mathfrak{F}$: $x = 0{,}435$; $y = 0{,}439$; $G_F = 104{,}30$.

a) Die Farbe $\mathfrak{F}$ soll aus den drei (verdunkelten) Optimalfarben

$$\mathfrak{A} = \text{K} \ldots 490 \text{ m}\mu \qquad \mathfrak{B} = 490 \ldots 580 \text{ m}\mu \qquad \mathfrak{C} = 580 \text{ m}\mu \ldots \text{L}$$

aufgebaut werden. Wie groß sind die Relativhelligkeiten a, b, c der Optimalfarben?

Nach der Einzeichnung des Dreieckes ABC auf Millimeterpapier, dessen Eckpunkte die Farborte der vorgegebenen Optimalfarben sind, entnimmt man dem Dreieck mit einem Maßstab die Größen:

für A: $m_{FA} = 13{,}0$ mm $\qquad m_A = 111{,}8$ mm
B: $m_{FB} = 36{,}8$ mm $\qquad m_B = 90{,}6$ mm
C: $m_{FC} = 41{,}4$ mm $\qquad m_C = 87{,}0$ mm

und der Skala an der Seite des Diagrammes die Farbgewichte:
$$G_A = 114 \qquad G_B = 98{,}1 \qquad G_C = 87{,}9$$
Nach der oben angegebenen Gleichung ergibt sich
$$a = 104 \cdot 13{,}0/114 \cdot 111{,}8 = 0{,}106$$
Ebenso ergibt sich: $b = 0{,}432$; $c = 0{,}565$.

Die exakten, durch die Determinanten-Rechnung gefundenen Zahlen sind $a = 0{,}107$; $b = 0{,}432_5$; $c = 0{,}565$.

b) Wird die gleiche Farbe $\mathfrak{F}$ aus den (verdunkelten) Optimalfarben

$$\mathfrak{A}_1 = \text{K} \ldots 500 \text{ m}\mu; \quad \mathfrak{B}_1 = 500 \ldots 600 \text{ m}\mu; \quad \mathfrak{C}_1 = 600 \text{ m}\mu \ldots \text{L}$$

aufgebaut, so ergibt die graphische Auswertung folgende Zahlen:
für A_1 : $m_{FA1} = 15{,}2$ mm $\qquad m_{A1} = 111{,}5$ mm
B_1 : $m_{FB1} = 44{,}3$ mm $\qquad m_{B1} = 80{,}8$ mm
$C_1 = m_{FC1} = 25{,}9$ mm $\qquad m_{C1} = 82{,}9$ mm

Die aus dem Diagramm ermittelten Farbgewichte sind
$$G_{A1} = 120 \qquad G_{B1} = 125 \qquad G_{C1} = 55{,}1$$
Hieraus errechnen sich die Relativhelligkeiten zu $a_1 = 0{,}119$; $b_1 = 0{,}458$; $c_1 = 0{,}591$. Die exakten, durch Rechnung gefundenen Zahlenwerte sind $a_1 = 0{,}120_5$; $b_1 = 0{,}457_5$; $c_1 = 0{,}591_5$.

Die verfahrensgemäß graphisch ermittelten Werte zeigen also in beiden Fällen eine recht befriedigende Übereinstimmung mit den exakten Werten.

Der Vergleich der errechneten dreiteiligen Stufenfarbe mit der Remissionsfunktion β_1 der vorgegebenen Farbe F ist aus Abb. 4 zu ersehen[1].

Das Anwendungsbeispiel macht deutlich, mit welchem Gewinn das Endfarbendiagramm für die Lösung farbmetrischer Aufgaben eingesetzt werden kann.

Ergänzend sei bemerkt, daß das beschriebene Verfahren mit der gleichen Einfachheit durchführbar ist, wenn die Optimalfarben $\mathfrak{A}, \mathfrak{B}, \mathfrak{C}$ nicht aneinanderstoßende Grenzwellenlängen haben und/oder sich nicht bis zu den Spektrumenden erstrecken, wenn also zwischen diesen Farben und/oder an den Spektrumenden Remissionslücken vorhanden sind.

3. Das Optimalfarben-Netzdiagramm
(Hierzu Tafel B in der Tasche)

3.1. Aufbau und Handhabung

Läßt man die eine der beiden, eine Optimalfarbe begrenzenden Grenzwellenlängen $\lambda_1 = \lambda_2$ bis zum Ende des sichtbaren Spektrums kontinuierlich alle Werte durchlaufen (Abb. 6a), so ergibt sich eine lineare Mannigfaltigkeit von Farben, deren

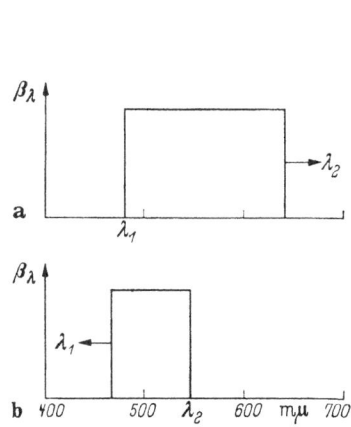
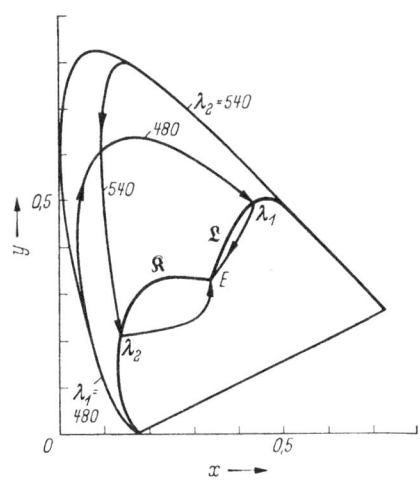

Abb. 6. Erzeugung der Gesamtheit aller möglichen Optimalfarben durch Öffnen des Spektrums in Richtung a) steigender, b) fallender Wellenlängen bis zum vollen Spektrum (Weiß).

Abb. 7. Farbenzug der sich nach Abb. 6 mit festgehaltener Grenzwellenlänge a) $\lambda_1 = 480$ mμ b) $\lambda_2 = 540$ mμ ergebenden Farben.

Farborte in der Farbtafel einen zusammenhängenden Kurvenzug bilden. Er hat seinen Ursprung auf dem Spektralfarbenzug (an der Stelle λ_1; s. Abb. 7) und läuft in geschwungenem Bogen auf den Farbenzug $\mathfrak{L}$ der Langendfarben auf die durch λ_1 gekennzeichnete Stelle zu.

Bewegt sich die wandernde Grenzwellenlänge, nunmehr von dem kurzwelligen Ende des sichtbaren Spektrums kommend, wieder auf die Ausgangsstelle λ_1 zu, so setzt sich der genannte Farbenzug mit einem Knick an der Stelle λ_1 des Langend-Farbenzuges $\mathfrak{L}$ fort und endet schließlich im Unbuntpunkt E. Für eine über den ganzen λ-Bereich des sichtbaren Spektrums gestaffelte Vielzahl von Ausgangs-

---

[1] Die Farbmaßzahlen und die Remissionsfunktion sind aus RICHTER, Grundriß der Farbenlehre, 1940 (S. 137—139) entnommen.

stellen λ_1 ergibt sich auf diese Weise eine die gesamte reelle Farbebene überdeckende Kurvenschar $\lambda_1 = $ const von sich nicht schneidenden Linien. Für den Sonderfall, daß die feste Grenzwellenlänge am Anfang des sichtbaren Spektrums liegt (also etwa bei 380 mμ), ergibt sich auf diese Weise der Farbenzug $\Re$ der Kurzendfarben.

Läßt man die wandernde Grenzwellenlänge gemäß Abb. 6b in umgekehrter Richtung sich bewegen (Abb. 7), so ergibt sich eine analoge, jetzt aber über den Farbenzug der Kurzendfarben laufende Kurvenschar $\lambda_2 = $ const.

Der Farbenzug $\mathfrak{L}$ der Langendfarben stellt den Sonderfall dar, daß die feste Grenzwellenlänge λ_2 am Spektrumsende (bei etwa 770 mμ) liegt.

Die beiden Kurvenscharen überdecken die gesamte reelle Farbebene als Netz von GAUSSschen Koordinatenlinien; jeder Farbort ist durch zwei GAUSS-Koordinaten, den Grenzwellenlängen λ_1, λ_2 der zu der Farbart gehörigen Optimalfarbe, gekennzeichnet und umgekehrt[1]. Man erkennt auf diese Weise direkt, daß sämtliche Mittelfarben in dem von dem Spektralfarbenzug und dem Endfarbenzug umschlossenen Teilbereich, die Mittelfehlfarben in dem von der Purpurlinie und dem Endfarbenzug begrenzten Teilbereich der reellen Farbebene liegen.

Ein für praktische Arbeiten verwendbares Netzdiagramm dieser Art ist für Lichtart E in der Tafel B wiedergegeben; es ist durch je eine Skala für die Hellbezugswerte und für das Farbgewicht G (Farbwertsumme) der Kurzendfarben ergänzt. Die Ablesegenauigkeit ist für die meisten praktischen Zwecke völlig ausreichend: die Farbkoordinaten können aus dem Netzdiagramm mit einer Abweichung von etwa einer Einheit in der dritten Dezimale entnommen werden, wenn man die Stellen mit ausgesprochen flachem Schnitt der λ_1-, λ_2-Linien ausnimmt. Die Genauigkeit bei der Ermittlung der Grenzwellenlänge beträgt unter diesen Voraussetzungen weniger als 1 mμ.

3.2. Metrische Beziehungen

Für das anscheinend verwirrende, aus den beiden Linienscharen $\lambda_1 = $ const und $\lambda_2 = $ const gebildete krummlinige Koordinatennetz lassen sich bemerkenswerte geometrische Beziehungen aufstellen, deren wesentlichste im folgenden mitgeteilt sind:

3.21. Sehnenbeziehung. Greift man eine beliebige dieser Netzlinien, z. B. die Linie $\lambda_{11} = $ const (Abb. 8) heraus und verbindet die beiden auf ihr gelegenen mit den Parameterwerten λ_u und λ_0 gekennzeichneten Punkte F_u und F_0, so geht die Verlängerung dieser Verbindungslinie durch den Farbort $F(\lambda_u, \lambda_0)$ der Optimalfarbe mit den Grenzwellenlängen λ_u und λ_0.

Der Beweis ergibt sich, analog den früheren Ausführungen *(2.311)*, aus der Tatsache, daß sich die Optimalfarbe $\mathfrak{F}(\lambda_u, \lambda_0)$ als (uneigentliche) additive Mischung der beiden Optimalfarben $\mathfrak{F}_u$ und $\mathfrak{F}_0$ auffassen läßt (s. Abb. 9a).

---

[1] Nachträglich ist dem Verfasser bekannt geworden, daß Diagramme dieser Art bereits in einem Buch von M. M. GUREVIČ (Die Farbe und ihre Messung. [Russ.] Moskau 1950) als Abb. 37 (für das energiegleiche Spektrum) und Abb. 39 (für Normlichtart A) enthalten sind. Da jedoch dieses Buch nur wenigen zugänglich sein dürfte, glaubte Verf., diese Arbeit (deren Ausarbeitung übrigens auf das Jahr 1947 zurückgeht) trotzdem veröffentlichen zu sollen.

Nebenbei sei bemerkt, daß diese Linien die Projektionen der GAUSSschen Koordinaten der Oberfläche des LUTHER-NYBERGschen Farbkörpers in die Farbtafelebene darstellen.

Diese Beziehung gilt nun ganz allgemein für jede Linie der Kurvenschar $\lambda_1 =$ const, da ja wegen der beschriebenen Differenzbildung von $\mathfrak{F}_0$ und $\mathfrak{F}_u$ die untere Grenzwellenlänge herausfällt. Es sind also *alle* Verbindungslinien zwischen Punkte-

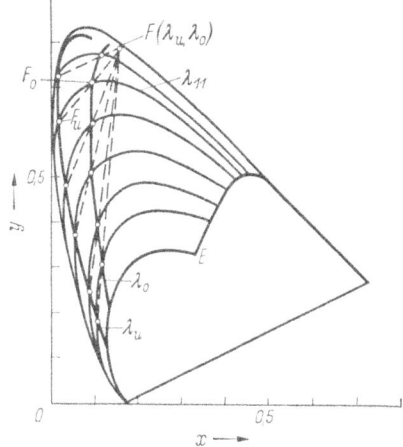

Abb. 8. Zur Erläuterung von Satz 7.

paaren, die durch den Schnitt des Linienpaares $\lambda_u =$ const, $\lambda_0 =$ const mit den Linien der Kurvenschar $\lambda_1 =$ const bestimmt werden, auf ein

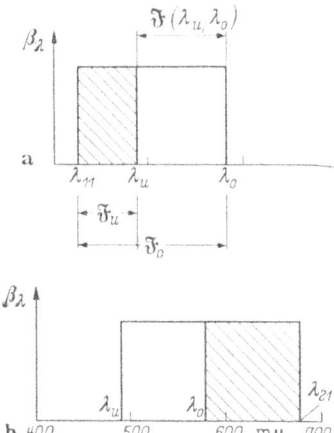

Abb. 9. Darstellung einer Mittelfarbe $\mathfrak{F}(\lambda_u, \lambda_0)$ (Grenzwellenlängen λ_u, λ_0) als Differenz zweier Optimalfarben mit einer gemeinsamen, aber beliebigen Grenzwellenlänge (λ_{11} bzw. λ_{21}) (Farbe $\mathfrak{F}_u$), und der anderen bei λ_u bzw. bei λ_0 (Farbe $\mathfrak{F}_0$) liegenden Grenzwellenlänge.

und denselben Punkt, nämlich den Farbort $\mathfrak{F}(\lambda_0, \lambda_0)$ der Optimalfarbe mit den Grenzwellenlängen λ_u, λ_0 zu gerichtet (Abb. 8).

Dieses Ergebnis ist aus analogen Gründen (Abb. 9b) auch für die zweite Kurvenschar $\lambda_2 =$ const gültig, so daß ganz allgemein gilt:

Satz 7. Im Optimalfarben-Netzdiagramm geht die Verbindungslinie zweier beliebiger, auf der gleichen Netzlinie gelegener, mit λ_u und λ_0 bezeichneter Farborte durch den Farbort $F(\lambda_u, \lambda_0)$ der Optimalfarbe mit den Grenzwellenlängen λ_u, λ_0.

Hieraus folgt:

Satz 8. Der Farbort x, y einer Optimalfarbe mit den Grenzwellenlängen λ_u, λ_0 ergibt sich als Schnittpunkt der beiden durch die Punktepaare λ_u, λ_0 auf zwei beliebigen Linien der Kurvenschar $\lambda_1 =$ const, $\lambda_2 =$ const bestimmten Geraden.

3.22. Tangentenbeziehung. Führt man wie früher den Übergang der Optimalfarbe mit den Grenzwellenlängen λ_u, λ_0 zur Spektralfarbe durch, wobei in dem Netzdiagramm je zwei Netzlinien unendlich dicht zusammenrücken und der Sehnenabschnitt zwischen den Schnittpunkten zur Tangente wird (Abb. 10), so ergibt sich:

Satz 9. Die Tangente an dem Punkt λ_s einer beliebigen Kurve $\lambda_1 =$ const oder $\lambda_2 =$ const schneidet den Spektralfarbenzug im Punkte λ_s.

In einem beliebigen Punkte F der Farbtafel (Abb. 11) schneiden sich also die beiden sich dort kreuzenden Koordinatenlinien $\lambda_1, \lambda_2 =$ const im gleichen Winkel wie die beiden von F aus gezogenen Verbindungslinien nach den Punkten λ_1 und λ_2 auf dem Spektralfarbenzuge.

Da der Farbenzug der Kurz- und Langendfarben zu der Schar der das Netzdiagramm bildenden Koordinatenlinien gehört, gelten die drei Sätze 7 bis 9 auch für diese Linien; die früher abgeleiteten Sätze 3 und 4 sind also Sonderfälle der

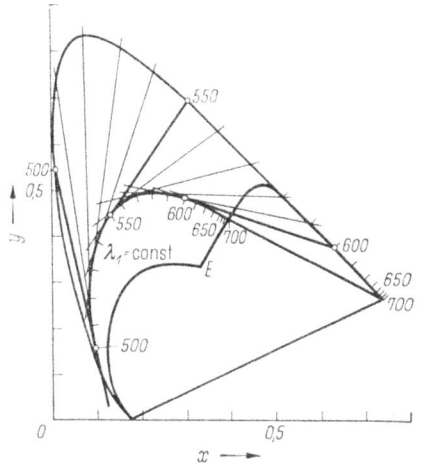

Abb. 10. Zur Ableitung der Tangentenbeziehung.

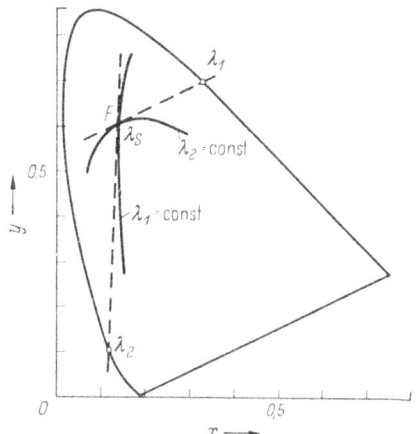

Abb. 11. Zur Erläuterung von Satz 9.

oben genannten Sätze. Umgekehrt können diese als Verallgemeinerungen der dort abgeleiteten Sätze betrachtet werden.

Wendet man Satz 9 auf alle Schnittpunkte einer bestimmten Linie λ_2 mit der Kurvenschar $\lambda_1 = $ const an (Abb. 12), so ergibt sich der zu Satz 7 analoge

Satz 10. Im Optimalfarben-Netzdiagramm schneiden sich alle Tangenten, die an die Kurvenschar $\lambda_1 = $ const in den Schnittpunkten mit einer beliebigen Linie $\lambda_2 = $ const gelegt werden, durch den mit λ_2 bezeichneten Punkt des Spektralfarbenzuges (Farbort der Spektralfarbe). Der Satz gilt analog, wenn λ_1 und λ_2 vertauscht werden.

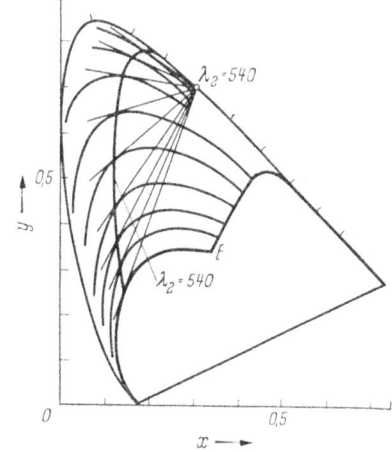

Abb. 12. Zur Erläuterung von Satz 10.

4. Zusammenfassung

Für die Bestimmung von Optimalfarben — Auffinden des Farbortes x, y in der Farbtafel bei gegebenen Grenzwellenlängen, und umgekehrt — werden zwei Diagramme vorgelegt.

Das eine der beiden Diagramme, das Endfarbendiagramm, besteht im wesentlichen aus dem in die Normfarbtafel eingezeichneten Farbenzug der Kurz- und Langend-Optimalfarben, ergänzt durch eine Skala für die Farbgewichte der Kurzendfarben. Es wird gezeigt, wie einfach und vorteilhaft man dieses Diagramm für die graphische Auswertung beliebiger Optimalfarben und allgemeinerer Rechnungen mit Optimalfarben verwenden kann.

Die Auswertmethode beruht auf der Tatsache, daß sich jede Mittelfarbe als uneigentliche Mischung sowohl zweier Kurzendfarben als auch zweier Langendfarben auffassen läßt. Die Anwendungsweise des Endfarbendiagrammes wird an mehreren Beispielen erläutert.

Das zweite der beiden Diagramme, das sogenannte Optimalfarbennetzdiagramm, besteht aus den beiden in die Normfarbtafel eingezeichneten Kurvenscharen $\lambda_1 =$ const, $\lambda_2 =$ const für die Farborte der Optimalfarben mit jeweils einer festen Grenzwellenlänge λ_1 bzw. λ_2 und einer beweglichen Grenzwellenlänge. Die gesuchten Kennzahlen der zu bestimmenden Optimalfarben können hieraus direkt entnommen werden.

An beiden Diagrammen werden bemerkenswerte Eigenschaften, insbesondere metrischer Art, aufgezeigt.

Literatur

[1] RÖSCH, S.: Die Kennzeichnung der Farben. Physik. Z. **29**, 83—91 (1928).
[2] BOUMA, P. J.: Farbe und Farbwahrnehmung (Eindhoven 1951), Abb. 43, 44, 58, 59.

Versuche über das Farberinnerungsvermögen
(Wiedererkennen des Farbtones an Farben hoher Sättigung)

Von E. Hellmig

0. Vorbemerkung

Die vorliegende Untersuchung wurde vor nunmehr 10 Jahren durchgeführt; ihre Ergebnisse sollten die Grundlage für weitere Untersuchungen auf diesem Gebiete abgeben. Aus äußeren Gründen konnten diese Versuche nicht mehr weitergeführt werden. So blieben in einzelnen Fragen gewisse Unsicherheiten bestehen. Insbesondere wäre eine Bestätigung der vorliegenden Versuchsergebnisse durch Wiederholung der Versuche wünschenswert gewesen.

Trotzdem erscheinen uns die erzielten Versuchsergebnisse mitteilenswert; sie können als Beitrag zu dem vorliegenden Problem angesehen werden. Wir haben uns deshalb nach reiflichem Bedenken entschlossen, die Arbeit, versehen mit einigen Bemerkungen über die psychologische Seite des Problems, mit einer Übersicht über die bisher von anderer Seite durchgeführten Versuche und mit reichlichen Bezügen auf die darin enthaltenen Versuchsergebnisse, nach gründlicher Überarbeitung der Fachwelt zu übergeben.

1. Allgemeine Ausführungen
1.1. Aufgabenstellung, Zweck und Ziel der Arbeit

Mit „Farberinnerungsvermögen" oder „Farbengedächtnis" wird die psychische Fähigkeit bezeichnet, eine beobachtete Farbe nach geraumer Zeit als solche wiederzuerkennen. Sowohl die geistige Vorstellung der beobachteten Farbe als auch ein dieser Vorstellung entsprechendes Farbmuster soll „Erinnerungsfarbe" heißen. Das Farberinnerungsvermögen spielt im praktischen Leben, wo wir überall von Farben umgeben sind und sie Schritt für Schritt — bewußt oder unbewußt — vergleichen, aber auch auf vielen Berufs- und sonstigen Arbeits- und Lebensgebieten, eine ausgezeichnete Rolle; insbesondere aber auf dem Gebiete der Wiedergabe von Farben durch farbenphotographisch hergestellte Bilder oder durch die gedruckte farbige Reproduktion. So standen die von anderen Autoren bereits durchgeführten Untersuchungen über das Farbengedächtnis unter einem unmittelbaren praktischen Zwecke; z. B. hat Rood [1] bei seinen Untersuchungen die Vereinfachung optischer Instrumente im Auge, Ehrler [4] untersucht den gleichen Fragenkomplex im Hinblick auf die Malerei. In der Neuzeit ist dieses Gebiet wieder durch die Farbenphotographie aktuell geworden; von daher hat die vorliegende Arbeit ihren Anstoß erhalten. Auch hier war der Zweck ein unmittelbar praktischer: die Versuche sollten zeigen, welchen Gesetzen die Farberinnerung unterworfen ist, um daraus unmittelbar die praktischen Folgerungen für die Erhöhung der Qualität der Farbwiedergabe in einem farbenphotographischen Verfahren, insbesondere dem Agfacolor-Negativ-Positiv-Verfahren (Aufsichtsbilder), zu ziehen.

Untersuchungen über das Farbengedächtnis können sich ganz allgemein, entsprechend der Dreidimensionalität der Farbe, im wesentlichen in drei Richtungen bewegen: in Richtung auf den Farbton, die Sättigung und die Helligkeit, wobei in der angegebenen Reihenfolge gleichzeitig die für die Beurteilung von Farben im allgemeinen gültige Rangordnung liegt.

Im folgenden wird eine Arbeit über das Erinnerungsvermögen gegenüber dem *Farbtone*, dem wichtigsten der drei Attribute einer Farbe, vorgelegt; eine entsprechende Untersuchung des Farberinnerungsvermögens gegenüber dem Sättigungsgrad wird später folgen.

1.2. Rückblick auf die Literatur

Es ist überraschend, daß über einen so bedeutsamen Gegenstand wie den vorliegenden nur wenige Arbeiten anderer Autoren vorliegen; diese sind — abgesehen von vier Arbeiten allerjüngsten Datums — älter als 24 Jahre[1]. Die älteste dem Verfasser bekanntgewordene Veröffentlichung stammt aus dem Jahre 1879; sie berichtet in einem Referat von Versuchen über das menschliche Erinnerungsvermögen für bunte Farben und für Helligkeiten von Grautönen, die durch O. N. ROOD ausgeführt wurden [1]. Darin kommt ROOD u. a. zu folgenden Erkenntnissen, die von späteren Autoren bestätigt wurden: die große Unterschiedlichkeit des Farberinnerungsvermögens für die verschiedenen Farben und die große Schärfe des Farbengedächtnisses für bestimmte Farben („definite tints"), die Abnahme der Schärfe eines Farbeindruckes mit der Zeit. Zur quantitativen Untersuchung bediente sich ROOD eines Farbkreisels mit zwei in beliebiger, aber meßbarer Weise verstellbaren Farbsektoren. Die von ROOD benutzte Versuchsmethodik besteht darin, daß der Versuchsperson auf dem sich drehenden Kreisel eine bestimmte Farbe vorgezeigt wurde, worauf die beiden Farbscheiben zueinander verschoben wurden und von der Versuchsperson auf Grund des erinnerungsmäßigen Farbeindruckes neu eingestellt werden mußten. Nach diesem Versuche ergab sich die Schärfe des Farbengedächtnisses von der Größenordnung des eben merklichen Unterschiedes zwischen zwei Farben.

Fast drei Jahrzehnte später (1907) erschien eine Arbeit von L. v. KRIES und E. SCHOTTELIUS über den gleichen Gegenstand [2]. Diese beiden Verfasserinnen führten ihre Untersuchungen in einem geradsichtigen Spektralapparate — also im dunklen Gesichtsfelde — durch, und zwar an den fünf Spektralfarben Blaugrün (473,5 mμ), Grün (503,2 mμ), Gelbgrün (564,6 mμ), Gelb (574,5 mμ) und Orange (606,6 mμ). Sie fanden, wie ROOD, Unterschiedlichkeit des Gedächtnisses für verschiedene Farben ohne Bevorzugung der „reinen" Farben (Urfarben) und von der Größenordnung des eben merklichen Unterschiedes, Verminderung der Schärfe des Farbengedächtnisses mit der Zeit, dazu noch „Verschiebung" der Gedächtnisfarbe gegenüber der Testfarbe, dagegen keinen Einfluß der Einübung auf die Schärfe des Farbgedächtnisses (im Gegensatz zu ROOD).

Unter nahezu gleichen Versuchsbedingungen wie v. KRIES und SCHOTTELIUS (Spektralfarben im Dunkelfeld) kam LOEB [3] zu praktisch den gleichen Ergebnissen;

---

[1] Die Auswahl der Literaturstellen älteren Datums ([1] bis [6]) des beigefügten Schrifttumsverzeichnisses aus der verstreuten und schwer zugänglichen Literatur stellte mir seinerzeit (1947) dankenswerterweise Herr Prof. M. Richter/Berlin zur Verfügung.

insbesondere findet er auch die bemerkenswerte Erscheinung der „Präzisierung einer Farbe nach einer fehlerhaften Stelle hin". Von wesentlichem Interesse sind die im Abschnitt „Fehlerquellen" der Arbeit von LOEB gemachten grundlegenden Ausführungen über einige das Farbengedächtnis beeinflussende psychologische Faktoren (Reproduktion einer Farbe nach einem Begriff, Reproduktion nach einem „Urbilde", ästhetische Einflüsse, Überkompensation von Fehlergebnissen durch „Reue" usw.).

In der im Jahre 1926 veröffentlichten ausführlichen Untersuchung über das Farbengedächtnis für satte, verweißlichte und verschwärzlichte Farben von EHRLER [4] wird als Versuchsapparat wieder ein Farbkreisel benutzt, auf dessen Scheibe von der Peripherie nach dem Mittelpunkte alle Mischungen zwischen zwei Farben erzeugt werden. EHRLER verwendet also, wie ROOD, Oberflächenfarben in seinen Versuchen. Leider fehlen sowohl bei ROOD als auch bei EHRLER genauere farbmetrische Angaben (Farbmaßzahlen) über die benutzten Farben, so daß ein strenger Vergleich der Versuchsergebnisse der beiden Verfasser mit unseren Ergebnissen nicht möglich ist. Die Betrachtung und Beurteilung der Mischfarben auf der Kreiselscheibe erfolgt bei EHRLER durch ein in radialer Richtung verschiebbares Fernrohr, also im dunklen Umfelde. In der Untersuchung EHRLERS findet sich neben einer großen Anzahl von Einzelergebnissen die Feststellung, daß die durch Reproduktion in Versuchsreihen gefundene Gedächtnisfarbe stark unter dem Einfluß teils der Ausgangsfarbe, teils der Zielfarbe („Ausgangs"- bzw. „Zielqualität") steht, daß „reine Qualitäten" (= Urfarben) hinsichtlich der Sicherheit des Wiedererkennens nicht vor den anderen Farben bevorzugt sind, im Gegenteil: daß bestimmte Zwischenfarben („Mischqualitäten", z. B. Blaugrün) vor jenen ausgezeichnet sind, und daß der wachsende zeitliche Abstand zwischen Einprägung und Reproduktion farbiger Qualitäten die Sicherheit des Wiedererkennens nicht oder nur unwesentlich beeinflußt (im Gegensatz zu ROOD).

Eine weitere bedeutungsvolle Arbeit dieser Art stammt von COLLINS [5] aus den Jahren 1931/32. In ihr werden — ähnlich wie bei LOEB oder v. KRIES und SCHOTTELIUS — Untersuchungen über das Farbengedächtnis an Spektralfarben (Blau 460,9 mμ, Grün 535 mμ, Gelb 588 mμ und Rot 670 mμ) mittels eines Spektrometers — also auch im Dunkelfelde — durchgeführt. COLLINS findet ebenfalls große Unterschiedlichkeit des Farbengedächtnisses und der Erlernbarkeit für verschiedene Farben, darüber hinaus auch große Unterschiede in diesen Fähigkeiten unter den Versuchspersonen. Bemerkenswert und neu ist das Ergebnis, daß sich im Farbton eng benachbarte Farben (z. B. Blau 460,9 mμ und 486 mμ oder Grün 535 mμ und 500 mμ) in der Einprägbarkeit und in der Sicherheit des Wiedererkennens beträchtlich unterscheiden können. Vielleicht ist in dieser Feststellung die Ursache für manche scheinbaren Widersprüche in den Ergebnissen verschiedener Forscher zu sehen. Mit Recht weist COLLINS — wie später auch andere Forscher (s. [9]) — darauf hin, daß alle Ergebnisse auf diesem Gebiete mehr als anderswo von den Versuchsbedingungen abhängen, was bei dem Vergleich der Versuchsergebnisse verschiedener Forscher (s. Punkt 3.) zu berücksichtigen ist.

Eine kurz nach der genannten Arbeit (1933) erschienene Veröffentlichung von ADAMS [6] sei hier der Vollständigkeit halber nur erwähnt, da sie sich in anderer Richtung als die vorliegende Untersuchung bewegt.

Eine neuere, erst im Jahre 1954 veröffentlichte Arbeit über das Gebiet der Farberinnerung stammt von BURNHAM und CLARK [7]; in ihr wird ein Apparat zur Prüfung der Farberinnerung beschrieben; er enthält 43 am Rande einer Kreisscheibe angeordnete, über den gesamten Farbtonkreis verteilte und gleichmäßig gestufte Farbtäfelchen weitgehend gleicher Sättigung und Helligkeit und 22 hierzu konzentrisch angeordneter Testtäfelchen.

Die mittels dieses Apparates an einem Kollektiv von 100 farbnormalsichtigen Versuchspersonen erzielten Ergebnisse wurden in einer von den gleichen Verfassern stammenden Arbeit [8] mitgeteilt. Die Versuchspersonen waren von unterschiedlicher Geübtheit im Farbensehen; sie stellten also ein Durchschnittspublikum dar. Die Versuche wurden bei tageslichtähnlichem Kunstlicht von 6500° K durchgeführt. Die Zeit für die Apperzeption der betreffenden Farbe (s. 1.3) betrug fünf Sekunden, die gleiche Zeit lag zwischen Apperzeption und Beginn der Reproduktion der betreffenden Farbe aus dem Gedächtnis. Die Verfasser finden gewisse Verschiebungen des Maximums der statistischen Verteilung bestimmter Gedächtnisfarben gegen die zugehörige Testfarbe und unterschiedliche Streuung für die verschiedenen Farben, aber alles in allem stellen sie große Sicherheit des Farbgedächtnisses fest[1].

Später (1957) wurden von den gleichen Verfassern gemeinsam mit NEWHALL weitere unter hiervon völlig verschiedenen Versuchsbedingungen durchgeführte Versuche über Farberinnerung veröffentlicht [9]. Die Verfasser bedienten sich hierbei eines eigens dafür konstruierten optischen Apparates, der — im Gegensatz zu allen bisher von anderer Seite bekannt gewordenen Versuchen — die Erinnerungsfarben nach den drei Richtungen Farbton, Sättigung und Helligkeit unabhängig voneinander nachzumischen gestattet. Als Versuchsfarben dienten 25 über den gesamten Farbtonkreis verteilte Testfarben (Munsell-Reihe) verschiedener Sättigung und Helligkeit. Da die Versuche mit nur drei Versuchspersonen durchgeführt wurden, machen diese natürlich keine Aussagen über die Schärfe der Farbtonerinnerung eines Beobachterkollektives.

HAMWI und LANDIS führten ebenfalls Versuche über das Farbengedächtnis durch [10]. Sie benutzten hierzu Farbtäfelchen aus dem amerikanischen Ostwaldatlas (Color Harmony Manual). Als Testfarben dienten zehn nach Farbton, Sättigung und Helligkeit stark unterschiedliche Farben, deren jede nach einer Betrachtungszeit von 105 s. und nach einer weiteren Zwischenzeit von 15 min bis 65 Stunden einmal aus einer empfindungsgemäß geordneten Menge von 672 Farbtäfelchen („unmixed method"), zum anderen aus einer ungeordneten Menge von 168 Farbtäfelchen („mixed method") auszuwählen war. Im Gegensatz zu allen oben beschriebenen Versuchen mußte jede Testfarbe nach der Apperzeption mit einem kennzeichnenden Begriff belegt werden. Vor der Reproduktion der Erinnerungsfarbe wurde dieser Begriff der Versuchsperson wieder mitgeteilt; hiernach hatte sie die gekennzeichnete Farbe auszuwählen. Wir werden im nächsten Abschnitt (1.3) auseinandersetzen, daß diese Art der Versuchsdurchführung nicht die Leistungsfähigkeit des „reinen" Farbengedächtnisses trifft. Trotzdem fanden die Verfasser ähnliche Ergebnisse wie die früheren Autoren: überraschend große Genauigkeit des Farbengedächtnisses,

---

[1] Trotz der Angabe von Häufigkeitsverteilungen für die Erinnerungsfarben der Testfarben in [8] können die darin mitgeteilten Ergebnisse nur bedingt mit unseren Ergebnissen verglichen werden, da die genannten Testfarben eine wesentlich geringere Sättigung aufweisen als die in unseren Versuchen verwendeten Farben.

unterschiedliche Schärfe der Wiedererinnerung für die (hier auch nach Sättigung und Helligkeit) verschiedenen Farben, große individuelle Unterschiede unter den Versuchspersonen.

Diese kurze Charakterisierung der Versuchsergebnisse der verschiedenen Verfasser läßt trotz vieler Übereinstimmungen in den Ergebnissen noch manchen Widerspruch erkennen[1] und macht deutlich, daß auf diesem Gebiet noch viel Arbeit zu leisten ist. Wie von NEWHALL, BURNHAM und CLARK [9] und — wie bereits erwähnt — auch von COLLINS [5] betont wird, sind alle Versuchsergebnisse auf diesem Gebiete ganz streng nur auf die jeweiligen Versuchsbedingungen beschränkt; die unzureichende Kennzeichnung dieser Bedingungen, insbesondere der verwendeten Testfarben, mag die Ursache für manchen anscheinenden Widerspruch in den Ergebnissen sein.

Zweck der vorliegenden Arbeit ist es, unter möglichst weitgehender Präzision der Versuchsbedingungen, insbesondere der verwendeten Testfarben, einen Beitrag zur Erhellung dieses reichlich komplexen Problems zu leisten.

1.3. Grundsätzliches zur Farberinnerung

Sowohl für die Durchführung der Versuche als auch für das Verständnis der nachfolgend mitgeteilten Versuchsergebnisse ist es zweckmäßig, sich über die Grundvorstellungen vom Wesen des Farberinnerungs-Vorganges und den Faktoren, die dessen Ablauf beeinflussen, wenigsten in großen Zügen Klarheit zu verschaffen. Diesem Zwecke dienen die folgenden Ausführungen.

Wie die praktische Erfahrung lehrt, und wie die beschriebenen Untersuchungen bestätigen, ist das Farbengedächtnis nichts Konstantes; es ist nicht nur von zahlreichen, weiter unten genannten physikalischen und psychologischen Einflüssen abhängig, sondern vor allem auch von Mensch zu Mensch, von Beruf zu Beruf, verschieden schwellenreich (LUTHER [11], S. 276) und für verschiedene Farben selbst sehr unterschiedlich („gedächtnisfeste" Farben).

Der Vorgang der Farberinnerung läßt sich in folgende drei Einzelakte zerlegen: 1. die Aufnahme der Farbe durch den Gesichtssinn (Apperzeption), 2. die Aufbewahrung der Farbe im Gedächtnis, 3. das Wiedererkennen der Farbe (Wiedererinnerung; eigentlicher Akt der Farberinnerung). Diese auch als Reproduktion bezeichnete Phase kann man als zeitliche Umkehrung des Apperzeptionsprozesses ansehen.

In allen drei Einzelphasen können sich Einflüsse geltend machen, welche die Farberinnerung beeinflussen, sie können sowohl physikalischer als auch psychischer Natur sein:

Bei der *Apperzeption* sind es einmal die Einflüsse, die das eigentliche Farbensehen betreffen: die Beleuchtung, Umfeld- und Kontrasterscheinungen; Stimmung und augenblicklicher Leistungszustand des Sehorganes („Ermüdung, Taubsein"). Zum anderen ist es die allgemeine oder besondere psychische Verfassung, insbesondere das Interesse, das man der betreffenden Farbe oder dem farbigen Gegenstand beim Vorgang der Apperzeption entgegenbringt. Es ist klar, daß das Interesse am Gegenstand,

---

[1] Vgl. hierzu auch die Einleitung von [9].

der die Farbe trägt, als individuelles, der zahlenmäßigen Erfassung nicht zugängliches Erlebnis in allen derartigen Versuchen ausgeschaltet bleiben muß, was bei allen bisherigen Untersuchungen und auch in der vorliegenden Arbeit durch Darbietung der Farbmuster in Form „gegenstandsfreier" Farben (gefärbte Papiermuster gleicher geometrischer Form, gefärbtes Photometerfeld usw.) erfolgte.

Ein weiteres, die Dauer und Schärfe der Farberinnerung bestimmendes Moment ist die Art, wie die Einprägung einer Farbe durch die Versuchsperson erfolgt. Einmal kann sie als „reines" Farberlebnis, als „unbenannte Empfindung" vor sich gehen; dies ist die Voraussetzung für die Prüfung des „eigentlichen" (gegenstandsfreien) Farbengedächtnisses. Zum anderen kann sie unter aktiver Anteilnahme von Verstandesfunktionen, insbesondere in Form von Begriffen und Wortvorstellungen, also benannten Empfindungen („Blau wie italienischer Himmel", „Rot wie die untergehende Sonne", „Grün der jungen Blätter" usw., s. [3]) erfolgen. In diesem Falle wird die vorgelegte Farbe nicht als Erlebnis festgehalten, sondern als Begriff „aufgefaßt". Eine derartige Einprägung der Farbe mittels eines Farbnamens oder eines Vorstellungsbildes kann so weit gehen, daß geraume Zeit nach dem Einprägungsvorgang die Vorstellung der Farbe zwar verschwunden, der Begriff für die Farbe aber noch vorhanden ist. Von einer Farberinnerung im eigentlichen Sinne kann natürlich in einem solchen Falle nicht mehr die Rede sein.

Beim zweiten Teilvorgang der Farberinnerung, dem *Aufbewahren des Farbeindruckes*, spielen so viele und vielfältige Einflußgrößen eine Rolle, daß eine Beschreibung hierüber unmöglich ist. Zum Teil sind es die gleichen Faktoren, die als Ursache des „Vergessens" auch andersartiger Eindrücke in Frage kommen, wie seelische Ablenkung oder Verdrängung durch Beschäftigtsein mit anderen stark interessierenden Eindrücken, tiefgreifende Erlebnisse, Erschütterungen[1]. Diese Phase ist die dunkelste des ganzen Farbengedächtnisses; es ist anzunehmen, daß auch die bereits erwähnten „Verschiebungen" der Gedächtnisfarben, d. h. Veränderungen des Farbeindruckes nach einer bestimmten Richtung hin, in dieser Phase vor sich gehen.

Die dritte Phase endlich, die *Reproduktion* der Gedächtnisfarbe, ist als Umkehrung des Apperzeptionsvorganges zunächst den gleichen Einflüssen wie dieser unterworfen; hierzu treten noch besondere, nur mit dieser Erlebnisphase verbundene Einflüsse und Ursachen, welche die Gedächtnisfarbe bestimmen: ästhetisches Empfinden und Zuneigung zu einer bestimmten Farbe, Korrekturüberlegungen (bei Kenntnis eines systematischen Fehlers), „Reue"[2] Reflexionen, Merkmale, die der Farbe zufällig anhaften („Glühen", bestimmte Lichtwirkung oder Helligkeit, Beimischung eines Tones einer anderen Farbe), oder Merkmale, die bestimmte psychophysiologische Wirkungen auslösen (Verschwinden eines Nachbildes), oder auch solche, die mit der Farbe selbst nichts zu tun haben (fadenförmige Stäubchen oder Lichtpunkte im Gesichtsfelde). Über alle diese Einflußfaktoren hat LOEB [3], S. 94—106 bei seinen praktischen Versuchen zahlreiche protokollarisch festgehaltene Beispiele angegeben.

---

[1] Einen interessanten Fall dieser Art aus der Praxis hebt schon ROOD [1] hervor.
[2] Reuefälle sind nach dem Psychologen ZIEHEN Reproduktionen, die unter dem Eindruck stehen, bei dem vorausgegangenen Versuch einen Fehler in bestimmter Richtung gemacht zu haben.

Trotz dieser verwirrenden Fülle von Einflußfaktoren läßt sich, was LUTHER [*11*] bereits 1937 feststellte, „das Farbengedächtnis wie jede andere Beziehung zweier oder mehrerer Farben experimentell messen, was durch reine Empfindungsanalyse, also ohne jede physikalische Messung erfolgen kann. „Allerdings", so fährt er fort, „ist der mittlere Fehler der psychologischen „Messung" bei Sukzessivvergleich erheblich"; er spricht damit das aus, was als allgemeines Bild aus den nachfolgend beschriebenen Versuchen hervorgeht.

2. Die Versuche

2.1. Die praktische Durchführung der Versuche, Versuchsbedingungen

Im Gegensatz zu den beschriebenen Versuchen anderer Autoren — mit Ausnahme derer von BURNHAM und CLARK [*8*] —, wo immer nur wenige Personen zu den Versuchen herangezogen wurden, setzen sich die vorliegenden Versuche zum Ziele, das Farberinnerungsvermögen einer größeren Personenzahl (Kollektiv) festzustellen. Damit war von vornherein zu erwarten, daß die von anderer Seite beobachteten individuellen Unterschiede zwischen Einzelpersonen zurücktreten und sich manche anscheinend widersprüchlichen Ergebnisse als gegensätzlich geartete Einzelfälle innerhalb der gleichen statistischen Verteilung klären. Die Zahl der Versuchspersonen lag bei unseren Versuchen zwischen 20 und 30; eine höhere Zahl wäre erwünscht gewesen, doch mußte hierauf zugunsten einer zügigen Versuchsdurchführung der ohnehin langdauernden Versuche verzichtet werden. Die Versuchspersonen hatten alle beruflich mit Farbe zu tun, aber nicht alle können als geübt im Farbensehen und Beurteilen von Farben bezeichnet werden. Vor den Versuchen waren alle Versuchspersonen auf Farbennormalsichtigkeit geprüft worden. Dieses so ausgewählte Beobachterkollektiv stand stellvertretend für ein farbennormalsichtiges, im Farbsehen gutes Durchschnitts„publikum" (weshalb auch bewußt davon abgesehen wurde, ausschließlich farbgeübte Versuchspersonen in das Kollektiv aufzunehmen).

Außer durch die Zahl der Versuchspersonen unterschieden sich die Versuche von den bekannten durch die Verwendung von Aufsichtsfarben in heller Umgebung (*bezogene Farben*), die mit unbewaffnetem Auge betrachtet wurden. Diese Bedingungen kommen denen bei der Betrachtung farbiger Aufsichtsbilder gleich.

Die praktische Durchführung der Versuche erfolgte ohne Belastung durch die angedeutete Problematik auf folgende einfache Weise:

Jeder der Versuchspersonen wurde einzeln aus einer Sammlung von 18 Testfarben (s. u.) jeweils ein Farbblatt zur Betrachtung und Einprägung der Farbe vorgezeigt; hierfür stand der Versuchsperson eine Minute Zeit zur Verfügung. Das Farbblatt hatte die Größe von 18×24 cm. Nach 24 Stunden wurden die Personen — wieder einzeln — vor eine Farbtonleiter geführt, die die vorgezeigte Testfarbe enthielt. Die Farbtonleiter bestand aus 120 in einer Reihe angeordneten, durch eine Farbton-Nummer gekennzeichneten farbigen Papierblättchen vom Format $2\frac{1}{2} \times 3\frac{1}{2}$ cm, die in eine empfindungsmetrisch annähernd gleichmäßig gestufte Folge gebracht waren. Die Versuchsperson hatte aus der Farbtonleiter die am Vortage vorgewiesene Farbe auszuwählen, wobei ihr zur Vermeidung von Umfeld- und Kontrastwirkungen eine schwarze Abdeckschablone mit einem Ausschnitt der Formatgröße der kleinen Blättchen zur Verfügung stand. Die ausgewählte Farbe wurde vom Versuchsleiter vermerkt. In keinem Falle wurde der Versuchsperson Auskunft über den Ausfall des jeweiligen Versuchsergebnisses gegeben.

Tabelle 1. *Farbnormwerte, Farbwertanteile und farbtongleiche Wellenlänge der 18 Testfarben für Norm-Beleuchtungsart C*

Farbe (Nr.)		Farbnormwerte			Farbwertanteile		λ_f	Lage der Urfarben[1] (n. Tschermak)
		X	Y	Z	x	y		
R	(1)	23,9	14,2	7,4	0,525	0,312	620 mµ	
Or I	(9)	35,6	23,4	8,7	0,526	0,346	603 ,,	
Or II	(17)	48,4	37,7	6,3	0,524	0,408	589,5 ,,	
Or III	(22)	55,5	50,4	7,5	0,490	0,444	583 ,,	
G	(27)	58,3	60,8	12,5	0,443	0,461	576,5 ,,	UrGelb 573 mµ
Ggr I	(40)	31,6	44,0	14,5	0,351	0,488	561 ,,	
Ggr II	(45)	20,9	33,2	13,7	0,308	0,490	550 ,,	
Gr	(56)	9,3	16,2	10,3	0,260	0,452	525,5 ,,	UrGrün 502,5 mµ
Bg I	(67)	11,1	16,8	25,0	0,210	0,318	491 ,,	
Bg II	(72)	18,2	22,2	45,3	0,212	0,259	483 ,,	
B	(77)	21,3	20,2	61,7	0,206	0,196	475 ,,	UrBlau 469 mµ
Br I	(87)	17,8	12,8	49,1	0,223	0,161	457 ,,	= −571 mµ
Br II	(91)	12,0	8,3	29,5	0,241	0,167	−567 ,,	
Br III	(94)	11,3	7,6	25,0	0,257	0,173	−565,5 ,,	
Br IV	(100)	15,1	9,7	24,7	0,305	0,196	−553 ,,	
Br V	(104)	16,9	10,3	23,3	0,334	0,204	−537,5 ,,	
Br VI	(110)	30,3	19,1	31,7	0,374	0,235	−508 ,,	
Br VII	(115)	22,7	13,5	13,2	0,460	0,273	−494,5 ,,	UrRot −502,5 mµ

[1] s. Richter [12], S. 99.

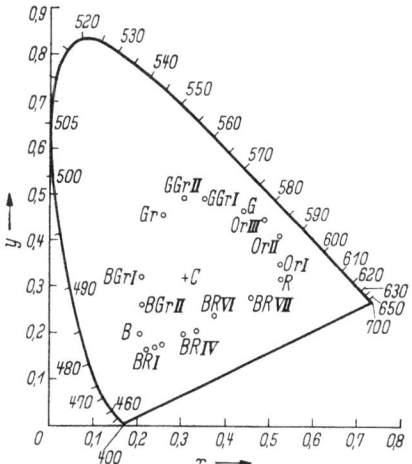

Abb. 1. Die Lage der 18 Testfarben in der Normfarbtafel. (Der Farbort der Lichtart C wurde in den Unbuntpunkt gelegt).

Die Versuche wurden bei Tageslicht (Mittagszeit), aber nicht in direktem Sonnenlicht durchgeführt. Der Versuchsraum war mit neutralgrauem Anstrich versehen; bunte Gegenstände oder Flächen waren im Raume nicht vorhanden. Als Versuchsfarben dienten 18 hochgesättigte, eigens dafür durch Einfärbung von Fließpapier hergestellte Farben von empfindungsgemäß etwa gleich hoher Sättigung. Die Farbnormwerte und Farbnormwertanteile dieser Farben sowie deren farbtongleiche Wellenlänge sind aus Tab. 1 ersichtlich; Abb. 1 zeigt ihre Lage im IBK-Farbendreieck.

2.2. Die Auswerte-Methode

Das Ergebnis jeder Untersuchungsreihe war eine Tabelle über die Häufigkeit der Wahl einer bestimmten Farbe der 120-stufigen Farbenleiter durch die Versuchspersonen. Die Einzelergebnisse wurden nach statistischen Regeln ausgewertet: Zunächst wurde die Häufigkeitsverteilung für die von den Versuchspersonen ausgewählten Farben ermittelt, wobei die Farbtonkennzahl des 120-teiligen Farbenkreises als „Klasse" diente. Aus dieser Häufigkeitsverteilung wurde durch Rechnung in bekannter Weise die Summenfunktion ermittelt. Die graphisch dargestellte Summenkurve wurde dann zwecks Ausschaltung der statistisch bedingten zufälligen Schwankungen vorsichtig geglättet. Die endgültige Häufigkeitskurve wurde — wie bekannt — aus der geglätteten Summenkurve durch Differenzieren gewonnen.

Eine gewisse Schwierigkeit bereitet, wie immer in solchen Fällen, die Entscheidung, ob eine Abweichung von der „glatten" Verteilung als zufällig, d. h. durch die verhältnismäßig geringe Anzahl der Fälle bedingt, oder als „wirklich" anzusprechen ist. Wenn die Möglichkeit bestand, daß die genannten Schwankungen als reell anzusehen sind, wurde die zugehörige Verteilung neben der „glatten" Verteilung gestrichelt eingezeichnet. Damit sich der Leser selbst ein Bild von den Verhältnissen machen kann, sind in den entsprechenden Abbildungen (Abb. 2) die Einzelwerte für die Summenfunktionen und die Summenkurven für jeden Versuchsfall mit eingezeichnet.

Der leichteren Vergleichbarkeit der einzelnen Verteilungskurven und der Übersicht halber wurden aus der in dem praktischen Versuche ermittelten Häufigkeitsverteilung noch folgende Kennzahlen abgeleitet und für die 18 Testfarben in Tab. 2 zusammengestellt:

a) Der Mittelwert m. Er ist bekanntlich der Schwerpunkt der Verteilungskurve, in Formel

$$m = \frac{[p \cdot d]}{[p]}$$

worin p die Verteilungszahl in der jeweiligen „Klasse" (Farbton-Nummer) d, $[p \cdot d]$ die Summe über die in der Klammer stehenden Produkte, summiert über alle Klassen hinweg, und $N = [p]$ den Umfang des Kollektives (Zahl der Versuchspersonen) bedeuten.

b) Streumaße. b1) Die mittlere Streuung $\sigma = \sqrt{\frac{[p \cdot v^2]}{[p]}}$, wobei $v = |d - m|$ der Abstand der Klasse d vom Mittelwert m ist.

Diese Kennzahl ist ein Maß für die „Schärfe" der Verteilung und damit für die Sicherheit der Reproduktion einer Gedächtnisfarbe. Ein ähnliches Maß für die gleiche Eigenschaft ist

b2) Die mittlere Durchschnittsabweichung

$$MDA = \frac{|p \cdot v|}{N}$$

vom Mittelwert, die mit Rücksicht auf die Arbeit von v. KRIES und SCHOTTELIUS [2] ebenfalls berechnet wurde.

b3) Ein drittes Maß ähnlicher Art, welches den Vorzug der unmittelbaren Anschaulichkeit hat, ist die von uns mit „Verteilungsbreite" bezeichnete Größe. Hierunter soll der Bereich verstanden werden, innerhalb dessen 80% der durch das „Gedächtnis des Personenkollektives" reproduzierten Farben einer bestimmten Testfarbe liegen, genauer gesagt: außerhalb dessen beidseitig der statistischen Verteilungsfunktion je 10% der genannten Gedächtnisfarben liegen. Analog zu dieser 80%-Verteilungsbreite ist die 60%-Verteilungsbreite definiert. Die genannten Größen können unmittelbar aus der Summenkurve für die jeweilige statistische Verteilung als Abszissen zu den Ordinaten 10% und 90% bzw. 20% und 80% abgelesen werden.

Die Darstellung der 80%- und 60%-Verteilungsbreite als über der Abszisse längs übereinanderliegende Säulen (vgl. Abb. 4) gibt ein grob-schematisiertes, anschauliches Bild für den Aufbau der betreffenden statistischen Verteilung der Gedächtnisfarben. Hierdurch wird auch die Unsymmetrie in der Verteilung der Gedächtnisfarben und andeutungsweise auch die Steilheit der Flanken sichtbar, die ein Maß für die Schärfe des Farbengedächtnisses nach der betreffenden Farbtonrichtung hin ist.

c) Die mittlere Schwankung μ des arithmetischen Mittels, in Formel

$$\mu = \frac{\sigma}{\sqrt{N}}$$

Diese Kennzahl ist ein Maß für die Zuverlässigkeit des Mittelwertes.

Bei der vergleichsweisen Beurteilung sowohl der Verteilungskurven als auch der hieraus abgeleiteten Zahlenwerte darf nicht kleinlich verfahren werden, da das Kollektiv der Versuchspersonen noch nicht als zahlenmäßig „sehr groß" angesprochen werden kann.

2.3. Die Deutung der Verteilungsfunktion

Die Verteilungsfunktion sagt aus, wieviel Einzelpersonen, oder umgerechnet, wieviel Prozent der Gesamtheit der Versuchspersonen einen bestimmten, durch die Farbton-Nummer gekennzeichneten Farbton als mit dem von einer vorgewiesenen Testfarbe herrührenden Erinnerungsbilde als identisch betrachten. Beispielsweise beurteilen für die bei der Farbton-Nummer 115 liegende Farbe BR VII (s. Abb. 2) 10% der Versuchspersonen die Farbe 109, 15% die Farbe 108 und 20% die Farbe 107 als identisch mit dem vorgezeigten Testfarbmuster Nr. 115. Wird also die Farbe 115 durch die (weit bläulichere) Farbe 107 in einem Farbreproduktionsverfahren (Aufsichtsbild) wiedergegeben, so sind hierdurch 20 von 100 Versuchspersonen zufriedengestellt. Setzt man voraus, daß die in den Nachbarklassen 106 und 108 vertretenen 16 bzw. 14% Personen neben der Farbe ihrer Klasse auch die Farbe 107 als identisch mit „ihrer" Erinnerungsfarbe betrachten, so werden bereits 20% + 16% + 14% = 50% aller Versuchspersonen von der Farbe 107 zufriedengestellt.

In vielen Fällen ist es zweckmäßig, sich das Kollektiv aller Versuchspersonen als eine einzige (überindividuelle) „Person" vorzustellen, die die Eigenschaften aller Beobachter hinsichtlich des Farberinnerungsvermögens in sich vereinigt[1]. Dann stellt die Verteilungskurve die Häufigkeit der von dieser Person in einem Reihenversuch „erzielten Treffer" für jede Klasse dar. Ein steiler Verlauf der Flanke der Verteilungsfunktion bedeutet dann große Empfindlichkeit, ein flacher Verlauf entsprechend geringere Empfindlichkeit und ein waagerechter Verlauf völlige Indifferenz des Farbengedächtnisses der Kollektivperson gegen Farbtonabweichungen nach der betreffenden Richtung. Ist die Verteilungskurve schmal und (deshalb) beidseitig steil, wie z. B. bei Blau, so spricht man von großer „Schärfe" des Farberinnerungs-

---

[1] Es ist nichts Besonderes, ein Kollektiv verschiedener Einzelindividuen als „Person" anzusehen; beispielsweise ist es üblich, in der Staatsbürgerkunde einen Staat als „Person" zu bezeichnen.

vermögens, oder was dasselbe ist, von großer Sicherheit des Wiedererkennens; ist sie nur einseitig steil, so ist das Farberinnerungsvermögen als „einseitig scharf" oder als scharf gegen den diesbezüglichen Nachbarfarbton zu bezeichnen.

3. Die Versuchsergebnisse und ihre Diskussion

3.1. Die Form der Verteilungskurven der Erinnerungsfarben

In den Abb. 2a—c sind die Verteilungskurven, wie sie sich bei den Versuchen ergeben haben, einzeln für alle 18 Testfarben aufgezeichnet. Tab. 2 bringt die aus den Kurven abgeleiteten Kennzahlen: Mittelwert, Streumaße und mittlere Schwankung.

Rot (1). Für Rot (1) ergeben sich zwei verschiedene Verteilungskurven, je nachdem ob man die Abweichung vom glatten Verlauf der (mit eingezeichneten) Summenkurve als zufällig bedingt (ausgezogene Kurve) oder als real (gestrichelte Linie) ansieht. In beiden Fällen zeigt die Verteilungskurve einen ausgesprochenen unsymmetrischen Charakter, im ersteren Falle mit einem nach Gelb verschobenen (bei Farbe 4 liegenden) Maximum der Verteilung; im zweiten Falle besteht sie aus zwei zu verschiedenen Seiten der Testfarbe gelegenen Einzelverteilungen mit je einem Maximum, von denen die nach Blau verschobene, zwischen 119 und 120 gelegene Verteilung ausgesprochen scharf, die nach Gelb verschobene Einzelverteilung weniger scharf (mit etwa 4facher Halbwertsbreite der scharfen Verteilung) ist[1].

Die Lage des Maximums der ausgezogenen Verteilung besagt, daß von dem Kollektiv der Versuchspersonen Abweichungen nach der gelben weniger als nach der blauen Seite bemerkt werden, d. h., daß im Laufe des Erinnerungsprozesses eine nach der gelbroten Seite gehende Farbverschiebung stattfindet. Die steile Flanke der Verteilungskurve nach der gelbroten Seite hin bedeutet, daß die „Empfindlichkeit" der Versuchspersonen gegen gelbere Rottöne, als sie dem Maximum der Verteilungskurve entsprechen (von etwa Klasse 4 ab), verhältnismäßig hoch ist. Im Gegensatz hierzu ist — wie die nach den blauen Rottönen gerichtete flachere Flanke zum Ausdruck bringt —, die Empfindlichkeit gegen blauere Rottöne wesentlich geringer.

Zieht man die aus den oben betrachteten zwei Einzelverteilungen bestehende (gestrichelte) Verteilungskurve in Betracht, so läßt diese die Deutung zu, daß das Kollektiv der Versuchspersonen aus zwei hinsichtlich des Farberinnerungsvermögens verschieden reagierenden Personengruppen („Typen") besteht: einer Gruppe, welche die Testfarbe (Farbton-Nummer 1) mit außerordentlicher Schärfe mit dem blaueren Farbton 119½ reproduziert, und einer zweiten zahlenmäßig im Übergewicht befindlichen Gruppe, die die Testfarbe mit wesentlich breiterer Streuung um etwa drei Stufen zu gelb reproduziert.[2] Auch diese Auswertung führt zu dem gleichen Ergebnis

---

[1] Diese Erscheinung wurde bei weiteren Farben (Gelb 28, Grün 58, Bg II 72), zum Teil in noch ausgeprägterer Weise. beobachtet. Die der Originallage nächstliegende der beiden Verteilungen weist dabei immer eine große Schärfe auf. Auch die Verteilungsfunktionen von Or II und BR II lassen sich auf gleiche Weise interpretieren.

[2] Nach persönlicher Mitteilung von Herrn Prof. RICHTER, Berlin, wurden von ihm bei farbpsychologischen Versuchen ähnliche Beobachtungen gemacht. Auch EHRLER stellt bei seinen Versuchen einen Blau- und einen Rottypus fest [4], S. 281, die sich — wie bei uns — außer durch die Lage des Mittelwertes für die Erinnerungsfarbe auch noch durch die Größe der Streuung unterscheiden.

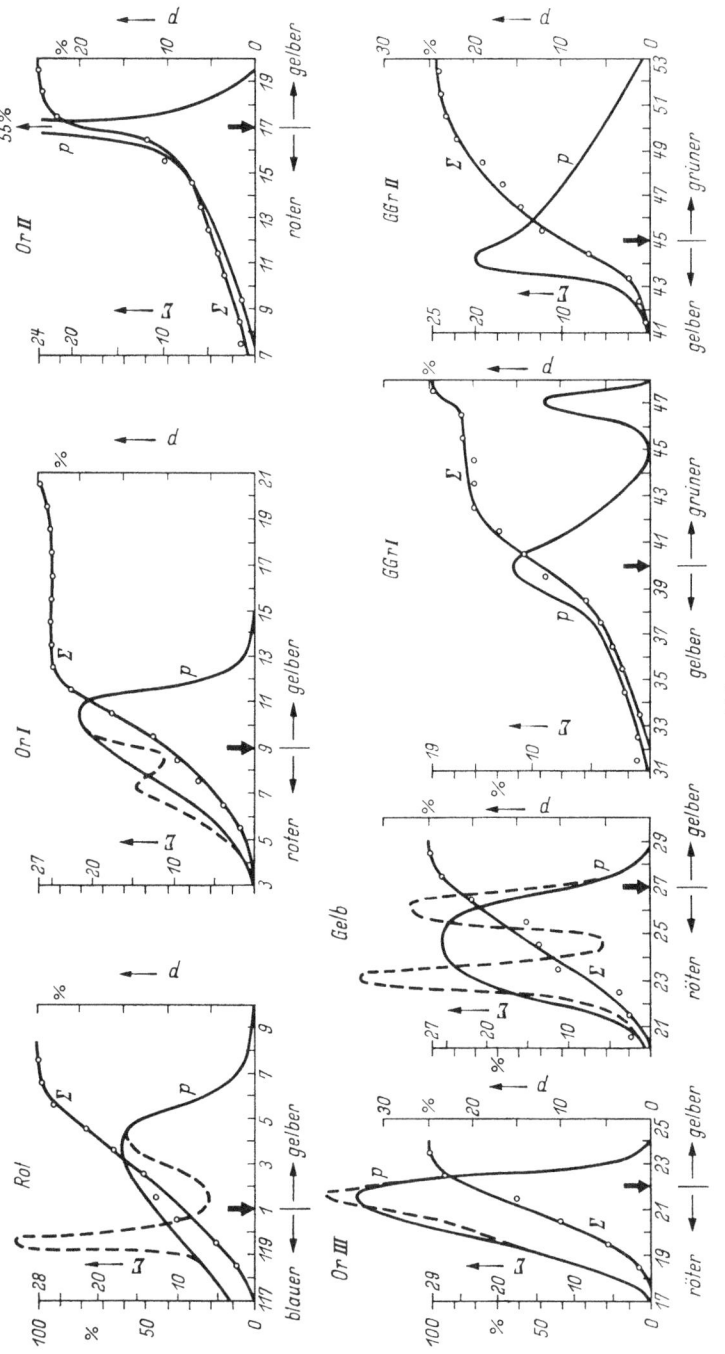

Abb. 2a.

Abb. 2a-c. Die Häufigkeitsverteilung der Erinnerungsfarben für die 18 Testfarben. Die Darstellung enthält außerdem die Einzelwerte für die Summenhäufigkeit und die geglättete Summenkurve.

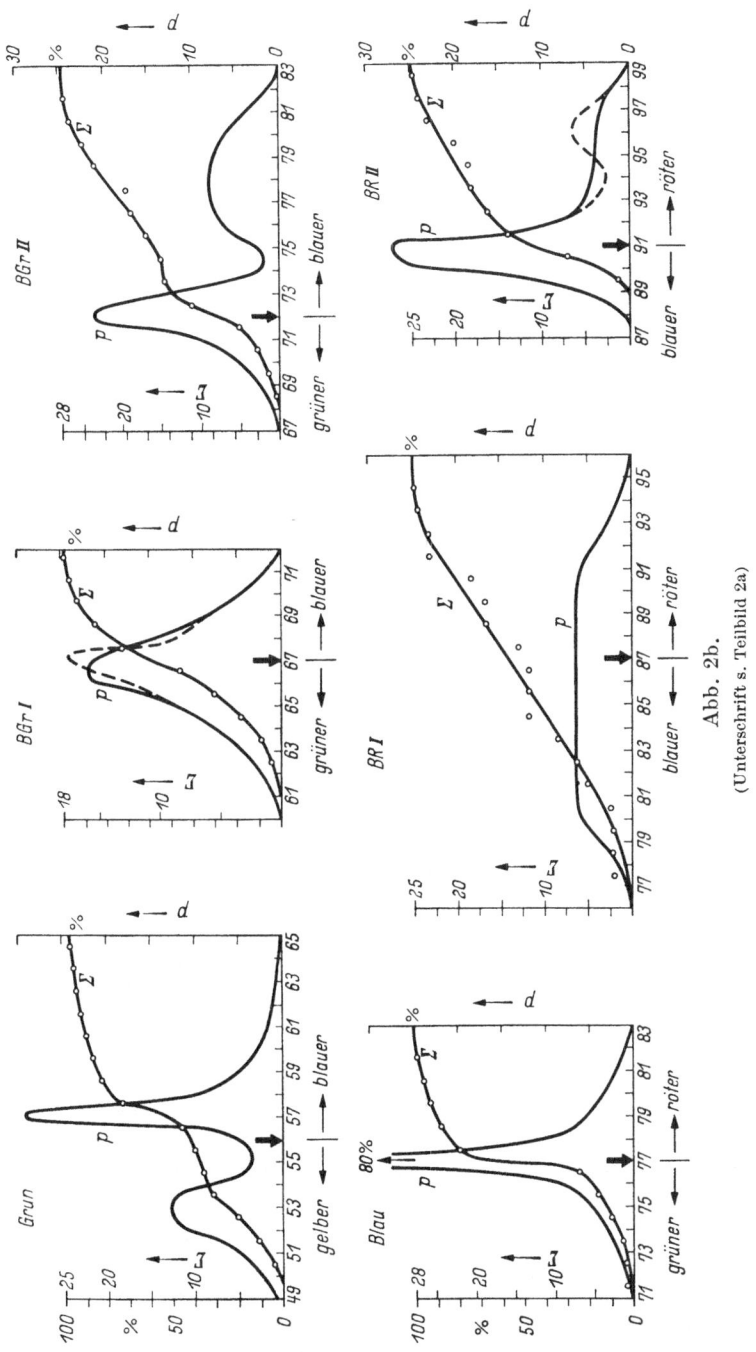

Abb. 2b.
(Unterschrift s. Teilbild 2a)

316 E. Hellmig

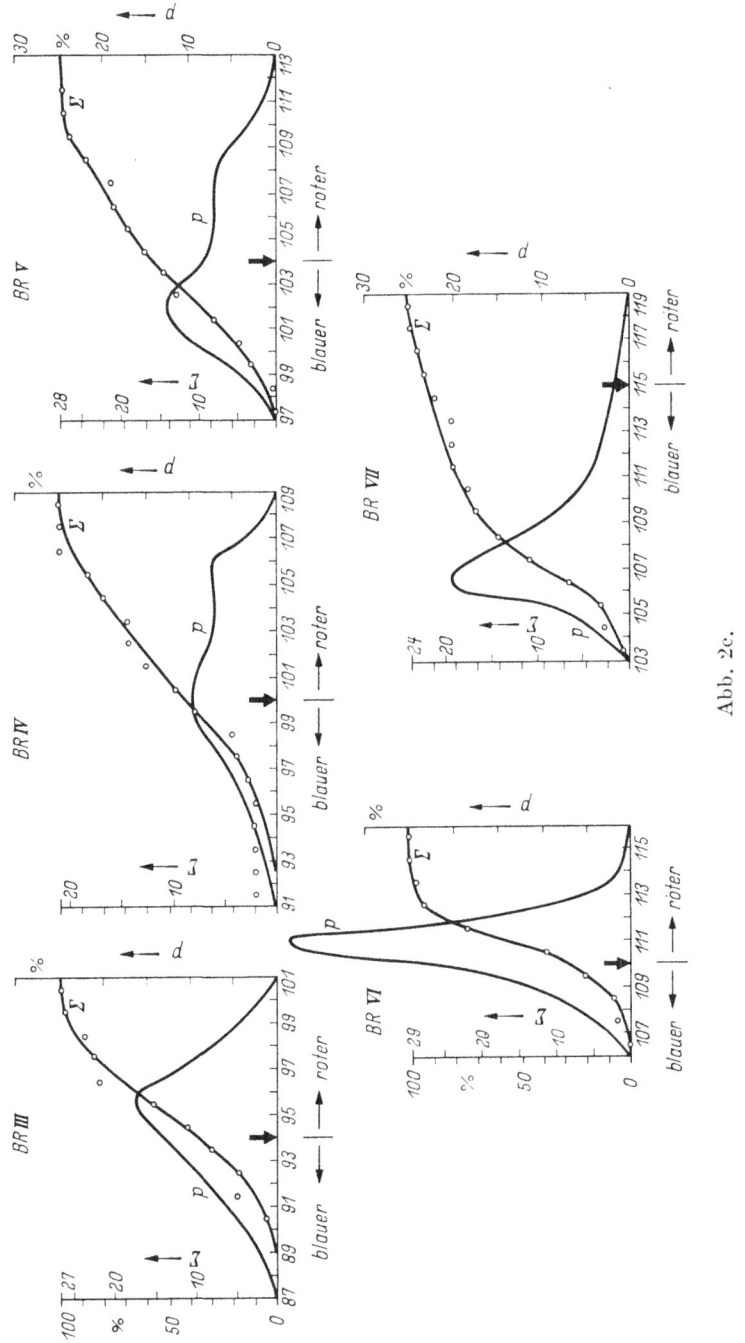

Abb. 2c.
(Unterschrift s. Teilbild 2a)

wie oben, daß von der überwiegenden Mehrzahl der Beobachter die Farbtonabweichungen nach Gelb weniger bemerkt werden als die nach Blau. Zum gleichen Ergebnis kommt LOEB [3], S. 117 und 127, der im Gegensatz zu COLLINS [5] S. 347 feststellt, daß „Rot öfter nach dem violetten Spektrumende (also nach kürzeren Wellenlängen, d. h. nach Gelb) abweicht" als nach dem roten Spektrumende.

Or I (10) zeigt einen ähnlichen Charakter der Verteilungskurve wie Rot: steilerer Abfall nach Gelb, weniger steiler Abfall nach Rot; der Maximalwert liegt diesmal leichter nach Geld (nur um 1½ Farbton-Nummern) verschoben als bei Rot. Auch bei dieser Farbe erscheint die Zerlegung in zwei zu verschiedenen Seiten der Testfarbe gelegene Einzelverteilungen (gestrichelte Kurve) möglich.

Or II (17). In der Verteilungskurve von Or II sind die Kennzeichen der Schärfe des Farberinnerungsvermögens gegen Farbtonabweichungen nach der gelben und nach der roten Seite, wie sie bei den beiden vorhergehenden Farben auftraten, geradezu übertrieben ausgeprägt: scharfe Erinnerung nach der gelben Seite, unscharfe Erinnerung nach der roten Seite, außerordentlich steiles Maximum, was große Schärfe eines Teilkollektives der Versuchspersonen ausdrückt. Das Maximum liegt, im Gegensatz zu Rot und Or I genau an der Stelle der Testfarbe. Der Mittelwert des gesamten Kollektives liegt, gegen die Testfarbe jetzt nach Rot verschoben.

Auch BURNHAM und CLARK stellen für rotes Gelb große Schärfe des Wiedererkennens fest [8], neben rötlichem Gelb (Or III) wird diese Farbe von allen von den Verfassern untersuchten Farben am schärfsten wiedererkannt.

Or III (21) ist eine Farbe, die — im Gegensatz zu den vorgenannten Farben — vom Gesamtkollektiv der Versuchspersonen einheitlich und nach BR VI von allen hier

Tabelle 2. *Mittelwert und Streuungsmaße für die in Abb. 2 dargestellten Häufigkeitsverteilungen*

Farbe und Farbton-Nr. t	Mittelwert m	m-t	Verteilungsbreite 80%	Verteilungsbreite 60%	μ	σ	MDA	Bemerkungen. Es blieben unberücksichtigt:
R	1	2,3	1,3	6,6	5,0	0,51	2,70	2,35	
Or I	9	9,0	0,0	5,7	3,9	0,39	1,97	1,60	2 Ausreißer[1]
Or II	17	15,4	−1,6	7,4	4,1	0,52	2,47	2,01	1 Ausreißer
Or III	22	21,0	−1,0	3,3	2,3	0,25	1,33	1,17	
G	27	24,9	−2,1	5,4	3,9	0,35	1,74	1,59	2 Ausreißer
Ggr I	40	39,8	−0,2	7,0	4,4	0,40	1,40	1,29	Das Nebenkoll. bei 47 und 3 A
Ggr II	45	46,2	1,2	6,8	4,7	0,50	2,43	2,00	1 Ausreißer
Gr	56	55,6	−0,4	9,0	5,6	0,63	3,08	2,65	1 Ausreißer
Bg I	67	66,3	−0,7	5,6	3,6	0,49	2,06	1,65	
Bg II	72	74,5	2,5	9,0	6,5	0,65	3,44	2,84	
B	77	76,9	−0,1	4,6	1,5	0,31	1,63	1,02	1 Ausreißer
Br I	87	86,1	−0,9	11,1	8,8	0,96	4,80	4,20	
Br II	91	92,3	1,3	6,6	4,5	0,51	2,56	2,18	
Br III	94	94,8	0,8	6,7	4,4	0,49	2,52	2,04	
Br IV	100	101,6	1,6	9,8	7,0	0,70	3,07	2,67	2 Ausreißer
Br V	104	103,9	−0,1	9,2	6,8	0,64	3,39	2,94	
Br VI	110	110,9	0,9	3,2	2,1	0,23	1,20	0,87	2 Ausreißer
Br VII	115	108,8	−6,5	9,7	5,5	0,77	3,78	3,01	

[1] Als „Ausreißer" wurden hier ein oder höchstens zwei vom (linken und rechten) Rande der Verteilung abgetrennt liegende „Fälle" bezeichnet.

untersuchten Farben am schärfsten wiedererkannt wird. Maximum und Mittelwert der Verteilung sind gegenüber der Testfarbe jetzt in geringem Maße nach Rot verschoben.

Auch dieses Ergebnis ist in Übereinstimmung mit den Versuchen von COLLINS [5], S. 345/346, die an einem leicht rötlichen Gelb (farbtongleiche Wellenlänge $\lambda_f = 588$ mμ) mit fünf Beobachtern die große Schärfe der Farberinnerung für diese Farbe hervorhebt, wobei die verhältnismäßig einheitliche Bewertung der Schärfe durch die bei anderen Farben, z. B. Grün (s. d.) unterschiedlich urteilenden Versuchspersonen betont wird. Auch die Rot-Tendenz der Erinnerungsfarbe für diese Testfarbe geht aus den Versuchen von COLLINS ([5], Fig. 1) hervor.

BURNHAM und CLARK finden ebenfalls für rötliches Gelb die größte Schärfe des Wiedererkennens unter allen untersuchten Farben [8] bei sehr scharf ausgebildetem Maximum (53%) aller Versuchspersonen. Zum grundsätzlich gleichen Ergebnis kommen HAMWI und LANDIS [10], S. 186 (Farbe 3gc).

Gelb (27). Die Verteilungskurve dieser Farbe, weniger scharf als bei der vorhergehenden Farbe, aber auch einheitlich wie jene, liegt praktisch vollständig im gelbroten Bereich. Ein reines Gelb wird also von fast allen Versuchspersonen als mehr oder weniger orange-getöntes Gelb reproduziert, dagegen so gut wie überhaupt nicht als grünliches Gelb. Maximum und Mittelwert der Verteilung sind um etwa 2½ Farbstufen des 120teiligen Farbkreises nach Rot verschoben.

Das Ergebnis ist in Übereinstimmung mit Untersuchungen von LOEB [3], S. 117 und 127, der an der Spektralfarbe Gelb häufigere Abweichung nach dem langwelligen (roten) Ende feststellt als nach dem kurzwelligen Spektrumsende. BURNHAM und CLARK finden die Erinnerungsfarbe sogar für grünliches Gelb nach leicht rötlichem Gelb farbtonverschoben [8], S. 169.

Auch bei dieser Farbe ist die Zerlegung der Verteilungsfunktion in zwei schärfere Einzelverteilungen möglich. Man kann sie wieder zwei Typen von Versuchspersonen zuschreiben, die beide eine sehr scharfe Farberinnerung haben und von denen der eine die Farbe praktisch als reines Gelb (nur 1 Stufe nach Orange verschoben), der andere als oranges Gelb (Maximum bei 23; also 4 Stufen nach Orange III verschoben) reproduziert.

Ggr I (40). Diese Farbe wird mit mittlerer Schärfe aus dem Gedächtnis wiedererkannt, wobei die kleine Nebenverteilung bei Farbton-Nummer 47 außer Betracht blieb.

Da wir bei Ggr I etwa gleiche Verteilungsbreite wie bei Rot fanden, entspricht unser Ergebnis in *diesem Punkte* nicht der von COLLINS [5], S. 114, für die farbtongleiche Spektralfarbe gemachten Feststellung, daß „die Präzision des Gedächtnisses für Gelb (nahezu gleiche farbtongleiche Wellenlänge wie unser Ggr I, $\lambda_f = 562$ mμ) weit besser ist als für Grün und Rot". Ob die im Grüngelben bei 47 befindliche Nebenverteilung Realität hat, bleibt offen.

Ggr II (45). Bei dieser Farbe ist große Unsicherheit des Wiedererkennens sichtbar; das Wiedererkennen ist nach der grünen Seite hin ausgesprochen unscharf, nach der gelben Seite hin scharf: ein Ergebnis, zu dem auch v. KRIES und SCHOTTELIUS [2], S. 242, gelangen. Die Verteilungskurve dieser Farbe ist analog der von

Or II, die beide nach der gelben Mischkomponente steil, nach der anderen Mischkomponente (Rot bzw. Grün) flach abfallen[1].

Grün (56) ist — obwohl Urfarbe — nicht anders als die beiden Gelbgrüns, durch große Unsicherheit des Wiedererkennens gekennzeichnet: die Streuung bewegt sich sowohl nach der gelben als auch nach der blauen Seite hin.

In der Verteilungskurve prägen sich zwei deutlich voneinander getrennte, etwa symmetrische Einzelverteilungen aus, die wiederum zwei Typen von Versuchspersonen zugeschrieben werden können: einem Typ, der die Testfarbe nahezu richtig und mit ausgesprochen scharfem Farbengedächtnis erkennt, und einem, dessen Erinnerungsfarbe um drei Farbtonzahlen nach der gelben Seite verschoben und dessen Schärfe wesentlich geringer ist. Bemerkenswert ist — wie schon im Falle Ggr II/Or II gefunden — die (spiegelbildliche) Ähnlichkeit der vorliegenden Verteilungskurve mit der *(gestrichelten)* von Rot.

Auch COLLINS [5], S. 347, v. KRIES und SCHOTTELIUS [2], S. 200, und LOEB [3]-S. 103, betonen die große Unsicherheit des Farbengedächtnisses für (leicht gelb, liches) Grün mit $\lambda = 535$ mμ bzw. 523 mμ; die Abweichungen liegen bei LOEB [3], S. 117, stärker nach der gelben, bei COLLINS [5], S. 350, stärker nach der blauen Seite. Diese anscheinend sich widersprechenden Ergebnisse können aus der Form der von uns gefundenen Verteilungskurve, insbesondere aus der Annahme zweier verschiedener, hinsichtlich der Schärfe des Farbengedächtnisses unterschiedlich reagierender Typen erklärt werden, wie sie oben beschrieben wurden. COLLINS stellt auch große Unterschiedlichkeit in der Sicherheit des Wiedererkennens von Grün zwischen den einzelnen Versuchspersonen fest. In Übereinstimmung mit diesem Befunde steht auch das Ergebnis von BURNHAM und CLARK [8], die bei reinem Grün große Streubreite der Erinnerungsfarben und geringst ausgebildetes Maximum der Verteilungsfunktion finden (mit nur 22% aller Versuchspersonen.) Auch HAMWI und LANDIS finden große Unsicherheit des Wiedererkennens von Grün [10], S. 188.

Bgr I (67) wird, verglichen mit den oben beschriebenen Grün- und Gelbgrüntönen, verhältnismäßig sicher wiedererkannt. Zum gleichen Ergebnis gelangte COLLINS [5], S. 349, an einer blaugrünen Spektralfarbe der Wellenlänge 500 mμ.

Bgr II (72). Diese Farbe weist wieder eine verhältnismäßig große Verteilungsbreite auf; sie wird also sehr unsicher wiedererkannt, ein Ergebnis, zu dem auch HAMWI und LANDIS [10], S. 188, kommen. Bei dieser Farbe wurden, ähnlich wie bei Grün und Rot, wieder zwei getrennte, etwa symmetrische Einzelverteilungen ermittelt, von denen die eine eine verhältnismäßig scharfe Verteilung um die Lage der Testfarbe aufweist, und die andere, wesentlich unschärfere Verteilung um eine stark (6 Stufen) nach Blau verschobene Lage angeordnet ist, also genau an der Stelle der nachfolgenden Testfarbe Blau (77), liegt. Für dieses Teilkollektiv von Versuchspersonen fallen also die beiden Farben Bgr II und Blau erinnerungsmäßig zusammen. Hierzu stimmt die Beobachtung von HAMWI und LANDIS [10, Tab. 3], daß grünliches Blau beim Erinnerungsvorgang nach Blau verschoben wird. Wenn

---
[1] Als Ursache für die größere Schärfe des Farbengedächtnisses gelblich-grüner Farben nach der gelben Seite hin sieht EHRLER [4], S. 242 die gegenüber Grün größere Helligkeit des Gelbs an. Diese Erklärung würde dann auch für den steilen Abfall der Verteilungskurve der Orangefarben, insbesondere von Or II, nach der gelben Seite hin gelten.

COLLINS [5], S. 349, feststellt, daß Blaugrün (Wellenlänge $\lambda = 486$ mμ, dort wird diese Farbe „Blau" genannt) mit verhältnismäßig großer Schärfe wiedererkannt wird („very easy to remember"), so ist dieses Ergebnis mit dem unseren verträglich, wenn man annimmt, daß die von COLLINS benützten Versuchsperson dem „scharfen" der beiden beschriebenen Typen angehört.

Blau (77). Diese Farbe wird mit sehr großer Schärfe wiedererkannt, die — gemessen an der 80%-Verteilungsbreite — nur noch von BR VI und Or III übertroffen wird. Blau ist somit die am schärfsten wiedererkennbare Urfarbe.

Die Ergebnisse von v. KRIES und SCHOTTELIUS, LOEB und COLLINS stehen hiermit in voller Übereinstimmung. So findet LOEB [5], S. 114, unter den von ihm untersuchten Farben (Blau, Grün, Gelb, Rot) das schärfste Farbengedächtnis neben Gelb (identisch mit Ggr I) bei Blau; und nach COLLINS, der vier Farben gleicher Bezeichnung untersuchte, wird die Schärfe für Blau nur noch von Gelb (identisch mit OR III) übertroffen. v. KRIES und SCHOTTELIUS [2], S. 208, stellen fest, daß von den durch die beiden Verfasserinnen untersuchten Farben (Orange, Gelb, Gelbgrün, Grün, Blaugrün) neben dem Gelb das Blau 473,5 mμ (es wird dort als „Blaugrün" bezeichnet) vom Farbengedächtnis am schärfsten reproduziert wird. Auch HAMWI und LANDIS [10], S. 186, stellen sichere Wiedererkennbarkeit von Blau fest. Im Gegensatz hierzu finden BURNHAM und CLARK [8], S. 167, gegenüber der am schärfsten erkennbaren Farbe (rötliches Gelb $\approx$ Or III) eine etwa doppelt so große Unschärfe (Streubreite der Verteilung)[1].

Blaurot I (87) zeigt hinsichtlich Schärfe des Wiedererkennens extrem gegensätzliches Verhalten zu der Nachbarfarbe Blau. Der Streubereich der Verteilungskurve erstreckt sich ohne erkennbares Maximum etwa vom Farbton 80 bis zum Farbton 92; er reicht also nahezu von der Nachbarfarbe Blau (77) über die andere Nachbarfarbe Br II (91) bis zur übernächsten Farbe BR III. Diese Farbe ist also durch hohe Unsicherheit im Wiedererkennen ausgezeichnet und steht in dieser Hinsicht an erster Stelle.

BR II (91) weist nach Blau hin steilen Flankenabfall auf. Gegen Abweichungen nach Blau ist das Farbengedächtnis also sehr empfindlich. An den steilen Flankenabfall nach der roten Seite hin schließt sich ein Gebiet langsamen Abfalls an. Farbabweichungen nach Rot hin werden also von einer geringen Zahl von Beobachtern nicht als solche erkannt. Das im übrigen steil ausgebildete Maximum der Verteilungskurve liegt an der Stelle des vorgezeigten Farbmusters. Auch bei dieser Farbe ist die Zerlegung der Verteilungsfunktion in eine scharfe, lagerichtige und in eine unscharfe, um drei bis vier Farbton-Nummern nach Rot verschoben liegende Einzelverteilung möglich.

BR III (94) weist eine fast symmetrische, etwa normale Verteilung mittlerer Breite auf. Die Abweichungen nach Blau gehen über das BR II (91); nach Rot reichen sie bis zum BR IV (100).

BR IV (100) ist wieder eine über einen weiten Bereich verteilte Farbe, sie ist also außerordentlich unsicher aus der Erinnerung zu reproduzieren. Nach dem Blau hin reicht die Verteilungsfunktion bis zum BR III, nach dem Rot hin bis BR V. An Unschärfe wird sie nur von BR I (87) übertroffen.

---

[1] Läßt man dagegen den einen „Ausreißer" (in Tab. 2 v. [8]) bei -12 fort, so zeigt Blau (Testchip 55) mit 7 Stufen nahezu die gleiche Streubreite wie rötliches Gelb (Testchip 9) mit 6 Stufen, was auch unserem Befunde entspricht.

BR V (104) hat ebenfalls einen weiten Streubereich; er reicht auf der blauen Seite bis über BR IV, auf der roten Seite bis über BR VI (110). Das Maximum der Verteilung ist, von dem vorgezeigten Farbmuster (104) aus gemessen, nach der roten Seite zu gelegen.

BR VI (110) weist — im Gegensatz zu allen anderen BR-Farben — überraschenderweise eine sehr scharfe Verteilung auf. Es ist die schärfste Verteilung aller von uns untersuchten Farben. Ihr Maximum liegt (nahezu) an der Stelle, wo die Testfarbe liegt.

BR VII (115) zeichnet sich wieder durch große Unsicherheit des Wiedererkennens aus. Neben dem großen Streubereich ist die gegenüber der Testfarbe (115) stark (um 8 Stufen) nach Blau verschobene Lage des Maximums bemerkenswert. Die Verschiebung reicht sogar bis jenseits der bei 110 liegenden Nachbarfarbe BR VI und liegt zwischen dieser Farbe und BR V. Die Erinnerungsfarbe ist also so weit nach Blau verschoben, daß selbst das BR VI, aus der Erinnerung beurteilt, noch als zu rot betrachtet wird. Es ist dies ein besonders deutliches Beispiel für die farbton-verschobene Reproduktion einer Erinnerungsfarbe. Auch HAMWI und LANDIS fanden für ein (schwärzliches) Blaurot starke Blauverschiebung der Erinnerungsfarbe; diese ist aber nach der Meinung der beiden Verfasser durch den hohen Schwarzgehalt der Purpurfarbe bedingt oder wenigstens mitbedingt [10], Tab. 3 und S. 192.

3.2. Die Mittel- und Streuwerte für die Erinnerungsfarben

Zu weiteren Erkenntnissen über das Verhalten des Farbengedächtnisses kommt man, wenn man die soeben besprochenen Ergebnisse in zusammenhängender gra-

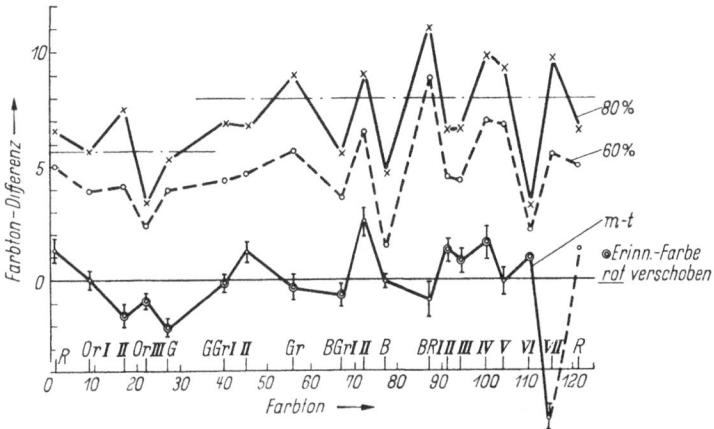

Abb. 3. Die Streubreite der Verteilungskurven (Verteilungsbreite) für die 18 Testfarben und die Verschiebung $m - t$ des Mittelwertes m der Verteilung gegen die Lage t der Testfarbe (mit eingezeichneter mittlerer Schwankung μ des Mittelwertes).
Die mit ⊙ versehenen Mittelwerte sind nach der „wärmeren" Seite (nach Rot zu) verschoben.

phischer Darstellung betrachtet. Der besseren Übersicht halber werden hierfür aber nicht die Verteilungsfunktionen selbst, sondern die hieraus abgeleiteten Kennzahlen: Mittelwert m und 80%- bzw. 60%-Verteilungsbreite benützt (Abb. 3). In Abb. 4

sind die 80%- bzw. 60%-Verteilungsbreiten in Abhängigkeit von der Farbton-Nummer graphisch dargestellt, über der gleichen Abszisse ist auch die Verschiebung des Mittelwertes m der Gedächtnisfarben gegenüber der Lage t der zugehörigen Testfarbe, also die Größe $m - t$, einschließlich der mittleren Schwankungen des arithmetischen Mittels, aufgetragen. Die Zahlenwerte entnehme man der Tabelle 2.

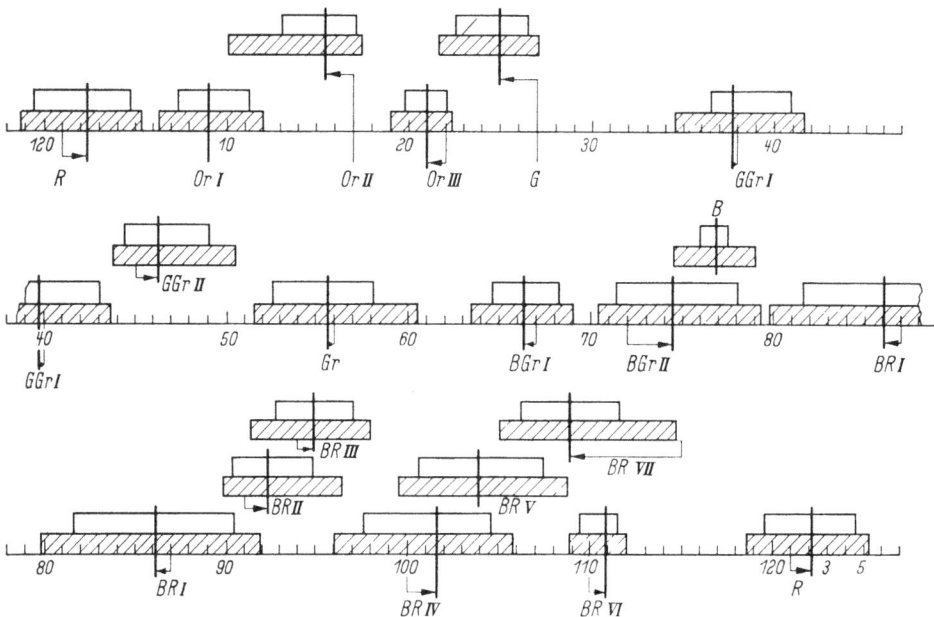

Abb. 4. Die Ausdehnung der Verteilungsfunktionen für die Erinnerungsfarben (80%- bzw. 60%-Verteilungsbreite) über den Bereich der Farbton-Nummern. Der Pfeil deutet Maß und Richtung des Abstandes des Mittelwertes der Verteilung von der Lage der Testfarbe an.

Aus der Abb. 3 lassen sich unmittelbar die folgenden Ergebnisse ablesen:

1. Die Schärfe des Farberinnerungsvermögens (Verteilungsbreite) ist für die verwendeten hochgesättigten Farben des Farbtonkreises stark unterschiedlich, insbesondere zwischen bestimmten Nachbarfarben (z. B. Br VI/Br V oder Br VI/Br VII).

Damit wird das entsprechende von COLLINS [5], S. 349, an Spektralfarbenpaaren (Blau 461 und 486 mμ, Grün 500 und 535 mμ) gefundene grundsätzliche Ergebnis für Körperfarben bestätigt. Zum gleichen Ergebnis kommen HAMWI und LANDIS [10], S. 192.

2. Die größte Schärfe des Wiedererkennens wird bei Br VI, bei Or III, Blau und Gelb (annähernd Urblau bzw. Urgelb), die geringste Schärfe (größte Unsicherheit) bei Br I, Br IV und Br VII (= Urrot) festgestellt.

Die Urfarben sind also auch hinsichtlich der Schärfe des Wiedererkennens vor den Mischfarben keineswegs ausgezeichnet, ein Ergebnis, zu dem auch COLLINS [5], S. 349, EHRLER [4], S. 274, und v. KRIES und SCHOTTELIUS [2], S. 208, kommen. Gleichzeitig bestätigen wir das Ergebnis von EHRLER [4], daß „gewisse Mischqualitäten („Zwischenfarben") vor den reinen Qualitäten ausgezeichnet sind durch relativ höhere Sicherheit des Wiedererkennens" (S. 276).

3. Von den Urfarben (G, Gr, B, Br VII) werden Gelb und Blau am schärfsten (Verteilungsbreite 5,4 bzw. 4,6), Rot und Grün am unsichersten (9,7 bzw. 9,0) wiedererkannt, was ebenfalls in Übereinstimmung mit den Ergebnissen von LOEB [3], S. 114, COLLINS [5], S. 348, 350 und 351, und v. KRIES und SCHOTTELIUS [2], S. 208, steht[1].

4. Die Farben der warmen Farbtonreihe R bis G zeigen *im Mittel* eine schärfere Reproduktionsfähigkeit (Mittelwert der Erinnerungsbreite = 5,7) als die Farben der kalten Farbtonreihe Ggr I bis B (7,8) und der Purpurreihe Br I bis Br VII (8,0).

Zu einem ähnlichen Ergebnis kommt WUND, der in [12], S. 461, feststellt, daß „namentlich die Wiedererkennung für die Mischungen von Rot und Gelb viel vollkommener ist als die von Rot und Blau". Vergleicht man die Abb. 3 mit den von verschiedenen Autoren erhaltenen Kurven über die Abhängigkeit der Schwellenempfindlichkeit des Auges gegen Spektralfarben (s. z. B. in [13], S. 155/156), so läßt sich eine Ähnlichkeit der genannten Kurven nicht erkennen. Ein Zusammenhang des Farberinnerungsvermögens mit der Schwellenempfindlichkeit des Auges kann in den vorliegenden an Körperfarben durchgeführten Versuchen — im Gegensatz zu Versuchsergebnissen von v. KRIES und SCHOTTELIUS [2], S. 208, nicht bestätigt werden[2].

Die Betrachtung der Kurve $m - t$ (Verschiebung des Mittelwertes der Verteilung gegenüber der Lage der Originalfarbe) in der gleichen Abbildung läßt die folgenden Ergebnisse erkennen:

5. Die Abweichungen der Mittelwerte für die jeweiligen Gedächtnisfarben von der Lage der zugehörigen Testfarbe sind klein gegen die durchschnittliche Verteilungsbreite (wenn man von BR VII absieht). Sie sind auch absolut gesehen klein und betragen — wieder BR VII ausgenommen — weniger als 2½ Stufen, bei 15 von 18 Farben sogar weniger als 1½ Stufen des 120teiligen Farbenkreises! Das besagt, daß überraschenderweise trotz der verhältnismäßig hohen Unsicherheit, mit der die meisten Gedächtnisfarben reproduziert werden, der Mittelwert dieser Farben mit der Lage der Testfarbe bis auf die genannten kaum ins Gewicht fallenden Differenzen zusammenfällt.

6. Die festgestellten geringfügigen Abweichungen des Mittelwertes zeigen keine bestimmte Richtung, wie auch BURNHAM und CLARK [8], S. 169, feststellen. Die von uns ermittelten obengenannten Abweichungen des Mittelwertes kommen nach der langwelligen Seite öfter (in 8 von 18 Farben) vor als nach der kurzwelligen Seite (5 von 18 Farben). Der Rest (5 Farben) zeigt keine Abweichungen.

Genauer: Die orange Töne (Or II u. III) und Gelb, ebenso die meisten blauroten Töne (Br II bis VI mit Ausnahme von BR V) werden erinnerungsmäßig röter; R wird

---

[1] Die bei uns mit Blau $\lambda_f = 474$ mμ bezeichnete Farbe ist, wie bereits erwähnt, im Farbton praktisch identisch mit der bei v. KRIES und SCHOTTELIUS mit Blaugrün ($\lambda = 473{,}5$ mμ) bezeichneten Spektralfarbe.

[2] Ein Zusammenhang dieser beiden so verschiedenartigen Fähigkeiten — die eine ist eine Gedächtnisleistung, die andere eine Sehleistung — ist bisher nicht begründet worden und höchstens als *bedingt* vorhanden zu erwarten, indem die Sehleistung die Voraussetzung für eine entsprechende Gedächtnisleistung ist, aber nicht eine bestimmte Gedächtnisleistung zwingend nach sich zieht. Die gleiche Grundhaltung nehmen NEWHALL, BURNHAM und CLARK ein („Memory is so different from perception that important color differences between memory matching and perceptual matching would not be surprising" [9], S. 43).

gelber, Gg II, Bg II und vor allem BR VII werden blauer reproduziert. Or I, Gr, B und Br V werden im Mittel genau, Bg I und Br I nahezu genau (innerhalb der Streuung μ) reproduziert.

Diese Abweichungstendenz der verschiedenen Farben entspricht im großen ganzen den Beobachtungen von LOEB [3], S. 117, ,,daß Gelb und Grün öfter nach dem roten Spektrumende abweicht" (also rötlicher bzw. gelblicher aus der Erinnerung reproduziert werden), ,,Rot öfter nach dem violetten Spektrumende (also gelblicher), und Blau etwa gleiche Abweichungstendenz nach beiden Richtungen zeigt" (der Mittelwert also originalrichtige Lage hat).

Diese Feststellung treffen — abgesehen von einigen besonderen Farben — auch HAMWI und LANDIS [10], S. 192.

Die obige Aufzählung läßt außerdem erkennen:

7. Die Urfarben sind auch hinsichtlich der Lage des Mittelwertes vor den Mischfarben keineswegs ausgezeichnet.

In Abb. 4 sind die 80%- und die 60%-Verteilungsbreite als übereinanderliegende Säulen in maßgerechter Ausdehnung über der Skala der Farbton-Nummern aufgetragen; der Mittelwert der Gedächtnisfarben ist durch einen senkrechten Strich durch die Säulen bezeichnet; die Lage der Originalfarben ist auf der Skala vermerkt, so daß die Verschiebung des Mittelwertes gegen die ursprüngliche Lage ihrer Größe und Richtung nach anschaulich wird (Pfeil).

Aus der Abbildung ist unmittelbar zu entnehmen, daß die Erinnerungsfarben der über den ganzen Farbkreis verteilten Originalfarben sehr häufig gegenseitige Überdeckungen zeigen. Meist sind diese Überdeckungen nur teilweise vorhanden, wie z. B. zwischen Or I/Or II oder Gg I/Gg II; aber sie können auch vollständig sein, wie z. B. zwischen B/Bg II oder Br VI/Br VII, wo das schärfer verteilte der beiden Kollektive (B bzw. BR VI) vollständig in dem zweiten (breiter verteilten) Kollektiv liegt. Diese Überdeckungen bedeuten anschaulich, daß Nachbarfarben — aus der Erinnerung beurteilt — ,,verwechselt" werden können. Bemerkt sei beiläufig, daß die Überdeckungen keine Eigenschaft der Farben an sich, sondern deren Zahl und deren Verteilung über die Farbtonskala sind. So sind die zahlreichen aus Abb. 4 ersichtlichen Überdeckungen bei den Purpurfarben durch die dichtere Lage der Originalfarben im Purpurbereich bedingt.

An der Abb. 4 läßt sich auch die ungefähre Zahl der durch die Erinnerung noch unterscheidbaren Farben hoher Sättigung und Helligkeit abschätzen. Es ergeben sich so etwa 16 bis 20 Farben für die 80%-Verteilungsbreite; für die 60%-Verteilungsbreite sind es etwa 25 bis 35 derartige Farben. Legt man im Mittel 24 Farben zugrunde, so bedeutet dies, daß von den Farben eines 120teiligen Farbenkreises *im Durchschnitt* nur jede fünfte Farbe aus der Erinnerung heraus von der Nachbarfarbe zu unterscheiden ist[1].

4. Folgerungen für die Praxis der Farbwiedergabe

Will man die Ergebnisse der vorliegenden Untersuchungen auf die Praxis der

---

[1] Von der gleichen Zahl gehen übrigens FRIESER und REUTHER aus, die die Bedingung aufstellen, daß die Farbtonverfälschung in einem Farbreproduktionsverfahren unbemerkt bleibt, wenn sie kleiner ist als der Unterschied zwischen zwei Nachbarfarben des 24teiligen Farbkreises (FRIESER und REUTHER, Z. techn. Physik **3**, 82 und 83 (1938)).

Farbwiedergabe anwenden, so hat man sich klarzumachen, welche Lage der Reproduktionsfarbe innerhalb der durch die Ausdehnung der Verteilung für die Erinnerungsfarben gegebenen Intervallbreite als die günstigste anzusehen ist. Als günstigste Reproduktionsfarbe wird man eine solche ansehen, die von der größten Zahl der Versuchspersonen als identisch mit der Originalfarbe anerkannt wird. Es ist eine plausible Annahme, diese Eigenschaft dem Mittelwert zuzuschreiben. Wir wollen sie den folgenden Erörterungen als Voraussetzung zugrunde legen.

Indem wir von den geringfügigen Differenzen zwischen Originalfarbe und Mittelwert der zugehörigen Erinnerungsfarbe und von der Farbe BR VII absehen, müssen wir aus unseren Versuchsergebnissen schließen, daß die Farbwiedergabe durch ein Reproduktionsverfahren unter den gewählten Bedingungen immer richtig ist, wenn sie nach dem Grundsatz der *farbtonrichtigen* Naturtreue im *farbmetrischen* Sinne erfolgt; von einer in bestimmter Weise bewußt zu ändernden Farb*ton*wiedergabe kann unter den Bedingungen unserer Untersuchungen keine Rede sein. Beziehen wir dagegen die genannten Differenzen zwischen Originalfarbe und Mittelwert der Verteilung in die Betrachtung ein, so lassen die Versuchsergebnisse Richtung und Größe der erwünschten Änderungen in der Farbwiedergabe erkennen, insbesondere, welche der Farben „wärmer" und welche „kälter" wiederzugeben sind.

Weiter lassen die Versuchsergebnisse unmittelbar erkennen, welche der Farben mit mehr oder weniger großen Abweichungen wiedergegeben werden dürfen, falls durch das betreffende Reproduktionsverfahren nicht alle Farben gleichzeitig naturgetreu wiedergegeben werden können, und welche Farben mit großer Genauigkeit wiedergegeben werden müssen. In allen „unscharfen" Fällen wird eine Lage der Reproduktionsfarbe zwischen der Lage des Originals und dem Maximum (dichtesten Werte) der Verteilungskurve für die Erinnerungsfarbe die nächst günstige Lage sein.

5. Zusammenfassung

In der vorliegenden Arbeit wird das Farbengedächtnis für den Farbton von 18 hochgesättigten, über den 120teiligen Farbkreis verteilten Farben untersucht. Hierbei ergibt sich folgendes:

a) Die Sicherheit des Wiedererkennens ist für die verschiedenen Farben verschieden groß. Sie ist selbst zwischen Nachbarfarben stark wechselnd.

b) Der Mittelwert der Gedächtnisfarben, die zu jeweils einer Originalfarbe gehören, unterscheidet sich — mit Ausnahme von zwei Farben (Br VII und Blaugrün II) um weniger als zwei Stufen des 120teiligen Farbtonkreises von der Lage der Originalfarbe. Abweichungen nach der langwelligen Seite wurden öfter als nach der kurzwelligen Seite beobachtet.

c) Die Farben der „warmen" Farbtonreihe (Gelb bis Rot) werden im Mittel schärfer wiedererkannt als die übrigen Farben („kalte" Farben und Purpurfarben).

d) Die statistischen Verteilungsfunktionen einiger Erinnerungsfarben lassen auf verschiedene „Typen" von Versuchspersonen (Gedächtnisformen) schließen.

e) Farben, die mit verhältnismäßig großer Schärfe wiedererkannt werden, sind Br VI (= rotes Purpur), Or III (leicht rötliches Gelb), Blau und Gelb (Urblau und Urgelb). Die Urfarben sind vor den Mischfarben in dieser Hinsicht nicht ausgezeichnet.

f) Die Gedächtnisfarbe für reines Gelb (Urgelb) ist nie grünlich, d. h. ein Grünstich eines durch ein Farbreproduktionsverfahren wiedergegebenen reinen Gelb wird sofort als Farbverfälschung erkannt.

g) An hochgesättigten Farben lassen sich aus der Erinnerung etwa 24 Farbtöne unterscheiden.

Literatur

[1] ROOD, O. D.: Our memory for colour and luminosity. U. S. Nat. Acad. Sci., Reunion Oct. (1879); auch: Nature **21**, 144 (1879).

[2] v. KRIES, LOTTE und ELISABETH SCHOTTELIUS: Beitrag zur Lehre vom Farbengedächtnis. Z. S. Sinnenphysiol. **42**, 192—209 (1907); auch: Abh. z. Physiologie d. Gesichtsempfindungen, hrsg. v. J. v. KRIES, **3**, 144—161 (1908).

[3] LOEB, S.: Ein Beitrag zur Lehre vom Farbengedächtnis. Z. S. Sinnenphysiol. **46**, 83—128 (1912).

[4] EHRLER, F.: Über das Farbengedächtnis und seine Beziehungen zur Atelier- und Freilichtmalerei. Neue psychol. Stud., hrsg. v. F. KRUEGER, Bd. 2: Licht und Farbe, hrsg. v. F. KRUEGER u. A. KIRSCHMANN, S. 209—308, München 1926 (mit 24 Literaturangaben).

[5] COLLINS, M.: Some observations on immediate colour memory. Brit. J. Psychol. **22**, 344—352 (1931/32).

[6] ADAMS, G. K.: An experimental study of memory color and related phenomena. Amer. J. Psychol. **34**, 359 (1933).

[7] BURNHAM, R. W. und J. R. CLARK: A Color Memory Test. Jl. Opt. Soc. Am. **44**, 658—659 (1954).

[8] BURNHAM, R. W., und J. R. CLARK: A Test of Hue Memory. Jl. appl. Psychology **39**, 164—172 (1955).

[9] NEWHALL, S. M., R. W. BURNHAM und J. R. CLARK: Comparison of Successive with Simultaneous Color Matching. Jl. opt. Soc. Am. **47**, 1, 43—56 (1957).

[10] HAMWI, V., und C. LANDIS: Memory of Color. J. Psychology **39**, 183—194 (1955).

[11] LUTHER, R.: Psychologisches bei der Farbenwiedergabe (Referat). Kinotechnik **19**, 275 (1937).

[12] WUNDT, W.: Physiologische Psychologie, Bd. 3, S. 461.

[13] RICHTER, M.: Grundriß der Farbenlehre. Dresden und Leipzig 1940.

Lichtführung im Meßteil photographischer Kopiergeräte mit Belichtungsregeleinrichtung

Von F. BIEDERMANN und R. WICK

Ein Blick auf das Geräteangebot des In- und Auslandes zeigt, daß die Automatisierung auch an den photographischen Dunkelkammern nicht spurlos vorübergeht. Die großen Kopiermaschinen belichten heute fast ausnahmslos automatisch. Aber auch in Form kleinerer Zusatzgeräte tritt die Belichtungsregelung[1] in den letzten Jahren immer mehr in den Vordergrund. Wir haben uns in einer früheren Arbeit [1] bereits mit allgemeinen Problemen der Belichtungsregelung befaßt und dabei je nach Art der Meßlichtführung vier Verfahren unterschieden: Das Nebenlichtverfahren, das Strahlenteilungsverfahren, das Reflexionsverfahren und das Durchlichtverfahren. Für jedes dieser Verfahren läßt sich eine Reihe von Vor- und Nachteilen ins Feld führen. Die Entscheidung zu Gunsten des einen oder anderen wird im wesentlichen davon abhängen, welches Gewicht man bestimmten Eigenheiten des jeweiligen Verfahrens beimißt. Wir neigen dazu, dem Durchlichtverfahren den Vorzug zu geben.

Das Durchlichtverfahren

Bekanntlich wird bei diesem Verfahren ein Teil des durch das Photopapier hindurchgehenden Lichts gemessen. Diese Methode eignet sich als einzige auch für Kontaktkopiergeräte, außerdem verbürgt sie wie keine zweite eine einwandfreie integrale Lichtmessung. Änderungen der Blendeneinstellung, des Vergrößerungsmaßstabs oder des Negativausschnitts können das Meßergebnis nicht verfälschen. Der die Positivfläche durchsetzende Lichtstrom bestimmt die Belichtung.

Beim Entwurf einer Durchlicht-Meßeinrichtung müssen allerdings einige Gesichtspunkte beachtet werden, die zunächst recht trivial erscheinen, für die Brauchbarkeit einer solchen Anordnung jedoch ausschlaggebend sind. Wir werden uns im vorliegenden Artikel mit diesen Fragen etwas eingehender beschäftigen.

Das Durchlichtverfahren läßt sich auf verschiedene Art und Weise realisieren. Allen Anordnungen gemeinsam ist die Lage der Meßzelle unterhalb der Positivebene, die zu diesem Zweck lichtdurchlässig ausgebildet werden muß. Von der Auflagefläche für das Photopapier muß bei optischen Kopiergeräten darüber hinaus gefordert werden, daß sie eine Bildbeurteilung bezüglich der Schärfe und — im Hinblick auf die Wahl der Papiergradation — auch bezüglich des Kontrasts gestattet. Zu diesem Zweck ordnet man zwischen einer etwas stärkeren Trägerglasplatte und einer sehr dünnen Deckglasscheibe einen weißen Papierschirm an, auf

---

[1] Wir sprechen von Belichtungsregelung, wenn die Messung während der Belichtung stattfindet, im Gegensatz zur Belichtungsmessung oder Belichtungssteuerung, bei der die Messung vor der Belichtung erfolgt und der Meßwert manuell bzw. automatisch zur Dosierung der nachfolgenden Belichtung vom Meßgerät auf das eigentliche Belichtungsgerät übertragen wird.

den das Negativ abgebildet wird. Das Meßlicht muß also in jedem Fall das Photopapier und den Papiereinstellschirm passieren, bevor es — unter Umständen erst nach mehrfacher diffuser Reflexion — zur Meßzelle gelangt. Dabei geht ein großer Teil des Kopierlichts durch Streuung und Absorption verloren. Die Beleuchtungsstärke am Ort der Meßzelle ist infolgedessen beim Durchlichtverfahren außerordentlich gering. Es muß deshalb darauf geachtet werden, daß das wenige vorhandene Licht durch eine entsprechend zweckmäßige Anordnung der Meßzelle möglichst gut ausgenützt wird.

Vor allem aber muß gefordert werden, daß jedes Flächenelement der gleichmäßig beleuchteten Positivebene annähernd den gleichen Beitrag zur Beleuchtungsstärke am Ort der Meßzelle und damit zum Photostrom liefert. Diese Forderung ist im allgemeinen um so schwieriger zu erfüllen, je größer das Positivformat im Verhältnis zur lichtempfindlichen Fläche der Meßzelle ist und je weniger Raum unterhalb der Positivebene zur Verfügung steht.

Wird diese Bedingung jedoch nicht mit genügender Genauigkeit erfüllt, so entstehen bei Negativen mit ungewöhnlicher Hell-Dunkel-Verteilung unter Umständen erhebliche Fehlbelichtungen. Man denke etwa an eine Meßanordnung, wie sie in Abb. 4 skizziert ist. Die Meßzelle liegt an der Schmalseite eines innen weißen Lichtkastens. Ohne besondere Vorkehrungen werden die der Meßzelle näher liegenden Bereiche der Positivebene natürlich wesentlich mehr zum Fotostrom beitragen als die entfernteren. Wird nun etwa ein Hochformatnegativ mit stark gedecktem Himmel und wenig gedecktem Vordergrund kopiert, so wird eine Meßanordnung dieser Art ganz verschiedene Belichtungszeiten liefern, je nachdem, wie man das Negativ in die Negativbühne einlegt.

Wir haben nun einige, teils bekannte, teils von uns entworfene Durchlichtmeßanordnungen im Hinblick auf diese Forderungen untersucht. Sämtliche Versuchsanordnungen wurden dem Positivformat 18×24 angepaßt. Wir wählten absichtlich das größte unseres Erachtens für Belichtungsregeleinrichtungen noch interessante Format, weil die Verhältnisse bei kleineren Formaten einfacher liegen und deshalb eine für das Format 18×24 brauchbare Anordnung sicher in ähnlicher Form auf alle kleineren Formate anwendbar ist. Die Einführung dimensionsloser Größen sollte die Übertragung der am Positivformat 18×24 gewonnenen Meßergebnisse auf kleinere Formate erleichtern, wenn hierbei auch nur eine sehr grobe Annäherung an die tatsächlichen Verhältnisse erwartet werden kann.

Wir weisen darauf hin, daß die vorgelegten Meßergebnisse nur für einen bestimmten Zellentyp gelten, da die Richtcharakteristik der Meßzelle, d. h. die Abhängigkeit der Zellenempfindlichkeit vom Lichteinfallswinkel in diesem Fall eine große Rolle spielt. Um dies zu demonstrieren, wurde ein Teil der Messungen mit drei in dieser Hinsicht sehr verschiedenen Zellen durchgeführt: Erstens mit der RCA Vervielfacher-Photozelle (SEV) 931-A, die eine rechteckförmige Kathode von etwa 9×24 mm² besitzt und deren Empfindlichkeit schon bei verhältnismäßig kleinen Lichteinfallswinkeln stark nachläßt; dann mit einer Kugelzelle der Fa. Physikalisch-Techn. Werkstätten, Wiesbaden-Dotzheim, deren ganze Innenfläche (Kugeldurchmesser 40 mm) als Photokathode ausgebildet ist und deren Empfindlichkeit infolgedessen kaum vom Lichteinfallswinkel abhängt; und schließlich mit einer handelsüblichen Zelle der Type 002 der Fa. Pressler.

Gütezahlen zur Beurteilung verschiedener Meßanordnungen

Um verschiedene Meßanordnungen miteinander vergleichen zu können, wurden zwei Gütezahlen eingeführt: Der *Wirkungsgrad* α, der die Beleuchtungsstärke an der jeweiligen Meßstelle zur Beleuchtungsstärke auf dem Photopapier in Beziehung setzt, und der *Integrationsfehler* β, der angibt, um wieviel sich die von verschiedenen, gleichgroßen Flächenelementen der Positivebene an der jeweiligen Meßstelle erzeugten Beleuchtungsstärken maximal voneinander unterscheiden. Es gilt also:

$$\alpha = (i_1 / i_0) \, 100 \quad (\%) \tag{1}$$

$$\beta = (i_{t\max} - i_{t\min}) \cdot 100 / i_{tm} \quad (\%) \tag{2}$$

mit:

i_0 = Photostrom bei Messung in Formatmitte über dem Photopapier
i_1 = Photostrom bei Messung in der zu prüfenden Anordnung
$i_{t\max}$ = Größter Teilflächenstrom
$i_{t\min}$ = Kleinster Teilflächenstrom
i_{tm} = Mittelwert der Teilflächenmessungen

Für die Photostrommessungen i_0 und i_1 wurde das gesamte Positivformat gleichmäßig beleuchtet. Als Lichtquelle diente in Anlehnung an die tatsächlichen Verhältnisse ein Vergrößerungsapparat. Alle Messungen wurden ohne Negativ, mit unveränderter Blenden- und Vergrößerungsmaßstab-Einstellung und bei konstanter Lampenspannung durchgeführt. Bei der i_0-Messung fiel die optische Achse der Meßzelle mit der des Vergrößerungsapparats zusammen, und die lichtempfindliche Fläche der Zelle lag in der Positivebene. Die Messung wurde ohne Einstellschirm und Photopapier vorgenommen. Der Meßwert i_0 diente als Bezugswert für die Wirkungsgradberechnung sämtlicher Anordnungen.

Bei den verschiedenen i_1-Messungen befand sich die Meßzelle in der jeweiligen Meßstellung unter der Positivebene. Einstellschirm und Photopapier waren an Ort und Stelle.

Zur Ermittlung des Integrationsfehlers wurde das Positivformat in 25 flächengleiche Felder eingeteilt. Mit Hilfe einer Maske in der Negativbühne des Vergrößerungsapparats konnten die Teilfelder durch Verschieben der Meßanordnung einzeln nacheinander mit der gleichen Intensität beleuchtet werden. Einstellschirm und Photopapier befanden sich auch hierbei im Lichtweg. Die von den einzelnen Feldern hervorgerufenen Photoströme wurden gemessen und mit ihrer Hilfe nach Gl. (2) der Integrationsfehler berechnet.

Die Frage, wie groß der Integrationsfehler β sein darf, damit bei den verschiedensten Negativen keine Fehlbelichtungen auftreten, ist nicht ganz einfach zu beantworten. Die Dinge komplizieren sich dadurch noch erheblich, daß im Grunde genommen nicht nur das Verhältnis der von den Größt- und Kleinstwertfeldern hervorgerufenen Photoströme, sondern auch die Lage dieser Felder eine Rolle spielt. Handelt es sich z. B. um eine Meßanordnung, die nur mit einem einzigen Positivformat arbeitet, so kann ein verhältnismäßig großer Integrationsfehler in Kauf genommen werden, wenn die mittleren Felder den Hauptanteil des Photostroms liefern und der Randabfall nach allen Seiten hin etwa derselbe ist. Da die bildwichtigsten Teile einer Aufnahme im allgemeinen in der Bildmitte liegen, könnte eine solche Anordnung sogar trotz ihres großen Integrationsfehlers zu besseren Ergebnissen führen als eine fehlerlose Anordnung. Man wird in diesem Fall bedenkenlos einen Integrationsfehler in der Größenordnung von 100% zulassen.

Anders jedoch bei einer Meßanordnung mit variablem Positivformat. Verlagert sich beim Übergang zu kleineren Formaten durch Verschieben zweier Maskenbänder die Meßfläche, so darf der Integrationsfehler nach unseren Erfahrungen im allgemeinen nicht größer als 30% sein. Dies gilt ganz besonders dann, wenn einer der Extremwerte der Teilflächenmessung im Bereich des kleinsten Positivformats liegt.

Der Wirkungsgrad α spielt gegenüber dem Integrationsfehler β nur eine untergeordnete Rolle. Ein kleiner Wirkungsgrad läßt sich durch entsprechende Verstärkung des Photostroms kompensieren, ein zu großer Integrationsfehler dagegen führt bei Negativen mit ungewöhnlicher Hell-Dunkel-Verteilung unweigerlich zu Fehlbelichtungen.

Der tiefe Lichtkasten mit zentral liegender Meßzelle

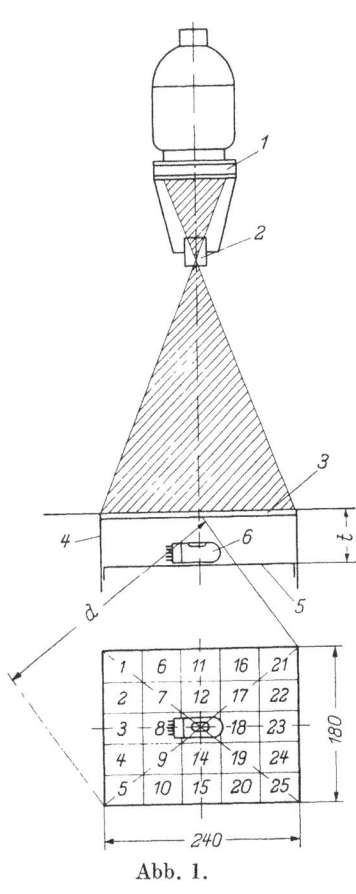

Abb. 1.

Als einfachste Form einer Durchlichtmeßanordnung bietet sich der tiefe Lichtkasten mit einer im Schnittpunkt der Formatdiagonalen liegenden Meßzelle an. Die praktische Anwendung einer solchen Anordnung scheitert allerdings meist an der großen Einbautiefe. Um über die bei Verwendung verschiedener Meßzellentypen tatsächlich erforderlichen Einbautiefen Aufschluß zu erhalten, wurde der Integrationsfehler β in Abhängigkeit von der Lichtschachttiefe ermittelt.

Die Meßanordnung ist in Abb. 1 skizziert. Als Lichtkasten diente ein Schacht mit rechteckförmigem Querschnitt. Die Längen der Innenseiten betrugen, entsprechend dem zugrunde gelegten Positivformat, 180 und 240 mm. In dem Schacht befand sich eine verschiebbare Platte, die den Boden des Lichtkastens bildete. Die Lichtkastentiefe t konnte so auf einfache Weise variiert werden. Die Bodenplatte und die Innenwände des Lichtschachts waren matt weiß gespritzt. Für die Darstellung der Meßergebnisse wurde die auf die Formatdiagonale d bezogene Lichtkastentiefe τ einge- führt: $\tau = t/d$. Bei dem Positivformat 18 × 24 beträgt die Formatdiagonale etwa 300 mm.

In Abb. 2 ist der Wirkungsgrad α, in Abb. 3 der Integrationsfehler β über der bezogenen Lichtkastentiefe τ für drei verschiedene Meßzellen aufgetragen.

Den maximalen Teilflächenstrom liefert in dieser Anordnung natürlich stets das Mittelfeld 13, den minimalen eines der Eckfelder.

Läßt man einen Integrationsfehler von 100% zu, wie dies unter besonderen Umständen möglich ist (siehe oben), so käme man nach Abb. 3 bei Verwendung eines SEV mit einer Lichtkastentiefe von etwa 150 mm aus, bei Verwendung einer Kugel-

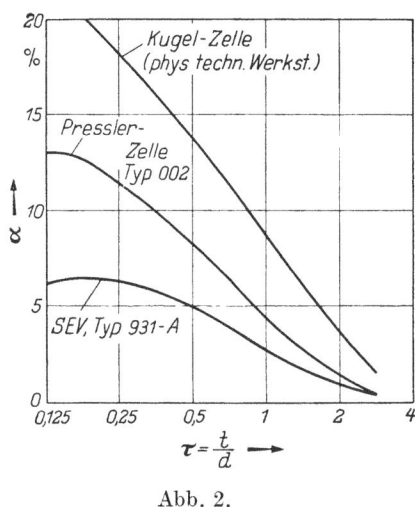

Abb. 2.

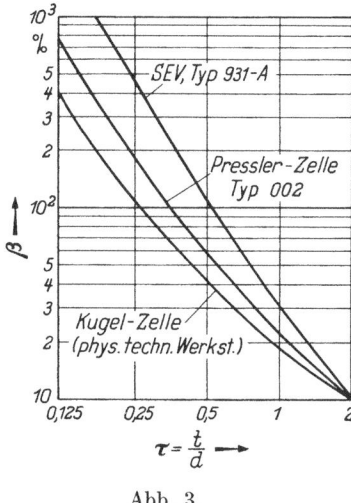

Abb. 3.

zelle würde sogar ein Lichtkasten von etwa 75 mm Tiefe genügen. Aus der Abb. 2 kann man entnehmen, daß der Wirkungsgrad in diesen Fällen ungefähr 5% bzw. 18% beträgt. Bei einem zulässigen Integrationsfehler von nur 30% sollte der SEV dagegen in einem Lichtkasten von mindestens 300 mm Tiefe angeordnet werden; der Wirkungsgrad ginge dabei auf etwa 3% zurück. Demgegenüber würde eine Kugelzelle in diesem Fall eine Lichtkastentiefe von etwa 200 mm beanspruchen und mit einem Wirkungsgrad von 11% arbeiten.

Die Kugelzelle eignet sich also zweifellos als zentral liegende Meßzelle am besten. Allerdings ergeben sich auch hier bereits Einbautiefen, die in vielen Fällen nicht mehr in Kauf genommen werden können. Berücksichtigt man außerdem, daß der von einer einfachen Photozelle gelieferte Strom um mehrere Zehnerpotenzen kleiner ist als der eines SEV, so wird man im allgemeinen flacher bauende, mit einem SEV arbeitende Meßanordnungen, wie wir sie in den folgenden Abschnitten behandeln wollen, vorziehen.

Der flache Lichtkasten mit seitlich angeordneter Meßzelle

Unter der Einstellscheibe befindet sich ein verhältnismäßig flacher, innen weißer Kasten. Die Meßzelle liegt an einer Seitenwand dieses Kastens. Abb. 4 zeigt die Meßanordnung. Die Lichtkastentiefe ist mit 60 mm gleich $1/5$ der Formatdiagonalen gewählt. Als Meßzelle wurde der SEV 931-A verwendet.

Die dem SEV zugewandte Schmalseite des Lichtkastens sei zunächst offen, die optische Achse des SEV liege horizontal.

Der Wirkungsgrad dieser Anordnung ist mit 3,5% verhältnismäßig gut, der Integrationsfehler mit 350% jedoch untragbar groß. Den maximalen Teilflächenstrom liefert in diesem Fall natürlich das dem SEV nächstliegende Feld 3, den minimalen eines der seitlich am weitesten entfernten Felder.

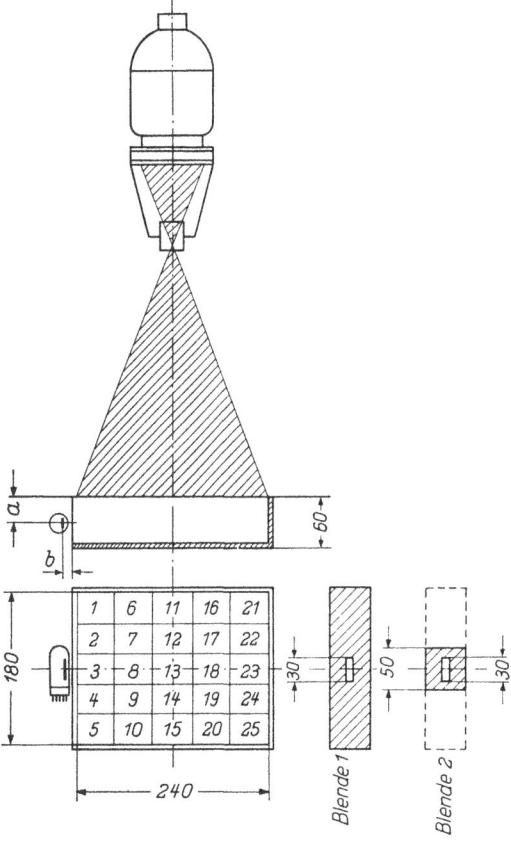

Abb. 4.

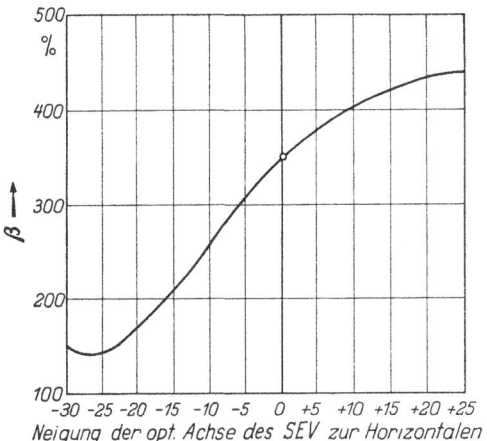

Abb. 5.

Neigung der SEV-Achse

Der Integrationsfehler hängt bei dieser Anordnung stark von dem Winkel ab, den die optische Achse des SEV mit der Horizontalen einschließt, der Wirkungsgrad jedoch nur sehr wenig. Abb. 5 zeigt diese Winkelabhängigkeit des Integrationsfehlers. Dreht man den SEV um seine Längsachse derart, daß seine optische Achse nach unten wandert, so nimmt der Integrationsfehler zunächst stark ab, er geht jedoch bei $-25°$ mit etwa 140% durch ein Minimum und läßt sich demnach allein durch Variieren des Neigungswinkels nicht auf ein erträgliches Maß reduzieren.

Blenden

Durch Einführen von Blenden vor der Meßzelle kann der Integrationsfehler stark beeinflußt werden. Deckt man die ganze bisher offen angenommene Seite des Lichtkastens z. B. mit einer Blende ab, die nur in Höhe der lichtempfindlichen Fläche der Meßzelle einen kleinen rechteckigen Ausbruch besitzt (Blende 1, Abb. 4), so wird dadurch das „Gesichtsfeld" des SEV sehr stark beschnitten. Es kann kein direktes Licht mehr von den naheliegenden Bereichen der Einstellscheibe und des Lichtkastens auf die Photokathode gelangen. Der Integrationsfehler geht von 350% auf etwa 100% zurück, der Wirkungsgrad allerdings ebenfalls von $3{,}5\%$ auf etwa $1{,}5\%$.

Der maximale Teilflächenstrom stammt nun vom Feld 8, der minimale von einem der Eckfelder 1 oder 5. Durch Variieren der Abstände a und b (siehe Abb. 4) und des Neigungswinkels lassen sich die Verhältnisse zwar noch etwas verbessern, wirklich brauchbare Ergebnisse liefert die Anordnung jedoch erst, wenn man dafür sorgt, daß auch die Eckfelder zur Wirkung kommen. Dies kann dadurch geschehen, daß man die Blende verhältnismäßig schmal ausführt (Blende 2, Abb. 4) und den Abstand b des SEV von der Blende etwas vergrößert. Der Integrationsfehler einer solchen Anordnung liegt bei 25%, der Wirkungsgrad bei 1,5%. Der maximale Teilflächenstrom geht dabei vom Feld 23, der minimale von den Feldern 2 und 4 aus.

Masken

Ein anderer Weg, den Integrationsfehler zu verringern, besteht darin, die dem SEV naheliegenden Bereiche der Einstellscheibe durch entsprechende Masken abzudecken. Die Form dieser Masken kann empirisch bestimmt werden, indem man etwa schwarze Klebestreifen auf der Einstellscheibe anbringt und deren Größe und Lage so lange variiert, bis die Integrationsbedingung mit hinreichender Genauigkeit erfüllt ist.

Ein anderes, eleganteres Verfahren führt zu verlaufenden Masken. Man ordnet an der Stelle, an der sich bei der Messung die Photokathode des SEV befindet, eine kleine Soffittenlampe an und legt, mit der Schichtseite nach unten, ein Blatt Photopapier oder einen Planfilm auf die Einstellscheibe. Belichtet man nun diese photographische Schicht mittels der Soffittenlampe, so zeigt sie nach der Entwicklung eine Schwärzung, die in Lampennähe sehr kräftig ist und mit zunehmender Entfernung rasch abnimmt. Durch entsprechende Dosierung der Belichtung und richtige Wahl der Gradation des photographischen Materials läßt sich eine Maske herstellen, die allen Anforderungen genügt. Auf diesem Wege gelang es uns, nach einigen Vorversuchen ohne Schwierigkeit eine Maske anzufertigen, die den Integrationsfehler von 350% auf etwa 30% herabdrückte, während der Wirkungsgrad von 3,5% auf etwa 2% zurückging.

Spezielle Formgebung des Lichtkastens

Man könnte daran denken, die von der Meßzelle weiter abliegenden Bereiche der Einstellscheibe durch Einführung matt-weißer Reflektoren im hinteren Teil des Lichtkastens etwas besser zur Wirkung zu bringen. Versuche mit ebenen Reflektorblechen verschiedener Größe und damit verschiedener Neigung zur Horizontalen zeigten, daß sich der Integrationsfehler auf diese Weise nicht nennenswert beeinflussen läßt. Man darf daraus wohl schließen, daß auch komplizierter geformte, also etwa parabelförmige oder polygonale Reflektoren, wie sie verschiedentlich vorgeschlagen wurden, keine wesentliche Verbesserung bringen.

Die Lichtleitplatte mit seitlich angeordneter Meßzelle

Versucht man, den Lichtkasten flacher zu bauen, — wir hatten bisher mit einer Lichtkastentiefe von 60 mm gleich $1/5$ der Formatdiagonalen gearbeitet — so wird es immer schwieriger, den Integrationsfehler klein zu halten. Der unvermeidlich große Raumbedarf dieser Anordnung ist unter Umständen jedoch recht störend. Ein weiterer Nachteil des flachen Lichtkastens ist die starke Abhängigkeit des Integrationsfehlers vom Neigungswinkel der Meßzelle.

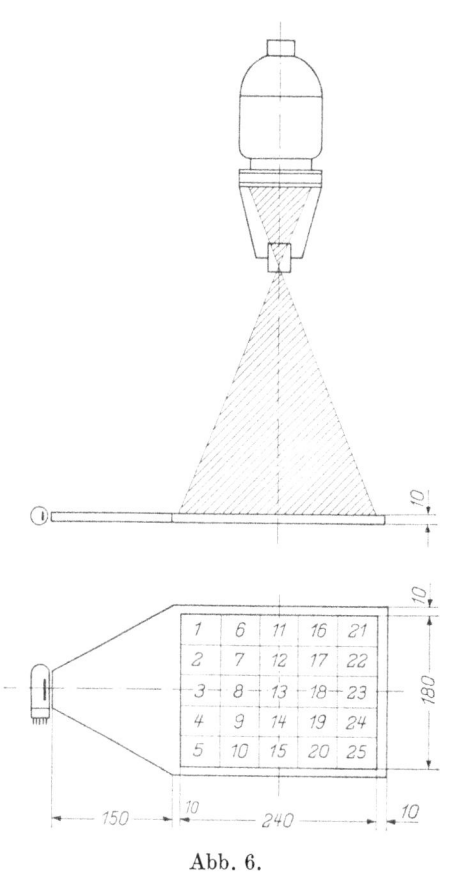

Abb. 6.

Mit der Lichtleitplatte, die wir im folgenden näher beschreiben, wurde nun eine Meßanordnung gefunden, die diese beiden Mängel nicht besitzt. Sie hat darüber hinaus den Vorteil, daß sich das Meßlicht nach dem Flutlichtprinzip fast verlustlos an eine weiter entfernte Stelle leiten läßt. Der Integrationsfehler ist bei richtiger Dimensionierung kleiner als 20%, der Wirkungsgrad liegt bei 1,5%.

Die Lichtleitplatte ist eine etwa 10 mm starke Glas- oder Plexiglasplatte mit einer einseitigen trapezförmigen Verlängerung (siehe Abb. 6). Der rechteckige Teil der Platte muß etwas größer sein als das größte in Betracht kommende Positivformat. Es hat sich als zweckmäßig erwiesen, die Platte allseitig um etwa 10 bis 20 mm überstehen zu lassen. Die Länge des trapezförmigen Ansatzes wird vorteilhaft zwischen $d/3$ und $d/2$ (d = Formatdiagonale) gewählt. Die Meßzelle liegt dem trapezförmigen Ansatz der Platte gegenüber, ihre optische Achse fällt in die Mittelebene der Platte. Dreht man die optische Achse aus dieser Ebene heraus, so beeinflußt dies in erster Linie den Wirkungsgrad, kaum jedoch den Integrationsfehler. Eine stark gebündelte Charakteristik der Meßzelle, wie sie der SEV 931-A besitzt, ist in diesem Fall durchaus erwünscht.

Sämtliche Flächen der Platte sind poliert. Die Unterseite und die Ränder des rechteckigen Teils der Platte sind mit einem feinen, diffusmachenden Raster belegt. Einen solchen Raster kann man z. B. herstellen, indem man die Platte mit weißem Tesaleinen beklebt. Durch seine Textilstruktur klebt das Leinen auch bei kräftigem Andruck nicht auf der ganzen Fläche fest; es entstehen kleine Luftpolster, durch die ein Teil der Plattenfläche für eine Lichtfortpflanzung durch Totalreflexion erhalten bleibt. Stellen dagegen, an denen das Leinen wirklich festklebt, wirken lichtstreuend. Dieser Raster ist das wichtigste Element der Lichtleitplatte; wäre die Unterseite der Platte völlig blank, so würde praktisch alles von oben in die Platte eindringende Licht an der Unterseite wieder austreten. Wollte man jedoch umgekehrt, um den Wirkungsgrad zu steigern, die Unterseite der Platte ganz mattieren oder weiß spritzen, so würde man damit die Lichtausbreitung durch Totalreflexion unmöglich machen; die Anordnung wäre dann nichts anderes mehr als ein sehr flacher Lichtkasten mit einem entsprechend hohen Integrationsfehler. Erst das richtige Verhältnis von reflektierenden und streuenden Stellen an der Unterseite der Platte bringt die erwähnten günstigen Eigenschaften.

Wir wollen die Wirkungsweise dieser Anordnung an Hand eines vergrößerten

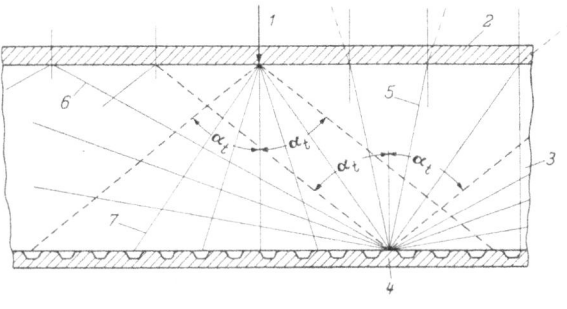

Abb. 7.

Schnittes durch die Platte (Abb. 7) noch deutlicher machen: Das Kopierlicht, aus dem wir willkürlich einen Lichtstrahl 1 herausgreifen, wird beim Durchgang durch das Photopapier 2 — von dem Papiereinstellschirm und der Deckglasscheibe wollen wie hier der Einfachheit halber absehen — stark gestreut und trifft somit aus allen möglichen Richtungen kommend auf die Platte 3. Da zwischen dem Papier und der Platte kein optischer Kontakt besteht, fallen die Streulichtstrahlen nur unter Winkeln in die Platte ein, die kleiner sind als der Totalreflexionswinkel α_t. Ohne den oben beschriebenen Raster würden alle diese Strahlen an der Unterseite der Platte wieder austreten; tatsächlich trifft jedoch ein Teil der Strahlen auf streuende Rasterelemente, wie etwa auf das Flächenstückchen 4, und wird dort wieder gestreut. Ein Teil der sekundären Streustrahlen verläßt die Platte zwar an der Oberseite (Strahl 5), ein anderer Teil (6) aber wird durch Totalreflexion innerhalb der Platte weitergeleitet und gelangt auf diesem Wege schließlich zur Meßzelle. Die an blanken Stellen der Unterseite auftreffenden Strahlen gehen größtenteils für die Messung verloren, auch wenn sie kurz nach Verlassen der Platte gestreut werden; denn diese Streustrahlen werden ja beim Wiedereintritt in die Platte zum Lot hin gebrochen, verlaufen also alle innerhalb eines durch den Totalreflexionswinkel α_t bestimmten Kegels und verlassen infolgedessen auch alle die Lichtleitplatte an der Oberseite. Erst ein Teil der nunmehr zum zweiten Mal am Photopapier gestreuten Strahlen erreicht auf dem schon für die Primärstrahlen beschriebenen Wege die Meßzelle.

Bei gleicher Größe von Lichtleitplatte und Positivformat ist der Einfluß der Randfelder außerordentlich groß. Ein Teil des von randnahen Stellen in die Platte eintretenden Lichts gelangt in diesem Fall nach Reflexion oder Streuung an den Rändern direkt oder doch wenigstens nach einer sehr kleinen Zahl weiterer Reflexionen zur Meßzelle.

Abb. 8 zeigt, wie gut die Integrationsbedingung von der in Abb. 6 skizzierten Lichtleitplatte erfüllt wird. In den 25 Feldern der Skizze sind die entsprechenden Teilflächenströme eingetragen. Der maximale Teilflächenstrom wird vom Feld 23 geliefert, der minimale von dem davorliegenden Feld 18. Der Einfluß des hinteren Randes ist in diesem Fall also noch etwas zu groß, so daß die am weitesten von der Meßzelle entfernten Felder zu den größten Teilflächenströmen führen. Durch Verlängerung der Platte um wenige Millimeter ließen sich die Verhältnisse zweifellos noch weiter verbessern. Die wiedergegebene Verteilung genügt allerdings mit einem Integrationsfehler von 17% längst allen praktischen Anforderungen.

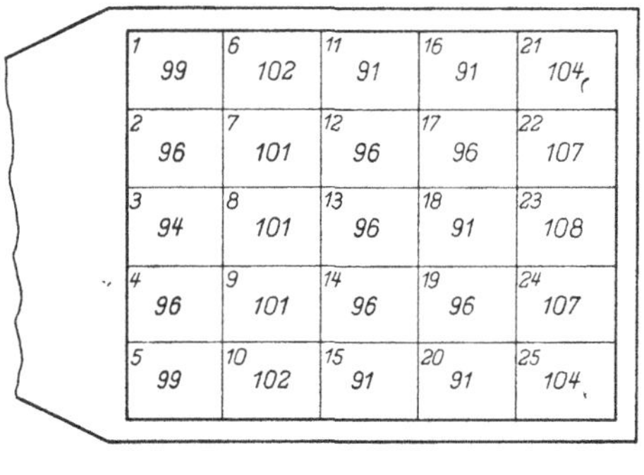

Ein typisches *Anwendungsbeispiel* zeigt die Abb. 9. Die Lichtleitplatte dient hier an einem Kontaktkopiergerät nicht nur zur integralen Lichtmessung, sondern gleichzeitig zur Weiterleitung des Meßlichts an eine aus Gründen, auf die wir im folgenden noch näher eingehen werden, etwas weiter entfernte Meßstelle.

Abb. 8.

In Abb. 9 sind die wesentlichsten Teile des Kopiergerätes angedeutet. Auf der pultförmigen Frontplatte befindet sich die Kopierfläche; sie besteht aus einer Klarglasscheibe 1, unter der in einem matt-weiß gespritzten Schacht 2 die Kopierlampe 3

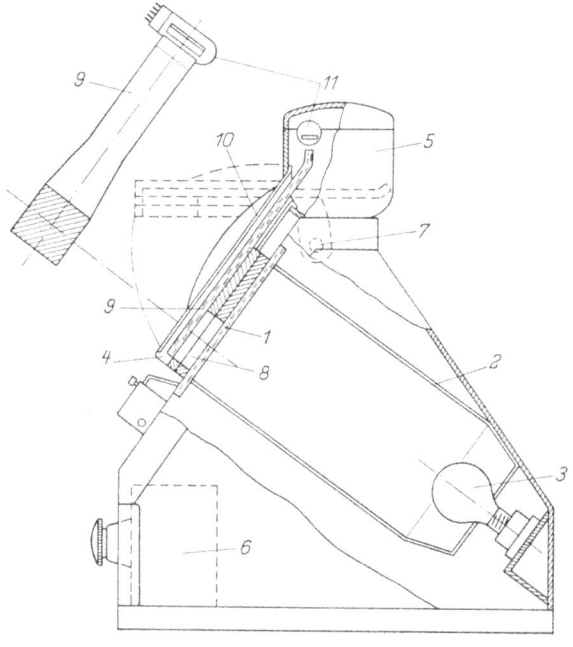

Abb. 9.

angeordnet ist. Die Lampe wird beim Schließen des Kopierdeckels 4 eingeschaltet. Eine Belichtungsregeleinrichtung, deren Meßteil 5 und Elektronikteil 6 ebenfalls in der Skizze gezeigt sind, bestimmt das Ende der Belichtung. Zum Einlegen des Negativs und des Papiers kann der Kopierdeckel um die Achse 7 von der Kopierfläche weggeschwenkt werden (gestrichelt eingezeichnete Lage). Der Kopierdeckel besitzt einen Ausbruch 8, dessen Größe von dem kleinsten zu kopierenden Format abhängt. Auf dem Kopierdeckel ist die Lichtleitplatte 9 befestigt; sie befindet sich in einer lichtdichten Verkleidung 10, die ebenfalls fest mit dem Kopierdeckel verbunden ist und ragt mit ihrer stabförmigen Verlängerung in den Meßteil 5 hinein. Das Ende des Lichtleitstabs steht bei geschlossenem Kopierdeckel der lichtempfindlichen Fläche der Meßzelle 11 direkt gegenüber.

Der schraffierte Teil des Lichtleitstabs liegt über dem Durchbruch des Kopierdeckels und trägt auf der dem Kopierdeckel abgewandten Seite und an den Rändern den oben beschriebenen Raster.

Während des Belichtungsvorgangs gelangt ein Teil des Kopierlichts nach dem Durchgang durch das Negativ und durch das Positiv in die Lichtleitplatte und auf dem Weg der Totalreflexion zur Meßzelle. Der dem Meßlicht proportionale Photostrom dient in bekannter Weise zur Regelung der Belichtungszeit.

Durch die Verwendung der Lichtleitplatte ergeben sich in diesem Fall besondere Vorteile: Die Meßzelle und sonstige elektronische Bauelemente, die man aus Isolationsgründen gerne möglichst nahe der Meßzelle anordnet, liegen geschützt in dem gerätefesten Meßteil 5. Sie sind auf die Weise, anders als bei einer Montage auf dem Kopierdeckel, keinen mechanischen Erschütterungen unterworfen. Die zusätzlich auf dem Deckel montierte Masse ist bei der Lichtleitplatte verhältnismäßig gering. Das Problem, dauerhafte flexible elektrische Verbindungen vom Deckel zum Elektronikteil führen zu müssen, wird vermieden.

Während die Einhaltung der Integrationsbedingung bei dem beschränkten Raum über der Deckelfläche im allgemeinen große Schwierigkeiten bereitet, ist diese Frage bei Verwendung der Lichtleitplatte einwandfrei gelöst.

Zusammenfassung

Es wurde die Frage der zweckmäßigsten Durchlichtmeßanordnung für photographische Kopiergeräte behandelt. Dabei ergaben sich zwei Hauptforderungen:

1. Gleichgroße Felder der gleichmäßig ausgeleuchteten Kopierfläche müssen unabhängig von ihrer Lage den gleichen Beitrag zur Messung leisten.

2. Die Beleuchtungsstärke am Ort der Meßzelle soll möglichst groß sein.

In Form des Integrationsfehlers und des Wirkungsgrads wurden zwei Gütezahlen definiert, die den zahlenmäßigen Vergleich verschiedener Anordnungen gestatten.

Der Integrationsfehler, auf den es bei diesen Betrachtungen in erster Linie ankommt, wird natürlich um so kleiner, je größer man den Abstand der Meßzelle von der Kopierfläche wählt. Die Messungen am tiefen Lichtkasten sollten zeigen, daß der Raumbedarf einer solchen Anordnung, zumindest wenn man einen SEV verwendet und einen Integrationsfehler von höchstens 30% zuläßt, schon recht beträchtlich ist. Der Wirkungsgrad liegt in diesem Fall allerdings mit knapp 3% verhältnismäßig günstig.

Bei flachem Lichtkasten mit seitlich angeordneter Meßzelle läßt sich der Integrationsfehler nur mit Mühe durch Blenden vor der Meßzelle oder Masken unter der

Einstellscheibe auf 30% herabsetzen. Der Wirkungsgrad geht dabei auf etwa 1,5% zurück.

Schließlich wurde eine neuartige Meßanordnung, die Lichtleitplatte, beschrieben, deren Wirkungsgrad ebenfalls bei etwa 1,5% liegt, deren Integrationsfehler jedoch ohne weiteres unter 30% gehalten werden kann. Der geringe Raumbedarf und die Möglichkeit, das Meßlicht nach dem Flutlichtprinzip auf einfache Weise zu einer weiter entfernten Meßstelle leiten zu können, sind weitere Vorzüge dieser Anordnung. Als Anwendungsbeispiel für eine Lichtleitplatte wurde der Meßteil eines Kontaktkopiergeräts besprochen.

Literatur

[1] BIEDERMANN, F., und R. WICK: Messung und Regelung der Belichtungszeit bei Dunkelkammergeräten — Der Agfa Variomat. Mitt. Agfa Leverkusen—München, Bd. I (1955).

Zusammenstellung
der in diesem Bande verwendeten Warenzeichen

Warenzeichen der Agfa A.G. Leverkusen und München

,,Agepan" ,,Agepe" ,,Agfa" ,,Agfacolor" ,,Brovira" ,,Final" ,,Fluorapid" ,,Isopan" ,,Isopan-Ultra" ,,ISS" ,,Lupex" ,,Phototechnisch B" ,,Variolux" ,,Variomat" ,,Varitol"

Warenzeichen fremder Firmen

,,Eastman" (Kodak-Pathé S. A., Paris) ,,Ektachrome" (Kodak-Pathé S. A., Paris) ,,Ektacolor" (Kodak-Pathé S. A., Paris) ,,Ferrania" (S. A. Ferrania, Mailand) ,,Gevacolor" (Gevaert Photo-Producten N. V., Mortsel) ,,Kodachrome" (Kodak A. G., Stuttgart) ,,Kodacolor" (Kodak-Pathé, S. A., Paris) ,,Metol" (Hauff GmbH, Vaihingen, Mitbenutzung Agfa A. G., Leverkusen) ,,Pakolor" (Associated British-Pathé Ltd., London) ,,Phenidone" (Ilford Ltd., Ilford) ,,Polycontrast" (Kodak-Pathé S. A., Paris) ,,Telcolor" (Tellko S. A., Fribourg)

Quellenverzeichnis der Arbeiten dieses Bandes, die bereits anderweitig veröffentlicht worden sind

KLEIN, E. u. R. MATEJEC: Die Wanderung von Eigenfehlstellen durch Halogensilberkristalle. Z. Elektrochem. **61**, 1127 (1957).

MATEJEC, R.: Potentiometrie an Halogensilber-Einkristallen. Z. Elektrochem. **62**, 400 (1958).

KLEIN, E.: Beitrag zur Silbersalzbildung von photographischen Stabilisatoren. Z. wiss. Phot. **52**, 157 (1958).

FRIESER, H. u. E. KLEIN: Die Eigenschaften photographischer Schichten bei Elektronenbestrahlung. Z. angew. Phys. **10**, 337 (1958).

HELLMIG, E.: Graphische Bestimmung von Optimalfarben. Farbe **5**, 137 u. 147 (1956).

HELLMIG, E.: Versuche über das Farberinnerungsvermögen. Farbe **7**, 65 (1958).

The manufacturer's authorised representative in the EU is Springer Nature Customer Service Centre GmbH, Europaplatz 3, 69115 Heidelberg, Germany. If you have any concerns regarding our products, please contact ProductSafety@springernature.com

Printed and bound by CPI Group (UK) Ltd, Croydon, CR0 4YY

25/03/2026

02078193-0020